U0563084

"十二五"普通高等教育本科国家级规划教材

大学物理学

第一卷　经典物理基础

第 6 版

主　编　王建邦　张永梅
参　编　眭晓红　胡俊丽　武少雄　高燕琴　侯利洁
　　　　齐晓霞　刘文元　崔文丽　单石敏　张旭峰

机械工业出版社

本书为“十二五”普通高等教育本科国家级规划教材。

本书根据教育部世行贷款教学改革项目的成果和教育部高等学校大学物理课程教学指导委员会最新编制的《理工科类大学物理课程教学基本要求》编写而成。全书共两卷，本书为第一卷，主要介绍20世纪以前的物理学，分为力学、场物理学基础、波动学基础和热物理学基础四个部分。

本书的一大特色是，在叙述基本概念和基本物理规律的同时，强调物理思想与研究方法的学习。此外为了满足学生“自主学习，积极思考，敢于提问”的要求，在叙述上力求接近学生、概念准确，并以大量实例使内容更加生动、有趣。每章的“物理学方法简述”一节进一步介绍相关物理学的思想方法，学生通过学习、归纳、总结和应用这些思想方法，达到既掌握知识，又提高能力的教学目的。

本书为高等院校理工科非物理专业大学物理基础课教材，也可作为高校物理教师、学生和相关技术人员的参考书。

图书在版编目（CIP）数据

大学物理学. 第一卷，经典物理基础 / 王建邦，张永梅主编. -- 6版. -- 北京 ：机械工业出版社，2025. 1. -- (“十二五”普通高等教育本科国家级规划教材).
ISBN 978-7-111-76950-7

Ⅰ. O4

中国国家版本馆 CIP 数据核字第 2024KC6015 号

机械工业出版社（北京市百万庄大街22号　邮政编码100037）
策划编辑：张金奎　　责任编辑：张金奎　汤　嘉
责任校对：贾海霞　王　延　　封面设计：王　旭
责任印制：邓　博
北京盛通印刷股份有限公司印刷
2025年1月第6版第1次印刷
184mm×260mm・26印张・608千字
标准书号：ISBN 978-7-111-76950-7
定价：79.00元

电话服务　　网络服务
客服电话：010-88361066　　机　工　官　网：www.cmpbook.com
010-88379833　　机　工　官　博：weibo.com/cmp1952
010-68326294　　金　书　网：www.golden-book.com
封底无防伪标均为盗版　　机工教育服务网：www.cmpedu.com

前言
PREFACE

本书从第一次出版已经修订了数次，在修订过程中，我们不断融入教学改革过程中的成果。第 4 版中增加的物理学方法模块，比如模型法、类比法等体现了课程思政的融合，第 5 版中加入的“问号”和练习对于培养学生自主学习、主动思考的能力起到了积极的作用。

为了适应社会经济发展的需要和人的全面发展需求，根据国家对教材建设的指导思想和《理工科类大学物理课程教学基本要求》，我们在保持前几版特点的基础上进行了本次修订，重点做了以下几个方面的工作：

（1）每一章增加了典型例题和习题，增强知识点的理解。另外在“练习与思考”中设置了“思维拓展”栏目，一方面延伸了课堂内容，另一方面引导学生应用所学的物理学知识解决实际问题，拓展学生的思维，激发学生的学习兴趣。

（2）增加了“应用拓展”模块，将物理学知识向当今的科学前沿延伸，同时也是课程思政的切入点。例如陀螺仪、天眼等内容，既反映学校的军工特色，又可以激发学生的爱国主义情怀。

（3）在现有的基础上，继续强化近代物理知识，如增加电子自旋、引入电子的公有化运动等。

（4）以二维码的形式加入重难点内容和典型例习题的讲解。

感谢主编王建邦教授为我们留下的宝贵遗产！感谢各版次付出辛勤工作的同事们：

第 5 版

参加修订工作的有：赵瑞娟（第一~三章）、侯利洁（第四~六章）、王建邦（第七、八、二十四章）、闫仕农（第九、十章）、张永梅（第十一~十三章）、魏天杰（第十四、十五章）、刘兴来（第十六、十七章）、张旭峰（第十八、十九章）、黄启宇（第二十章）、杨艳（第二十一~二十三章）、胡俊丽（第二十五~二十七章）、崔文丽（第二十八~三十章）。

第 4 版

参加修订工作的有：张旭峰（第一、二、三、十八、十九章）、刘兴来（第四、五、六、三十章）、王建邦（第七、八、二十四章）、闫仕农（第九、十章）、杨军（第十一~十三、二十五~二十九章）、魏天杰（第十四~十七章）、黄启宇（第二十~二十三章）。

第 3 版

参加修订工作的有：张旭峰（第一、二、三、十八、十九章）、刘兴来（第四、五、

六、三十章）、王建邦（第七、八、二十四章）、闫仕农（第九、十章）、杨军（第十一~十三、二十五~二十九章）、魏天杰（第十四~十七章）、黄启宇（第二十~二十三章）。

第2版

参加修订工作的有：张旭峰（第一、二、三、十八、十九章）、刘兴来（第四、五、六、三十章）、王建邦（第七、八、十六、十七）、闫仕农（第九、十章）、杨军（第十一~十五、二十五~二十九章）、黄启宇（第二十~二十四章），王建邦编写各章“物理学思想与方法”简述。

第1版

参加编写工作的有：张旭峰（第一~三章）、刘兴来（第四~六章）、王建邦（第七、八、十六、十七章）、闫仕农（第九、十章）、杨军（第十一~十五章）、张旭峰（第十八、十九章）、王建邦（第二十~二十四章）、杨军（第二十五~二十九章）、刘兴来（第三十章）。

本次修订工作由中北大学大学物理课程组完成。参加本卷修订工作的有：眭晓红（第一、二章）、胡俊丽（第三章）、武少雄（第四章）、高燕琴（第五章）、侯利洁（第六章）、齐晓霞（第七、八章）、刘文元（第九章）、崔文丽（第十、十一章）、单石敏（第十二、十三章）、张永梅（第十四章）、张旭峰（第十五章）。

编　者

目 录
CONTENTS

第二部分　场物理学基础

第三部分　波动学基础

第四部分　热物理学基础

绪　论

物理学是一门重要的基础科学。物理学的发展不仅推动了整个自然科学的发展，而且对人类的物质观、时空观、宇宙观以及整个人类文化都产生了而且还将继续产生极其深刻的影响。物理教育不但有助于培养学生处理复杂事物和探索未知领域的能力，而且是提高学生科学素质的一个重要手段。很难设想，一个缺乏基本物理素养的理工科本科毕业生能够成为一个“综合性应用型”的高素质人才。

一、物理学是近代科学技术的基础

物理学经过数百年的发展，自身已是一个拥有十几个二级学科、近百个三级学科的大系统。物理学与其他自然科学及工程技术科学的广泛结合和应用，对整个人类文明产生了深远的影响。如当代自然科学重大的基本问题：揭示物质结构之谜、宇宙的起源和演化、地球的起源和演化、生命与智力起源、非线性科学及复杂性研究等，以及当今工程技术发展的重要前沿；微电子与计算机技术、通信技术、生物技术、新材料技术、激光技术、航天技术与空间资源开发等，无一不与物理学息息相关。非物理专业的大学物理课程虽不是物理学中的一个子学科，但教学内容中有不少是经过千锤百炼的基本知识的精华，课程体系与时俱进，层次分明，实践证明十分有利于给学生打下扎实的基础。当今，随着科学技术日新月异的发展，人类已步入知识经济时代，作为 21 世纪从事产业工作的工程技术人才，需要适应科学技术迅猛发展及世界市场上产业竞争日益加剧的新形势，因此，物理基础不应是削弱的对象，而是应进一步加强。

二、物理教育在培养学生正确的时空观、宇宙观、物质观方面有不可替代的作用

众所周知，大学物理课程以极其丰富的事例揭示出力、热、电、光、原子等物理现象中存在的对立统一及互相转化、量变到质变、局部与整体、现象与本质、特殊与一般、主要矛盾与次要矛盾、矛盾的主要方面与次要方面等规律和深刻内涵，对引导理工科以至于文科类学生建立辩证唯物主义的世界观有积极作用。

三、物理概念、定义、假说与理论的形成和发展本身可以激发学生的求知欲，启迪创新精神

从物理学的发展历史及近代物理学的进展来看，一个物理理论的形成与发展均要经历一

个漫长而艰苦的不断探索、不断创新的过程，都有一个激动人心的故事。其中，许多极富才华的年轻人富于幻想，很少受框框约束，对新鲜事物具有强烈的好奇心和兴趣，在学习前人所积累知识的过程中或实验与理论的探索中，往往敢于大胆地推测、猜想，容易迸发出新鲜的物理思想火花，在关键时刻敢于摆脱传统束缚与非议，敢于创立新学说。对于本科院校的非物理专业来说，大学物理课程虽然涉及面广，但教学时数并不多，不容易把学生引导到物理学的发展规律中去把握每一个概念与定律的实质，所以需要配合教学内容精选若干典型事例，给学生展现一幅幅活生生的探索物理学奥秘的艰辛而精彩的历程，这样不仅能使学生受到潜移默化的启发和教育，还能激发学生的探索与创新精神。

四、丰富的物理方法论在培养学生能力上有其重要的作用

如前所述，物理学经过几百年的发展，已经能够说明小到分子、原子、原子核等微观粒子，大到恒星、星系、宇宙等的种种物理现象，并正在深入研究细小到粒子内部，广阔到宇宙整体以及种种非线性的复杂问题。与此同时，物理学积累了多种多样的研究方法。可以说，在物理学这个大系统中，物理学理论与物理学方法论是相互依存与相互作用的两个子系统。在一定意义上讲，它们之间的配合与协调推动着物理学的发展。有人说，所有科学大师都是他研究的那门学科的方法论专家，就包含着这一层意思。从另一角度看，物理学理论本身也具有方法论功能。这些由文字、符号、图像、公式组成的表象，既是人类对客观规律的正确反映，又是人类改造客观世界的工具。大学物理课程触及物理学中许多物理学方法论的精华，学生在学习物理知识的同时，能不同程度地受到科学方法论的熏陶。

五、物理学在培养学生思维能力、发展学生智力方面有独特作用

人类在认识世界、获取知识的过程中，思维起着重要的作用。人脑是思维的器官，人的思维是大脑活动的产物。近代脑科学的研究表明，人的两个脑半球是用根本不同的方式进行思维的。左脑思维具有单线性，是串联式的，擅长逻辑思维，所谓思路清晰、逻辑性强是左脑功能的表现；而右脑思维具有平行性，是并联式的，右脑是直觉判断的场所，直觉思维是与逻辑思维截然不同的另一种非逻辑思维方式，类似于灵感、顿悟，极富创造性。在学习大学物理课程中，不仅需要进行抽象思维、逻辑推理、数字运算及分析等，即要运用和发展左脑功能；同时也要处理物理图像和空间概念、鉴别几何图形、记忆、模仿等，即又要运用和发展右脑功能。可见，大学物理在发展学生智力方面具有独特和不可替代的作用。

第一部分
力　　学

力学是大学物理课程中的一个重要组成部分，不仅与中学物理有着密切的关系，而且其中的物理概念、物理规律和研究方法又是整个大学物理的基础。

学习本部分时，要求应用高等数学中的矢量和微积分知识来描述质点运动的矢量性和瞬时性；在牛顿定律的基础上，学习用演绎的方法研究质点运动中力的时间积累与力的空间积累作用规律；在了解质点及质点系力学的基础上，对刚体、弹性体和流体等连续介质的基本力学规律展开讨论。学习中除需运用中学物理的基础知识外，还要注意在本部分中对中学物理延伸与拓展的内容，特别是理想流体及其运动，这是学习场物理学思想和方法的基础。

第一章 质点力学

本章核心内容

1. 如何用矢量与微分方法描述质点运动。
2. 如何用牛顿第二定律与积分法求解一维变力问题。
3. 如何用演绎法由牛顿第二定律导出质点动量定理。
4. 变力的功及由牛顿第二定律导出质点动能定理。
5. 质点角动量与力矩概念及其相互关系。

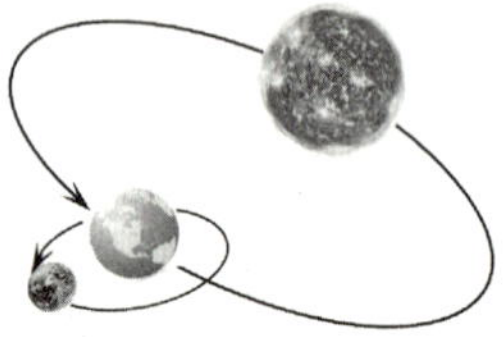

轨道

在人类大量工程与现实生活问题中，如机器零部件的平移，交通车辆的行驶以及人们参与的田径、球类等各项体育运动等，都涉及最基本、最直观、最简单的空间位置变动，即机械运动。

本章研究物体的机械运动，实际上就是研究一个物体相对于另一个物体的位置随时间的变化规律。为突出只研究物体的位置变化，首先将物体抽象为一个不考虑其大小和形状的理想模型，这个理想模型就是质点——一个有质量、仅占据空间位置、无内部结构的研究对象。人们对事物的认识总是从简单入手，抓住事物的主要矛盾，忽略次要矛盾，使问题简单化，这也是建立理想模型的意义所在。质点这个理想模型就是只考虑了物体的质量和空间位置，把其大小和形状等次要矛盾忽略掉而建立的。

物体是否能被看成质点，与本身的大小无关，而是取决于研究问题本身。例如在研究地球绕太阳公转时，由于地球的尺度与轨道半径相比小很多，地球上各点的公转速度相差很小，就可以忽略地球本身尺寸的影响，将其作为质点处理。而在研究地球自转时，地球上各点的速度相差很大，地球自身的大小和形状不能忽略，这时就不能将其作为质点处理了。

第一节 质点运动学

人们已认识到，在一切宏观自然现象中，可以说质点运动是最基本的运动形态之一。质点运动学描述质点的运动，章首“轨道”图片中的轨道，就是质点运动学的研究任务之一。

位置矢量
运动学方程
轨道方程

一、位置矢量

物理学采用不同方法描述质点相对参考系的位置。方法之一是，在参考系中选定一个方便的参考点 O 作为坐标原点后，建立笛卡儿直角坐标系（见图 1-1），并由原点 O 指向质点所在位置 P 引有向线段 $\boldsymbol{r}$，称 $\boldsymbol{r}$ 为质点相对原点 O 的**位置矢量**，简称位矢（或矢径）。

问题是，**为什么要采用矢量来描述质点的位置呢？**原因有两点：

首先，选作描述位置的量应该能提供两种信息：一是质点相对于观测点 O 的距离（远近）；二是质点相对于观测点 O 的方位（方向）。这种既要表示远近，又要表示方向的量，唯位置矢量莫属。

其次，如图 1-1 所示，只要参考点（即坐标原点）一定，位置矢量 $\boldsymbol{r}(t)$ 不仅与所选坐标系无关，而且不论图中坐标系如何旋转（即 x 轴与 y 轴取向变化），位置矢量 $\boldsymbol{r}(t)$ 是不变的，这也是用矢量 $\boldsymbol{r}$ 表示质点位置的优点。

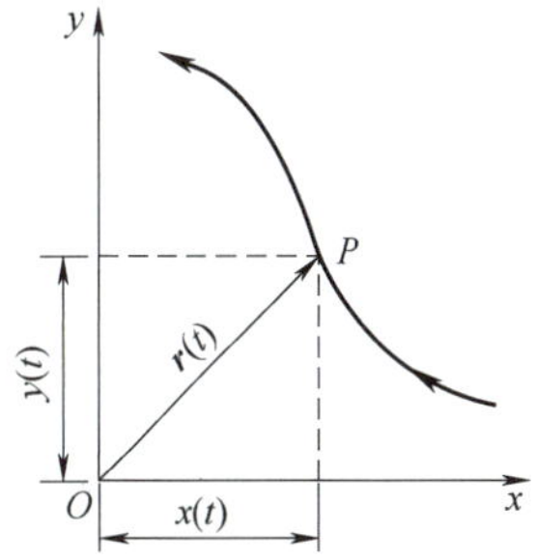

图 1-1

二、运动学方程

当图 1-1 中的质点沿轨道运动时，质点的位置矢量 $\boldsymbol{r}$ 必定也随时间变化。用数学语言说，位置矢量 $\boldsymbol{r}$ 是时间的函数。在物理学中，将这种函数关系特意表示为

$$\boldsymbol{r}=\boldsymbol{r}(t) \tag{1-1}$$

式（1-1）中具体的函数关系称为质点的**运动学方程**。找到或建立质点运动学方程是运动学的首要任务。为什么呢？因为只有知道了式（1-1）的函数形式，才可以运用数学方法获得质点运动的各种信息（如位置、位移、速度、加速度等）。因此，北京航天测控中心就专门设有航天器轨道计算系统。

矢量运算常常在坐标系中进行比较简便，如在三维笛卡儿坐标系中，式（1-1）就可用三个坐标轴上的投影（标量）来表示，即

$$\begin{cases} x=x(t) \\ y=y(t) \\ z=z(t) \end{cases} \tag{1-2}$$

称式（1-2）为运动学方程式（1-1）的坐标分量式。对式（1-2）消去参数 t，可以得到运动质点所经空间留下的曲线（见图 1-1），即**轨道方程**

$$f(x,y,z)=0 \tag{1-3}$$

将式（1-1）用式（1-2）表示，则

练习 1

$$\boldsymbol{r}(t)=x(t)\boldsymbol{i}+y(t)\boldsymbol{j}+z(t)\boldsymbol{k} \tag{1-4}$$

式（1-4）中的 $\boldsymbol{i}$、$\boldsymbol{j}$、$\boldsymbol{k}$ 依次为坐标轴 x、y、z 上的单位矢量（图 1-1 中，$\boldsymbol{k}=\boldsymbol{0}$）。

三、位移矢量

高中物理用路程表示质点在空间的位置变动。但是，研究质点在空间的位置变动时常常

需要掌握变动了多少距离，向什么方向变动。以图 1-2 为例，$\boldsymbol{r}(t)$ 表示 t 时刻质点位于点 P 的位矢，$\boldsymbol{r}(t+\Delta t)$ 表示 $(t+\Delta t)$ 时刻质点位于点 Q 的位矢，如果由点 P 画一指向点 Q 的矢量 $\Delta\boldsymbol{r}$ 就能回答上面两个问题。将 $\Delta\boldsymbol{r}$ 称为位移矢量，它描述质点在 Δt 内位置变动的距离与方向。对图 1-2 中的矢量三角形 OPQ 做矢量减法，有

练习 2

$$\Delta\boldsymbol{r}=\boldsymbol{r}(t+\Delta t)-\boldsymbol{r}(t) \tag{1-5}$$

从图 1-2 来看位移矢量 $\Delta\boldsymbol{r}$ 的性质：

1）位移矢量与坐标原点的选择无关。不过，位置移动有相对性，**表现在位移矢量与参考系的选择有关，但一般不专门针对位移选参考系。**

2）位移矢量不同于路程。在图 1-3 中，质点从 P 到 Q 所经历曲线轨道的路程，等于两点间路径的长度，是标量，一般记为 Δs。若以 $|\Delta\boldsymbol{r}|$ 表位移矢量的大小，则

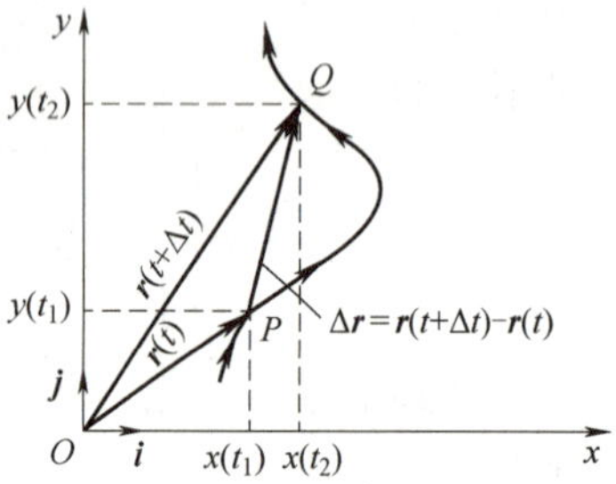

图 1-2

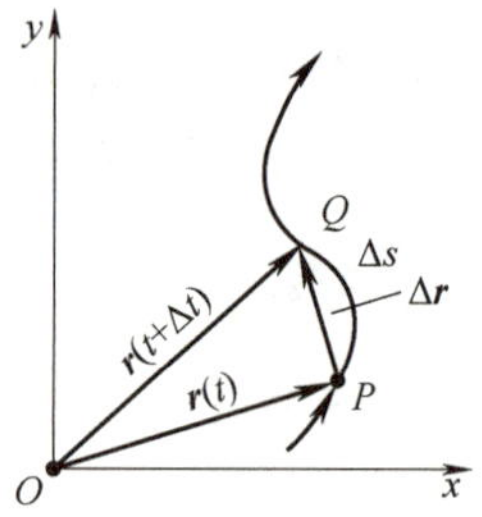

图 1-3

$$|\Delta\boldsymbol{r}|\neq\Delta s$$

但是，当观测的时间段 Δt 趋于零，即点 Q 无限靠近点 P 时，按微分学中取极限的思想，有

$$\lim_{\Delta t\to 0}\Delta\boldsymbol{r}=\mathrm{d}\boldsymbol{r}$$

$$\lim_{\Delta t\to 0}\Delta s=\mathrm{d}s$$

则

$$|\mathrm{d}\boldsymbol{r}|=\mathrm{d}s \tag{1-6}$$

式中，用 $\mathrm{d}\boldsymbol{r}$ 表示的位移叫作元位移矢量（简称元位移）。$\mathrm{d}\boldsymbol{r}$ 的方向就是 $\Delta t\to 0$ 时图 1-3 中该时刻质点在 P 处轨道的切线方向。

因此，式（1-6）只有在 $\Delta t\to 0$ 的极限条件下才成立，此时位移矢量的大小等于质点走过的路程，否则，在一般的曲线运动中两个量不相同。

当观测质点在 t_0 到 t 时间段内的运动时，如何求质点的位移呢？此时除采用式（1-5）外，原则上还可运用高等数学中的积分方法，即

$$\Delta\boldsymbol{r}=\int_{t_0}^{t}\mathrm{d}\boldsymbol{r} \tag{1-7}$$

注意，式（1-7）是矢量积分，矢量积分会在随后章节中一一介绍。

3）在图 1-3 中，位移并不能反映质点从初位置到终位置变化的细节，例如，同样的位移所用时间可能不同。就是说，位移也是时间的函数，有快慢之分。由此，速度矢量的概念就“应运而生”。

四、速度矢量

速度矢量

速度矢量是用来描写质点运动快慢和方向的物理量。在质点运动的任一时刻都有速度 $\boldsymbol{v}(t)$，$\boldsymbol{v}(t)$ 称为瞬时速度矢量。如何理解 $\boldsymbol{v}(t)$ 的瞬时性呢？以图 1-3 为例，要能精确刻画图中质点在不同时刻的速度，处理方法大致分两步：①只粗略估算平均速度；②对平均速度取极限求瞬时速度，取极限就暗含了速度的瞬时性。

具体步骤是，取图 1-3 中从 t 到 $t+\Delta t$ 时间段内质点位移对时间之比，将它定义为质点在这一时间段内的平均速度，记为

$$<\boldsymbol{v}> = \frac{\Delta \boldsymbol{r}}{\Delta t} \tag{1-8}$$

式（1-8）中，$\Delta \boldsymbol{r}$ 是矢量。所以，$<\boldsymbol{v}>$ 也是一个矢量，其大小为 $\frac{|\Delta \boldsymbol{r}|}{\Delta t}$，方向与 $\Delta \boldsymbol{r}$ 方向相同。

当式（1-8）中的 Δt 趋于零时，平均速度 $<\boldsymbol{v}>$ 的极限就是瞬时速度 $\boldsymbol{v}(t)$，即

$$\boldsymbol{v} = \lim_{\Delta t \to 0} \frac{\Delta \boldsymbol{r}}{\Delta t} = \frac{\mathrm{d}\boldsymbol{r}}{\mathrm{d}t} \tag{1-9}$$

式（1-9）就是速度矢量的定义式。数学上它是位矢 $\boldsymbol{r}$ 对时间的一阶导数，位矢对时间的导数就体现了运动的瞬时性。因此，在运动学中，速度 $\boldsymbol{v}$ 与位矢 $\boldsymbol{r}$ 就是用来描述质点运动状态的一组物理量。例如，我国北斗导航系统可以为用户提供定位与测速的服务。显然，$<\boldsymbol{v}> \neq \boldsymbol{v}(t)$，但随着 Δt 越取越小，$<\boldsymbol{v}>$ 与 $\boldsymbol{v}(t)$ 之差越来越小。

在一般的曲线运动中，平均速度和平均速率是两个不同的概念。例如在 Δt 时间内，质点沿闭合曲线运行一周，质点的平均速率不等于零，而按式（1-8），平均速度却等于零。为与式（1-8）做比较，将式（1-8）中质点的位移 $\Delta \boldsymbol{r}$ 替换成路程 Δs，比值

$$<v> = \frac{\Delta s}{\Delta t} \tag{1-10}$$

称为质点在 Δt 时间内的平均速率，它是标量。

把式（1-10）中 Δt 趋于零时平均速率的极限，定义为质点运动的瞬时速率，简称速率，即

$$v = \lim_{\Delta t \to 0} \frac{\Delta s}{\Delta t} = \frac{\mathrm{d}s}{\mathrm{d}t} \tag{1-11}$$

根据式（1-6），只有当 Δt 趋于零时，路程的微分才等于元位移矢量的大小，所以

$$v = \frac{\mathrm{d}s}{\mathrm{d}t} = \frac{|\mathrm{d}\boldsymbol{r}|}{\mathrm{d}t} = |\boldsymbol{v}| \tag{1-12}$$

式（1-12）指出，瞬时速度的大小就等于由式（1-11）定义的瞬时速率。因此，速度和速率具有相同的单位，在国际单位制（SI）中为 $\mathrm{m \cdot s^{-1}}$（米每秒），表 1-1 给出了某些常见事件的速率以供参考。

表 1-1 某些常见事件的速率 （单位：$m \cdot s^{-1}$）

事件	速率
光在真空中	3.0×10^8
北京正、负电子对撞机中的电子	99.999998%光速
类星体（最快的）	2.7×10^8
太阳在银河系中绕银河系中心的运动	3.0×10^5
地球公转	3.0×10^4
人造地球卫星	7.9×10^3
现代歼击机	约 9×10^2
步枪子弹离开枪口时	约 7×10^2
由于地球自转在赤道上一点的速率	4.6×10^2
空气分子热运动的平均速率（0℃时）	4.5×10^2
空气中的声速（0℃时）	3.3×10^2
机动赛车（最大）	1.0×10^2
猎豹（最快动物）	2.8×10
人跑步百米世界纪录（最快时）	小于 10
蜗牛爬行	约 10^{-3}
头发生长	约 3×10^{-9}
大陆板块漂移	约 10^{-9}

五、加速度矢量

在观测质点运动时，人们除了要掌握它的位矢、速度外，往往很关心速度随时间的变化规律。例如，当前我国火箭发射技术已相当成熟，2007 年 10 月 24 日将嫦娥一号卫星送入了太空；2013 年 6 月 11 日，我国成功发射载有 3 名宇航员的神舟十号飞船进入太空。今后，新的嫦娥、新的神舟、新的天宫还将陆续飞向太空。如何从运动学的角度说明火箭和火炮的区别呢？能不能用火炮发射卫星呢？电磁炮行吗？这些问题的核心都涉及速度随时间的变化率。

速度是矢量，速度发生变化包括大小的变化（即速率的变化）和方向的变化。如在变速直线运动中，速度的大小随时间变化，但方向不变；而在匀速圆周运动中，速度的方向变化，大小却不变；一般情形是曲线运动的速度的大小和方向都随时间变化，如变速圆周运动。

加速度就是为了描述速度矢量随时间的变化而引入的物理量。与引入速度的步骤类似，引入平均加速度来粗略估算速度的变化，即平均加速度定义为

练习 3

$$\langle \boldsymbol{a} \rangle = \frac{\Delta \boldsymbol{v}}{\Delta t} \tag{1-13}$$

式中，$\Delta \boldsymbol{v} = \boldsymbol{v}(t+\Delta t) - \boldsymbol{v}(t)$，如图 1-4 所示。

质点在时刻 t 的**瞬时加速度矢量**，简称加速度可以表示为

$$\boldsymbol{a}=\lim_{\Delta t\to 0}\frac{\Delta \boldsymbol{v}}{\Delta t}=\frac{\mathrm{d}\boldsymbol{v}}{\mathrm{d}t}=\frac{\mathrm{d}^2\boldsymbol{r}}{\mathrm{d}t^2} \tag{1-14}$$

数学上，式（1-14）是质点的速度对时间的一阶导数，或位矢对时间的二阶导数。加速度的方向是，当 Δt 趋于零时速度增量 $\Delta \boldsymbol{v}$ 的极限方向，它的大小为

$$a=|\boldsymbol{a}|=\lim_{\Delta t\to 0}\frac{|\Delta \boldsymbol{v}|}{\Delta t} \tag{1-15}$$

以图 1-5 中的两点 P、Q 为例，通常加速度的方向与速度方向并不相同。但在图中可以以速度方向为参照，将加速度按平行和垂直于速度的两个方向分解，平行于速度方向的加速度分量称为切向加速度 $\boldsymbol{a}_{\mathrm{t}}$，它反映速度大小对时间的变化率；与切向垂直并指向该点轨道凹侧的分量称为法向加速度 $\boldsymbol{a}_{\mathrm{n}}$，它反映速度方向随时间的变化率。在图 1-5 中，P 与 Q 每一点上的 $\boldsymbol{e}_{\mathrm{t}}$ 和 $\boldsymbol{e}_{\mathrm{n}}$ 分别表示两个相互垂直的单位矢量。与图 1-4 的坐标系不同，由 $\boldsymbol{e}_{\mathrm{t}}$ 与 $\boldsymbol{e}_{\mathrm{n}}$ 构造的坐标系称为自然坐标系（O 为坐标原点，s 为路程），这是加速度分解的一种方式。表 1-2 列出了某些常见事件的加速度。

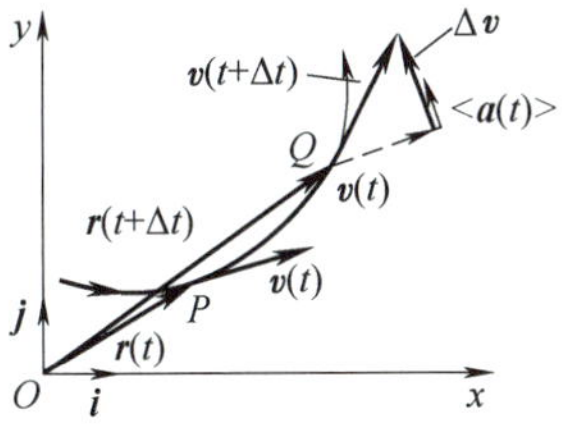

图 1-4

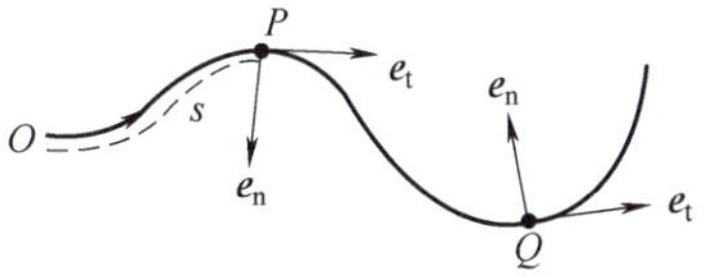

图 1-5

表 1-2　某些常见事件的加速度　　（单位：$\mathrm{m\cdot s^{-2}}$）

事件	加速度
质子在加速器中的运动	约 $10^{13}\sim10^{14}$
子弹在枪膛中的运动	约 5×10^{5}
使汽车撞坏（以 $27\mathrm{m\cdot s^{-1}}$ 车速撞到墙上）的加速度	约 1×10^{3}
太阳表面的自由落体	2.7×10^{2}
火箭升空	约 50~100
使人昏晕	约 70
地球表面自由落体	9.8
汽车制动的加速度	约 8
飞机起飞	4.9
电梯起动	1.9
月球表面自由落体	1.7
由于地球自转在赤道上一点的加速度	3.4×10^{-2}
地球公转的加速度	6×10^{-3}
太阳绕银河系中心转动的加速度	约 3×10^{-10}

六、笛卡儿直角坐标系的运用

由式（1-9）与式（1-14）定义的速度、加速度都是矢量。物理量的矢量形式简洁明快，全面、深刻地展示了各物理量之间的内在联系，但当矢量的大小和方向同时发生变化时，计算起来就不像标量运算那样方便了。我们可以借助笛卡儿直角坐标系将矢量在坐标轴上投影成标量，处理标量的微积分要简单一些。

需要强调的是，坐标系不仅是将矢量运算转化为代数运算的得力工具，而且由于坐标系与选定的参考系固定在一起，它还有表征参考系的作用（参看本章第四节）。质点力学中经常用到三种坐标系：笛卡儿直角坐标系、自然坐标系与平面极坐标系。本书只着重介绍和使用笛卡儿直角坐标系，它又称直角坐标系，下面对笛卡儿直角坐标系的应用做一简要介绍。

首先，在笛卡儿直角坐标系中，质点运动学方程已由式（1-2）表示，分别沿三个坐标轴引入单位矢量 $\boldsymbol{i}$、$\boldsymbol{j}$、$\boldsymbol{k}$，则式（1-1）可表示为式（1-4）。其次，速度矢量也可以表示为三个分矢量之和，将式（1-4）对变量 t 取一阶导数，由于坐标系固连在参考系上，$\boldsymbol{i}$、$\boldsymbol{j}$、$\boldsymbol{k}$ 都是恒矢量，不随时间变化，它们对时间的导数恒为零，所以质点的速度可表示为

练习 4

$$\begin{aligned}\boldsymbol{v} &= v_x\boldsymbol{i} + v_y\boldsymbol{j} + v_z\boldsymbol{k}\\ &= \frac{\mathrm{d}x}{\mathrm{d}t}\boldsymbol{i} + \frac{\mathrm{d}y}{\mathrm{d}t}\boldsymbol{j} + \frac{\mathrm{d}z}{\mathrm{d}t}\boldsymbol{k}\end{aligned} \tag{1-16}$$

速度的大小为

$$|\boldsymbol{v}| = \sqrt{v_x^2 + v_y^2 + v_z^2} \tag{1-17}$$

其方向可用方向余弦表示，即

$$\cos\alpha = \frac{v_x}{|\boldsymbol{v}|},\quad \cos\beta = \frac{v_y}{|\boldsymbol{v}|},\quad \cos\gamma = \frac{v_z}{|\boldsymbol{v}|} \tag{1-18}$$

同理，加速度矢量也可表示为（方向余弦略）

$$\begin{aligned}\boldsymbol{a} &= a_x\boldsymbol{i} + a_y\boldsymbol{j} + a_z\boldsymbol{k}\\ &= \frac{\mathrm{d}^2x}{\mathrm{d}t^2}\boldsymbol{i} + \frac{\mathrm{d}^2y}{\mathrm{d}t^2}\boldsymbol{j} + \frac{\mathrm{d}^2z}{\mathrm{d}t^2}\boldsymbol{k}\end{aligned} \tag{1-19}$$

$$|\boldsymbol{a}| = \sqrt{a_x^2 + a_y^2 + a_z^2} \tag{1-20}$$

七、运动学的两类问题

本节介绍了描写质点运动的四个物理量。在运动学中它们的作用各不相同，其中，位矢和速度确定质点运动状态，而位移和加速度用于描述质点运动状态的变化。如果有式（1-1）的函数形式，即可获得质点的全部运动学信息。值得注意的是，运动学中的基本概念和运动规律，都需要用数学来描述。物理学与数学有不可分割的历史渊源，熟练地运用数学方法，对理解物理概念、掌握物理规律的内涵、展现物理图像是必不可少的，故本书中列出的“练习”要多加练习。

质点运动学的题目繁多，解法多样，但围绕着速度和加速度这样两个重要的物理量，大致有以下两类互逆的问题：

1）已知运动学方程式（1-1），求轨道方程、速度及加速度。

解这类问题时，消去运动学方程中的参量 t，得轨道方程；或由运动学方程对 t 求导数，得质点的速度和加速度。

$$\boldsymbol{r}=\boldsymbol{r}(t) \xrightarrow{\text{求导数}} \boldsymbol{v}=\frac{\mathrm{d}\boldsymbol{r}}{\mathrm{d}t},\ \boldsymbol{a}=\frac{\mathrm{d}\boldsymbol{v}}{\mathrm{d}t}=\frac{\mathrm{d}^2\boldsymbol{r}}{\mathrm{d}t^2}$$

【例 1-1】 一质点做平面运动，其位置矢量为 $\boldsymbol{r}=A\cos\omega t\boldsymbol{i}+A\sin\omega t\boldsymbol{j}$。求：

（1）该质点的运动轨迹方程。

（2）该质点在任意时刻的速度。

（3）该质点在任意时刻的加速度。

【分析与解答】（1）将质点的位置矢量写成分量式为

$$\begin{cases}x(t)=A\cos\omega t\\ y(t)=A\sin\omega t\end{cases}$$

对上式消去参数 t，就可得到质点的轨迹方程 $x^2+y^2=A^2$。从方程中可以看出，质点的轨迹是一个圆。

（2）将位置矢量对时间求一阶导数，得速度矢量

$$\boldsymbol{v}=\frac{\mathrm{d}\boldsymbol{r}}{\mathrm{d}t}=-\omega A\sin\omega t\boldsymbol{i}+\omega A\cos\omega t\boldsymbol{j}$$

（3）将上式速度矢量对时间求一阶导数，得加速度矢量

$$\boldsymbol{a}=\frac{\mathrm{d}\boldsymbol{v}}{\mathrm{d}t}=-\omega^2A\cos\omega t\boldsymbol{i}-\omega^2A\sin\omega t\boldsymbol{j}=-\omega^2\boldsymbol{r}$$

从形式中可以看出，是一个向心加速度。

2）已知加速度（或速度）和初始条件，求速度和运动学方程。

这类问题需要用微分法的逆运算——积分法来求解：

$$\boldsymbol{a}=\frac{\mathrm{d}\boldsymbol{v}}{\mathrm{d}t}\Rightarrow\int_{v_0}^{v_t}\mathrm{d}\boldsymbol{v}=\int_0^t\boldsymbol{a}\mathrm{d}t\Rightarrow\boldsymbol{v}(t)=\boldsymbol{v}_0+\int_0^t\boldsymbol{a}\mathrm{d}t$$

$$\boldsymbol{v}=\frac{\mathrm{d}\boldsymbol{r}}{\mathrm{d}t}\Rightarrow\int_{r_0}^{r_t}\mathrm{d}\boldsymbol{r}=\int_0^t\boldsymbol{v}\mathrm{d}t\Rightarrow\boldsymbol{r}(t)=\boldsymbol{r}_0+\int_0^t\boldsymbol{v}\mathrm{d}t$$

【例 1-2】 一质点在 Oxy 平面内做曲线运动，其加速度是时间的函数。已知 $a_x=2$，$a_y=36t^2$。设质点在 $t=0$ 时，$\boldsymbol{r}_0=\boldsymbol{0}$，$\boldsymbol{v}_0=\boldsymbol{0}$。求：此质点的运动学方程。

【分析与解答】 速度与加速度之间的积分关系为

$$\boldsymbol{v}(t)=\boldsymbol{v}_0+\int_0^t\boldsymbol{a}\mathrm{d}t$$

写出它在 x 轴和 y 轴的分量表达式

$$v_x=v_{0x}+\int_0^t a_x\mathrm{d}t=\int_0^t 2\mathrm{d}t=2t$$

$$v_y = v_{0y} + \int_0^t a_y \mathrm{d}t = \int_0^t 36\, t^2 \mathrm{d}t = 12t^3$$

任意时刻的速度矢量为

$$\boldsymbol{v}(t) = 2t\boldsymbol{i} + 12t^3\boldsymbol{j}$$

同理，位置矢量与速度之间的积分关系为

$$\boldsymbol{r}(t) = \boldsymbol{r}_0 + \int_0^t \boldsymbol{v}\mathrm{d}t$$

同样写出它在 x 轴和 y 轴的分量表达式

$$x = x_0 + \int_0^t v_x \mathrm{d}t = \int_0^t 2t\mathrm{d}t = t^2$$

$$y = y_0 + \int_0^t v_y \mathrm{d}t = \int_0^t 12t^3 \mathrm{d}t = 3t^4$$

质点的运动学方程为

$$\boldsymbol{r}(t) = t^2\boldsymbol{i} + 3t^4\boldsymbol{j}$$

说明：(1) 对于矢量，不能够直接积分，需要对它的分量积分。

(2) 加速度和质点受到的力联系在一起，所以这一类问题通常可以和牛顿第二定律结合应用。

八、应用拓展——北斗卫星导航系统的定位原理

北斗卫星导航系统（以下简称“北斗”）是我国着眼于国家安全和经济社会发展需要，自主建设运行的全球卫星导航系统。为什么要做北斗？北斗主要提供导航、定位和授时服务。在北斗建成之前，我们基本用 GPS 系统，它是美国全球定位系统，1994 年完成全球布网，但它本质是军用卫星导航系统，也就是它可以随意恢复任何干扰、甚至彻底停止区域服务。无论是事关国家国防安全，还是导航应用市场的巨大商业利益，我国都必须拥有自己的卫星导航系统，这个领域不会存在真正意义的国际合作。1994 年—2000 年完成北斗一号系统建设，2001 年—2012 年完成北斗二号系统建设，2013 年—2020 年完成北斗三号系统建设。那么北斗是怎么定位的？至少需要几颗卫星才能定位？

设三颗卫星到用户机的距离为 R_1、R_2 和R_3，三颗卫星发射信号的时刻分别为 t_1、t_2 和t_3。三颗卫星的坐标分别为 (x_1, y_1, z_1)、(x_2, y_2, z_2) 和 (x_3, y_3, z_3)，接收机的坐标为 (x, y, z)，接收机接收到信号的时刻为 t，那么可以列出以下方程：

$$\begin{cases} R_1 = c(t - t_1) = \sqrt{(x_1 - x)^2 + (y_1 - y)^2 + (z_1 - z)^2} \\ R_2 = c(t - t_2) = \sqrt{(x_2 - x)^2 + (y_2 - y)^2 + (z_2 - z)^2} \\ R_3 = c(t - t_3) = \sqrt{(x_3 - x)^2 + (y_3 - y)^2 + (z_3 - z)^2} \end{cases}$$

这样列出三个方程求交点就可以求出来位置了吗？理论上可以，但现实做不到。这是钟的问题，北斗卫星搭载了精确的原子钟，而用户机没办法每台都配原子钟。怎么办？答案是用四颗卫星！这时候需要引入“钟差”的概念。接收机接收信号的时刻是用一般钟测出来的，

这个时间不准，和精确的原子时是有钟差的，设这个值为 dt，于是三颗卫星交汇的实际方程为

$$\begin{cases} R_1 = c(t + \mathrm{d}t - t_1) = \sqrt{(x_1 - x)^2 + (y_1 - y)^2 + (z_1 - z)^2} \\ R_2 = c(t + \mathrm{d}t - t_2) = \sqrt{(x_2 - x)^2 + (y_2 - y)^2 + (z_2 - z)^2} \\ R_3 = c(t + \mathrm{d}t - t_3) = \sqrt{(x_3 - x)^2 + (y_3 - y)^2 + (z_3 - z)^2} \end{cases}$$

三个方程，四个未知数肯定解不出来，那么多加一颗卫星有第四个方程

$$R_4 = c(t + \mathrm{d}t - t_4) = \sqrt{(x_4 - x)^2 + (y_4 - y)^2 + (z_4 - z)^2}$$

四个未知数刚刚好，定位 (x,y,z) 的同时顺便把接收机的钟差 dt 求出来了，可以用来校准接收机的钟，一举两得。

若空中有足够的卫星，用户终端可以接收多于四颗卫星的信息时，可以将卫星每组四颗分为多个组，列出多组方程，通过一定的算法挑选误差最小的那组结果，能够提高精度。北斗卫星导航系统在交通、农业、公安、大众应用、特殊关爱等方面有着广泛的应用。

第二节 牛顿运动定律

通过上一节内容了解了描述质点运动的位矢 $\boldsymbol{r}$、位移 $\Delta\boldsymbol{r}$、速度 $\boldsymbol{v}$ 和加速度 $\boldsymbol{a}$ 及它们之间的关系，但没有涉及机械运动中的因果规律。什么是因果规律呢？或者说在自然界中，为什么物体会有这样或那样不同的机械运动形式呢？牛顿说这取决于外界和物体间的相互作用。1687 年 7 月由哈雷资助出版的牛顿的旷世名著《自然哲学的数学原理》，以严整的理论体系建立了关于物体运动的三个定律和万有引力定律。依照牛顿的理论，物体的运动状态之所以随时间、空间变化，是因为物体受外力作用。研究质点在受力作用下的运动规律称为质点动力学。而以牛顿运动定律为基础的质点动力学是牛顿力学的基础。

在中学物理中，牛顿力学的有关概念、规律乃至许多具体知识和解题方法已被初学者熟悉。在此基础上，本节将侧重于在物理思想和逻辑推理的层面上介绍牛顿运动定律。

一、牛顿运动定律的内容

1. 牛顿第一定律——惯性定律

任何物体都保持静止状态或匀速直线运动状态，直至受到其他物体的作用。

以上表述虽简短，内涵却丰富。首先，一个物体不受任何作用的情况在自然界中是不会出现的。牛顿发现这一规律得益于他丰富的想象力。其次，定律阐明了惯性的含义，给出了力的概念，还暗含了惯性参考系的定义。为什么说牛顿第一定律定义了惯性参考系呢？因为只有在这种特殊的参考系中观察，物体的运动才遵守牛顿第一定律。最后这一点从理论上讲，不论现实宇宙中是否存在惯性系，如我国天宫号中宇航员飘浮的运动状态是耐人寻味的（天宫号飞船是不是惯性系呢？参考本书第二卷第十七章），由惯性定律作为首发的牛顿运动定律，只在惯性系中成立。

牛顿第一定律虽然只定性地阐述了力和运动的关系，但却引发出三个问题：其一，采用

什么物理量描述物体的运动状态，以使运动状态的改变具有明确的意义？其二，采用什么物理量体现其他物体的作用，以使这种作用与运动状态的改变之关系有明确的定量表达？其三，物体具有保持本身运动状态不变的属性，那么，是否可以用一个物理量予以度量？这三点是在随后的牛顿第二定律中才得以圆满解决。具体答案见随后的式（1-21）~式（1-23）。

2. 牛顿第二定律

在惯性参考系中，外力的作用改变物体的动量，动量随时间的变化率正比于力。

以 $\boldsymbol{F}$ 表示作用在物体（质点）上的合外力，$\boldsymbol{p}$ 表示物体的动量（动量概念将在本章第三节中进一步讨论），则在国际单位制（SI）中，牛顿第二定律的表达式为

$$\boldsymbol{F}=\frac{\mathrm{d}\boldsymbol{p}}{\mathrm{d}t}=\frac{\mathrm{d}(m\boldsymbol{v})}{\mathrm{d}t} \tag{1-21}$$

在质量不随时间变化的情况下，写为

$$\boldsymbol{F}=m\frac{\mathrm{d}\boldsymbol{v}}{\mathrm{d}t} \tag{1-22}$$

由于$\dfrac{\mathrm{d}\boldsymbol{v}}{\mathrm{d}t}=\boldsymbol{a}$ 是物体的加速度，所以有

$$\boldsymbol{F}=m\boldsymbol{a} \tag{1-23}$$

式（1-21）~式（1-23）都是牛顿第二定律的数学表达式，是牛顿力学的核心。在自然界中，物体间的相互作用形式是极为复杂的，诸如碰撞、冲击、锻压、推动、拉拽、摩擦、吸引和排斥等。牛顿高明之处在于，将物体间复杂多样的相互作用都抽象为一个力 $\boldsymbol{F}$ 来描述。在研究物体各种各样的运动时，先不去考察产生相互作用的物理机制如何，也抛开相互作用中形形色色的具体方式，一概抽象出与加速度成正比关系的物理量 $\boldsymbol{F}$，建立质点动力学。在实际问题中，$\boldsymbol{F}$ 通常是未知的。因此，为了求得处在外界作用下质点的动力学行为，必须分析质点的受力 $\boldsymbol{F}$。

现代科学研究成果指出，自然界中各种质点（粒子）之间存在四种基本相互作用：引力相互作用、电磁相互作用、强相互作用和弱相互作用。后面两种相互作用是只出现在原子核内的短程作用。对于只适用于宏观物体的经典力学来说，涉及的只是前两种相互作用。因此，宏观物体之间的各种常见的力，除万有引力之外，所谓拉力、弹性力、绳的张力、正压力、摩擦力等，在本质上都是物质分子间或原子间电磁力的宏观表现。为此，我们讨论宏观力学现象时，都只是在一定近似条件下形式上唯象地描述几种真实作用力。

1）在地球表面附近质量为 m 的物体受到的重力，方向垂直地面向下，大小为

$$F=mg \tag{1-24}$$

式中，g 是重力加速度，它是地球引力的表现，但物体所受重力只是物体所受地球引力的近似处理。根据中学物理中介绍过的万有引力定律，g 的表达式为

$$g=\frac{Gm_{地}}{R^2} \tag{1-25}$$

式中，$m_{地}$ 是地球的质量；R 是地球半径的平均值。

2）在力学问题中，经常遇到弹性力。与非接触作用的重力不同，弹性力是接触力，它

产生在直接接触的物体之间，绳中的张力就是一种弹性力。在产生弹性力的同时物体会出现形变（详见第三章第二节）。弹簧模型就是一种对弹性力的描述。以图 1-6 为例，弹簧水平放置，一端固定，另一端连接物体。点 O 表示弹簧未形变时物体受合力为零的位置，称为平衡位置，通常取点 O 做坐标原点。在弹性问题中称图中 x 为物体偏离点 O 的位移。当位移不是很大（理想弹性范围）时，弹性力所遵守的胡克定律为

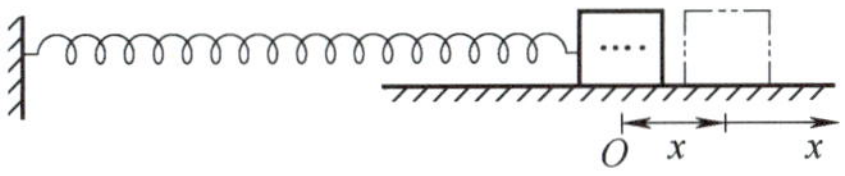

图 1-6

$$F = -kx \tag{1-26}$$

式中，k 是由实验确定的系数，称为劲度系数，它取决于制造弹簧的材料和弹簧加工方法。按式（1-26），在图 1-6 的坐标系中，当弹簧被拉伸时，$x>0$，则 $F<0$，表示弹性力 $\boldsymbol{F}$ 的方向沿着 x 轴的负方向；当弹簧被压缩时，$x<0$，则 $F>0$，表示弹性力 $\boldsymbol{F}$ 的方向沿着 x 轴的正方向。

3）日常生活中处处存在着摩擦力。摩擦力是相互接触的物体在做相对运动或有相对运动趋势时产生的，前者称为滑动摩擦力，后者称为静摩擦力。摩擦力的方向永远沿着接触面的切线方向，并且阻碍相对运动的发生，它的产生与变化规律比重力和弹性力要复杂。但是，根据对经验观测资料的归纳，常见摩擦力可以用一个简单的公式来描述，即

$$F = \mu F_N \tag{1-27}$$

式中，F_N 为垂直于两物体接触面的正压力；μ 为比例系数。由于使物体起动所需克服的最大静摩擦力，往往大于保持物体滑动所需克服的滑动摩擦力，所以，常常把式（1-27）分开写成两个式子

$$F_s \leqslant \mu_s F_N \tag{1-28}$$

$$F_k = \mu_k F_N \tag{1-29}$$

式中，F_s 和 F_k 分别表示静摩擦力和滑动摩擦力；μ_s 和 μ_k 分别表示静摩擦系数和动摩擦系数。

摩擦系数的大小在工程设计中极为重要。例如，目前在陆地上行驶的车辆，除磁悬浮列车外，大都基于摩擦传动的方式：发动机的驱动力使车轮旋转，通过路面（或轨道）对车轮的摩擦力推动车前进（如驱动两汽车后轮的作用）。推车前进的最大动力在一定程度上取决于车轮边缘与路面（或轨道）间的最大静摩擦力。或者说，不论汽车发动机的功率有多大，根据作用与反作用的关系，它的牵引力都不会大于即将打滑时的摩擦力，否则，车轮只是空转而已。在设计铁路的坡度时，摩擦系数的影响也是必须慎重考虑的。下雨会使摩擦系数变小，机车或货车中的油脂滴落在铁轨上，也会使摩擦系数下降，怎么办？方法是在设计铁路的坡度时，必须要考虑取多大的安全系数。通常，我国铁路的最大坡度是 12/1000，即在 1km 内爬高 12m。对特殊地段，可采用两台机车对列车一推一拉来行进，此时，坡度可达 30/1000（如宝成线）。表 1-3 列出一些材料的摩擦系数以做参考。

表 1-3 一些材料的摩擦系数

材料	μ_s	μ_k
冰对钢	0.027	—
冰对冰	0.04	—
皮革对铸铁（油表面）	0.1~0.2	0.15
皮革对铸铁（干燥）	0.3~0.5	0.6
木材对金属	0.50	0.40
钢对铸铁（干净表面）	0.3	0.18
木材对木材（干燥）	0.25~0.65	0.3
木材对金属	0.5~0.6	0.3~0.6
皮革对金属（干表面）	0.60	0.56
皮革对铸铁（水湿表面）	0.15	0.15
玻璃对玻璃	0.90~1.0	0.4
青铜对青铜	0.15	0.15
橡胶对金属	1.0~4.0	
皮革对木材	0.4~0.6	0.3~0.6
橡胶对混凝土	1.0	0.80
铁对混凝土	—	0.30
钢对钢（加润滑剂）	0.09	0.05
钢对钢（干净表面）	0.6	0.5
涂蜡木滑雪板干雪面	0.04	0.04

在解决实际问题时，式（1-27）~式（1-29）是经常采用的经验定律（非理论导出）。应用时需注意：

1）凡经验定律都有它的适用范围。μ_s 的范围通常在 0.1~1.5 之间。F_s 依赖于两个表面的性质和状况等多种因素。表 1-3 中所列出的数据，是与黏附在物体表面的杂质（污物、氧化物等）分不开的。设想两接触表面间是绝对纯净的，两接触面“无缝对接”时 μ_s 还会是表 1-3 中所列的值吗？（是大还是小呢？）

除速度极高外，在一个相当宽的速率范围内，式（1-29）中的 μ_k 不依赖于速率（本书不讨论 $\mu(v)$ 问题）。对于坚硬质料的物体，在面积较宽的范围内，μ_k 也几乎不依赖于接触面的大小。这样的经验知识，至今还没有被人们完全理解。因此，要想从理论上估计两个物体之间的摩擦系数，目前还做不到，至于静摩擦与动摩擦为何不同也不是很清楚。

2）在讨论某些问题时，假设摩擦力可以忽略不计，这是物理学中的一种理想模型。如果在我们的生活之中真的没有摩擦力，能想象人们生活的状况会是什么样子吗？

上述介绍的摩擦现象发生在两个接触物体之间，故称为外摩擦或干摩擦。在物体内部各部分之间若有相对运动，也会发生摩擦现象，这种摩擦现象称为内摩擦或湿摩擦（详见第十五章第一节）。

3. 牛顿第三定律

有作用必有反作用，两物体之间的作用力 $\boldsymbol{F}_1$ 与反作用力 $\boldsymbol{F}_2$ 彼此数值相等，方向相反，且作用在不同物体上。

这一定律表明，力的出现总是涉及两个物体（常言道，一个巴掌拍不响）。$\boldsymbol{F}_1$ 与 $\boldsymbol{F}_2$ 同时产生，同时存在，又同时消失，性质相同，仅有的区别是作用在两个不同物体上。当考虑不同物体时，它们各自产生效果，永远不会抵消（除非两物体组成系统，这种情况将在第二章讨论）。应当注意，牛顿第三定律只对接触物体成立。例如，在电磁学中，当讨论两个运动电荷之间的相互作用时，它们将不再遵守牛顿第三定律。此外，牛顿第三定律是关于力的性质的定律，并不涉及物体运动的描述。所以，牛顿第三定律不涉及参考系的选择。

二、牛顿运动定律的应用

什么是质点动力学？质点动力学研究质点的受力与运动的相互关系。分两类问题：一是由已知作用于质点上的力和初始条件（初始时刻的位置和速度），求质点在任一时刻的位置、速度和加速度；另一是由已知质点的位置或速度随时间变化的规律，求力或者由运动和力的一部分求它们中的另一部分。在解决上述两类问题时，关键是在分析质点受力的同时准确把握方程中的另两个物理量 m 和 $\boldsymbol{a}$。

1）式（1-23）中的 m 表示所讨论对象的质量（又称惯性质量）。在分析具体问题时，为了表明相互约束、相互接触的几何性质，一般不用几何点，而用有形状和大小的物体。但为了突出研究对象，要将以 m 为代表的物体从物体间的相互作用中分离出来，这就是隔离体方法。

2）在式（1-21）~式（1-23）中，$\boldsymbol{F}$ 为所讨论质点受到的全部外力的合力。为便于讨论全部外力，常采用力的几何图示方法，将物体所处环境中一个个给它施加的作用代之以有向线段，一并画于图中，这项工作称为画受力图。

3）$\boldsymbol{a}$ 为所讨论质点的加速度。要正确地描述质点的加速度，离不开对质点进行运动学分析，如质点的运动轨道特征、速度特征和加速度特征等。特别是当问题涉及多个物体的相互关联时，这种分析往往是求解问题的切入点。

4）式（1-21）~式（1-23）是矢量方程。求解时一定要根据题意采用适当的坐标系对矢量方程进行分解后再处理。例如在一维问题中，通常将运动方向规定为坐标轴的正方向。

5）解方程组。先将各量以代数符号进行运算，然后用 SI 单位代入数值运算，并注意结果的合理性。当物体受到的力是随位置变化（如引力、弹性力）、随时间变化（如碰撞、强迫振动）或随速度变化（如黏滞力）等变力问题时需用高等数学方法处理。本书偏重一维变力问题，是高中物理的延伸，学会用高等数学求解也是一大难点。

【例 1-3】 如图 1-7 所示，有一条质量可忽略不计的弹簧，上端固定，当下端悬挂质量为 0. 1kg 的砝码而达到平衡时，弹簧伸长 2. 5cm。如果将这一弹簧在原长时，下端换成挂一个质量为 0. 3kg 的砝码后，再将砝码在弹簧原长时由静止释放。问此砝码下降多少距离后开始上升？

例 1-3

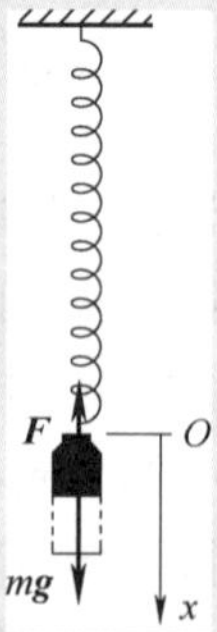

图　1-7

【分析与解答】　这类问题采用牛顿第二定律求解。按图 1-7，砝码下降到速度等于零时才开始上升，这暗含砝码的下降速度与位置有关。但是，牛顿第二定律给出的是力与加速度之间的瞬时关系（本质规律）。因此，解本题的关键是，如何从这一瞬时关系求速度与位置的函数关系（规律应用）。

本题研究对象是砝码。砝码在运动中受力为重力 $m\boldsymbol{g}$ 和弹性力 $\boldsymbol{F}$，首先，按图 1-7 中画出砝码的受力图，再将合力代入式（1-23）得

$$m\boldsymbol{g} + \boldsymbol{F} = m\boldsymbol{a}$$

其次，为解此矢量方程，取竖直向下为 x 坐标轴正方向，释放点（弹簧原长）为坐标原点。用式（1-26）及式（1-14）代入上式后，该式在此坐标系中投影为

$$mg - kx = m\frac{\mathrm{d}v}{\mathrm{d}t}$$

现在面对的是一个包含 x、v 和 t 的一阶微分方程。为了找到 x 与 v 之间的函数关系（解方程），常利用一个微分变换把式中 $\mathrm{d}t$ 消去，即

$$\frac{\mathrm{d}v}{\mathrm{d}t} = \frac{\mathrm{d}v}{\mathrm{d}x}\frac{\mathrm{d}x}{\mathrm{d}t} = \frac{\mathrm{d}v}{\mathrm{d}x}v$$

将上式代入上述微分方程，有

$$mg - kx = mv\frac{\mathrm{d}v}{\mathrm{d}x}$$

然后，把式中变量 x 与 v 及各自的微分分列等号两边得

$$v\mathrm{d}v = g\mathrm{d}x - \frac{k}{m}x\mathrm{d}x$$

以上称为分离变量法。由此得到了 x 与 v 之间的微分关系，要从它找到 x 与 v 的函数关系，就得用积分方法了。根据题意，砝码运动受限于开始释放点，$x=0$，$v=0$，及下降后开始上升点，坐标为 x，且 $v=0$。因此。对上式两边求定积分有

$$\int_0^0 v\mathrm{d}v = \int_0^x g\mathrm{d}x - \frac{k}{m}\int_0^x x\mathrm{d}x$$

得
$$0 = gx - \frac{1}{2}\frac{k}{m}x^2$$
解此代数方程，得物体下降速度为零时点的坐标为
$$x = 0 \quad 和 \quad x = \frac{2mg}{k}$$
$x=0$ 为释放点，$x=2mg/k$ 为开始上升点。

最后，代入已知数据完成本题计算：由弹簧伸长 $x_0=2.5\text{cm}$ 时，平衡点拉力为 $m_0g=(0.1\times9.8)\text{N}=0.98\text{N}$ 求出
$$k = \frac{m_0g}{x_0}$$
从而
$$x = \frac{2mg}{k} = \frac{2mg}{m_0g}x_0 = \frac{2m}{m_0}x_0$$
$$= \frac{2\times0.3}{0.1}\times2.5\times10^{-2}\text{m} = 1.5\times10^{-1}\text{m}$$
结果是，砝码从释放点下降 $1.5\times10^{-1}\text{m}$ 后上升。

第三节　质点的基本运动定理

一、质点动量定理

牛顿第二定律式（1-23）指出，力使受力物体获得加速度是一种瞬时效应。在物体运动的任意瞬间都是成立的。问题是物体运动必定经历一定的时间，**在此时间内物体要一直受到力的作用，力作用的总的效应又是什么呢？**对这一问题的思考引申出力对时间的积累效应的物理概念及相应运动定理，这便成为当年牛顿力学向前发展的一个方向。

质点动量定理

1. 运动物体的动量

中学物理曾这样介绍过，改变一个物体运动状态的难易程度不仅与该物体的质量有关，而且与它的速度有关（包括大小和方向）。例如，**重载汽车与空载汽车哪一个难启动？哪一个难停下来？又如，同一列火车，为什么在高速行驶时要比低速行驶时更难以制动和改变方向？**回答这些问题，需要运用由质量和速度同时决定的动量才能解决。

历史上，动量的概念在牛顿运动定律建立以前就已经提出来了，牛顿正是用式（1-21）中动量的变化率来表达第二定律的。动量是矢量，定义为
$$\boldsymbol{p} = m\boldsymbol{v} \tag{1-30}$$
用式（1-21）分析汽车或火车启动（或制动）时的难易程度，可以理解为汽车或火车的动

量是否容易发生变化；或者在相同的时间内所需作用力不同；或者在相同的力作用下，需要的作用时间长短不同。

2. 冲量

上一节曾强调，运用牛顿第二定律式（1-21）解决问题的关键是：必须知道或可以求得作用在质点上的力。但是，在许多实际问题中，如图 1-8 所示的运动员在起跳过程中，作用于人腿上的力及其函数形式是不知道的。又如，锤子打击钉子的力、炮弹爆炸把弹壳炸成碎片的力等，作用时间极短，也是无法写出函数式的。物理学如何破解这类难题呢？那就是根据力的瞬时性，大胆想象将作用时间分割为 N 个非常短的元时间段 $\mathrm{d}t$，在元时间段 $\mathrm{d}t$ 内认定力 $\boldsymbol{F}$ 是一个常矢量（但不同时刻不同），且牛顿运动定律成立。顺此思路，将式（1-21）两边分别乘以 $\mathrm{d}t$，得

练习 5

$$\boldsymbol{F}\mathrm{d}t = \mathrm{d}(m\boldsymbol{v}) = \mathrm{d}\boldsymbol{p} \tag{1-31}$$

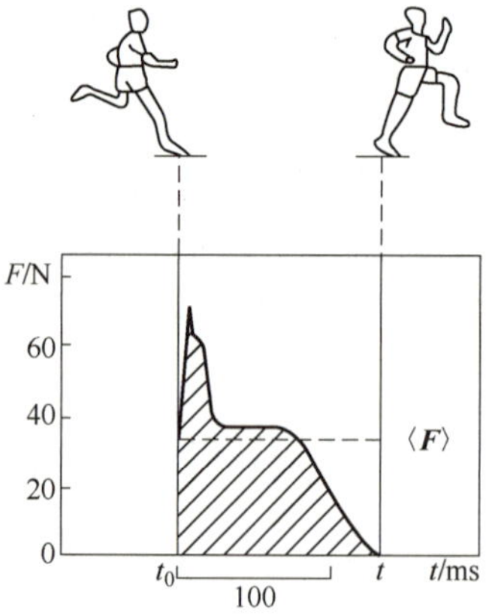

图 1-8

式（1-31）来自式（1-21），但物理意义不同。不同在哪里呢？一则 $\boldsymbol{F}\mathrm{d}t$ 是作用在质点上的合力与作用时间段 $\mathrm{d}t$ 的积，表示力 $\boldsymbol{F}$ 在 $\mathrm{d}t$ 内的时间积累作用；二则等号右边 $\mathrm{d}\boldsymbol{p}$ 是质点动量的元增量，描述在 $\mathrm{d}t$ 时间段质点运动状态的变化。

物理学称 $\boldsymbol{F}\mathrm{d}t$ 为力 $\boldsymbol{F}$ 在 $\mathrm{d}t$ 时间段的元冲量，记为 $\mathrm{d}\boldsymbol{I}$，即

$$\boldsymbol{F}\mathrm{d}t = \mathrm{d}\boldsymbol{I} \tag{1-32}$$

如果在 t_0 到 t 的时间段内，有变力持续作用于质点，并使其动量从 $\boldsymbol{p}_0$ 变到 $\boldsymbol{p}$，描述 $\boldsymbol{F}$ 的时间积累作用与质点动量变化关系的方法是对式（1-31）做定积分

练习 6

$$\int_{t_0}^{t} \boldsymbol{F}\mathrm{d}t = \int_{p_0}^{p} \mathrm{d}\boldsymbol{p} = \boldsymbol{p} - \boldsymbol{p}_0 \tag{1-33}$$

称式中定积分 $\int_{t_0}^{t} \boldsymbol{F}\mathrm{d}t$ 为力 $\boldsymbol{F}$ 在 t_0 至 t 作用在质点上的冲量（数值上等于图 1-8 中阴影区面积），用 $\boldsymbol{I}$ 表示，即

$$\boldsymbol{I} = \int_{t_0}^{t} \boldsymbol{F}\mathrm{d}t \tag{1-34}$$

在国际单位制（SI）中，冲量的单位名称是牛顿秒，单位符号为 N · s。式（1-33）等号右侧为质点动量的增量。

式（1-34）意味着，冲量与力 $\boldsymbol{F}$ 及力的作用时间有关，是一个过程量。在某一时刻，尽管有力的作用，但不能确定该时刻力的冲量有多大。

由于在不同惯性系中作用力 $\boldsymbol{F}$ 和时间间隔 $\mathrm{d}t$ 都与参考系无关，因此，冲量也和参考系的选择无关。也就是说，不同参考系中的观察者得到的冲量相同。冲量是矢量。

3. 质点动量定理

进一步来了解式（1-31）：作用于质点上合力的元冲量等于质点动量的元增量。这一段叙述表达的是质点动量定理微分形式的物理意义。而式（1-33）表示，在 t_0 到 t 的时间段内质点受到的冲量作用，与该质点在这段时间内动量的增量相等。式（1-33）称为质点动量定理的积分形式。式（1-31）与式（1-33）的物理意义并无原则性差别，但微分形式更具普遍意义。注意，尽管冲量一词似乎含有碰撞、冲击等瞬时激烈作用之意，但就其本意而言，它既适用于描述短时间的猛烈冲击，也适用于描述较长时间段内弱力的作用。例如，当你接对方传来的篮球时，总是先伸直胳膊去接，一旦触球后，便顺势让胳膊逐渐收缩弯曲，经过一定的时间球才停下来，**想想这是为什么？**又如打排球时，一传手和二传手总是在规则允许的条件下，尽量掌握好接球时间，以便有控制地将球传给同伴。而主攻手则要尽量加大攻击力，缩短击球时间（不能“持球”），使球得到的动量越大越好，以让对方难以招架。类似的例子很多，但在处理碰撞、冲击等冲击力问题时，由于作用时间极短，相比之下，一切有限大小作用力（如重力、摩擦力等）的冲量均可忽略不计。

有时为估计或比较冲击力的大小，常采用求平均的方法。以 $\langle\boldsymbol{F}\rangle$ 表示平均冲力(图 1-8 中水平虚线)，则从图中阴影部分面积关系及式（1-33）得

练习 7

$$\langle\boldsymbol{F}\rangle=\frac{\int_{t_0}^{t}\boldsymbol{F}\mathrm{d}t}{t-t_0}=\frac{\Delta\boldsymbol{p}}{\Delta t} \tag{1-35}$$

在应用上式时常常还需结合牛顿第三定律。例如，用锤敲击钉子时敲击力的大小很难求，因为锤给予钉子的力 $\boldsymbol{F}$ 随时间变化的规律很复杂，即使是平均冲力也很难求。但按作用与反作用力的关系，计算钉子给予锤子的平均冲力 $\langle\boldsymbol{F}'\rangle$ 是可以做得到的，因为 $\langle\boldsymbol{F}'\rangle$ 的时间积累效应表现为锤的动量变化（动量是状态量），设锤的质量为 m，初速为 $\boldsymbol{v}_0$，末速为 0，利用式（1-35）

练习 8

$$\langle\boldsymbol{F}'\rangle=\frac{0-m\boldsymbol{v}_0}{\Delta t}$$

显然，锤子的初动量 $m\boldsymbol{v}_0$ 越大，作用时间 Δt 越短，它受到的平均冲力就会越大，再根据牛顿第三定律有 $\langle\boldsymbol{F}\rangle=-\langle\boldsymbol{F}'\rangle$，这样，钉子所受的平均冲力就求出来了。

在应用动量定理时注意两点：

1）力 $\boldsymbol{F}$ 不论大小还是方向都可能随时间变化，这时冲量 $\boldsymbol{I}$ 的方向怎么决定呢？从式（1-33)看，可由动量增量的方向来确定，而动量增量的方向由末动量与初动量矢量之差的方向来决定。

2）式（1-31）~式（1-35）都是矢量方程，在具体应用时，可以采用矢量作图法直接求解，也可以在选定的坐标系中，按矢量投影法将它们写成分量形式求解。在三维笛卡儿直角坐标系中，将式（1-33）表示为

练习 9

$$\begin{cases} I_x = \int_{t_0}^{t} F_x \mathrm{d}t = \int_{v_0}^{v_x} \mathrm{d}\, p_x = p_x - p_{x0} \\ I_y = \int_{t_0}^{t} F_y \mathrm{d}t = \int_{v_0}^{v_y} \mathrm{d}\, p_y = p_y - p_{y0} \\ I_z = \int_{t_0}^{t} F_z \mathrm{d}t = \int_{v_0}^{v_z} \mathrm{d}\, p_z = p_z - p_{z0} \end{cases} \tag{1-36}$$

虽然以上三个公式表述看似烦琐，但表明冲量在三个坐标方向的分量只能改变该方向上的动量，而不影响与它相垂直的另外两个方向的动量。由此有理由推论：如果作用于质点上的冲量在某个方向上的分量等于零，尽管质点的总动量有改变，但在这个方向上的动量分量却保持不变（即分动量守恒）。

设合力 $\boldsymbol{F} = \sum_i \boldsymbol{F}_i$，将其代入式（1-34）

练习 10

$$\int_{t_0}^{t} \boldsymbol{F} \mathrm{d}t = \int_{t_0}^{t} (\sum_i \boldsymbol{F}_i) \mathrm{d}t = \sum_i \int_{t_0}^{t} \boldsymbol{F}_i \mathrm{d}t \tag{1-37}$$

式（1-37）的意义是，作用在质点上合力的冲量等于各分力冲量的矢量和。

【例 1-4】 如图 1-9 所示，质量为 2.5g 的乒乓球以 $10\mathrm{m \cdot s^{-1}}$ 的速率飞来，被板推挡后，又以 $20\mathrm{m \cdot s^{-1}}$ 的速率飞出。设两速度在垂直于板面的同一平面内，且它们与板面法线的夹角分别为 45°和 30°，求：

（1） 乒乓球得到的冲量；

（2） 若撞击时间为 0.01s，求板施于球的平均冲力的大小和方向。

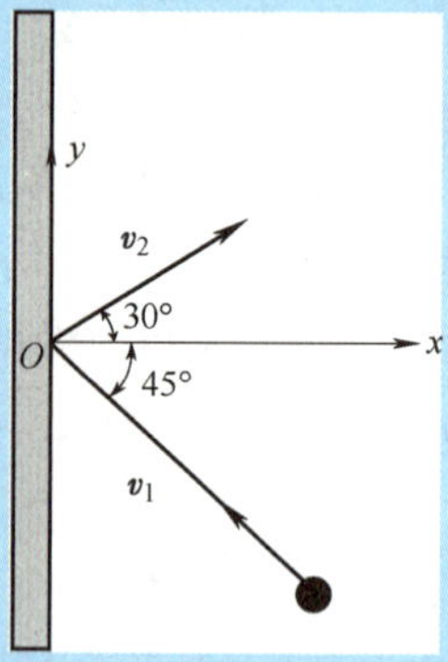

图 1-9

【分析与解答】 （1） 取挡板和球为研究对象，由于作用时间很短，忽略重力影响。设挡板对球的冲力为 $\boldsymbol{F}$，根据动量定理得

$$\boldsymbol{I} = \int \boldsymbol{F} \mathrm{d}t = m\boldsymbol{v}_2 - m\boldsymbol{v}_1$$

建立坐标系（见图 1-9），将上式投影到 x 和 y 轴上：

$$I_x = \int F_x \mathrm{d}t = mv_2 \cos 30° - (-mv_1 \cos 45°) = 0.061\mathrm{N \cdot s}$$

$$I_y = \int F_y \mathrm{d}t = mv_2 \sin 30° - mv_1 \sin 45° = 0.007\mathrm{N \cdot s}$$

乒乓球得到的冲量为

$$\boldsymbol{I} = (0.061\boldsymbol{i} + 0.007\boldsymbol{j})\mathrm{N \cdot s}$$

（2）板施于球的平均冲力为

$$\langle \boldsymbol{F} \rangle = \frac{\boldsymbol{I}}{\Delta t} = (6.1\boldsymbol{i} + 0.7\boldsymbol{j})\mathrm{N}$$

平均冲力的大小

$$F = \sqrt{\langle F_x \rangle^2 + \langle F_y \rangle^2} = 6.14\mathrm{N}$$

方向：

$$\tan\theta = \frac{\langle F_y \rangle}{\langle F_x \rangle} = 0.1148$$

平均冲力的方向与 x 轴之间的夹角 $\theta = \arctan(0.1148) = 6.55°$。

二、质点动能定理

以上的推理将牛顿第二定律式（1-23）中 $\boldsymbol{F}$ 与 $\boldsymbol{a}$ 的瞬时关系，延伸到力作用一段时间的积累效应，引入了冲量概念，导出了质点动量定理式（1-31）与式（1-33）。展现出过程量 $\boldsymbol{I}$ 与状态量 $\boldsymbol{p}$ 增量的关系。

在许多实际问题中遇到的力，如弹性力、万有引力等，是空间位置的函数。因此，受力物体位移时力的空间积累作用与效应也需要研究。那么，如何从式（1-21）研究力的空间积累作用与效应呢？下面先从拓展功的概念开始。

1. 功

高中物理介绍功的概念时说，质点在恒力作用下，功等于力乘以位移。如果作用力是变力且质点做曲线运动，此时如何计算变力的功呢？大学物理如何将高中物理的知识拓展到这种情况呢？

设一质点在万有引力作用下被约束在沿图 1-10 中的曲线轨道从 a 运动到 b，在轨道各处所受到的引力 $\boldsymbol{F}(\boldsymbol{r})$ 的大小和方向均在变化。如何计算引力 $\boldsymbol{F}(\boldsymbol{r})$ 所做的功呢？物理学采用一种元分析法。类比计算图 1-8 中冲量时曾将作用时间分成 N 个 $\mathrm{d}t$ 的方法，将图 1-10 中质点的运动轨道分成 N 个小段（图中未标出），当 N 足够大时，每个小段可用元位移 $\mathrm{d}\boldsymbol{r}$ 表示，

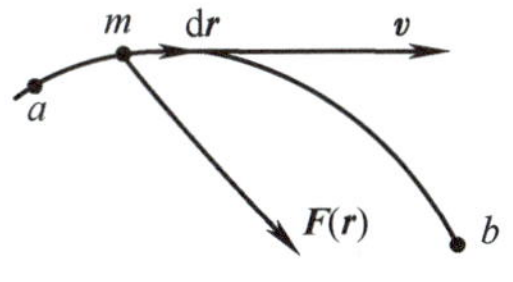

图 1-10

变力的功

$\mathrm{d}\boldsymbol{r}$ 小到其上合力 $\boldsymbol{F}(\boldsymbol{r})$ 可按恒力处理（不同的 $\mathrm{d}\boldsymbol{r}$ 上，$\boldsymbol{F}$ 不同）。

按高中力乘位移的概念，称 $\boldsymbol{F}\cdot\mathrm{d}\boldsymbol{r}$ 为力的元功，记为 $\mathrm{d}A$，即

$$\mathrm{d}A=\boldsymbol{F}\cdot\mathrm{d}\boldsymbol{r} \tag{1-38}$$

再回到图 1-10。当质点从 a 运动到 b 的过程中，引力 $\boldsymbol{F}$ 对质点做的总功应该是质点经历所有元位移上 $\boldsymbol{F}$ 所做元功的代数和，用定积分表示，即

练习 11

$$A=\int_a^b \boldsymbol{F}\cdot\mathrm{d}\boldsymbol{r} \tag{1-39}$$

按式（1-6），当 $\Delta t\to 0$ 时，$\mathrm{d}\boldsymbol{r}$ 的模与相应路程元 $\mathrm{d}s$ 相等。因此，在用式（1-39）计算时，方法之一是将被积表达式中的点乘改写为（高等数学中的矢量分析）

$$A=\int_a^b F\cos\theta\mathrm{d}s \tag{1-40}$$

式中，θ 是 $\boldsymbol{F}$ 与 $\mathrm{d}\boldsymbol{r}$ 两矢量之间的夹角，可表为 $\theta=(\boldsymbol{F},\mathrm{d}\boldsymbol{r})$，它也是一个变量。要计算上述积分，必须给出 $\boldsymbol{F}$ 和 θ 随路径变化的函数关系。

在计算式（1-39）时，方法之二是将矢量 $\boldsymbol{F}$ 与 $\mathrm{d}\boldsymbol{r}$ 投影到笛卡儿坐标系上，即

练习 12

$$\boldsymbol{F}=F_x\boldsymbol{i}+F_y\boldsymbol{j}+F_z\boldsymbol{k}$$
$$\mathrm{d}\boldsymbol{r}=\mathrm{d}x\boldsymbol{i}+\mathrm{d}y\boldsymbol{j}+\mathrm{d}z\boldsymbol{k}$$

代入式（1-39）后得

$$\begin{aligned}A&=\int_a^b\boldsymbol{F}\cdot\mathrm{d}\boldsymbol{r}=\int_a^b(F_x\boldsymbol{i}+F_y\boldsymbol{j}+F_z\boldsymbol{k})\cdot(\mathrm{d}x\boldsymbol{i}+\mathrm{d}y\boldsymbol{j}+\mathrm{d}z\boldsymbol{k})\\&=\int_a^b(F_x\mathrm{d}x+F_y\mathrm{d}y+F_z\mathrm{d}z)\end{aligned} \tag{1-41}$$

有关功的定义与计算补充几点：

1）物理学中的功：如果一个人把几十千克的重物提在手中站立不动一段时间，他会冒汗，甚至双腿颤抖，物理学认为此人并没有做功（能量转换属生物物理）。

2）与式（1-38）中两矢量点乘对应，功是标量，只有大小和正负之分，没有方向性。

3）质点的位移与参考系的选择有关，如果质点没有位移，$\boldsymbol{F}$ 不做功。因此，功随所选参考系不同而异。

4）式（1-41）已显示合力 $\boldsymbol{F}$ 的功等于各分力 F_x、F_y、F_z 做功的代数和。换一个角度，如果 $\boldsymbol{F}=\sum\limits_i\boldsymbol{F}_i$，则

$$A=\int_a^b\left(\sum_i\boldsymbol{F}_i\right)\cdot\mathrm{d}\boldsymbol{r}=\sum_i\int_a^b\boldsymbol{F}_i\cdot\mathrm{d}\boldsymbol{r} \tag{1-42}$$

5）力在单位时间内做的功称为功率，用 P 表示为

$$P=\frac{\mathrm{d}A}{\mathrm{d}t}=\boldsymbol{F}\cdot\boldsymbol{v} \tag{1-43}$$

功率是机械做功性能的重要标志。在国际单位制中，功的单位是 J（焦耳，简称焦），1J＝1N · m。

【例 1-5】 某质点沿 x 轴做直线运动，受力为 $\boldsymbol{F}=(4+5x)\boldsymbol{i}$ N，试求质点从 $x_0=0$ 运动到 $x=10$m 的过程中，该力做的功。

【分析与解答】 用积分方法求变力的功。

将变力 $\boldsymbol{F}$ 代入求功积分公式，有

$$A=\int \boldsymbol{F}\cdot \mathrm{d}\boldsymbol{r}=\int_{x_0}^{x} F\mathrm{d}x=\int_{0}^{10}(4+5x)\mathrm{d}x=290\mathrm{J}$$

2. 动能定理

如上所述，物理学上功与生理学中有关功的含义不一样。那么，为什么物理学要取式（1-38）~式（1-39）的定义去计算功呢？回答这类问题只有通过对物理规律的深入考查才能找到答案。现将 $\boldsymbol{F}=m\dfrac{\mathrm{d}\boldsymbol{v}}{\mathrm{d}t}$ 代入式（1-38），按一阶微商概念

练习 13

$$\boldsymbol{F}\cdot \mathrm{d}\boldsymbol{r}=m\frac{\mathrm{d}\boldsymbol{v}}{\mathrm{d}t}\cdot \mathrm{d}\boldsymbol{r}=m\boldsymbol{v}\cdot \mathrm{d}\boldsymbol{v}$$

利用角（$\boldsymbol{v}$,d$\boldsymbol{v}$）=−(d$\boldsymbol{v}$,$\boldsymbol{v}$) 及 d($\boldsymbol{v}$,$\boldsymbol{v}$) 的微分法则，得 $\mathrm{d}\boldsymbol{v}\cdot\boldsymbol{v}=\boldsymbol{v}\cdot\mathrm{d}\boldsymbol{v}=v\mathrm{d}v$，则

$$m\boldsymbol{v}\cdot \mathrm{d}\boldsymbol{v}=m\mathrm{d}\left(\frac{1}{2}v^2\right)=\mathrm{d}\left(\frac{1}{2}mv^2\right)$$

将以上结果代入式（1-38）得

$$\boldsymbol{F}\cdot \mathrm{d}\boldsymbol{r}=\mathrm{d}\left(\frac{1}{2}mv^2\right) \tag{1-44}$$

显然式（1-44）是利用牛顿运动定律推出的，物理意义是力和加速度的瞬时关系，拓展为描述力在空间积累作用的过程量 $\boldsymbol{F}\cdot \mathrm{d}\boldsymbol{r}$ 与描述质点运动状态的状态量 $\dfrac{1}{2}mv^2$ 的元增量的关系。高中物理中已将状态量 $\dfrac{1}{2}mv^2$ 定义为质点的动能，记为

练习 14

$$E_\mathrm{k}=\frac{1}{2}mv^2 \tag{1-45}$$

式（1-44）可改写为

$$\mathrm{d}A=\mathrm{d}E_\mathrm{k} \tag{1-46}$$

此式与式（1-44）均称为质点动能定理的微分形式。设质点沿轨道由 a 点运动到 b 点，将式（1-46）等号两边做定积分得到

$$A=\int_a^b \boldsymbol{F}\cdot \mathrm{d}\boldsymbol{r}=E_{\mathrm{k}b}-E_{\mathrm{k}a}$$

或

$$A=\frac{1}{2}mv_b^2-\frac{1}{2}mv_a^2 \tag{1-47}$$

这就是质点动能定理的积分形式。文字表述为：合外力对质点所做的功等于质点动能的增量。

回顾上述讨论，动能定理与牛顿运动定律的成立条件相同，即只在惯性参考系中成立。

而且，在不同的惯性参考系中，尽管合外力的功及质点的动能有不同的数值，但动能定理的数学形式保持不变，这一结果暗含力学相对性原理。

在式（1-47）中，当合外力做正功时，$A>0$，质点的动能增加，增加量恰等于 A。当合外力做负功时，$A<0$，也不难分析其中的功能关系。当合外力做功为零，即 $A=0$ 时，质点与外界没有能量的交换。把以上三种情况综合起来，物理学中定义功的意义就在于：做功是能量传递和转化的一种方式，是被传递和转化能量的量度。这就是为什么在物理学中以式（1-38）与式（1-39）定义功的原因。

一般情况下，在坐标系中计算变力的功，需计算式（1-41）中的线积分。而计算这个积分，又必须知道质点运动的实际路径。但有两种特殊情况，在那里计算式（1-41）不存在这种困难：

1）当保守力（如重力）做功时，功的积分与质点所经路径无关（详见第二章第二节图 2-7）。

2）如果质点沿固定的轨道做无摩擦约束运动（例如质点沿着固定的无摩擦的一个倾斜的或弯曲的轨道，或者由一根细线悬挂一个物体组成的摆的运动），由于约束物体的力始终与运动方向垂直，这些力不做功。表 1-4 列出了某些物体的动能。

表 1-4 某些物体的动能

地球公转	2.6×10^{33} J
地球自转	2.1×10^{29} J
汽车（车速为 $25\text{m}\cdot\text{s}^{-1}$）	约 5×10^{5} J
步枪子弹（出膛时）	约 4×10^{3} J
步行的人	约 60J
宇宙射线粒子（已发现的最高能量）	50J（3×10^{20} eV）
下落的雨滴	约 4×10^{-5} J
从大加速器中出来的质子	1.6×10^{-7} J（1×10^{12} eV）

三、质点角动量（动量矩）定理

在日常生活和自然现象中，我们常常会看到一物体绕某个轴或中心转动的情况。例如地球绕太阳的公转，月球、卫星绕地球的旋转等，并且这些转动是经久不变的，除非有某种未知的外界作用出现。纯粹的匀速直线运动倒是极为罕见。可以推断，圆周运动、椭圆运动及曲线运动才是自然界中最为普遍的运动形式。角动量的概念就是在研究这类运动中提出来的。下面通过实例引入角动量的概念。

1. 角动量

有这样一个计算问题：哈雷彗星绕太阳运动的轨道是一个椭圆，如图 1-11 所示。当它离太阳最近的距离 $r_1=8.75\times10^{10}$m 时，它的速率是 $v_1=5.46\times10^{4}\text{m}\cdot\text{s}^{-1}$，当它离太阳最远处的速率是 $v_2=9.08\times10^{2}\text{m}\cdot\text{s}^{-1}$，问这时它离太阳的距离 r_2 为多少？能否用动量定理、动能定理求解？不行！为什么？因为两定理都仅与质点的速率有关。而本问题既含有速率 v 又含有

位矢 $\boldsymbol{r}$，因此，有必要引入一个新的与 $\boldsymbol{v}$ 及 $\boldsymbol{r}$ 都有关的物理量——角动量及相关定理。从物理学史上看，角动量的概念已在 18 世纪的力学中开始定义和使用。直到 19 世纪，人们才进一步认识到，它是力学中与动量和能量同等重要的物理量。时至今日，可以毫不夸张地说，角动量是研究转动问题的一把钥匙，广泛的应用越来越显示出它的重要性。

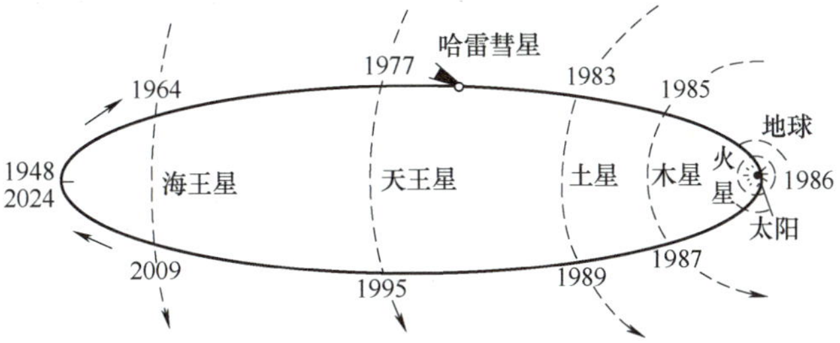

图　1-11

那么，角动量概念具体是如何引进来的呢？历史上长年的天文观测发现，在行星绕太阳运动中，设行星在任一位置上对太阳的位矢大小为 r、行星在该处的动量值为 mv、位矢和动量两矢量夹角 θ 的正弦为 $\sin\theta$，则三者的乘积总保持为常数。这一规律可表示为

$$rmv\sin\theta = \text{恒量} \tag{1-48}$$

按式（1-48），哈雷彗星在近日点运行速度大，在远日点运行速度小。**有了式（1-48）就可求解本节开始提出的问题了。**

不仅如此，人们在式（1-48）基础上引进了一个描写物体旋转运动状态与规律的物理量，称为**角动量**。数学上，因式（1-48）等号左边表示矢量积的值，这个矢量积，即

练习 15

$$\boldsymbol{L} = \boldsymbol{r} \times m\boldsymbol{v} = \boldsymbol{r} \times \boldsymbol{p} \tag{1-49}$$

式中 $\boldsymbol{L}$ 就是角动量的矢量表示式。角动量 $\boldsymbol{L}$ 不同于线动量 $\boldsymbol{p}$ 之处在于它还与质点相对于参考点 O 的位矢 $\boldsymbol{r}$ 有关。在 SI 中，角动量的单位是 $kg \cdot m^2 \cdot s^{-1}$（千克二次方米每秒）。式（1-49）中 $\boldsymbol{L}$ 由两个矢量 $\boldsymbol{r}$ 与 $\boldsymbol{p}$ 叉乘决定，那么角动量 $\boldsymbol{L}$ 的方向如何确定呢？

图 1-12 回答了这一问题。$\boldsymbol{L}$ 是在垂直于 $\boldsymbol{r}$ 和 $\boldsymbol{p}$ 所构成平面的法线上，且三量遵守右手螺旋法则，该法则是先将右手的四个手指合并指向 $\boldsymbol{r}$ 的方向，然后沿虚线握拳转到 $\boldsymbol{p}$（小于 180°）的方向，则伸直的大拇指指向 $\boldsymbol{L}$ 的方向。

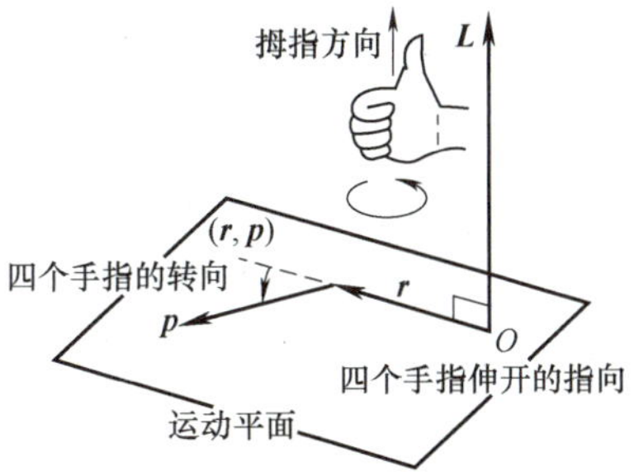

图　1-12

按角动量的定义式（1-49），质点的速度 $\boldsymbol{v}$ 和位矢 $\boldsymbol{r}$ 都是状态量，所以角动量也是状态量。不过，只有在分析类似图 1-11 的旋转问题中，角动量才揭示出运动的守恒性。表 1-5 列出了一些事件的角动量的数量级供参考。

表 1-5　一些事件的角动量　　（单位：$kg\cdot m^2\cdot s^{-1}$）

地球绕日运动	2.7×10^{40}	玩具陀螺	10^{-1}
地球自转	5.8×10^{33}	步枪子弹自转	2×10^{-3}
直升机螺旋桨（320r/min）	5×10^{4}	电子绕原子核运动	1.05×10^{-34}
汽车轮子（90km/h）	1×10^{2}	电子自旋	0.53×10^{-34}
电扇叶片	1		

2. 力矩

在质点力学中，当作用在一个物体上有几个力时，不管这些力作用在物体的什么位置上，均可以认为它们作用于同一个点上。经验表明，在实际问题中，当不能回避物体的大小时，作用力还可以使物体发生旋转运动，转动状态的变化会随力的作用点不同而不同。如何描述这种因力的作用点不同，所产生的对物体转动状态变化带来的影响呢？力矩就是“完成这一任务”的物理量。

力矩

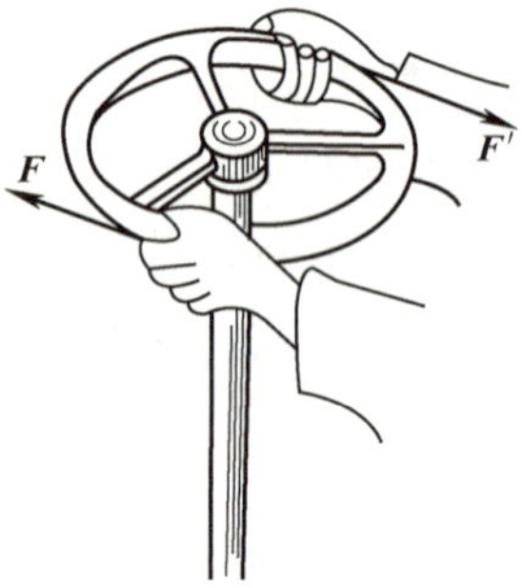

图　1-13

中学物理中，力矩等于力和力臂的乘积（见图 1-13）。本节讨论力矩对质点转动的影响时采用类比方法，因为质点线动量（$m\boldsymbol{v}$）随时间的变化率是由质点所受合力决定的，那么，**当质点的角动量随时间变化时，角动量随时间的变化率又由什么决定呢？**按式（1-21）中等号右边出现求导运算的启示，将式（1-49）等号两边都对时间 t 求导，并将微分学方法拓展到叉乘上，得

练习 16

$$\frac{\mathrm{d}\boldsymbol{L}}{\mathrm{d}t}=\frac{\mathrm{d}}{\mathrm{d}t}(\boldsymbol{r}\times\boldsymbol{p})=\boldsymbol{r}\times\frac{\mathrm{d}\boldsymbol{p}}{\mathrm{d}t}+\frac{\mathrm{d}\boldsymbol{r}}{\mathrm{d}t}\times\boldsymbol{p}$$

注意矢量分析中 $\boldsymbol{r}$ 与 $\boldsymbol{p}$ 叉乘的顺序不能随意变更。由于 $\frac{\mathrm{d}\boldsymbol{r}}{\mathrm{d}t}=\boldsymbol{v}$，$\boldsymbol{p}=m\boldsymbol{v}$，$\boldsymbol{v}\times\boldsymbol{v}=\boldsymbol{0}$，则 $\frac{\mathrm{d}\boldsymbol{r}}{\mathrm{d}t}\times\boldsymbol{p}=\boldsymbol{0}$，加之 $\frac{\mathrm{d}\boldsymbol{p}}{\mathrm{d}t}=\boldsymbol{F}$，所以有

$$\frac{\mathrm{d}\boldsymbol{L}}{\mathrm{d}t}=\boldsymbol{r}\times\boldsymbol{F} \tag{1-50}$$

式（1-50）中等号右边 $\boldsymbol{r}$ 与 $\boldsymbol{F}$ 的矢积，就是中学物理中质点所受力矩的矢量表示式，记为 $\boldsymbol{M}$，则

$$\boldsymbol{M}=\boldsymbol{r}\times\boldsymbol{F} \tag{1-51}$$

它的更深层次的物理意义是：凡位矢与另一个矢量的叉乘叫作这个矢量的矩。例如，质点对选定参考点 O 的位矢为 $\boldsymbol{r}$，若质点受到力 $\boldsymbol{F}$ 的作用，则式（1-51）中 $\boldsymbol{M}$ 为力 $\boldsymbol{F}$ 对参考点 O 的力矩。在质点力学中，因为力矩与 $\boldsymbol{r}$ 有关，与角动量一样，力矩也是“对点”而言的。它意味着即使同一个力 $\boldsymbol{F}$ 作用于同一质点上，但对不同的参考点来说，因为 $\boldsymbol{r}$ 不同，作用的力矩就不同。

按矢量积规则，力矩的大小

$$|\boldsymbol{M}|=rF\sin(\boldsymbol{r},\boldsymbol{F}) \tag{1-52}$$

式中，用括号（$\boldsymbol{r},\boldsymbol{F}$）表示 $\boldsymbol{r}$ 与 $\boldsymbol{F}$ 间夹角。类比角动量矢量表示式（1-49），力矩矢量的方向也用右手螺旋法则确定，分别如图 1-14a、b、c 所示。

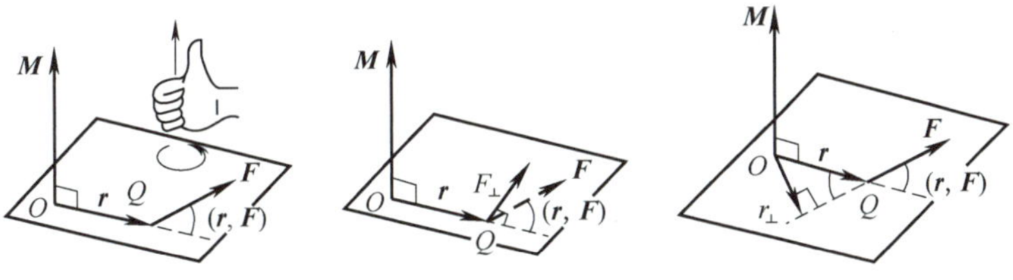

a)　　b)　　c)

图 1-14

在 SI 中，力矩的单位符号是 N · m，单位名称是牛顿米。

3. 质点角动量定理

要深刻理解角动量和力矩的物理意义及相互关系，还得回到两者所遵守的物理规律式（1-50）中。类比牛顿第二定律

$$\boldsymbol{F}=\frac{\mathrm{d}\boldsymbol{p}}{\mathrm{d}t}$$

质点的角动量

及由式（1-31）得到质点动量定理，现在按同样的思路从式（1-50）与式（1-51）得

练习 17

$$\boldsymbol{M}=\frac{\mathrm{d}\boldsymbol{L}}{\mathrm{d}t} \tag{1-53}$$

此式意义的文字表述是：质点所受对某参考点的合外力矩 M，等于对同一参考点角动量对时间的变化率 $\frac{\mathrm{d}\boldsymbol{L}}{\mathrm{d}t}$。式（1-53）与牛顿第二定律 $\boldsymbol{F}=\frac{\mathrm{d}\boldsymbol{p}}{\mathrm{d}t}$ 的数学形式完全相同，即在转动中，$\boldsymbol{M}$ 相当于 $\boldsymbol{F}$，$\boldsymbol{L}$ 相当于 $\boldsymbol{p}$。所以，式（1-53）描述质点转动的基本规律。

将式（1-53）两边同乘以 dt，得

练习 18

$$\boldsymbol{M}\mathrm{d}t=\mathrm{d}\boldsymbol{L} \tag{1-54}$$

如果相关物理过程发生在 t_0 到 t 的有限时间内，则对式（1-54）求积分

$$\int_{t_0}^{t}\boldsymbol{M}\mathrm{d}t=\int_{L_0}^{L}\mathrm{d}\boldsymbol{L}=\boldsymbol{L}-\boldsymbol{L}_0 \tag{1-55}$$

以上两式中的 $\boldsymbol{M}\mathrm{d}t$ 称为合外力矩 $\boldsymbol{M}$ 的元角冲量（或元冲量矩）。$\int_{t_0}^{t}\boldsymbol{M}\mathrm{d}t$ 表示力矩的时间积累作用，式（1-54）和式（1-55）都称为质点角动量定理，前者是微分形式，后者是积分形式。

当式（1-53）中 $\boldsymbol{M}=\boldsymbol{0}$ 时，有

练习 19

$$\frac{\mathrm{d}\boldsymbol{L}}{\mathrm{d}t}=\boldsymbol{0}$$

即质点的角动量

$$\boldsymbol{L}=\boldsymbol{L}_0=\text{常矢量} \tag{1-56}$$

式（1-56）意味着，对选定的参考点，当质点所受合外力矩为零时，质点的角动量保持不变。这一规律称为质点角动量守恒定律。

那么，什么情况下合外力矩为零呢？由于合外力矩 $\boldsymbol{M}=\boldsymbol{r}\times\boldsymbol{F}$，若 $\boldsymbol{M}=\boldsymbol{0}$ 可能有以下几种情况：

1）质点根本不受力，$\boldsymbol{F}=\boldsymbol{0}$；

2）作用于质点上的合外力等于零；

3）位矢 $\boldsymbol{r}$ 为零；

4）$\boldsymbol{F}$ 与 $\boldsymbol{r}$ 始终平行或反平行。

有一特例：当力的作用线始终指向（或背向）某一中心（称为力心）时称这种力为有心力。如地球绕太阳运动，太阳为力心，则地球所受太阳的引力就是一种有心力；在经典理论中，电子绕原子核做轨道运动时，以原子核为力心，则电子所受的静电力也是有心力。

当只考虑质点受有心力作用，且以力心为参考点时，按式（1-51），$\boldsymbol{r}$ 与 $\boldsymbol{F}$ 反平行，有心力对力心的力矩 $\boldsymbol{M}=\boldsymbol{0}$。按式（1-56），这就是为什么天体和原子中电子都做圆周运动或椭圆运动的原因。从中还可以体会：为什么在力矩和角动量的定义中，一再强调它们对参考点的依赖性。原来，两物理量所遵守的规律，无论是角动量定理还是角动量守恒定律，正是用来描写质点围绕某一参考点转动特性的。在此基础上，随后的章节还将对质点系和刚体绕定轴的运动做类似的讨论。

【例 1-6】 如图 1-15 所示，质点 m 以速率 v 在半径为 r_0 的水平圆周上做圆锥摆运动，求质点对 A 点和 O 点的角动量。

【分析与解答】 角动量的定义式是

$$\boldsymbol{L}=\boldsymbol{r}\times\boldsymbol{p}=\boldsymbol{r}\times m\boldsymbol{v}$$

以 A 点为参考点，质点位矢为 $\boldsymbol{r}_A$，质点对 A 点的角动量为

$$L_A = r_A \times mv$$

其大小为 $L_A = mvr_A$，保持不变；方向垂直于图 1-15 中 r_A 与 v 构成的平面，时刻在变化。

同理，质点 m 对 O 点的角动量

$$L_O = r_O \times mv$$

其大小为 $L_O = mvr_O$，方向垂直图 1-15 中虚线所示平面向上。角动量的大小和方向始终保持不变 —— 角动量守恒。

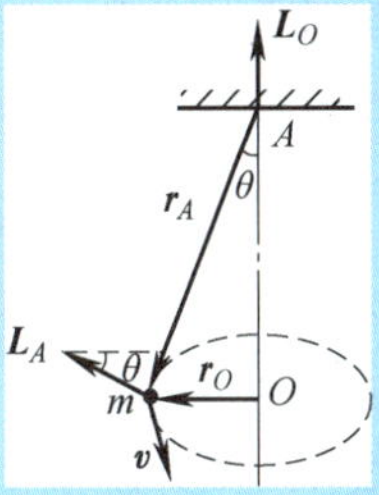

图 1-15

第四节　物理学方法简述

一、数学方法

物理学是一门实验科学。然而，由观察和实验获取的原始数据并不代表物理规律，数学是研究空间、数量、结构、变化的学科，所以要用数学方法分析、处理数据。在本章中已采用数学所提供的字母、符号(如矢量）和运算规则(如微分、积分）等数学语言对质点运动规律进行了定量描述。显然，不用微分与导数这些数学语言，人们就无法准确、全面、深刻地了解质点运动的速度、加速度；没有积分这种数学语言，人们也无法求得可以描述质点运动全貌的运动学方程。物理学作为一门独立的学科，有着它自己特殊的物理语言(如速度、加速度、力、动量等)，但在物理定律、定理、原理的表达及推导、论证等方面，数学也是表达物理规律最为简练、准确的语言。从某种意义上说，物理学就是要解读隐藏于物理现象中的数与形的定量规律。因此，掌握与运用一定的数学语言，对学习质点力学乃至整个物理学都是非常重要的。本章有以下几个重点：

1) 在运用微分与积分运算时，需理解无穷小、无穷大与极限思想在力学中的应用，理解用一个无限变化的量趋近一个确定的值。如定积分就是一种和式的极限，定积分是无穷多个无穷小之和，定积分的基础就是极限概念。

2) 应用坐标方法。笛卡儿用具有固定夹角(不一定是直角）的三根不共面的有向数轴构成坐标系。坐标方法的出现成功地在代数与几何之间架起了一座可以互通的桥梁，人们称它为数学发展史上的一次革命。

在物理学中，与参考物体固连在一起的坐标系也叫作参考系。参考物体大小有限，但固连在参考物上的坐标系，可以延伸到空间的无限远处。因此，坐标系可以理解为与参考物相固连的整个空间(一个理论上抽象的三维空间)，或者说每个坐标系都定量地决定着一个空间，坐标系实质上是参考系的数学抽象。这个空间里的一切对象(如点、线、面等）都可由坐标定量地表示出来。但同一个空间，坐标系并非唯一(如极坐标系、球坐标系等)，且彼此可以转换。因此，同一空间内的同一对象在不同坐标系中，有着在数学运算处理上的繁简

和难易不同的表述形式。在大学物理以及相关后续课程中，既要学习坐标系的构建，也要善于利用它的功能。不管什么坐标系，它的坐标变元(如 x、y、z) 个数应与所表空间的维数相同，而且用代数语言来说，这些变元间是线性无关的。

二、理想模型方法

物理学中的每一研究对象(客体) 都有许多方面的属性，如大小、形状、质量…… 这些属性都统一于客体之中。人们对客体的属性，是从一个侧面一个侧面地分别去认识的。为了认识某一侧面的属性，都要暂时避开其他方面的属性，这样才便于获得对所关注属性的认识。

另外，自然界发生的一切物理现象和物理过程一般都是比较复杂的，影响它们的因素也是多种多样的，如果一开始就不分主次地考虑一切因素，不仅会增加认识的难度，而且也不能得出准确的结果，相反，还会导致对最简单的物理图像的分析也无从下手。因此，在物理学的研究中，需要把复杂问题先转化为理想化的简单问题，也就是采用理想化方法。理想化方法主要包括建立理想模型、理想过程与设计理想实验等三个方面。本章以质点为讨论对象就是应用理想模型方法。质点模型是相对物体原型而言的，在忽略物体形状、大小等次要因素后，保留了物体在运动过程中起决定作用的两个主要特征：质量和空间位置。

本章中的质点力学以牛顿第二定律为基础，由力引出了冲量、功和力矩，由质量、位矢和速度引出了动量、动能和角动量等概念。可以说，牛顿力学是以质点力学为基础的。当然，质点作为理想模型，实际生活中并没有任何一个物体与它完全等价。但是，在描述诸如地球绕太阳公转这样的运动时，由于地球半径(约为 6400km) 比地球与太阳的距离(约 1.49×10^{8}km) 小很多，把地球视作质点是相当好的近似。一般来说，只要当物体在空间运动的尺度远大于物体本身的线度，或者在不考虑物体的转动和内部运动时，都可以采用质点模型。在第三章中研究刚体、弹性体、流体等质量连续分布的物体的运动时，把它们分割成由无限多个质点组成的系统进行讨论，这也是质点模型的一种实际应用。

三、逻辑推理方法

1. 演绎推理

本章第三节在由牛顿第二定律导出质点运动的三大定理时，用的就是演绎推理方法(简称演绎方法)。演绎方法是从一般到特殊(或个别)、由共性推出个性的方法。在经典力学中，牛顿运动三大定律是一般规律，通过分析力的时间积累与空间积累、运用微分与积分的数学手段，得出了描述特定物理问题的质点运动三大定理。由于数学有一套严格的公理系统，是一门基本前提很明确的学科，而物理学中越来越广泛地使用数学语言，所以，数学中的演绎推理在解决物理问题中的作用日益明显。

2. 归纳推理

物理学家几乎从来不单纯地从孤立的个别事物或事件的研究中得出结论，而是通过观察许多个别事物的特性，从中寻找整个类别的普遍特性，这就是归纳推理方法(简称归纳法)。如本章第三节介绍了人们通过长期的天文观测，发现在行星绕太阳的运动中，行星在任一位置上对太阳位矢的大小与行星在该处的动量值以及位矢和动量两矢量夹角的正弦这三者的乘积总保持为常数。在此基础上引入了一个新物理量——角动量，并猜测它是一个守恒量。由此可以看出，归纳法是从一些大量个别的经验事实中，概括出理论性的一般原理的一种逻辑推理和认识方法。与演绎法相反，归纳法是从特殊（或个别）事物概括出一般规律的方法。就人类总的认识秩序而言，总是先认识某些特殊现象，然后过渡到对一般现象的认识。所以，归纳法是科学发现的一种常用的思维方式。具体来说，归纳推理方法有以下特点：

1）归纳是以特殊现象为前提推断一般现象，因而，由归纳得到的结论，超越了前提所包含的内容。

2）归纳是依据若干已知的不尽完整的现象推断尚属未知的现象，因而结论具有猜测的性质。

3）归纳的前提是单个的事实和特殊的情况，所以，归纳立足于观察、经验或实验。

四、物理过程的整体化

本章第三节在讨论力作用的时间积累时（见图 1-8），把看上去相互作用明显不同的中间过程整合为一个连续过程来处理，得到描述质点动量定理的式（1-33）。这种方法称为“物理过程的整体化”，它是整体方法的一个方面。一般来说，对于中间过程比较复杂的物理过程，若始末状态与过程无关，则可由始末状态（如态函数）去了解全过程的概貌（如定积分表示全过程）。本章除式（1-33）外，还有式（1-47）与式（1-55）都是用这种方法得到的。

练习与思考

一、填空

1-1　一质点沿直线运动，其运动学方程为 $x=6t-t^2$（SI），则在 t 由 0 至 4s 的时间间隔内，质点的位移大小为________，质点走过的路程为________。

1-2　某质点的运动学方程为 $\boldsymbol{r}=2t\boldsymbol{i}+(6-2t^2)\boldsymbol{j}$（SI），在 $t=4$s 时该质点的加速度为________。

1-3　一质点沿 x 方向运动，其加速度随时间变化关系为 $a=3+2t$（SI），如果初始时质点的速度 v_0 为 $5\text{m}\cdot\text{s}^{-1}$，则当 t 为 3s 时，质点的速度 $v=$________。

1-4　一个质量为 m 的质点做平面运动，其位置矢量为 $\boldsymbol{r}=A\cos\omega t\boldsymbol{i}+A\sin\omega t\boldsymbol{j}$，则该质点所受的力为________；对原点的力矩为________。

1-5　一质量为 m 的质点沿 x 轴正向运动，假设该质点通过坐标为 x 的位置时速度的大小为 kx（k 为正值常量），则此时作用于该质点上的力 $F=$________。

1-6　一质量为 10kg 的物体，沿 x 方向做直线运动，受到力 $F=30+40t$（SI）的作用。在开始的 2s 内，此力冲量的大小等于________；若物体的初速度大小为 $10\text{m}\cdot\text{s}^{-1}$，则在 2s 末物体速度的大小等于________。

1-7　一质量为 1kg 的物体，从原点处静止出发沿 x 轴运动，其所受合力方向与运动方向相同，合力大小为 $F=3+2x$（SI），那么物体在开始运动的 3m 内，合力所做的功为________；且 $x=3$m 时，其速率为________。

二、计算

2-1　已知质点在 xy 平面内运动，其运动学方程分量式为

$$\begin{cases} x = 2t \\ y = 6 - 2t^2 \end{cases}$$

（1）求轨道方程，并画出轨迹图；（2）求 $t=1\text{s}$ 到 $t=2\text{s}$ 之间的 $\Delta \boldsymbol{r}$、Δr 和 $\langle v \rangle$。（本题中 x、y 的单位是 m，t 的单位是 s，v 的单位为 $\text{m}\cdot\text{s}^{-1}$。）

【答案】（1）$y=6-\dfrac{x^2}{2}$，（2）$2\boldsymbol{i}-6\boldsymbol{j}$，0，$2\boldsymbol{i}-6\boldsymbol{j}$

2-2　如图 1-16 所示，一足球运动员在正对球门前 25.0m 处以 $20.0\text{m}\cdot\text{s}^{-1}$ 的初速率练习罚任意球。已知球门高为 3.44m。若要在垂直于球门竖直平面内将足球直接踢进球门，问他应在与地面成什么角度的范围内将球踢进球门（足球可视为质点）？

【答案】 $69.92° \leqslant \theta_1 \leqslant 71.11°$，$18.89° \leqslant \theta_2 \leqslant 27.92°$

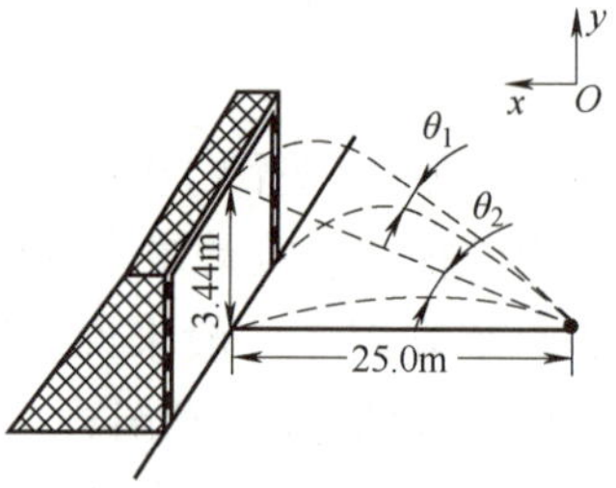

图　1-16

2-3　一质点在 xy 平面内运动，在某一时刻它的位置矢量 $\boldsymbol{r}=(-4\boldsymbol{i}+5\boldsymbol{j})\text{m}$，经 $\Delta t=5\text{s}$ 后，其位移 $\Delta\boldsymbol{r}=(6\boldsymbol{i}-8\boldsymbol{j})$ m。求：（1）此时刻的位矢；（2）在 Δt 时间内质点的平均速度。

【答案】（1）$(2\boldsymbol{i}-3\boldsymbol{j})$ m；（2）$\left(\dfrac{6}{5}\boldsymbol{i}-\dfrac{8}{5}\boldsymbol{j}\right)\text{m}\cdot\text{s}^{-1}$

2-4　质点在半径为 R 的圆周上以角速度 $\omega(\omega=2\pi/T$，T 为周期）做匀速率圆周运动，试在以圆心为原点的笛卡儿坐标系中表示其运动的速度及加速度。

【答案】 $\omega R[(-\sin\omega t)\boldsymbol{i}+(\cos\omega t)\boldsymbol{j}]$，$-\omega^2 R[(\cos\omega t)\boldsymbol{i}+(\sin\omega t)\boldsymbol{j}]$

2-5　当物体以较低速度通过流体（气体或液体）时，假定黏滞力 $\boldsymbol{F}=-k\boldsymbol{v}$，试求：（1）物体竖直自由下落后的极限速度（最大速度）；（2）在物体竖直自由下落过程中速度随时间的变化规律；（3）在物体竖直自由下落过程中位置随时间的变化规律。（设所受浮力为 F'）

【答案】（1）$v_{\max}=(mg-F')/k$；（2）$v=v_{\max}\left(1-\text{e}^{-\frac{k}{m}t}\right)$；（3）$x=v_{\max}\left(t+\dfrac{m}{k}\text{e}^{-\frac{k}{m}t}-\dfrac{m}{k}\right)$

1.1 习题 2-5

2-6　如图 1-17 所示，有一带电粒子沿竖直方向高速向上运动，初速为 $\boldsymbol{v}_0$，从某时刻 $(t=0)$ 开始，粒子受到沿水平方向向右随时间成正比增大的电场力 $\boldsymbol{F}(t)=f_0 t\boldsymbol{i}$ 的作用，f_0 是已知常量，粒子质量为 m。试求粒子以 $x=x(y)$ 表示的运动轨道方程。

【答案】 $x=\dfrac{f_0}{2m}\dfrac{t^3}{3}=\dfrac{f_0}{6mv_0^3}y^3$

2-7　如图 1-18 所示，质量为 m 的小球在向心力作用下，在水平面内做半径为 R 的匀速率圆周运动，速率为 v，当小球自 A 点逆时针运动到 B 点的半圆周内，问：（1）小球动量变化多少？（2）向心力的平均值是多大？方向如何？

【答案】（1）$2mv$，方向 $-y$；（2）$\dfrac{2mv^2}{\pi R}$，方向 $-y$

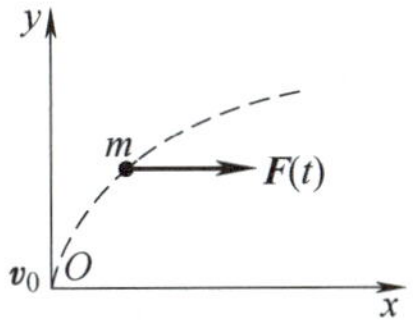

图　1-17

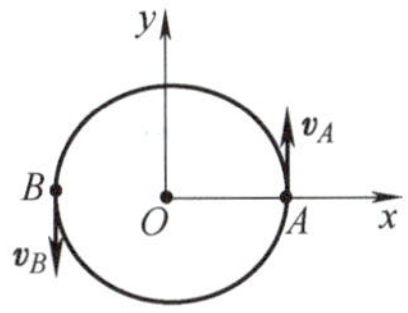

图　1-18

1.2 习题 2-7

2-8　力 $\boldsymbol{F}=12t\boldsymbol{i}$(N) 作用在质量 $m=2$kg 的物体上，使物体由静止开始运动，求：（1）从静止开始的 3s 内该力的冲量；（2）3s 末物体的速度。

【答案】（1）$54\boldsymbol{i}$ N · s；（2）$27\boldsymbol{i}$ m · s^{-1}

2-9　绳的上端固定于 M 点（见图 1-19a），下端挂一质量为 m 的质点。质点以速率 v 在水平面内做半径为 r 的圆锥摆运动。求作用在质点上的重力 $\boldsymbol{W}$、拉力 $\boldsymbol{F}'$ 及合力 $\boldsymbol{F}$ 在半个周期（图 1-19b 中的 A 点至 B 点）内的冲量。

【答案】$\dfrac{\pi r}{v}mg\boldsymbol{k}$，$2mv\boldsymbol{i}+\dfrac{mg\pi r}{v}\boldsymbol{k}$，$2mv\boldsymbol{i}$

2-10　有一在 x 轴线上运动的物体，速度大小为 $v=(4t^2+6)$ m · s^{-1}，作用于该物体上力的大小为 $F=(t-3)$N，并沿 x 轴方向。试求在 $t_1=1$s 至 $t_2=5$s 期间，力 F 对物体所做的功。

【答案】128J

2-11　如图 1-20 所示，一物体放在倾角为 α 的斜面上，斜面与物体间的摩擦系数为 μ，当沿斜面向上给物体以冲量，使物体在 P 点产生初速度 $\boldsymbol{v}_0$ 向上滑动，问此物体最终是否能返回到 P 点？如果能返回的话，返回至 P 点时的速度 $\boldsymbol{v}$ 等于多少？（设 $\mu<\tan\alpha$）

【答案】能，$v_0\sqrt{\dfrac{\sin\alpha-\mu\cos\alpha}{\sin\alpha+\mu\cos\alpha}}$

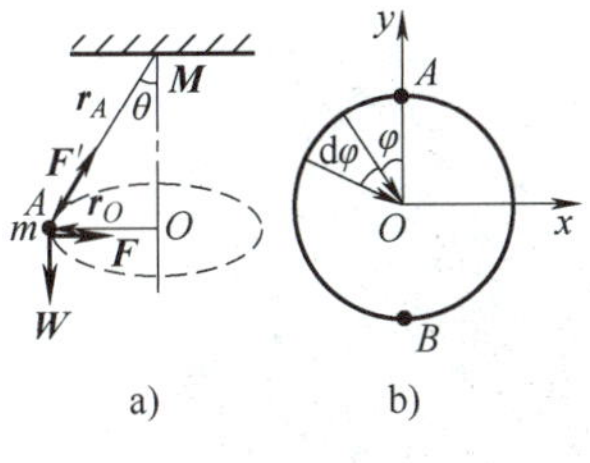

图　1-19

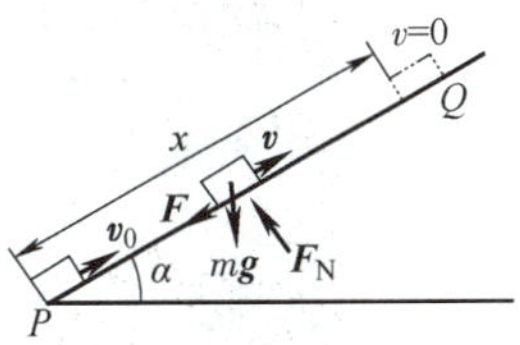

图　1-20

2-12　如图 1-21 所示一质点从 A 点自由下落，求分别以 A 点、O 点为参考点时，质点自由下落过程中任一时刻 t 的角动量。

【答案】$\boldsymbol{L}_A=\boldsymbol{0}$，$\boldsymbol{L}_O=mgRt\boldsymbol{k}$

2-13　如图 1-22 所示，一质点做圆锥摆运动，分别求以 O 点、A 点为参考点时作用于质点 m 上的重力、拉力及其合力的力矩。

【答案】（略）

1.3 习题 2-13

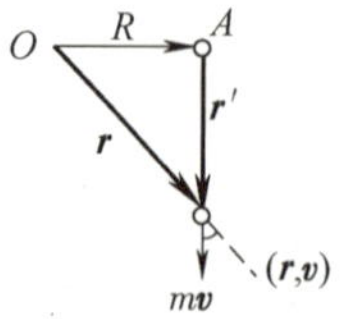

图　1-21

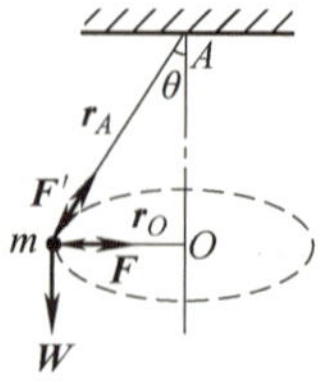

图　1-22

2-14　如图 1-23 所示，一质量为 m 的小球系在绳子的一端，绳的另一端穿过水平光滑平板上的小孔后下垂，用手握住下垂端。当小球在桌面上以速率 $v=4.0\text{m}\cdot\text{s}^{-1}$ 做匀速圆周运动，后用手缓慢地向下拉绳子，小球将做变半径圆周运动。当圆半径由开始时的 0.5m 变至 0.1m 时，小球运动速率为多少？

【答案】$20\text{m}\cdot\text{s}^{-1}$

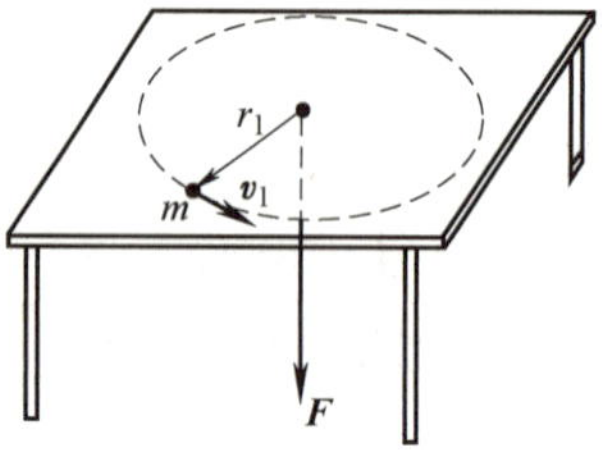

图　1-23

三、思维拓展

3-1　如图 1-24 所示，汽车转弯也是需要技巧的。转弯时速度过大会发生事故，为什么？

图　1-24

3-2　国际跳水规则规定，10m 高台跳水游泳池的深度为 4.5~5m，大家应用所学知识分析一下为什么？

第二章 质点系统的守恒定律

本章核心内容

1. 质点系总动量矢量的计算、变化、守恒与应用。
2. 用质点系动能定理导出机械能守恒定律。
3. 质点系角动量的计算、变化、守恒与应用。

点火

在自然现象和工程问题中，人们要面对的研究对象并不只是一个物体，而且，有的物体会转动，有的在运动中发生着形变。那么，**如何以质点运动规律与研究方法为基础来研究实际宏观物体（刚体、弹性体、流体）的运动呢？**作为过渡，本章先讨论彼此有相互作用的两个或两个以上质点组成的系统（简称质点系）的有关运动规律。由于在质点系内各质点之间有成对出现的相互作用力，质点系的问题十分复杂，为此，本章从两质点组成的系统开始，将所得结论推广到多质点系统。

第一节　动量守恒定律

随着我国航天技术的发展，运载火箭技术已进入世界先进水平行列。我国目前已拥有20多种型号的长征（代号CZ）系列运载火箭和四个发射中心。从1970年4月24日用长征1号运载火箭发射第一颗人造地球卫星——东方红1号卫星以来，长征系列运载火箭已进行了500多次飞行，成功地发射了低轨返回式卫星、地球同步卫星、太阳同步卫星、一箭多星及载人飞船等。2007年10月24日，我国首次探月卫星成功发射，2008年9月27日宇航员首次太空行走……今后，随着深空探测计划的实施，一定会给我们带来更多的惊喜与自豪。从物理学观点看，火箭飞行是动量定理与动量守恒定律的应用。下面先了解质点系动量定理。

一、质点系动量定理

如图2-1所示，最简单的质点系由两个质点组成。图中质量为m_1和m_2的两个质点，既受来自系统外部的作用$\boldsymbol{F}_1$和$\boldsymbol{F}_2$（外力），又受来自系统内质点间的相互作用$\boldsymbol{F}_{12}$和$\boldsymbol{F}_{21}$（内

力）。在外力和内力同时作用 dt 时间后，按式（1-31），

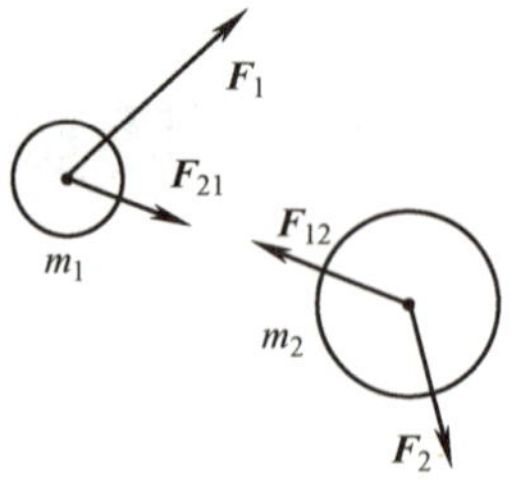

图 2-1

对质点 m_1 有 $$(\boldsymbol{F}_1+\boldsymbol{F}_{21})\mathrm{d}t=\mathrm{d}\boldsymbol{p}_1$$

对质点 m_2 有 $$(\boldsymbol{F}_2+\boldsymbol{F}_{12})\mathrm{d}t=\mathrm{d}\boldsymbol{p}_2$$

现在换一角度考察由这两个质点组成的系统（质点系），为此，对质点系两式相加并根据牛顿第三定律

练习 20

$$\boldsymbol{F}_{12}=-\boldsymbol{F}_{21}$$

得

$$\boldsymbol{F}_1+\boldsymbol{F}_2=\frac{\mathrm{d}}{\mathrm{d}t}(\boldsymbol{p}_1+\boldsymbol{p}_2)$$

如果将以上方法推广到由 N 个质点组成的系统，则有

练习 21

$$\sum_i \boldsymbol{F}_i=\frac{\mathrm{d}}{\mathrm{d}t}\sum_i \boldsymbol{p}_i \tag{2-1}$$

式中，$\sum\limits_i \boldsymbol{F}_i$ 为系统各质点所受外力的矢量和；$\sum\limits_i \boldsymbol{p}_i$ 为系统的总动量（$i=1,2,\cdots,N$）。将式（2-1）两边乘以 dt 得

练习 22

$$\left(\sum_i \boldsymbol{F}_i\right)\mathrm{d}t=\mathrm{d}\sum_i \boldsymbol{p}_i \tag{2-2}$$

与式（1-31）类比，式（2-2）称为质点系动量定理的微分形式，其文字表述为：外力矢量和的元冲量等于质点系总动量的元增量。若考察的时间段由 t_0 时刻至 t 时刻，类比式（1-33），有

练习 23

$$\int_{t_0}^{t}\left(\sum_i \boldsymbol{F}_i\right)\mathrm{d}t=\sum_i \boldsymbol{p}_i-\sum_i \boldsymbol{p}_{i0} \tag{2-3}$$

在式（2-3）中，$\boldsymbol{F}_i$是作用在系统内任意质点（m_i）上的外力矢量和；$\sum\limits_i \boldsymbol{F}_i$是质点系中 N 个质点所受合外力的矢量和。可以证明，分别作用在 N 个不同质点上的合外力 $\boldsymbol{F}_i$的矢量和 $\sum\limits_i \boldsymbol{F}_i$，等于作用在质点系质心上的一个力。**那么质心是一个什么概念呢？**

二、质心概念简介

与一个质点运动相比，质点系的运动是比较复杂的，一般采用两种不同的方法来研究。其一是将各质点受力分为内力和外力，在详尽了解质点受力特点后，分别列出每一质点的形

如式（1-23）的动力学方程，然后联立求解。此法用于诸如求解两体碰撞、火箭推进速度、变质量运动、三种宇宙速度、地球同步卫星等。这种方法的采用标志着牛顿力学由质点到质点系前进了一步。其二是引入质心及质心参考系的概念。这种方法首先着眼于质点系的整体运动（即质心运动），然后分析各质点相对于质心的运动，将质点系的复杂运动分解为质心运动和各质点相对于质心运动的叠加。这种方法在刚体力学、分子运动理论和粒子物理学的研究中都是十分重要和有效的。本书对质心及其运动的描述只做一简要介绍。

为理解质心概念，设想把一根绳子团起来后抛出去，绳子上质元在空间的运动轨道十分复杂且各不相同，但必定存在一个特殊点——质心，它的运动轨道能代表绳子整体在空间划过的轨迹。

把上例中的绳子模型化：设由 N 个质点组成的质点系，$m_1, m_2, \cdots, m_N$ 分别是各质点的质量，用 $\boldsymbol{r}_1, \boldsymbol{r}_2, \cdots, \boldsymbol{r}_N$ 分别表示各质点相对于坐标原点的位矢，可以证明，该质点系中有一个空间点（如圆环环心、乒乓球的球心）相对于坐标原点的位矢满足下式：

$$\boldsymbol{r}_C = \frac{m_1\boldsymbol{r}_1 + m_2\boldsymbol{r}_2 + \cdots + m_N\boldsymbol{r}_N}{m_1 + m_2 + \cdots + m_N} = \frac{\sum(m_i\boldsymbol{r}_i)}{\sum m_i} \tag{2-4}$$

称这个空间点为物体的质心。按式（2-4），质心位矢不是简单地将各质点的位矢做几何平均，而是要考虑各质点的质量（权重）后求平均位矢。进一步说，式（2-4）揭示出：质心位矢取决于质点系的质量分布，质心是系统全部质量的加权平均集中点。

如果系统是一个质量连续分布的物体（如圆环、乒乓球等），将系统看成由无限多质元 dm 组成，系统质心位矢需用积分表示：

$$\boldsymbol{r}_C = \frac{\int \boldsymbol{r}\mathrm{d}m}{\int \mathrm{d}m} = \frac{\int \rho(\boldsymbol{r})\boldsymbol{r}\mathrm{d}\tau}{\int \rho(\boldsymbol{r})\mathrm{d}\tau} \tag{2-5}$$

式中，$\rho(\boldsymbol{r})$ 为 $\boldsymbol{r}$ 处的质量密度；dτ 是质元 dm 对应的体积元。

可以证明，对于一些具有几何对称特征、质量分布均匀的物体或系统（如对点、线或面为对称者），质心的位置与几何对称中心重合。此时，容易确定质心位置；欲求由几个物体组成的复合系统的质心，可以先将各部分的质量分别集中在各部分的质心上，然后将复合系统作为质点系来计算。

综上所述，质心可视为任一质点系中必然存在的一个等效质点，此质点的质量等于整个质点系的质量，这个点的运动代表系统的整体运动。具体说：

1）质心的速度代表系统整体的速度，质心的动量 $\boldsymbol{p}_C$ 等于系统的总动量。

2）作用于系统的外力矢量和对质心所做元功之和，等于质心动能的元增量。

3）质心的运动规律仅代表物体的平动规律（不涉及转动）。

三、质点系动量守恒定律

质点系动量守恒定律

动量守恒定律是自然界的普遍规律，对质点系来说，如果所受外力矢量和为零，即式（2-1）中 $\sum_i \boldsymbol{F}_i=\boldsymbol{0}$ 时，则式中

$$\sum_i m_i \boldsymbol{v}_i = \text{常矢量} \qquad (i=1,2,\cdots,N) \tag{2-6}$$

式（2-6）就是质点系动量守恒定律表示式。式（2-6）是一个矢量式，应用时常将矢量式分解到直角坐标系上。如果分解后某方向（如 x 方向）上质点系不受外力，则

练习 24

$$\sum_i m_i v_{ix} = \text{常量} \tag{2-7}$$

以两个物体的对心弹性碰撞为例。在图 2-2 中，在同一直线上运动的物体 A 与 B 组成系统，在水平方向无外力作用下发生对心碰撞，则碰撞前后系统动量守恒。具体表示是：设两物体质量分别为 m_1 和 m_2，碰撞前后的速度分别为 $\boldsymbol{v}_{10}$、$\boldsymbol{v}_{20}$ 和 $\boldsymbol{v}_1$、$\boldsymbol{v}_2$。将式（2-7）用于此例得

$$m_1\boldsymbol{v}_{10}+m_2\boldsymbol{v}_{20}=m_1\boldsymbol{v}_1+m_2\boldsymbol{v}_2 \tag{2-8}$$

等号左边是碰撞前系统动量之和，等于等号右边碰撞后动量之和。式（2-7）是理论表述，而式（2-8）是碰撞前后的具体应用。

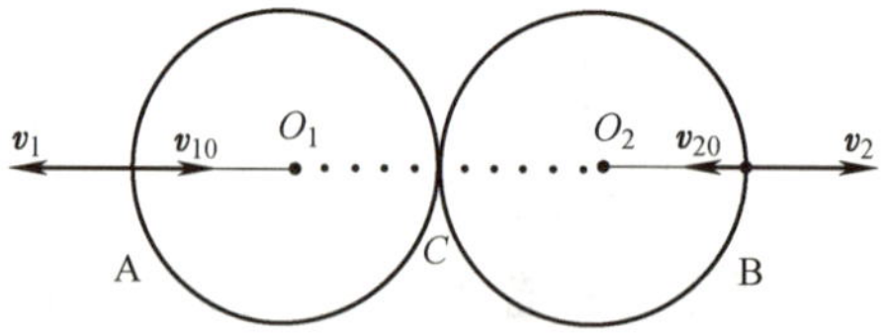

图 2-2

在理解和应用质点系动量守恒定律时有几点注意事项：

1）只要外力矢量和为零，不论内力是否存在，也不论存在的内力是何种性质的力（引力、摩擦力还是弹性力），内力均不改变系统的总动量，在分析各质点动量的变化时，不必用牛顿运动定律（见图 2-3）。

2）对于不受外界作用的孤立系统，大至宇宙，小至微观世界，系统动量守恒。也就是说，由牛顿运动定律导出的动量守恒定律，在超越经典力学的范围时（如相对论、量子物理）也是成立的。

3）如前所述，式（2-6）是一个矢量方程。可以在笛卡儿直角坐标系中将式（2-6）分解为三个分量式

$$\begin{aligned}
\sum_i m_i v_{ix} &= \text{常量} \quad (\text{当}\sum_i F_{ix}=0\text{ 时})\\
\sum_i m_i v_{iy} &= \text{常量} \quad (\text{当}\sum_i F_{iy}=0\text{ 时})\\
\sum_i m_i v_{iz} &= \text{常量} \quad (\text{当}\sum_i F_{iz}=0\text{ 时})
\end{aligned} \tag{2-9}$$

之所以要做以上分解，是因为：如果质点系所受外力的矢量和不等于零，但通过适当选择坐标轴取向，可使式（2-9）中 $\sum_i F_{ix}$、$\sum_i F_{iy}$ 和 $\sum_i F_{iz}$ 有一个（或两个）等于零，则沿一个（或两个）方向的分动量守恒，得到求解问题的一个（或两个）已知条件和方程。

【例 2-1】　以图 2-3 为例，楔子（质量 $m=100\text{kg}$）上有质量分别为 $m_1=20\text{kg}$、$m_2=15\text{kg}$、$m_3=10\text{kg}$ 的三个重物 a、b、c 用轻绳连接。当 a 下降时，b 在楔子的水平面 BC 上向右滑动，c 则沿斜面 AB 上升。略去一切摩擦和绳子与滑轮的质量，问：当重物 a 下降 1m 时，楔子在地面上移动了多大距离呢？

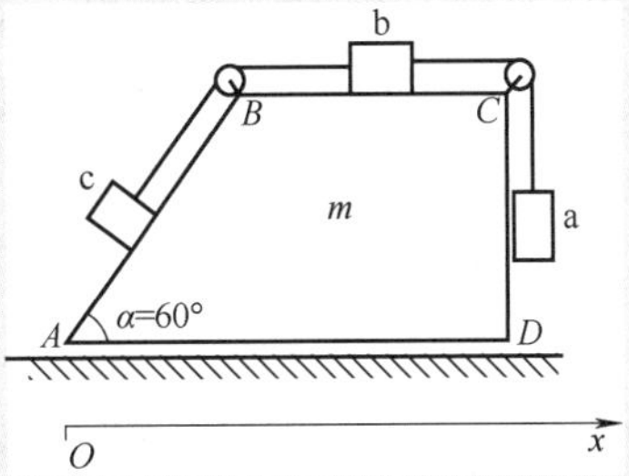

图　2-3

【分析与解答】　求解问题的关键就是先将楔子与 a、b、c 作为一个系统研究。虽然系统受重力 $m_1\boldsymbol{g}$、$m_2\boldsymbol{g}$、$m_3\boldsymbol{g}$、$m\boldsymbol{g}$ 及地面支承力 $\boldsymbol{F}_{\mathrm{N}}$，但这些外力均在竖直方向，对水平方向运动无影响，故可用水平分动量守恒列方程求解。

之后在地面上建 Ox 坐标系，地面为静系，楔子为动系。用式（2-9）时各物体速度都相对静系计算。写出重物 a 下降前后水平方向系统总动量（为零）

$$m_1 v + m_2(v' + v) + m_3(v'\cos\alpha + v) + mv = 0$$

式中，v' 为 a、b、c 相对楔子的速度（相对速度）；v 为楔子相对地的速度（牵连速度）；$(v'+v)$ 及 $(v'\cos\alpha+v)$ 均为相对静系（地面）的速度（绝对速度）。解上式得

$$v = \frac{-1}{m_1 + m_2 + m_3 + m}(m_2 v' + m_3 v'\cos\alpha)$$

将有关数据代入得

$$v = -0.138v'$$

按题意，已知 a 相对楔子以 v' 下降 1m，两边对 t 积分，由速度求位移

$$\int_0^t v\mathrm{d}t = -0.138\int_0^t v'\mathrm{d}t$$

得

$$s = -0.138s'$$

式中，s 为楔子在静系中移动的距离；s' 则是 b（及 a）相对动系（楔子）的位移。代入 $s'=1\text{m}$，得 $s=-0.138\text{m}$。式中负号表示楔子向左移动。

四、应用拓展——火箭飞行原理

火箭是一种利用燃料燃烧喷出气体产生反冲推力的发动机，目前航天器的发射都要依靠运载火箭（或航天飞机）。运载火箭技术反映了一个国家整体科学技术的水平。但就其动力

学原理而言，仍是动量定理和动量守恒定律的应用。以下仅用动量守恒定律对火箭在自由空间飞行过程做一简要分析。

自由空间是指火箭不受引力或空气阻力等任何外力作用的模型。在图 2-4 中，为分析方便，将某时刻 t 火箭的总质量 $m_总$ 分为火箭主体（简称箭体）质量 $m_总-\mathrm{d}m$ 和将被喷射的物质质量 $\mathrm{d}m$ 两部分。在 t 时刻，$\mathrm{d}m$ 尚未被喷出，

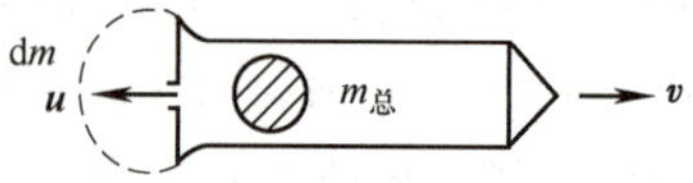

图 2-4

火箭总质量为 $m_总$，相对地面（静系）的速度为 $\boldsymbol{v}$，动量就是 $m_总\boldsymbol{v}$（取 $\boldsymbol{v}$ 的方向为 x 轴正向）。在喷出 $\mathrm{d}m$ 的 $t+\mathrm{d}t$ 时刻，喷出的气体相对于箭体（动系）的喷射速度为 $\boldsymbol{u}$，此时箭体相对于地面的飞行速度为 $v+\mathrm{d}v$。对由箭体和喷射物质组成的系统而言，喷出 $\mathrm{d}m$ 前后在 x 方向分动量守恒，有

$$[(m_总-\mathrm{d}m)(v+\mathrm{d}v)+\mathrm{d}m(v+\mathrm{d}v-u)]=m_总 v$$

由于 $\mathrm{d}m$ 的喷射，火箭总质量 $m_总$ 在减少，以 $-\mathrm{d}m_总$ 表示总质量的减少量，$\mathrm{d}m=-\mathrm{d}m_总$，代入上式整理

$$m_总\mathrm{d}v+u\mathrm{d}m_总=0$$

即

$$\mathrm{d}v=-u\frac{\mathrm{d}m_总}{m_总}$$

将上式两边求积分，得

$$\int_{v_0}^{v}\mathrm{d}v=-u\int_{m_{总0}}^{m_{总1}}\frac{\mathrm{d}m_总}{m_总}$$

$$v(t)=v_0+u\ln\frac{m_{总0}}{m_{总1}} \tag{2-10}$$

式中，$m_{总0}$为火箭点火时的质量；v_0 为初速；$m_{总1}$为燃料烧完后箭体的质量；$v(t)$ 为火箭的末速度。

分析：火箭所能达到的末速度取决于喷射速度 u 和质量比$\dfrac{m_{总0}}{m_{总1}}$的自然对数。化学燃烧过程所能达到的喷射速度理论值为 $5\times10^3\mathrm{m\cdot s^{-1}}$，而实际能达到的只是此值的一半左右，因此，式（2-10）指出了提高火箭速度的潜力在于提高质量比 $m_{总0}/m_{总1}$。

第二节　机械能守恒定律

质点做机械运动的能量有动能和势能之分。研究质点系时，系统的动能与势能之和称为系统的机械能。如果一个质点系是与外界没有能量交换的孤立系，则系统的总能量就保持不变。

在本节中，先讨论质点系动能定理，并在此基础上和牛顿第三定律一同演绎推理出质点系的机械能守恒定律。

一、质点系动能定理

讨论的模型是：设一质点系由 3 个质点组成（见图 2-5）。每一个质点的运动都遵守牛顿运动定律与动能定理。在研究质点系问题时，首先，从图 2-5 中任选一质点 i（例 $i=2$），之后，分析质点 i 受来自系统内第 j（例 $j=1$、3）个质点的作用力 $\boldsymbol{F}_{ji}$（内力），以及来自系统外对 i 质点作用的合外力 $\boldsymbol{F}_i$（外力）。然后，在此基础上按式（1-47）写出 i 质点遵守的动能定理（外力的功加上内力的功），即

练习 25

$$A_i = A_{外i} + A_{内i} = \Delta\left(\frac{1}{2}m_i v_i^2\right) \tag{2-11}$$

如果图 2-5 中有 N 个质点，则外力与内力对 i 质点所做的功可表示为

$$A_i = A_{外i} + A_{内i} = \int_{\substack{a\\(L)}}^{b} \boldsymbol{F}_i \cdot \mathrm{d}\boldsymbol{r}_i + \sum_j \int_{\substack{a\\(L)}}^{b} \boldsymbol{F}_{ji} \cdot \mathrm{d}\boldsymbol{r}_i (i,j = 1,2,\cdots,N;\ j \neq i)$$

式中，积分 $\int_{\substack{a\\(L)}}^{b} \boldsymbol{F}_i \cdot \mathrm{d}\boldsymbol{r}_i$ 是 i 质点沿路径 L 由系统 a 状态到系统 b 状态的过程中外力 $\boldsymbol{F}_i$ 对 i 质点所做的功；而第二项求和 $\sum_j \int_{\substack{a\\(L)}}^{b} \boldsymbol{F}_{ji} \cdot \mathrm{d}\boldsymbol{r}_i$（$j\neq i$）是质点 i 沿同一路径由 a 到 b 的过程中系统中其他质点的作用（内力）对质点 i 做功之和。因为 i 可取 $1,2,\cdots,N$，形如式（2-11）的方程将有 N 个。与式（2-1）采用的求和方法一样，现在也将 N 个方程式（2-11）相加

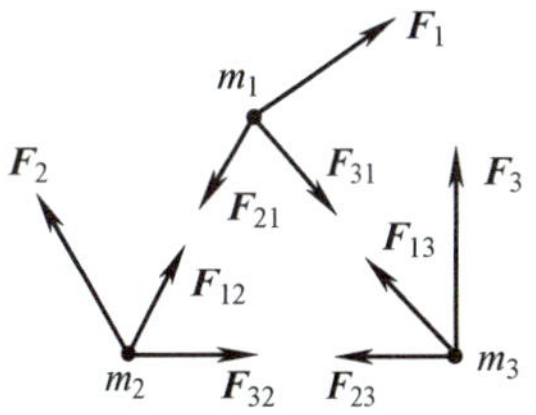

图　2-5

练习 26

$$\sum_i A_i = \sum_i \Delta E_{ki} = \sum_i \Delta\left(\frac{1}{2}m_i v_i^2\right) \tag{2-12}$$

采用符号

$$E_k = \sum_i \frac{1}{2}m_i v_i^2 \tag{2-13}$$

定义 E_k 为质点系的动能，并以 $\sum_i A_i = A_外 + A_内$ 及 $\sum_i \Delta\left(\frac{1}{2}m_i v_i^2\right) = \Delta \sum_i \frac{1}{2}m_i v_i^2$ 改写式（2-12），则

$$A_总 = A_外 + A_内 = E_k - E_{k0} = \Delta E_k \tag{2-14}$$

式中

$$A_外 = \sum_i \int_{\substack{a\\(L)}}^{b} \boldsymbol{F}_i \cdot \mathrm{d}\boldsymbol{r}_i \tag{2-15}$$

$$A_内 = \sum_i \sum_j \int_{\substack{a\\(L)}}^{b} \boldsymbol{F}_{ji} \cdot \mathrm{d}\boldsymbol{r}_i (i \neq j) \tag{2-16}$$

式（2-14）表示：作用于质点系上外力做功与质点系内力做功之和 $A_总$ 等于质点系动能的增量 ΔE_k。这就是质点系动能定理，它只在惯性参考系中成立。下面介绍质点系内力的功 $A_内$。

二、质点系内力做的功

在上节推导质点系动量守恒定律时，曾得到一条重要推论，即由于系统内力的矢量和等

于零，当外力矢量和为零时，内力不改变系统的总动量。是否会联想到这样一个问题：**系统内力做功之和，即式（2-16）是否等于零呢？系统内力会不会改变系统的总机械能呢？**

如何来回答上述问题，首先，考察由 N 个质点组成的系统内满足牛顿第三定律的任意一对质点，如图 2-6 所示的第 i 和第 j 两个质点（m_i、m_j分别是两质点的质量），讨论它们之间由内力所做的功。仍用 $\boldsymbol{F}_{ji}$中的下标 j 在前表示 j 对 i 的作用，$\boldsymbol{F}_{ij}$下标中 i 在前表示 i 对 j 的作用。当 i 和 j 两质点都在运动时，如何计算这一对内力的功呢？因为做功与位置变动有关，为此，设在 t 时刻两质点相对参考点 O 的位矢分别为 $\boldsymbol{r}_i$和 $\boldsymbol{r}_j$，因分别受内力作用，经过 dt 时间段后，i 与 j 发生元位移 d$\boldsymbol{r}_i$和 d$\boldsymbol{r}_j$（见图 2-6：$\mathrm{d}\boldsymbol{r}_i \neq \mathrm{d}\boldsymbol{r}_j$），这一对内力所做的元功为

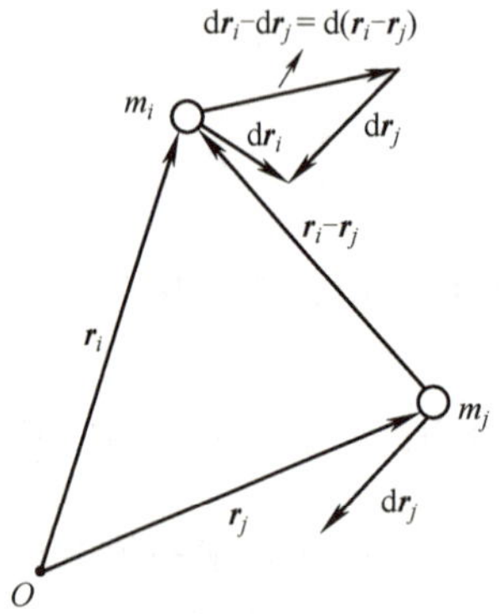

图　2-6

练习 27

$$\mathrm{d}A_i = \boldsymbol{F}_{ji} \cdot \mathrm{d}\boldsymbol{r}_i$$

$$\mathrm{d}A_j = \boldsymbol{F}_{ij} \cdot \mathrm{d}\boldsymbol{r}_j$$

将以上两式相加

$$\mathrm{d}A = \boldsymbol{F}_{ji} \cdot \mathrm{d}\boldsymbol{r}_i + \boldsymbol{F}_{ij} \cdot \mathrm{d}\boldsymbol{r}_j \tag{2-17}$$

利用牛顿第三定律 $\boldsymbol{F}_{ji} = -\boldsymbol{F}_{ij}$，有

$$\mathrm{d}A = \boldsymbol{F}_{ji} \cdot \mathrm{d}(\boldsymbol{r}_i - \boldsymbol{r}_j) = \boldsymbol{F}_{ji} \cdot \mathrm{d}\boldsymbol{r}_{ij} \tag{2-18}$$

或

$$\mathrm{d}A = \boldsymbol{F}_{ji} \cdot \mathrm{d}(\boldsymbol{r}_i - \boldsymbol{r}_j) = \boldsymbol{F}_{ij} \cdot \mathrm{d}\boldsymbol{r}_{ji} \tag{2-19}$$

为解读以上两式的意义，在图 2-6 中以 j 质点为参考点考察 i 相对 j 的运动，则从图 2-6 中看，式（2-18）中 $\boldsymbol{r}_i - \boldsymbol{r}_j = \boldsymbol{r}_{ij}$是 i 质点相对于 j 质点的位矢，而用 $\mathrm{d}\boldsymbol{r}_{ij} = \mathrm{d}(\boldsymbol{r}_i - \boldsymbol{r}_j)$表示 i 质点相对于 j 质点的元位移。式（2-18）说明，两个质点间相互作用力（如 $\boldsymbol{F}_{ji}$与 $\boldsymbol{F}_{ij}$）所做元功之和 dA，等于其中一个质点（如 i）所受的力 $\boldsymbol{F}_{ji}$和此质点相对于另一质点（如 j）的元位移 d$\boldsymbol{r}_{ij}$的标量积。如果将 i、j 两个质点在 t 时刻的位置状态记为初位形 a，经过一段时间 Δt 以后，二者的位置状态记作末位形 b，则两质点从 a 位形运动到 b 位形时，它们之间相互作用力 $\boldsymbol{F}_{ji}$所做的总功

练习 28

$$A_{ab} = \int_a^b \mathrm{d}A = \int_a^b \boldsymbol{F}_{ji} \cdot \mathrm{d}\boldsymbol{r}_{ij} = \int_a^b \boldsymbol{F}_{ij} \cdot \mathrm{d}\boldsymbol{r}_{ji} \tag{2-20}$$

由式（2-18）~式（2-20）可以得到如下结论：

1）由于质点所受约束不同，d$\boldsymbol{r}_i$与 d$\boldsymbol{r}_j$未必相同，且 d$\boldsymbol{r}_{ji}$与 d$\boldsymbol{r}_{ij}$一般不为零，故两质点之

间一对内力所做的功之和不等于零。例如，炮弹爆炸时弹片能飞向四面八方就是证明。

2）因以 j(或 i）为参考点的相对位矢 $\boldsymbol{r}_{ij}$（或 $\boldsymbol{r}_{ji}$）及相对元位移 $\mathrm{d}\boldsymbol{r}_{ij}$（或 $\mathrm{d}\boldsymbol{r}_{ji}$）均与参考点 O 无关，所以一对内力（作用力和反作用力）所做功之和只决定于两质点之间的相对位移（$\mathrm{d}\boldsymbol{r}_{ij}$），且等于单一内力（$\boldsymbol{F}_{ji}$）对运动质点（$i$）所做的功，内力的功不等于零。

三、质点系统的内势能

前面在讨论式（1-39）时曾经指出，力所做的功与路径有关，那么有没有一种力做功与路径无关呢？保守力做功无须预先知道运动路径。那么什么是保守力呢？现在通过计算重力的功，解开保守力之谜。

根据式（1-24）和式（1-25）可知，在地球表面附近，物体的重力就近似等于地球对这一物体的引力。例如，在地面附近质量为 m 的质点受重力 $m\boldsymbol{g}$。以图 2-7 为例，因某种约束，质点从 a 点经一曲线（图中实线）运动到 b 点时，重力做功

练习 29

$$A_{ab}=\int_{a\,(L)}^{b} m\boldsymbol{g}\cdot\mathrm{d}\boldsymbol{r}=\int_{a\,(L)}^{b} mg\cos\alpha\mathrm{d}r$$

式中，α 是 $\boldsymbol{g}$ 与 $\mathrm{d}\boldsymbol{r}$ 之间的夹角。按图 2-7 中坐标取向 $\cos\alpha\mathrm{d}r=-\mathrm{d}h$，有

$$A_{ab}=mg\int_{h_a}^{h_b}(-\mathrm{d}h)=mg(h_a-h_b) \tag{2-21}$$

由式（2-21）所得结果看到，重力做功与质点所经路径的形状、长短无关，只与质点的始末位置有关。可以证明，弹性力、万有引力做功也都具有这一特点。物理学中把凡是做功具有这种特点的力称为保守力。相反，摩擦力做功是与路径的形状、长短有关的，它是非保守力。保守力做功的另一个等价和重要的性质是

$$\oint\boldsymbol{F}\cdot\mathrm{d}\boldsymbol{r}=0 \tag{2-22}$$

即保守力沿任意闭合路径一周做功为零。这一结论可以利用图 2-7中闭合路径 $adbca$ 直接证明（积分号中圆圈表示沿闭合路径积分）。

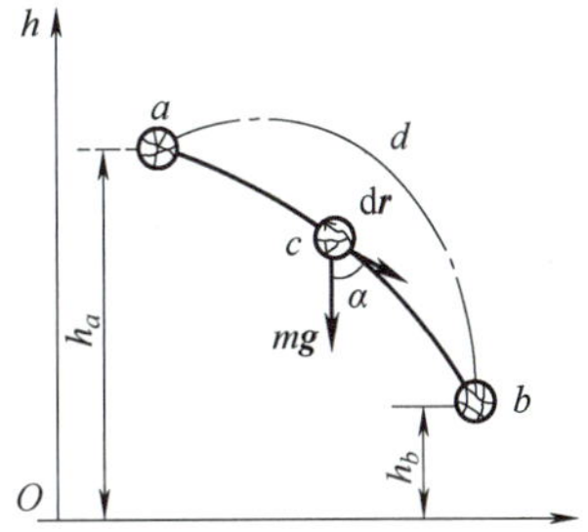

图　2-7

在常见的保守力中，只有重力是恒力，引力和弹性力都是变力，且仅仅是质点坐标（r 或 x）的函数。这一特点意味着，在空间各点（r 或 x），质点都受保守力（引力或弹性力）作用，具有这种性质的空间称为保守力场。式（2-21）还表明，保守力对质点所做的功是过程量，而与始末位置有关的量是状态量（状态函数）。式（2-21）中隐含一个新物理量，就是重力势能，简称势能，在保守力场中，质点势能记为 E_p。势能这一物理概念，将来在后面的电磁学中还会见到，它的英文翻译是“Potential Energy”，我们知道这个词语还有潜能的意思。同学们大学四年的集中学习，相当于在积蓄势能，现在学得越扎实，将来就会有更多的势能转换成动能，在人生的道路上走得更远。

式（2-21）预示着观测到的是势能变化量，势能的零点可按方便问题的求解而随意选择。选择了势能零点，保守力场中某点 a 的势能可表为

练习 30

$$E_p(a)=\int_a^{(0)}\boldsymbol{F}\cdot\mathrm{d}\boldsymbol{r} \tag{2-23}$$

式（2-23）用文字表述是：在保守力场中某处质点的势能，在数值上等于将质点由该处移至势能零点（0）处时保守力所做的功。式（2-23）中积分上限的（0）表示势能零点的位置。保守力场中任意两处的势能差

$$E_p(a)-E_p(b)=\int_a^{b}\boldsymbol{F}\cdot\mathrm{d}\boldsymbol{r} \tag{2-24}$$

式（2-24）可改写为

$$\int_a^{b}\boldsymbol{F}\cdot\mathrm{d}\boldsymbol{r}=-\left[E_p(b)-E_p(a)\right] \tag{2-25}$$

这一改写中突出负号的深远含义：即质点由 a 运动到 b 的过程中，保守力做功等于势能增量的负值。这一表述有利于运用函数增量的知识，把握保守力做功与势能函数增量的关系。

前述当质点系中两质点间相互作用的内力是保守力时，按式（2-25）改写内力所做元功表示式为

练习 31

$$\boldsymbol{F}_{ji}\cdot\mathrm{d}\boldsymbol{r}_i=-\mathrm{d}E_{pi} \tag{2-26}$$

$$\boldsymbol{F}_{ij}\cdot\mathrm{d}\boldsymbol{r}_j=-\mathrm{d}E_{pj} \tag{2-27}$$

将以上两式相加之后，从一对保守内力所做元功之和中引出内势能元增量（负值）概念

$$\begin{aligned}\mathrm{d}A_{\text{内保}}&=\boldsymbol{F}_{ji}\cdot\mathrm{d}\boldsymbol{r}_i+\boldsymbol{F}_{ij}\cdot\mathrm{d}\boldsymbol{r}_j\\&=-\mathrm{d}E_{pi}+(-\mathrm{d}E_{pj})\\&=-\mathrm{d}(E_{pi}+E_{pj})\\&=-\mathrm{d}E_p\end{aligned} \tag{2-28}$$

式中，括号内 $E_{pi}+E_{pj}=E_p$ 表示两质点间相互作用势能之和。由式（2-28）提出一个问题，既然由**式（2-23）确定质点在保守力场中的势能，现在式（2-28）又提出两质点的相互作用势能，那么，这两者有什么区别和联系呢？**从式（2-28）看，势能源于质点间相互作用的保守力。可以说，势能属于质点系。这一说法指出了势能的本质。不过，说“质点在力场中的势能”计算时较为方便，原因是，质点所在的保守力场（如重力场）是由场源激发的。为简单起见，视场源为质点。此时，研究的对象就是场源与质点组成的质点系，它们之间的相互作用是质点系的内力。如前所述，在讨论两质点一对内力做功问题时，曾选取其中一质点（如场源）为参考点，因此，式（2-28）中出现的势能就是保守力场中的势能，属系统中一对质点所共有，故称为内势能。

以地球和物体组成的系统中物体自由下落为例，设想以太阳为参考点来观察，则图 2-7 中物体（i）落向地球（j），地球也向物体靠近。实际上，站在地面上观察物体自由下落，物体势能的变化，只与物体相对地球的位置有关。因此，称式（2-28）中的 $\mathrm{d}E_p$ 为物-地系统内势能的元增量也不为过。所以说，内势能属于产生保守内力作用的物-地双方所共有。一般情况下，在一个系统中，只要由保守内力作用的两个质点的相对位置发生变化，系统的内势能便随之变化，它与参考系选择无关。上述质量为 m 的物体自由下落（h 高度）时，不论选取什么参考系，其势能的变化总是 mgh。

研究一个多质点系统时，可先计算两质点间的内势能，然后推广到整个系统，这是物理

学的研究方法。为什么可以做这种推广呢？因为，当有几个保守力同时作用于同一质点上时，力满足叠加原理，合力所做的功必等于分力所做功之和。该质点的势能自然等于每一对质点相互作用势能之和。具体的数学表示式涉及两次求和运算，如果设第 i 和第 j 两质点的内势能为 E_{pij}，则多质点系统总的内势能为

练习 32

$$E_p = \frac{1}{2}\sum_i \sum_j E_{pij} \quad (i \neq j) \tag{2-29}$$

式中的系数 1/2 是由于求和号下每一对质点间的相互作用势能计算了两次而给出的修正。

若对式（2-28）的两边求积分，结果为

$$A_{内保} = -\Delta E_p \tag{2-30}$$

式中，$A_{内保}$表示所有保守内力做功之和；$-\Delta E_p$ 是系统总内势能增量的负值。式（2-30）文字表述是，一个质点系所有保守内力所做的总功，等于这个系统的总内势能增量的负值。

四、质点系的功能原理和机械能守恒定律的表述

质点系动能定理导出机械能守恒定律

式（2-30）只讨论了保守内力做功与内势能增量的关系，而质点系内各质点间的相互作用还可能有非保守力。因此，分析内力做功时需将内力的功细分为保守力的功和非保守力的功，即

练习 33

$$A_{内} = A_{内保} + A_{内非保} \tag{2-31}$$

将式（2-31）代入表示质点系动能定理的式（2-14）得

$$A_{外} + A_{内保} + A_{内非保} = \Delta E_k \tag{2-32}$$

再将式（2-30）代入式（2-32），并以 $E=E_k+E_p$ 代表质点系的机械能，整理后可得

$$A_{外} + A_{内非保} = \Delta E_k + \Delta E_p = \Delta E \tag{2-33}$$

质点系在运动过程中，它所受外力的功与系统内非保守力的功的总和等于其机械能的增量。这就是质点系的功能原理。

如果在考察时间内无外力和非保守内力的做功，即

$$A_{外} + A_{内非保} = 0 \tag{2-34}$$

则系统的机械能不随时间变化，即

$$\Delta E = 0 \tag{2-35}$$

亦即

$$E = E_k + E_p = 常量 \tag{2-36}$$

这就是质点系的机械能守恒定律。

【例 2-2】 如图 2-8a 所示，一雪橇从高度为 50m 的山顶上点 A 沿冰道由静止下滑，山顶到山下的坡道长为 500m。雪橇滑至山下点 B 后，又沿水平冰道继续滑行，滑行若干米后停止在 C 处。若摩擦系数为 0.05。求雪橇沿水平冰道滑行的路程。（点 B 附近可视为连续弯曲的滑道，忽略空气阻力。）

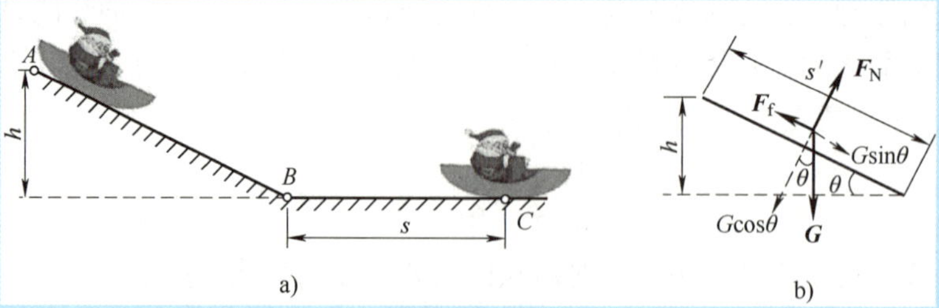

图 2-8

【分析与解答】 雪橇和地球作为研究对象,雪橇受到重力（内保守力）、支持力（不做功）、摩擦力（内非保守力），如图 2-8b 所示。

摩擦力做功

$$A_f = -\mu mg\cos\theta s' - \mu mgs$$

根据功能原理

$$A_f = \Delta E$$

可得

$$-\mu mg\cos\theta s' - \mu mgs = -mgh$$

代入已知数据有

$$s = \frac{h}{\mu} - s'\cos\theta = 502.5\text{m}$$

第三节 质点系角动量守恒定律

图 1-11 给出的哈雷彗星的运动轨道只是太阳系中众多行星绕太阳运动的一个代表，从中引入了角动量概念，如果问：地球-月亮系统绕太阳运动的角动量如何计算呢?

与讨论质点系动量及质点系机械能的方法相同，质点系的角动量也是在对质点角动量求和的基础上建立起来的。作为一般情况，假设质点系由 N 个质点组成，它们的质量分别设为 $m_1, m_2, \cdots, m_N$，速度分别取 $\boldsymbol{v}_1, \boldsymbol{v}_2, \cdots, \boldsymbol{v}_N$，它们相对于同一参考点 O 的位矢分别为 $\boldsymbol{r}_1, \boldsymbol{r}_2, \cdots, \boldsymbol{r}_N$，且各质点所受相对于同一参考点 O 的力矩分别为 $\boldsymbol{M}_1, \boldsymbol{M}_2, \cdots, \boldsymbol{M}_N$，先计算该质点系相对参考点 O 的角动量。

一、质点系角动量

在上一章的图 1-11 中，为求所有行星对太阳的角动量，需对已由式（1-49）定义的质点角动量求矢量和

练习 34

$$\boldsymbol{L} = \sum_i \boldsymbol{L}_i = \sum_i \boldsymbol{r}_i \times m_i \boldsymbol{v}_i \tag{2-37}$$

式中，$\boldsymbol{L}_i$ 为第 i 个质点（行星）对参考点 O（太阳）的角动量（$i=1,2,\cdots,N$）。

二、质点系角动量定理

质点系中每个质点 i 都遵守由式（1-53）给出的规律，

$$\boldsymbol{M}_i = \frac{\mathrm{d}\boldsymbol{L}_i}{\mathrm{d}t} \quad (i = 1,2,\cdots,N)$$

将质点系 N 个质点满足的上述方程相加后得

练习 35

$$\sum_i \boldsymbol{M}_i = \sum_i \frac{\mathrm{d}\boldsymbol{L}_i}{\mathrm{d}t} = \frac{\mathrm{d}}{\mathrm{d}t}\left(\sum_i \boldsymbol{L}_i\right) \tag{2-38}$$

式中，$\sum\limits_i \boldsymbol{M}_i$是作用于质点系各质点 i 的合力矩 $\boldsymbol{M}_i$的矢量和。合力矩 $\boldsymbol{M}_i$中包含每个质点（i）所受外力矩作用和系统内其他质点的内力矩作用，所以，可将式（2-38）中 $\boldsymbol{M}_i$表示为外力矩与内力矩之和。

$$\boldsymbol{M}_i = \boldsymbol{M}_{外i} + \boldsymbol{M}_{内i}$$

利用式（2-37）并将上式代入式（2-38）得

$$\sum_i \boldsymbol{M}_{外i} + \sum_i \boldsymbol{M}_{内i} = \frac{\mathrm{d}\boldsymbol{L}}{\mathrm{d}t} \quad (i = 1,2,\cdots,N) \tag{2-39}$$

式中，$\sum\limits_i \boldsymbol{M}_{外i}$是作用于各质点 i 的合外力对同一参考点 O 力矩的矢量和；$\sum\limits_i \boldsymbol{M}_{内i}$是系统内质点间的作用力（内力）对参考点 O 的力矩矢量和。根据牛顿第三定律，可证明：系统中 $\sum\limits_i \boldsymbol{M}_{内i}=0$。

如在图 2-9 中，$\boldsymbol{F}_{ij}$和 $\boldsymbol{F}_{ji}$是质点系中质点 i 和 j 之间的相互作用力，i 和 j 相对于参考点 O 的位置矢量分别为 $\boldsymbol{r}_i$和 $\boldsymbol{r}_j$，则按式（1-51），写出 $\boldsymbol{F}_{ij}$和 $\boldsymbol{F}_{ji}$对参考点 O 的力矩

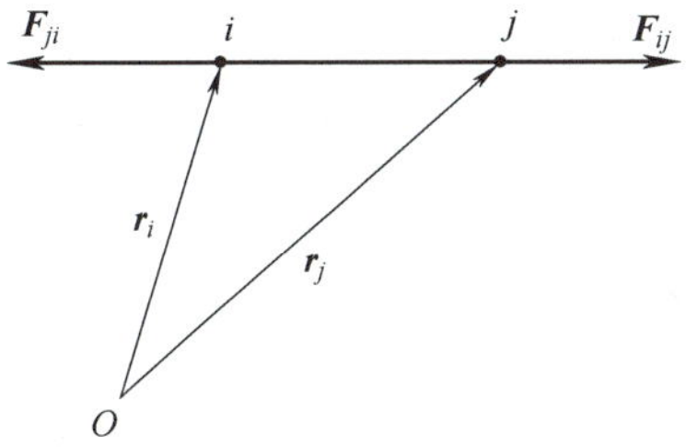

图　2-9

练习 36

$$\boldsymbol{M}_{内i} = \boldsymbol{r}_i \times \boldsymbol{F}_{ji} \qquad \boldsymbol{M}_{内j} = \boldsymbol{r}_j \times \boldsymbol{F}_{ij} \tag{2-40}$$

将两式相加

$$\boldsymbol{M}'_{内} = \boldsymbol{M}_{内i} + \boldsymbol{M}_{内j} = (\boldsymbol{r}_i - \boldsymbol{r}_j) \times \boldsymbol{F}_{ji} \tag{2-41}$$

在图 2-9 中，式（2-41）中的（$\boldsymbol{r}_i-\boldsymbol{r}_j$）与 $\boldsymbol{F}_{ji}$平行，它们之间的叉乘必定等于零。将这一结果推广到由 N 个质点组成的质点系得

$$\sum_i \boldsymbol{M}_{内i} = \boldsymbol{0} \tag{2-42}$$

于是，式（2-39）只剩下如下关系：

$$\boldsymbol{M}_{外} = \sum_i \boldsymbol{M}_{外i} = \frac{\mathrm{d}\boldsymbol{L}}{\mathrm{d}t}$$

去掉上式脚标

$$\boldsymbol{M} = \frac{\mathrm{d}\boldsymbol{L}}{\mathrm{d}t} \tag{2-43}$$

式（2-43）的文字表述为，质点系所受诸外力对同一参考点的力矩的矢量和，等于质点系对同一点的角动量随时间的变化率。这条定理称为质点系角动量定理。式（2-43）是它的微分形式。要得到角动量定理的积分形式，需将式（2-43）积分，有

$$\int_0^t \boldsymbol{M}\mathrm{d}t = \boldsymbol{L} - \boldsymbol{L}_0 \tag{2-44}$$

式中左边积分称为力矩的角冲量（或力的元冲量矩）的矢量和。

三、质点系角动量守恒条件

角动量守恒

从式（2-43）看，如果一个系统不受外力矩作用或者外力矩之矢量和恒为零，即 $\sum_i \boldsymbol{M}_i = 0$，则有 $\boldsymbol{L}$ = 恒矢量，这就是角动量守恒定律。需要指出：

1）质点系动量守恒的条件是外力矢量和等于零，即 $\sum \boldsymbol{F}_i = \boldsymbol{0}$。它与 $\sum(\boldsymbol{r}_i \times \boldsymbol{F}_i) = \boldsymbol{0}$ 彼此独立，此意是指，即使在外力矢量和等于零时系统动量守恒，但合“外力矩”可能不等于零，系统角动量并不守恒；反之亦然。汽车方向盘受力偶矩便是一个简单的例子（见图 1-13）。

2）与动量守恒定律类似，如果合“外力矩”在笛卡儿直角坐标系中某个坐标上的分量恒为零，则系统角动量在此方向上的分量守恒。

3）内力矩不改变系统的角动量。因为式（2-42）已表明，质点系内力矩之矢量和为零。

*四、有关守恒定律的补充说明

综上所述，动量、能量（机械能）、角动量，是从牛顿运动定律用演绎方法引出的三个物理量。用这三个物理量可以从不同角度去研究力学过程。特别是三个守恒定律，是三个独立的普适定律。表面上看，三个守恒定律是由牛顿运动定律导出的。但是，按照现代人们的认识，三个守恒定律是更带有根本性质的物理定律。为此，做一些补充性说明。

1）守恒的含义与判据：以 ψ 表示某一物理量，如果在所讨论的物理过程中它始终保持不变，则称为守恒量。在数学上，可用 ψ 对时间的导数 $\frac{\mathrm{d}\psi}{\mathrm{d}t}=0$ 来作为 ψ 是否守恒的判据。

2）守恒条件：已知守恒判据是 $\frac{\mathrm{d}\psi}{\mathrm{d}t}=0$，但它不是守恒条件。守恒条件是指，在什么条件下能满足守恒判据。找到物理量 ψ 守恒条件的方法是：令 ψ 的导函数为 Φ，$\frac{\mathrm{d}\psi}{\mathrm{d}t}=\Phi$，导函

数 $\Phi=0$ 就是物理量 ψ 的守恒的条件。$\frac{\mathrm{d}\psi}{\mathrm{d}t}=\Phi$ 是一个含有一阶导数的微分方程。前面已介绍过，质点系动量定理、动能定理、角动量定理都包含两种形式：微分形式和积分形式。前者是一种微分关系，描写外界瞬时作用与状态量变化率的关系；后者则是一种积分关系，描写外界作用的积累与状态量改变量的关系。守恒条件应该从运动定理的微分形式而不是它的积分形式去找。

例如，质点动量定理的微分形式是式（1-31），其积分形式是式（1-33）。这样，质点动量守恒定律的条件就是 $\boldsymbol{F}=\boldsymbol{0}$，而不是 $\int_{t_0}^{t}\boldsymbol{F}\mathrm{d}t=\boldsymbol{0}$。

在讨论守恒定律的成立条件时，注意在经典力学中质点（系）守恒律和牛顿运动定律都只在惯性系中成立。

3）守恒律与对称性：现代物理学研究表明，宇宙中的对称性和宇宙中的守恒律密切相关。由于对称性原理和守恒定律是跨越物理学各个领域的普遍法则，物理学家在探索新领域中的未知规律时，常常是首先从实验上发现一些守恒定律，再通过对称性与守恒定律的联系来认识未知规律应具有哪些对称性。因此，对称性原理的研究方法在现代物理学中占有极其重要的地位。本书仅对经典力学中三个守恒定律与对称性原理的关系做一简单陈述。

① 动量之所以守恒，是因为空间中的任一点具有难以与另一点相区别的特性，即空间均匀性，而物理规律并不依赖于空间原点的选择。将整个空间平移一个位置，物理规律不会改变，这种对称性称为物理规律的空间平移对称性。从空间的平移对称性可以导出动量守恒定律。所以说，动量守恒定律是和空间平移对称性相联系的。

② 能量之所以守恒，是因为物理规律在昨天、今天和明天都一样，不会依赖于时间起点的选择。将整个时间（起点）移动一下，尽管人们对物理规律的认识是随着时光流逝不断进步的，但客观规律却是不会改变的。这种对称性称为物理规律的时间平移对称性。时间平移对称性是和能量守恒定律相联系的。

③ 角动量之所以守恒，是因为空间中任一方向具有难以与另一方向相区别的特性。如果将实验设备整个地改变一个方向或转过一个角度，实验结果不会改变，这种对称性称为物理规律的空间转动不变性，也就是说，空间旋转对称性是与角动量守恒定律相联系的。

第四节　物理学方法简述

一、整体（系统）方法

上一章第四节简要介绍了“整体方法”的一个方面——“物理过程整体化”，本章应用到它的另一个方面：研究对象的整体化。在许多物理问题中往往会遇到由两个或两个以上物体所组成的、有比较复杂相互作用的系统。在解决这类物理问题时，“隔离体法”是运用较广泛的一种方法。所谓“隔离体法”，就是将研究对象与周围的环境隔离开来，建立物理模型，运用物理规律。但“隔离体法”容易使人们只关心事物的局部，缺乏对其整体上的认识，犹如“只见树木，不见森林”。其实，在许多情形中，对客体从整体上去分析和研究，比之将客体分割开来逐个去分析和研究要简便得多。这种对客体从整体上去分析、研究的方法是与“隔离体法”相辅相成的，称为“整体方法”（或系统方法）。它也是分析和解决物理问题的一种基本方法。

所谓“整体方法”，就是将相互作用的两个或两个以上的物体（质点）组成一个系统作为研究对象。在系统内部，将各部分之间的相互作用和相互制约称为内力，系统与周围环境之间的相互作用和影响称为外力。例如，把地球与月球看作一个系统，则它们之间的相互吸引力称为内力，而太阳以及其他行星对地球或月球的引力都是外力。这种内、外力的同时存在，将决定系统的状态变化。

通俗地说，“隔离体法”的基本思想是“分”，而“整体方法”的基本思想则是“合”，或者说是求和，即对可求和的物理量求和，对运动方程求和。在本章中看到的求和号都可这样去理解（也包括过程的整体化）。

二、变换参考系的方法

在第一章第四节曾简要提到坐标系实质上是参考系的数学抽象。坐标系（惯性系）的选择是任意的，但是通过变换坐标系可能使物理图像更为明晰，数学描述与计算变得更为简单。本章中出现了以下三种情况：

1）在第一节中引入了质心概念。按动量守恒定律，当系统所受外力矢量和为零时，内力不改变系统总动量，因而系统的质心保持静止或匀速直线运动状态。由于牛顿运动定律只在惯性系中成立，所以，此时如果把坐标原点选在质心上将非常方便。

2）在理解与应用动量守恒定律时，往往涉及动坐标系（简称动系）与静坐标系（简称静系），此时必须选静坐标系（惯性系）来统一描述各质点的动量。通过动、静坐标系变换，运用速度定义式，可求得绝对速度与相对速度、牵连速度的关系。

3）在第二节中讨论内力做功问题时，涉及两质点间的相对运动。如果将坐标原点选在两质点中的任一质点上，相对运动的图像就比较清楚，数学描述也比较容易，特别是为什么说势能属系统性质的论断就很好理解。不过要注意，如果用到牛顿运动定律时，它只在惯性系中成立。

三、找守恒量的方法

在牛顿运动定律及三个运动定理的基础上继续演绎，可求得质点系相应的三个守恒定律。本章涉及的动量守恒定律、能量守恒定律和角动量守恒定律，是解决由两个或两个以上质点所组成的质点系力学问题的重要理论与方法。守恒定律是自然界的基本规律，同时它也具有方法论功能。具体说，在求解质点系的具体力学问题时，找到一个守恒量和守恒律，可列出一个方程，这个方程就是一个已知条件，因而未知量将减少一个。未知量的减少会使问题求解变得简单。因此，在求解力学问题时，可以找一找守恒量或守恒律。注意，一个定律的建立是在一定的历史条件下才实现的。一方面是社会的发展水平，另一方面是物理学本身的发展水平，而后者又包括物理学实验事实和物理学思想两个方面。历史上，动量守恒定律、能量守恒定律和角动量守恒定律的基本思想最初都不是全由理论推导而得来的。

练习与思考

一、填空

1-1　质点系动量守恒的条件是________，质点系机械能守恒的条件是________，质点系角动量守恒的条件是________。

1-2　保守力的特点是________，保守力的功与势能的关系式为________。请列举一个常见的保守力________，和一个非保守力________。

1-3　力矩的矢量定义式为________，角动量矢量定义式为________，若系统所受的合外力矩为零，则系统的________守恒。

二、计算

2-1　如图 2-10 所示，一质量为 10g、速率为 6.0m·s^{-1}的钢球，以与钢板法线成 $\alpha=45°$ 角的方向撞击到钢板上，并以相同的速率和角度反弹，设钢球与钢板的碰撞时间为 0.05s，求在此时间内钢板受到的平均冲力。

【答案】 −1.697N，方向沿 x 轴的负方向

2-2　如图 2-11 所示，用棒打击质量为 0.3kg、速率为 20m·s^{-1}水平飞来的球，并使球竖直飞到上方 10m 的高度。求棒给予球的冲量多大？设球与棒的接触时间为 0.02s，求球受到的平均冲力。

【答案】 7.32N·s，方向如图 2-11 所示；366N，方向与 $\boldsymbol{I}$ 相同

2.1 习题 2-2

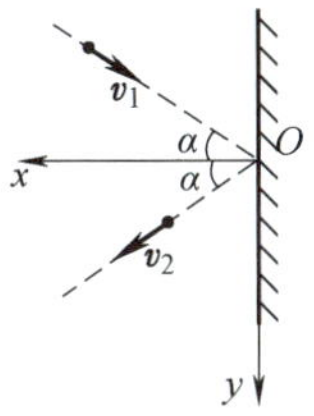

图　2-10

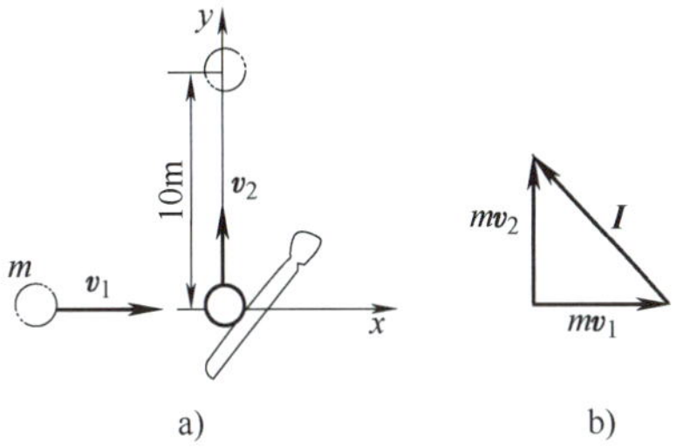

图　2-11

2-3　一枚炮弹在它飞行的最高点炸裂成质量相等的两块，每块的质量都为 m，一块在炸裂后竖直下落，另一块则继续沿水平方向向前飞行。求这两块的着地点以及炮弹（系统）质心的着地点，已知炮弹发射时的初速度为 $\boldsymbol{v}_0$，发射角为 θ。（忽略空气阻力）

【答案】 $\dfrac{v_0^2\sin2\theta}{2g},\dfrac{3v_0^2\sin2\theta}{2g};\dfrac{v_0^2\sin2\theta}{g}$

2-4　一人从 10.0m 深的井中提水，起始桶中装有 10.0kg 的水，由于水桶漏水，每升高 1.0m 要漏去 0.20kg 的水。求水桶被匀速地从井底提到井口时提水人所做的功。

【答案】 882J

2-5　如图 2-12 所示，一根长为 l 的均质链条，放在摩擦系数为 μ 的水平桌面上，其一端下垂长度为 a，如果使链条自静止开始向下滑动，试求链条刚刚滑离桌面时的速率。

【答案】 $\sqrt{\left(l-\dfrac{a^2}{l}\right)g-\mu g\left(l-2a+\dfrac{a^2}{l}\right)}$

2. 2 习题 2-5

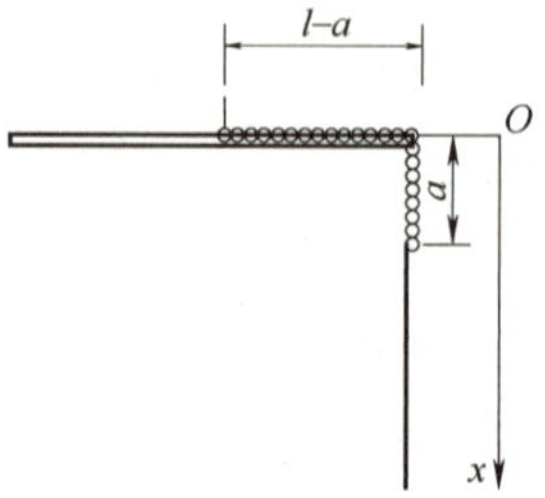

图　2-12

2-6　劲度系数为 k 的弹簧，上端固定，下端挂一质量为 m 的物体。先用手托住物体，使弹簧不伸长。

（1）手突然与物体分开，使物体快速下落，问弹簧的最大伸长和弹性力是多少？

（2）在（1）中，物体经过平衡位置时的速度是多少？

【答案】 （1）$\dfrac{2mg}{k}$，$2mg$；（2）$\sqrt{\dfrac{m}{k}}g$

2-7　两个滑冰运动员的质量各为 70kg，以 $6.5\mathrm{m\cdot s^{-1}}$的速率沿相反方向滑行，滑行路线间的垂直距离为 10m。当彼此交错时，各抓住长为 10m 绳索的一端，然后相对旋转。求：（1）在抓住绳索一端之前，各自对绳中心的角动量是多少？（2）他们各自收拢绳索，到绳长为 5m 时，各自的速率如何？（3）二人在收拢绳索时，各做了多少功？

【答案】 （1）$2275\mathrm{kg\cdot m^2\cdot s^{-1}}$；（2）$13\mathrm{m\cdot s^{-1}}$；（3）4436. 25J

三、思维拓展

机场经常需要驱鸟，小小的飞鸟与高速飞行的飞机相碰后，会产生怎样的后果？再应用所学知识解释其原因。

第三章 连续体力学

本章核心内容

1. 刚体定轴转动特征、规律、描述与应用。

2. 刚体定轴转动角动量的计算、变化、守恒与应用。

3. 弹性体受力变形特征、规律、描述与应用。

4. 弹性体中介质质元传播机械波的物理过程。

5. 理想流体定常流动的描述与质量守恒。

6. 理想流体定常流动的伯努利方程的建立与意义。

瀑布

以上两章介绍的质点和质点系力学，代表物体运动最基本的规律与描述。但是，工程实际问题比较复杂，物体的大小和形状对它自身的运动有影响。例如飞轮转动时的惯性、飞机飞行中所受到的空气阻力与升力以及物体受力时所发生的形变等问题，都可以或需要将描述质点及质点系运动的概念、方法运用于各种模型——刚体、弹性体、流体等连续介质。从物理学史看，17 世纪牛顿建立了牛顿运动定律和万有引力理论之后，经典力学大致朝两个方面继续发展：一是朝分析力学的方向发展，简称为朝“纵向”发展，出现了虚位移原理、达朗贝尔原理、拉格朗日方程、哈密顿原理等（本书省略）；二是朝连续体力学的方向发展，出现了刚体力学、弹性力学、流体力学等众多的分支学科，并正在向理性力学方向飞跃，以着眼于用统一的观点和严密的逻辑推理，来研究连续介质力学的带有共性的基础问题，简称向“横向”发展。本章简要介绍“横向”发展的连续体力学。

第一节　刚体定轴转动

在以上两章中讨论过的主角——质点，不考虑物体的形状与大小，是力学中建立的第一个理想模型。本节讨论的刚体是不能忽略物体的形状、大小，但形状、大小在运动中保持不变的一种模型。例如，为了使飞行中的炮弹不在空气阻力下翻转，可利用炮膛（内弹道）中来复线的作用，使炮弹射出后（外弹道）绕自己的对称轴快速旋转，这时可将炮弹抽象为形状、大小不变的刚体。又如，当我们要走进房间推门时，门上各点都绕门轴转动，但在门的转动过程中，人们并不关心门的形状、大小会发生什么变化（年久失修除外）。这样，从大量实际问题中抽象出来了刚体模型。对于刚体模型还有几点补充：

第一，形状、大小是否变化只是一种相对概念。坚硬的物体，不一定就是刚体。一般所谓坚硬，是相对于通常条件下物体的弹性、塑性、柔性而言的。是否采用刚体模型，要由所研究的问题而定。如钢材，虽然坚硬，但在材料力学中讨论时，它却是弹性体，甚至可能是塑性体。可以这样认识：任何一种物理模型，好比点、线、面，实际上是不存在的。

第二，有时刚体可作为一种特殊的质点数目十分巨大的质点系来研究。本节采用这种研究方法。

第三，由于在运动过程中忽略物体形状、大小的变化，因此，在图 3-1 中的物体上任取两点（i、j）时，它们之间的距离始终不变，即

$$|r_{ji}(t)| = \text{常数} \tag{3-1}$$

则由式（3-1）可得出两点推论：其一，在刚体运动时，任意两点（如 i 和 j）的速度矢量，在其连线方向的投影相等，否则，两点间距就会变化；其二，刚体内部一对内力做功之和恒为零（无相对位移）。**作为练习可分别应用式（1-9）、式（2-18）及式（3-1）证明这两点推论。**

一、刚体运动的类型

观察我们周围各种物体在运动过程中可能受到不同的限制（约束），从中可以归纳出刚体有 5 种不同的运动形态。本书只介绍常见的两种，并只对其中的刚体定轴转动做重点介绍。

1. 刚体的平动

刚体第一种基本运动形态是平动，什么是平动呢？如图 3-2 所示，在车刀切削工件过程中，向左平移的车刀（刚体）上各个质元（质点）的位移、速度和加速度都相同，或者说，车刀上任意两点间的连线不仅长度不变，在运动中的方位也不变。这种运动就是刚体的平动。刚体平动时可以选任一点的运动代表整体运动，一般选质心代表刚体平动。

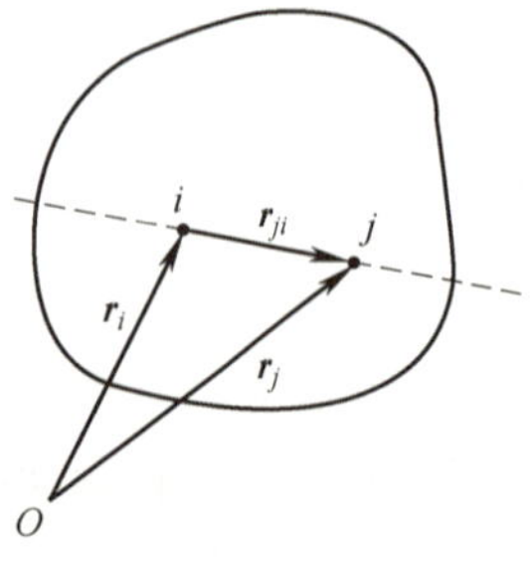

图 3-1

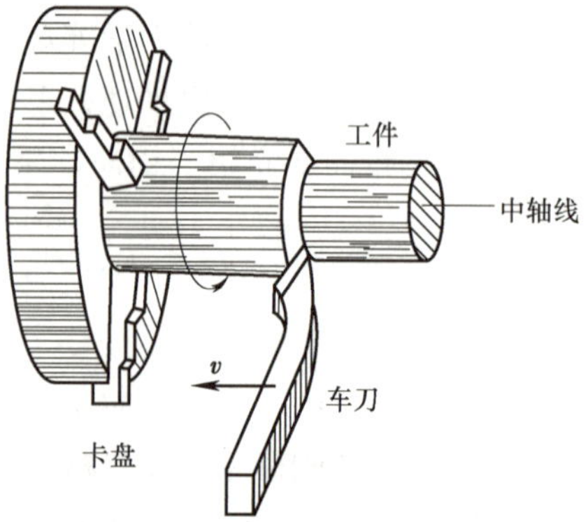

图 3-2

2. 刚体的绕定轴转动

在图 3-2 中，除车刀平动外，固定工件的卡盘（刚体）在转动过程中，卡盘上任意两点间的连线长度保持不变，但方位时刻在改变。不仅如此，卡盘上所有点都绕同一条固定直线（见图 3-2 中的中轴线）做圆周运动，这种运动就称为定轴转动。日常生活中推门窗时门窗的转动就是定轴转动（推拉门除外），但车辆行进中轮胎的转动就不是定轴转动。作为平动与转动的区别，在图 3-3a、b 中的圆盘上任取一条直线 ACB，可根据 ACB 的方位在圆盘运动过程中是否变化，来区分圆盘是在平动（见图 3-3a）还是在定轴转动（见图 3-3b）。定轴转动也是刚体转动中的一种最简单却是最重要的运动形态，广泛存在于生产和生活实际中。那么，如何研究定轴转动的规律呢?

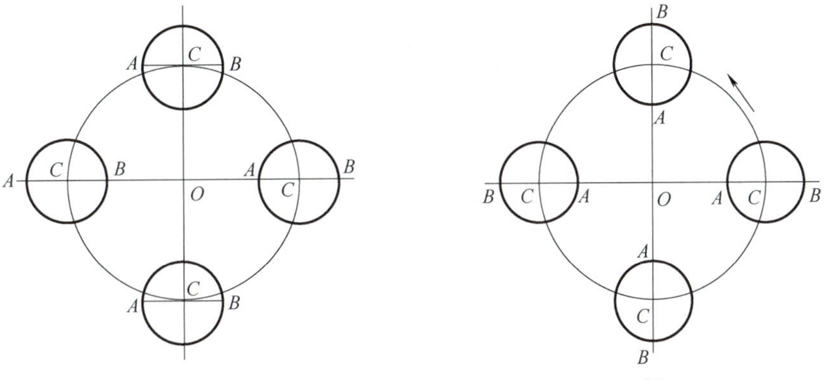

图　3-3

二、刚体定轴转动运动学

1. 转动平面

以图 3-4 为例介绍研究这种刚体定轴转动的方法。由于刚体做定轴转动时每一质元（质点）均绕同一转轴做圆周运动，质点圆周运动所在的轨道平面不是彼此重合就是彼此平行。这一特点提示人们，首先在图 3-4 中，在刚体上任意选择一点 P，过点 P 作一垂直于转轴的平面（称为转动平面），并在该平面上取静止的坐标系 Oxz，然后就可以在 Oxz 坐标系中通过研究 P 点运动展开刚体定轴转动运动学了。

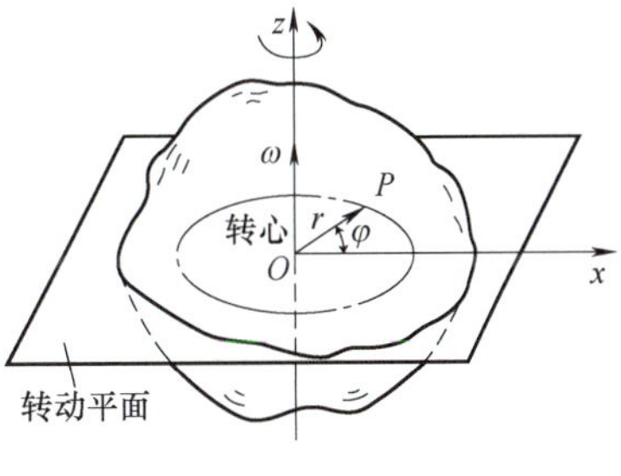

图　3-4

2. 刚体的角坐标与角位移

由于转动平面上每一个质元离转轴的距离 r 不同，各质元做圆周运动时的位置、位移、速度、加速度都与 r 有关，用上一章对质点系求和方法去研究刚体的运动学规律多有不便。好在定轴转动有一个特点：如果在图 3-4 中的转动平面上取一 O 与 P 的连线 OP，任一时刻 OP 对 x 轴都有一夹角 φ，随着刚体转动 φ 角在变化，不同的 φ 角表示刚体转动中处在不同的状态，因此，可利用 φ 角作为刚体转动位置坐标，称为角坐标。由于 OP 上各质元在运动中都将转过同样的角度 $\Delta\varphi(\Delta\varphi=\varphi_2-\varphi_1)$，就用 $\Delta\varphi$ 描述转动过程中发生的角位移的大小。图 3-4中刚体绕定轴 Oz 转动的方向不是顺时针就是逆时针。为了区分 φ 的方向，规定：从转轴上方向下看，当 OP 逆时针方向转动时，取角坐标 φ 为正；反之，φ 为负。

3. 刚体的角速度

有了角坐标 φ，类比质点运动学方程式（1-1），φ 随时间变化的函数就表示刚体定轴转动的运动学方程：

$$\varphi=\varphi(t) \tag{3-2}$$

由于式（3-2）中 φ 是时间的函数，将 Δt 时间段内角位移 $\Delta\varphi$ 与 Δt 的比值在 Δt 趋于零时的极限，定义为刚体转动的角速度，以符号 ω 表示，即

$$\omega=\lim_{\Delta t\to 0}\frac{\Delta\varphi}{\Delta t}=\frac{\mathrm{d}\varphi}{\mathrm{d}t} \tag{3-3}$$

按 SI，其单位名称为弧度每秒，单位符号为 $\mathrm{rad}\cdot\mathrm{s}^{-1}$。

角速度是一个既有大小又有方向，且遵守平行四边形法则的物理量，所以它是一个矢量。在图 3-5 中，物理学中规定，角速度矢量的方向标识在转轴上。如图 3-4～图 3-6 所示，并令矢量 $\boldsymbol{\omega}$ 的指向与刚体绕轴的转动方向遵守右手螺旋法则。但在定轴转动时，也可以依照角位移 $\Delta\varphi$ 的正负来确定 ω 的正负。当 $\Delta\varphi>0$ 时，有 $\omega>0$，这时刚体绕定轴做逆时针转动；当 $\Delta\varphi<0$ 时，有 $\omega<0$，这时刚体绕定轴做顺时针转动。

显然以上定义的角速度 ω 描述了点 P 位矢 $\boldsymbol{r}$ 对转心 O 转动的快慢与方向，也就描述了整个刚体转动的快慢与方向。因为，做定轴转动的刚体，在任一时刻只有一个角速度。

图 3-5

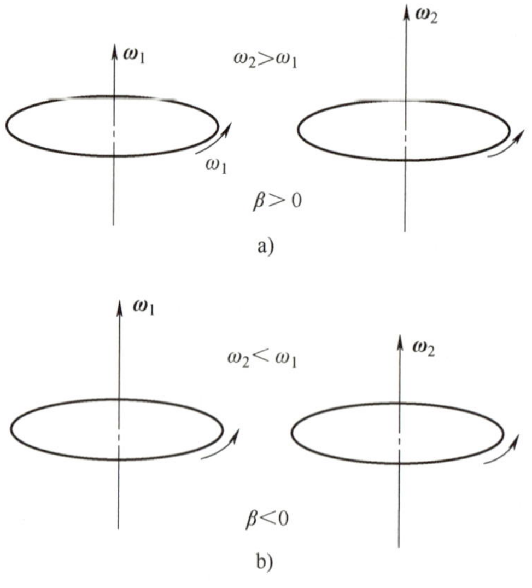

图 3-6

但是，若一个密封的、装满油的圆筒在马路上滚动，油对转轴是否具有唯一的角速度呢？或观察一龙卷风是否对转轴只有一个角速度呢？

4. 刚体的角加速度

刚体在绕定轴转动时，角速度可以发生变化，角速度变化可以用角加速度描述它的变化率。类比质点加速度定义式（1-14），刚体的角加速度用β表示时它的定义式为

$$\beta=\lim_{\Delta t\to 0}\frac{\Delta\omega}{\Delta t}=\frac{\mathrm{d}\omega}{\mathrm{d}t}=\frac{\mathrm{d}^2\varphi}{\mathrm{d}t^2} \tag{3-4}$$

作为矢量，在定轴转动条件下，角加速度的方向也是非正即反。当β的符号与ω相同时，刚体转速增加取正；反之，转速减小取负（见图 3-6）。角加速度的单位名称为弧度每二次方秒，单位符号为 $\mathrm{rad\cdot s^{-2}}$。

以上定义的角位置、角位移、角速度及角加速度统称为角量。在已知角量ω，β的情况下，可以证明，刚体上任一做变速圆周运动的质元的速率、切向加速度、法向加速度在数值上可分别表示为（见图 3-7）

练习 37

$$v=\omega r \tag{3-5}$$

$$a_{\mathrm{t}}=\beta r \tag{3-6}$$

$$a_{\mathrm{n}}=\omega^2 r \tag{3-7}$$

延伸以上讨论，可以将刚体绕定轴匀加速（β为常量）转动与质点匀加速直线运动进行类比，得匀加速转动公式为

$$\omega(t)=\omega_0+\beta t \tag{3-8}$$

$$\varphi(t)=\varphi_0+\omega_0 t+\frac{1}{2}\beta t^2 \tag{3-9}$$

$$\omega^2(t)-\omega_0^2=2\beta(\varphi-\varphi_0) \tag{3-10}$$

式中，ω_0和φ_0是$t=0$时刻刚体的角速度和角坐标。以上各式可以分别通过对式（3-3）与式（3-4）求积分得到证明。

三、定轴转动动力学

1. 刚体的转动动能

在图 3-8 中，当刚体绕定轴 Oz 以角速度ω转动时具有的能量称为转动动能。如何计算刚体转动动能呢？

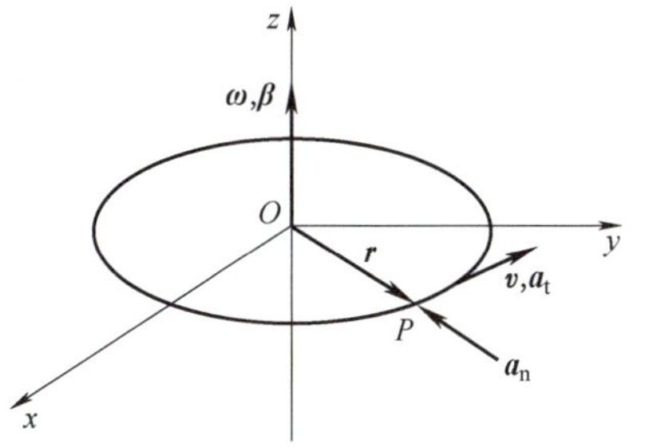

图 3-7

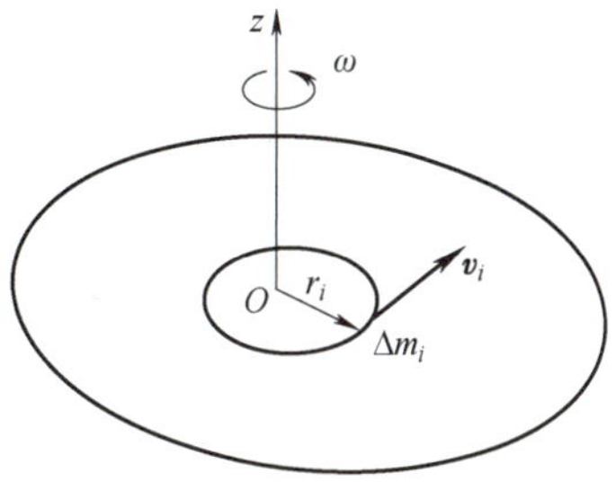

图 3-8

基本思路是：首先，设想由 N 个有相互作用的离散的质元（质点）组成的特殊质点系

模拟刚体，各质元的质量及到转轴 Oz 的距离分别用 $\Delta m_1, \Delta m_2, \cdots, \Delta m_N$ 及 $r_1, r_2, \cdots, r_N$ 表示。之后考察线速度是 $\boldsymbol{v}_i$ 的任一质元 Δm_i，其动能为 $\frac{1}{2}\Delta m_i v_i^2$。然后，用式（2-13）对 N 个质元的动能求和，得质点系总动能 E_k，即

练习 38

$$
\begin{aligned}
E_k &= \sum_i \frac{1}{2}\Delta m_i v_i^2 = \sum_i \frac{1}{2}\Delta m_i r_i^2 \omega^2 \\
&= \frac{1}{2}\Big(\sum_i \Delta m_i r_i^2\Big)\omega^2
\end{aligned} \tag{3-11}
$$

式（3-11）中特意采用括号意味着什么？可将它与质点动能表达式（1-45）对比来看，式中 ω 与质点运动速率 v 相对应，括号中 $\sum_i \Delta m_i r_i^2$ 与质点的质量 m 相对应。若将 $\sum_i \Delta m_i r_i^2$ 用简化符号 J 表示，即

$$J = \sum_i \Delta m_i r_i^2 \tag{3-12}$$

则刚体定轴转动动能的计算公式（3-11）变为

$$E_k = \frac{1}{2}J\omega^2 \tag{3-13}$$

与式（1-45）在数学形式上完全相同的式（3-13）给初学者提供了一些什么信息呢？

2. 刚体的转动惯量

类比式（1-45）中 m，式（3-13）中的 J 是度量刚体转动惯性大小的物理量，称为转动惯量。从定义式（3-12）看，刚体对定轴的转动惯量是一个标量（非定轴转动情况复杂，略），它等于将刚体上每一质元 Δm_i 对转轴的转动惯量 $\Delta m_i r_i^2$ 求和。对确定的转轴，转动惯量是一个确定的量。由式（3-12）看，由于 $\Delta m_i r_i^2$ 是质元 Δm_i 对转轴的转动惯量，因此，同样的质量 Δm_i，离轴越远 r_i 越大，转动惯量越大；而同样的质量分布，对于不同位置的转轴，也将有不同的转动惯量。分析表 3-1 列出的几种常见规则形状刚体的转动惯量可以说明这一论断。

表 3-1　几种常见规则形状刚体的转动惯量

刚体形状		轴的位置	转动惯量
细杆	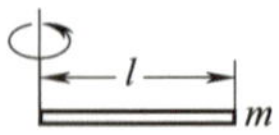	通过一端垂直于杆	$\frac{ml^2}{3}$
细杆	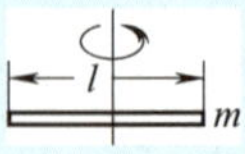	通过中点垂直于杆	$\frac{ml^2}{12}$
薄圆环（或薄圆筒）	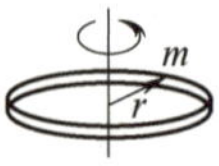	通过环心垂直于环面（或中心轴）	mr^2
圆盘（或圆柱体）	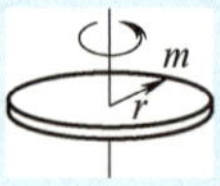	通过盘心垂直于盘面（或中心轴）	$\frac{mr^2}{2}$

（续）

刚体形状	轴的位置	转动惯量
薄球壳 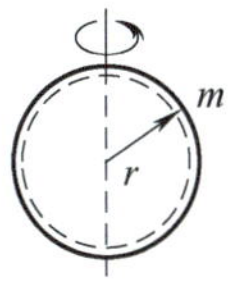	直径	$\frac{2mr^2}{3}$
球体 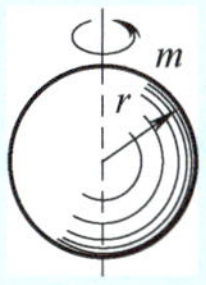	直径	$\frac{2mr^2}{2}$

那么，**表 3-1 中几种常见规则形状刚体的转动惯量的计算公式是如何推导出来的呢?**

我们要注意到，表 3-1 中的刚体质元都是连续分布的。因此，需要对适用离散分布质点系的式（3-12）求和取极限，即用积分计算（见参考文献［35］例 3-2）即

$$J = \int r^2 \mathrm{d}m \tag{3-14}$$

式中，r 是质元 $\mathrm{d}m$ 到转轴的距离。回顾高等数学中定积分知识，式（3-14）中的被积表达式就是质元 $\mathrm{d}m$ 相对转轴的转动惯量，积分遍及整个刚体。按 SI（国际单位制），J 的单位是 $\mathrm{kg \cdot m^2}$（千克二次方米）。对于不规则形状的刚体不能积分时，怎么办？可以通过实验直接测量（本书从略）。

3. 力矩所做的功

在质点力学中，如果质点在外力作用下沿力的方向发生了位移，那么力对质点必定做功，并且，在恒力作用的简单情况下，功可直接由作用力与质点位移的点乘积来计算。刚体绕定轴转动时，刚体上的每一个质元都在转动平面上做圆周运动。因此，作用于质元上的力有可能做功。但是，刚体转动中，作用力可以作用在刚体的不同质元上，各个质元的位移，又会随离转轴的距离不同而不同。**在这种情况下，有没有简便的方法来计算力对刚体所做的功呢？**有。是什么方法呢？

由于质元间的内力不做功，垂直于转动平面的外力也不做功，所以只需考虑外力 $\boldsymbol{F}$ 在转动平面内的分力做功。以下所涉及的外力都被认为是处于转动平面内的外力（分量）。

为了计算外力对刚体转动所做的功，关键是如何将质点力学中有关功的定义式（1-39）用于图 3-9 中点 P 处质量为 m_i 的质元。图中 z 轴交转动平面于 O 点，$\boldsymbol{F}_i$ 是平面上作用于质元 m_i 上的外力。由于刚体转动时质元 m_i 在绕 O 点做半径为 r_i 的圆周运动，m_i 的元位移 $\mathrm{d}\boldsymbol{r}_i$ 沿圆周的切线方向。在此分析基础上，由式（1-39）写出 $\boldsymbol{F}_i$ 对质元 m_i 所做的元功为

练习 39

$$\mathrm{d}A_i = \boldsymbol{F}_i \cdot \mathrm{d}\boldsymbol{r}_i$$

设图中 $\boldsymbol{F}_i$ 与元位移 $\mathrm{d}\boldsymbol{r}_i$ 所夹的角为 θ_i，由式（1-6），上式可改写为

$$\mathrm{d}A_i = F_i \mathrm{d}r_i \cos\theta_i = F_i \cos\theta_i \mathrm{d}l_i$$

利用几何学中弧长与圆心角的关系

$$|\mathrm{d}\boldsymbol{r}_i| = \mathrm{d}l_i = r_i \mathrm{d}\varphi$$

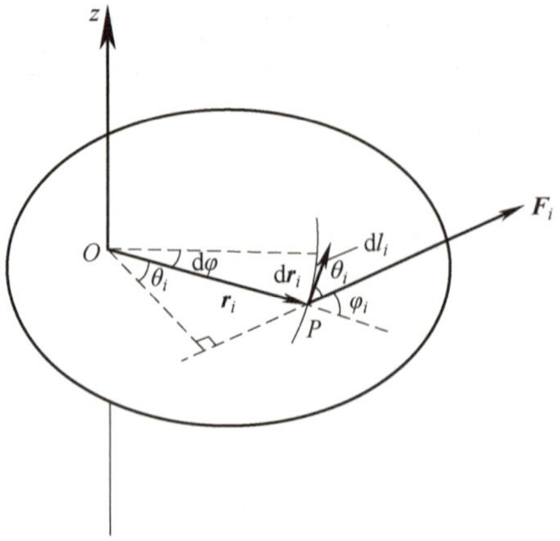

图 3-9

可改写元功表达式

$$dA_i = F_i\cos\theta_i\, r_i d\varphi$$

而根据式（1-52）得

$$M_i = F_i\cos\theta_i r_i$$

所以，在定轴转动中 $\boldsymbol{F}_i$ 作用于质元的元功一种新的表示式是

$$dA_i = M_i d\varphi \tag{3-15}$$

分析新出现的式（3-15），M_i是 $\boldsymbol{F}_i$对轴上 O 点的力矩的大小（或者说 $\boldsymbol{F}_i$对定轴的力矩的大小）。由于质元 i 是在刚体上随意选取的，所以，式（3-15）可适用于作用在刚体上的其他质元和其他外力。因此，式（3-15）表示刚体绕定轴转动时，任何一个力 $\boldsymbol{F}_i$对刚体所做的元功。当 $\boldsymbol{F}_i$与 d$\boldsymbol{r}_i$的夹角小于 90°时，M_i与 dφ 同号，该力矩做正功；反之，当 $\boldsymbol{F}_i$与 d$\boldsymbol{r}_i$的夹角大于 90°时，M_i与 dφ 异号，该力矩做负功。

一个外力的元功如此，那么，若有 N 个外力 $\boldsymbol{F}_1, \boldsymbol{F}_2, \cdots, \boldsymbol{F}_N$ 分别作用在刚体的不同质元上，此时又如何计算力矩的功呢？设刚体在定轴转动中转过 dφ 角，N 个外力所做的元功采用求和方法计算，即

练习 40

$$dA = \sum_i dA_i = \left(\sum_i M_i\right) d\varphi$$

式中，为什么要将 $\sum_i M_i$用括号括出来呢？原来，$\left(\sum_i M_i\right)$ 是作用于刚体的不同质元上所有外力对转轴（或原点 O）的力矩的代数和，也就是作用于刚体的外力对转轴（z 轴）的合“外力矩”（不是“合外力矩”），以 M_z表示，上式可写为

$$dA = M_z d\varphi \tag{3-16}$$

如果刚体在合“外力矩” M_z 的作用下绕固定轴从角坐标 φ_1 转到 φ_2，这一过程中合“外力矩”所做的功需用积分计算，即

$$A = \int_{\varphi_1}^{\varphi_2} M_z d\varphi = \int_{\varphi_1}^{\varphi_2} \sum_i M_i d\varphi = \sum_i \int_{\varphi_1}^{\varphi_2} M_i d\varphi \tag{3-17}$$

式（3-17）的文字表述是，当刚体绕定轴转动时，作用于刚体上的外力做的功，等于各外力

对同一参考点（O 点）的力矩所做的功之和。(为什么可以交换积分与求和运算次序?)

4. 动能定理

在质点力学中曾用式（1-46）表示质点动能定理，而在质点系力学中，曾用式（2-14）表示质点系动能定理。动能定理可不可以推广到刚体这一特殊质点（质元）系呢？答案是肯定的。不过，对于刚体转动而言，一切内力矩所做的功都等于零，而对于定轴转动的刚体来说，合“外力矩”所做的元功等于转动动能的元增量。这一论述的数学形式（转动动能定理的微分形式）为

动能定理

$$dA = dE_k \tag{3-18}$$

将转动动能的具体表达式（3-13）代入式（3-18），对等号两边求定积分，可得刚体定轴转动动能定理的积分形式

$$A = \frac{1}{2}J\omega_2^2 - \frac{1}{2}J\omega_1^2 \tag{3-19}$$

5. 转动定理

对于质点运动，力是引起质点运动状态变化的原因。在外力作用下，质点获得加速度，这一物理规律是由牛顿第二定律描述的。那么，力矩是引起刚体转动状态变化的原因，**在合“外力矩”作用下刚体获得角加速度，这一规律的定量描述是什么？这就是下面即将介绍的转动定理**。刚体转动定理的数学表达式，在不同的教科书中有不同的引入方式，本书采用由动能定理引入的方法。为此，先回到式（3-13）。首先，要做的是对式（3-13）两边取微分来看变化，之后，按式（3-16）合“外力矩”的元功为 $M_z d\varphi$，而刚体转动动能的元增量为 $d\left(\frac{1}{2}J\omega^2\right)$，得

练习 41

$$M_z d\varphi = d\left(\frac{1}{2}J\omega^2\right) = J\omega d\omega$$

以 dt 除上式等号两边，并将等式两边出现的 ω 消去

$$M_z \frac{d\varphi}{dt} = J\omega \frac{d\omega}{dt}$$

经整理可得

$$M_z = J\beta = \frac{d}{dt}(J\omega) \tag{3-20}$$

式中，M_z、J 都是对固定转轴上同一参考点 O 而言的。式（3-20）表明：刚体绕定轴转动时，其角加速度与外力对该轴的力矩成正比，与刚体对该轴的转动惯量成反比。式中 $J\omega$ 定义为：形状规则且质量分布均匀的刚体绕定轴转动的角动量，它与式（2-37）并不矛盾，只是式（2-37）更具普遍意义。式（3-20）还表示，角动量对时间的变化率，正比于作用于刚体的所有外力对原点 O 的力矩沿转轴的分量之和（力矩可按坐标轴分解）。这个关系称为刚体定轴转动的转动定理。

式（3-20）与牛顿第二定律 $\boldsymbol{F}=m\boldsymbol{a}$ 在数学形式上何其相似！合“外力矩”与合外力对应，转动惯量与质量对应，角加速度与加速度对应，角动量与线动量对应。

转动定理是解决刚体定轴转动问题的基本方程。因此，有时又称它为刚体定轴转动的转动方程（参看参考文献［35］例3-3）。

式（3-20）是一种瞬时关系，将等式两侧乘以 dt 后求积分，可得

$$\int_{t_0}^{t} M_z \mathrm{d}t = J\omega - J\omega_0 \tag{3-21}$$

它表明，合“外力矩”的时间累积$\int_{t_0}^{t} M_z \mathrm{d}t$，等于刚体绕定轴转动的角动量的增量。式（3-21）称为刚体定轴转动角动量定理（积分形式）。

例 3-1

【例3-1】　如图3-10所示，水平桌面上有一质量为 m_0、长为 L 的细棒，可绕其一端的轴在桌面上转动，桌面的摩擦系数设为 μ，开始时细棒静止。有一质量为 m 的子弹以速度 $\boldsymbol{v}_0$ 垂直细棒射入棒的另一端并留在其中和棒一起转动，忽略子弹重力造成的摩擦阻力矩。试求：

（1）子弹射入棒后细棒所获得的共同的角速度 ω；

（2）细棒停止转动需经过的时间；

（3）细棒在桌面上转的圈数。

【分析与解答】　本题是质点和刚体的碰撞问题。

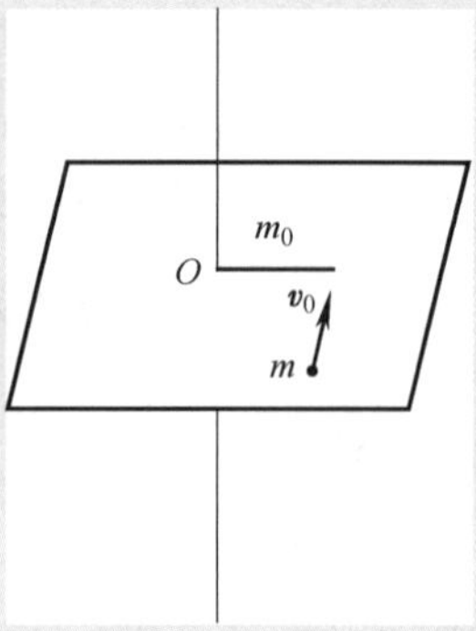

图　3-10

（1）以子弹和细棒作为讨论对象，系统所受合“外力矩”$M=0$，碰撞过程中系统角动量守恒，即

$$mv_0L=(J+mL^2)\omega$$

其中 $J=\frac{1}{3}m_0L^2$，可得

$$\omega=\frac{3mv_0}{(m_0+3m)L}$$

（2）以 O 为原点，沿棒水平向右为 x 轴，细棒所受摩擦阻力矩为

$$M_f=-\int x\mu g\mathrm{d}m=-\int_0^L x\mu g\frac{m_0}{L}\mathrm{d}x=-\frac{1}{2}\mu m_0 gL$$

由角动量定理，可得

$$M_f\Delta t=0-\left(\frac{1}{3}m_0L^2+mL^2\right)\omega=-mv_0L$$

解得

$$\Delta t=\frac{2mv_0}{\mu m_0 g}$$

（3）细棒碰撞后获得角速度，在桌面上旋转受到摩擦阻力矩，摩擦阻力矩做功使得系统的转动动能减小直至棒停止转动，则对系统使用定轴转动的动能定理可得结果。

$$M_f\Delta\theta=0-\frac{1}{2}\left(\frac{1}{3}m_0L^2+mL^2\right)\omega^2$$

可得

$$\Delta\theta = \frac{3m^2 v_0^2}{(m_0 + 3m)\mu m_0 g L}$$

则细棒在桌面上转的圈数

$$n = \frac{\Delta\theta}{2\pi} = \frac{3m^2 v_0^2}{2\pi\mu m_0 g L(m_0 + 3m)}$$

四、定轴转动刚体的角动量守恒定律

角动量守恒

当合“外力矩”$M_z=0$ 时，由式（3-20）得

$$J\omega = \text{恒量} \tag{3-22}$$

式（3-22）就是刚体定轴转动的角动量守恒定律。

对于一个做定轴转动的刚体来说，由于转动惯量不随时间变化，因此，如果它对转轴的角动量守恒，则角速度也将守恒，即刚体做匀角速转动，这是刚体做惯性运动的一种表现形式；如果有某种物体，可通过系统内部伸缩机制改变质量分布，能够从具有一定转动惯量的某种状态变成另一种不同转动惯量的状态。当系统所受合“外力矩”为零时会出现什么现象呢？按式（3-22），如果转动时 J 不再是常量，角速度 ω 就要变化。

除此之外，由几个物体组成的系统，各部分对同一轴的角动量分别为 $J_1\omega_1$，$J_2\omega_2$，…，则系统的总角动量为 $\sum J_i\omega_i$。只要整个系统受到的外力对轴的力矩矢量和为零，系统的总角动量就守恒，即

$$\sum_i J_i\omega_i = \text{恒量}$$

这种绕同一转轴转动的多个刚体的组合，也可称为刚体系。若这种系统原来静止，则总角动量为零。当通过内力使其一部分转动时，另一部分必沿反方向转动，而系统总角动量仍将保持为零。除直升机外，鱼雷尾部左右两螺旋桨是沿相反方向旋转的，以防艇身发生不稳定转动就是这个道理。

五、应用拓展——陀螺仪

刚体对转轴的角动量守恒定律有着重要的应用，陀螺仪就是其一。陀螺仪也称回转仪，是一种惯性导航仪。如图 3-11、图 3-12 所示，安装在内环上的陀螺仪具有轴对称性，它相对于对称轴 OO' 有较大的转动惯量并绕此轴高速旋转。内环通过轴承与外环相连，外环又通过轴承与支架相连。三根转动轴承相互垂直，并相交于回转仪的质心。由于陀螺仪高速旋转时不受外力矩作用（忽略空气阻力矩），满足角动量守恒。因角速度沿转轴，故角动量守恒不仅表现为回转仪以恒定角速率转动，而且其转轴 OO' 在空间的取向恒定，因此可以与自动控制系统配合，安装在飞机、导弹、坦克或舰船上用于导航。

由于这些战车或飞行器中的铁制物和电磁系统较多，通常指南针会受到影响而难以发挥作用。但如果安装回转仪，以回转仪自转轴线为标准，可随时指出导弹等的方位，以便自动调整，因而成为自动驾驶仪的重要组成部分。

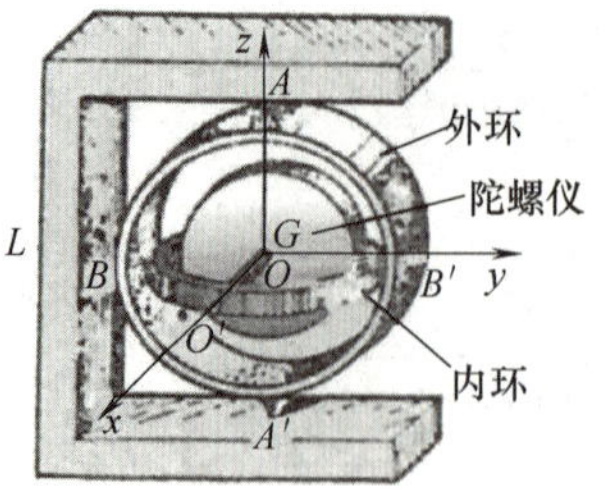

图 3-11

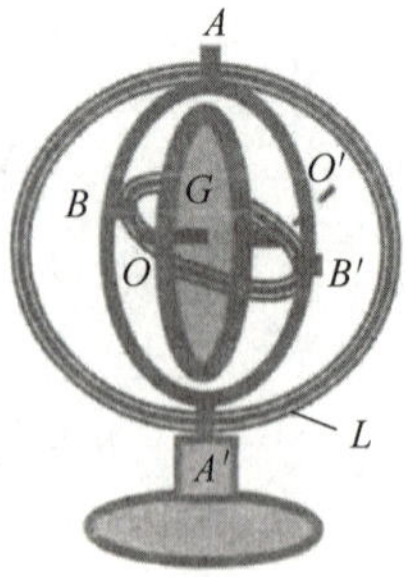

图 3-12

飞行器（如飞机、火箭、导弹等）飞行过程中的方向和姿态可以用三个角度描述：如图 3-13a 所示，飞行器头部的上下摆动，即飞行器绕垂直于飞行方向的水平轴（与纸面垂直）的旋转，可用俯仰角说明；如图 3-13b 所示，飞行器头部左右摆动，即绕竖直轴线的转动，可用偏航角说明；如图 3-13c 所示，飞行器绕它本身纵向轴线的转动，可用侧滚角说明。测出这三个角度，至少要用两个回转仪，其中一个回转仪绕竖直轴转动。因为无论飞行器如何运动，其转轴方向不变，故可利用它规定竖直基准线，飞行器的侧滚角和俯仰角都可根据以竖直基准线为转轴的陀螺仪测出；另外一个回转仪绕水平轴转动，利用其转动轴线可规定水平基准线，测出偏航角。将测出的信号传给计算系统，就能够发出指令，随时纠正飞行器飞行的方向和姿态。

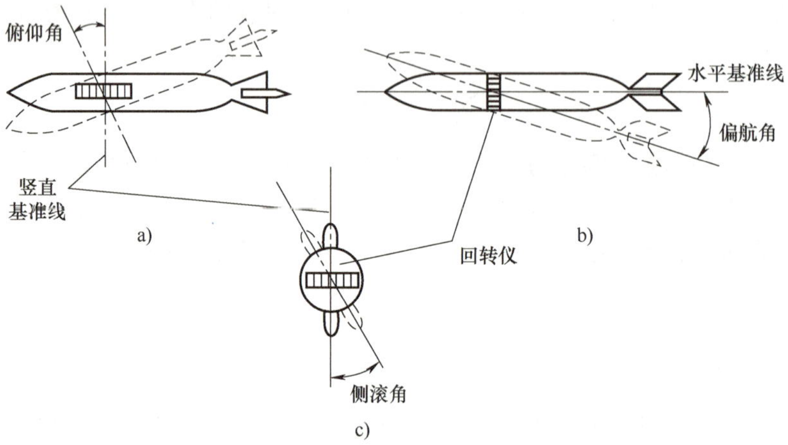

图 3-13

第二节 固体的形变和弹性

上一节讨论的刚体模型是当物体在运动中形状与大小变化的影响小到可以忽略不计的理想情况。但是，如果物体在受外力作用下，所产生的或大或小一定程度形状变化不能忽略时，刚体模型不适用了，怎么办？因此，需要建立一种与刚体不同的模型来讨论。

这是一种什么模型呢？大量事实表明，一切物体实际上都是变形体。因为，即使当外力使物体质元间的相对位置仅仅发生微小变化时，物体也产生形变。物体发生形变的同时，各质元就处于一种新的非平衡受力状态，但物体具有一种恢复原始状态的性质，即在物体内必产生一种弹性回复力。特别是当物体的形变不大时，外力去除后，形变随之消失，物体完全恢复其原有的形状和大小。这种特殊的形变称为弹性形变，物体的这种性质称为弹性。这种物体称为理想弹性体（简称弹性体）。作为模型自然界中并没有理想弹性体。通常的金属材料、房屋地基、水泥路面甚至三峡大坝等，只有在形变极小时才可以近似地按理想弹性体处理。

本节为突出弹性特征，对被研究的对象再补充两点模型化假设：

1）材料均匀、连续；

2）材料在各个方向上的力学性质相同（称各向同性）。

一、弹性体中的应变和应力

1. 应变

按以上简要介绍，如何描述弹性体受到外力作用时的形变呢？通常，采用应变来描述形变程度。什么是应变呢？简言之是指物体受外力作用时发生的相对形变。以图 3-14 为例，试样杆长度的变化量 Δl 与其原有长度值 l 之比称试样杆的相对形变（即应变）。

应变有多种，最简单的是线应变和切应变。

1）线应变（弹性体的拉伸与压缩）的定量描述。如在图 3-14a 中，长为 l 的均匀试样杆两端加上与杆平行的力 $\boldsymbol{F}_{\mathbf{n}}$，将直杆拉长（或压缩）到 $l+\Delta l$ 时，杆的伸长量 Δl（或压缩量）与原长 l 之比称为杆的线应变，记为 ε，即

$$\varepsilon = \frac{\Delta l}{l} \tag{3-23}$$

在式（3-23）中，$\varepsilon>0$，表示拉伸应变，又称张应变；$\varepsilon<0$，表示压应变。

2）切应变的定量描述。如在图 3-15 中，一下底面固定的长方体，上下底面上受到大小相等、方向相反、相距很近的两个平行力 $\boldsymbol{F}$ 作用。

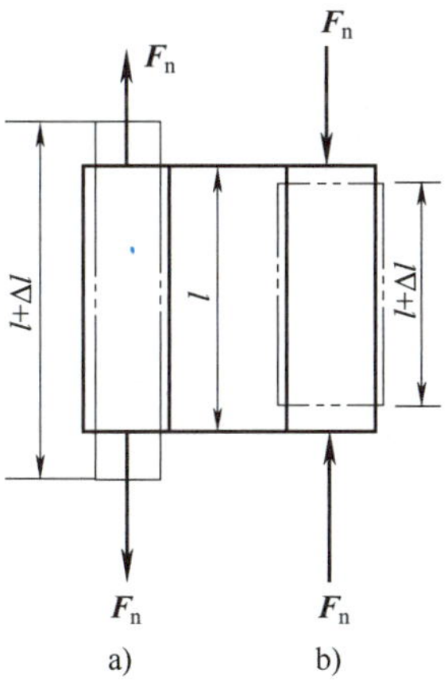

图　3-14

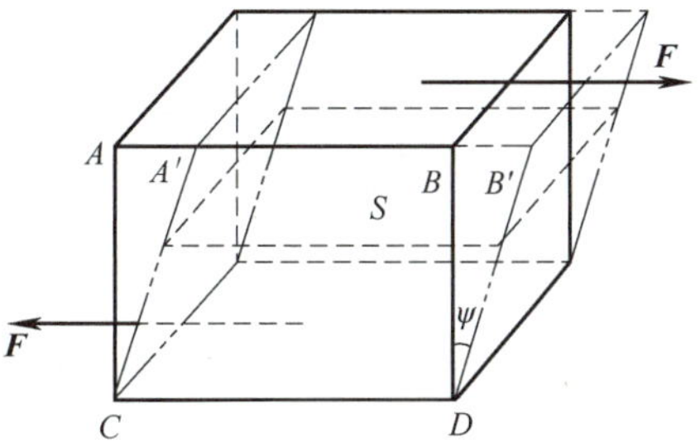

图　3-15

研究这类问题的方法是，设想将物体按受力方向划分为许多相互平行的薄层，在上下底受力作用下，这些薄层间将沿外力方向发生相对滑移，结果，整体沿作用力方向倾斜一个角度（假设下底面固定）。图中，以 $ABCD$ 表示未受力作用时长方体的原始形状，截面 $A'B'CD$ 表示受力作用后的形状。在连续体力学中，将这种形变称为剪切形变，简称切变，用 γ 表示切应变，其数学表达式为

$$\gamma = \frac{BB'}{BD} = \tan\psi \tag{3-24}$$

式中，ψ 是物体倾斜的角度，称为剪切角。当形变很小时，$BB' \ll BD$，取近似 $\psi \approx \tan\psi$。所以，也可以直接用剪切角 ψ 表示切应变。综上所述，最简单的形变的观察点是长度和角度如何变化。

2. 应力

弹性体在外力作用下发生形变时，体内各质元间产生弹性回复力（内力）与外力抗衡。与质点力学不同，在连续介质中，力不再是按作用在一个个离散的质点上处理，而是作用在质元表面上，并称之为面力。中学物理中液体的压强就是一种面力。

例如，在图 3-16a 中，一根横截面均匀的杆的两端，沿纵向轴线各加大小相等、方向相反且与横截面垂直的外力 $\boldsymbol{F}$ 后，因杆处在拉伸形变状态，杆内同步出现回复力（内力）。一种标识回复力的方式是，想象在杆中通过某点作一横截面 S，将棒分隔为左右两部分。该横截面 S 两侧之间产生相互作用，如右侧部分对左侧部分产生拉力 $\boldsymbol{F}$；反之，左侧也对右侧产生反作用拉力。如图 3-16b 中短箭头所示的那样，在拉力均匀分布在横截面积 S 上的理想情况下，把面力 $\boldsymbol{F}$ 的大小和横截面积 S 之比值定义为杆在此横截面处的应力的大小 σ（在拉伸过程中近似认为试样杆横截面的变化很小而忽略），即

$$\sigma = \frac{F}{S} \tag{3-25}$$

因为 $\boldsymbol{F}$ 是杆内一部分对另一部分产生的拉力，这种应力 σ 称为拉应力或张应力（类似绳中张力）。在图 3-16b 中，拉力是和横截面垂直的，所以又称为正应力。正应力是矢量，单位用 Pa（帕）。

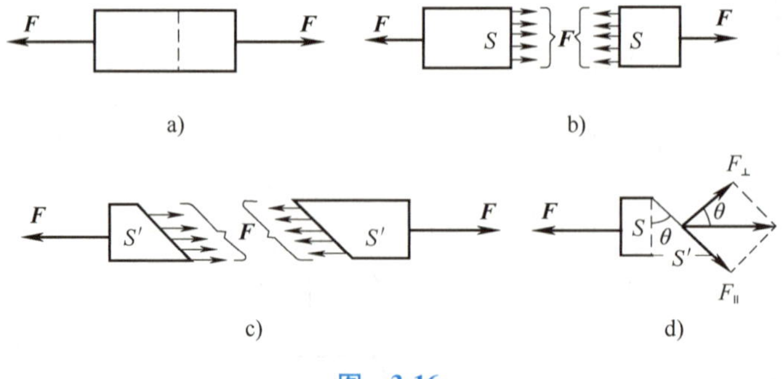

图　3-16

再看图 3-16c。设想通过杆上同一点作另一任意方位的截面 S'。当杆两端受力不变仍为 $\boldsymbol{F}$ 时，杆中所取截面 S'两侧之间仍然彼此出现一对内力作用，大小相等，方向相反，且分布

在较大的截面积 S' 上。不过，此时这对内力与 S' 截面不相垂直。为了分析方便，图中仍把分布在 S' 截面上许多相互平行的面力用单一合力 $\boldsymbol{F}$ 示出。这样，在图 3-16d 中，就容易看出，如何把 $\boldsymbol{F}$ 分解为垂直于截面 S' 的分量 $F_{\perp}$ 和平行于截面 S' 的分量 $F_{\parallel}$。按式（3-25），分力 $F_{\perp}$ 与面积 S' 之比仍称为正应力，而分力 $F_{\parallel}$ 与截面 S' 之比，称为截面 S' 处的切应力。两种经分解后不同的应力分别用 σ 和 τ 表示为

$$\sigma = \frac{F_{\perp}}{S'} \tag{3-26}$$

$$\tau = \frac{F_{\parallel}}{S'} \tag{3-27}$$

若在杆的两端加一推力（压力），如图 3-17 所示，这时杆处于压缩状态，类比于对拉伸状态的讨论，只不过此时的正应力叫压应力（压强）。同理，如果此时在杆中所取截面方向是任意的（未用图表示），则该面上既有由式（3-26）表示的压应力，又有如式（3-27）表示的切应力。

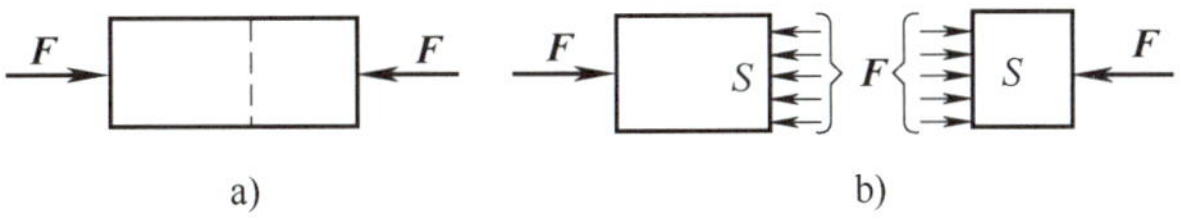

图　3-17

对于非均匀分布面力的复杂情况，需要在讨论均匀分布情况的基础上予以拓展。（本书略）

此外，在典型的剪切应变图 3-15 中，切应力也用 τ 表示，将式（3-27）改写为

$$\boldsymbol{\tau} = \frac{\boldsymbol{F}}{S} \tag{3-28}$$

式中，S 为与物体受力截面平行的截面面积；$\boldsymbol{F}$ 为沿截面 S 的作用力。

二、胡克定律

应力和与之同步并存的应变的相互关系，也是物理学研究的一个重要分支。对这一部分的研究，发展成为弹性理论，在工程技术中称为材料力学。

1. 弹性体的拉伸形变实验

直杆在拉伸（或压缩）时，应力与应变的相互关系可以通过实验研究。图 3-18 是直杆试样受拉实验示意图。图中，一根横截面积为 S、长为 l 的细长圆柱形试样杆（模型，工程上另有特定规范），左端固定，右端加上与端面相垂直的拉力 $\boldsymbol{F}$ 后，试样伸长 Δl。当 Δl 足够小时（弹性范围），拉力 $\boldsymbol{F}$ 与伸长量 Δl 是什么关系呢？图 3-19 是由实验数据描述的拉伸曲线。图中纵坐标 σ 表示拉应力，横坐标 ε 表示线应变。对于图中 OP 段所示的线性关系中有以下比例关系：

$$\frac{F(x)}{S} \propto \frac{\Delta l}{l} \tag{3-29}$$

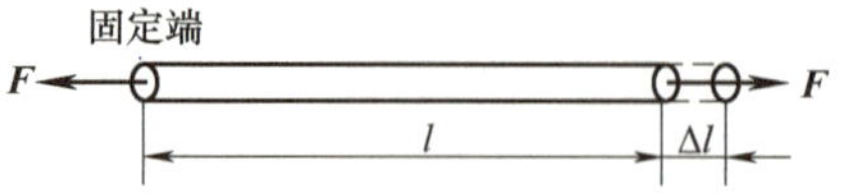

图　3-18

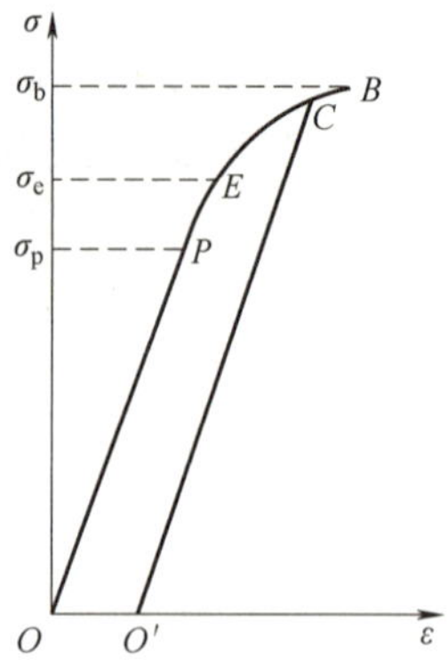

图　3-19

将式（3-29）写成等式有

$$\frac{F(x)}{S} = E\frac{\Delta l}{l} \tag{3-30}$$

或

$$\sigma = E\varepsilon \tag{3-31}$$

式（3-31）适用于线性应变，比例系数 E 称为材料的弹性模量，也称杨氏模量，它取决于材料自身的性质，与所受外力无关。表 3-2 介绍了一些材料的弹性模量。E 值可在实验室用实验测定。在物理实验室进行测量的实验原理简介如下：

由式（3-30）看：欲测 E，需要测量 F、S、l、Δl，前三量容易直接测出。但 Δl 极其微小，故精确测定 Δl 的方法成为设计本实验的关键。

测 Δl 的方法很多，用光杠杆来测量是比较精确而又实用的方法。什么是光杠杆？在图 3-20中的 A 就是光杠杆。其后足放在被测钢丝下端的可移动夹头 D 上（钢丝上端固定在铁横梁的夹头 C 上），两前足置于固定在铁架上的平台 P 槽中。M 为望远镜，N 为标尺，它们的作用是观察、计数。实验前砝码盘 T 上放置若干砝码，其作用是将钢丝拉直（取为钢丝原长 l），此时，标尺的标度经过光杠杆 A 之镜面反射（水平虚线）进入镜筒内，可将从镜筒中观察到的标尺刻度记为 n_0。若在砝码盘上再加 1kg 砝码，则钢丝伸长至 $l+\Delta l$，与此同时，夹头 D 也下降 Δl，因而 A 的后足也随之下降 Δl。这样，光杠杆臂对应转过一微小角度 $\Delta\theta$，标尺 N 上的刻度 n 经 A 镜面反射（图中的倾斜虚线）而进入望远镜 M。于是，从望远镜内看到的不再是 n_0 而是 n 的像。

按几何光学，由标尺 N 上到光杠杆 A 的镜面的入射线（标志 n）与其反射线（标志 n_0）之间的夹角为 $2\Delta\theta$（入射角、反射角均为 $\Delta\theta$）。因 $\Delta\theta$ 极小，在图 3-20 中取近似

$$2\Delta\theta \approx \tan 2\Delta\theta = \frac{n - n_0}{H}$$

由 A 后足下降点向前足作一辅助线，得

$$\Delta\theta \approx \tan\Delta\theta = \frac{\Delta l}{b}$$

联立以上两式，解得

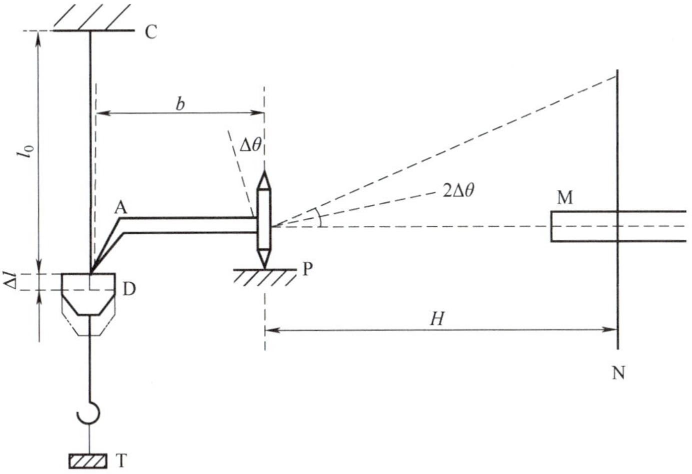

图　3-20

$$\Delta l=\frac{b}{2H}(n-n_0)$$

式中，b 为光杠杆 A 的臂长；H 为 A 的镜面至标尺的垂直距离；$n-n_0$ 称为标度差。

综合以上讨论，在式（3-30）中代入 Δl 及 S 表示式，得实验用测量公式

$$E=\frac{8Hl}{\pi d^2 b}\left(\frac{F}{n-n_0}\right)$$

式中，d 为钢丝的直径。

上式中，H、l、b、F、d 和 $n-n_0$ 均为待测量。其中，待测量 d 和 $n-n_0$ 的精度对实验结果影响较大。以上是实验测 E 的简要介绍，具体过程可在物理实验中体验。

回到式（3-30），如果将对应于 $x\sim x+\Delta x$ 段质量元 Δx 的伸长量表为 Δy，则 Δx 段的应变就是$\frac{\Delta y}{\Delta x}$。在取极限情况下 $\Delta x\to \mathrm{d}x$，$\Delta y\to \mathrm{d}y$，将式（3-30）改写为

练习 42

$$F(x)=ES\frac{\mathrm{d}y}{\mathrm{d}x} \tag{3-32}$$

为什么要引入$\frac{\mathrm{d}y}{\mathrm{d}x}$描述应变呢？原来在式（3-32）中，若$\frac{\mathrm{d}y}{\mathrm{d}x}$=常数，即$\frac{\mathrm{d}y}{\mathrm{d}x}$与 x 无关，这种形变称为**静态均匀形变**。以上由图 3-18 至图 3-20 讨论的就是这种情况。这样一来，在静态均匀形变时，式（3-32）中的$\frac{\mathrm{d}y}{\mathrm{d}x}=\frac{\Delta l}{l}$，$F(x)=F$。于是得

$$\frac{F}{S}=E\frac{\Delta l}{l} \tag{3-33}$$

如果$\frac{\mathrm{d}y}{\mathrm{d}x}$与 x 有关，按式（3-32），在试样中不同 x 处 $F(x)$ 不再相等，即 $F(x)\neq F$，这种情况称为**动态非均匀形变**，见式（3-32）。在随后讨论杆中纵波传播规律时，就属于这种情形。

在式（3-33）的等号两边同乘以横截面积 S，并整理为

$$F=\frac{ES}{l}\Delta l \tag{3-34}$$

将式（3-34）与质点力学中的胡克定律 $F=k\Delta l$ 加以比较（F 表示外力），可知式（3-33）~式（3-34）也是胡克定律。历史上，胡克曾于17世纪70年代末研究并发现了弹性杆拉伸压缩形变的规律。现在，人们把所有应力与应变成比例的规律统称为胡克定律。

除 OP 段外，图3-19还描述了当试样从开始形变直至最后断裂的整个过程中的应力-应变关系。在由直线 OP 段描述的应力应变正比关系中，点 P 所对应的应力是这一比例关系的最大应力，称为比例极限（用 σ_p 表示）。超过比例极限，式（3-33）不再成正比。

不过图3-19所表示的情况只是诸多固体材料拉伸过程中应力-应变关系中的一种。工程材料的应力-应变曲线有5种类型，各类应力-应变曲线的分析要在相关专著中才能查到。

2. 弹性体的剪切形变

除拉伸形变外，弹性形变的另一种基本形式是切变。在介绍式（3-33）时曾提到，现在，人们已把所有弹性体各种应力与应变成比例的规律统称为胡克定律，那么，**固体发生切变时，其应力、应变所遵守的胡克定律是什么形式呢?**

按式（3-24），切应变可用 ψ 表示。而式（3-27）表示了切应力，因此，在弹性限度内，切应力的大小与切应变有如下正比关系：

$$\frac{F}{S}\propto\psi \tag{3-35}$$

将式（3-35）写成等式，有

$$\frac{F}{S}=G\psi \tag{3-36}$$

式中，比例系数 G 称作切变模量，也是一种材料常数，它标志着切变弹性的强弱。一般情况下，切变模量 G 大致等于弹性模量 E 的40%左右，表3-2给出了一些常用材料的 E 与 G 的近似值，其中一些材料没有 G 值，与材料结构有关，有些 G 值极小，不易测出。

表3-2 一些材料的弹性模量和切变模量

材料	$E/10^4$ MPa	$G/10^4$ MPa
特种钢	21.57~23.54	8.34~8.63
不锈钢	20.59	7.94
灰铸铁、白口铸铁	11.28~15.69	4.41
碳钢	19.61~20.59	7.94
轧制纯铜	10.79	3.92
拔制纯铜	6.86	2.65
铸造铝合金	6.57	2.35~2.65
玻璃	5.49	2.16

（续）

材料	$E/10^4$MPa	$G/10^4$MPa
有机玻璃	0.20~0.29	—
纤维板	0.59~0.98	0.22
纵纹木材	0.98~1.18	0.054
横纹木材	0.049~0.098	—
竹	2.16	—
电木	0.20~0.29	—
尼龙	0.39	0.143
花岗石	4.81	—
大理石	5.49	—

三、弹性体中的波速

高中物理曾提到过，在不同介质中，声波（弹性波）有不同的传播速度。例如，在标准状态下，空气中的声速为 331m · s^{-1}，木材中的声速为 3000 ~ 5000m · s^{-1}，钢铁中为 4000~5000m · s^{-1}（详见表 3-3~表 3-5）。为什么声波在不同的介质中传播速度不同呢？或者说声波在介质中传播遵守什么规律呢？要采用什么方法研究这种规律呢？本书从弹性体应变与应力的一般关系式（3-32）入手，建立纵波波动方程来求得解决。

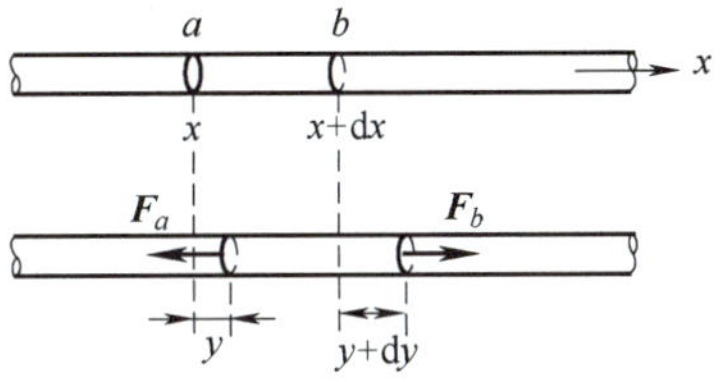

图 3-21

具体方法是：首先，取一根横截面积为 S、密度均匀的细长棒作为弹性体模型，如图 3-21 所示。当敲击左端后，棒中激发一微振动，各质元受此影响由左至右依次发生拉伸和压缩形变，该形变沿棒由左向右传播。之后，为研究这种形变的传播，以棒的中心轴为 x 轴，讨论任选的、左侧面为 a（位置 x）、右侧面为 b 的（位置 x+dx）的一段质元的受力与形变。该质元体积 $\mathrm{d}V=S\mathrm{d}x$，质量 $\mathrm{d}m=\rho S\mathrm{d}x$。当某一时刻振动传到 ab 段时，此质元将发生非均匀动态形变，其特点是 ab 两端位移不同受力也不同。设想一种典型情况是：质元左端 x 处的位移为 y，受来自其他部分的回复力为 $\boldsymbol{F}_a$（向左），质元右端 x+dx 的位移为 y+dy，受来自其他部分的回复力为 $\boldsymbol{F}_b$（向右）。对 ab 段应用牛顿第二定律

练习 43

$$F_b - F_a = \mathrm{d}m\frac{\mathrm{d}^2y}{\mathrm{d}t^2} \tag{3-37}$$

在 ab 段产生加速度$\frac{\mathrm{d}^2y}{\mathrm{d}t^2}$的同时，$ab$ 段发生的非均匀形变仍满足胡克定律。具体来说，在图 3-22 中，质元 dx 两端面处 a、b 有不同的应变，即$\left(\frac{\mathrm{d}y}{\mathrm{d}x}\right)_a \neq \left(\frac{\mathrm{d}y}{\mathrm{d}x}\right)_b$，但是，$a$ 端和 b 端的应

力-应变关系仍遵守式（3-32）。以上也就是动态非均匀形变的基本过程。因此，按式（3-32），作用于 a 端（x 处）与 b 端（x+dx 处）弹性回复力分别是

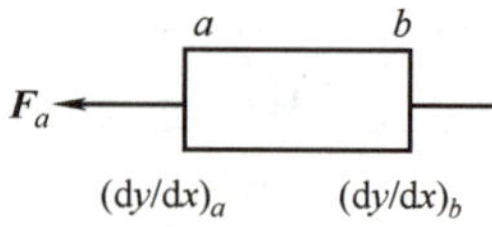

图 3-22

$$F_a = ES\left(\frac{\mathrm{d}y}{\mathrm{d}x}\right)_a$$

$$F_b = ES\left(\frac{\mathrm{d}y}{\mathrm{d}x}\right)_b$$

于是质元 $ab(\mathrm{d}x)$ 受到一合力作用 $\mathrm{d}F=F_b-F_a$，则

$$\mathrm{d}F = ES\left[\left(\frac{\mathrm{d}y}{\mathrm{d}x}\right)_b - \left(\frac{\mathrm{d}y}{\mathrm{d}x}\right)_a\right] \tag{3-38}$$

式（3-38）表示当振动在棒中传播时，任意横截面的应变$\frac{\mathrm{d}y}{\mathrm{d}x}$是坐标 x 的函数，设为$f(x)=\frac{\mathrm{d}y}{\mathrm{d}x}$（即导函数）。将高等数学的拉格朗日中值定理：$f(b)-f(a)=f'(\xi)(b-a)$ 用于$\left(\frac{\mathrm{d}y}{\mathrm{d}x}\right)$，得

练习 44

$$\left(\frac{\mathrm{d}y}{\mathrm{d}x}\right)_b = \left(\frac{\mathrm{d}y}{\mathrm{d}x}\right)_a + \left(\frac{\mathrm{d}^2y}{\mathrm{d}x^2}\right)\mathrm{d}x$$

将上式等号右侧第一项移至等号左边后的结果代入式（3-38）得

$$\mathrm{d}F = ES\left(\frac{\mathrm{d}^2y}{\mathrm{d}x^2}\right)\mathrm{d}x \tag{3-39}$$

联立由胡克定律得到的式（3-39）和由牛顿第二定律得到的式（3-37），并取$\rho=\frac{\mathrm{d}m}{S\mathrm{d}x}$，则

$$E\frac{\mathrm{d}^2y}{\mathrm{d}x^2} = \rho\frac{\mathrm{d}^2y}{\mathrm{d}t^2}$$

经整理，得

$$\frac{\mathrm{d}^2y}{\mathrm{d}t^2} = \frac{E}{\rho}\frac{\mathrm{d}^2y}{\mathrm{d}x^2} \tag{3-40}$$

式（3-40）就是描述在密度为ρ、弹性模量为 E 的无限大各向同性均匀介质中，沿 x 轴方向传播的纵波所满足的**波动方程**。严格说来，由于各点的位移 y 是坐标 x 和时间 t 的二元函数，在多元函数微分中，y 对 t 的二阶微商 $\mathrm{d}^2y/\mathrm{d}t^2$ 及 y 对 x 的二阶微商 $\mathrm{d}^2y/\mathrm{d}x^2$ 均应采用偏微商 $\partial^2y/\partial t^2$ 和 $\partial^2y/\partial x^2$ 表示较为严密。这样，弹性介质中纵波波动方程式（3-40）的一般形式是

$$\frac{\partial^2y}{\partial t^2} = \frac{E}{\rho}\frac{\partial^2y}{\partial x^2} \tag{3-41}$$

对于无限大各向同性均匀介质中沿 x 轴传播的横波，用同样方法可得其波动方程

$$\frac{\partial^2y}{\partial t^2} = \frac{G}{\rho}\frac{\partial^2y}{\partial x^2} \tag{3-42}$$

式中，G 是介质的切变模量。

理论进一步证明（本书略），波动方程（3-41）和方程（3-42）中$\frac{\partial^2y}{\partial x^2}$项前的系数表示波

速 u 的平方。也就是说，可以将机械波波动方程（3-41）和方程（3-42）统一写成

$$\frac{\partial^2 y}{\partial t^2}=u^2\frac{\partial^2 y}{\partial x^2} \tag{3-43}$$

不仅如此，式（3-43）还是各类波动（声波、电磁波等）方程共同的数学形式（虽然机械波与电磁波本质不同且 u 不同）。在机械波的情况下，波速

$$\begin{cases} u=\sqrt{\dfrac{E}{\rho}} \\ u=\sqrt{\dfrac{G}{\rho}} \end{cases} \tag{3-44}$$

分别对应纵波和横波在同种介质中传播的波速。如地震波中包括纵波与横波，利用纵波波速快于横波的特点，可提前预报地震中破坏力强的横波。表 3-3 ~ 表 3-5 列出了某些介质中的声波的波速。

表 3-3　气体中的声速（标准状态时的值 0℃）

气体	$v/(\mathrm{m\cdot s^{-1}})$	气体	$v/(\mathrm{m\cdot s^{-1}})$
空气	331.45	H_2O（水蒸气）（100℃）	404.8
Ar	319	He	970.0
CH_4	432	N_2	337.0
C_2H_4	314.0	NH_3	415.0
CO	337.1	NO	325.0
CO_2	258.0	N_2O	261.8
CS_2	189.0	Ne	435.0
Cl_2	205.3	O_2	317.2
H_2	1269.5		

表 3-4　液体中的声速（20℃）

液体	$v/(\mathrm{m\cdot s^{-1}})$	液体	$v/(\mathrm{m\cdot s^{-1}})$
CCl_4	935	$C_3H_8O_3$（甘油）	1923
C_6H_6（苯）	1324	CH_3OH	1121
$CHBr_3$	928	C_2H_5OH	1168
$C_6H_5CH_3$	1327.5	CS_2	1158.0
CH_3COCH_3	1190	$CaCl_2$43.2%（质量分数）水溶液	1981
$CHCl_3$	1002.5	H_2O	1482.9
C_6H_5Cl	1284.5	Hg	1451.0
$(C_2H_5)_2O$	1006	NaCl4.8%（质量分数）水溶液	1542

表 3-5　固体中的声速

固体	无限媒质中纵波速度/($m \cdot s^{-1}$)	无限媒质中横波速度/($m \cdot s^{-1}$)	棒内的纵波速度/($m \cdot s^{-1}$)
铝	6420	3040	5000
铍	12890	8880	12870
黄铜 70（H70，w_{Cu}70%，w_{Zn}30%）	4700	2110	3480
铜	5010	2270	3750
硬铝	6320	3130	5150
金	3240	1200	2030
电解铁	5950	3240	5120
阿姆克铁	5960	3240	5200
铅	1960	690	1210
镁	5770	3050	4940
莫涅耳合金	5350	2720	4400
镍	6040	3000	4900
铂	3260	1730	2800
银	3650	1610	3680
不锈钢	5790	3100	5000
锡	3320	1670	2730
钨	5410	2640	4320
锌铅	4210	2440	3850
熔融石英	5968	3764	5760
硼硅酸玻璃	5640	3280	5170
重硅钾铅玻璃	3980	2380	3720
轻氯铜银铅冕玻璃	5100	2840	4540
丙烯树脂	2680	1100	1840
尼龙	2620	1070	1800
聚乙烯	1950	540	920
聚苯乙烯	2350	1120	2240

第三节　理想流体及其运动

流体泛指液体、蒸气或气体。与弹性体一样，流体也可以看成一种特殊的质点系。但是，流体具有一些鲜明的特性，如各部分之间很容易发生相对运动，可以随意变形（随器而容）。对气体来说，甚至还无法保持一定的体积，这与固体的弹性显然是大相径庭的，反映出物质结构上有巨大差别。

由于液体和气体都具有流动性，它们在流动中的力学性质表现出很多相似之处。例如，不同流体与处于流体内的物体之间的相互作用有相同形式的数学描述，在外力作用下流体具有相同的运动规律，等等。所以，用流体概括液体和气体的共性。

很大一部分自然现象受流体力学的规律所制约。例如，昆虫和鸟在空中飞，鱼在水里游，大气系统中气团的相对运动等，都遵循流体力学规律。航空工程、化学工程、土木工程和机械工程的许多方面，都涉及流体力学这门学科。不过，液体的体积通常不容易被压缩，而气体体积很容易发生显著的变化。如果用可压缩性这一概念来描述的话，水的可压缩性比钢大 10^2 倍，而空气的可压缩性却比水高出 10^4 倍。既然这样，**为什么还可以将液体与气体的运动规律放在一起研究呢?**

理由是：当液体在流动中的体积变化不大时，常将液体处理成非压缩流体；而对于在一定条件下流动中的气体，其压缩性也可能很小。例如，当气体的流速远小于气体中的声速时，流动中的气体就可以当作不可压缩流体处理。按理论估算，欲将气体视为不可压缩的流体，流速阈值一般取 $10^2\mathrm{m\cdot s^{-1}}$，也就是说，当气体流速 $v<10^2\mathrm{m\cdot s^{-1}}$时，可以认为气体是不可压缩的。因此，当飞机以低于 $1.1\times10^2\mathrm{m\cdot s^{-1}}$的速度飞行时，就可以将空气近似当作不可压缩流体处理；另一种判断方法是，当气体密度的相对变化$\dfrac{\Delta\rho}{\rho}<5\%$时，也可以认为气体是不可压缩的。下面取一物理模型研究流体运动规律。

一、理想流体的定常流动

1. 理想流体

理想流体是在忽略流体运动中的次要因素而抽象出来的一种理想模型。**忽略哪些次要因素呢?**

应当说，影响实际流体运动的因素是多种多样的。例如，前面提到的压缩性。我国“蛟龙”号载人潜水器在7000m 深处与水面工作母船的信息交流是通过声波进行的。在水中传播的声波实际上是一种压力波，研究压力波的传播必须考虑水的压缩性所引起的效果。又如，当飞机的速度接近于空气中的声速时，必须认为空气是可压缩的。不过，当液体在外力作用下体积只有很微小的变化，以及在研究气体流动的某些问题中，可压缩性是可以被忽略的。因此，作为理想流体模型，首先被抽象为绝对不可压缩的流体。

其次，经验表明，实际流体运动中总要显示出一种类似于摩擦力的黏滞性效应，如图 3-23 所表示的一种构想（类比图 3-15）。当实际流体各层流速不同时，相邻层间发生的相对运动会出现摩擦力 $\boldsymbol{F}$ 与 $-\boldsymbol{F}$，阻碍上下流层间的相对运动。这种构想来源什么呢？想想每当我们远眺江水流动时，眼前总会呈现出一幅五彩缤纷、变化莫测的奇妙图案，河水的行为常常出人意料。但有一个基本事实是：江中心处流速最大，越靠近江岸流速越小，表明沿江水流动的各流层之间速度不同，必有沿

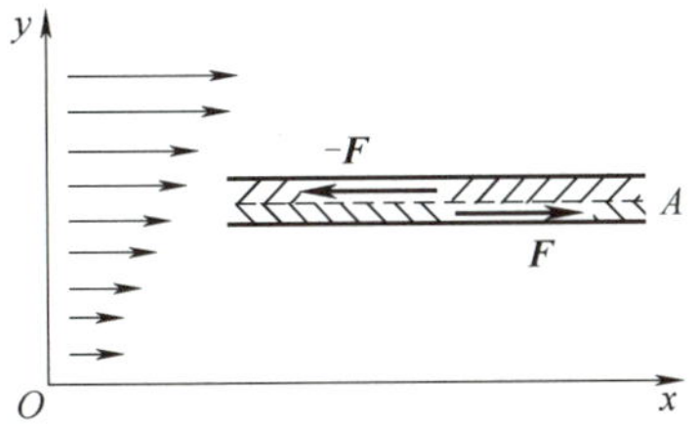

图　3-23

分界面间的切向摩擦力存在（黏滞性）。又如，人们在观看百米赛跑或游泳比赛时，知道分在哪个跑道（或泳道）的位置对运动员最为有利。不过，当所研究的问题只涉及流体在小范围内流动时，流体内各层间摩擦力的影响很小。因此，可将黏滞性作为次要因素不予考虑，这是理想流体模型忽略的第二个因素。历史上，1900 年以前，在大部分流体动力学问题的研究中，一直忽略黏滞性的作用。

综上所述，虽然实际流体的流动性、可压缩性和黏滞性构成了流体力学的物理基础，显示着流体动力学问题的复杂性，但是，物理学理论的产生与发展总是从简单到复杂，从低级到高级的。在流体动力学的理论研究中，为了使所得的数学表达式易于处理，也必须采用简化方法。而在某些实际问题中，流体的压缩性和黏滞性是影响运动的次要因素，只有流动性才是决定运动的主要因素。因此，理想流体这一模型就在这样的分析中诞生。也就是说，理想流体就是完全没有黏滞性和绝对不可压缩的流体。分析理想流体所得出的结论，在处理实际流体的运动问题时会有十分重要的指导意义。

2. 定常流动

人们针对流体的运动特征用不同方法分类后进行研究。例如，定常流和非定常流，理想流和实际流，等温流和等熵流，均匀流和非均匀流，层流和湍流，等等。在大学物理层面，本书只简要介绍理想流体的定常流所遵守的规律。

什么是定常流呢？由于流体各部分之间极易发生相对运动，即使是理想流体，在同一时刻，流体各质元的流速也可能不同，在空间某给定点不同时刻的流速也可能会变化。将流体看作特殊的质点系时，如果用 $\boldsymbol{v}$ 表示流体质点流经空间任一点的速度，则 $\boldsymbol{v}$ 不仅是空间点的函数，即 $\boldsymbol{v}=\boldsymbol{v}(x,y,z)$，也可能还是时间的函数，即 $\boldsymbol{v}=\boldsymbol{v}(x,y,z,t)$。不过，流体的运动也有这样的事例：水在管道或水渠中缓慢流动，石油在输油管中缓慢流动等，当观测的时间不太长时，尽管流体中各质点的流速可能不同，但流体质点流经空间任一给定点的速度不随时间变化，各质点的速度 $\boldsymbol{v}$ 只是空间点的函数，而与时间无关，即 $\boldsymbol{v}=\boldsymbol{v}(x,y,z)$。这样一种稳定的流动，称为定常流动，简称定常流。广而言之，定常流是指流体质点流经空间任一点处时，流体的速度、压强、密度等一切参数都不随时间变化的流动。而三峡大坝闸门的开启、拍打海岸的汹涌波浪及潮起潮落时的潮汐等流体的运动，都不属定常流之列。

二、流体运动的描述方法

当流体不再静止而发生流动时，目前处理流体流动问题通常有两种方法：一是牛顿-拉格朗日方法，二是欧拉法。两种方法有什么不同呢？简言之前者是将牛顿质点力学直接推广到流体这一特殊质点系。跟踪每一个质点，按第二章质点系力学的思维模式观察每一个质点运动状态的变化，考察质点的运动轨道、每一时刻的空间位置、速度及加速度等。对于流体这种质点数目极其巨大的质点系，不难想象，这种方法一定很麻烦。

幸好有与之不同的欧拉法，其不同之处在于，欧拉法只用一个速度矢量函数 $\boldsymbol{v}(x,y,z,t)$ 描述整个流体的速度分布。欧拉法不去跟踪每个“质点”的运动过程，而是将描述流体运动状态的物理量，如流速 $\boldsymbol{v}(x,y,z,t)$（以及密度 $\rho(x,y,z,t)$、压强 $p(x,y,z,t)$、温度 $T(x,y,z,t)$ 等）视为对应某种场的场量，研究流速场（密度场、压强场、温度场等），这种研究对象好处似中学物理中学习过的电场与磁场。本书将在第二部分以真空电磁场为例，详细介绍场物理学的基础内容。因此，本节介绍的欧拉法有着承上启下的重要作用。而且，欧拉法已成为当今流体力学理论研究中的主流方法。

1. 流线、流管

按流体运动特征是规则还是混乱，流速场（简称流场）可分为层流场和湍流场两种形态（见图 3-24b）。读者是否注意过香烟烟雾的流动情况？香烟烟雾是由纳米级粒子组成的，微小的烟雾粒子的运动使空气流动形象化。靠近烟头燃烧的地方，烟雾（空气运动）是平稳的，几乎不随时间变化，看似一条蓝色直线，流体力学将这种运动形态称为层流。层流的典型特征是流体运动规则，各层流动互不混杂。好像是流体层彼此相对滑动似的（见图 3-23）。缕缕青烟，涓涓溪水，均系层流。但在香烟烟雾的较高处，烟雾（空气运动）趋于复杂且出现有随时间变化的涡旋，烟雾的这种运动形态称为湍流。浓烟滚滚，激流汹涌澎湃在流体力学中属于湍流。时至今日，人们尚未完全认识湍流运动的规律。有兴趣的学子日后有可能加入攻破这一难关的行列，因为湍流是工程实践中最普遍的情况，在此预祝有志者成功。本书的讨论仅限于层流。

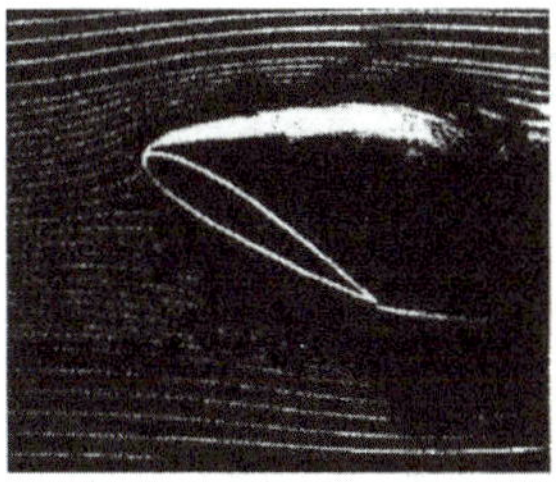

a)

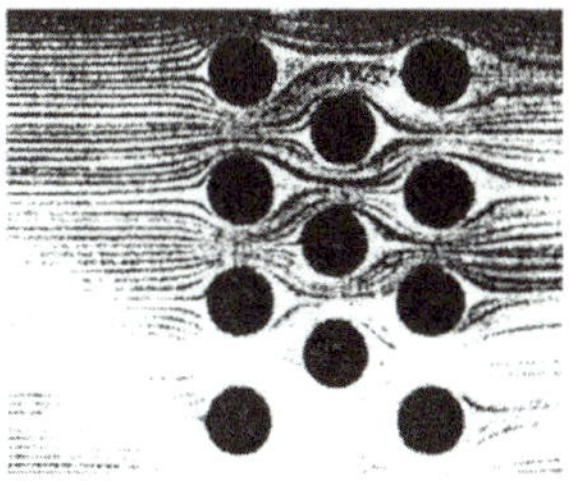

b)

图　3-24

在欧拉法中，为了形象描述层流的运动，如同在高中物理中采用过电场线形象地描述电场一样，在层流场中引入流线。什么是流线呢？图 3-24 是实验显示流线的一个特例。图中的线条是由注入流体中的染料粒子运动形成的。为把实验现象上升到理论研究中（见图 3-25a），画一系列假想的有向线段表示流经该点时质点的速度。随之顺势将图中短线连成连续光滑曲线，称为流线。观察图 3-25b 中流线，脑海中会浮现出一幅流速分布图像，这就是流线的作用。

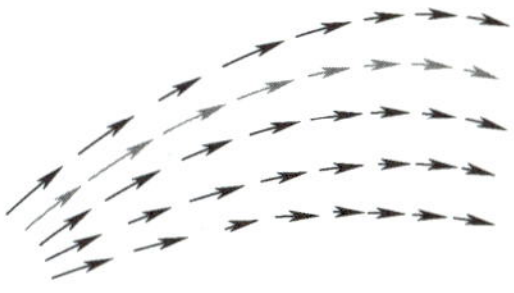

a)

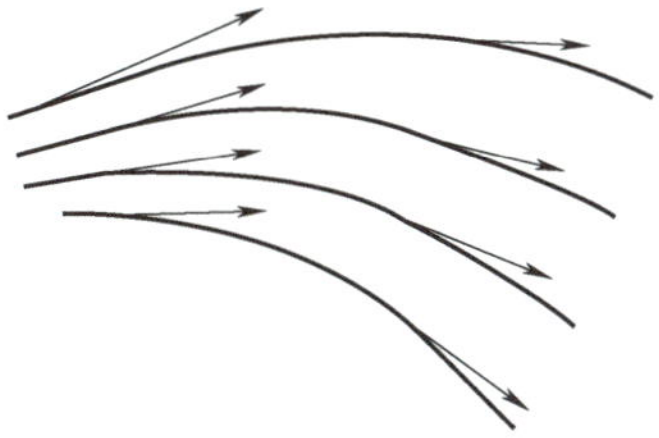

b)

图　3-25

在定常流中，过流体中的每一点都有流线经过。**根据定常流的特点可以判断，由于每一点都有流速，作为代表流速场的流线图像（见图3-25b）是不会随时间变化的**。因此，不随时间变化的流线图描述定常流。

同时，在大量流线中还可以画出一条条流管，方法是：在由图3-26所示的流场中取两条封闭曲线 L_1 与 L_2，在封闭曲线上每一点画出的流线围成的空间称为流管。因为流管的边界由流线组成，所以，与流线一样，流管也只是一种想象的、无形的管道。流管突出“管”，流线强调“线”，但由于流线不相交（为什么?），流管又有点真像管子具有的功能一样，因为它可以把内外流体分开。因此，建立流管模型的作用在于，可通过研究在流管中流体的流动，了解整个流体的运动规律，这也是从局部到整体的研究方法之一。为此还需注意：

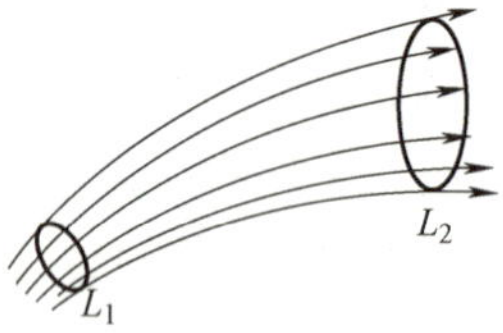

图 3-26

1）只要是层流，不论定常流还是非定常流，流线、流管的描绘方法都可使用。层流又称为流线流，如机器轴承中润滑油的流动可近似按层流处理。

2）定常流与非定常流的流线、流管有所不同，对于定常流，流体中任何地点的速度或状态都不随时间改变，虽然空间各点的流速不同，但流体中流线、流管整体的分布图样不随时间变化（$\boldsymbol{v}=\boldsymbol{v}(x,y,z)$）。此时，流线与质点运动的轨迹相同。而在非定常流动中，流体中每一点的流速随时间变化（$\boldsymbol{v}=\boldsymbol{v}(x,y,z,t)$），可以想象流线的分布图样也随时间变化，时而这样时而那样，由于速度沿轨道切线方向，此时，任一时刻空间不断变化着的流线已不再代表流体质点运动的轨迹。

3）定常流动中还有均匀流与非均匀流的区别。图3-27表示均匀流。对比图3-25b，虽然两图都表示定常流，但在图3-27中，各点流速 $\boldsymbol{v}$ 的大小、方向均相同，将流线画成等间距的平行直线。相反，图3-25b所示的是非均匀流，在整个流场中，不同地点的速度矢量并不处处相等。在实际问题中，可以想象以等流量通过一根口径不变的长管道流动是定常均匀流（见图3-27）；以不断变化的流量通过这种长管道流动则是非定常均匀流；以等流量通过一个扩张管道流动是定常非均匀流；而以不断变化的流量通过一个扩张管道流动则是非定常非均匀流动。区分的关键是流速 $\boldsymbol{v}$。

4）在图3-28中，高速运动物体的尾流中有很多涡旋，找不到清晰的流线。因此，流线、流管已不适用于对这种涡旋（湍流）的描述。

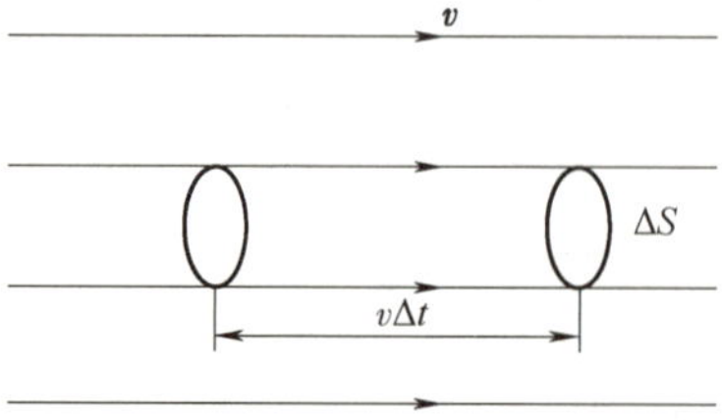

图 3-27

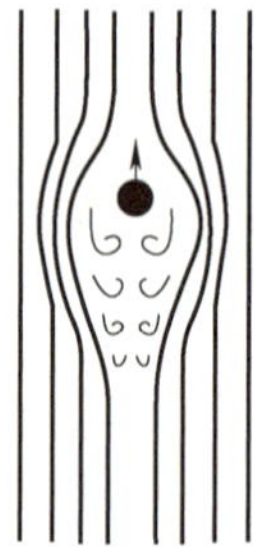

图 3-28

2. 流量 流速场的通量

1）体积流量与质量流量。上面提到的流量是江河发洪水时常遇到的词汇，也是流体力学及工程技术中的一个重要概念。

为了定量表述流量概念，采用从特殊到一般的方法。首先，从图 3-27所示的定常均匀流场入手。在图中取横截面积为 ΔS 和长为 $v\Delta t$ 的一段细流管，想象细流管已被限制于流体中而不随流体运动，细流管体积为 $v\Delta t\Delta S$，这一体积的流体，将在 Δt 时间内流经横截面元 ΔS。之后，定义

流速场的流量描述

$$\Delta Q=\frac{v\Delta t\Delta S}{\Delta t}=v\Delta S \tag{3-45}$$

为单位时间内流过横截面 ΔS 的体积流量。

然后，如果在图 3-29 中，另取一截面 ΔS 并不与 $\boldsymbol{v}$ 垂直，且其法向单位矢量 e_n 与 $\boldsymbol{v}$ 有一夹角 θ，按定义式（3-45），流经 ΔS 的体积流量如何计算呢？关键是计算图中底面积倾斜 θ 角的柱体体积：$v\Delta t\Delta S\cos\theta$。因此，流经截面 ΔS 的体积流量为

练习 45

$$\Delta Q=\frac{v\Delta t\Delta S\cos\theta}{\Delta t}=v\Delta S\cos\theta \tag{3-46}$$

式（3-46）可变换为简练的矢量点乘表示，$v\cos\theta=\boldsymbol{v}\cdot\boldsymbol{e}_n$，最后，为处理式（3-46）中面元大小与方位对 ΔQ 的影响，定义一个面元矢量 $\Delta\boldsymbol{S}$，其大小等于面元的面积，方向则沿面元法线方向（流速方向），即

$$\Delta\boldsymbol{S}=\Delta S\boldsymbol{e}_n \tag{3-47}$$

则式（3-46）的矢量点乘形式为

$$\Delta Q=\boldsymbol{v}\cdot\Delta\boldsymbol{S} \tag{3-48}$$

式（3-48）的文字表述是，通过均匀流场中任意面元的体积流量，等于流速与面元矢量的点积（数量积）。在图 3-29 中，规定闭合柱面上任一 ΔS 面上的外法线方向为正（此规定广为适用）。这一规定的具体应用是，它确定了流经闭合面流量的正、负。以图 3-29 为例，当 $\theta=\frac{\pi}{2}$ 时，体积流量为零（如通过侧面的流量为零）；当 $\theta<\frac{\pi}{2}$ 时（通过右侧底面），流出闭合柱面的体积流量为正；当 $\theta>\frac{\pi}{2}$ 时（通过左侧底面），流入闭合柱面的体积流量为负。（以正、负区分是流出与还是流入）

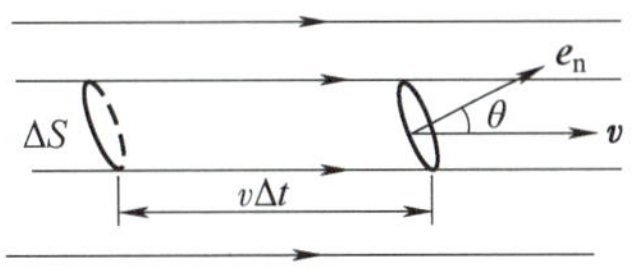

图　3-29

式（3-48）只是由特殊的均匀流速场得到的结果。**目的是为了计算如图 3-30 所示的非均匀流速场的流量。**也就是说，按下来，如何用式（3-48）计算非均匀流速场中通过曲面 S 的体积流量 Q 呢？方法是，第 1 步想象将图 3-30 中曲面 S 分割成 N 个面元 ΔS，当 N 足够大，也就是当任意面元 ΔS_i 足够小时，可近似认为 ΔS_i 上的流速场是相当于图 3-29 的均匀流场，且 ΔS_i 可近似看成平面元；第 2 步对任意 ΔS_i 用式（3-48）计算体积流量

练习 46

$$\Delta Q_i\approx v_i\Delta S_i\cos\theta_i=\boldsymbol{v}_i\cdot\Delta\boldsymbol{S}_i \tag{3-49}$$

第 3 步对通过 N 个面元 ΔS_i 的流量求和，并取 $N\to\infty$ 时的极限，最终得到计算通过任一曲面

S 体积流量的积分公式

$$Q = \lim_{\substack{\Delta S_i \to 0 \\ N \to \infty}} \sum_i \boldsymbol{v}_i \cdot \Delta \boldsymbol{S}_i = \int_{(S)} \boldsymbol{v} \cdot \mathrm{d}\boldsymbol{S} \tag{3-50}$$

数学上式（3-50）中积分符号下的（S）表示对流场中通过 S 面的体积流量 Q 求“面积分”，积分符号中的被积表达式为通过微分面元的元体积流量。实际上，导出式（3-50）的方法就是已在第一章中采用过的元分析法，它是把握式（3-50）物理意义的前提。数学中对有关曲面积分将有详细介绍。

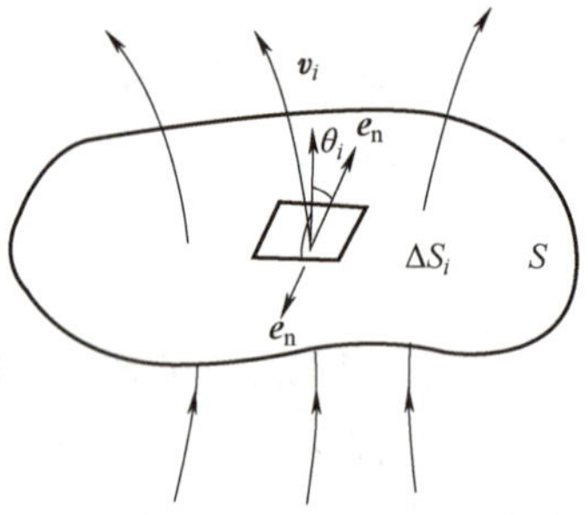

图 3-30

为凸显和应用流体运动中的质量守恒规律，将式（3-50）的被积表达式乘以流体的密度 ρ，就引出单位时间内流经 S 面的质量流量 Q_m，即

$$Q_m = \int_{(S)} \rho \boldsymbol{v} \cdot \mathrm{d}\boldsymbol{S} \tag{3-51}$$

综合解读上述式（3-50）与式（3-51），单位时间内通过某一曲面的流体量称为流量。其中流量分为体积流量与质量流量。通常体积流量用得较多（如发洪水时江河中水的流量），不加说明时，流量泛指体积流量。（在理想流体情况下，式（3-51）中的 ρ 才能提出积分号，为什么？）

2）通量。以上在流线及流管概念基础上引出了流量概念。物理学家已将流场的流量概念推广到描述一般的矢量场（如电场、磁场）。由于速度是矢量，所以流场是一个矢量场。作为一般意义下的矢量场，需用场量（场函数）$\boldsymbol{A}(x,y,z)$ 替代 $\boldsymbol{v}(x,y,z)$、以 φ 替代 Q_m 描述。按式（3-50），在矢量场中任取曲面 S，则场量 $A(x,y,z)$ 通过曲面 S 的通量 φ 定义为

$$\varphi = \int_{(S)} \boldsymbol{A} \cdot \mathrm{d}\boldsymbol{S} \tag{3-52}$$

对于流场，$\boldsymbol{A}$ 表示流体速度或 ρv，φ 表流量 Q；对于电场，$\boldsymbol{A}$ 表示电场强度，φ 表示电通量（详见本书第四章第三节）；对于磁场，$\boldsymbol{A}$ 表示磁感应强度，φ 表磁通量（详见本书第五章第六节）。所以，式（3-52）是矢量场通量的普遍表达式。为了进一步理解通量及式（3-52），下面回到流场做进一步的讨论。

三、连续性方程

连续性方程

人们早已注意到，在水面宽度相同的河道上，水深处流速慢，水浅处流速快。为了进一步探讨这一规律，从式（3-51）看，似乎可以将流速快慢转换成讨论质量流量 Q_m 的大小。为此，首先，设想在流场中取一不动的任意形状的闭合曲面 S（见图 3-31），计算通过该曲面的质量流量。由于前已规定闭合曲面上任一面元的外法向为正，则在图 3-31 中曲面 S 上的不同部位，$\boldsymbol{v}$ 与 $\boldsymbol{e}_n$ 的夹角 θ 有的是锐角，有的是钝角。如果用平面 D 将图中闭合曲面 S 分成左右两个曲面 S_1 和 S_2，则可将通过封闭曲面 S 的质量流量 Q_m 形象地分为进入 S_1 面的 $Q_{m入}$

与流出 S_2 面的 $Q_{m出}$。之后，将式（3-51）用于 S_1 与 S_2 并求和，得对闭合曲面 S 的积分即

练习 47

$$Q_m = \int_{(S_1)} \rho \boldsymbol{v} \cdot d\boldsymbol{S} + \int_{(S_2)} \rho \boldsymbol{v} \cdot d\boldsymbol{S} \tag{3-53}$$

由于流进 S_1 的流量 $Q_{m入}$ 为负$\left(\theta > \dfrac{\pi}{2}\right)$，流出 S_2 流量 $Q_{m出}$ 为正$\left(\theta < \dfrac{\pi}{2}\right)$，故式（3-53）可简化为

$$Q_m = Q_{m出} - |Q_{m入}| \tag{3-54}$$

根据质量守恒定律，在理想流体中闭合面 S 内的流体质量是不变的（为什么?）。于是在式（3-54）中，流入、流出闭合曲面 S 的质量流量数值相等，即

$$|Q_{m入}| = Q_{m出} \tag{3-55}$$

从式（3-53）看式（3-55），可将它改写为具有普遍意义的积分形式

$$\oint_{(S)} \rho \boldsymbol{v} \cdot d\boldsymbol{S} = 0 \tag{3-56}$$

式（3-56）用文字表述是：理想流体流动时，通过流场中任意闭合面的净流量（通量）为零（有进有出的平衡）。

如何把式（3-56）应用于分析理想流体定常流呢？为此，采用图 3-32 中理想流体定常流中的一段细流管。为什么要讨论细流管呢？这是因为积分式（3-56）中并不限制封闭曲面 S 的形状与大小。作为图 3-32 中所示的细流管（非均匀流），所取两底面 S_1 与 S_2 的面积可以很小，小到在这两个截面上的流速是均匀且分别与 S_1 和 S_2 垂直（局域均匀流）。设其流速为 $\boldsymbol{v}_1$ 和 $\boldsymbol{v}_2$，两处流体密度为 ρ_1 与 ρ_2。根据这些条件，**如何将描述普遍规律的式（3-56）用于这一特殊流管呢？**方法：首先，将式（3-56）中等号左侧对闭合面的面积分写成按图 3-32中细流管上两底面 S_1、S_2 和侧面 S_3 三面积积分之和：

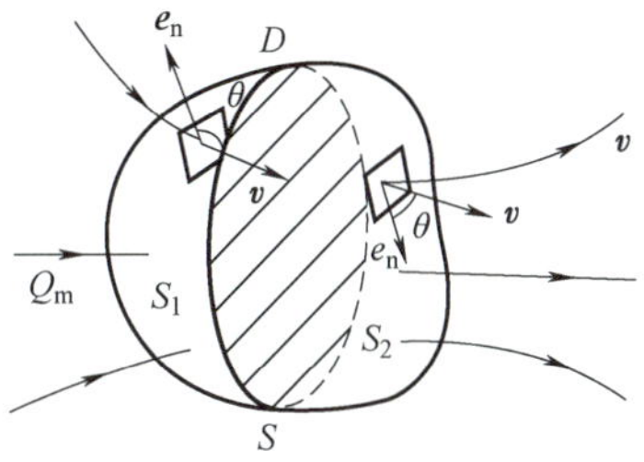

图　3-31

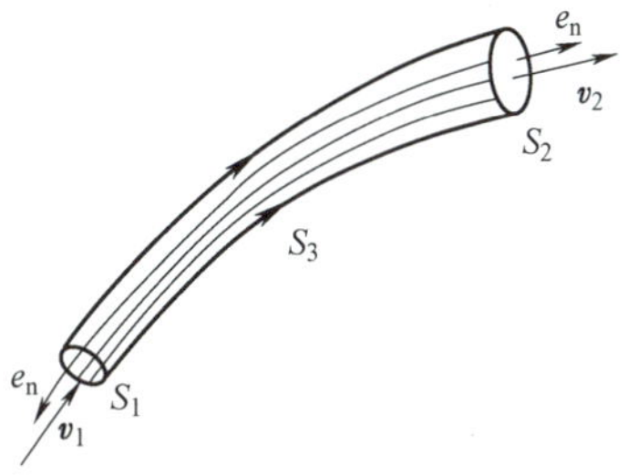

图　3-32

练习 48

$$\oint_{(S)} \rho \boldsymbol{v} \cdot d\boldsymbol{S} = \int_{(S_1)} \rho \boldsymbol{v} \cdot d\boldsymbol{S} + \int_{(S_2)} \rho \boldsymbol{v} \cdot d\boldsymbol{S} + \int_{(S_3)} \rho \boldsymbol{v} \cdot d\boldsymbol{S} \tag{3-57}$$

之后，结合图 3-32 中细流管的特点，式（3-57）中的三项积分

$$\int_{(S_1)} \rho \boldsymbol{v} \cdot d\boldsymbol{S} = -\rho_1 v_1 S_1$$

$$\int_{(S_2)} \rho \boldsymbol{v} \cdot d\boldsymbol{S} = \rho_2 v_2 S_2$$

$$\int_{(S_3)} \rho \boldsymbol{v} \cdot d\boldsymbol{S} = 0$$

将以上结果代回式（3-57），然后，经整理得

$$\rho_1 v_1 S_1 = \rho_2 v_2 S_2 \tag{3-58}$$

理论上可简化表述为

$$\rho v S = 常量$$

对于理想流体，$\rho_1=\rho_2$（为什么?），上式最终简化为用体积流量表示

$$vS = 常量 \tag{3-59}$$

式（3-59）就是理想流体定常流连续性方程。它作为式（3-56）的一个特例所提供的信息是，理想流体定常流中，流速与流管截面积的乘积是一个常量，或者说，流体的速率与流管的截面积成反比。实际承载流体的管道，如动脉血管，总是有一定管径的，并非严格意义的细流管。此时，如果截面上各点流速不相等怎么办，当然不能直接用式（3-59）中等号左侧表示体积流量。至于如何计算非均匀流的体积流量，可从式（3-50）去找答案。不过，由式（3-59）所得各截面流量相等的结论依然是正确的。

式（3-59）有什么用？用连续性方程可以定性说明流线在整个流体内的分布图样。因为流线是连续曲线，如图3-32所示，在流管狭窄的地方（S_1）流线密集流速大；在流管粗大处（S_2），流线疏散流速小。推而广之，用流线分布图样，可以形象描述流速的分布就是这个道理。这种形象描绘，不仅对分析和处理流体问题很有帮助，而且对随后理解本书第二部分中电场线和磁场线的性质与作用也很实用。

四、伯努利方程

伯努利方程

图3-33示出用于测量管道中流体流量的文丘利流量计原理图。当不可压缩流体沿图中水平管流动时（定常流），由于各处横截面积不同，则根据式（3-59），各处的流速也不同。因此，流速不同的质点就有了加速度。加速度的出现表明，各流体段所受合力（压强）不为零。就是说，即使流管各处可处于同一高度，但流线上各处的压强可以不同。如在图3-33中，管内有一段截面光滑、收缩的管子（又称咽喉管），设截面最小处（称为喉部）的压强、流速和截面积分别为p_2、v_2、S_2，而其入口处对应诸量用p_1、v_1、S_1表示。为测流量，在入口处和喉部分别开口，安装一个U形管压差计。实验时，发现喉部压强降低（为什么?），测出h，即可算出液体的流量（本书不做具体计算）。侧重探讨的问题是，**入口处与喉部的压强差是怎样产生的呢？**这个理想流体定常流的问题，历史上已由瑞士科学家丹尼尔·伯努利在1738年解决了。他所得到的结果被后人称为伯努利方程（或伯努利定理），下面用力学原理和方法导出这一方程。

推导思路是：以图3-34为例（有水流动的水池），在重力场中取理想流体定常流中的一段不变的细流管a_1a_2作为研究对象，将a_1a_2这段流体隔离出来分析它的受力。通常作用于流体段上的力从两方面分析：一是连续分布的体力。例如自身的重力；二是通过界面施加于流体上的接触力（面力）。由于理想流体无黏滞性（即无内摩擦），a_1a_2段不受内摩擦力。它所受的外力就是周边流体的压力与重力。若将细流管a_1a_2与地球视为一个系统，则a_1a_2段的重力属内力。在a_1a_2流管的管壁上，由周边流体施加的压力都是法向力（为什么?）。

这样，对于在图 3-34 中所取的研究对象 a_1a_2，来自外部推动它流动的作用只是施于 S_1 上的压强 p_1，以及阻碍它流动的施于 S_2 上的压强 p_2。

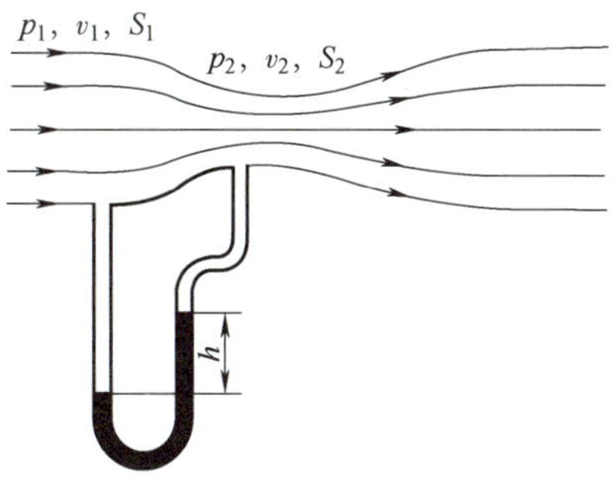

图　3-33

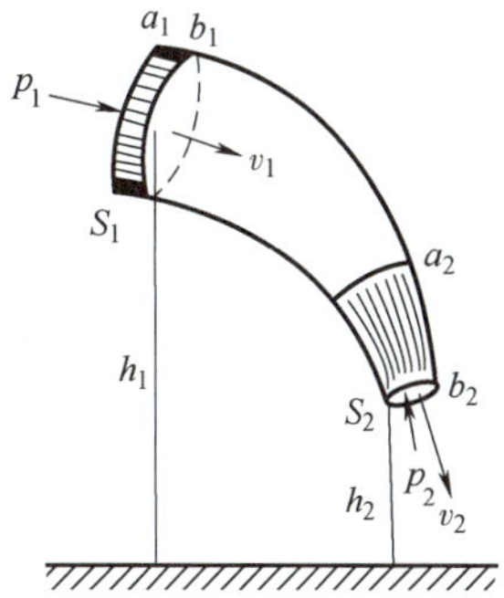

图　3-34

分析了细流管 a_1a_2 段所受内、外力情况后，如何计算它们对 a_1a_2 所做的功呢？因此，要考察这一段流体 a_1a_2 的位移。

首先，注意在图 3-34 中，a_1a_2 段经 Δt 时间段后流动到 b_1b_2 时 a_1a_2 与 b_1b_2 两段在 b_1a_2 区间是重叠的，它意味着虽然 a_1a_2 位移到 b_1b_2 段，但 b_1a_2 并没有动，因此，重叠段 b_1a_2 动能和重力势能不必考虑。所以，在计算外力的功时，只需注意 a_1b_1 与 a_2b_2 两流体元的相对位置，即将研究对象由运动的 a_1a_2 段转移到运动的 a_1b_1 段。

其次，具体如何计算外力所做的功时，根据前述对作用力与位移的分析，设在 Δt 时间段内，以图 3-34 上的 $\overline{a_1b_1}$ 和 $\overline{a_2b_2}$ 分别表示 S_1 与 S_2 的位移。p_1、v_1 和 p_2、v_2 分别对应 S_1 与 S_2 上的压强和流速。当 Δt 很小时，S_1 与 S_2 上的压强、面积和流速都可视为不变。此时外力对流体所做的功分为两部分：压强 p_1 推动 S_1 前进，p_1 做正功 $p_1S_1v_1\Delta t$；而压强 p_2 阻止 S_2 移动，p_2 做负功 $-p_2S_2v_2\Delta t$。这样，在 Δt 时间段内，外力对流体段 a_1a_2 移动到 b_1b_2 所做的总功为

练习 49

$$A = (p_1 S_1 v_1\Delta t - p_2 S_2 v_2\Delta t) \tag{3-60}$$

对于理想流体定常流，$S_1v_1\Delta t=S_2v_2\Delta t=\Delta V$（为什么？），代入式（3-60），得

$$A = (p_1 - p_2)\Delta V \tag{3-61}$$

外力对 a_1a_2 流体段做功必定引起它的能量变化。功与能之间的定量关系已在第二章中用式（2-33）表示，由于理想流体没有黏滞性，对图 3-34 中细流管不存在非保守力，故在图 3-34 中，压强 p_1、p_2 对 a_1a_2 流体段所做的功 $A_{外}$ 等于该流体段机械能的增量 ΔE。

如何从流体段 a_1a_2 状态变化计算它的机械能的增量呢？因为在 Δt 时间内，b_1a_2 流体段的动能和势能没有变化，所以 a_1a_2 机械能的增量等于流体元 a_2b_2 与 a_1b_1 间的机械能差。如何计算这一差值呢？

设流体元 a_1b_1 与 a_2b_2 的质量为 $\Delta m=\rho\Delta V$（为什么两流体元质量相等?），其质心（参看第二章第一节）到重力势能零点参考平面（图中阴影线）的距离分别为 h_1 和 h_2，则 a_1a_2 流体段机械能的增量为

$$\Delta E=\left[\frac{1}{2}(\Delta m)v_2^2+(\Delta m)gh_2\right]-\left[\frac{1}{2}(\Delta m)v_1^2+(\Delta m)gh_1\right] \tag{3-62}$$

将式（3-61）与式（3-62）一并代入式（2-33）$A_{外}+A_{内非保}=\Delta E$ 中，有

练习 50

$$(p_1-p_2)\Delta V=\rho\Delta V\left[\left(\frac{1}{2}v_2^2+gh_2\right)-\left(\frac{1}{2}v_1^2+gh_1\right)\right]$$

移项后经整理，得

$$p_1+\frac{1}{2}\rho v_1^2+\rho gh_1=p_2+\frac{1}{2}\rho v_2^2+\rho gh_2 \tag{3-63}$$

或

$$p+\frac{1}{2}\rho v^2+\rho gh=常量 \tag{3-64}$$

式（3-63）或式（3-64）都是伯努利方程，又称为能量方程。两式用文字表述是：理想流体定常流中，在整个流场或在同一流线上某点附近单位体积流体的动能（或称动能体密度）、势能（或势能体密度）以及该处的压强（压能）之和是一个常量。最后说明几点：

1）伯努利方程实质上是能量守恒定律在理想流体定常流中的表现形式，式（3-63）用于具体计算，根据实际问题提供的条件，在同一条流线上取两个点，而式（3-64）形式简单，意义明确，多用于理论表述（非定常流伯努利方程本书略）。

2）如果所选流线处于同一水平线上，则式（3-64）中不必考虑势能项，可改写为

$$p+\frac{1}{2}\rho v^2=常量 \tag{3-65}$$

式中第一项为静压强、第二项为动压强，因此等号右侧的“常量”意味着，在同一条水平流管中，流速大的地方静压强必定小，流速小的地方静压强必定大。结合连续性方程式（3-59）可以得到结论：沿水平管道理想流体定常流中，管道截面积小的地方流速大、压强小；管道截面积大的地方流速小、压强大。如图 3-35 所示喷雾器以及水流抽气机等都是利用这个原理制成的，注意到当流速相同时各个方向上流体压强相同，所以，在图 3-33 所示文丘利流量计中提出的问题可以解答了。

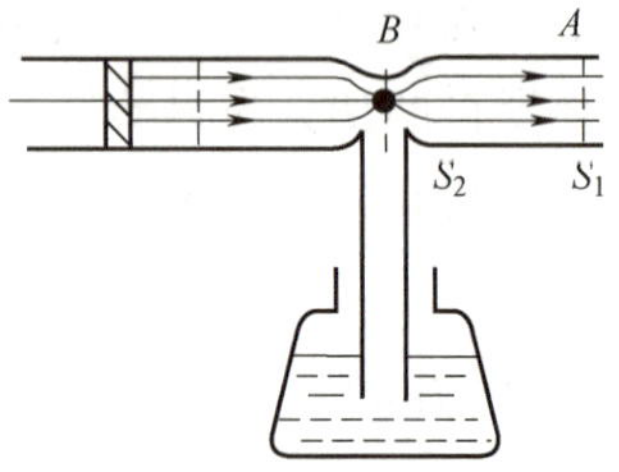

图　3-35

3）在导出伯努利方程的图 3-34 中，采取了细流管图像，即过 S_1 与 S_2 面为均匀流。但在式（3-63）与式（3-64）中，各物理量 p、v、h 只是空间点的函数，如 $p=p(x,y,z,t)$，$v=v(x,y,z,t)$。因此，实质上，在同一根流线上各点都满足伯努利方程，因为细流管的极限就是流线。

4）由理想流体导出的伯努利方程可广泛用于水利、造船、化工、航空等部门。在工程上，将式（3-63）同除以 ρg，得

$$\frac{p}{\rho g}+\frac{v^2}{2g}+h=常量 \tag{3-66}$$

式中各项有专用术语，左端第一项称为压力头，第二项称为速度头，第三项为高度头，如飞机飞行时受到的升力就可用式（3-66）做出定性解释。

【例 3-2】 在一圆柱容器底部有一圆孔，孔的直径为 d，圆柱体的直径为 D，容器中水的高度随着水的流出而下降，试找出小孔中水的流速 v 和水面高度 h 之间的关系。

【分析与解答】 本题属伯努利方程和连续性方程的应用。

设 S_1 与 S_2 分别为容器与小孔的横截面积，v_1 为容器中水面的下降速度，v_2 为水从小孔中的流出速度。

$$S_1=\frac{1}{4}\pi D^2,\quad S_2=\frac{1}{4}\pi d^2$$

可得容器截面与小孔处截面比值为 $$\frac{S_2}{S_1}=\frac{d^2}{D^2}$$

而据连续性方程 $v_1S_1=v_2S_2$，且 $v_2=v$ 得

$$v_1=\frac{S_2}{S_1}v=\frac{d^2}{D^2}v \tag{3-67}$$

规定小孔所在高度为参考平面，根据伯努利方程，因容器中液面与小孔处压强均为大气压强，则有

$$\frac{1}{2}\rho v_1^2+\rho gh=\frac{1}{2}\rho v^2 \tag{3-68}$$

将式（3-67）代入式（3-68），可得

$$v=D^2\sqrt{\frac{2gh}{D^4-d^4}}$$

此即小孔中水流速和水面高度之间的关系式。

五、应用拓展——机翼的升力

大型喷气式民用飞机实现了 0 到 1 的突破。2022 年，我国自行研制的具有自主知识产权的 C919 大型客机（见图 3-36a）迎来国内旅客的首次乘坐体验。同时，我国长航时侦察打击一体型“翼龙”无人机（见图 3-36b）也在世界各地被应用。

a) C919大型客机　　b) “翼龙”无人机　　c) 机翼产生升力原理

图 3-36 固定翼飞机及机翼产生升力原理

伯努利方程的应用使得大型民航和军航的飞机能够翱翔在蔚蓝的苍穹之中：从图 3-36c

中可以清楚地观察到，当飞机快速滑行时，空气遇到机翼会分成上、下两股气流，由于机翼上表面比较凸出，因此机翼上表面的空气流速加快；而机翼下表面的空气流速减慢。按照伯努利方程，如不考虑机翼上下的高度差，当空气从机翼的上方流动时，压力较低，反之当空气从机翼的下方流动时，压力较高，从而形成升力，使得飞机能够超越其本质的重量，最终抵达蔚蓝的苍穹。

第四节　物理学方法简述

一、类比方法

第一章第四节曾介绍过的逻辑推理方法不仅包含演绎、归纳，还有类比、分析与综合等其他形式。其中类比是在两类不同的事物之间进行对比，确信有若干相同或相似点之后，推测在其他方面也可能存在相同或相似之处的一种思维方式。

大自然中的事物由于千差万别而显得丰富多彩。千差万别的事物之间又有着千丝万缕的联系而显得和谐有序。事物之间存在的相似性是事物之间最基本的联系形式之一。人类在认识自然的长期探索中，以事物之间的相似性为前提，创造了类比的推理方法。这一方法为人们由事物之间已知的相似性去寻求更广泛、更深刻、更本质的相似性架起了一座桥梁，对于人们认识新事物、发现新规律有重要的作用，是人们进行科学思维、开展科学研究的重要方法之一。

本章第一节讨论的刚体定轴转动与质点运动就有广泛的相似性。如当刚体绕定轴转动时，刚体上各质点做圆运动。采用类比方法，用角位置作为描述刚体定轴转动的独立坐标，角位置随时间变化的函数关系就是刚体定轴转动的运动学方程，由运动学方程可得角速度与角加速度；匀速转动与匀速直线运动有相似的运动学公式；与质点动力学的力、动量、质量、动能类比，描述刚体定轴转动相对应的力学量有力矩、角动量、转动惯量、转动动能及相应的运动定理等。因此，采用类比方法也是学习本节内容的重要方法。但看到并善于抓住两个或两类事物的相似性是进行类比推理的必要前提。这是因为类比推理方法有如下特点：

1）类比是从人们已经认识了一种事物的属性，推测另一未被完全认识的事物的属性，它以旧有认识作基础，悟出新的结果。

2）类比是从一种事物的特定属性推测另一种事物的特定属性。

3）类比的结果有很强的猜测性，不一定十分可靠，但不可否认它具有发现的功能。

二、数学模型方法

所谓数学模型简单说就是一种符号及其相互关系的模型。将物理问题提炼成一定的数学模型（简称建模），是物理学研究中最关键也是最困难的一步。建立不了数学模型，数学方法就无法进入物理研究实践中去。因为实质上物理问题的数学模型，就是对物理过程或物理实体的特征和变化规律的一种定量的抽象。例如，几何中的“点”“直线”“平面”，就是着眼于客体的一个侧面——形，而舍弃了其他属性并理想化了的结果，数量、空间、结构、变化的种种数学模型，都可以与一定的物理问题相对应。

1）由分子组成的固体、液体和气体统称为连续介质或连续体。在经典力学中，研究的是它们的宏观运动规律，一般不考虑其微观结构。为了研究连续体在宏观尺度上的力学性质，假定在连续体所占的空间区域里，每一“点”都伴有一个“质元”或质点，点是数学模型，空间区域的点与物理学中的质点一一对应，但不能把空间点与质元相混淆。例如，宏观小的质元，物理尺度比微观的特征长度大得多，都包含了大量的分子，所观察到的质元的运动及质元间的相互作用，都是大量分子集体的平均行为。

2）在连续体力学中，力不再只是作用在一个个离散的质点上，而是作用在质元表面上的面力，这一概念在讨论弹性体受外力发生形变而在体内产生回复力的描述、回复力与形变的关系、静态形变与动态形变所遵循规律等方面都有重要作用。这里的“面”是一个数学模型。1877 年勒让德在著名几何学著作中，提出了有关体、面、线、点的基本概念，认为所谓体的面，是借以区分该物体与其周围空间的境界。显然，面的定义中必须以“可以区分出空间和物体之间的明确境界”为前提才有意义，那么这个境界究竟存在还是不存在呢？假如说这个境界存在，它是什么呢？要给出明确的答案是极端困难的。按勒让德的说法，在本节中，弹性体中质元的面是分开质元与周围介质的境界。但是这个面既不是质元面，又不是质元周围介质的面，实际上几何上没有厚度的面是不存在的，它仅仅存在于人们的想象中。如本章中当把介质分为两部分时，大多要指出分开二者之间的界面，这个界面就存在于人们的想象中。由于面力只出现在与质元直接接触面上的作用力，其方向与作用面的方向有关，方向一定的面元上的面力，其大小还与面元的面积成正比，所以从数学模型理解这种面力就非常重要。

3）在讨论理想流体定常流规律时采用的流线、流管图像，不仅形象、直观地描述了流速场的特征，同时为定量描述理想流体定常流规律奠定了基础。连续性方程、伯努利方程的导出都采用了这些数学模型。和点、面概念一样，流线也是一种数学模型。运用解析几何的知识可知：根据流线的几何特征可求得它的代数方程；反之，依据方程的代数性质可研究相应流线的几何性质。

三、场的研究方法

本章第三节着重介绍了欧拉法。该法针对流体的易流动、易变形性，不采用“隔离体法”研究个别流体质点的运动特性而后求和的方法，而着眼于整个流体中流过空间各点时的流动速度。综合所有点流速随时间的变化，便得到整个流体流速的分布与变化规律，或者说得到流体在整个空间里的运动规律。

应当特别指出的是，欧拉法着眼于空间点，而牛顿-拉格朗日法着眼于流体质点。这里不能把空间点与流体质点混为一谈。这是因为流体是运动着的连续体，而流场是描述流体性质的各物理量分布的抽象空间。物理量按其空间维数可分为标量、矢量与张量。标量只有大小没有方向，只需一个数量及单位即可表示，如流体的温度、密度等，若空间各点上的物理量是标量，则该空间称为标量场；矢量既有大小又有方向，可由某一空间坐标系的三个坐标分量来表示，如流体的速度、加速度等，若空间各点上的物理量是矢量，则该空间称为矢量场；有关张量场，本书不做介绍。

总之，如果在全部空间或部分空间的每一点都对应有某物理量的一个确定值，就说在这个空间里确定了该物理量的一个“场”。也就是说，场是某个物理量的空间分布，因此场要用函数描述，标量场对应标量函数，矢量场对应矢量函数，而张量场对应张量函数，故又可以说场是一个函数。第八章还将介绍，场的研究方法是将物理量作为空间点位置和时间的函数，时间作为参变量处理，即用于分析某时刻场的分布及变化情况的方法。

练习与思考

一、填空

1-1 半径为0.3m的飞轮从静止开始以0.5rad·s^{-1}的均匀角加速度转动，则飞轮边缘上一点在飞轮转过300°时的切向加速度a_t为__________，法向加速度a_n为__________。

1-2 一汽车发动机曲轴的转速n在12s内由1.2×10^3r·min^{-1}均匀地增加到2.7×10^3r·min^{-1}。则曲轴转动的角加速度β为__________，在此时间内，曲轴转了______转。

1-3 决定刚体转动惯量的因素是__________、__________、__________。

1-4 一转动惯量为J_0的花样滑冰运动员以角速度ω_0绕自身的竖直轴转动，转动动能为__________，当其收回双臂使转动惯量减为$\frac{1}{3}J_0$时，转动动能变为__________。

1-5 圆木经一根钢丝拴住后由拖拉机拉走，钢丝直径为12.5mm，拖拉机到圆木的距离为10.5m，拉走圆木需要9500N的力，设钢丝的$E=20.0\times10^4$MPa，则钢丝中的应力为__________，钢丝中的应变为__________，拉圆木时钢丝的伸长量为__________。

1-6 水平放置的流管内通有理想流体水，在某两截面上，已知其中一截面A面积是另一截面B的两倍，在截面A水的速度为2.0m·s^{-1}，压强为100kPa，则另一截面水的速度为__________，截面A压强比截面B压强高__________kPa。

二、计算

3.1 习题2-1

2-1 一飞轮的转动惯量为J，在$t=0$时的角速度为ω_0，此后飞轮经过制动过程转速会缓慢减小。已知角速度的平方与阻力矩的大小成正比，比例系数大于零。当$\omega=\frac{\omega_0}{2}$时，求：（1）飞轮的角加速度；（2）飞轮转过的角度和所经历的时间。

【答案】（1）$-\frac{k\omega_0^2}{4J}$；（2）$\frac{J\ln 2}{k}$，$\frac{J}{k\omega_0}$

2-2 如图3-37所示，一块长为L、质量为$m_{板}$的均质薄木板，可绕水平轴OO'无摩擦地转动。当木板静止在平衡位置时，有一质量为m的子弹以速度$\boldsymbol{v}_0$垂直击中它的A点后穿出，A离转轴的距离为l。子弹穿出木板后速度为$\boldsymbol{v}$，试求木板获得的角速度ω。

【答案】$\dfrac{lm(v_0-v)}{\frac{1}{3}m_{板}L^2}$

2-3　一质量为 15kg 的重物系于原长为 0.5m 的钢丝一端。使重物在竖直平面内做圆周转动，当重物转到圆周最低点时其角速度为 $4\pi \mathrm{rad} \cdot \mathrm{s}^{-1}$，钢丝的横截面积为 $0.02\mathrm{cm}^2$。计算当重物经过最低点时钢丝的伸长量（设钢丝的 $E=20\times10^4\mathrm{MPa}$）。

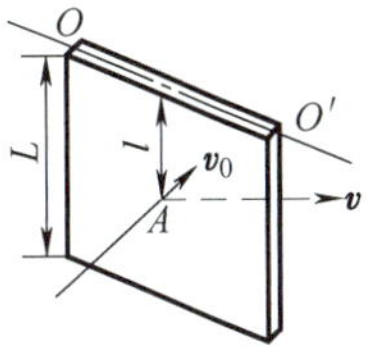

图　3-37

【答案】 1.66mm

三、思维拓展

3-1　将两个鸡蛋在桌上旋转，就能判断哪个是生的，哪个是熟的。如何判断？并说明理由。

3.2 习题 3-1

3-2　直升机尾部有小螺旋桨，起什么作用？双螺旋桨飞机两螺旋桨旋转方向相反，为什么？

3-3　1912 年 4 月 14 日晚 11 点，著名的“泰坦尼克”号邮轮在大西洋正以 $40\mathrm{km} \cdot \mathrm{h}^{-1}$ 的速度向前平稳航行。在此期间，一座巨大的冰山正悄悄地朝“泰坦尼克”号缓慢地飘过来，没有任何人发现，直到冰山与船相距已经很近时，瞭望员才发现。面对危难船长立即下令关闭发动机，并命令舵手迅速改变航向，避免与冰山相撞。可是，尽管发动机已停止工作，但是船却仍然以较大速度向前行驶。虽然舵手及时改变了航向，眼看船与冰山就要擦肩而过时，却又一股强大的、神奇的吸引力把船“拉”向冰山。“泰坦尼克”号狠狠地撞上了冰山，从而发生了历史上最大的一次海难事故。

请你根据上述文字描述，找出这次海难事故中所蕴含的相关物理规律，并简要分析事故形成的物理原因。

第二部分
场物理学基础

场是什么？或说什么是场？在中学物理中学习了电场与磁场后，想必能做出一定的回答。在上一章欧拉处理流体运动的方法中，引入流速场（流场）概念，采用流线与流管形象地描述流场，运用流量（通量）概念，导出了连续性方程。因此，中学物理中的电磁场知识与本书第三章的流场知识，都是学习场物理学基础的基础。

第二部分以真空中电磁场遵守的规律为主线，为拓展和应用“场论”的思想和方法奠定基础。

第四章 真空中的静电场

本章核心内容

1. 真空中静电场的判断、检测、量度与计算。
2. 用元分析法计算连续分布电荷的电场强度。
3. 静电场是有源场的表征与描述。
4. 静电场是无旋场的表征与描述。

以闪电为代表的静电现象是一种常见的自然现象，对人类既有利也有弊。静电在工业、农业生产、生活中有着广泛的应用，如静电除尘、静电喷涂、静电复印等。中学物理已介绍过，在电荷周围伴存着电场，与相对于观察者静止的电荷所伴存的电场称为静电场。本章侧重于介绍真空中静电场的性质与描述，假定电荷处在真空中，通过讨论真空中静止电荷之间的相互作用，进一步了解真空中静电场的性质。

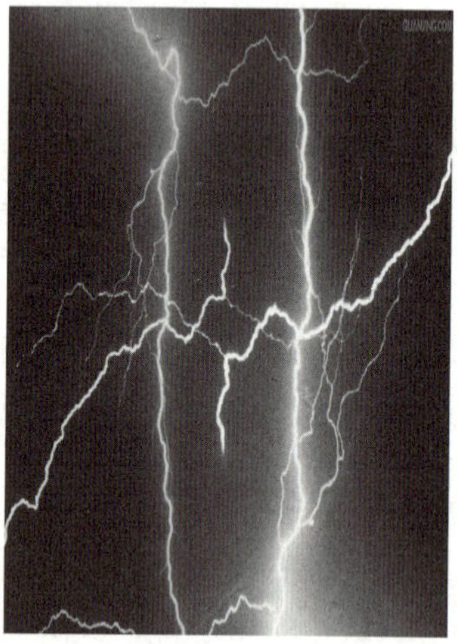

闪电

按本书内容顺序，静电场是在流场之后的又一矢量场。以流场为基础，本章介绍如何用通量和环流表示矢量场的规律，从中了解静电场的性质。本章所用方法及所得结果具有承前启后性，是学习以后各章的重要基础。

第一节 库仑定律

一、电荷

中学物理中已介绍过电荷、点电荷、带电体、电量等概念，它们之间有什么联系与区别呢？

要回答这一问题，先简要回顾一下物理学史。“电”这个字起源于希腊文的“琥珀”。早在公元前585年，人们就发现了用木块摩擦过的琥珀能够吸引碎草等轻小物体的现象；公元3世纪，西晋张华在《博物志》中记载：“今人梳头，解著衣，有随梳解结，有光者，亦有咤者”，描述了摩擦起电引起的闪光和噼啪之声。在日常生活中我们也能观察到类似的现象：不同质料的物质，如玻璃、硬橡胶等经过丝绸、毛皮等摩擦后，能吸引头发、纸片等轻微物体。用物理术语描述，两个物体经摩擦后处于一种特殊（带电）状态，处于这种状态的物体具有能吸引轻小物体的性质，处于带电状态的物体称为带电体。电荷是一种物质间能发生电相互作用的属性，如惯性是物质的一种属性一样；可这样类比：质量是惯性大小的量度，电量是电荷多少的量度。在讨论带电体之间的相互作用时，如果各带电体的线度比带电体之间的距离小很多，或当带电体的线度比带电体到观察点的距离小很多时，这些带电体可被抽象成点电荷。与力学中的质点模型类似，点电荷是带电体的一种理想模型。电荷、点电荷、带电体等几个词可不加区别地使用。通过对电荷的各种相互作用和效应的研究，人们现在已认识到这种属性有如下性质：

1. 自然界存在两种电荷

实验指出：经丝绸摩擦过的两根玻璃棒之间有相互排斥作用，而经毛皮摩擦过的橡胶棒与经丝绸摩擦过的玻璃棒之间有相互吸引作用。人们认为，相互排斥时两者所带电荷性质相同，相互吸引时两者所带电荷性质不同；由此推断，自然界应存在两种不同性质的电荷。为描述两种不同性质的电荷，美国物理学家富兰克林首先以正电荷、负电荷来命名这两种电荷并沿用至今。习惯上把正电荷的电量值用正数表示，把负电荷的电量值用负数表示。

随着近代物理学的发展，人们对物质结构有了更深层次的认识，对带电现象也有了更本质的了解：一切物质都由原子组成，原子又由带正电的原子核和带负电的核外电子所组成；而原子核一般由质子和中子构成，质子带正电，中子不带电。因此，用近代物理学的观点来看，电荷是一些基本粒子（如电子、质子等）的一种属性。宏观上的摩擦起电、接触起电或感应起电等现象是因为一个物体内部的电子转移到了另一物体；电子过剩的物体对外呈现带负电状态，而缺少电子的物体对外显示带正电状态。

电子是 1897 年由英国物理学家汤姆孙发现的。迄今为止，电子是已知的稳定且最轻的粒子，其所带电量（绝对值）的国际通用值（2006 年）为

$$e = 1.602176487(40) \times 10^{-19}\mathrm{C}$$

C 为采用国际单位制时电量的单位，称为库［仑］。在通常的计算中，可取 $e=1.60\times10^{-19}\mathrm{C}$。

2. 电荷守恒定律

实验证明：一个与外界没有电量交换的系统，任一时刻系统所具有的正负电量代数和始终保持不变。此即电荷守恒定律，也是自然界的一条普遍规律，无论是在宏观领域还是在原子、原子核和基本粒子等微观范围内，还未发现与它相违背的迹象。以摩擦起电为例，将摩擦前后的玻璃棒和丝绸作为一个孤立带电系统，摩擦前后系统的总电量不变。如果单独观察玻璃棒（或丝绸），在摩擦过程中它们都不是孤立带电系统，电量要发生变化。因此，电荷守恒定律也可以换一个角度阐述：物体或系统总电量的改变量，等于通过物体或系统边界流入（或流出）的净电荷量。

3. 电荷的量子性

实验证明：自然界中任何物体所带的电量都等于电子电量 e 的整数倍。即物体所带电量

不能连续地取任意值。电量的这种只能取不连续量值的性质，称为电荷的量子性。尽管美国物理学家盖尔曼等人在1964年提出“基本粒子”的夸克模型（质子和中子由具有$e/3$和$2e/3$电荷的夸克组成），并在对粒子物理许多现象的解释中获得极大的成功，但这并没有改写电荷量子性的特征。

宏观现象所涉及带电粒子数目巨大，在讨论电磁规律时只能取平均效果。例如，在100W的白炽灯泡中，每秒通过灯丝横截面的电子数大约为3×10^{18}个，电荷的量子性完全表现不出来，可认为电荷连续分布在灯丝上。然而，量子性是近代物理的一个重要概念，当研究对象处于原子尺度时，如原子、电子的运动规律等，就必须考虑包括电荷的内禀量子性（关于量子物理，详见第二卷）。

4. 电荷的相对论不变性

在第二卷相对论一章，将会介绍高速运动物体质量随速度的变化等规律，但带电体所带电量与带电体的运动速度无关，即带电体在不同速度的惯性系电量保持不变。这一性质称为电荷的相对论不变性。

总之，自然界一切电磁现象都起源于物质具有电荷属性，如静电现象源于静止电荷，磁现象源于运动电荷。

二、库仑定律的内容

如上一节所介绍，带电体最基本的性质是与其他带电体发生相互作用。实验发现，两个静止带电体间相互作用力的方向与大小受多种因素影响，如带电体所带电量多少、带电体形状及电荷分布、带电体相对位置及周围的介质性质等。直接确定带电体间相互作用力与这些因素之间的关系相对困难，但实践发现随着两带电体之间相对距离的增大，它们之间相互作用力受其形状及电荷分布的影响逐渐减小。受实践的启发，人们抽象出一个类似于力学中“质点”的带电体模型，即点电荷。采用这一模型，真空中两个点电荷之间的相互作用力只取决于各自所带电量及它们的相对位置。这种处理方法再一次展现了物理学理想模型方法的内涵，即“抓住主要矛盾”。

从发现电现象到18世纪中叶的两千多年里，人们对电现象的认识一直停留在定性阶段。随着科学技术的发展，18世纪中叶不少学者着手研究电荷之间相互作用的定量规律。1785年，法国物理学家库仑利用他设计的扭秤，研究了空气中两个可视为点电荷的静止带电体之间的相互作用力，并根据实验结果归纳出两个静止点电荷之间相互作用力的定量规律，经进一步理想化为**库仑定律**，定律可用文字表述为：

在真空中，两静止点电荷之间相互作用力（吸引或排斥）的大小，与它们的电量q_1和q_2的乘积成正比，与它们之间距离的平方成反比；作用力的方向沿它们之间的连线，同号电荷相斥，异号电荷相吸。

库仑定律还可用图4-1及式（4-1）表示。图中用$\boldsymbol{r}_{12}$表示q_2相对q_1的位置矢量，$\boldsymbol{F}_{12}$表示电荷q_1对q_2的作用力，$\boldsymbol{F}_{21}$表示电荷q_2对q_1的作用力，则库仑定律的矢量表达式为

练习51

$$\boldsymbol{F}_{12}=k\frac{q_1q_2}{r_{12}^2}\frac{\boldsymbol{r}_{12}}{r_{12}}=k\frac{q_1q_2}{r_{12}^2}\boldsymbol{e}_{12}=-\boldsymbol{F}_{21} \tag{4-1}$$

式中，$\boldsymbol{e}_{12}=\dfrac{\boldsymbol{r}_{12}}{r_{12}}$表示由 q_1 指向 q_2 的单位矢量。在国际单位制中，比例系数 k 的数值为

$$\begin{aligned} k &= 10^{-7}c^2 = 8.9875\times10^{9}\mathrm{N\cdot m^2\cdot C^{-2}} \\ &\approx 9.0\times10^{9}\mathrm{N\cdot m^2\cdot C^{-2}} \end{aligned}$$

式中，$c=2.9979\times10^{8}\mathrm{m\cdot s^{-1}}$表示真空中的光速。

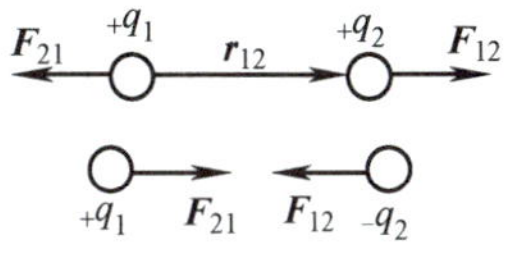

图　4-1

当采用国际单位制时，通常引入另一个基本物理常量 ε_0 来代替 k，两者之间的关系为

$$k=\frac{1}{4\pi\varepsilon_0}$$

ε_0为真空介电常数或真空电容率，其数值和单位为

$$\begin{aligned} \varepsilon_0 &= \frac{1}{4\pi\varepsilon_0} = 8.8542\times10^{-12}\mathrm{C^2\cdot N^{-1}\cdot m^{-2}} \\ &\approx 8.9\times10^{-12}\mathrm{C^2\cdot N^{-1}\cdot m^{-2}} \end{aligned}$$

因此，库仑定律又可表示为

$$\boldsymbol{F}_{12}=\frac{q_1q_2}{4\pi\varepsilon_0 r^2}\boldsymbol{e}_{12} \tag{4-2}$$

或

$$\boldsymbol{F}_{21}=\frac{q_1q_2}{4\pi\varepsilon_0 r^2}\boldsymbol{e}_{21} \tag{4-3}$$

作为比例系数，k 和 ε_0均含有单位，而不是纯数值。虽然在库仑定律表达式中引入“4π”因子看起来使得式（4-2）及式（4-3）比式（4-1）显得更复杂，但在其他常用的电磁学公式中，因其不出现“4π”因子而变得简单。真空介电常数 ε_0和下一章引入的真空磁导率 μ_0相乘在一起，与自然界另一重要常量——真空中的光速 c 相联系并满足 $c=1/\sqrt{\varepsilon_0\mu_0}$。因 ε_0、μ_0与惯性参考系无关，则真空中光速 c 也与惯性参考系无关，即光速与光源的速度无关。这将把人们带入一个全新的物理世界，在第二卷相对论部分将介绍随之而来的许多新奇效应。

库仑定律是建立静电学的基础定律，其正确性并不仅仅以库仑扭秤实验为基础。物理学界关注的焦点是库仑定律平方反比规律的精确性及其适用范围，以下对此做简要介绍。扭秤实验并不能使人们完全信服定律中的指数为何一定精确到 2，而不是 $2+\alpha$。在库仑之后，人们曾设计多种更精确的实验来检验库仑定律，以（间接地）确定 α 的上限。1971 年，威廉斯等人通过实验证实 $\alpha\leqslant(2.7\pm3.1)\times10^{-16}$，即实验测得库仑定律中指数与 2 的差值小至 10^{-16}量级。从库仑定律提出至今已经长达二百多年，其平方反比规律的正确性经受住了时间的考验。

1911 年，卢瑟福 α 粒子散射实验证实，当 α 粒子同散射核间距离小至 10^{-14}m 时，它们之间的相互作用力仍遵守平方反比规律；现今高能电子、质子间的散射实验发现，在 10^{-15}m 尺度，库仑定律的平方反比规律仍基本正确。然而，在距离小于 10^{-16}m 的极小范围内，实验结果与平方反比规律的预测已有明显差别。在如此小的范围内，是因所涉及的电子、质子已不能视为点电荷还是库仑力失效造成的差别，目前尚无定论。

在大尺度如天文观测范围内平方反比规律是否仍成立，实验还未验证；地球物理的实验表明，平方反比规律至少在 10^7m 量级的距离范围内是准确的。为什么要持续不断地研究库仑定律的准确性？因为平方反比规律的任何微小修正，都会对电磁场基本规律产生重大影响。

三、静电力叠加原理

库仑定律揭示了两个静止点电荷之间一种非接触的相互作用。在图 4-2 中，空间有 3 个静止点电荷 q_1、q_2、q_3，**如何求其中一个点电荷（如 q_3）所受其他两个点电荷 q_1 与 q_2 对其作用力？**两个静止点电荷间的作用是否因第三个电荷的存在而改变？按力的合成来计算，答案是再清楚不过的了。一个基本实验事实是两个点电荷之间的静电力并不因第三个点电荷是否存在而改变。推而广之，当空间存在多个点电荷时，每个点电荷所受的静电力，等于其他点电荷单独存在时施加于该点电荷静电力的矢量和。这个结论称为静电力叠加原理，并得到实验的证实。

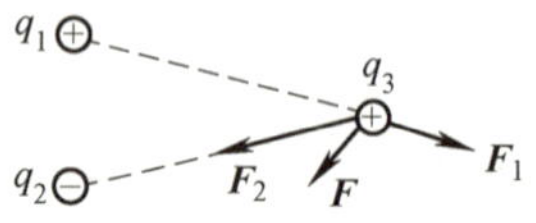

图 4-2

将物理学中的实验结果进一步用数学描述。设 $\boldsymbol{F}_{ij}$ 表示第 j 个点电荷受到其他点电荷 $i(i=1,2,\cdots,i\neq j,\cdots,N)$ 的作用，则静电力叠加原理的数学表达式为

$$\boldsymbol{F}=\sum_{i\neq j}\boldsymbol{F}_{ij}=\frac{1}{4\pi\varepsilon_0}\sum_{i\neq j}\frac{q_iq_j}{r_{ij}^2}\boldsymbol{e}_{ij} \tag{4-4}$$

式中，r_{ij} 和 $\boldsymbol{e}_{ij}$ 分别表示从 q_i 到 q_j 的距离和单位矢量。

静电力由库仑定律得到且静电力叠加原理源于实验，因此基于库仑定律而引入的描述静电现象的一些重要物理量也满足相应的叠加原理。本章在解决静电学的各种问题时将贯穿一条主线：库仑定律与叠加原理。表 4-1 列出某些物体所带的电量。

表 4-1 某些物体所带电量 （单位：C）

电子	-1.6×10^{-19}
质子	1.6×10^{-19}
直径 0.3m 的导体球面（达到击穿电场强度）	约 7.5×10^{-6}
MeV 范德格拉夫静电加速器的高压金属罩（直径 1m）	约 10^{-4}
电容器（100V，50μF）	5×10^{-3}
雷雨云	约 $10\sim10^2$
地表	约 -5×10^5
一杯（250g）水中包含的正负电荷	$\pm1.3\times10^7$
人体中包含的正负电荷	$\pm4\times10^9$

第二节　电场　电场强度

一、静电场

“力”是物体之间相互作用的一种表现形式。力学中的摩擦力和弹性力是常见的物体间直接接触的相互作用，简称接触作用。然而，由库仑定律式（4-1）描述真空中相距一段距离的两个静电荷之间的相互作用时，两个静电荷之间并没有直接接触。除静电相互作用外，引力作用、磁力作用等也都属于非接触作用。人们自然要考虑，**静电力、引力或磁力究竟以什么方式发生相互作用？**或者**两个彼此相隔一定空间距离的带电体之间的相互作用是通过什么途径传递的？**围绕此类重大问题，物理学史上曾有不同的观点和认识，其中一种观点是超距作用，另一种观点是近距作用，并因此而展开过长期的论争，极大地促进和推动了物理学的发展。前者认为真空中两个静止点电荷之间的相互作用是无须传递时间的瞬时作用，不需要由分子、原子构成的物质来传递；而后者则认为不存在所谓的超距作用，相隔一定距离的两带电体（或电流）之间发生电（或磁）的相互作用是由于空间中存在能传递电（磁）相互作用的“以太”，电（磁）力通过以太来传递，电（磁）力是近距作用。

这两种观点在物理学史上经历了此消彼长反复争论的过程，“以太”的涵义也在争论中不断地发生变化。在争论过程中，场作为一种新的观点逐步建立起来，并被普遍接受。虽然在静电现象中静止电荷之间的距离不变，场和电荷又同时存在，无法用实验来判定哪种观点正确。但当带电体的电荷分布突然发生改变或带电体处于运动状态时，带电体之间的相互作用需要经过一定的时间来传递，实验可证实场观点的正确性。场观点可这样解释：凡是有电荷（场源电荷）的空间伴存着电场，若场源电荷处于静止的参考系中，称此电场为静电场或库仑场；电荷之间的静电力是静电场对处于场中其他电荷的近距作用，此种作用又称库仑力。只有在静电场中才能使用库仑定律。

电场虽然不像由分子、原子组成的实物那样能看得见、摸得着，但随着近代物理学的发展，人们已逐渐形成共识：电（磁）场作为物质存在的一种形态，具有能量、动量等物质属性。不过，这些物质属性只有在其处于变化的情况下才能明显地表现出来（手机也可认为是一种检测仪器）。静电场只是普遍存在的电磁场的一种特殊形态。在实验中，静电场能被人们感知主要表现在：

1）静电场对任何带电体（无论运动与否）都施加作用力，并使之加速或偏转。此作用力可被探测。

2）电荷在电场中发生移动时电场力要做功，这表明电场具有能量（详见第四节）。

二、电场强度矢量

静电场作为被研究对象的物理特征通常在其与带电体之间的相互作用中显露出来。因此，物理学在带电体处于静电场中受力的作用这一实验现象基础上引入定量描述静电场强弱与方向的物理量——电场强度矢量（简称场强）。

具体方法：真空状态下在与场源电荷伴存的电场中引入一个不影响电场分布且充分小的电荷 q_0 作为试探电荷（见图 4-3）。将试探电荷 q_0 先后放置于与一正电荷伴存的电场中的 a、b 和 c 三个不同的位置（场点），库仑定律式（4-1）指出，试探电荷 q_0 在三处所受作用力 $\boldsymbol{F}$ 的大小和方向均不相同。为排除 q_0 的电量及其正负的影响，采用比值 $\boldsymbol{F}/q_0$ 度量各场点电场的强弱与方向，其为大小和方向都与试探电荷 q_0 无关而只与场点位置及场源电荷有关的矢量。因此，将 $\boldsymbol{F}/q_0$ 命名为电场强度（或场量、场函数），用符号 $\boldsymbol{E}(\boldsymbol{r})$ 表示，即

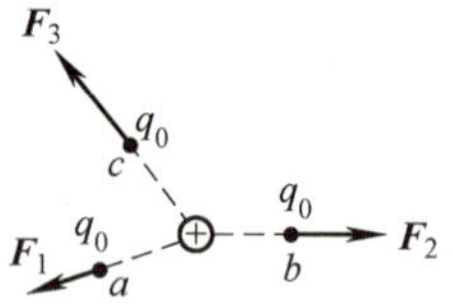

图　4-3

$$\boldsymbol{E}(\boldsymbol{r})=\frac{\boldsymbol{F}(\boldsymbol{r})}{q_0} \tag{4-5}$$

式中，变量 $\boldsymbol{r}$ 表示场点相对场源电荷的位置矢量。注意，场源电荷 q 的电场在不引入 q_0 时也存在，从这种意义上讲电场强度并不等同于 q_0 的受力，式（4-5）仅是用以度量和检测电场强弱的方法（可称为操作式定义）。在国际单位制中，电场强度的单位是 $\mathrm{V\cdot m^{-1}}$（伏特每米）。表 4-2 列出了某些带电物体产生电场强度的参考值。

表 4-2　某些典型的电场强度　　（单位：$\mathrm{V\cdot m^{-1}}$）

铀核表面	2×10^{21}
中子星表面	约 10^{14}
氢原子电子内轨道处	6×10^{11}
X 射线管内	5×10^{6}
空气的电击穿强度	3×10^{6}
电视机显像管内	2×10^{5}
电闪内	10^{4}
雷达发射器近旁	7×10^{3}
太阳光内（平均）	1×10^{3}
晴天地表附近	1×10^{2}
荧光灯内	10
无线电波内	约 10^{-1}
家用电路线内	约 3×10^{-2}
宇宙背景辐射内（平均）	3×10^{-6}

一般来说，静电场中每一场点（见图 4-3 中 a、b、c 三点）的电场强度 $\boldsymbol{E}(\boldsymbol{r})$ 的大小和方向都不相同，数学上称 $\boldsymbol{E}(\boldsymbol{r})$ 为矢量点函数，并用它描述静电场的空间分布。

三、点电荷电场的电场强度

由于静电场与场源电荷伴存，如何根据场源电荷的分布推导与之相伴存的电场分布是静电学的一个基本问题。方法之一是从计算一个与点电荷相伴存电场的场强入手，并将所得结果向多个点电荷的电场拓展。

以图 4-4 为例，有一个静止的场源点电荷 $+q$（或 $-q$），将 $+q$（或 $-q$）所在处取为坐标原

点（未画出坐标系）。如何根据式（4-5）计算场点 P 的电场强度，关键是计算 $\boldsymbol{F}(\boldsymbol{r})$。为此对照图 4-1，再令式（4-2）中 $q_1=q$，$q_2=q_0$，$\boldsymbol{F}_{12}=\boldsymbol{F}$，可得

练习 52

$$\boldsymbol{F}=\frac{qq_0}{4\pi\varepsilon_0 r^2}\boldsymbol{e}_r$$

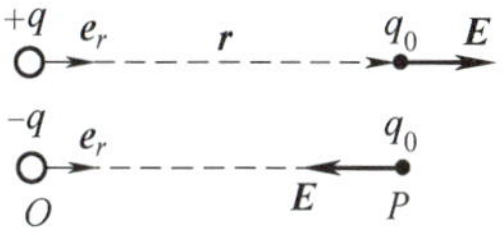

图　4-4

将上式代入式（4-5），略去 $\boldsymbol{E}(\boldsymbol{r})$ 的变量 $\boldsymbol{r}$，所得结果称为点电荷电场的空间分布：

$$\boldsymbol{E}=\frac{\boldsymbol{F}}{q_0}=\frac{q}{4\pi\varepsilon_0 r^2}\boldsymbol{e}_r \tag{4-6}$$

式中，$\boldsymbol{e}_r$是 r 的单位矢量。因为 P 点是随意选取的场点，不同场点相对场源电荷$+q$ 的位置不同，$\boldsymbol{E}$ 也不同，所以式（4-6）给出了与场源点电荷相伴存电场的空间分布：

1）在图 4-4 中，当 $q>0$ 时，电场强度 $\boldsymbol{E}$ 沿单位矢量 $\boldsymbol{e}_r$的方向；当 $q<0$ 时，电场强度 $\boldsymbol{E}$ 沿与 $\boldsymbol{e}_r$相反的方向。两种情况下，$\boldsymbol{e}_r$方向不变。

2）电场强度 E 的大小与场源电荷 q 的电量成正比，与距离 r 的平方成反比。因此，点电荷的电场分布具有球对称性（也可取球极坐标 r、θ、φ 分析）。

3）式（4-6）不能描述场源电荷 q 本身所在点上的电场强度，因为当 $r\to 0$ 时得 $E\to\infty$。之所以会这样，是因为在这种情况下点电荷模型已不再成立，所以按点电荷公式（4-6）去求点电荷所在处的电场强度是没有意义的。

4）式（4-6）虽只给出计算一个点电荷电场强度的公式，却是计算与多个点电荷伴存电场以及连续分布电荷电场分布的基本公式，是学习后续内容的前提。

四、点电荷系电场的电场强度

图 4-5 表示由两个等量异号点电荷组成的带电系统（简称点电荷系），其电量分别为$+q$ 和$-q$，无外界作用时始终保持距离为 l 不靠近也不分离，物理学将这样的带电系统模型称为电偶极子，并将 q 与 $\boldsymbol{l}$ 的乘积叫作电偶极矩（简称电矩），用 $\boldsymbol{p}$ 表示，$\boldsymbol{p}=q\boldsymbol{l}$ 是矢量。为便于描述电偶极子在电场中的取向，规定 $\boldsymbol{l}$ 的方向由$-q$ 指向$+q$。电偶极子模型在物质电结构分析中十分有用。

如何计算图 4-5 中电偶极子延长线上一点 P 的电场强度呢？既然$+q$、$-q$ 都是点电荷，先按照式（4-6）分别求出它们在场点 P 的电场强度，然后用求矢量和的方法计算 P 点实际的电场强度。这是静电力叠加原理的延伸，而且上述思路还可推广到图 4-6 所示空间同时存在多个场源电荷 q_1，q_2，…的情形。

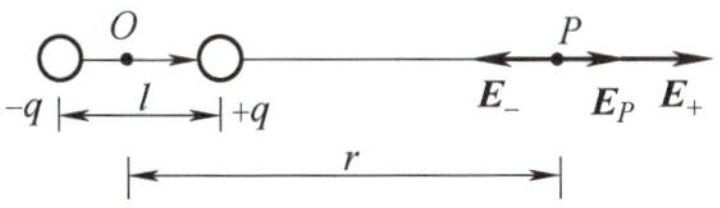

图　4-5

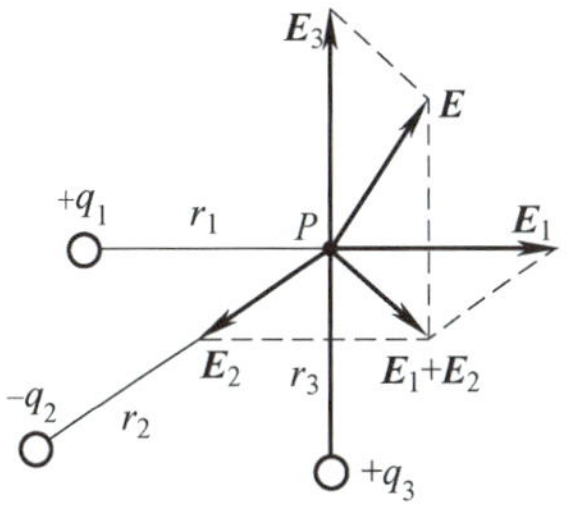

图　4-6

具体方法是将式（4-4）中 $\boldsymbol{F}$（令 $q_j = q_0$）代入式（4-5），即

$$\boldsymbol{E} = \frac{\boldsymbol{F}}{q_0} = \sum_i \frac{\boldsymbol{F}_i}{q_0} = \sum_i \boldsymbol{E}_i \tag{4-7}$$

式（4-7）的文字表述为：与一组点电荷相伴存的电场中任一场点 P 的电场强度，等于与各个点电荷单独存在时的电场在该点电场强度的矢量和。这一结论称为电场强度叠加原理。导出式（4-7）时用到式（4-4），似乎式（4-4）与式（4-7）是一脉相承的，但式（4-7）反映电场具有可叠加的固有性质，与是否出现静电力无关，也与场中是否有试探电荷 q_0 无关。上一章曾将连续体（刚体、弹性体等）近似为一个质点系，在电学中任何一个带电体也需要先从宏观上按点电荷系处理，原则上利用式（4-7）可计算出任意带电体所产生的电场强度。在随后计算各种连续分布电荷电场的电场强度问题时，会反复体现这一物理思想，这也是式（4-7）的意义所在。

五、连续分布电荷电场的电场强度

当计算距带电体较近场点的电场强度时，已不能将带电体按点电荷处理，此时电场由带电体上连续分布的电荷产生，求解连续分布电荷电场问题是本节难点。

按本章第一节所述电荷元的量子性，在微观层面带电体的电荷是不连续分布的。因电荷只集中在一个个带电的电子或原子核上，故任何带电体都拥有大量的过剩负电荷或正电荷。然而，在宏观层面一般由仪器观测到的最小电量通常至少包含 10^{12} 个电子，即宏观观测结果是大量电荷元密集在一起所产生的平均效果，所以可认为带电体上电荷是连续分布的。借鉴处理连续体力学问题时将刚体视为数目巨大的质点组成的质点系并由质点运动推导刚体运动规律的方法，并如麦克斯韦所言：“为了采用某种物理理论而获得物理思想，我们应当了解物理相似性的存在……利用这种局部类似可以用其中之一说明其中之二”。因此，计算连续分布电荷的电场分布时可设想带电体由大量电荷元组成，每个电荷元可看成点电荷（宏观小、微观大的带电体），电荷元的电量改用 $\mathrm{d}q$ 表示。根据式（4-6），可将与电荷元 $\mathrm{d}q$ 伴存的电场中任一场点 P 的电场强度 $\mathrm{d}\boldsymbol{E}$ 表示为

练习 53

$$\mathrm{d}\boldsymbol{E} = \frac{1}{4\pi\varepsilon_0}\frac{\mathrm{d}q}{r^2}\boldsymbol{e}_r \tag{4-8}$$

式中，$\boldsymbol{e}_r$是由场源指向场点位矢的单位矢量。根据电场强度叠加原理式（4-7），图 4-7 中与各带电体相伴存电场在场点 P 的场强等于带电体上所有电荷元在点 P 电场强度的矢量积分。将图 4-7 中三种情况的积分公式统一表示为

$$\boldsymbol{E} = \int \mathrm{d}\boldsymbol{E} = \int \frac{\mathrm{d}q}{4\pi\varepsilon_0 r^2}\boldsymbol{e}_r \tag{4-9}$$

由于**计算与连续分布电荷相伴存电场的基本思路是求积分**（即元分析法），在数学计算过程中面对图 4-7 中的带电线、带电面、带电体（图中 λ、σ、ρ 分别表示电荷密度），如何计算式（4-9）所示的矢量积分？这涉及一些计算技巧，下面通过例题详细了解矢量积分方法。

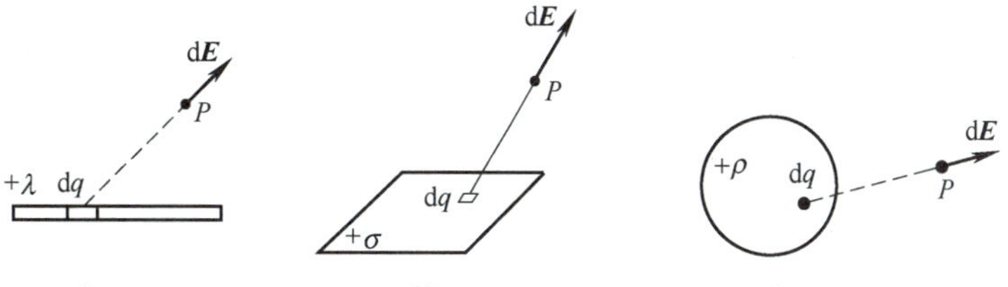

图　4-7

【例 4-1】　如图 4-8 所示，已知均匀带电直导线长为 L，总电量为 q，P 到导线的距离为 r_0，求点 P 的电场强度。

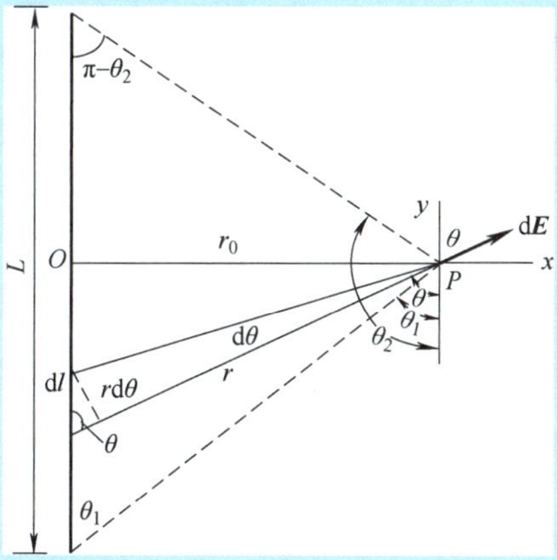

图　4-8

例 4-1 均匀带电直线外一点电场强度

【分析与解答】　设想将图中直导线 L 分为 N 段带电线元，取其中任一线元并以 $\mathrm{d}l$ 表示，其所带电量 $\mathrm{d}q=\lambda\mathrm{d}l$，其中 $\lambda=q/L$ 为电荷线密度，将式（4-9）中被积表达式写成点电荷公式

$$\mathrm{d}\boldsymbol{E}=\frac{1}{4\pi\varepsilon_0}\frac{\lambda\mathrm{d}l}{r^2}\boldsymbol{e}_r \tag{4-10}$$

对式（4-10）做矢量积分并提出常数项，可得

$$\boldsymbol{E}=\frac{\lambda}{4\pi\varepsilon_0}\int\frac{\mathrm{d}l}{r^2}\boldsymbol{e}_r \tag{4-11}$$

此即点 P 的电场强度。

为计算式（4-11）的矢量积分，在图 4-8 中点 P 处取平面直角坐标系，并将电场强度 $\mathrm{d}\boldsymbol{E}$ 分别投影到 x 轴和 y 轴，即

$$\mathrm{d}E_x=\mathrm{d}E\sin\theta=\frac{\lambda}{4\pi\varepsilon_0}\frac{\mathrm{d}l\sin\theta}{r^2} \tag{4-12}$$

$$\mathrm{d}E_y=\mathrm{d}E\cos\theta=\frac{\lambda}{4\pi\varepsilon_0}\frac{\mathrm{d}l\cos\theta}{r^2} \tag{4-13}$$

对式（4-11）的积分变换成对以上两分量式的积分，而作为被积表达式的式（4-12）、式（4-13）中均含有 l、r、θ 三个积分变量，且三者满足的几何关系如图 4-8 所示：$r=r_0/\sin\theta$，$r\mathrm{d}\theta=\mathrm{d}l\sin\theta$（因角度微元 $\mathrm{d}\theta$ 很小，弧长近似取为弦长），则式（4-12）、式（4-13）可改写为

$$\mathrm{d}E_x=\frac{\lambda}{4\pi\varepsilon_0}\frac{\sin\theta}{r_0}\mathrm{d}\theta \tag{4-14}$$

$$\mathrm{d}E_y=\frac{\lambda}{4\pi\varepsilon_0}\frac{\cos\theta}{r_0}\mathrm{d}\theta \tag{4-15}$$

为完成以上两式积分，按图 4-8 选取积分限时取 θ 由小到大的顺序：

$$E_x=\int\mathrm{d}E_x=\int_{\theta_1}^{\theta_2}\frac{\lambda}{4\pi\varepsilon_0 r_0}\sin\theta\mathrm{d}\theta=\frac{\lambda}{4\pi\varepsilon_0 r_0}(\cos\theta_1-\cos\theta_2) \tag{4-16}$$

$$E_y=\int\mathrm{d}E_y=\int_{\theta_1}^{\theta_2}\frac{\lambda}{4\pi\varepsilon_0 r_0}\cos\theta\mathrm{d}\theta=\frac{\lambda}{4\pi\varepsilon_0 r_0}(\sin\theta_2-\sin\theta_1) \tag{4-17}$$

根据以上两式，点 P 电场强度的数值可由下式计算：

$$E=\sqrt{E_x^2+E_y^2}$$

点 P 处 $\boldsymbol{E}$ 的方向可由 E_x 或 E_y 与 E 之比的余弦函数决定。以上计算过程既是矢量分析方法，也是元分析法（详见第五节）的基本步骤。

由以上结果还可得到几点有用的推论：

1）如果 P 点非常靠近直导线，即 $r_0\ll L$，此时对应有 $\theta_1\to 0$，$\theta_2\to\pi$，相当于直导线可视为无限长，将它们代入 E_x 与 E_y 计算公式，可得

练习 54

$$E_x=\frac{1}{2\pi\varepsilon_0}\frac{\lambda}{r_0},\quad E_y=0 \tag{4-18}$$

此结果表示无限长带电直导线外任意一点电场的方向只有与导线垂直的分量，其大小与场点到直导线的距离 r_0 成反比。此结果可作为无限长带电直导线的电场公式使用。

2）与 $r_0\ll L$ 不同，如果 $r_0\to 0$ 则有两种情形：一是点 P 无限趋近于带电直导线，二是点 P 处于带电直导线延长线上。这两种情形能否直接应用本例所得的结果式（4-16）及式（4-17）计算场强？答案显然是否定的，第一种情形中得到无限大的电场强度是没有物理意义的；第二种情形得不到确定的结果。

3）对于一有限长均匀带电直导线，如果只讨论直线中垂线上的点 P 场强大小，当 $r_0\gg L$ 时，根据式（4-16）可证明

练习 55

$$E\approx\frac{\lambda l}{4\pi\varepsilon_0 r_0^2}=\frac{q}{4\pi\varepsilon_0 r_0^2}$$

式中，$q=\lambda L$ 为带电直导线所带电量。此结果意味着在直导线中垂面上离带电直导线足够远处的场点的电场相当于一个点电荷的电场，这也说明点电荷模型具有相对性。

类似的元分析方法还可用于求均匀带电圆环轴线上一点、均匀带电圆板轴线上一点、均

匀带电球壳外一点、均匀带电球体内外一点、无限大带电平面外一点等电场强度。接下来以均匀带电圆环轴线上电场强度为例进行分析。

【例 4-2】 如图 4-9 所示，设均匀带电圆环半径为 R，电量为 q，计算圆环轴线上到环心距离为 x 的点 P 处的电场强度。

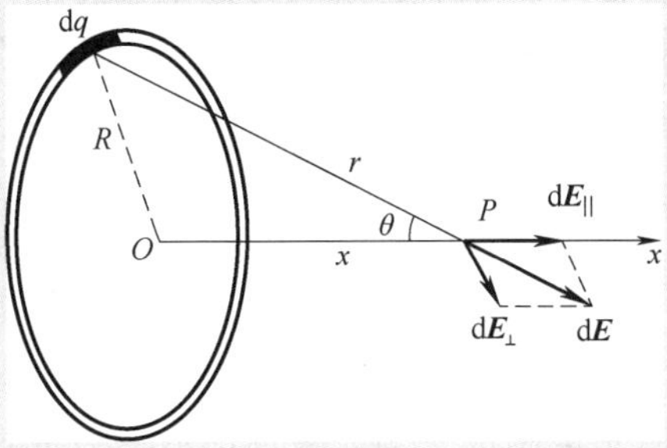

图 4-9

例 4-2 带电圆环轴线上一点的电场强度

【分析与解答】 本题采用元分析法。将均匀带电圆环分割成很多电荷元，任一电荷元所带电量 $\mathrm{d}q=(q/2\pi R)\ \mathrm{d}l$。点 P 到电荷元 $\mathrm{d}q$ 的距离为 r，则 $\mathrm{d}q$ 在 P 点产生元电场 $\mathrm{d}\boldsymbol{E}$ 的大小为

$$\mathrm{d}E=\frac{1}{4\pi\varepsilon_0}\frac{\mathrm{d}q}{r^2} \tag{4-19}$$

其方向如图 4-9 所示。取轴线为 x 轴，在 P 点将 $\mathrm{d}\boldsymbol{E}$ 分解为平行于 x 轴的分量 $\mathrm{d}\boldsymbol{E}_{\parallel}$ 和垂直于 x 轴的分量 $\mathrm{d}\boldsymbol{E}_{\perp}$。因圆环所带电荷关于 x 轴对称，则环上任意直径与环相交处的两电荷元在垂直于 x 轴方向元场强分量 $\mathrm{d}\boldsymbol{E}_{\perp}$ 相互抵消，因此垂直于 x 轴方向上所有分量之和 $\boldsymbol{E}_{\perp}=\mathbf{0}$。$P$ 点的合场强可由平行 x 轴分量 $\mathrm{d}\boldsymbol{E}_{\parallel}$ 的积分确定

$$E=\int\mathrm{d}E_{\parallel}=\int\mathrm{d}E\cos\theta=\int\frac{1}{4\pi\varepsilon_0}\frac{\mathrm{d}q}{r^2}\cos\theta \tag{4-20}$$

式中积分遍及整个圆环，θ 为 $\mathrm{d}\boldsymbol{E}$ 和 x 轴的夹角。环上各点到 P 点的距离相同，因此 θ 的大小不变且满足 $\cos\theta=x/r$，所以式（4-20）积分为

$$E=\frac{1}{4\pi\varepsilon_0}\frac{x}{r^3}\int\mathrm{d}q=\frac{q}{4\pi\varepsilon_0}\frac{x}{r^3} \tag{4-21}$$

由图 4-9 可知 $r^2=R^2+x^2$，式（4-21）可改写为

$$E=\frac{1}{4\pi\varepsilon_0}\frac{qx}{(R^2+x^2)^{3/2}} \tag{4-22}$$

当 $x\gg R$ 时 $(R^2+x^2)^{3/2}\approx x^3$，此时场强可简化为 $E=\dfrac{1}{4\pi\varepsilon_0}\dfrac{q}{x^2}$，即在研究远离圆环处的电场时仍可将带电圆环当作一个点电荷看待；当 $x=0$ 时 $E=0$，即环心的电场强度为零（也可根据带电体的对称性得到）。

值得一提的是，静电学中的“点电荷”“无限大平面”“无限长直线”等概念都只有相对的意义；无论带电体的大小及形状如何，只要场点到带电体的距离远大于带电体本身的线度均可将带电体视为“点电荷”。反之，如果场点到带电体的距离足够近，则均可视带电体为“无限大”或“无限长”。

除上述实例中提炼的求电场强度的过程外，如果遇到电荷分布具有某种对称性，还可以采用对称性分析方法加以简化。根据对称性，式（4-18）、式（4-20）中场强某一分量值为零，只需求出另一分量即可，可省略去一些不必要的计算。

六、应用拓展——静电复印

静电复印机是利用静电感应原理来快速获得文档复印件的常用办公设备，其最重要部件是硒鼓（也叫感光鼓），硒鼓基体一般由铝元素制成，硒鼓表面涂有具有光敏特性硒元素，硒在黑暗下是绝缘体而在光照下是导体。利用静电正负电荷能互相吸引的原理，在复印时先将光敏材料进行充电，曝光时文档影像会使带静电光敏材料表面电荷发生局域改变而形成静电潜影，在成像区通过吸附带异号电荷的碳粉后将转变成可见影像到复印纸上，通过加热将碳粉牢牢地“固定”在复印纸上。在完成一次复印后，还要对硒鼓所带电荷进行消除，进而继续进行下一次复印。

第三节 高斯定理

上一节已经给出静电场可用空间矢量点函数 $\boldsymbol{E}(\boldsymbol{r})$，即电场强度进行描述，本节和下节将类比第三章第三节欧拉法来揭示静电场的性质。

一、电场线

在高中物理中已介绍过电场线（又称电力线），在第三章第三节中曾采用与其类似的流线描述过流场（历史上，流线概念先于电场线提出）。如同流线的作用一样，电场线也可用来形象地描绘电场分布；虽然电场线和流线均并非实际存在，但该假想的曲线却可作为形象地定性了解电场分布的工具与手段。图4-10描绘出了三类电场线：图4-10a是孤立正点电荷的电场线分布，它是以正电荷为中心、沿半径方向向外辐射的射线；图4-10b是两点电荷的电场线分布；图4-10c是带电面电荷（$q>0$）的电场线分布。电场分布也可以用实验方法模拟，例如在盘子里倒上蓖麻油并撒一些草籽，再放上两个导体小球作为电极。当电极带电后，原来杂乱无章的草籽在电场中按一定规律排列起来（见图4-11）。实验中草籽的排列与图4-10b中两点电荷的电场线（旋转90°）图像十分相似。

人们从静电场的电场线分布图，归纳出其三个基本特征：

1）静电场线起自正电荷，终止于负电荷，或从无穷远处来，或延伸到无穷远处去，不能在没有电荷的地方中断。

2）在静电场中，电场线不会形成闭合曲线。

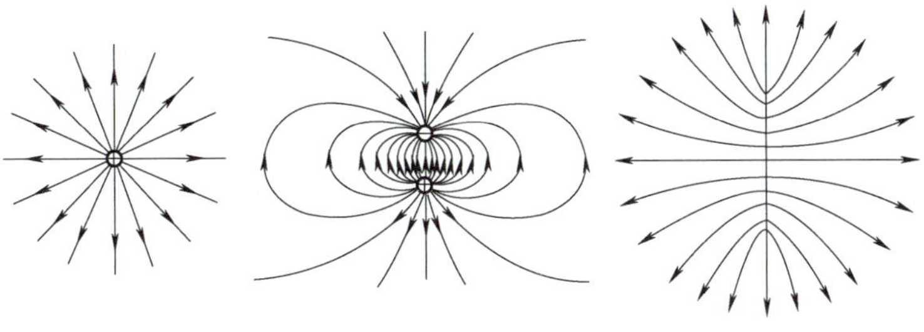

图　4-10

3）任何两条静电场线不会在没有电荷的地方相交。

以上1)、2）两点从几何上描述了静电场的基本性质，将是本节及下节重点介绍的内容；性质3）表明电场中各场点的电场强度只有一个方向。

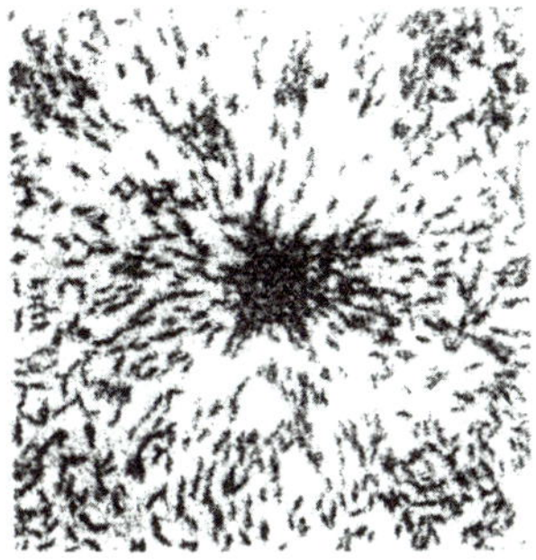

图　4-11

电场线图具有实用价值，例如工程上利用模拟实验给出高压电器设备附近的电场线图，通过电场线图直观、形象地了解设备周围电场强度的总体分布情况以消除安全隐患，此方法可避免从数学上给出带电系统周围电场强度解析表达式的困难。电场线作为定性描述电场强度的模拟曲线，其画法上可疏可密；然而电场在空间中是连续分布的，要注意避免在区分电场线图疏密时可能造成电场是离散分布的错觉。虽然在电场中一个正电荷所受的力和通过该点的电场线方向相同，但在一般情况下电场线并不代表该正电荷在场中运动的轨迹。

二、电通量

磁通量作为描述磁场性质的一个物理量，其概念在中学物理中已经涉及过；同样，在描述电场性质时也需要引入电通量的概念。如何引入呢？与第三章第三节中流量是流场的通量并以式（3-52）中的 φ 表示相类似，麦克斯韦通过类比方法将流场流量的数学描述方法移植到对静电场的描述中来。不过与流场不同，在静电场中并没有实物在流动。

我们从电场线切入，电场线不仅要定性反映电场方向及强弱分布，物理学对所画电场线的数量还约定了一条原则。以图4-12a为例，该原则要求：设电场中某点的电场强度为 $\boldsymbol{E}$，过该点作一垂直于电场强度方向的面元 $\mathrm{d}S_{\perp}$ 且面元上各点均为局域匀强电场，则穿过 $\mathrm{d}S_{\perp}$ 的 $\mathrm{d}N$ 根电场线满足条件

练习 56

$$\frac{\mathrm{d}N}{\mathrm{d}S_{\perp}}=E \tag{4-23}$$

式中等号左侧被称为电场线密度，且是标量，等号右侧是场强的大小，则穿过 $\mathrm{d}S_{\perp}$ 的电场线根数 $\mathrm{d}N=E\mathrm{d}S_{\perp}$。对于一般情况（见图4-12b），所取面元 $\mathrm{d}S$ 并不与电场强度 $\boldsymbol{E}$ 垂直（夹角为 θ），则穿过面元 $\mathrm{d}S$ 的电场线根数为

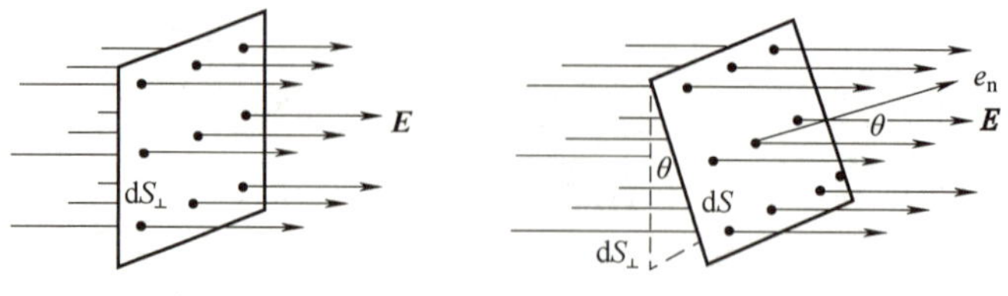

图　4-12

练习 57

$$\mathrm{d}N = E\mathrm{d}S\cos\theta = E\mathrm{d}S_{\perp} \tag{4-24}$$

即穿过 $\mathrm{d}S_{\perp}$ 和 $\mathrm{d}S$ 的电场线根数相等。

参照第三章第三节中计算流场中流量的方法，在式（3-47）中引入面元矢量 $\Delta \boldsymbol{S}$ 并将流量 ΔQ 改写为式（3-48）的做法，在式（4-24）中引入

$$\mathrm{d}\boldsymbol{S} = \mathrm{d}S\boldsymbol{e}_{\mathrm{n}}$$

并将式（4-24）改写为点积形式

$$\mathrm{d}N = \boldsymbol{E}\cdot\mathrm{d}\boldsymbol{S} \tag{4-25}$$

类比流体的流量式（3-49），将式（4-25）表示为静电场 $\boldsymbol{E}$ 通过面元 $\mathrm{d}S$ 的元电通量，记作 $\mathrm{d}\Psi_{\mathrm{e}}$，即

$$\mathrm{d}\Psi_{\mathrm{e}} = \boldsymbol{E}\cdot\mathrm{d}\boldsymbol{S} \tag{4-26}$$

式（4-26）虽然在数值上等于穿过面元 $\mathrm{d}S$ 的电场线根数 $\mathrm{d}N$，但由于已规定使用场强的数值表示电场线密度，则 $\mathrm{d}\Psi_{\mathrm{e}}$ 已不再是假想的概念，而是可测量、可计算的物理量。

如图 4-13 所示，在非均匀电场中任取一个有限大曲面 S，曲面上各点的电场强度大小和方向逐点变化。如何计算通过该面的电通量呢？采用元分析法，将曲面分割成很多足够小的面元 $\mathrm{d}S$，使面元范围内电场均为匀强电场，则 $\mathrm{d}S$ 可按平面处理。因通过每一个面元的元电通量 $\mathrm{d}\Psi_{\mathrm{e}}$ 按式（4-26）计算，则通过 S 面的电通量可用积分表示为

$$\Psi_{\mathrm{e}} = \int_{(S)}\mathrm{d}\Psi_{\mathrm{e}} = \int_{(S)}\boldsymbol{E}\cdot\mathrm{d}\boldsymbol{S} \tag{4-27}$$

将推导式（4-27）的方法与推导第三章式（3-50）的方法进行类比很有借鉴意义。式（4-27）中被积函数 $\boldsymbol{E}$ 是曲面上各点的电场强度，其代表电场在空间曲面 $\boldsymbol{S}$ 上的分布；面元矢量 $\mathrm{d}\boldsymbol{S}=\mathrm{d}S\boldsymbol{e}_{\mathrm{n}}$ 在曲面 S 上可有两种不同的 $\boldsymbol{e}_{\mathrm{n}}$ 指向，但由于面元方向相对 $\boldsymbol{E}$ 的方向不同（正、反）并不影响 $\mathrm{d}\Psi_{\mathrm{e}}$ 的大小，所以 $\boldsymbol{e}_{\mathrm{n}}$ 正方向的选取具有随意性。计算时要求同一曲面上的各个相邻面元的正方向具有一致性而不能忽左忽右，即随着曲面的弯曲 $\boldsymbol{e}_{\mathrm{n}}$ 只能连续转向而不能随意将某个面元单独选为相反的方向。

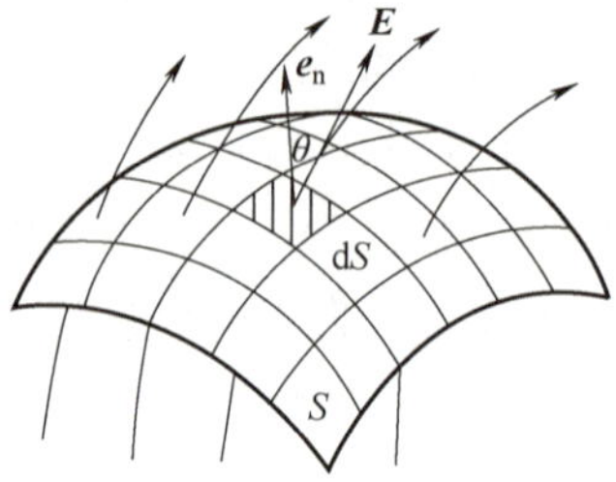

图　4-13

若在电场中取一闭合曲面 S，如何计算通过闭合曲面 S 的电通量呢？类比流体力学中式（3-53）使用的方法，通过闭合曲面 S 的电通量为

$$\Psi_e = \oint_{(S)} \boldsymbol{E} \cdot \mathrm{d}\boldsymbol{S} \tag{4-28}$$

与式（3-53）相类似，式（4-28）中运算符号 $\oint_{(S)}$ 表示积分在闭合曲面 S 上进行。因此，在计算式（4-28）积分时，采用与图 3-31 相同的处理方法：如果电场线由外向里穿进曲面 S，电通量取负，即电通量“流入”闭合面的内空间；反之，如果电场线由内空间向外穿出曲面 S，电通量取正，即电通量由闭合面“流出”。为什么要计算通过闭合曲面的电通量呢？这是接下来讨论静电场高斯定理的基础。

三、高斯定理的内容

1839 年，德国物理学家和数学家高斯经过缜密运算，证明了通过电场中包围场源电荷闭合曲面的电通量与场源电荷电量之间存在定量关系，这一关系被称为高斯定理。利用闭合曲面电通量公式、库仑定律和电场强度叠加原理可导出这一定理。本节采用从特殊（闭合面）到一般（闭合面）的方法，分几种情况逐一展开讨论。

高斯定理的引入 1

高斯定理的引入 2

1）首先讨论最特殊的闭合面情形，即球面。在图 4-14 中设一电量为 q 的正电荷静止于 O 点，现在作以 O 点为球心、r 为半径的球面 S_1 且包围 q，根据式（4-6）可知，与点电荷 q 相伴存电场中任意一点的电场强度为

$$\boldsymbol{E} = \frac{1}{4\pi\varepsilon_0}\frac{q}{r^2}\boldsymbol{e}_r$$

如果该任意点取在球面 S_1 上，则计算电通量时电场强度 $\boldsymbol{E}$ 和面元 $\mathrm{d}\boldsymbol{S}$ 的方向都沿径向，将此条件代入式（4-28）中，将 $\boldsymbol{E}$ 和面元 $\mathrm{d}\boldsymbol{S}$ 点乘并将常数项提出积分号可得

练习 58

$$\begin{aligned}\Psi_e &= \oint_{(S_1)} \boldsymbol{E} \cdot \mathrm{d}\boldsymbol{S} = \oint_{(S_1)} \frac{1}{4\pi\varepsilon_0}\frac{q}{r^2}\mathrm{d}S = \frac{1}{4\pi\varepsilon_0}\frac{q}{r^2}\oint_{(S_1)}\mathrm{d}S \\ &= \frac{1}{4\pi\varepsilon_0}\frac{q}{r^2} \cdot 4\pi r^2 = \frac{q}{\varepsilon_0}\end{aligned} \tag{4-29}$$

式（4-29）表明：通过球面的 Ψ_e 只取决于球面包围的电荷 q 与 ε_0，而与所取球面半径 r 的大小无关。式（4-29）用积分方法表述了电场线无一遗漏地从大小不同的同心球面内穿出（或穿入），反映了电场线不会在没有电荷的地方中断的性质 1）。式（4-29）即为球面的高斯定理，其从更深层次反映出空间分布的静电场离不开场源电荷。

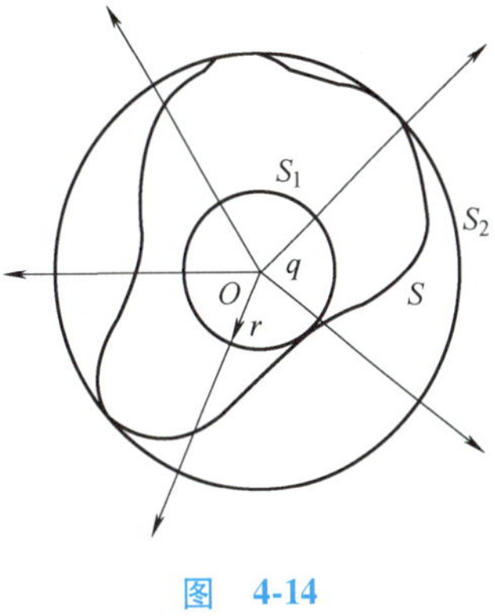

图　4-14

2）如果包围点电荷 q 的是任意形状的闭合曲面（仍以图 4-14 为例），图中 S 是包围点电荷 q 的任意形状的闭合曲面。利用式（4-29）计算通过 S 面的电通量的简单方法是：设想以 q 所在点 O 为球心，再作一个大的同心球面 S_2 包围曲

面 S 和 S_1，如图4-14所示 S_1 在闭合曲面 S 内，S_2 在闭合曲面 S 外。由于电场线不会在没有电荷的地方中断，穿过三个闭合曲面 S_1、S 与 S_2 的电场线是相同的。因此，通过包围点电荷 q 的任意闭合曲面 S 的电通量（不论 q 在闭合面内何处，也不论闭合面 S 形状如何）都等于 q/ε_0。

3）类比图3-31的情形，此时任意闭合曲面不包围点电荷，如图4-15所示。点电荷 $+q$ 处于闭合曲面 S 之外，用式（4-28）计算通过 S 面的 Ψ_e 时，图4-15中所有由左侧进入 S 面的电通量为负，所有从右侧穿出 S 面的电通量为正，总的结果为穿过闭合面 S 的净电通量为零，并可用公式表示为

$$\Psi_e = \oint_{(S)} \boldsymbol{E} \cdot d\boldsymbol{S} = 0 \tag{4-30}$$

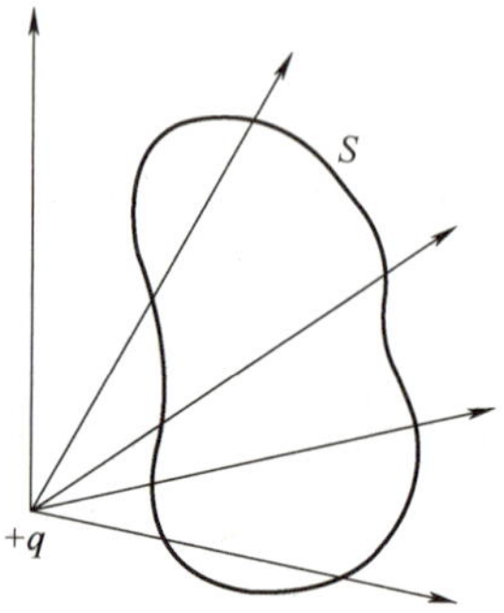

图　4-15

4）如果闭合曲面包围多个点电荷 $q_1, q_2, \cdots, q_n$，闭合曲面外有电荷 $q_{n+1}, \cdots, q_N$。根据电场强度叠加原理式（4-7），空间一点的电场强度等于不同点电荷伴存电场强度的叠加。设想在闭合曲面上任取一面元 dS，则 dS 处的电场强度等于闭合曲面 S 内外各个点电荷 $q_1, q_2, \cdots, q_n, q_{n+1}, \cdots, q_N$ 在该处产生电场强度的矢量和，即

$$\boldsymbol{E} = \boldsymbol{E}_1 + \boldsymbol{E}_2 + \cdots + \boldsymbol{E}_n + \boldsymbol{E}_{n+1} \cdots + \boldsymbol{E}_N$$

将上式中 $\boldsymbol{E}$ 代入式（4-29）和式（4-30），通过闭合曲面 S 的电通量为

$$\begin{aligned}\Psi_e &= \oint_{(S)} \boldsymbol{E} \cdot d\boldsymbol{S} = \oint_{(S)} (\boldsymbol{E}_1 + \boldsymbol{E}_2 + \cdots + \boldsymbol{E}_n + \boldsymbol{E}_{n+1} + \cdots + \boldsymbol{E}_N) \cdot d\boldsymbol{S} \\ &= \oint_{(S)} \boldsymbol{E}_1 \cdot d\boldsymbol{S} + \oint_{(S)} \boldsymbol{E}_2 \cdot d\boldsymbol{S} + \cdots + \oint_{(S)} \boldsymbol{E}_n \cdot d\boldsymbol{S} + \oint_{(S)} \boldsymbol{E}_{n+1} \cdot d\boldsymbol{S} + \cdots + \oint_{(S)} \boldsymbol{E}_N \cdot d\boldsymbol{S} \\ &= \Psi_1 + \Psi_2 + \cdots + \Psi_n + \Psi_{n+1} + \cdots + \Psi_N \\ &= \frac{1}{\varepsilon_0}\sum_{i=1}^{n} q_i + \sum_{i=n+1}^{N} 0 = \frac{1}{\varepsilon_0}\sum_{i=1}^{n} q_i\end{aligned} \tag{4-31}$$

式（4-31）即为高斯定理一般表达式，符号 $\sum\limits_{i=1}^{n}$ 表示只需对被闭合曲面 S 所包围的点电荷求代数和，而与 S 面外的点电荷无关。

归纳以上由几种情况，高斯定理可表述为：在真空中，通过静电场中任一形状闭合曲面的电通量数值上等于该闭合曲面所包围电荷代数和的 $1/\varepsilon_0$ 倍，与闭合曲面内电荷分布无关，也与闭合曲面外电荷无关。高斯定理对任意闭合曲面都成立，但为计算方便在应用高斯定理时离不开选取合适的包围电荷的闭合曲面，即所谓高斯面。高斯面是人为选择的，具有一定的任意性，但高斯面上不能包含即使是无穷小量的电荷，否则无法计算 Ψ_e 或 q_i。

四、高斯定理的物理意义

1. 静电场是有源场，电荷是静电场的源

根据高斯定理式（4-31），如果闭合曲面包围正电荷 $\sum\limits_i q_i$，一定会有数量为 $\sum\limits_i q_i/\varepsilon_0$

的电通量穿出闭合曲面；同理，若闭合曲面包围负电荷 $\sum_i q_i$，则一定会有数量为 $\sum_i q_i/\varepsilon_0$ 的电通量进入闭合曲面。由电场线的特征可知，在没有电荷的区域电场线是不会中断的，电通量（电场线根数）与场源电荷的积分关系式（4-31）表示静电场是有源场性质的本质描述，而场源就是电荷。作为对比，磁场不具备这一特征（详见第五章）。

2. 高斯定理涉及的电通量是总电场强度的通量

式（4-31）表示通过任意一个闭合曲面的电通量仅与闭合曲面内电荷 $\sum_i q_i$ 有关，而与曲面外电荷的多少及其分布无关。根据电场强度叠加原理式（4-7），闭合曲面上任意面元 d$\boldsymbol{S}$ 的电场强度等于闭合曲面内外空间所有电荷 q_N 电场强度的矢量和，并非只由闭合曲面内电荷 $\sum_i q_i$ 所决定。由此可推理：若高斯面内没有电荷，则通过高斯面的电通量为零，但此时高斯面上的电场强度不一定处处为零；而若高斯面上的电场强度处处为零，则高斯面内必定不包围净电荷（“净”是指电荷代数和不为 0）。

***3. 高斯定理与库仑定律**

高斯定理和库仑定律都是静电场的基本定律。本节利用库仑定律和电场强度叠加原理计算通过闭合面的电通量并导出了高斯定理。某种意义上说，静电场的高斯定理源于库仑定律的平方反比规律，所以库仑定律和高斯定理之间并不互相独立。若库仑定律形式为 $F\propto 1/r^{2+\alpha}$，则在点电荷 q 的电场中作一个以 q 所在位置为球心、r 为半径的球面 S，根据式（4-29），通过高斯面 S 的电通量为

$$\Psi_{\mathrm{e}}=\oint_{(S)}\boldsymbol{E}\cdot\mathrm{d}\boldsymbol{S}=\oint_{(S)}\frac{q\mathrm{d}S}{4\pi\varepsilon_0 r^{2+\alpha}}=\frac{q}{\varepsilon_0 r^{\alpha}}$$

此式与高斯定理不同，电通量 Ψ_{e} 将随 r 的变化而变化。若 $\alpha>0$，当 $r\to\infty$ 时 $\Psi_{\mathrm{e}}(\infty)\to 0$，显然高斯定理不再成立。既然如此，如果先于库仑定律引入电场强度概念，原则上也可将高斯定理作为基本定律，结合空间均匀且各向同性反推出库仑定律。

然而库仑定律与高斯定理两者在物理学中地位并不相同：库仑定律只适用于静电场；而高斯定理将电通量与某一区域内的电荷联系起来，电通量并不要求电场具有对称性。不仅如此，高斯定理式（4-31）等号右端只有 ε_0 与 q，且没有限制 q 是静止还是运动，所以高斯定理不仅适用于静电场还适用于运动电荷的电场和涡旋电场，比库仑定律适用范围更广、更基本（详见第六章）。本节中高斯定理虽然以静电场这一特殊情况说明问题，却反映了一般电场的普遍规律性。

五、高斯定理的应用

如何由已知电荷分布计算电场是静电学基本任务之一。虽然高斯定理式（4-31）明确了电通量与电荷之间的关系，但在一般情况下，即使电荷分布 $\sum_i q_i$ 给定，但利用式（4-31）只能求出通过某一闭合曲面的电通量 Ψ_{e}，并不能用来计算高斯面上各点的电场强度（即式（4-31）中的被积函数 $\boldsymbol{E}$）。然而，如果电荷分布具有某种对称性，则相应电场分布也具有对称性，利用电荷分布对称性，可通过高斯定理来计算电场强度。

【例 4-3】 图 4-16 是一无限长均匀带电直线，所带电荷的线密度 λ 为 $4.2\text{nC}\cdot\text{m}^{-1}$，求距直线 0.50m 处点 P 的电场强度。

【分析与解答】 首先分析电场线分布特征。在图 4-16 上画电场线（如图中 $\boldsymbol{E}$）时发现过各点的电场线方向唯一地垂直于带电直线（沿径向）才是合理的。在求点 P 场强 $\boldsymbol{E}$ 时利用场强与高斯面垂直或平行等几何关系可简化计算，故图 4-16 的对称性图像为求点 P 场强提供了作高斯面 S 的方法。

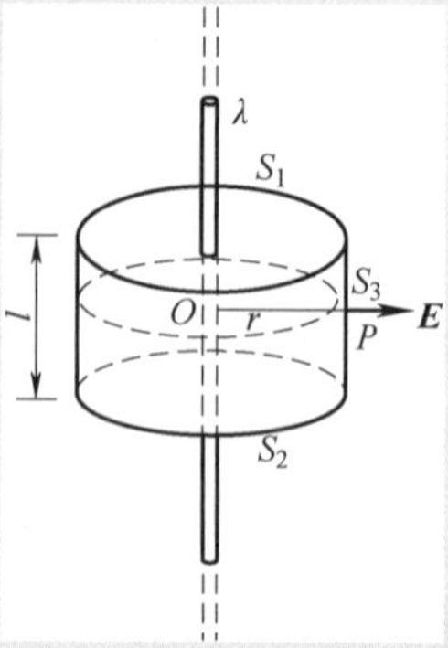

图 4-16

利用图 4-16 的对称性，过点 P 作一以带电直线为轴、上下底面与轴垂直、高为 l 的圆柱形闭合曲面为高斯面 S，则通过圆柱面 S 的电通量分为三部分，即

$$\Psi_e = \oint_{(S)} \boldsymbol{E}\cdot \mathrm{d}\boldsymbol{S}$$

$$= \oint_{(S_1)} \boldsymbol{E}\cdot \mathrm{d}\boldsymbol{S} + \oint_{(S_2)} \boldsymbol{E}\cdot \mathrm{d}\boldsymbol{S} + \oint_{(S_3)} \boldsymbol{E}\cdot \mathrm{d}\boldsymbol{S}$$

在图 4-16 中，由于无限长均匀带电直线周围电场线与横截面（S 面的上、下底面，即 S_1 和 S_2）的方向垂直，因此上式等号右侧前两项积分等于零（$\boldsymbol{E}\perp \mathrm{d}\boldsymbol{S}$）；而在侧面 S_3 上各点场强的方向与各点的法线方向平行（$\boldsymbol{E}\parallel \mathrm{d}\boldsymbol{S}$）且大小相等，所以

$$\oint_{(S)} \boldsymbol{E}\cdot \mathrm{d}\boldsymbol{S} = \oint_{(S_3)} \boldsymbol{E}\cdot \mathrm{d}\boldsymbol{S} = \oint_{(S_3)} E\mathrm{d}S = E\oint_{(S_3)} \mathrm{d}S = E\cdot 2\pi r l$$

此封闭面内所包围的电荷为 $\sum q_i = \lambda l$，代入高斯定理式（4-31）可求得电场强度 $\boldsymbol{E}$ 大小为

$$E = \frac{\lambda}{2\pi\varepsilon_0 r}$$

此式已在例 4-1 中得到，对比之下利用高斯定理计算要简便得多。将题中数据代入上式，带电直线周围 0.50m 处点 P 电场强度的大小为

$$E = \frac{\lambda}{2\pi\varepsilon_0 r} = \frac{4.2\times 10^{-9}}{2\pi\times 8.85\times 10^{-12}\times 0.50}\text{N}\cdot\text{C}^{-1} = 1.5\times 10^2\text{N}\cdot\text{C}^{-1}$$

本例的重要价值在于当电荷分布与电场分布满足某种对称性时，只需用高斯定理就可简便地计算出电场强度。将本例的求解思路和方法推广到其他问题时需要注意以下几点：

1）根据电荷分布画电场线并观察其对称性，据此在电场中选取相应的高斯面（高斯定理并不限制高斯面形状）并判断：

① 所选高斯面上各点电场强度的大小是否相等。

② 所选高斯面上各点电场强度的方向与该点处 d$\boldsymbol{S}$ 方向是否平行或垂直。

对于满足条件①，且电场方向与 d$\boldsymbol{S}$ 平行的高斯面，则可将式（4-31）中积分化简为 $\oint E\mathrm{d}S$，同时被积函数 E 可提出积分号；对于电场与 d$\boldsymbol{S}$ 垂直的高斯面，其电通量为 0。

③ 高斯面的形状按对称性一般选取圆柱面或球面。

2）高斯面的具体取法，由电场线的对称性决定：

① 轴对称性：无限长均匀带电圆柱体或无限长均匀带电同轴圆柱面，其电场线具有轴对称性，宜取圆柱面作高斯面。

② 球对称性：均匀带电球面、均匀带电球体或均匀带电同心球壳，其电场线具有球对称性，宜取球面作高斯面。

③ 面对称性：均匀带电无限大平面或均匀带电无限大薄平板，其电场线具有面对称性，宜取圆柱面作高斯面。

按以上求解思路和方法求解平行板电容器中电场强度为

练习 59

$$E=\frac{\sigma}{\varepsilon_0} \tag{4-32}$$

式中，σ 为极板带电面电荷密度，E 为匀强电场（见图 4-17）。

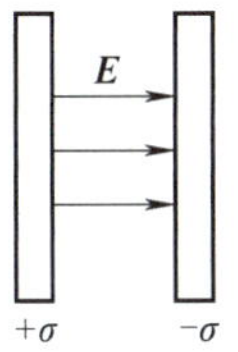

图　4-17

一般情况根据上述对称性选取高斯面能很好地求解问题；然而某些具有对称性的带电体不一定能用高斯定理求电场强度，如均匀带电圆环（见【例 4-2】）电荷分布关于圆心对称，但画不出一特殊闭合高斯面，所以不能用高斯定理求其电场强度。

第四节　静电场的环路定理　电势

高斯定理的重要物理意义在于它以积分形式确定静电场是有源场。但上一节也曾指出，如果不附加电场分布对称性这一限制条件，仅用高斯定理并不能唯一地确定静电场各点场强的大小及方向。除有源性（对应电场线特征 1）外，电场还具有无旋性（对应电场线特征 2）。本节将介绍静电场的环路定理，其作为描述静电场性质的另一个基本定理，与高斯定理“联立”可完整地描述静电场。

一、静电场是保守力场

静电场是保守力场

在第二章中指出：保守力（如弹力、重力）对质点做功只与质点的起始和终止位置有关，而与质点所经路径无关，并由式（2-25）引入保守力场及势能的概念。根据电场线性质可知，一个静止点电荷电场的电场线不是呈辐射形状（正电荷）就是呈汇聚形状（负电荷）。本节将证明，具有这一特征静电力是保守力，相应的静电场是保守力场。作为对比，图 4-18 画出了某时刻一个向右做匀速运动的点电荷的电场线图，此电场线对应的电场不是保守力场。为什么？

如何证明静电场是保守力场呢？与上一节思路相同，现在从库仑定律和电场强度叠加原理出发讨论由图 4-19 所示在静止点电荷 q 的电场中一个试探电荷 q_0 在电场力作用下移动并做功的情形。

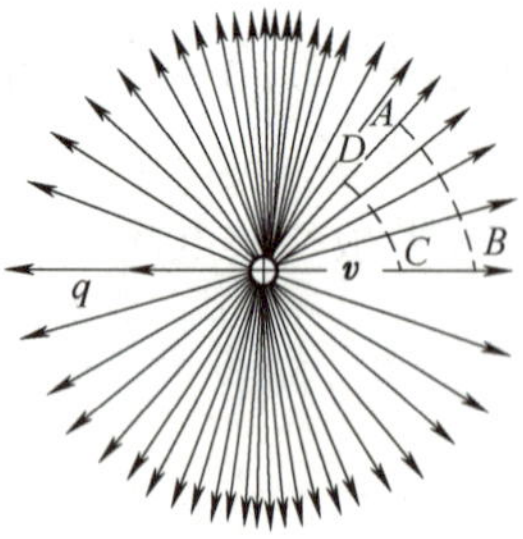

图　4-18

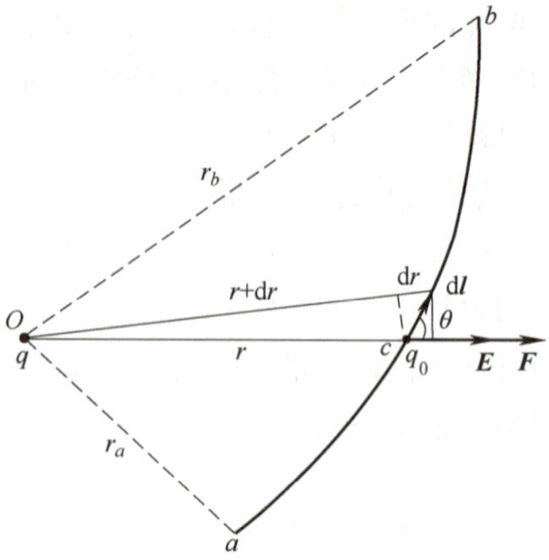

图　4-19

按近距作用观点，静电场对运动电荷的作用力与电荷的运动速度无关，即

$$\boldsymbol{F}=q_0\boldsymbol{E} \tag{4-33}$$

在图 4-19 中，设试探电荷 q_0沿曲线 ab 运动中，在 c 点受电场力 $\boldsymbol{F}$ 作用时元位移为 $\mathrm{d}\boldsymbol{l}$，因 $\mathrm{d}\boldsymbol{l}$ 很小可近似视为曲线 ab 上的线元矢量（曲线上一段有向线元），且在 q_0做元位移 $\mathrm{d}\boldsymbol{l}$ 的过程中电场强度 $\boldsymbol{E}$ 不变。根据式（1-38），$\boldsymbol{F}$ 所做的元功为

$$\mathrm{d}A=q_0\boldsymbol{E}\cdot\mathrm{d}\boldsymbol{l}=q_0E\mathrm{d}l\cos\theta$$

式中，θ 角是图中 $\boldsymbol{E}$ 和 $\mathrm{d}\boldsymbol{l}$ 之间的夹角；$\mathrm{d}l\cos\theta$ 为 $\mathrm{d}\boldsymbol{l}$ 在 $\boldsymbol{E}$ 方向上的投影 $\mathrm{d}r$。将 $\mathrm{d}l\cos\theta=\mathrm{d}r$ 及 $E=\dfrac{q}{4\pi\varepsilon_0 r^2}$代入元功表达式 $\mathrm{d}A$ 可得

$$\mathrm{d}A=q_0\frac{q}{4\pi\varepsilon_0 r^2}\mathrm{d}r \tag{4-34}$$

当试探电荷 q_0从图 4-19 中 a 点出发，沿一受某种约束的路径$\overset{\frown}{ab}$到达 b 点过程中，由于在路径$\overset{\frown}{ab}$上各点 q_0所受电场力无论方向和大小都是变化的，所以电场力所做的功可按计算变力做功的公式（1-39）做如下积分：

练习 60

$$\begin{aligned}A_{ab}&=\int_a^b\mathrm{d}A=\int_a^b q_0\boldsymbol{E}\cdot\mathrm{d}\boldsymbol{l}=\frac{q_0q}{4\pi\varepsilon_0}\int_{r_a}^{r_b}\frac{\mathrm{d}r}{r^2}\\&=\frac{q_0q}{4\pi\varepsilon_0}\left(\frac{1}{r_a}-\frac{1}{r_b}\right)\end{aligned} \tag{4-35}$$

与图 4-19 对照，式（4-35）中 $r_a=Oa$，$r_b=Ob$。式（4-35）表明在点电荷 q 的静电场中，作用于试探电荷 q_0上的静电力所做的功只取决于 q_0移动路径的起点和终点，而与所经路径形状、长短无关。如果在图 4-19 上从 a 到 b 换另一条路径再做积分，还会得到同样的结果。所以，式（4-35）证明静电力是保守力，相应的静电场是保守力场。

类似式（2-22），如果试探电荷 q_0在静电场中沿由 a 点开始经过 b 点的闭合回路 L 运动一周后再回到 a 点，电场力所做的功按下式积分得

$$
\begin{aligned}
A &= \oint_{(L)} \mathrm{d}A = \oint_{(L)} q_0 \boldsymbol{E} \cdot \mathrm{d}\boldsymbol{l} = \int_a^b q_0 \boldsymbol{E} \cdot \mathrm{d}\boldsymbol{l} + \int_b^a q_0 \boldsymbol{E} \cdot \mathrm{d}\boldsymbol{l} \\
&= \int_a^b q_0 \boldsymbol{E} \cdot \mathrm{d}\boldsymbol{l} - \int_a^b q_0 \boldsymbol{E} \cdot \mathrm{d}\boldsymbol{l} = 0
\end{aligned}
$$

进一步将上式除以 q_0，则得到一个不出现 q_0 的积分表达式并只与电场 $\boldsymbol{E}$ 有关，即

$$
\oint_{(L)} \boldsymbol{E} \cdot \mathrm{d}\boldsymbol{l} = 0 \tag{4-36}
$$

式（4-35）由一个点电荷电场推导得到，任何带电体都可以看成是由 $\boldsymbol{N}$ 个电荷元组成的点电荷系，所以对于点电荷系或与带电体相伴存的电场也可得到类似的结论。根据电场强度叠加原理式（4-7），任意场点的电场强度 E 等于与各点电荷单独存在时的电场在该场点电场强度的矢量和。因此，在与点电荷系相伴存的电场中，试探电荷 q_0 从起点 a 移动到终点 b 时，电场力所做的功可按下式计算：

$$
\begin{aligned}
A &= q_0 \int_a^b \boldsymbol{E} \cdot \mathrm{d}\boldsymbol{l} \\
&= q_0 \int_a^b (\boldsymbol{E}_1 + \boldsymbol{E}_2 + \cdots + \boldsymbol{E}_N) \cdot \mathrm{d}\boldsymbol{l} \\
&= q_0 \int_a^b \boldsymbol{E}_1 \cdot \mathrm{d}\boldsymbol{l} + q_0 \int_a^b \boldsymbol{E}_2 \cdot \mathrm{d}\boldsymbol{l} + \cdots + q_0 \int_a^b \boldsymbol{E}_N \cdot \mathrm{d}\boldsymbol{l}
\end{aligned} \tag{4-37}
$$

按式（4-35），式（4-37）等号右侧每一项均与路径无关，所以作用于 q_0 上电场力合力的功 A 也与路径无关。

二、静电场的环路定理

静电场环路定理

由库仑定律和电场强度叠加原理已证明静电场力是保守力，静电场是保守力场。从数学推演过程中看，式（4-35）与式（4-36）有严谨的逻辑关系，如果 q_0 是单位正电荷，“静电场力做功与路径无关”和“电场强度沿任意闭合回路的线积分等于零”完全等价，式（4-36）与 q_0 无关则深刻反映了电场的性质，其所包含的物理意义是什么呢？

1. 静电场电场强度的环流

毋庸置疑静电场是矢量场，电通量可作为描述静电场性质的一个物理量，静电场的另一个性质要用环流描述。数学上，式（4-36）等号左边电场强度 $\boldsymbol{E}$ 沿任一闭合回路 $\boldsymbol{l}$ 对弧长的线积分 $\oint_{(L)} \boldsymbol{E} \cdot \mathrm{d}\boldsymbol{l}$ 称为电场强度 $\boldsymbol{E}$ 的环流。可从两方面来理解这一积分的物理意义：一方面，因为 $\boldsymbol{E}$ 在式（4-36）中是被积函数，要做 $\boldsymbol{E}$ 沿闭合路径积分取决于电场在路径 L 上的分布状况，如果路径 L 可任意选择，则环流更是与电场在空间的分布无关；另一方面，对于静电场，积分式（4-36）本身还表示电场力移动单位正电荷绕 L 回路一周所做的功等于零。

2. 静电场的环流等于零

基于上述解读，物理学称式（4-36）为静电场环路定理。定理的核心是 $\boldsymbol{E}$ 沿任意闭合路径积分为零，其物理意义为静电场中不会出现任何形状的闭合电场线。如果人为假设静电

场中存在闭合静电场线 L 并作为式（4-36）的积分回路，不难发现所得静电场曲线的各线元 $\mathrm{d}\boldsymbol{L}$ 上 $\boldsymbol{E}\cdot\mathrm{d}\boldsymbol{L}$ 的值均取同号（或异号），其回路积分 $\oint_{(L)}\boldsymbol{E}\cdot\mathrm{d}\boldsymbol{L}$ 必不等于零，这就否定了式（4-36）及其物理基础。否定之否定等价于：静电场的电场线必定不闭合，因此，式（4-36）中的曲线 L 不是电场线。

静电场是保守力场，没有闭合电场线的这一几何图像称为无旋性，这就是环路定理的本质所在。高斯定理与环路定理分别反映静电场的有源性与无旋性，式（4-31）与式（4-36）以积分形式描述了静电场是有源无旋场。

3. 静电场是有心力场

一个静止点电荷的电场具有球对称性（即没有特殊方向），属有心力场。有心力场是保守力场，这是静电场环流为零的根本原因。任意带电体可视为点电荷系，故带电体对试探电荷的作用力是由许许多多有心力叠加而成。非静电场不是有心立场，以图4-18为例说明，图中点电荷 q 以速度 $\boldsymbol{v}$ 向右做匀速运动，它的速度方向就是电荷周围空间的一个特殊方向，该运动电荷对空间某一静止电荷的作用不遵守库仑定律，其电场线也是非球对称的。如图所示，在此电场中取闭合回路 $ABCDA$ 计算电场沿闭合回路的积分 $\oint_{(L)}\boldsymbol{E}\cdot\mathrm{d}\boldsymbol{l}$，因为圆弧 $\overset{\frown}{AB}$、$\overset{\frown}{CD}$ 对积分无贡献，且根据电场线的疏密程度 AD 上电场强而 BC 上电场弱，则电场沿此闭合路径的线积分不等于零，静电场环路定理式（4-36）在图4-18中电场不再成立，说明该电场不是保守力场。

三、电势能、电势差和电势

中学物理已介绍过电势能、电势差与电势的概念，本节将采用与质点力学类比方法和积分方法对这些概念的表述加以拓展和延伸。

在力学中，做功是能量传递与转换的方式与量度；在图4-19中，电场力在将试探电荷 q_0 由 a 点移动到 b 点的过程中所做的功由式（4-35）表示。因此，**静电场力做功是某种能量的传递或转换，那么在静电场中是什么形式的能量在变化呢？**在第二章以式（2-25）引入了保守力场中势能的数学表达式。力学中的弹性力、重力都是保守力，并在弹性力场中引入弹性势能，在重力场中引入重力势能等概念。现已证明静电场是保守力场，那么，在静电场中是不是也可以引入（电）势能概念呢？

1. 电势能

类比于重力引入的重力势能，电荷在静电场中也应具有静电势能。当电荷在电场作用下发生位置变化时，电场力做功，静电势能随之改变。因此，静电场力所做的功数值上等于静电场中电荷系统电势能的变化量。

现在以 E_p 表示电势能，则按以上推理将式（4-35）改写

练习61

$$A=\int_a^b q_0\boldsymbol{E}\cdot\mathrm{d}\boldsymbol{l}=-(E_{\mathrm{p}b}-E_{\mathrm{p}a}) \tag{4-38}$$

将式（4-38）用于图4-19中，将试探电荷 q_0 由 a 点移动到 b 点，静电力所做的功在数值上等于系统电势能增量的负值。不过，式（4-38）只确定了试探电荷 q_0 在电场中 a、b 两点的

电势能之差，并没有给出 q_0处在其中任一点时系统的电势能值。与选取重力势能零点类似，要确定系统电势能的绝对值，必须选择一个电势能为零的参考点。虽然电势能零点的选取具有任意性，但一般选 q_0在无限远处时系统静电势能为零，表示为 $E_{p\infty}=0$。当 q_0处在 a 点时，其电势能由式（4-38）可得

$$E_{pa}=A_{a\infty}=q_0\int_a^{\infty}\boldsymbol{E}\cdot\mathrm{d}\boldsymbol{l} \tag{4-39}$$

式（4-39）的物理意义为：电荷 q_0在电场中某一点 a 处时，系统电势能 E_{pa}在数值上等于将 q_0从 a 点移至无限远处时静电场力所做的功；式（4-39）还可表示为 q_0在某点时系统的电势能与零电势能之差。因此，从电场力做功的角度，有物理意义的是电势能差。由于电势能属于 q_0与场源电荷伴存的静电场之间的相互作用能量，因此电势能不仅与电场强度有关，还与电荷 q_0有关。

2. 电势差

虽然式（4-38）和式（4-39）都与 q_0有关，但将式（4-38）除以 q_0并进行整理可得

练习 62

$$\frac{A}{q_0}=\frac{-(E_{pb}-E_{pa})}{q_0}=\int_a^b\boldsymbol{E}\cdot\mathrm{d}\boldsymbol{l} \tag{4-40}$$

式（4-40）是一个与试探电荷 q_0无关的积分，它只取决于电场强度 $\boldsymbol{E}$ 及场点 a、b 的位置。与式（4-39）不同，该积分揭示出与 q_0无关而只属于电场的某种性质。物理学将它规定为电场中 a、b 两点间的电势差，并用符号 $V(a)-V(b)$ 表示：

$$\frac{A}{q_0}=-[V(b)-V(a)]=V(a)-V(b)=\int_a^b\boldsymbol{E}\cdot\mathrm{d}\boldsymbol{l} \tag{4-41}$$

式（4-41）可表述为：静电场中任意两点 a、b 之间的电势差，可用从 a 点到 b 点电场强度沿任意路径的（线）积分表示，这一积分在数值上等于把单位正电荷从 a 点沿相应路径移到 b 点时静电场力所做的功。注意：电势差的大小和电势零参考点的选择无关。有时将电路中的电势差称为电压，但电压不一定是电势差。电压表示能驱使自由电荷定向移动并不断克服电阻做功形成电流的一种作用，而电势差只适用于满足环路定理式（4-36）的电场；对于不满足环路定理式（4-36）却可以驱使自由电荷移动的电场（见第六章）就不能用电势差描述。

3. 电势

既然式（4-41）给出了静电场中任意两点 a、b 之间的电势差，因此 $V(a)$ 与 $V(b)$ 就分别称为 a 点、b 点的电势，然而仅凭式（4-41）并不能确定 a、b 两点各自电势的绝对值，但可将两点间电势关系改写为

练习 63

$$V(a)=\int_a^b\boldsymbol{E}\cdot\mathrm{d}\boldsymbol{l}+V(b) \tag{4-42}$$

式中，$V(a)$ 的大小随 $V(b)$ 值而变。物理上可以设 $V(b)$ 值为零，并称之为电势零点。在这样规定之后，a 点电势实质上是 a 点与电势零点 $V(b)$ 之间的电势差。推而广之，任何情况下某一点的电势值都是相对于电势零点而言的，只有在选取了电势零点后，场点的电势才有意义。由于电势差及电势的概念十分重要，对其进行以下几点补充说明：

1）由于静电场中一点的电势值是相对电势零点的电势差，若以“O”点表示**电势零点**

位置，即 $V(O)=0$，则将式（4-42）推广到一般情况，静电场中任一点 P 的电势为

$$V(P)=\int_{P}^{O}\boldsymbol{E}\cdot\mathrm{d}\boldsymbol{l} \tag{4-43}$$

式（4-43）用一个积分确定了电场中任意一点 P 的电势，数值上等于将单位正电荷从该点沿任意路径移到电势零点过程中静电场力所做的功，物理上电势描述静电场力移动单位正电荷做功的能力。功是标量且有正、负之分，因此电势也是标量；当选无穷远处为电势零点后，电势的正、负取决于场源电荷的正负。沿电场线电势降低，所谓“电势恒为正”的说法是没有道理的。

2）电势或电势能零点如何选择呢？在理论层面，因为无限远处电场强度为零，对于电荷分布在有限空间或一个有限大小的带电体，在计算其所激发电场中各点的电势时一般选择无限远处为电势零点。将式（4-43）改写为

$$V(P)=V(P)-V(\infty)=\int_{P}^{\infty}\boldsymbol{E}\cdot\mathrm{d}\boldsymbol{l} \tag{4-44}$$

式（4-44）与式（4-43）物理意义的表述相同，如无特殊说明，式（4-44）即为计算电势（零点选在无限远处）的基本公式。

然而，作为一种特殊情况，当讨论无限大带电平面或无限长带电直线的电场时，不能选无限远处为电势零点；将式（4-18）或式（4-32）代入式（4-44）可以证明，场中任一点的电势值均为无限大因而没有物理意义。此时，也不宜选带电体本身为电势零点，只能根据具体问题在场中选某一点的电势为零，然后确定空间其他各点相对该点的电势。在电路分析中，常常选地球或电器外壳为电势零点；当任何导体外壳接地后其电势为零，未接地带电体的电势都是相对于大地而言的。此规定有其方便之处：首先，地球是一个很大的导体，在这样一个导体上增减一些电荷对其电势的影响可忽略不计；其次，任何地方都能方便地“接地”，以确定各个带电体与大地的电势差。工矿企业、实验室的许多电气设备与仪器以及家用电器的外壳在使用时都要接地以确保使用者的安全，否则电器漏电时使用者有触电的危险，因此谁也不能大意。这也是电势、电势差及环路定理在生产生活中的应用。

3）静电场的电势一般是场点空间坐标的函数，又称为电势函数或标量势函数。数学上“场”是一个函数，物理上“场”是具有某种特定物理状态的空间，两者相结合可将场代表一个物理量的空间分布函数。

静电学以矢量点函数电场强度 $\boldsymbol{E}$ 和标量点函数电势 V 描述电场，其分别源于静电场中电荷受力和静电场对运动电荷做功。

四、静电场的能量

式（4-38）不仅给出电场力对 q_0 做功的计算方法，也给出静电场-电荷 q_0 系统电势能发生变化的关系，将式（4-43）与式（4-39）联系起来可得

$$E_{\mathrm{p}}=q_0V \tag{4-45}$$

式（4-45）是电势能 E_{p}、电荷 q_0 与电势 V 三者的相互关系。前已指出场源电荷 q 与静电场相伴存，至于 E_{p} 是电荷 q_0 与场源电荷所组成系统的静电势能，还是 q_0 与场源电荷 q 相伴存电场间相互作用的能量，或者说两种说法等效呢？虽然无法在静电学范围内从实验上判断静

电能量是储存在电荷系统上还是储存在电场中，但这个问题仍旧涉及静电力是超距作用还是近距作用；同时，电磁波携带能量已被近代无线电技术所证实，这充分说明电磁场本身是具有能量的。静电能是储存在电场中的，为此在理论上可计算带电系统的静电场（如电容器）的静电能，并可通过讨论平行板电容器的充电过程加以证明（过程略）。真空中，电场内任一点处的能量密度可用下式表示为

$$w_e = \frac{1}{2}\varepsilon_0 E^2 \tag{4-46}$$

有兴趣的读者可在相关参考书中查阅其推导过程。

五、电势的计算

式（4-44）给出了真空静电场中任意场点的电势，不过，它是已知带电体（或电荷系）的电场分布时计算电势的依据，如何具体用于计算静电场的电势呢?

1. 由电场强度分布计算电势

在利用式（4-44）计算电势时需注意三点：①若电荷分布在有限空间（如有限大小的物体），可取 $V(\infty)=0$；②先从已知的电荷分布按电场强度叠加原理计算出电场强度（即被积函数），然后代入式（4-44）完成积分；③因静电力是保守力，积分与路径无关，可按电场强度的函数式选一便于计算的变量与路径进行积分。

2. 利用电势叠加原理计算电势

除以上介绍的用式（4-44）计算电势外，还可先使用式（4-43）计算点电荷电场的电势，并利用电势叠加原理计算任一带电体（电荷系）电场的电势。其具体过程如下：

将场源点电荷 q 的空间位置取为坐标原点 O，式（4-6）已给出与其伴存电场中任一场点的电场强度为

$$\boldsymbol{E} = \frac{q}{4\pi\varepsilon_0 r^2}\boldsymbol{e}_r$$

将上式代入式（4-43）或式（4-44）进行积分计算，可得距离场源电荷 r 处的场点 P 的电势为

练习 64

$$V(r) = \int_r^\infty \boldsymbol{E}\cdot \mathrm{d}\boldsymbol{l} = \frac{q}{4\pi\varepsilon_0}\int_r^\infty \frac{1}{r^2}\boldsymbol{e}_r\cdot \mathrm{d}\boldsymbol{l} = \frac{q}{4\pi\varepsilon_0}\int_r^\infty \frac{\mathrm{d}r}{r^2} = \frac{q}{4\pi\varepsilon_0 r} \tag{4-47}$$

式（4-47）是一个广为使用的电势计算公式。对于由 $q_1, q_2, \cdots, q_i, \cdots$ 组成的点电荷系，若与它们各自伴存电场的电场强度为 $\boldsymbol{E}_1, \boldsymbol{E}_2, \cdots, \boldsymbol{E}_i, \cdots$，根据电场强度叠加原理式（4-7），任一场点 P 的合电场强度为

$$\boldsymbol{E} = \sum_i \boldsymbol{E}_i$$

将上式代入式（4-44），可计算出点电荷系电场的电势为

$$\begin{aligned} V(r) &= \int_r^\infty \boldsymbol{E}\cdot \mathrm{d}\boldsymbol{l} = \int_r^\infty \sum_i \boldsymbol{E}_i\cdot \mathrm{d}\boldsymbol{l} \\ &= \int_{r_1}^\infty \boldsymbol{E}_1\cdot \mathrm{d}\boldsymbol{l} + \int_{r_2}^\infty \boldsymbol{E}_2\cdot \mathrm{d}\boldsymbol{l} + \cdots + \int_{r_i}^\infty \boldsymbol{E}_i\cdot \mathrm{d}\boldsymbol{l} + \cdots \\ &= \sum_i \int_{r_i}^\infty \boldsymbol{E}_i\cdot \mathrm{d}\boldsymbol{l} = \sum_i V_i(r_i) \end{aligned} \tag{4-48}$$

式中，r_i表示点 P 离点电荷 q_i 的距离，其物理意义为：在与多个点电荷伴存的合电场中，任一场点的电势等于各个点电荷电场在该点电势的代数和。式（4-48）即为电势叠加原理。

如果场源电荷连续分布于带电体上，式（4-48）已给出如何求场中某点电势的基本思路：按元分析法想象将带电体分割为许许多多的电荷元，与每个电荷元伴存电场中某一场点的电势用点电荷电势式（4-47）计算，整个带电体电场中任意场点的电势归结为积分式

$$V(P)=\int\frac{\mathrm{d}q}{4\pi\varepsilon_0 r} \tag{4-49}$$

注意，利用式（4-49）计算场点 P 的电势时，积分变量 q 遍及整个带电体，不能理解为将空间各点电势相加。由于电势是标量，所以源于电势叠加原理的式（4-49）比源于电场强度叠加原理的式（4-44）计算起来更简单。对于体电荷、面电荷和线电荷，式（4-49）可分别表示为

$$V(P)=\frac{1}{4\pi\varepsilon_0}\int_{(V)}\frac{\rho\mathrm{d}V}{r} \tag{4-50}$$

$$V(P)=\frac{1}{4\pi\varepsilon_0}\int_{(S)}\frac{\sigma\mathrm{d}S}{r} \tag{4-51}$$

$$V(P)=\frac{1}{4\pi\varepsilon_0}\int_{(L)}\frac{\lambda\mathrm{d}l}{r} \tag{4-52}$$

以上各式中 ρ、σ、λ 分别表示电荷体密度、电荷面密度与电荷线密度（见图 4-7，电荷可非均匀分布）。

第五节 物理学方法简述

一、分析与综合方法

在语文课的教学中可以把一篇文章分成各个段落，再把各个段落分成句子和词，然后把各个段落大意综合起来得出本文的中心思想，这就是同时运用分析与综合的方法。大家知道求定积分就是按求极限的方法先“化整为零”再“积零为整”，在物理学的理论和实验研究中也常常先将被研究对象分为若干部分或分为若干层次，再分别进行具体的研究，这就是分析方法。伽利略把抛物体运动分解为水平方向的匀速直线运动和竖直方向的匀加速直线运动就使用了分析方法。综合方法和分析方法相反，它要将研究对象的各部分、各层次集合起来进行整体研究，目的在于寻找它们之间的联系、相互作用和影响，更本质地认识它们之间的相对性与统一性。

1. 简单性与复杂性

在长期的探索中物理学家们形成了一种信念：错综复杂的自然现象总是由最简单、最本质的规律所支配，因而人们相信一个物理学理论总能以最简洁的方式描述广泛的现象。物理学家们建立理论时往往追求简单性原则，以使用很少的基本概念概括更多的内容，就是这种信念的体现；而物理定律大都以微分形式或微分方程表示，就是这种信念的一个直接表现。物质世界本质是一个微分定律的世界，通过微分把一个点上某一瞬间的力和运动与无限近的

空间和时间的力和运动连接起来。

从某种意义上说，复杂性与现象和特殊性相连，而简单性则和本质与普遍性相通。学习物理时既要从本质与普遍的角度去理解世界的简单性，又要如实地承认现实世界与物理过程的复杂性。

2. 元分析法（微元法）

元分析法是本章也是物理学中一个重要的理论分析方法。自然界中常见的物理现象是连续运动或连续分布，为研究它们的规律人们从物理现象中选取任意小的部分进行研究，建立起微分关系并解释各种实验规律。在历史上，微分观念也可以说是为了描述物理规律的目的而发展起来的。例如，牛顿不是把轨道运动作为一个整体来研究，而是研究轨道的局部特性，即研究沿着轨道一点一点地运动，把整个过程看作一些微分过程的积分。本章在求连续分布电荷电场的电场强度与电势时，先将连续带电体分割为许多电荷元，从中任选一电荷元并将它类比点电荷，写出电荷元在某场点的电场强度或电势，然后按“求和→取极限→计算定积分”的顺序求得最后结果，这就是典型元分析法的应用。在数学中，被积函数也称为定积分的微元，将求定积分的方法称为微元法。

使用元分析法时要着眼于空间和时间的无限小过程，它意味着可以把局部从全局中孤立出来，离开全局来探索其局部的规律；然后将所获得的局部规律通过求和或积分将其推广到一个有限的范围。这是局部与整体的一种关系，也是分析与综合的一种模式。如式（4-27）或式（4-28）那样，一旦了解了组成整体的小单元（元电通量），原则上就可以掌握整体（通过任一曲面或闭合曲面的电通量），因为那只不过是一个求和或求积的问题。

二、电场与流场的类比

历史上，电场（和磁场）开始是作为一种描述手段而引入的。法拉第以其天才的实验技巧为电磁学理论大厦的建立准备了坚实的实验基础，并以惊人的想象力提出“力线”和“场”的概念，这是非常深刻的物理思想。麦克斯韦用科学类比方法，把电场（和磁场）中的力线与理想流体定常流中的流线进行类比，把研究流线的数学方法应用到对力线的研究上；本章中出现的电场线、电通量、高斯定理、环路定理等都是采用这种类比方法的结果。这表明，在科学发现的最初阶段，研究者在解释新领域的现象时常常依据概念上的相似性向别的领域借用概念或直观模型、数学模型，因此麦克斯韦采用的类比法又称为概念-模型类比法（参见第三章第四节）。

练习与思考

一、填空

1-1　静电场中某点的电场强度，其大小和方向与____________________相同。

1-2　静电场场强叠加原理的内容：____________________________________。

1-3　在静电场中，任意作一闭合曲面，通过该闭合曲面的电场强度通量 $\oint \boldsymbol{E} \cdot \mathrm{d}\boldsymbol{S}$ 的值仅取决于__________，而与__________无关。

1-4　真空中有一均匀带电细圆环，电荷线密度为 λ，其圆心处的电场强度大小 $E_0=$__________，电势 $V_0=$__________。(选无穷远处电势为零)

1-5　静电场的环路定理的数学表示式为__________。该式的物理意义是__________。该定理表明，静电场是__________场。

1-6　由一根绝缘细线围成的边长为 l 的正方形线框，使它均匀带电，其电荷线密度为 λ，则在正方形中心处的电场强度的大小 $E=$__________。

1-7　一电场强度为 $\boldsymbol{E}$ 的均匀电场，$\boldsymbol{E}$ 的方向沿 x 轴正向，如图 4-20 所示，则通过图中一半径为 R 的半球面的电场强度通量为__________。

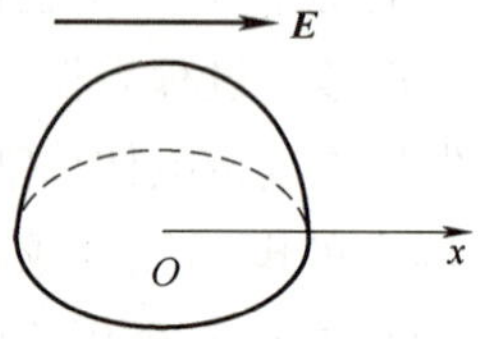

图　4-20

二、计算

2-1　设面电荷密度为 σ，求无限大均匀带电平面外的电场分布。

【答案】 $E=\dfrac{\sigma}{2\varepsilon_0}$

4.1 习题 2-1

2-2　一个球体内均匀分布着体密度为 $+\rho$ 的电荷，若将该球内部挖去部分电荷形成一个空腔，设空腔形状为一小球并用 $\boldsymbol{a}$ 表示由球心 O 指向空腔中心的矢量，如图 4-21 所示。证明空腔内各点的电场是匀强电场，且电场强度为 $\boldsymbol{E}=\dfrac{\rho}{3\varepsilon_0}\boldsymbol{a}$。

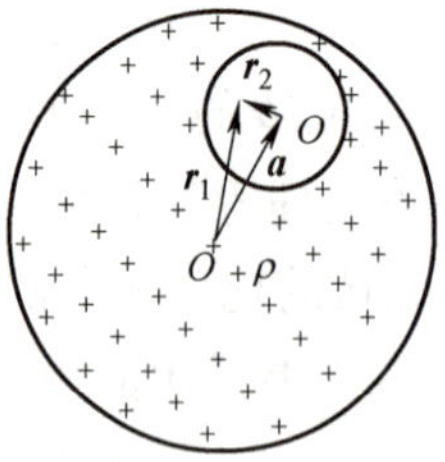

图　4-21

4.2 习题 2-2

【答案】 $\dfrac{\rho_e}{3\varepsilon_0}\boldsymbol{a}$

2-3　如图 4-22 所示，两根相互平行的“无限长”均匀带正电直线 1、2，相距为 d，其电荷线密度分别为 λ_1 和 λ_2，则场强等于零的点与直线 1 的距离 a 为多少？

【答案】 $\dfrac{\lambda_1 d}{\lambda_1+\lambda_2}$

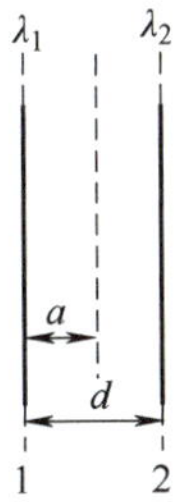

图　4-22

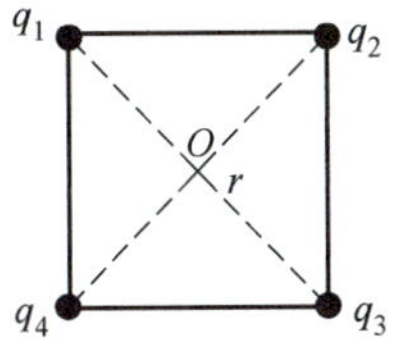

图　4-23

4.3 习题 2-4

2-4　如图 4-23 所示，点电荷 q_1、q_2、q_3、q_4各带电量 4.0×10^{-9}C 并置于一正方形的四个顶点上，各点距正方形中心 O 点均为 5.0cm，试求：(1) O 点的电势；(2) 将试验电荷 $q_0=1.0\times10^{-9}$C 从无穷远移到 O 点，电场力做功多少？(3) 整个系统的电势能改变了多少？

【答案】 (1) 2.88×10^{3}V；(2) -2.88×10^{6}J；(3) 2.88×10^{6}J

三、思维拓展

3-1　人体的安全电压不高于 36V，试用本章的知识解释电力行业中高压电屏蔽服的工作原理。

3-2　雷雨天气时大气中会形成一定强度的电场，如果电场足够强空气就会被击穿形成闪电，用本章的知识解释避雷针的原理。

第五章 真空中的稳恒磁场

本章核心内容

1. 磁场对运动电荷、载流导线、载流线圈作用的描述与应用。
2. 载流导线与运动电荷周围磁场的计算。
3. 磁场无源有旋性的数学表述与物理解释。

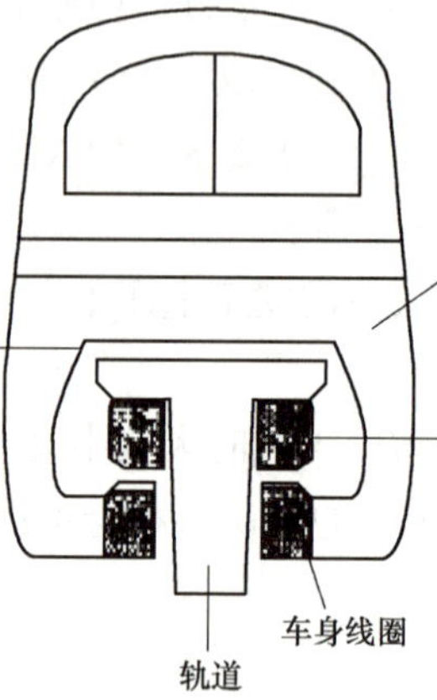

磁悬浮

上一章介绍了真空中与静止电荷伴存的静电场的描述与性质，其物理思想与方法继续在本章延续。按质点力学观点，电荷的静止或运动是相对于参考系而言的。实验表明，运动电荷（见图 4-18）周围伴存电场的同时，还伴存有磁场，这个磁场是稳恒还是变化与电荷运动状态有关。可以说，一切宏观电磁现象都起因于电荷的运动。但是，物质磁性的起源不能完全用电荷运动的经典理论解释，近代量子理论认为物质磁性的主要来源是电子的自旋（本书不涉及这一领域）。虽然磁现象与电现象有很多类似之处，但奇怪的是，在自然界中，有独立存在的正电荷或负电荷，却至今还没有找到只存在 N 极或 S 极的磁荷（即磁单极子），寻找磁单极子是当今一些物理学者甚感兴趣的课题之一。本章只在中学物理基础上，侧重于介绍与稳恒电流相伴存磁场的性质以及磁场对电流及运动电荷作用的规律。

第一节 磁 现 象

一、电流的磁效应

由于存在天然磁石（Fe_3O_4），人类对磁的认识源于磁石吸引铁屑一类的现象。但是，在相当长的一段历史时期内，人们认为磁铁、磁石与铁磁性物体之间相互作用的磁现象是与电现象毫无关联的一类现象。直至 1819 年，丹麦科学家奥斯特发现放在通电导线附近的小磁针会受力偏转为止。这一发现曾引起当时物理学界极大的兴趣。之后，人们才逐渐揭开电现象与磁现象的内在联系，认识到磁现象起源于电流或电荷的运动。大量实验表明，运动电荷、传导电流和磁铁是产生磁场的源。随后，毕奥和萨伐尔进一步通过实验得到，长直通电导线周围的磁场与电流成正比，与距离平方成反比的实验规律。就在 1820 年，45 岁的法国数学家安培也被吸引来进行电和磁的实验研究。安培发现，不仅载流导线对磁针有作用力，磁铁对载流导线有作用力，载流导线之间也有作用力。例如当电流同向平行时导线互相吸引，电流反向平行时导线互相排斥，这些现象在中学物理中有一定的篇幅介绍。1822 年，安培在实验基础上提出了关于物质磁性的分子电流假说。他认为，一切物质的磁性均起源于构成物质的分子中存在的某种环形电流。现在，人们已知安培所说的环形电流源于原子内的电子运动，而且主要是电子的自旋运动。（详见第二卷第二十一章第三节）

二、磁力

如上所述，磁力不仅仅是存在于磁石、磁铁及铁磁性物质之间的一种相互作用，而且，运动电荷、传导电流和永久磁铁两两之间，不论是同类还是不同类，都有这种相互作用。图 5-1 分别示意：a）永久磁铁间的相互作用；b）磁体对载流导线的作用；c）载流导线对磁针的作用；d）平行载流导线间的相互作用；e）运动电荷间的相互作用；f）载流导线对运动电荷的作用。

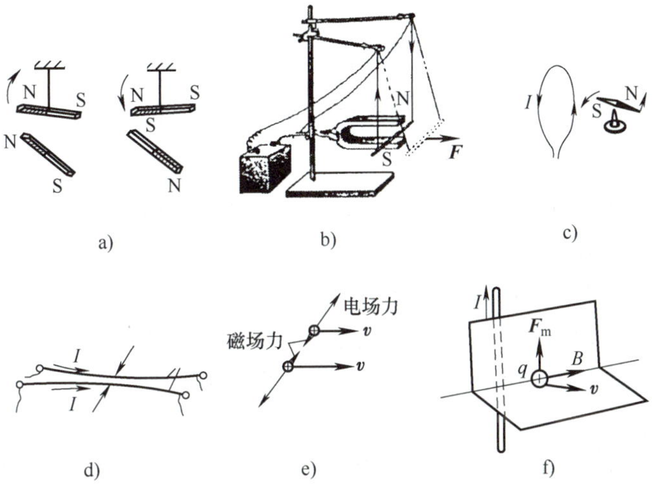

图 5-1

下面在高中物理知识基础上对图 5-2~图 5-4 两例稍做分析。

1. 阴极射线管

阴极射线管又称示波管，如图 5-2 所示。当阴极（K）和阳极（A）间加上数千伏以上高压时，管内就会出现定向运动的电子束（原因略）。若无外加磁场，电子束的轨迹是直线，因此在荧光屏中央能看到亮点（顺图中直线）。若在示波管旁放上磁铁，亮点位置随之变化，表明磁铁使电子束发生偏转（如图中曲线）。图 5-3 示意电子示波器中示波管的结构原理图。物理实验教学常用示波器直接观察电信号的波形，并可测量电信号的电压与频率。

图中，对电子的聚焦就来自磁场力作用，当然，电子束的偏转还有来自电场力的作用。

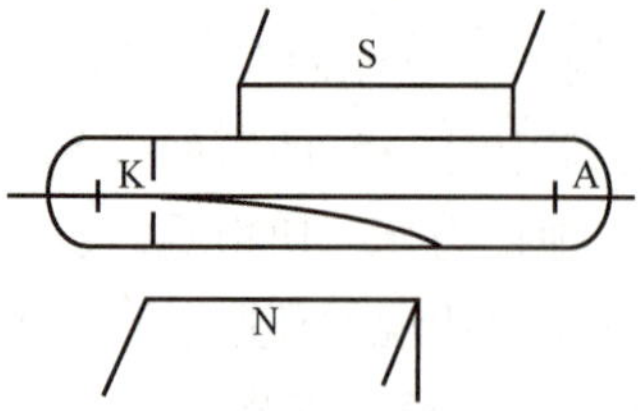

图 5-2

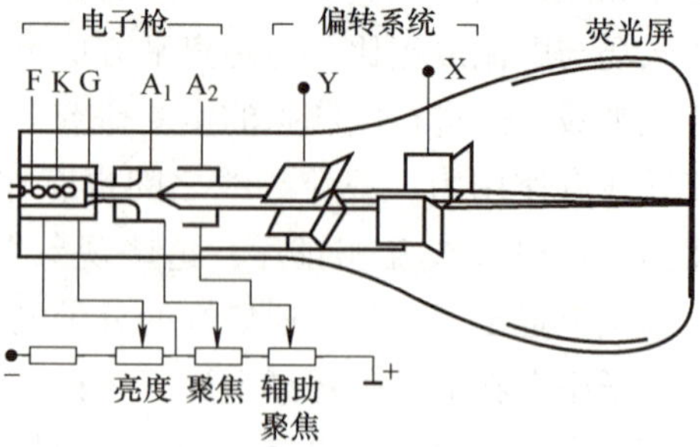

图 5-3

2. 磁秤

如图5-4所示为磁秤，它是一种测量载流导线所受磁力作用的“天平”（用之测质量并不方便）。当图中线圈未通电时，调节天平平衡，然后给线圈通入电流 I，电流方向如图所示，$\boldsymbol{f}$ 导线为在磁场 $\boldsymbol{B}$ 中所受磁力。这时，需在天平的右盘中加入砝码才能使天平达到新的平衡。之后，辅之以相应计算可求得待测的磁场（图5-4中用符号×表示方向）。

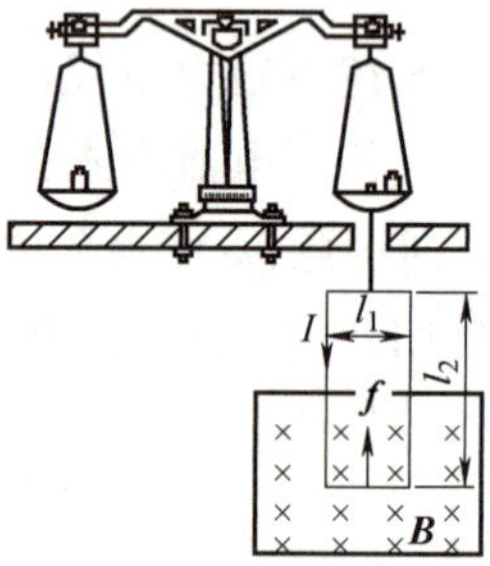

图 5-4

第二节 磁场 磁感应强度

回顾上一章对静电场的研究，引入的描述电场（强弱与方向）的电场强度矢量 $\boldsymbol{E}$，是用电场对单位电荷的作用力来量度的。磁力作用也是一种非接触作用，是通过磁场传递的，它可以用运动电荷、载流线圈和永久磁体等在磁场中受的力（或力矩）来量度，引入描述磁场（强弱和方向）的物理量称为磁感应强度矢量 $\boldsymbol{B}$（不称为磁场强度，略）。

本书依据高中物理中介绍过的洛伦兹力，采用当今国际上流行的方法，引入磁感应强度 $\boldsymbol{B}$，该方法的要点如下：

1）在运动电荷、传导电流或永久磁铁周围空间中引进一个运动试探电荷 q_0（设 $q_0>0$），实验发现，当 q_0 以同一速率 v 沿不同方向通过场中某点 P 时，该电荷在点 P 要受到力 $\boldsymbol{F}$ 的作用（特殊方向除外，见图5-5a），而且，$\boldsymbol{F}$ 的方向总是垂直于 q_0 的运动方向（见图5-5b），即

$$\boldsymbol{F} \perp \boldsymbol{v}$$

不论 q_0 在点 P 所受力的大小如何不同，这种作用只能改变 q_0 的速度方向（发生偏转），而不改变其速度的大小。因此，在无电场存在的情况下，一般可以根据运动电荷 q_0 通过空间时的运动方向是否发生偏转，来判断空间是否存在磁场。

2）也有特殊情况。若过磁场中任意一场点 P 引多条直线表示 q_0 不同的运动方向，实验发现，当 q_0 以速率 v 沿其中某一条直线通过点 P 时，运动方向并不发生偏转（见图5-5a）。说明在该方向上运动电荷不受力，这条特定的直线被用来确定点 P 磁场的方向。问题是：

磁场方向是沿该直线指向哪一边呢？这还有待规定。

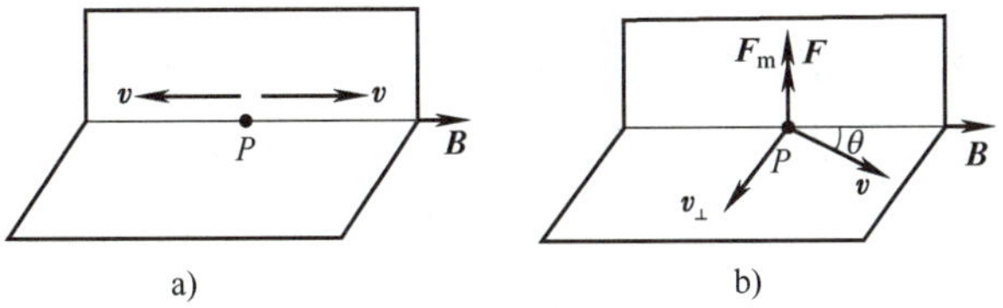

图　5-5

3）实验发现，当运动电荷 q_0 沿垂直于上述标志磁场方向的直线以 $\boldsymbol{v}_\perp$ 通过点 P 时，q_0 所受力 $\boldsymbol{F}$ 最大，用 $\boldsymbol{F}_m$ 表示（见图 5-5b）。因为最大值 $\boldsymbol{F}_m$ 是唯一的，物理学就利用 $\boldsymbol{F}_m$ 的大小作为该点磁场强弱的标志：$\boldsymbol{F}_m$ 越大，磁场越强；$\boldsymbol{F}_m$ 越小，磁场越弱。不仅如此，实验还发现，这个唯一最大值 $\boldsymbol{F}_m$ 还与运动电荷的电量 q_0 及其速率 v 有关，但比值 F_m/q_0v 却与运动电荷的电量 q_0 及 v 都无关。因此人们认识到，可以利用以上全部实验事实引进描述磁场的物理量——磁感应强度矢量 $\boldsymbol{B}$，它的大小为

$$B = \frac{F_m}{q_0 v} \tag{5-1}$$

当 q_0 过点 P 的速度 $\boldsymbol{v}$ 与 $\boldsymbol{B}$ 的夹角为 θ 时（见图 5-5b 与图 5-6），运动电荷 q_0 所受的力（小于 F_m）还与 $\sin\theta$ 成正比。

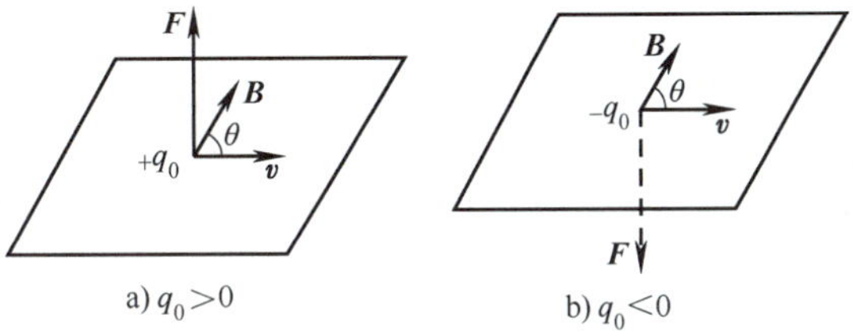

图　5-6

4）现在返回来解决 2）提出的问题，即 $\boldsymbol{B}$ 的方向如何唯一地确定？由于物理学一贯秉承唯一性原则，而且习惯采用右手螺旋法则（参看图 1-12）：于是在图 5-5b 中，用右手四指指向运动电荷 q_0 所受最大磁力 $\boldsymbol{F}_m$ 的方向（与图中 $\boldsymbol{F}$ 方向相同），沿小于 π 的角度握拳转向 q_0 的速度 $\boldsymbol{v}_\perp$ 的方向，此时，与四指相垂直的大拇指所指方向便是该点 $\boldsymbol{B}$ 的方向。物理学中采用的右手螺旋法则等同于数学上表示 $\boldsymbol{F}_m \times \boldsymbol{v}_\perp$ 方向的矢积法则。用这种方法所确定的磁感应强度 $\boldsymbol{B}$ 的方向，与将小磁针置于该点时 N 极的指向是一致的。注意因 q_0 可正可负，图 5-6 示意同一磁场 $\boldsymbol{B}$ 中，同一运动速度 $\boldsymbol{v}$ 的正、负运动电荷受力方向相反。

5）综合以上讨论，磁场对运动电荷的作用力 $\boldsymbol{F}$ 与 $\boldsymbol{v}$、$\boldsymbol{B}$ 两矢量的矢量积的关系为

$$\boldsymbol{F} = q_0 \boldsymbol{v} \times \boldsymbol{B} \tag{5-2}$$

式（5-2）就是中学物理中洛伦兹力的矢量表达式。对比静电场中试探电荷 q_0 受力公式 $\boldsymbol{F} = q_0\boldsymbol{E}$，$\boldsymbol{B}$ 和 $\boldsymbol{E}$ 一样是描写场（矢量场）的特征量（场量、场函数）。但同电场力相比，影响磁力的因素要复杂得多，不仅涉及 q_0、$\boldsymbol{v}$、$\boldsymbol{B}$ 三量的大小，还取决于 $\boldsymbol{v}$ 与 $\boldsymbol{B}$ 的方向。1）~4）

稍显烦琐的讨论就是为了展示这种复杂性。

按 SI，$\boldsymbol{B}$ 的单位是特斯拉（特斯拉是与爱迪生同时代的人，在如何对待交流电上，两人态度尖锐对立），简称特，用 T 表示，$1\mathrm{T}=1\mathrm{N}\cdot\mathrm{A}^{-1}\cdot\mathrm{m}^{-1}$。在实际工作中还沿用另一较小的单位 G 或 Gs（高斯，为非法定计量单位），特斯拉和高斯之间的换算关系是

$$1\mathrm{T}=10^4\mathrm{G}$$

表 5-1 列出了一些典型磁场的 B 值。目前，我国是国际上在实验室能获得强磁场（10^4T）的几个国家之一。

表 5-1　某些典型磁场的 B 值

磁场源	B/T
人体磁场	10^{-12}
人体心脏	10^{-10}
太阳在地球绕日轨道上	3×10^{-9}
地球两极附近	6×10^{-5}
赤道附近地磁场水平强度	3×10^{-5}
室内电线周围	约 10^{-4}
南北极地区地球磁场竖直强度	约 0.5×10^{-4}
小磁针	约 10^{-2}
太阳黑子	约 0.3
电动机和变压器	0.9～1.7
大型电磁铁	1～2
超导电磁铁	5～40
实验室	10^2～10^4

第三节　磁场对运动电荷的作用

一、洛伦兹力

当泛泛讨论运动电荷在磁场中受力的一般情况时，将删去洛伦兹力矢量表达式（5-2）中 q_0的下标，得

$$\boldsymbol{F}=q\boldsymbol{v}\times\boldsymbol{B} \tag{5-3}$$

式（5-3）不仅提供了一种由运动电荷在空间受力确定磁感应强度 $\boldsymbol{B}$ 的方法，同时，如果已知 $\boldsymbol{B}$ 和 $\boldsymbol{v}$，也是计算运动电荷在磁场中受力的基本公式。由于式（5-3）已界定洛伦兹力总是垂直于运动电荷的速度，所以，在近代高新技术中，如本节将介绍的质谱仪、回旋加速

器、磁聚焦技术、磁流体发电等，都利用式（5-3）用磁场来改变粒子的运动方向（不能改变速度大小），以控制和约束粒子束的运动轨道。洛伦兹力对运动带电粒子不做功（详见第六章第三节），下式也可表述这一特点：

$$\boldsymbol{F}\cdot\boldsymbol{v}=\boldsymbol{F}\cdot\frac{\mathrm{d}\boldsymbol{r}}{\mathrm{d}t}=0$$

或

$$\boldsymbol{F}\cdot\mathrm{d}\boldsymbol{r}=\mathrm{d}A=0 \tag{5-4}$$

1. 带电粒子在均匀磁场中的运动

按式（5-3），带电粒子以初速度 $\boldsymbol{v}$ 进入匀强磁场后，带电粒子的运动轨道依 $\boldsymbol{v}$ 与 $\boldsymbol{B}$ 的夹角不同分为 3 种情况。这里初速度 $\boldsymbol{v}$ 是相对于观察者的，而磁场相对于观察者静止，其他情况暂不考虑。

1）当 $\boldsymbol{v}\parallel\boldsymbol{B}$ 时，按式（5-3）带电粒子不受磁场作用，继续沿原速度方向在磁场中做匀速直线运动。

2）当 $\boldsymbol{v}\perp\boldsymbol{B}$ 时，按式（5-3），带电粒子在垂直于 $\boldsymbol{B}$ 的平面内做匀速圆周运动。在经典物理中，将牛顿第二定律应用于质量为 m、电量为 q 的粒子，可以导出圆形轨道半径公式

练习 65

$$R=\frac{mv}{|q|B} \tag{5-5}$$

与此同时，还可计算粒子绕圆形轨道一周所需的时间（周期）为

$$T=\frac{2\pi m}{|q|B} \tag{5-6}$$

从以上两式看：在相同的磁场 $\boldsymbol{B}$ 中，式（5-5）说明，同一种带电粒子（m，q），速度 $\boldsymbol{v}$ 大者在半径大的圆周上运动，速度小的在半径小的圆周上运动，但式（5-6）指出它们绕行一周的时间 T 却是相同的。这已用在磁聚焦及回旋加速器中。

3）当 $\boldsymbol{v}$ 与 $\boldsymbol{B}$ 间夹角为任一 θ 角$\left(\theta\neq0,\frac{\pi}{2},\pi\right)$时，带电粒子在磁场中既旋转又平移，按图 5-7 所示的**螺旋线运动**。**为什么会出现这种情况呢？**在前两种特殊情况的启示下，当我们以磁场方向为参照，将图中 $\boldsymbol{v}$ 分解为与 $\boldsymbol{B}$ 平行的分量 $v_{\parallel}=v\cos\theta$ 和与 $\boldsymbol{B}$ 垂直的分量 $v_{\perp}=v\sin\theta$ 后，图 5-7 中螺旋线自然就是两种运动的合成结果。同时，描述粒子螺旋线运动的几个物理参数，如螺旋线半径 R、旋转周期 T 和螺距 h（粒子旋转一周螺旋线前进的距离），也可利用式（5-5）、式（5-6）一一计算出来：

$$R=\frac{mv_{\perp}}{|q|B}=\frac{mv\sin\theta}{|q|B} \tag{5-7}$$

$$T=\frac{2\pi R}{v_{\perp}}=\frac{2\pi m}{|q|B} \tag{5-8}$$

$$h=Tv_{\parallel}=\frac{2\pi mv\cos\theta}{|q|B} \tag{5-9}$$

如果结合图 5-7 看式（5-9），会发现螺距 h 与 $v_{\perp}=v\sin\theta$ 并没有关系，正是这一结果被广泛应用于电子光学的磁聚焦技术中。磁聚焦原理简要描述在图 5-8 的下图中：如果在水平

方向均匀磁场中某点 A 处，沿与 $\boldsymbol{B}$ 成小角度的方向（见图5-8）引入一束发散角为 θ 的带电粒子束，该粒子束中 θ 角不尽相同，但都很小（$\cos\theta\approx1$），则式（5-9）中螺距近似取为 $h\approx\dfrac{2\pi mv}{qB}$；若束流中各粒子速率 v 也非常接近的话，尽管按式（5-7），这些粒子因横向速度 $v_\perp$ 也许略有差异而做不同半径的螺旋线运动，但按式（5-8），它们的旋转周期相同，螺距 h 也近似相等。所以，在磁场作用下经过一个回旋周期后，它们会重新会聚到点 A'。如迎着粒子前进方向从右向左看，结果如图5-8上图所示，A 与 A' 同时出现在三圆圈交点上，实现了电子束的聚焦。电子显微镜和某些电子光学器件就利用了这一物理原理。

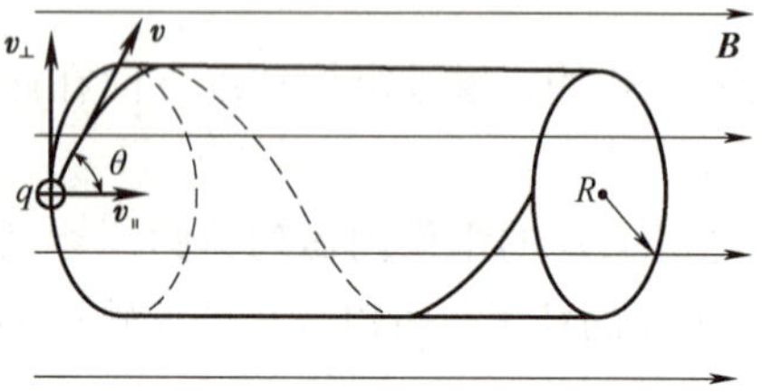

图　5-7

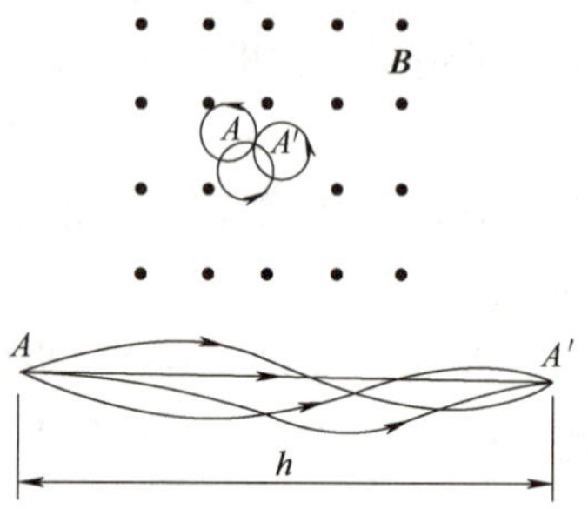

图　5-8

*2. 带电粒子在非均匀磁场中运动

1958年人造卫星发现：在离地面800～4000km和60000km以上的高空，分别存在着两个环绕地球的内、外辐射带，称为范·艾仑辐射带，如图5-9所示。范·艾仑辐射带是地球磁场捕获与约束来自外层空间宇宙线中部分带电粒子形成的集中区，内辐射带中主要是高能质子，外辐射带中主要是高能电子。**为什么地球磁场能将大量带电粒子捕获与约束在一定区域内呢？**这一问题涉及带电粒子在非均匀磁场（如地磁场）中的运动规律。一般来说，带电粒子在非均匀磁场中的运动情况比较复杂，本书只对带电粒子在具有轴对称且呈辐射状的非均匀磁场（见图5-10）中的运动进行定性介绍。

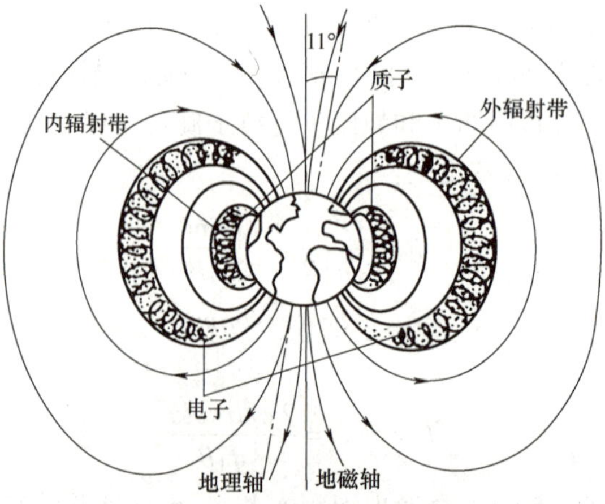

图　5-9

由带电粒子在均匀磁场中的运动图像看，速度方向（θ）不同的带电粒子进入均匀磁场后只绕磁场线做螺旋运动（见图 5-8）。但式（5-7）已经指出，螺旋线的半径 R 与磁感应强度 B 成反比，所以，当带电粒子进入非均匀磁场中后，如图 5-10 所示，R 将随 B 的增加而不断减小。再看图 5-11，当带电粒子在非均匀磁场中绕 x 轴向右做螺旋线运动时，速度始终与磁场有一夹角（类比图 5-7）。为分析带电粒子的运动，可在图 5-11 中以带电粒子为原点画一瞬时直角坐标系（以 $\boldsymbol{i}$、$\boldsymbol{j}$ 表示），将粒子的速度分解为沿 x 轴的分量$v_{\parallel}\boldsymbol{i}$ 和垂直于 x 轴的速度分量$v_{\perp}\boldsymbol{j}$。因粒子所受洛伦兹力 $\boldsymbol{F}$ 的方向总是与磁场方向相垂直，也按 x 轴方向将 $\boldsymbol{F}$ 分解为$\boldsymbol{F}_{\parallel}$与$\boldsymbol{F}_{\perp}$，则$\boldsymbol{F}_{\parallel}\perp v_{\perp}\boldsymbol{j}$，$\boldsymbol{F}_{\perp}\perp v_{\parallel}\boldsymbol{i}$，其中 $\boldsymbol{F}_{\perp}$使粒子做圆运动，图中$\boldsymbol{F}_{\parallel}$与 x 轴方向相反指向磁场减弱的方向，阻碍粒子向前运动，称为纵向阻力。在$\boldsymbol{F}_{\parallel}$的作用下，图 5-11 中粒子沿 x 轴运动的速度$v_{\parallel}$将逐渐减小，直到为零，与粒子在均匀磁场中的运动情况不同，在图 5-12a 所示的非均匀磁场中，不仅由于$v_{\parallel}$不断减小，按式（5-7）与式（5-9），螺旋线回旋半径在变化，螺距也逐渐减小，直至为零。

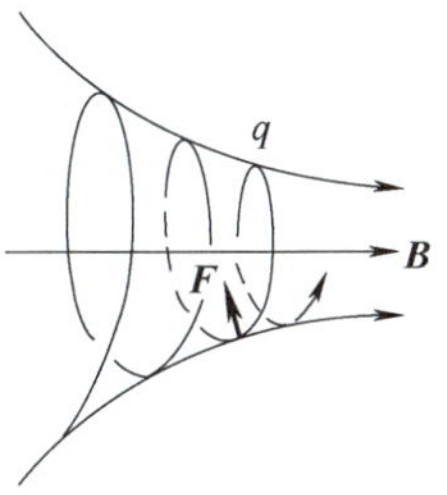

图　5-10

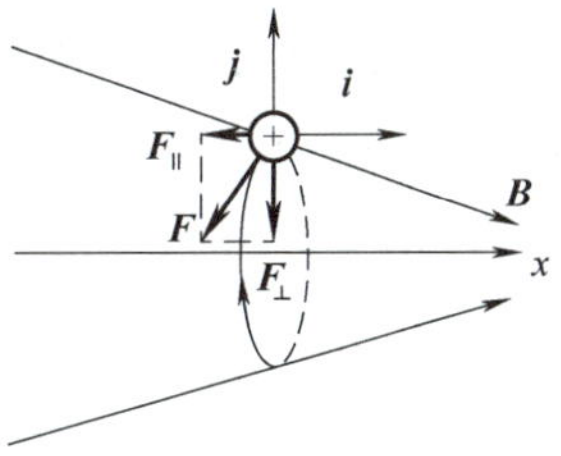

图　5-11

$v_{\parallel}$逐渐减小至零后，因为 $\boldsymbol{v}=v_{\parallel}\boldsymbol{i}+v_{\perp}\boldsymbol{j}$，洛伦兹力只改变粒子速度 $\boldsymbol{v}$ 的方向，而不改变 $\boldsymbol{v}$ 的大小。在$v_{\parallel}$变小的同时，$v_{\perp}$不断增大，与$v_{\perp}\boldsymbol{j}$ 垂直的$\boldsymbol{F}_{\parallel}$会迫使粒子向$-x$ 轴方向运动。粒子运动的变化类似于光线遇到了反射面一样，所以，通常将图 5-12 所描述的装置称为磁镜。

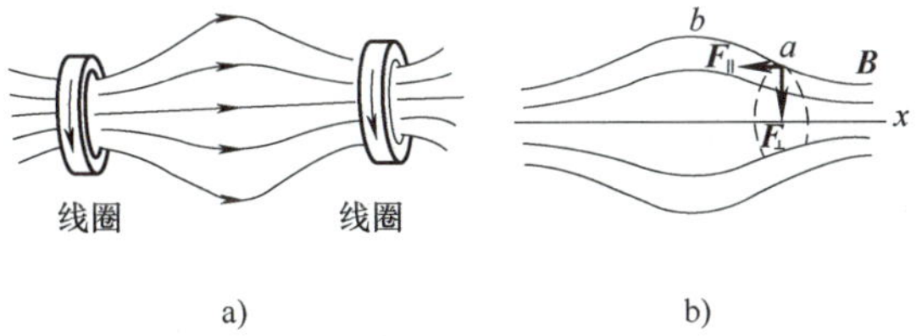

图　5-12

在磁镜装置中，当$v_{\parallel}$不太大的带电粒子由图 5-12b 的中间区域 b 进入磁场并沿 x 轴方向做螺旋运动时，按上述分析，在$\boldsymbol{F}_{\parallel}$的作用下，$v_{\parallel}$逐渐减小至零，之后，又在反向$\boldsymbol{F}_{\parallel}$作用下由右向左加速。此后当粒子经过 b 点时，场线稀疏表明磁场最弱，$\boldsymbol{F}_{\parallel}=0$，$v_{\perp}=0$，$v_{\parallel}$最大，按式（5-9），螺距最长。在继续向左运动过程中，又重新受到$\boldsymbol{F}_{\parallel}$的作用，但$\boldsymbol{F}_{\parallel}$的方向向右，反向运动的粒子也被减速，在遇到左端的强磁场后又被反射回来，沿 x 轴正向运动，如此反复。因此，这种装置可将纵向速度分量$v_{\parallel}$不很大的带电粒子，约束在两面磁镜之间往返运动，无法逃逸出去，这就是纵向磁约束。现代已将这种磁约束原理用于产生可控热核反应的研究中，如托克马克反应器，采用闭合环形磁约束结构。

地球是个大磁体，其磁场在地理南北极处强（约 6×10^{-5}T），赤道处弱（约 3×10^{-5}T），是一个天然磁镜。它俘获来自宇宙射线中的电子和质子，迫使它们在南北极之间围绕地磁场磁感应线往返做螺旋运动，只有极少数能达到地球的表面，这就是范·艾仑辐射带形成的原因。范·艾仑辐射带避免了人类遭受强宇宙射线的辐射。有时，太阳黑子活动会引起地磁场分布的变化，使范·艾仑辐射带的带电粒子部分在两极附近泄漏。光彩绚丽的极（地）光，就是这些漏出的带电粒子进入大气层，使气体激发和电离时产生的一种自然现象。近几年，对范·艾仑带的研究取得了新进展（本书略）。

二、带电粒子在电场和磁场中的运动

如果带电粒子运动的空间同时存在磁场和电场，则带电粒子不仅受到磁场力的作用，还将受到电场力的作用。两种作用力的合力为

练习 66

$$\boldsymbol{F}=q(\boldsymbol{E}+\boldsymbol{v}\times\boldsymbol{B}) \tag{5-10}$$

相对于式（5-3），可称式（5-10）为广义洛伦兹力公式，它是电磁学的基本公式之一。不论粒子的速度多大以及场是否稳恒不变，式（5-10）都是适用的（详见本章第五节）。

当带电粒子运动的速度 $v\ll c$ 时，可采用牛顿第二定律研究它的运动规律

$$\boldsymbol{F}=m\boldsymbol{a}=m\frac{\mathrm{d}\boldsymbol{v}}{\mathrm{d}t}$$

有

$$m\frac{\mathrm{d}\boldsymbol{v}}{\mathrm{d}t}=q(\boldsymbol{E}+\boldsymbol{v}\times\boldsymbol{B})$$

在质点力学中可以通过积分求解上式，利用初始条件可得运动电荷在已知电磁场 $\boldsymbol{E}$、$\boldsymbol{B}$ 中的运动轨迹。

一个特例是质谱仪，图 5-13 是质谱仪中离子速度选择器（也称滤速器）的原理示意图。在图中，P_1 和 P_2 两极板之间加一定的电压后，极板间形成匀强电场 $\boldsymbol{E}$。同时，在两极板之间还加一垂直于图面向外的匀强磁场，磁感应强度为 $\boldsymbol{B}_P$。当从离子源来的速度大小不一的离子（图中只画出一个），由上而下进入 P_1 和 P_2 两板之间的狭缝时，在电场和磁场的共同作用下，只能有某一种速度的离子能从狭缝中通过，故称为滤速器。这是为什么呢？现简要分析如下：

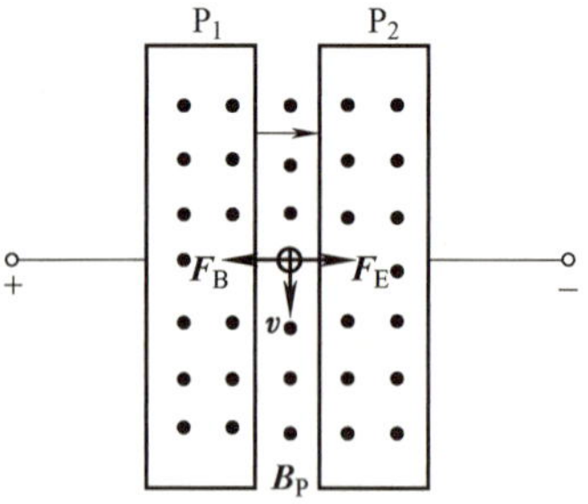

图　5-13

设进入 P_1 和 P_2 之间狭缝的正离子速度为 $\boldsymbol{v}$，它同时受到方向由左向右的电场力 $\boldsymbol{F}_E$ 和方向由右向左的磁场力 $\boldsymbol{F}_B$ 的作用，$\boldsymbol{F}_E$ 和 $\boldsymbol{F}_B$ 的大小分别为

$$F_E=qE;\ F_B=qv\,B_P$$

当离子所受两力的合力为零时，它的速度必满足下述关系：

$$v=\frac{E}{B_P}$$

此时，离子将保持匀速直线运动通过狭缝；如果离子速度大于或者小于 E/B_P，其运动方向就要发生偏转，不是碰到 P_1 板就是碰到 P_2 板而不能从狭缝射出。所以，凡能从狭缝射出的离子都具有候选的速度 $v=E/B_P$。（从电路角度考虑，碰极板上积累的电荷怎么办？）

三、霍尔效应

霍尔效应

上例是电场和磁场共同对运动带电粒子作用的一种实际应用。如果载流导体处于磁场中，那么，**载流导体**（或半导体）**中载流子**（载流子泛指导体中的自由电子、半导体中的电子与空穴等，半导体相关内容见第二卷）**的运动情况又会怎样呢**？以图 5-14 为例，对一块具有矩形截面的载流导体平板（宽为 d，高为 L）加一与电流方向垂直且恒定的匀强磁场 $\boldsymbol{B}$（用 x 轴单位矢量 $\boldsymbol{i}$ 表示 $\boldsymbol{B}$ 方向），

$$\boldsymbol{B}=B\boldsymbol{i}$$

板中电流 I 沿 y 轴方向。实验发现，在导体板的上下两侧面 a 与 b 之间将出现与电流和磁场方向均垂直（沿 z 轴负方向）的电场。1879 年，年仅 24 岁的研究生霍尔曾利用这种现象判断导体中自由电荷的极性，因而这种现象被称为霍尔效应，出现在 a 与 b 之间的电势差（V_a-V_b）称为霍尔电势差，且实验测得

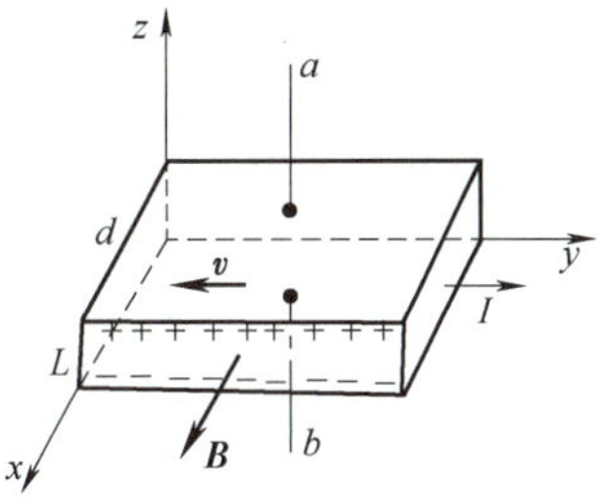

图　5-14

$$V_a-V_b=K\frac{IB}{d} \tag{5-11}$$

式中，K 为比例系数。

目前，霍尔效应已在工业生产和实验室中有多方面的应用，例如，测量磁感应强度、测量电路中的强电流等，还可以用来测量压力、转速，判别半导体材料的导电类型，确定载流子数密度与温度的关系，等等（可在专门实验中继续学习）。

问题是，从物理原理分析**这一效应是如何产生的呢？**现已“查明”，其微观机理归结为洛伦兹力的起电效应。下面在金属导电的经典电子论范畴内，对图 5-14 载流导体板中自由电子的运动进行分析。

什么是经典电子论呢？简略地说，假设导体中电流是由自由电子受电场作用定向漂移形成。所有自由电子具有相同的定向漂移速度 $\boldsymbol{v}$（图中 $\boldsymbol{v}=v(-\boldsymbol{j})$），所带电量为 $-e$，自由电子数密度为 n。在图 5-14 中，这些自由电子在垂直于电流方向的磁场中受洛伦兹力 $\boldsymbol{F}_m$ 的作用（用 z 轴单位矢量 $\boldsymbol{k}$ 表示为 $\boldsymbol{F}_m=-evB\boldsymbol{k}$）后，向负 z 方向偏转，结果是在沿 z 轴方向的两个侧面 a 与 b 上分别聚集了不同极性的电荷。聚集的这些正负电荷在 a 与 b 之间形成电场 $\boldsymbol{E}_H$，方向指向 z 轴负向，$\boldsymbol{E}_H=-E_H\boldsymbol{k}$。于是，后续做定向漂移的自由电子除受洛伦兹力作用外，还要受到静电力 $\boldsymbol{F}_H$ 作用，$\boldsymbol{F}_H=(-e)E_H(-\boldsymbol{k})$。当 z 轴方向上的两种力 $\boldsymbol{F}_m$ 与 $\boldsymbol{F}_H$ 达到平衡时，后续定向漂移的自由电子不再向负 z 方向偏转。此时，在 a、b 间出现了稳定的电势差，这就是霍尔电势差。利用式（5-10）有

$$-e(\boldsymbol{E}_H+\boldsymbol{v}\times\boldsymbol{B})=0$$

出现的电场强度 $\boldsymbol{E}_{\mathrm{H}}$（简称霍尔电场）按上式可得

练习67

$$\boldsymbol{E}_{\mathrm{H}}=\boldsymbol{B}\times\boldsymbol{v}=-Bv\boldsymbol{k} \tag{5-12}$$

因为，习惯上规定电路中正电荷 e 运动的方向为电流方向，则在图5-14中，类比式（3-45）定义的流量，电流 I 的大小就是单位时间穿过导体横截面（Ld）的电量，它与电子定向漂移速率 v 有下述关系（v 等效于正电荷定向漂移速度）：

$$I=eLdvn \tag{5-13}$$

由上式解得

$$v=\frac{I}{enLd} \tag{5-14}$$

将式（5-14）代入式（5-12），得

$$\boldsymbol{E}_{\mathrm{H}}=\frac{-1}{ne}\frac{IB}{Ld}\boldsymbol{k} \tag{5-15}$$

通常不直接测量 $\boldsymbol{E}_{\mathrm{H}}$，而是测量 a 与 b 间电势差。这个电势差与什么有关呢？在匀强电场 $\boldsymbol{E}_{\mathrm{H}}$ 中，利用电势差的一般表达式（4-41），图5-14中 a，b 间的电势差计算如下：

$$\begin{aligned}V_a-V_b&=\int_a^b\boldsymbol{E}_{\mathrm{H}}\cdot\mathrm{d}\boldsymbol{l}=\int_a^b\frac{1}{ne}\frac{IB}{Ld}(-\boldsymbol{k})\cdot\mathrm{d}l(-\boldsymbol{k})=-\int_b^a\frac{1}{ne}\frac{IB}{Ld}\mathrm{d}l=-\frac{1}{ne}\frac{IB}{d}\\&=K\frac{IB}{d}\end{aligned} \tag{5-16}$$

式（5-16）与式（5-11）完全吻合。式中，比例系数 $K=\dfrac{1}{n(-e)}$ 称为霍尔系数，对于电子，K 值一般为负（也有些金属如Be、Zn、Cd，K 值取正，原因略），它与导体中的自由电子数密度 n 成反比，是由导电材料性质决定的一个比例系数。金属导体的载流子数密度很大（数量级约为 $10^{23}\mathrm{cm}^{-3}$），因此，霍尔系数 K 和霍尔电势差都很小。半导体载流子数密度要比金属低得多（数量级如纯硅约为 $10^{10}\mathrm{cm}^{-3}$，杂质半导体约为 $10^{17}\mathrm{cm}^{-3}$），因此，利用半导体材料制成的各种霍尔元件已广为应用。

在发现霍尔效应100年之后的1980年，德国物理学家冯·克利清发现了量子霍尔效应。1982年，美国物理学家崔琦与斯托默、劳夫林又发现了分数量子霍尔效应。这些工作是凝聚态物理领域中20世纪末最重要的发现之一，因此，冯·克利清获得了1985年的诺贝尔物理学奖，崔琦等获得了1998年的诺贝尔物理学奖。2013年，我国学者又发现了不依赖于外来磁场，而由材料自发磁化产生的量子反常霍尔效应（详情略）。由于量子霍尔效应和分数量子霍尔效应的相关内容已超出本书要求范围，因此不多做介绍。

利用带电粒子在电场和磁场中运动的大型设备还有回旋加速器。回旋加速器是原子核物理、高能物理等实验研究的一种基本设备，图5-15a是它的结构示意图。图中 D_1 和 D_2 是密封在高度真空室中的两个半圆形盒，常称为D形电极。这是因为两电极与振荡器连接，在电极之间的缝隙处产生按一定频率变化的交变电场。把两个电极放在两个磁极之间，在图中垂直于D型电极的方向上有一恒定的均匀强磁场。如果带电粒子从粒子源进入两盒间缝隙中，粒子将被加速进入盒 D_2，见图5-15b。当粒子在盒内运动时，由于盒内空间没有电场，粒子的速率保持不变，但由于受到垂直方向磁场的作用，产生一数值恒定的向心加速度，粒子在盒内沿圆弧形轨道运动，根据式（5-5），轨道半径为

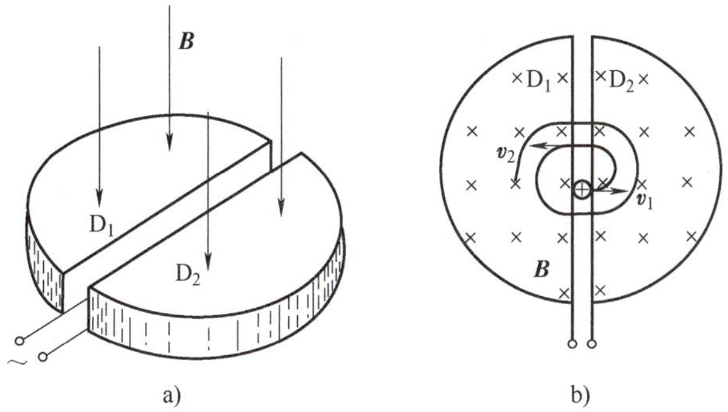

图　5-15

练习 68

$$R = \frac{v}{\frac{q}{m}B}$$

式中，v 是粒子进入盒内的速率；$\frac{q}{m}$是粒子的电荷质量比（简称荷质比）；B 是磁感应强度的大小。按式（5-6），粒子在这一半盒内运动所需的时间 t 是

$$t = \frac{T}{2} = \frac{\pi R}{v} = \frac{\pi}{\frac{q}{m}B}$$

由上式看到，t 的大小仅与粒子的荷质比和磁感应强度有关。当粒子运动速度远小于光速时，m 随速度的改变可以忽略不计（详见第二卷第十六章），t 是恒量。如果振荡器的频率 $\nu=\frac{1}{2t}$，那么当粒子从 D_2 盒出来通过缝隙时，控制缝隙中的电场恰好反向，粒子再次被加速，以更大的速率进入 D_1 盒（本书未给出速率与电场强度的关系），并在 D_1 盒内以较大半径做匀速圆周运动，经过相同的时间 t(s) 后，又回到缝隙并再次加速后进入 D_2 盒。所以，根据 t 与 v 无关的规律，粒子可以被一个选定频率的电源多次加速。随着加速次数的不断增加，轨道半径也随之逐渐增大，形成图 5-15b 中示意的螺旋线轨道。最后将粒子用致偏电极（脱离圆轨道）引出，获得高能粒子束，用于各种实验工作。如果在粒子被引出前最后一圈的半径为 R，按半径公式（5-5）可知，引出粒子的速度为

$$v = \frac{q}{m}BR$$

粒子的动能是

$$E_k = \frac{1}{2}mv^2 = \frac{q^2}{2m}B^2R^2$$

从轨道半径 R 的计算公式还可以看出，当粒子的速度增加时，可以用增加磁感应强度的方法来保持粒子的轨道半径不变。这样将回旋加速器中的磁极做成环形，从而节约原材料

和投资。为突破相对论效应的限制，采用同步回旋加速器（原理略），目前，欧洲最大的同步回旋加速器能加速质子的能量达 400GeV，美国最大的加速器粒子的能量已达 500GeV。

质谱仪也是应用带电粒子在电场和磁场中运动的规律而设计的贵重测量仪器，它的构造原理如图 5-16 所示。离子源 P 所产生的离子经过窄缝 S_1 和 S_2 之间的加速电场加速后，通过速度选择器进入均匀磁场 $\boldsymbol{B}_0$，在 $\boldsymbol{B}_0$ 作用下它们将沿着半圆运动，到达照相底片 A 上形成谱线。通过测量谱线到入口处 S_0 的距离 x 可以得到待测离子的质量，可以证明：与谱线上 x 处对应的离子质量为

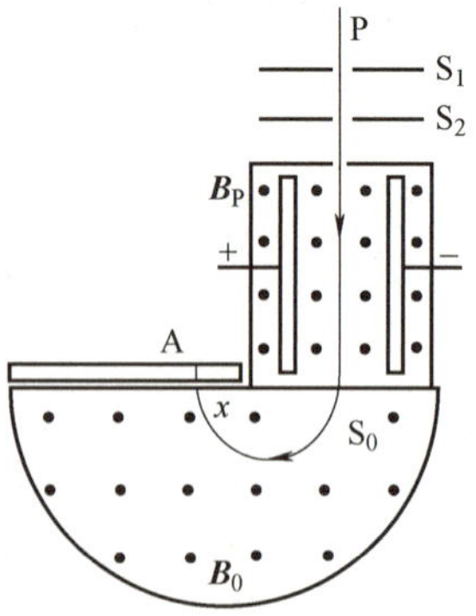

图 5-16

练习 69

$$m = \frac{qB_0B_Px}{2E}$$

因为通过速度选择器的离子速率为

$$v = \frac{E}{B_P}$$

被记录的离子谱线到入口处 S_0 的距离 x，等于离子在磁场 $\boldsymbol{B}_0$ 中做圆周运动的直径。于是，利用式（5-5），则

$$x = 2R = \frac{2mv}{qB_0} = \frac{2mE}{qB_0B_P}, \quad m = \frac{qB_0B_P}{2E}x$$

作为质谱仪，电场强度 $\boldsymbol{E}$ 和磁感应强度 $\boldsymbol{B}_P$、$\boldsymbol{B}_0$ 都是已知的。当每个离子所带的电量 q 相同时，由 x 的大小就可以确定离子的质量 m。通常的元素都有若干个质量不同的同位素，在上述质谱仪的感光片上会形成若干条不同谱线，由谱线的位置 x，可以确定同位素的质量；由谱线的黑度，可以确定同位素的相对含量。对测量结果做近似处理，质谱仪也可用于测原子核的质量。

四、应用拓展

1. 磁流体发电机

除了金属导体和半导体中能出现霍尔效应外，在导电流体中同样会产生霍尔现象。磁流体发电机应用的就是导电流体的霍尔效应。如图 5-17 中，将某种气体加热到很高的温度（3×10^3K）使之电离为正、负离子，好比太空舱返回大气层时，由于摩擦力所产生的高温会电离空气一样，并设法将这种离子气喷射通过两平行金属板中间，正负离子在横向磁场中受到方向相反的洛伦兹力作用，分别向上下金属板偏转，这对金属板就成为聚集两种电荷的电极。若能不断提供高速的离子气，这一装置便可连续不断地输出电能，这就是磁流体发电的物理原理。磁流体发电省去了常规发电机的机械转动部分，免去了能量的机械摩擦损耗，因而可以提高效率。不过，由于尚有些技术问题有待解决，所以磁流体发电目前还未能实际应用。

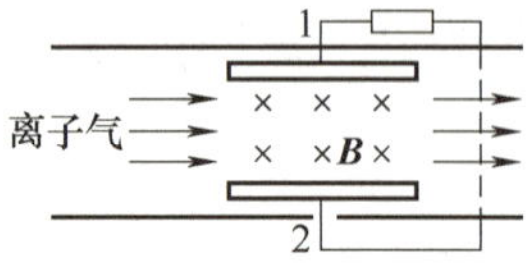

图 5-17

2. 霍尔电流传感器

根据霍尔效应可制作成直放式电流传感器、磁平衡式电流传感器、霍尔电压传感器和交流电流传感器。下面以直放式电流传感器为例，介绍传感器测量电流的过程。参考图 5-18，当原边电流 I_p流过长直导线时，在周围空间产生一正比于该电流的磁场，将一有气隙的环状磁介质（磁芯）如图放置在通电直导线周围，磁场聚集在磁芯内，霍尔元件放入磁芯的气隙中会产生霍尔效应，从霍尔元件输出的霍尔电压经运算放大器放大后被测量出来，便可根据式（5-11）计算出霍尔元件所在处的磁感应强度，再根据磁感应强度与电流之间关系，计算出待测电流的大小。这是一种间接测量电流的方法，经历了电-磁-电的绝缘隔离转换，具有测量范围广、响应速度快、测量精度高、动态性能好等优点。

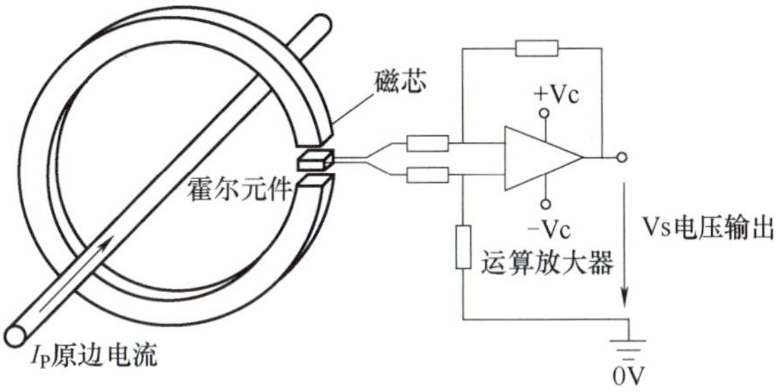

图 5-18

第四节 磁场对载流导线的作用

一、安培定律

本章第一节的图 5-1b 描述了载流导线在磁场中受磁场力作用的实验，它也可作为探测磁场存在的基本方法来确定磁感应强度。上一节从磁场对导体板中定向漂移自由电子的作用出发解释了霍尔效应。它提示人们，磁场对载流导线的作用是不是也可以用磁场对定向漂移自由电子的作用来解释呢？宏观上，磁场中载流导体所受到的作用力称为安培力。这是因为，安培于 1820 年经过实验研究，采用归纳法总结出了磁场力的规律。一般来说，载流导线的形状各异，它们在磁场中所受的作用力肯定与形状有关。如何寻找一个既与导线形状无关，又可用于计算不同形状载流导线的普适受力公式呢？这不能不说是理论层面上一个重大挑战。为此，本节采用元分析法，想象一下，将任意形状载流导线分割成 N 段线元，每段线元短到可看成直线段，所在处磁场可看成匀强磁场，找出其中任一线元在磁场中受力的计算公式，然后对 N 个线元受力求矢量和并取极限做积分，原则上可求得载流导线在磁场中所受的安培力。以图 5-19 中载流线元 $\mathrm{d}l$ 所受磁场作用为例，本书利用洛伦兹力公式先计算线元 $\mathrm{d}l$ 中一个自由电子定向漂移所受磁场的作用，然后对 $\mathrm{d}l$ 中所有自由电子受力求矢量和，导出载流线元受力的表达式。

为此，在图 5-19 中取坐标系，并将电流为 I 的载流导线上任一长为 $\mathrm{d}l$、横截面积为 S 的小段 $\mathrm{d}\boldsymbol{l}$ 定义为线元矢量，方向就是电流 I 的方向，载流线元矢量有一专有名称，叫作电流元，记为 $I\mathrm{d}\boldsymbol{l}$。这是因为 $I\mathrm{d}\boldsymbol{l}$ 在磁场中受力以及由它产生的磁场（下一节），不仅与 I 有关，同时还与 $\mathrm{d}\boldsymbol{l}$ 有关。如何找到图 5-19 中 $I\mathrm{d}\boldsymbol{l}$ 在磁场中的受力公式呢？首先在电流元 $I\mathrm{d}\boldsymbol{l}$ 范围内，可视外磁场 $\boldsymbol{B}$（$-x$ 方向）是匀强磁场。然后采用分析霍尔效应的方法，设电流元中自由电子数密度为 n，定向漂移速率为 $v(-y$ 方向)，则电流元中自由电子总数 $\mathrm{d}N=nS\mathrm{d}l$。按式（5-3），在图 5-19 的电流元中一个电子受外磁场的洛伦兹力为

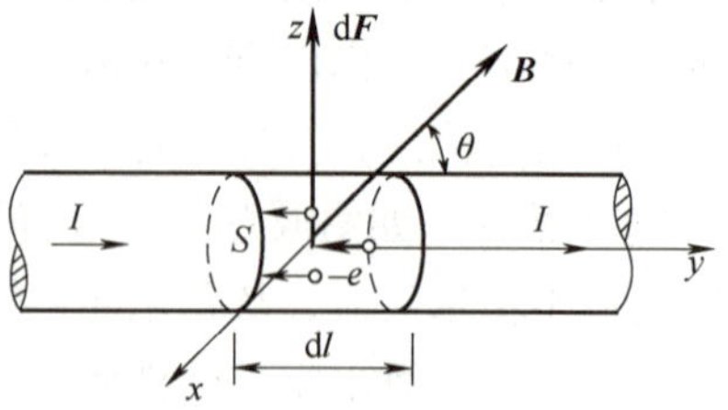

图 5-19

练习 70

$$\boldsymbol{F}_1=-ev(-\boldsymbol{j})\times B(-\boldsymbol{i})$$

方向朝 z 轴正方向（$\boldsymbol{k}$）（图中未画出）。平均来看，每个电子受力相同，则由 $\mathrm{d}N$ 个自由电子组成的点电荷系所受洛伦兹力的矢量和 $\mathrm{d}\boldsymbol{F}$ 为

$$\mathrm{d}\boldsymbol{F}=\boldsymbol{F}_1\mathrm{d}N=-e(\boldsymbol{v}\times\boldsymbol{B})nS\mathrm{d}l \tag{5-17}$$

按式（5-13），导线中的电流可表示为

$$I=enSv$$

由于以电流方向表示线元矢量 $\mathrm{d}\boldsymbol{l}$ 的方向，在图 5-19 中线元矢量方向（$\boldsymbol{j}$）与电子定向漂移速度方向（$-\boldsymbol{j}$）有如下重要关系，即

$$v\mathrm{d}\boldsymbol{l}=-\boldsymbol{v}\mathrm{d}l \tag{5-18}$$

则电流元可表示为

$$I\mathrm{d}\boldsymbol{l}=enSv\mathrm{d}\boldsymbol{l}=-enS\boldsymbol{v}\mathrm{d}l \tag{5-19}$$

将式（5-19）代入式（5-17），得

$$\mathrm{d}\boldsymbol{F}=I\mathrm{d}\boldsymbol{l}\times\boldsymbol{B} \tag{5-20}$$

式（5-20）称为安培力公式，或安培定律，文字表述为：放在磁场中任一点 P 处的电流元 $I\mathrm{d}\boldsymbol{l}$ 所受的力 $\mathrm{d}\boldsymbol{F}$，其大小与电流元的大小成正比，与 P 点处的磁感应强度 $\boldsymbol{B}$ 的大小以及 $\mathrm{d}\boldsymbol{l}$ 与 $\boldsymbol{B}$ 之间夹角的正弦成正比，方向按右手螺旋法则确定（见图 5-20），$\mathrm{d}\boldsymbol{F}$ 与载流导线受力统称为安培力。

式（5-20）的重要意义在于：它描述了磁场作用于与载流导线形状无关的电流元 $I\mathrm{d}\boldsymbol{l}$ 的普遍规律。由于孤立电流元并不存在，无法用实验直接证明式（5-20）。但是，将它用于计算各种形状的载流导线在磁场中所受的力（或力矩）时，结果都与实验相符合，这也就间接证明了式（5-20）的正确性与普适性。

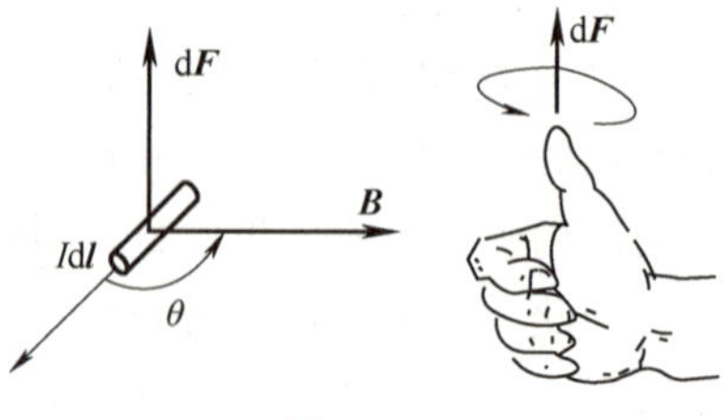

图 5-20

如何利用式（5-20）计算任意形状载流导线（或闭合回路）在外磁场中所受的安培力呢？简单地说，就是要按元分析方法，对式（5-20）求矢量积分

$$\boldsymbol{F}=\int_{(L)}\mathrm{d}\boldsymbol{F}=\int_{(L)}I\mathrm{d}\boldsymbol{l}\times\boldsymbol{B} \tag{5-21}$$

如何计算式（5-21）这一矢量积分呢？与静电学中处理矢量积分式（4-11）的方法相同，首

先，在所取电流元 $I\mathrm{d}\boldsymbol{l}$ 上建直角坐标系将 $\mathrm{d}\boldsymbol{F}$ 分解，之后积分过程中注意确定积分变量和积分上、下限等。下面将对此举例介绍。

【例 5-1】　如图 5-21 所示，半径为 R 的半圆形导线放在均匀磁场 $\boldsymbol{B}$ 中，导线所在平面与 $\boldsymbol{B}$ 垂直，当导线中通以电流 I（顺时针方向）时，求半圆形导线所受的安培力。

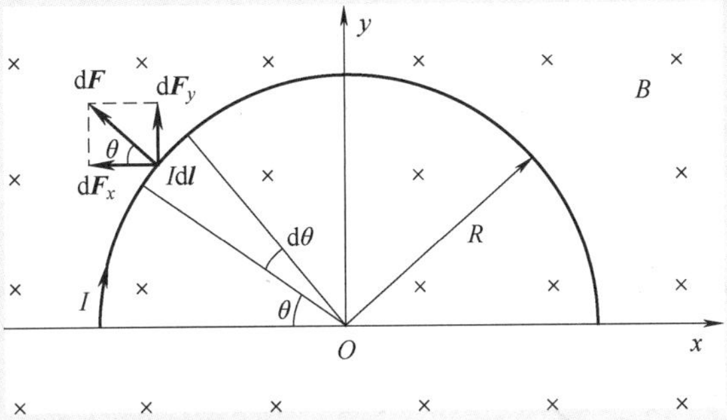

图　5-21

例 5-1

【分析与解答】　该题需应用安培定律。

考虑到安培力是矢量，积分前需要先分解，所以先建立如图 5-21 所示的坐标系。

在半圆形导线上任取一电流元 $I\mathrm{d}\boldsymbol{l}$，根据安培定律 $\mathrm{d}\boldsymbol{F}=I\mathrm{d}\boldsymbol{l}\times\boldsymbol{B}$ 可得其所受安培力，大小为 $\mathrm{d}F=BI\mathrm{d}l$，方向如图 5-21 所示，可分解为

$$\mathrm{d}F_x = \mathrm{d}F\cos\theta = BI\mathrm{d}l\cos\theta$$

$$\mathrm{d}F_y = \mathrm{d}F\sin\theta = BI\mathrm{d}l\sin\theta$$

因半圆形载流导线上关于 y 轴左右对称的一对长度相等的电流元所受的安培力的 x 轴分量大小相等、方向相反，整个载流导线总能关于 y 轴对称地取电流元，所以 x 轴分量求和结果为零。只需对 y 方向分量积分

$$F = \int \mathrm{d}F_y = \int_0^{\pi R} BI\sin\theta\mathrm{d}l = \int_0^{\pi} BIR\sin\theta\mathrm{d}\theta = 2BIR$$

合力 $\boldsymbol{F}$ 的方向沿图中 y 轴正方向。

由此可见，均匀磁场中半圆形载流导线所受的安培力，恰好与同一均匀磁场中有相同起点与终点的载流直导线所受的力相等。这一相等关系并非偶然，例 5-2 将对任意非半圆形状的载流导线所受安培力进行分析。

【例 5-2】　计算如图 5-22 所示的载流导线 I 在均匀磁场 $\boldsymbol{B}$ 中所受的安培力。

【分析与解答】　该题也是考察安培定律的应用。

建立如图 5-22 所示的坐标系，在导线上任取一电流元 $I\mathrm{d}\boldsymbol{l}$，根据安培定律 $\mathrm{d}\boldsymbol{F}=I\mathrm{d}\boldsymbol{l}\times\boldsymbol{B}$ 可得其所受安培力的大小为 $\mathrm{d}F=BI\mathrm{d}l$，受力方向与分解见图 5-22 上部的分析图，有

$$\mathrm{d}F_x = \mathrm{d}F\sin\theta = BI\mathrm{d}l\sin\theta = BI\mathrm{d}y$$

$$\mathrm{d}F_y = \mathrm{d}F\cos\theta = BI\mathrm{d}l\cos\theta = BI\mathrm{d}x$$

因此

$$F_x = \int \mathrm{d}F_x = \int_0^0 BI\mathrm{d}y = 0$$

$$F_y = \int \mathrm{d}F_y = \int_0^l BI\mathrm{d}x = BIl$$

所以，$F=F_y$，方向沿图中 y 轴正方向。由此可见，与例 5-1 结果一样，均匀磁场中载流导线所受的安培力与有相同起点与终点的载流直导线所受的力相等。

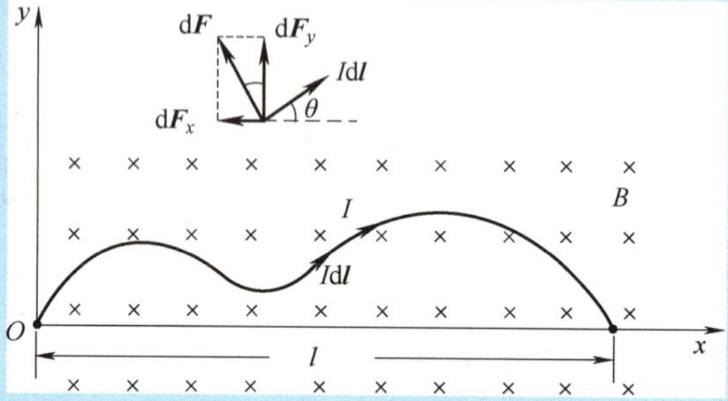

图 5-22

可以推断，任意形状的载流导线在均匀磁场中所受的安培力，都等于连接导线两端的直导线通以相同电流时所受的安培力。如果线圈闭合的话，在均匀磁场中所受的磁场力为零。

磁场中载流线圈的受力

二、磁场对载流平面线圈的作用

磁电式电流计和直流电动机内都放置有线圈，利用的就是磁场能施力矩于载流导线圈的物理原理。但从上两例中任意形状载流导线受力与连接两端载流直线受力相等可以推断，匀强磁场中平面载流线圈所受合力为零。这样一来，一个在磁场中受合力为零的载流平面线圈为什么可以旋转呢？电动机、磁电式电流计等电器与仪表工作的物理原理是什么呢？下面以单匝刚性平面矩形线圈为例进行分析。

1. 矩形平面载流线圈

如图 5-23a 所示，在匀强磁场中有一可绕 $O'O''$轴自由转动的刚性矩形线圈 $ABCD$，边长分别为 $AB=CD=l_1$，$BC=DA=l_2$。规定：线圈平面法向单位矢量 $\boldsymbol{e}_\mathrm{n}$的正方向与线圈中的电流方向遵守右手螺旋关系。当线圈通以电流 I 后，一般它就会绕轴旋转。促使线圈由静止到旋转的力矩是什么呢？为方便分析，在图 5-23a 中取直角坐标系 $Oxyz$，当 $\boldsymbol{e}_\mathrm{n}$与 $\boldsymbol{B}$（y 轴）成任一角度 θ 时，则按高中物理或式（5-21）判断：AD 边和 BC 边所受安培力始终处于线圈平面内且沿 z 轴，大小相等、方向相反，使线圈在 z 轴方向上下受拉或受压，对于刚性线圈模型可不必考虑其仅使线圈发生形变的作用。同理，因图中 AB 边和 CD 边与 z 轴平行，即与磁场 $\boldsymbol{B}$（y 轴）垂直，这两对边在匀强磁场中所受的安培力 $\boldsymbol{F}_{AB}$和 $\boldsymbol{F}_{CD}$大小相

等，即

$$F_{AB}=F_{CD}=Il_1B$$

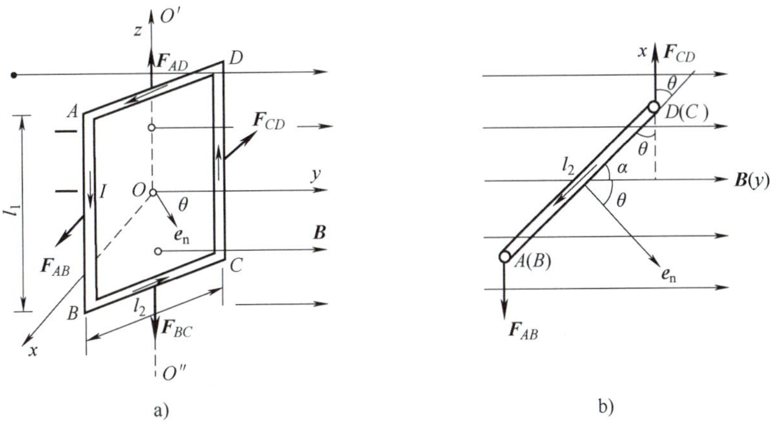

图 5-23

如何判断两边受力的方向是一个难点。为破解这一难点，在图 5-23a 中的直角坐标系中运用右手螺旋法则，不论 AB 边与 CD 边旋转到何位置，按 d$\boldsymbol{F}$ 总是要垂直 $I\text{d}\boldsymbol{l}$ 与 $\boldsymbol{B}$ 构成的平面这一规律，$\boldsymbol{F}_{AB}$与 $\boldsymbol{F}_{CD}$两力总是平行于 x 轴且方向相反，两力对线圈作用的合力为零，线圈不发生平移。但这一对大小相等、方向相反的两力对 z 轴构成一个力偶（类比图 1-14 对方向盘的操作），为改变线圈转动状态提供了力偶矩（又称磁力矩）（见俯视图 5-23b），为计算这个力矩，可用第一章第三节中式（1-51）$\boldsymbol{M}=\boldsymbol{r}\times\boldsymbol{F}$ 计算此力偶矩的大小$\left(\text{注意图中未示出的 } r=\dfrac{l_2}{2}\right)$为

练习 71

$$M=F_{AB}\frac{l_2}{2}\sin\theta+F_{CD}\frac{l_2}{2}\sin\theta \tag{5-22}$$

$$=F_{AB}l_2\sin\theta=BIl_1l_2\sin\theta=BIS\sin\theta$$

式中，$S=l_1l_2$是线圈平面的面积。为了表示以上力矩的方向，利用式（3-47）取 $\boldsymbol{S}=S\boldsymbol{e}_n$（$\boldsymbol{e}_n$ 与线圈中电流构成右螺旋关系），式（5-22）可改写为下述矢量积形式：

$$\boldsymbol{M}=I\boldsymbol{S}\times\boldsymbol{B} \tag{5-23}$$

式中，I 是平面载流线圈中的电流；$\boldsymbol{S}$ 是平面线圈面积（矢量表示）。在由式（5-23）展示的物理规律中 I 与 $\boldsymbol{S}$ 两量相依相伴，缺一不可，却与线圈形状无关。因而，物理学称 $I\boldsymbol{S}$ 为线圈的磁矩。磁矩是一个描述载流平面线圈磁学性质特征的物理量，记为 $\boldsymbol{m}$，即

$$\boldsymbol{m}=IS\boldsymbol{e}_n=I\boldsymbol{S} \tag{5-24}$$

用式（5-24）表示式（5-23）有

$$\boldsymbol{M}=\boldsymbol{m}\times\boldsymbol{B} \tag{5-25}$$

通常电动机中绕组（线圈）有 N 匝，因为每一匝线圈所受力矩相同，因而将 N 匝所受力矩求和（N 倍）：

$$\boldsymbol{M}=NIS\boldsymbol{e}_n\times\boldsymbol{B} \tag{5-26}$$

式（5-25）源于式（1-51），两式等价。不过，在具体计算时，式（5-25）与式（5-26）会更为方便（为什么?）。

下面用图 5-24 描述处于均匀磁场中不同方位的载流平面线圈所受磁力矩作用时的平衡性质。在各种情况下，磁力矩都力图使线圈的磁矩 $\boldsymbol{m}$ 转到 $\boldsymbol{B}$ 的方向达到稳定平衡状态（$\boldsymbol{M}=0$），表明磁场对磁矩有一种取向作用。本书第二卷讨论顺磁质磁化时（附加磁场与外磁场方向相同）将应用到这一原理。在工程技术中，利用磁场对载流线圈的力矩作用，可制成各种电动机和电流计等；有些教科书则利用式（5-25）与图 5-24 所示的载流线圈在磁场中的转动特性来探测磁场，并用之作为量度 $\boldsymbol{B}$ 的方法之一。

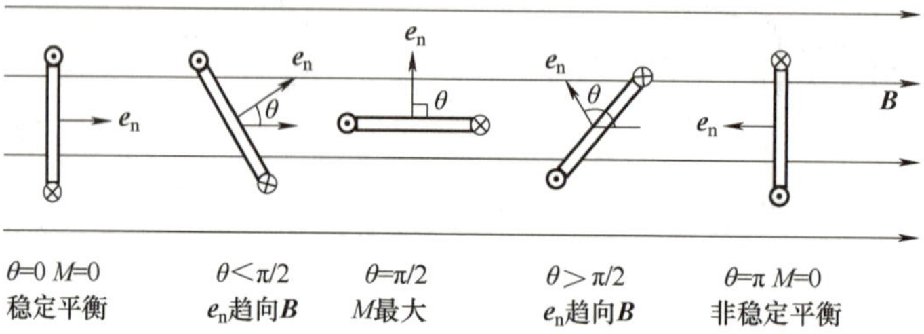

图 5-24

2. 任意形状的载流平面线圈

可以证明，式（5-25）和式（5-26）不仅可用于平面矩形线圈，而且也可用于匀强磁场中如图 5-25 所示的任意形状的平面线圈。这一论断可以按以下思路证明。设想用如图所示的一系列平行线将线圈面积分成许多窄条（类似于用定积分求面积的方法），由于窄条很窄，故每一窄条都可近似看成载流矩形平面线圈。所以，磁场对整个线圈的力矩，也就等于磁场对每一狭长矩形线圈力矩之和，其中，每两个相邻矩形线圈的公共边上的电流方向相反，电流效应相互抵消。

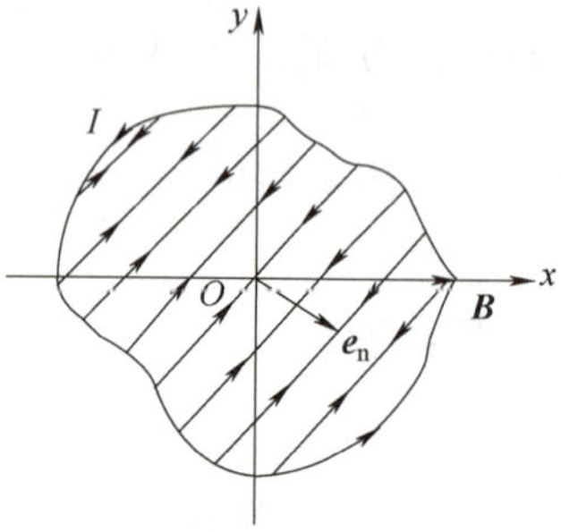

图 5-25

具体数学计算过程不再列出，书后列出的有关电磁学的参考书中有详细介绍。不过，这一方法在第十三章图 13-6 中还要用。

三、应用拓展

1. 磁电式电流计

实验室曾大量使用的指针式安培计和伏特计大多是由磁电式电流计改装而成的，它的基本结构如图 5-26 所示。磁电式电流计的磁场由磁铁产生，在空气隙内放有用细漆包线绕成的可绕固定轴转动的线圈，测量原理正是使用了磁场能施力矩于载流线圈。

当有电流通过线圈时，由于磁场的作用，线圈受到磁力矩作用转动，转动的线圈将游丝卷紧，卷紧的游丝给线圈施加一个与转角成正比的回复力矩。当线圈受到的转动力矩（磁力矩）与游丝施加给线圈的回复力矩平衡时，线圈停止转动。此时，从指针所示位置来测量电流。

2. 电磁轨道炮

电磁炮是利用电磁发射技术制成的先进动能杀伤武器。根据结构和原理的不同，可分为线圈炮、轨道炮、重接炮。电磁轨道炮是电磁炮中最常见的一类，它由法国人维勒鲁伯于1920年发明，基本构造如图5-27所示，由电源、高速开关、加速装置、炮弹四部分组成。电磁轨道炮的枪管内有两条平行的存在一定间隙的金属轨道，弹丸放置在两轨道之间，形成一个闭合电路。当电磁轨道炮的电源向轨道中注入高压电流时，电流从一根导轨流入经滑块从另一导轨流回时，在两导轨之间产生强大的磁场，磁场对弹丸施加一个巨大的推力，使其沿着轨道加速前进，直至脱离轨道飞向目标。我国已经成功研制了一款可以连续发射120发炮弹且出膛速度超过2000m/s的电磁轨道炮样机。

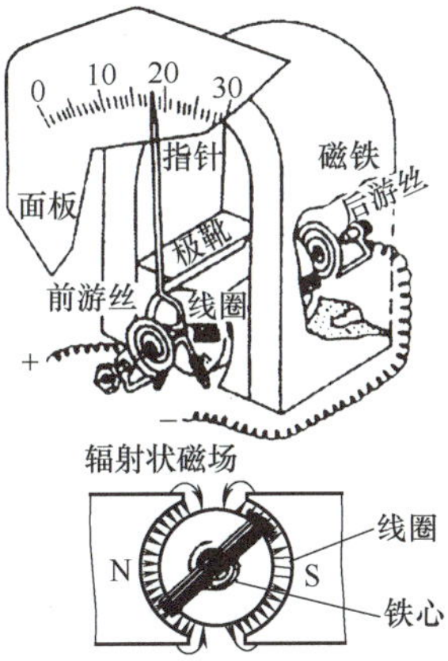

图　5-26

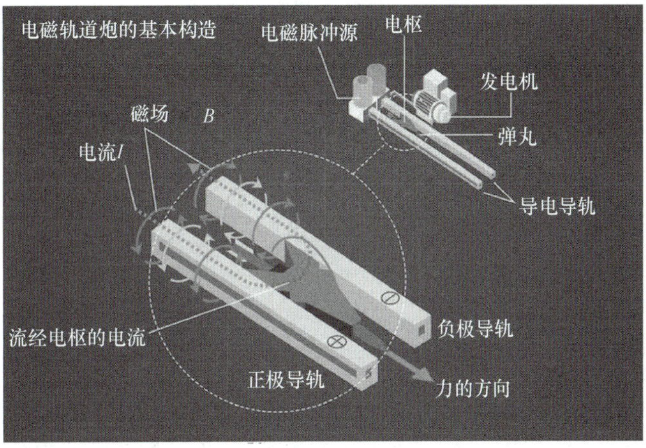

图　5-27

与传统的大炮将火药燃气压力作用于弹丸不同，电磁轨道炮是利用电磁系统的安培力作用于发射弹丸，具有速度快、精度高、射程远、威力大、弹丸装载量大、不易受干扰等突出优点。电磁轨道炮在军事上既可以用做杀伤武器、反导武器、战略武器，也可以民用，用于发射卫星、探测小行星或清除太空垃圾、发射货物、科学仪器、医疗物资等。据报道，我国自主研发的消防用电磁炮已完成试射，这款电磁炮将成为森林消防的灭火利器。

第五节　毕奥-萨伐尔定律

前面几节已详细介绍了磁场对运动电荷、载流导线以及载流线圈的作用，这几种作用都可以用于检测磁场，但理论上如何计算磁感应强度呢？本节主要以电流的磁场为研究对象，介绍与电流伴存磁场的计算原理与方法，也进一步明确电流是产生磁场的源的道理。

一、毕奥-萨伐尔定律的内容

回顾上一节介绍安培定律时，关键是采用了电流元矢量$I\mathrm{d}\boldsymbol{l}$模型，因为磁场对电流元$I\mathrm{d}\boldsymbol{l}$作用的微分形式刻画了磁场对载流导线作用的普遍规律。1819年，在奥斯特发现了电和磁之间的联系后，经过毕奥、萨伐尔、安培及拉普拉斯等人的实验与理论研究，得到了与电流元 $I\mathrm{d}\boldsymbol{l}$ 相伴存磁场的磁感应强度计算公式（导出过程复杂）。与任意形状载流导线伴存的磁场，就等于组成载流导线的所有电流元伴存磁场的矢量和。如何计算与电流元伴存磁场中任意场点的磁感应强度呢？为此，以图5-28a为例，在电流为 I 的载流回路（M）上取一电流元 $I\mathrm{d}\boldsymbol{l}$，将由电流元（$\mathrm{d}\boldsymbol{l}$ 很短）指向空间任一场点 P 的矢径记为 $\boldsymbol{r}$，$I\mathrm{d}\boldsymbol{l}$ 与 $\boldsymbol{r}$ 之间的夹角记为 θ。理论研究结果是，真空中与电流元 $I\mathrm{d}\boldsymbol{l}$ 相伴存的磁场在点 P 的磁感应强度 $\mathrm{d}\boldsymbol{B}$ 由下式决定：

$$\mathrm{d}\boldsymbol{B} = k\frac{I\mathrm{d}\boldsymbol{l}}{r^3}\times\boldsymbol{r} \tag{5-27}$$

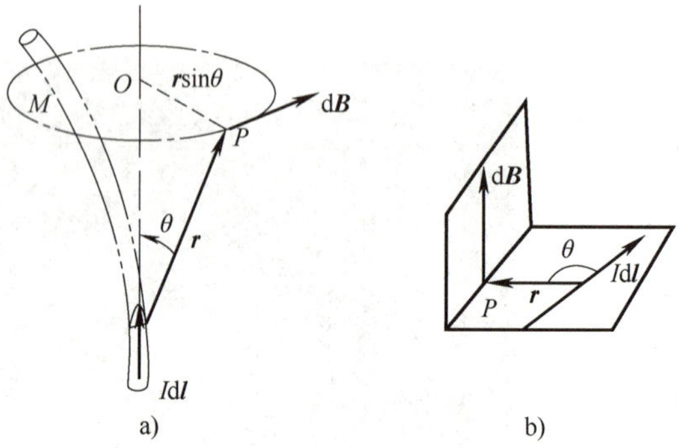

图 5-28

此式被称为毕奥-萨伐尔定律，比例系数 k 的值与式中各量的单位选择有关。在SI中，$k=10^{-7}\mathrm{N\cdot A^{-2}}$。与库仑定律中比例系数一样，通常把 k 用另一个称为真空磁导率 μ_0 的常数来表示（方便后续公式表述），它们的关系为

$$k=\frac{\mu_0}{4\pi}$$

$\mu_0 = 4\pi\times10^{-7}\mathrm{H\cdot m^{-1}}$，H称为亨利，$1\mathrm{H\cdot m^{-1}}=1\mathrm{T\cdot m\cdot A^{-1}}$。

引入 μ_0 后，毕奥-萨伐尔定律可用下式表示为

$$\mathrm{d}\boldsymbol{B} = \frac{\mu_0}{4\pi}\frac{I\mathrm{d}\boldsymbol{l}}{r^3}\times\boldsymbol{r} \tag{5-28}$$

式（5-28）又是一个矢量积，矢量积 $\mathrm{d}\boldsymbol{B}$ 的方向由右手螺旋法则判断。与前述各章采用的右手螺旋法则相同，先将右手四指并拢指向第一个矢量 $I\mathrm{d}\boldsymbol{l}$，经小于 π 的角度握拳转向第二个矢量 $\boldsymbol{r}$，与四指相垂直的拇指的指向就表示了 $\mathrm{d}\boldsymbol{B}$ 的方向（见图5-28b）。按矢量积规则，$\mathrm{d}\boldsymbol{B}$ 的大小为

$$\mathrm{d}B = \frac{\mu_0}{4\pi}\frac{I\mathrm{d}l\sin\theta}{r^2} \tag{5-29}$$

由于恒定电路总是闭合的，电流元不能孤立存在，因此，式（5-28）既不能直接从实验得出，也不能用实验直接验证。对此需要补充说明以下几点：

1）式（5-28）是在毕奥、萨伐尔等人实验工作的基础上，经数学家拉普拉斯研究和分

析抽象出来的，这种实验加理论抽象的研究实践是极其重要的研究方法之一。

2）在静电学中，电荷连续分布的带电体的电场遵守电场叠加原理，大量实验证明，磁场也和电场一样遵守叠加原理。为计算任意形状载流导线的磁场，仍可采用元分析法，先想象将任意形状的载流导线分割成（离散化）许多电流元，每一电流元在空间产生的磁场由式（5-28）计算，之后利用磁场叠加原理将所有电流元在场点 P 的磁场求和取极限，最后对式（5-28）求矢量积分，如

$$\boldsymbol{B}=\int \mathrm{d}\boldsymbol{B}=\int \frac{\mu_0}{4\pi}\cdot\frac{I\mathrm{d}\boldsymbol{l}\times\boldsymbol{r}}{r^3} \tag{5-30}$$

3）式（5-28）与式（5-20）是稳恒磁场的两个基本实验定律。将它们应用于各种形状导线的计算，结果都与实验符合得很好，这就间接证明了它们的正确性，同时也证明了 $\boldsymbol{B}$ 和 $\boldsymbol{E}$ 一样，也遵守叠加原理。

【例 5-3】 计算载流直导线周围 P 点的磁场。设直导线所通电流为 I，场点 P 距离直导线的垂直距离为 a。

【分析与解答】 该题应用毕奥-萨伐尔定律和磁场叠加原理。

考虑到磁感应强度是矢量，积分前需要先分解，所以先建立如图 5-29 所示的坐标系，沿载流直导线建立 y 轴，过 P 点作直导线的垂线作为 x 轴。

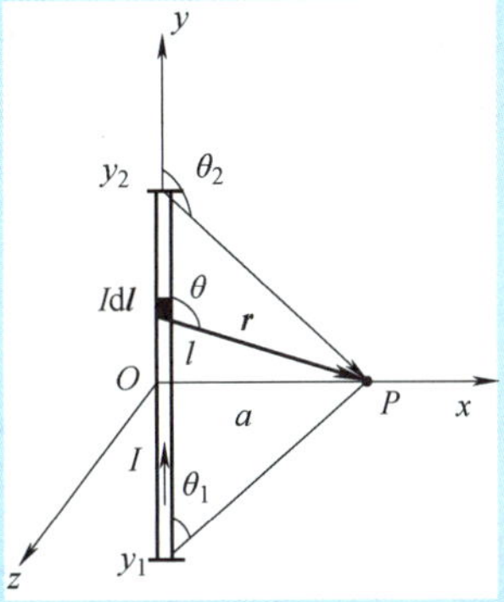

图 5-29

例 5-3

在载流导线上任取电流元 $I\mathrm{d}\boldsymbol{l}$，根据公式（5-28）得与它伴存磁场的磁感强度 $\mathrm{d}\boldsymbol{B}$ 大小为

$$\mathrm{d}B=\frac{\mu_0 I\mathrm{d}l}{4\pi r^2}\sin\theta$$

方向沿 z 轴负向（$-\boldsymbol{k}$），各电流元在 P 点产生的磁感强度 $\mathrm{d}\boldsymbol{B}$ 的方向均一致，所以直导线在 P 点产生的总磁场为

$$B=\int \mathrm{d}B=\int_{y_1}^{y_2}\frac{\mu_0 I\mathrm{d}l}{4\pi r^2}\sin\theta$$

对不同电流元，式中 l、r、θ 均为变量，由图 5-29 得，$l=a\tan(\pi-\theta)=-a\tan\theta$，$r=a/\sin\theta$，$\mathrm{d}l=a\csc^2\theta\mathrm{d}\theta$，统一积分变量，代入上式

$$B=\int_{\theta_1}^{\theta_2}\frac{\mu_0 Ia\csc^2\theta\mathrm{d}\theta}{4\pi a^2/\sin^2\theta}\sin\theta=\int_{\theta_1}^{\theta_2}\frac{\mu_0 I}{4\pi a}\sin\theta\mathrm{d}\theta=\frac{\mu_0 I}{4\pi a}(\cos\theta_1-\cos\theta_2) \tag{5-31}$$

磁场方向沿 z 轴负向。

讨论：1）对于无限长载流直导线，$\theta_1=0$，$\theta_2=\pi$，则

$$B=\frac{\mu_0 I}{2\pi a} \tag{5-32}$$

可见，长直载流导线周围任一点 P 的磁感应强度 $\boldsymbol{B}$ 的大小与该点到导线的垂直距离 a 成反比，与电流 I 成正比，方向与电流方向满足右手关系。毕奥和萨伐尔最先由实验得出这一结论，式（5-32）可作为一个公式直接应用。

2）对于载流直导线延长线或反向延长线上的场点 P，式（5-28）中 $\theta=0$ 或 $\theta=\pi$，所以每个电流元产生的 $\mathrm{d}B=0$，直导线在 P 点的磁场 $B=\int\mathrm{d}B=0$。

【例 5-4】　计算半径为 R、电流为 I 的圆导线在中心轴线上 P 点的磁感强度。

【分析与解答】　该题应用毕奥-萨伐尔定律和磁场叠加原理。

因 $\mathrm{d}\boldsymbol{B}$ 是矢量，积分前需要先分解，所以先建立如图 5-30 所示的坐标系，考虑到电流关于中心轴线对称，磁场也关于中心轴线对称，垂直于中心轴线的分量和为零，只需对沿中心轴线的分量积分。

在载流导线上取电流元 $I\mathrm{d}\boldsymbol{l}$，根据公式（5-28）得与它伴存磁场的磁感强度 $\mathrm{d}\boldsymbol{B}$ 的大小为

$$\mathrm{d}B=\frac{\mu_0 I\mathrm{d}l}{4\pi r^2}$$

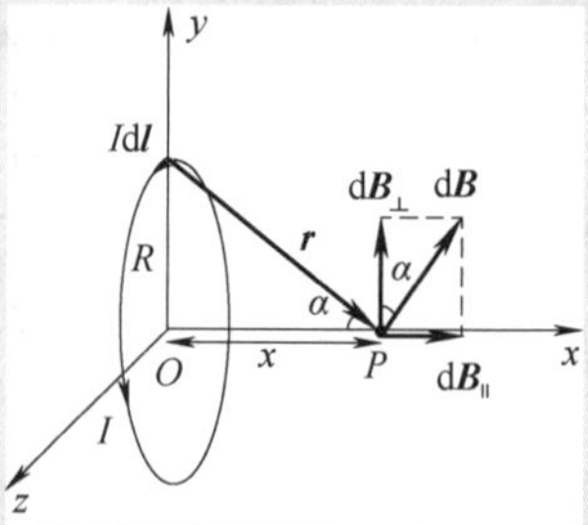

图 5-30

把 $\mathrm{d}\boldsymbol{B}$ 分解为轴向分量 $\mathrm{d}\boldsymbol{B}_{\parallel}(\boldsymbol{i})$ 与横向分量 $\mathrm{d}\boldsymbol{B}_{\perp}$，

$$\mathrm{d}B_{\parallel}=\frac{\mu_0 I\mathrm{d}l}{4\pi r^2}\sin\alpha$$

$$\mathrm{d}B_{\perp}=\frac{\mu_0 I\mathrm{d}l}{4\pi r^2}\cos\alpha$$

电流元的轴对称性使电流元产生的 $\mathrm{d}\boldsymbol{B}$ 也关于中心轴线对称，所以 P 点的磁场只有轴向分量，大小为

$$B=\oint\mathrm{d}B_{\parallel}=\frac{\mu_0 I}{4\pi r^2}\sin\alpha\oint\mathrm{d}l=\frac{\mu_0 I}{4\pi r^2}\sin\alpha\cdot 2\pi R=\frac{\mu_0 IR^2}{2(x^2+R^2)^{3/2}} \tag{5-33}$$

方向沿 x 轴正向，也可用右手螺旋法则判断：右手四指弯曲向电流方向，大拇指指向就是轴线上各场点 $\boldsymbol{B}$ 的方向。将 $x=0$ 代入式（5-33）可得圆心处的磁场

$$B = \frac{\mu_0 I}{2R} \tag{5-34}$$

中心轴线外各点磁感强度计算比较复杂，此处不做介绍。

二、运动电荷的磁场

本章一开始就曾指出，一切电磁现象都起源于电荷运动。式（5-28）描述了电流元 $I\mathrm{d}\boldsymbol{l}$ 周围空间伴存的磁场，根据金属导电的经典电子理论，式中电流 I 源于导线中电荷的定向漂移。做一个推理，载流导线之所以产生磁场，要追溯到做定向漂移的自由电子产生磁场的叠加。基于这种认识，从毕奥-萨伐尔定律出发，借鉴上一节对图 5-19 的分析方法，就可寻找与运动电荷伴存磁场的计算公式了。

以图 5-31 为例。$\mathrm{d}\boldsymbol{l}$ 是从载流导体上任取的一线元矢量，设其横截面积为 S，单位体积中有 n 个自由电子，每个电子的电量为 $-e$，平均定向漂移速率为 v。由式（5-13）知，电流 I 为

$$I = neSv$$

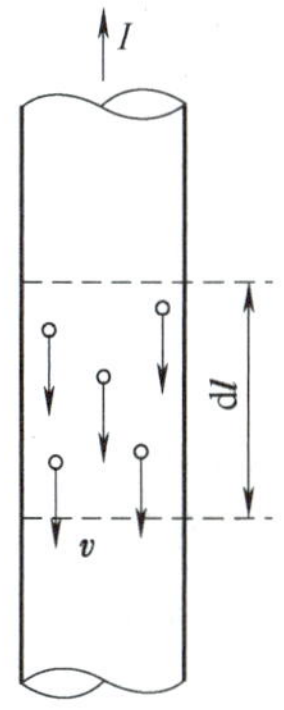

图　5-31

将 I 代入毕奥-萨伐尔定律式（5-28），则

练习 72

$$\mathrm{d}\boldsymbol{B} = \frac{\mu_0}{4\pi}\frac{I\mathrm{d}\boldsymbol{l}}{r^3}\times\boldsymbol{r} = \frac{\mu_0}{4\pi}\frac{neSv\mathrm{d}\boldsymbol{l}}{r^3}\times\boldsymbol{r}$$

利用重要的变换式（5-18），将上式改写

$$\mathrm{d}\boldsymbol{B} = \frac{\mu_0}{4\pi}\cdot\frac{(-neS\mathrm{d}l)\boldsymbol{v}\times\boldsymbol{r}}{r^3} \tag{5-35}$$

在导体的 $\mathrm{d}l$ 段内有 $\mathrm{d}N=nS\mathrm{d}l$ 个自由电子以速度 $\boldsymbol{v}$ 定向漂移，由于已认定与电流元 $I\mathrm{d}\boldsymbol{l}$ 伴存的磁场 $\mathrm{d}\boldsymbol{B}$，是 $I\mathrm{d}\boldsymbol{l}$ 中 $\mathrm{d}N$ 个自由电子伴存磁场的叠加。这样将式（5-35）除以 $\mathrm{d}N$，可以得与一个以速度 $\boldsymbol{v}$ 定向漂移的自由电子伴存磁场中场点 P 的磁感应强度 $\boldsymbol{B}$，即

$$\boldsymbol{B} = \frac{\mathrm{d}\boldsymbol{B}}{\mathrm{d}N} = \frac{\mu_0}{4\pi}\cdot\frac{(-e)\boldsymbol{v}\times\boldsymbol{r}}{r^3} \tag{5-36}$$

式（5-36）虽出自载流导体中以速度 $\boldsymbol{v}$ 定向漂移的自由电子，可以证明，作为任何一个运动带电粒子产生磁场的普遍表达式，可将式（5-36）中（$-e$）代之以带电粒子的电荷 q，则

$$\boldsymbol{B} = \frac{\mu_0}{4\pi}\frac{q\boldsymbol{v}\times\boldsymbol{r}}{r^3} \tag{5-37}$$

再采用以单位矢量 $\boldsymbol{e}_r$ 表示 $\boldsymbol{r}$：

$$\boldsymbol{B} = \frac{\mu_0}{4\pi}\frac{q\boldsymbol{v}\times\boldsymbol{e}_r}{r^2} \tag{5-38}$$

为描述式（5-38）中 q 可正可负，图 5-32 就分别描绘了正、负运动电荷的磁场方向的差异。由于 $\boldsymbol{v}$ 与所选参考系有关，式（5-38）对不同参考系计算结果并不相同。从另一角度看：如果有两个等量异号电荷做反向运动，它们产生的磁场方向一定相同。因此，金属导体

中自由电子定向漂移产生的磁场，与由假设的正电荷反向运动所产生的磁场完全等价。附带指出，进一步的理论研究表明，只有当电荷运动的速度远小于光速（$v \ll c$）时，才可近似得到与恒定电流元的磁场相对应的式（5-38），当带电粒子的速度接近光速 c 时，它就不再成立，会出现新的规律（本书略）。通电导体中电子定向漂移速度（约 10^{-4} m · s^{-1}量级）是远小于光速的。

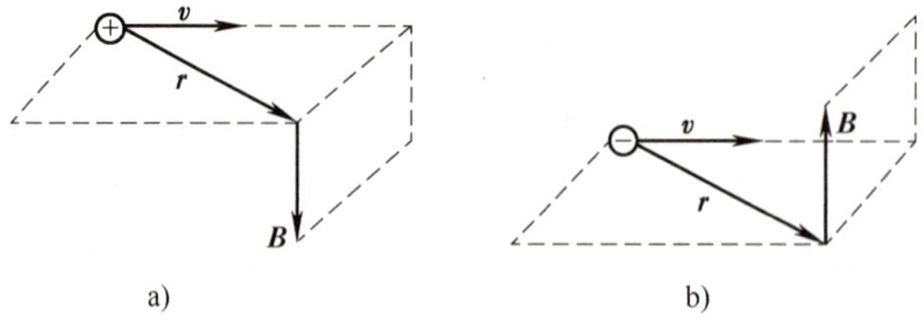

图　5-32

综上所述，在电荷周围伴存着电场，在运动电荷周围还伴存着磁场。也就是说，当一个带电粒子（设 $q>0$）静止时，它周围空间只有电场。一旦它以速度 $\boldsymbol{v}$ 运动（相对于参考系），它周围空间不仅有如图 4-18 所示的电场 $\boldsymbol{E}$，还有磁场 $\boldsymbol{B}$（见图 5-33）。如果该运动电荷周围还有另一点电荷 q_0也以 $\boldsymbol{v}$ 相对同一参考系运动，则 q_0除受到运动带电粒子的电场作用力$q_0\boldsymbol{E}$ 外，从所选参考系观测，它还会受到运动带电粒子的磁场作用力$q_0\boldsymbol{v}\times\boldsymbol{B}$。所以，运动点电荷 q_0在运动带电粒子的电磁场里将受到的作用力为

$$\boldsymbol{F} = q_0(\boldsymbol{E} + \boldsymbol{v} \times \boldsymbol{B})$$

这就是式（5-10）。

在图 5-33 中，沿 z 轴运动的正电荷 q 既激发电场又激发磁场。当 $v \ll c$ 时点 P 的电场可近似按静电场计算：

练习 73

$$\boldsymbol{E} = \frac{q}{4\pi\varepsilon_0 r^2}\boldsymbol{e}_r$$

磁场按式（5-38）计算：

$$\boldsymbol{B} = \frac{\mu_0}{4\pi} \cdot \frac{q\boldsymbol{v} \times \boldsymbol{e}_r}{r^2}$$

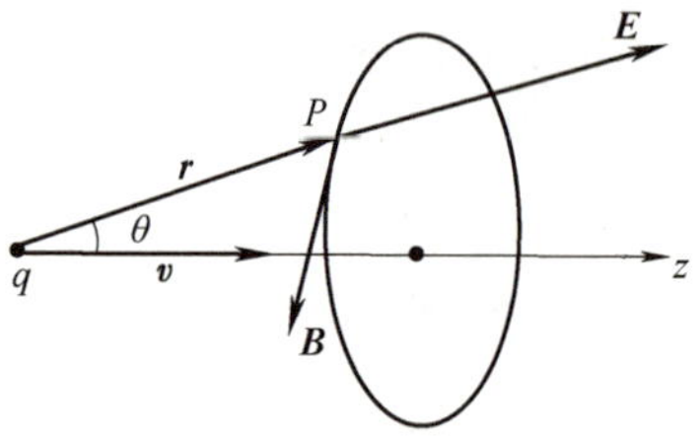

图　5-33

比较以上两式时消去 $q\boldsymbol{e}_r$，得到与一个运动电荷在空间任一场点（P）伴存的电场和磁场之间的关系

$$\boldsymbol{B} = \mu_0\varepsilon_0(\boldsymbol{v} \times \boldsymbol{E}) = \frac{1}{c^2}(\boldsymbol{v} \times \boldsymbol{E}) \tag{5-39}$$

其中

$$c = \frac{1}{\sqrt{\mu_0 \varepsilon_0}}$$

第四章介绍 ε_0时曾指出，上式中常量 c 就是真空中的光速。在相对论中（$v \to c$）、式（5-39）中与运动电荷伴存的电场和磁场紧密关联。运动电荷不仅对另一运动电荷 q_0有不同的电与磁的作用，而且，它所伴存的电场、磁场不再是恒定场。

第六节　磁场的高斯定理

回顾第四章，静电场有源无旋的基本性质已由高斯定理和环路定理描述，联想到磁场的基本性质是不是也有类似的两个定理呢？以与恒定电流伴生的磁场为例，实际上利用毕奥-萨伐尔定律和磁场叠加原理可以导出描述磁场的两个定理。为此，从磁场线切入。

一、磁场的几何描述

流速场、静电场（$\boldsymbol{E}$）是矢量场，由磁感应强度 $\boldsymbol{B}$ 所描述的磁场也是矢量场。对于矢量场，可以画一些假想的场线，对场进行形象、直观的几何描述。如用流线描述流速场，用电场线描述静电场，同样，也可用磁场线（或磁感应线）来描绘稳恒磁场的分布。图 5-34 画出了几种不同电流周围的磁场线。从图中看，磁场线是有向曲线，曲线上任一点的切线方向表示该点 $\boldsymbol{B}$ 的方向。磁场线也是假想的曲线，画多少磁场线，在数量上有不确定性，为此也类似静电学的研究方法规定：穿过匀强磁场中与磁场线相垂直面元 $dS_{\perp}$ 的磁场线数密度，等于面元上各点 $\boldsymbol{B}$ 的大小。将虚拟的磁场线与可测量量 $\boldsymbol{B}$ 联系起来有利于展示磁场性质。实验上有方法可以显示磁场的分布，如图 5-35 是小磁棒周围铁粉的分布情况，铁粉在磁场作用下变成小磁针，小磁针在场中每点按磁场方向有规则地排列。将小磁针规则排列的图像人为地用光滑曲线连接起来，小磁针与光滑曲线相切。这些光滑曲线就是磁场线。注意，不论有无铁粉，小磁棒周围均存在磁场，但并不真实存在一根根磁场线。

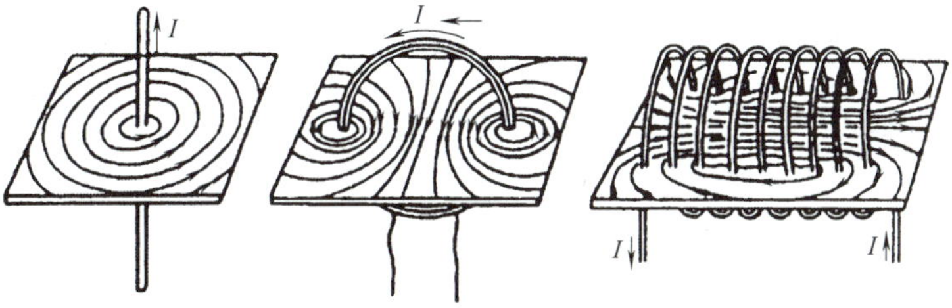

a) 长直电流　b) 圆电流　c) 螺线管电流

图　5-34

现将图 5-34 中磁场线与图 4-10 中的静电场线做一比较，可看到明显的差别：

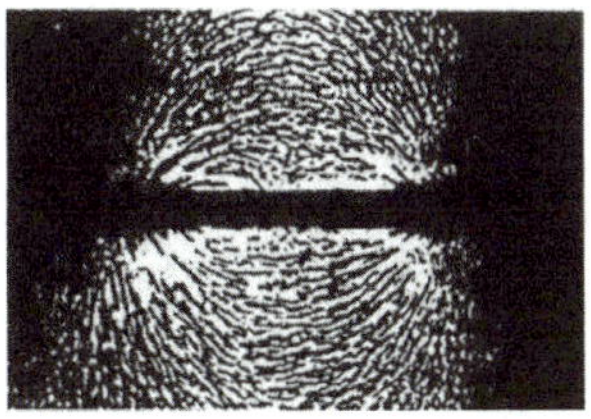

图　5-35

1）磁场线在有限空间范围内是没有起点和终点的闭合曲线，或从无穷远处来，又回到无穷远处去。

2）对于稳恒磁场来说，磁场线一定是围绕电流或其延长线的闭合曲线，不能在没有电流的空间画磁场线（还有与变化电场相联系的磁场见第六章第五节）。

3）由于磁场中某点的磁场方向是唯一确定的，所以磁场线不相交。

二、磁通量

中学物理在描述电磁感应现象时已运用磁通量（变化）概念，本节在规定磁场线密度基础上，可借鉴第四章第三节引入电通量的方式引入磁通量。具体步骤是：采用在本节中规定的磁场线数密度确定通过磁场中任一给定曲面的磁场线根数，将这样确定的磁场线根数称为通过该曲面的磁感应强度通量，简称磁通量或磁通，记作 Φ_m。如在图 5-36 中，设 $dS_\perp$ 是磁场中任一与磁感应强度 $\boldsymbol{B}$ 垂直的面元（虚线表示），则穿过 $dS_\perp$ 的元磁通量 $d\Phi_m$ 可定量表示为

$$d\Phi_m = BdS_\perp \tag{5-40}$$

若面元 $d\boldsymbol{S}$（图中阴影线）的法线方向与该面元上各点磁感应强度 $\boldsymbol{B}$ 的方向之间有一夹角 θ，则通过该面元 $d\boldsymbol{S}$ 的元磁通量为

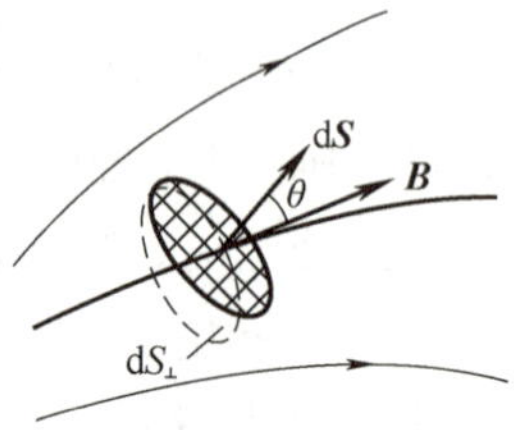

图 5-36

练习 74

$$d\Phi_m = BdS\cos\theta$$

仿照第三章第三节式（3-47），采用面元矢量 $d\boldsymbol{S}$，将上式改写成两矢量点乘积形式：

$$d\Phi_m = \boldsymbol{B}\cdot d\boldsymbol{S} = \boldsymbol{B}\cdot \boldsymbol{e}_n dS \tag{5-41}$$

式中，$\boldsymbol{e}_n$ 为面元 dS 的法线单位矢量（图中未画出）。

由式（5-41）表示的元磁通量是磁通量的微分，因此要计算非均匀磁场中通过任意有限曲面 S（见图 5-37）的磁通量，它应当是式（5-41）的积分，即

$$\Phi_m = \int_{(S)} d\Phi_m = \int_{(S)} \boldsymbol{B}\cdot d\boldsymbol{S} \tag{5-42}$$

如果要计算图 5-38 中通过磁场中闭合曲面的磁通量，该怎么办呢？类比计算电通量的方法，用式（4-28）采用过的积分符号 $\int_{(S)}$ 将 Ψ_e 换成 Φ_m，将 $\boldsymbol{E}$ 换成 $\boldsymbol{B}$ 即得穿过闭合曲面 S 的磁通量的数学表示式

$$\Phi_m = \oint_{(S)} \boldsymbol{B}\cdot d\boldsymbol{S} \tag{5-43}$$

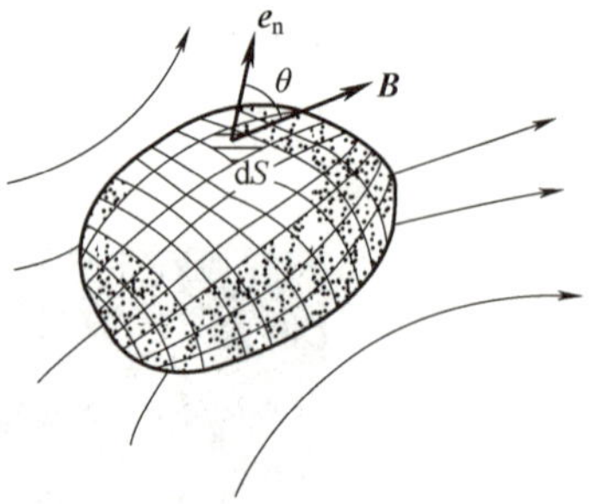

图 5-37

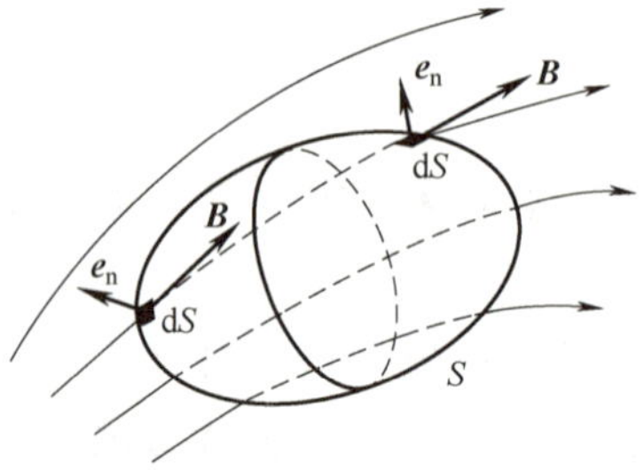

图 5-38

三、磁场高斯定理的内容

按毕奥-萨伐尔定律式（5-28），在图 5-28a 中，电流元 $Id\boldsymbol{l}$ 的磁场线以 $Id\boldsymbol{l}$ 的延长线为轴

呈对称分布状。这一特征在图 5-39 中抽象为在任何一个垂直于 $Id\boldsymbol{l}$ 延长线的平面内，一组以图中虚线（$Id\boldsymbol{l}$ 延长线）为轴线的、不同半径的同心圆。由于圆都是闭合曲线，当在图中取一闭合曲面 S 时，可以看到相对闭合面 S 有的磁场线完全被包围在曲面 S 内，有的完全在 S 外，两者穿过 S 面的磁通量为零，而与 S 面相交的那部分磁场线中，有多少条磁场线穿进 S 面（取负），它们必定又从 S 面内穿出去（取正）。归纳以上 3 种情况得到结论：在电流元的磁场中，穿过任一闭合曲面 S 的磁通量为零。根据磁场叠加原理，电流回路产生的磁场，是无限多电流元所产生磁场的叠加。穿过任意闭合曲面 S 的磁通量，应该等于全部电流元的磁场穿过 S 面磁通量的代数和。此代数和必为零，其数学表达式为

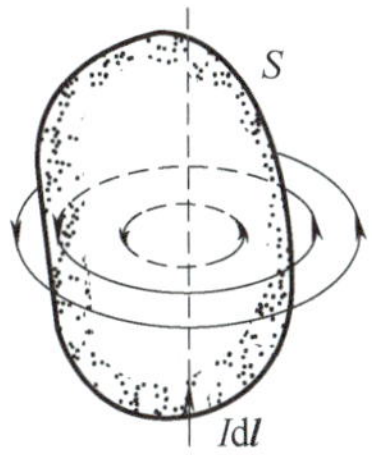

图　5-39

$$\oint_{(S)} \boldsymbol{B} \cdot \mathrm{d}\boldsymbol{S} = 0 \tag{5-44}$$

对于稳恒磁场，式（5-44）称为磁场的高斯定理。式（5-44）与静电场的高斯定理式（4-31）有本质区别：对于闭合的磁场线，磁场中既没有发出磁场线的源，也没有吸收磁场线的源，仅仅从描述磁场的磁场线这一性质上说，磁场是无源场。式（5-44）是无源场的数学描述。

实验还发现，式（5-44）不仅对于恒定电流的磁场成立，而且对于变化的磁场仍成立，但那时，毕奥-萨伐尔定律却已不再成立了（本书不详述）。

第七节　安培环路定理

上一节将磁场高斯定理与静电场高斯定理进行了对比，由它们可以回答如何区分静电场与稳恒磁场。不仅如此，对静电场的研究中，还研究了环流，得到式（4-36）。那么，如果将磁场与静电场再做类比，磁场的环流该如何表示？它描述了磁场的什么性质？

为了回答这两个问题，不妨先回顾静电场的环流，看看从中可以得到什么启示，式（4-36）中有一个被称作电场强度 $\boldsymbol{E}$ 沿任一闭合回路 L 的线积分 $\oint_{(L)} \boldsymbol{E} \cdot \mathrm{d}\boldsymbol{l}$ 。作为静电场是无旋场的本质揭示，这个线积分（静电场环流）为零。与电场线不同，磁场线是闭合曲线。所以，可以猜想，磁感应强度 $\boldsymbol{B}$ 沿闭合回路的线积分 $\oint_{(L)} \boldsymbol{B} \cdot \mathrm{d}\boldsymbol{l}$（环流）不会等于零。如果不等于零，它等于什么呢？下面采用从特殊（闭合回路）到一般的方法，先以真空中一无限长载流直导线的磁场线为例，研究该回路上的积分 $\oint_{(L)} \boldsymbol{B} \cdot \mathrm{d}\boldsymbol{l}$ 等于什么，再推广到一般闭合回路。

1. $\boldsymbol{B}$ 沿磁场线的环流

用毕奥-萨伐尔定律式（5-30），可以求得无限长载流直导线的磁场分布［式（5-32）］$B = \dfrac{\mu_0 I}{2\pi a}$，分析式中各量可知，如果电流 I 一定，则 B 只与 a 有关，如果在与载流导线垂直的

任一平面内按上式画磁场线，可得半径不同的同心圆。既如此，不妨在其中任取一条磁场线作为积分回路 L 来计算 $\oint_{(L)} \boldsymbol{B}\cdot\mathrm{d}\boldsymbol{l}$。如图5-40所示，规定该闭合回路的绕行方向（逆时针方向）与电流 I（垂直图面向外）组成右手螺旋关系时为正向。此时，在回路 L 上积分 $\oint_{(L)} \boldsymbol{B}\cdot\mathrm{d}\boldsymbol{l}$ 中 $\boldsymbol{B}$ 与 $\mathrm{d}\boldsymbol{l}$ 的方向处处相同，随后积分计算步骤是，先去被积表达式中点乘，由于在圆周回路 L 上半径 r 相同，$\boldsymbol{B}$ 的大小处处又相等，因此，该线积分为

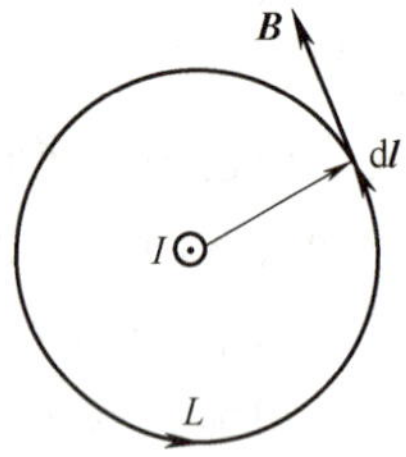

图 5-40

练习 75

$$\oint_{(L)} \boldsymbol{B}\cdot\mathrm{d}\boldsymbol{l} = \int_{(L)} B\mathrm{d}l = B\int_{(L)}\mathrm{d}l = \frac{\mu_0 I}{2\pi r}2\pi r = \mu_0 I \tag{5-45}$$

式（5-45）表明，在此特例中，$\boldsymbol{B}$ 沿闭合回路 L（磁场线）的积分与穿过回路所围圆面积的电流 I 成正比，与回路半径 r 的大小无关。对图5-41所示的环绕电流 I 的不同磁场线 L_1，L_2，…，虽然各回路上 $\boldsymbol{B}$ 的大小不同，但按式（5-45），$\boldsymbol{B}$ 沿所有回路的环流无一例外地都等于 $\mu_0 I$。如果电流反向而回路绕行方向不变，或者电流方向不变而将回路绕行方向反过来，则两种情况下 $\boldsymbol{B}$ 与 $\mathrm{d}\boldsymbol{l}$ 的方向不再相同而是相反，上述积分结果将等于什么？关键看被积表达式 $\boldsymbol{B}\cdot\mathrm{d}\boldsymbol{l}$ 的正负了。

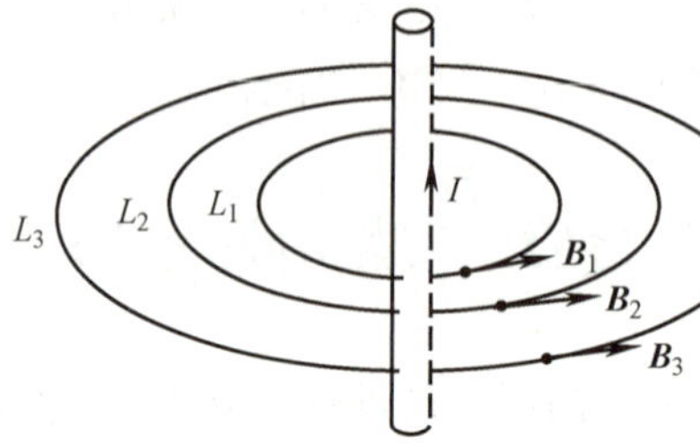

图 5-41

2. B 沿任意形状回路的环流

如图5-42所示，在垂直于无限长载流直导线的平面内任取一形状随意的积分回路 L，选其绕行方向与长直导线的电流方向构成右手螺旋关系（类似于取坐标轴）。为求 $\boldsymbol{B}$ 沿这一 L 的环流 $\oint_{(L)} \boldsymbol{B}\cdot\mathrm{d}\boldsymbol{l}$，首先观察被积表达式在该回路上的情况。为此，在 L 上任取一点 G，过 G 点沿回路取线元矢量 $\mathrm{d}\boldsymbol{l}$，设 G 点到长直导线的距离为 r。G 点处的 $\boldsymbol{B}$ 该如何表示呢？注意图5-42是讨论无限长载流直导线的磁场，所以，想象以长直导线与平面的交点 O 为圆心、r 为半径作一过点 G 的圆（此圆是磁场线，图中未画出），G 点处磁感应强度 $\boldsymbol{B}$ 的大小为$\dfrac{\mu_0 I}{2\pi r}$，方向与 $\boldsymbol{r}$ 垂直，$\boldsymbol{B}$ 与 $\mathrm{d}\boldsymbol{l}$ 之间的夹角为 θ。然后，在运算被积表达式 $\boldsymbol{B}\cdot\mathrm{d}\boldsymbol{l}$ 时，会出现变量 r、$\mathrm{d}l$、θ 与 $\mathrm{d}\varphi$，利用它们之间的几何关系做变换，有

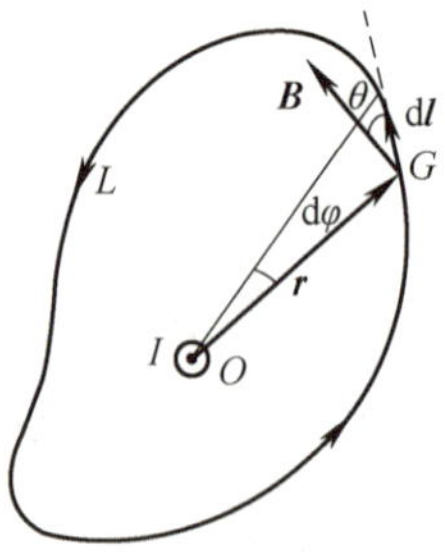

图 5-42

练习 76

$$\boldsymbol{B}\cdot\mathrm{d}\boldsymbol{l}=B\mathrm{d}l\cos\theta=\frac{\mu_0 I}{2\pi r}r\mathrm{d}\varphi=\frac{\mu_0 I}{2\pi}\mathrm{d}\varphi$$

式中最终的变量只有 $\mathrm{d}\varphi$，它是线元 $\mathrm{d}\boldsymbol{l}$ 对 O 点的张角。G 点是任意选取的，上式对 L 上各点均成立。最后，将上式对整个闭合回路 L 求积分：

$$\oint_{(L)}\boldsymbol{B}\cdot\mathrm{d}\boldsymbol{l}=\frac{\mu_0 I}{2\pi}\int_0^{2\pi}\mathrm{d}\varphi=\mu_0 I \tag{5-46}$$

如前所述，当回路绕行方向不变而电流反向时，或当电流方向不变而改变回路绕行方向时，积分结果都是

$$\oint_{(L)}\boldsymbol{B}\cdot\mathrm{d}\boldsymbol{l}=-\oint_{(L)}B\mathrm{d}l\cos\theta=-\mu_0 I \tag{5-47}$$

不论式（5-46）还是式（5-47），$\boldsymbol{B}$ 的环流与回路 L 是否是磁场线甚至与回路 L 是什么形状均无关系，而只和穿过回路所围面积的电流有关，且电流与回路绕行方向的关系，决定着积分结果的正负。

3. $\boldsymbol{B}$ 沿不围绕电流的闭合回路 L 的线积分

以图 5-43 为例，在垂直于无限长载流直导线的平面内取一个不包围载流导线的闭合回路 L，$\boldsymbol{B}$ 沿这样的 L 的线积分还满足式（5-46）或式（5-47）吗？为此，还是从被积表达式切入。但情况有变，分析过程也就不同了。现采用几何学中作辅助线的方法，从图中点 O 向 L 作两条射线，两射线将回路 L 分割出一对不同的线元 $\mathrm{d}\boldsymbol{l}_1$ 和 $\mathrm{d}\boldsymbol{l}_2$，但 $\mathrm{d}\boldsymbol{l}_1$ 与 $\mathrm{d}\boldsymbol{l}_2$ 对 O 点的张角 $\mathrm{d}\varphi$ 相同（$\mathrm{d}\varphi$ 极小）。设 $\mathrm{d}\boldsymbol{l}_1$ 和 $\mathrm{d}\boldsymbol{l}_2$ 分别与导线（O 点）相距 r_1 与 r_2，所在处的磁感强度分别为 $\boldsymbol{B}_1$ 与 $\boldsymbol{B}_2$（图中未画出与 $\boldsymbol{B}_1$、$\boldsymbol{B}_2$ 对应的磁场线），且图中 $\mathrm{d}\boldsymbol{l}_1$ 与 $\boldsymbol{B}_1$ 的夹角为 $\theta_1\left(>\frac{\pi}{2}\right)$，$\mathrm{d}\boldsymbol{l}_2$ 与 $\boldsymbol{B}_2$ 的夹角为 $\theta_2\left(<\frac{\pi}{2}\right)$，则对应的两标量积

练习 77

$$\boldsymbol{B}_1\cdot\mathrm{d}\boldsymbol{l}_1=B_1\mathrm{d}l_1\cos\theta_1=-B_1 r_1\mathrm{d}\varphi=-\frac{\mu_0 I}{2\pi}\mathrm{d}\varphi$$

$$\boldsymbol{B}_2\cdot\mathrm{d}\boldsymbol{l}_2=B_2\mathrm{d}l_2\cos\theta_2=B_2 r_2\mathrm{d}\varphi=\frac{\mu_0 I}{2\pi}\mathrm{d}\varphi$$

将这一对线元 $\mathrm{d}\boldsymbol{l}_1$ 和 $\mathrm{d}\boldsymbol{l}_2$ 的两标量积求和得零，即

$$\boldsymbol{B}_1\cdot\mathrm{d}\boldsymbol{l}_1+\boldsymbol{B}_2\cdot\mathrm{d}\boldsymbol{l}_2=0$$

用同样的方法从 O 点向回路 L 再作另两条射线（图中未画出），它们会在闭合回路 L 上截取另外两对线元，且两线元的标量积 $\boldsymbol{B}\cdot\mathrm{d}\boldsymbol{l}$ 之和也一定为零，也就是说，它们对积分 $\oint_{(L)}\boldsymbol{B}\cdot\mathrm{d}\boldsymbol{l}$ 的贡献相互抵消。如果按此方法继续做下去，结果是：$\boldsymbol{B}$ 沿不围绕电流的回路 L 的积分 $\oint_{(L)}\boldsymbol{B}\cdot\mathrm{d}\boldsymbol{l}$ 为零：

$$\oint_{(L)}\boldsymbol{B}\cdot\mathrm{d}\boldsymbol{l}=0$$

此时，沿图 5-43 中回路 L 的积分 $\oint_{(L)}\boldsymbol{B}\cdot\mathrm{d}\boldsymbol{l}$ 不再是磁场的环流，只能称作 B 绕闭合回路 L 的线积分。

4. 回路 L 内外都有电流的情形

对垂直无限长载流直导线的平面上所取的任意积分回路 L，若有如图 5-44 中 $I_1, I_2, I_3, \cdots$ 多根相互平行无限长载流直导线，其中有些穿过回路 L，有些不穿过回路 L，电流方向也不尽相同，如何计算这种情况下 $\boldsymbol{B}$ 沿 L 的线积分呢？此时，由于与 $I_1, I_2, I_3, \cdots$ 伴存的磁场满足叠加原理，且根据上述 2 与 3 中的计算结果，有

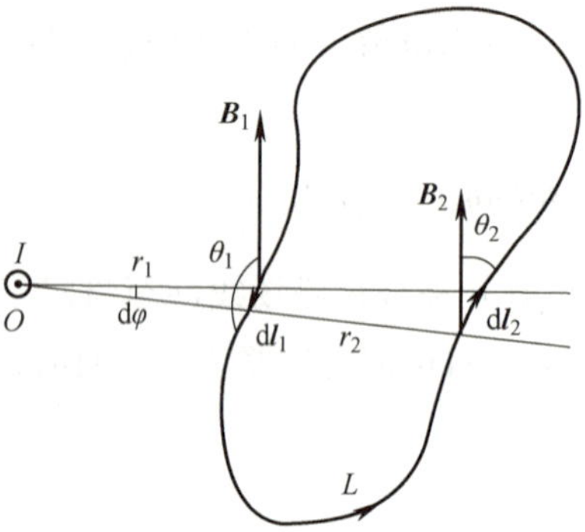

图　5-43

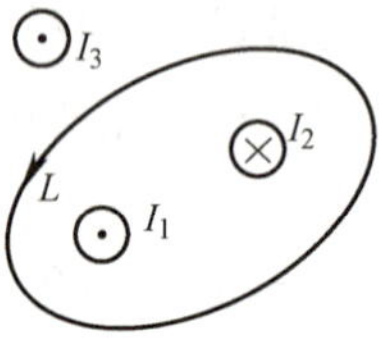

图　5-44

练习 78

$$\oint_{(L)} \boldsymbol{B} \cdot \mathrm{d}\boldsymbol{l} = \oint_{(L)} \boldsymbol{B}_1 \cdot \mathrm{d}\boldsymbol{l} + \oint_{(L)} \boldsymbol{B}_2 \cdot \mathrm{d}\boldsymbol{l} + \oint_{(L)} \boldsymbol{B}_3 \cdot \mathrm{d}\boldsymbol{l} + \cdots = \mu_0 \sum_i I_i \tag{5-48}$$

式中，$\sum\limits_i I_i$ 是回路 L 所包围电流的代数和（图 5-44 中，$i=1$、2）。其中电流方向与回路绕行方向按右手螺旋法则区分正负。式（5-48）可以作为稳恒磁场安培环路定理的普遍形式，可用文字叙述为：在稳恒磁场中，磁感应强度 $\boldsymbol{B}$ 沿任意闭合回路的环流，等于该回路所包围的全部电流的代数和的 μ_0 倍，而与回路外的电流无关。

对于这一定理，注意以下几点：

1）和 $\boldsymbol{E}$ 矢量的环流等于零，表示静电场是无旋场、是保守力场不同，$\boldsymbol{B}$ 矢量的环流不等于零，表明磁场不是保守力场，不是有势场，不能用标量势描述，$\boldsymbol{B}$ 矢量的环流也不具有做功的意义。所以，这一对比再次表明磁场和静电场虽然都是矢量场，但它们却是性质不同的场。以通量和环流两个特征描述的话：静电场是有源无旋的矢量场，而稳恒磁场是无源有旋的矢量场。（作为粗浅类比，有旋场好比刮台风、龙卷风；无旋场好比通常的刮风。）

2）式（5-48）中的 $\sum\limits_i I_i$ 是穿过以回路 L 为边界所围任一形状曲面电流的代数和。说明 $\boldsymbol{B}$ 的环流只取决于穿过回路所围面积的电流，但是，在所选取的积分回路上任一点的磁感应强度 $\boldsymbol{B}$，却是空间所有电流所激发的磁场在该点叠加的矢量和。

3）式（5-48）仅适用于恒定电流产生的稳恒磁场。恒定电流本身总是闭合的，故定理仅适合于闭合的或无限长的载流导线，而对任意设想的电流元或一段载流导线模型是不成立的。对于变化电流产生的非稳恒磁场，式（5-48）也还需进行修正（详见第六章）。

4）毕奥-萨伐尔定律式（5-28）是电流元与其伴存磁场的微分关系。安培环路定理式（5-48）表达了恒定电流与其伴存磁场的线积分关系。前者，原则上可以用来求解已知电流分布的磁场。后者，正如静电场的高斯定理只能用于计算具有对称性的带电体的电场分

布一样，利用安培环路定理也只能计算具有对称性的载流导线的磁场分布，应用中注意判断磁场分布的对称性就很重要。

5）式（5-48）是将毕奥-萨伐尔定律用于无限长载流直导线得 $B=\dfrac{\mu_0 I}{2\pi a}$ 这一特殊情况导出的。但本书未加证明，对于稳恒磁场中环绕电流的任一闭合回路，均可由毕奥-萨伐尔定律导出式（5-48）；反之，由安培环路定理的微分形式（本书未给出）也可解得毕奥-萨伐尔定律。所以说，磁场的高斯定理和安培环路定理都可以由毕奥-萨伐尔定律直接得出。这样看来，毕奥-萨伐尔定律作为磁场的基本定律，也可以用磁场的通量和环流来表述。但它们这样的相互关系还涉及较多的数学运算，推导过程较繁，本书从略。

5. 安培环路定理的应用

稳恒磁场的安培环路定理不仅反映了稳恒磁场的有旋性，也可以用于求解具有高度对称性的电流周围的磁场分布，应用时需要注意根据磁场的对称性，选择合适的积分回路，以下介绍几个例题供同学们体会。

【例 5-5】 用安培环路定理计算电流为 I 的无限长载流直导线周围的磁场。

【分析与解答】 该题应用安培环路定理。难点是磁场对称性的分析，用于判断磁场的方向和安培环路的选取。

由于电流的轴对称性，可以断定以导线为圆心、半径为 r 圆周上的各场点磁场的性质应当完全一样。比如在图 5-45a 中，如果圆周上 P 点的磁场有圆周切线方向分量，方向为逆时针方向，则同一圆周上其他点的磁场也应大小相等且方向指逆时针方向；如果 P 点的磁场还有如图 5-45b 所示沿半径方向的分量，或如图 5-45c 沿着电流方向分量，同一圆周上其他点也应有同样的结论。应用磁场的高斯定理和安培环路定理可以证明，后两个分量等于零。

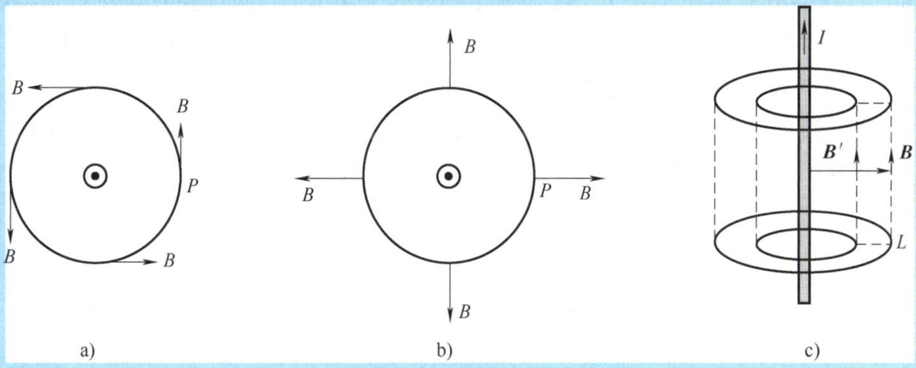

图 5-45

作一个以导线为轴、半径为 r、高度为 h 的闭合圆柱面，如果磁场有图 5-45b 中沿着圆半径方向的分量，则该闭合曲面的磁通量必不为零（两个底面的通量相互抵消），与磁场的高斯定理矛盾，因此可判断磁场无半径方向分量。

取一如图5-45c中所示长方形回路L，根据安培环路定理，穿过此回路的电流为零，则磁感强度$\boldsymbol{B}$沿该回路L的环流应为零，如果磁场有如图5-45c所示沿电流方向的分量，除非距离导线不同距离的磁场$\boldsymbol{B}$和$\boldsymbol{B}'$都相等，否则积分一定不为零，所以磁场也没有沿着导线方向的分量。

经分析，场点P的磁场只有图5-45a所示的圆周切线方向的分量，对圆回路L选绕行方向为逆时针方向，应用安培环路定理有

$$\oint_{(L)} \boldsymbol{B} \cdot \mathrm{d}\boldsymbol{l} = B \cdot 2\pi r = \mu_0 I$$

则磁感强度为

$$B = \frac{\mu_0 I}{2\pi r}$$

$\boldsymbol{B}$为正，表示磁感强度方向与回路绕行方向一致，这个结果与使用毕奥-萨伐尔定律积分所得结果式（5-32）相同。

【例5-6】　计算半径为R、电流I均匀分布的无限长载流圆柱体的磁场。

【分析与解答】　该题应用安培环路定理。难点是磁场对称性的分析。

由于电流分布的轴对称性，可以判断圆柱体周围的磁场也具有轴对称性。分析如下：如图5-46a中P点，过P点作圆柱体中心轴线的垂面，如图5-46b所示，O点是垂面与圆柱体中心轴的交点，在垂面内以O点为圆心、OP为半径做一圆周，1和2是关于OP对称的两个大小相同的面元，与这两个面元对应的无限长直导线在P点产生的磁感强度$\mathrm{d}\boldsymbol{B}_1$与$\mathrm{d}\boldsymbol{B}_2$关于$OP$的垂线（即$P$点圆的切线）对称，矢量和$\mathrm{d}\boldsymbol{B}$沿切线方向，且与电流满足右手关系。像1和2这样对称的一对一对的选择圆柱截面的面元，每一对面元在P点的磁场的矢量和$\mathrm{d}\boldsymbol{B}$均沿切线方向，可知整个圆柱在P点产生的磁场的总磁感强度$\boldsymbol{B}$沿圆的切线方向，且同一圆周上各点磁场与P点大小相同，方向都指向切线方向。图5-46c中圆柱内P'点可同样分析，也满足同样的轴对称性。

对导体外任意场点P，有$r>R$，取图5-46a、b中过P点的圆作为积分回路L，绕行方向与电流方向满足右手关系，应用安培环路定理，有

$$\oint_{(L)} \boldsymbol{B} \cdot \mathrm{d}\boldsymbol{l} = B \cdot 2\pi r = \mu_0 I$$

因整个导体的电流都通过了以半径为r的圆周L，此处I为导体截面上的总电流。
所以

$$B = \frac{\mu_0 I}{2\pi r}$$

可见，无限长均匀载流圆柱体外场点的磁感应强度$\boldsymbol{B}$与全部电流集中在圆柱轴线上的无限长载流直导线在该点产生的磁感应强度$\boldsymbol{B}$相同，见式（5-32）。

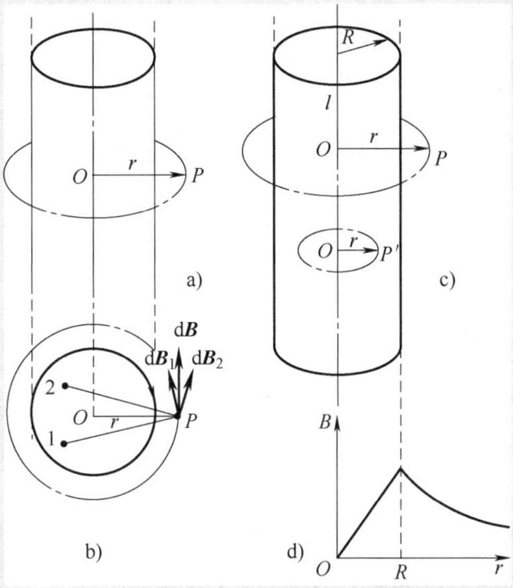

图　5-46

对导体内场点 P'，有 $r<R$，选图 5-46c 所示的圆周 L'为积分回路，I'是通过圆周 L'的电流，因此

$$\oint \boldsymbol{B} \cdot \mathrm{d}\boldsymbol{l} = B \cdot 2\pi r = \mu_0 I'$$

$$I' = \frac{I}{\pi R^2}\pi r^2 = \frac{r^2}{R^2}I$$

所以，导体内距离中心轴线 r 处的磁感应强度 $\boldsymbol{B}$ 的大小为

$$B = \frac{\mu_0 I}{2\pi R^2}r \tag{5-49}$$

B 与场点到轴线的距离 r 成正比。B 随 r 的分布如图 5-46d 所示。

【例 5-7】　计算均匀密绕无限长直螺线管内部的磁场。设电流为 I，单位长度绕的匝数为 n。

【分析与解答】　该题应用安培环路定理。难点是磁场对称性的分析与安培环路的选取。

图 5-47 是长直螺线管的剖面示意图，密绕螺线管管外的磁场相较于内部要小得多。设想螺线管无限长，应用例 5-5 相同的分析方法可知，不论在管内还是管外，都不存在垂直于螺线管轴向的磁场分量；同样可以证明，沿轴方向管外磁场为零，而管内磁场均匀。

在图 5-47 中取矩形 $dcefd$ 为积分回路 L，其中 dc、ef 段平行于轴线，长度为 l，规定绕行方向为逆时针方向。在该回路上使用安培环路定理，有

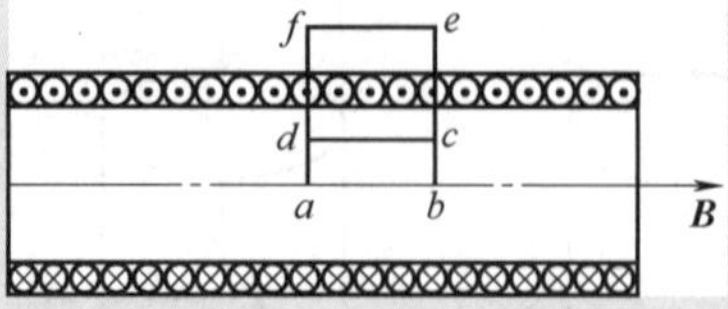

图 5-47

$$\oint_{(L)} \boldsymbol{B} \cdot \mathrm{d}\boldsymbol{l} = \int_{dc} \boldsymbol{B} \cdot \mathrm{d}\boldsymbol{l} + \int_{ce} \boldsymbol{B} \cdot \mathrm{d}\boldsymbol{l} + \int_{ef} \boldsymbol{B} \cdot \mathrm{d}\boldsymbol{l} + \int_{fd} \boldsymbol{B} \cdot \mathrm{d}\boldsymbol{l} = Bl = \mu_0 \sum_i I_i$$

$$= \mu_0 nlI$$

其中，ce 与 fd 段 $\mathrm{d}\boldsymbol{l}$ 与 $\boldsymbol{B}$ 垂直，ef 段在管外 $B \approx 0$，这三段 $\boldsymbol{B} \cdot \mathrm{d}\boldsymbol{l}$ 的积分都为零，则螺线管内部的磁感应强度为

$$B = \mu_0 nI \tag{5-50}$$

可见管内磁场是匀强磁场，大小由公式（5-50）确定，方向沿轴线方向且与电流方向符合右手螺旋关系。长直螺线管经常被用于产生匀强磁场。

【例 5-8】 图 5-48a 所示的均匀密绕的螺绕环是另一种产生匀强磁场的方式，设螺绕环的横截面很细，螺绕环的平均半径为 R，总匝数为 N，螺绕环所通电流为 I。计算螺绕环周围的磁场分布。

【分析与解答】 该题应用安培环路定理。难点是磁场对称性的分析与安培环路的选取。

由电流分布的轴对称性可判断螺绕环的磁场也具有轴对称性，应用例 5-5 相同的分析方法可知，与螺绕环共轴的圆周上各点磁感强度 $\boldsymbol{B}$ 的大小相等，方向沿圆周的切线方向，应用安培环路定理求环内磁场时，选图 5-48b 剖面图所示的同心圆为积分路径 L，绕行方向为逆时针方向，有

$$\oint_{(L)} \boldsymbol{B} \cdot \mathrm{d}\boldsymbol{l} = 2\pi rB = \mu_0 NI$$

得

$$B = \frac{\mu_0 NI}{2\pi r} = \mu_0 nI \quad （环内）$$

当横截面很细时，可忽略环内各点 r 的区别，取 $r=R$，令 $n=N/2\pi R$，n 也是单位长度绕的匝数，可见，载流螺绕环内部的磁场也是匀强磁场，磁感应强度大小与无限长直螺线管内部磁场公式（5-50）相同，磁场方向与电流方向也满足右手关系。

对于螺绕环外部的空间，设想在环外作一与环同轴心的圆（图中未画出），由于穿过这个圆周的总电流始终为零，应用安培环路定理，有

$$\oint_{(L)} \boldsymbol{B} \cdot \mathrm{d}\boldsymbol{l} = 2\pi rB = 0$$

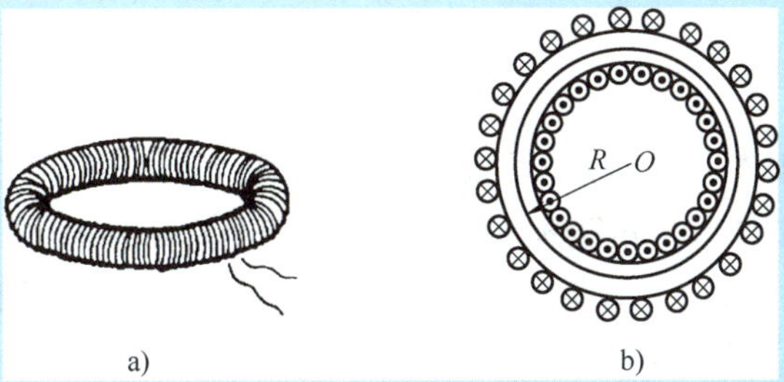

图　5-48

得

$$B = 0 \quad (\text{环外})$$

可见，均匀密绕螺绕环的磁场被约束在环内部，当螺绕环的横截面很细时，内部磁场可近似看作匀强磁场。

第八节　物理学方法简述

一、实验方法

从物理学发展的历史看，可以说物理学是从实验中产生的。这是因为实验是物理学理论的基础，是物理学发展的基本动力，是检验物理理论真理性的最终标准。实验时，人们要根据一定的目的和计划，利用仪器、设备等物质手段，在人为控制、变革或模拟自然现象的条件下（亦称人工自然界），获取揭示物理运动的规律、特性以及各种物理现象之间的联系的事实与数据。所以说不论探索性、验证性及判决性实验，它们不仅是物理学最基本的一种研究方法，也是学习物理学的一种基本途径。

1. 定性实验

本章中，当用运动电荷在空间是否受力来判断磁场的存在时，这类实验称为定性实验。定性实验用于判定某些物理现象是否存在及其特性。

2. 定量实验

当毕奥、萨伐尔用实验测量磁场与电流的关系时，这类实验称为定量实验。定量实验就是在实验中对所研究的问题做出精确的数量测量，如确定物理现象中的各种具体参数，各现象之间具体的数量关系，或者用数量去表明某些规律等。

3. 验证性实验

拉普拉斯在毕奥-萨伐尔实验的基础上提出了电流元的磁场公式，这只是一种推测，需要通过实验验证其正确性，因此要有验证性实验。显然，验证性实验的目的在于验证理论上的某些推测。广而言之，在物理学研究中，常常要根据已知的理论和实践对一些物理现象的存在、它的原因，或某些物理规律做出推测，这些推测是否正确，就要通过实践去检验。

物理实验种类繁多，不同的角度有不同的划分标准，不再细说。在本节中介绍实验方法，不等于前几章内容与实验无关。培根曾说过：“凡是希望从现象背后的真理中得到毫不怀疑的快乐的人，就必须知道如何使自己献身于实验。”

二、分类比较方法

在物理学研究中，比较就是找出不同研究对象之间、各种各样的物理现象和过程之间的差异性和共同性。说事物具有相同的物理现象或过程，只是意味着相比较的两者的共同点（同一性）是主要的，占支配的地位，但并不是没有差异。反之，当强调物理现象或过程的差异时，只是意味着相比较的两者的差异是主要的，占了支配的地位，但并不是没有同一性。

物质世界处于不断变化和广泛的联系之中，物质运动的各种形态，无论种类怎样繁多，它们都是既相互区别又相互联系的。因此，分类比较是物理学研究与学习中常用的方法。

本章中，磁场对电流的作用可分为：磁场对运动电荷的洛伦兹力、磁场对载流导线的安培力与磁场对载流线圈的磁力矩等三类情形。采用分类比较方法可以看到三类情形的共同点是：磁场对运动电荷的作用（微观机理）；它们的差异是：磁场对载流导线的作用还牵涉导线中运动电荷与导线的作用，磁场对载流线圈的作用表现为力矩的效应。

无论怎样比较都必须抓住本质，这是分类比较方法的重点。事物的本质决定了它的特性和规律，比较的目的在于明确对象的区别和联系，而区别和联系都有本质和非本质（表面）之分。如不同形状载流导线的磁场有不同的表达形式，但它们都源于电流元的磁场，而电流元的磁场，又源于运动电荷的磁场。学习本章时运用比较方法可以更便于对众多的物理公式理出头绪，公式间的差别是非本质的。

练习与思考

一、填空

1-1　截面积为 S、截面形状为矩形的直金属条中通有电流 I。金属条放在磁感应强度为 $\boldsymbol{B}$ 的匀强磁场中，$\boldsymbol{B}$ 的方向垂直于金属条的左、右侧面（见图 5-49）。在图示情况下金属条的上侧面将积累__________电荷，载流子所受的洛伦兹力的大小为 $f_m=$__________。（注：金属中单位体积内载流子数为 n。）

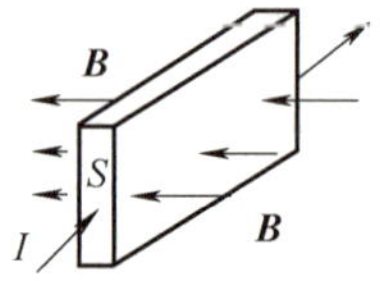

图　5-49

1-2　如图 5-50 所示，半径为 R 的半圆形线圈通有电流 I，线圈置于与线圈平面平行向右的均匀磁场 $\boldsymbol{B}$ 中，线圈所受磁力矩的大小为__________，方向为__________。把线圈绕 OO' 轴转过角度__________时，磁力矩恰为零。

1-3　边长为 l 的正方形线圈中通有电流 I，此线圈在 A 点（见图 5-51）产生的磁感强度 $\boldsymbol{B}$ 的大小为__________，方向为__________。

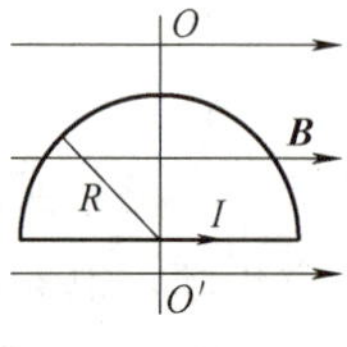

图　5-50

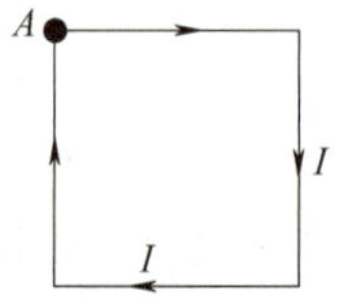

图　5-51

1-4　一长直载流导线，沿空间直角坐标 Oy 轴放置，电流沿 y 正向。在原点 O 处取一电流元 $I\mathrm{d}\boldsymbol{l}$，则该电流元在（$a$, 0, 0）点处的磁感强度的大小为__________，方向为________________。

1-5　稳恒磁场的高斯定理是__________，说明了稳恒磁场的__________性。稳恒磁场的安培环路定理是__________，说明了稳恒磁场的__________性。

1-6　如图 5-52 所示，平行的无限长直载流导线 A 和 B，电流强度均为 I，垂直纸面向外，两根载流导线之间相距为 a，则：(1) $\overline{AB}$中点（P 点）的磁感强度$\boldsymbol{B}_P$ = __________；（2）磁感强度 $\boldsymbol{B}$ 沿图中环路 L 的线积分 $\oint_{(L)} \boldsymbol{B}\cdot \mathrm{d}\boldsymbol{l}$ = __________。

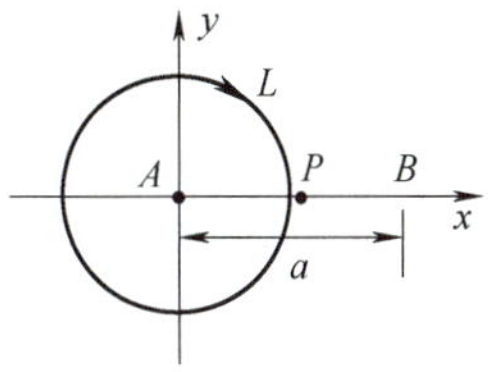

图　5-52

二、计算

2-1　在一个显像管的电子束中，电子有 1.2×10^4eV 的能量，这个显像管安放的位置使电子水平地由南向北运动（图 5-53 中自下而上），地球磁场的垂直分量 $B_\perp = 5.5\times10^{-5}$T，并且方向向下（图中指向纸里）。求：（1）电子束偏转方向；（2）电子束从如图所示位置开始在显像管内通过 20cm 到达屏面时光点的偏转间距。

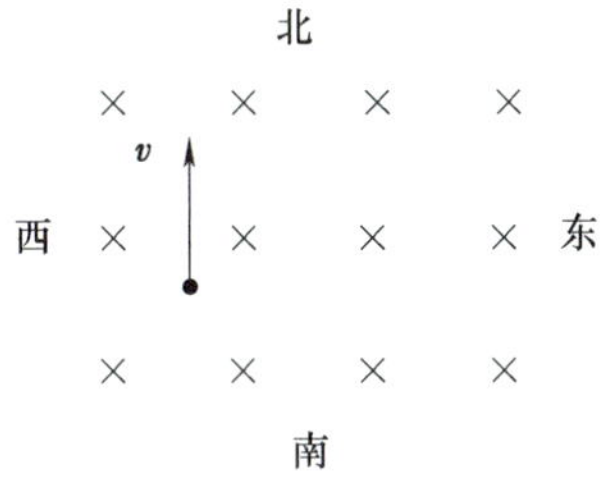

图　5-53

【答案】（1）偏向东；（2）2.98×10^{-3}m

2-2　如图 5-54 所示，一根载流长直导线，电流I_1 = 30A，旁边有一共面的矩形回路。已知 d = 1.0cm、b = 8.0cm、l = 0.12m。（1）计算矩形回路的磁通量；（2）假如矩形回路也通电流，电流方向如图且I_2 = 20A，计算直导线作用在矩形回路上的合力。

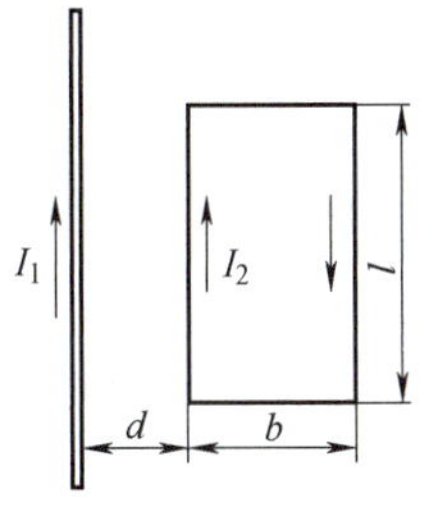

图　5-54

5.1 习题 2-2

【答案】（1）1.58×10^{-6}Wb；（2）1.28×10^{-3}N，合力方向水平向左

2-3　图 5-55 所示的是一种正在研究中的电磁轨道炮的原理简化图。该装置可用于发射速度高达 $10\text{km}\cdot\text{s}^{-1}$ 的炮弹。炮弹置于两条长直平行轨道之间并与轨道相接触，轨道是半径为 r 的圆柱形导体，轨道间距为 d，炮弹沿轨道可以自由滑动。恒定电源 $\mathscr{E}$、炮弹及轨道构成一闭合回路，回路中电流为 I。(1) 证明作用在炮弹上的磁场力为 $F=\dfrac{1}{2}\left(\dfrac{\mu_0 I^2}{\pi}\right)\ln\dfrac{d+r}{r}$；(2) 假设 $I=4500\text{kA}$，$d=120\text{mm}$，$r=6.7\text{cm}$，炮弹从静止起经过一段路程 $L=4.0\text{m}$ 的加速后速率为多大？(设炮弹质量 $m=10.0\text{kg}$)

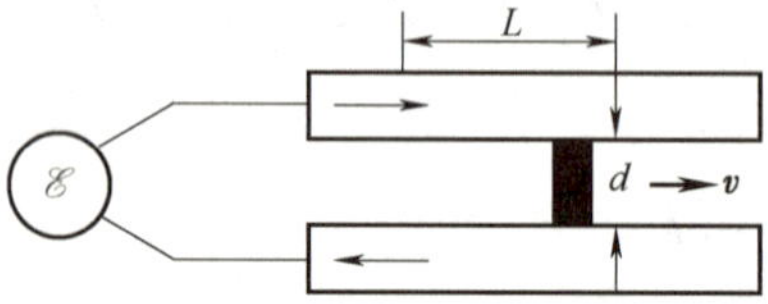

图　5-55

【答案】 (1) 略；(2) $1.82\times10^3\text{m}\cdot\text{s}^{-1}$

2-4　氢原子中，设电子绕质子做圆周运动，半径为 $a_0=5.29\times10^{-11}\text{m}$，角动量为 $L=h/2\pi$。(注：h 是普朗克常量，$h=6.63\times10^{-34}\text{J}\cdot\text{s}$，电子的质量 $m=9.11\times10^{-31}\text{kg}$，电子的电量 $e=1.60\times10^{-19}\text{C}$。) 求：(1) 质子所在处的磁感应强度；(2) 电子轨道运动的磁矩。

【答案】 (1) 12.5T；(2) $9.27\times10^{-24}\text{A}\cdot\text{m}^2$

2-5　如图 5-56 所示，电流由长直导线 1 沿半径方向经 a 点流入一电阻均匀分布的圆环，再由 b 点沿半径方向从圆环流出，经长直导线 2 返回电源。已知直导线上的电流强度为 I，圆环的半径为 R，且 1、2 两直导线的夹角 $\angle aOb=30°$，则圆心 O 处的磁感应强度为多少？

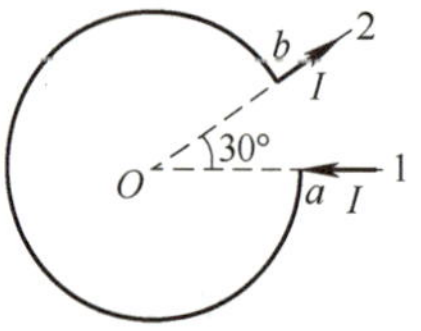

图　5-56

5.2 习题 2-5

【答案】 $\dfrac{11\mu_0 I}{24R}$

2-6　如图 5-57 所示的电缆，由半径为 r_1 的无限长导体圆柱和同轴的内外半径分别为 r_2 和 r_3 的无限导体圆筒构成。电流 I_0（图中自下而上）从导体圆柱流入，（图中自上而下）从导体圆筒流出，设电流都是均匀地分布在导体的横截面上，以 r 表示到轴线的垂直距离。试求 r 从 0 到∞的范围内各处的磁感应强度大小。

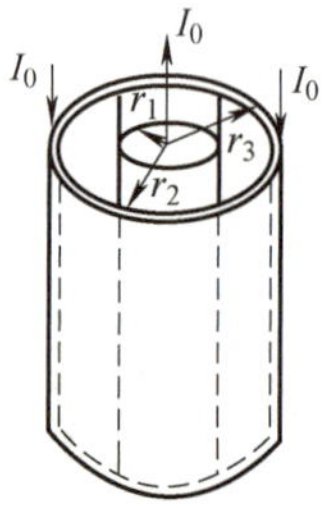

图　5-57

【答案】 $0\leqslant r\leqslant r_1$，$\dfrac{\mu_0 I_0 r}{2\pi r_1^2}$；$r_1\leqslant r\leqslant r_2$，$\dfrac{\mu_0 I_0}{2\pi r}$；$r_2\leqslant r\leqslant r_3$，$\dfrac{\mu_0 I_0\ (r_3^2-r^2)}{2\pi r\ (r_3^2-r_2^2)}$；

$r>r_3$，0

2-7　如图 5-58 所示，线密度是 λ（常量）的带正电的半圆（半径为 a）以角速度 ω 绕轴 $O'O''$匀速旋转，求：（1）圆心处 O 点的 $\boldsymbol{B}$；（2）旋转的带电半圆的磁矩 $\boldsymbol{m}$。（积分公式 $\int_0^{\pi}\sin^2\theta\mathrm{d}\theta=\pi/2$）

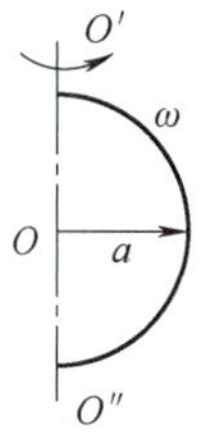

图　5-58

【答案】（1）$\mu_0\omega\lambda/8$，$\boldsymbol{B}$ 的方向向上；（2）$\pi\omega\lambda a^3/4$，$\boldsymbol{m}$ 的方向向上

三、思维拓展

3-1　磁电式电流表与电动机在哪些方面类似，请说明理由。

3-2　地磁赤道处的大气电场指向地面和磁场垂直。电子须向什么方向发射才能不发生偏转？

3-3　交叉来往于星际空间的宇宙射线从各个方向撞击着地球，地磁场能俘获宇宙射线中的高能电子与质子形成内外两层范·艾伦辐射带，保护人类避免遭受强宇宙射线的辐射，但由于地磁场的分布或分布的变化，范·艾伦辐射带的带电粒子部分在两极附近容易泄露，为什么宇宙射线穿入地球磁场时接近两磁极比其他任何地方都容易？

3-4　应用霍尔效应如何测量自行车轮的转速？

第六章 变化的电磁场

本章核心内容

1. 电磁感应现象、描述、规律应用。
2. 动生电动势和感生电动势的机理与计算。
3. 位移电流概念的提出、实质与应用。
4. 电磁场性质的数学归纳。

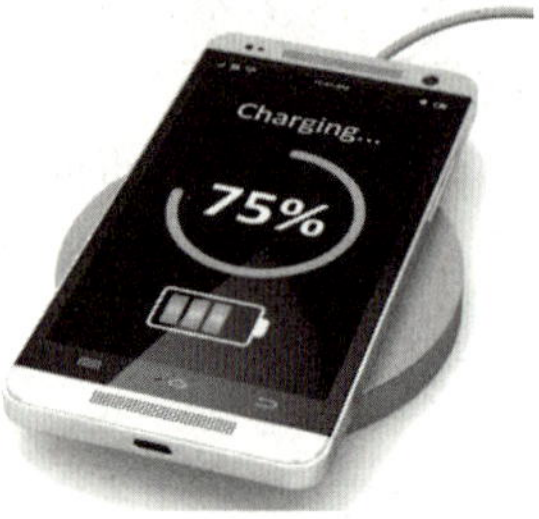

电磁感应

自1819年丹麦物理学家奥斯特发现电流磁效应后，许多科学家都热心于研究电与磁的关系。共同的目标是，既然电流可以产生磁，那么是否可以利用磁产生电流呢？法拉第作为这支研究大军中最重要的一员。他坚持“磁能生电”的信念，并为此进行了持续长达10年之久的实验研究，终于在1831年8月29日成功发现了电磁感应现象。这是电磁学发展史上最辉煌的成就之一。它不仅为麦克斯韦电磁场理论的建立奠定了实验基础，也为现代电工和无线电工业的建立和发展，为现代人类文明做出了重大贡献。

本章将在中学物理及前两章内容的基础上，侧重于电场、磁场随时间变化时所伴生的物理现象，分析电场与磁场之间的相互关联、相互激发的关系，并揭示电场与磁场是紧密相关、不可分割的整体。

第一节 电磁感应定律

一、电磁感应现象的发现

1831年8月29日，法拉第在研究“磁能生电”的实验中，首次发现，当图6-1中左侧线圈通电或断电的瞬间，右侧的闭合线圈就有电流产生。后来法拉第接连做了一系列实验，展示了各种电磁感应现象。一个月后，他在向英国皇家学会的报告中，将能产生电流的现象用文字描述归结为5类：①变化中的电流；②变化中的磁场；③运动的稳恒电流；④运动中的磁铁；⑤磁场中运动的导线。与此同时，俄国物理学家楞次也

电磁感应现象

广泛地研究了许多与电磁感应有关的现象，于1834年提出了判断感应电流方向的法则，即楞次定律。1845年，诺伊曼在他们实验工作的基础上，以定律的形式提出了电磁感应定律的数学表示式。5年后，法拉第又从实验上证明了诺伊曼的工作。

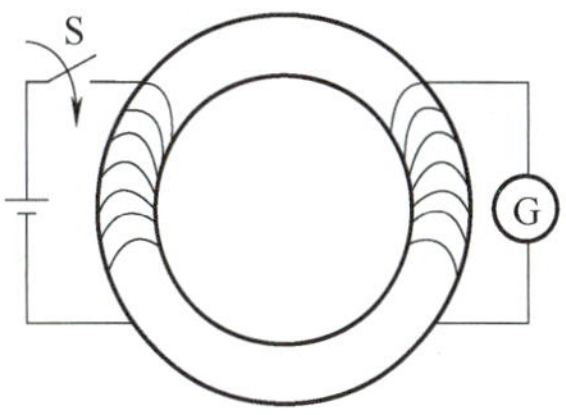

图 6-1

法拉第提出的5类现象，大致可以把产生感应电流的原因归结为两类：一是磁场相对于线圈或导体回路改变大小或方向（见图6-2）；二是线圈或导体回路相对于磁场运动、改变面积或取向（见图6-3）。

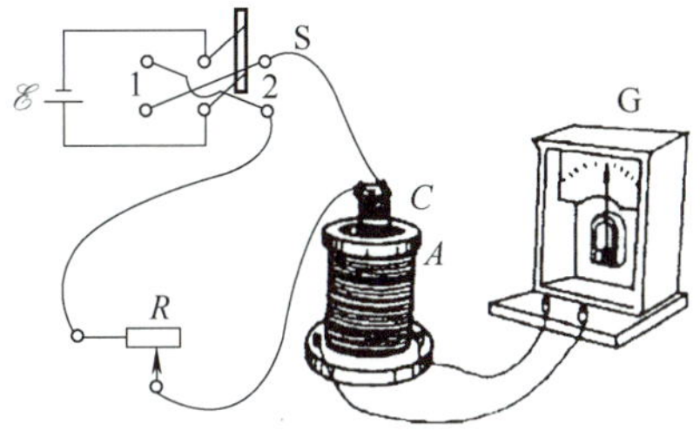

图 6-2

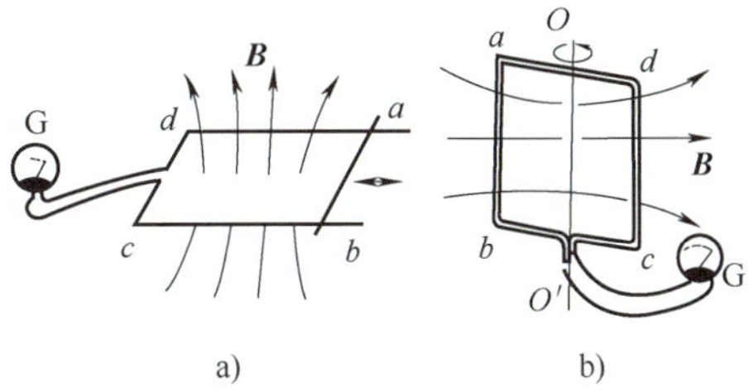

图 6-3

上述两类实验尽管具体方法不同，但共同点可归纳为：当穿过线圈或导体回路的磁通量发生变化时，在线圈或导体回路中产生电流。

二、法拉第电磁感应定律

法拉第电磁感应定律是用感应电动势表述的，原因是电流与电动势相比，感应电动势的产生是电磁感应现象最直接的结果，更能展示电磁感应的特征。因为，即使回路中电阻无限大，或者说回路不闭合，感应电流为零，但感应电动势都能观测到。

法拉第在总结大量电磁感应实验的基础上，给出结论：导体回路中感应电动势的大小与通过回路的磁通量的变化率成正比。1845年，诺伊曼在法拉第实验工作的基础上，给出了法拉第电磁感应定律的数学表示式

$$\mathscr{E} \propto \frac{\mathrm{d}\Phi_{\mathrm{m}}}{\mathrm{d}t} \tag{6-1}$$

将一个比例式改写成等式需引入比例系数 k，式（6-1）写成

练习 79

$$\mathscr{E} = -k\frac{\mathrm{d}\Phi_{\mathrm{m}}}{\mathrm{d}t} \tag{6-2}$$

在国际单位制中，$\mathscr{E}$的单位为V（伏特），Φ_{m}的单位为Wb（韦伯），t的单位为s（秒），式中的k为比例系数，其值取决于单位制的选择，在国际单位制时取$k=1$。于是，法拉第电磁感应定律最终可表示为

$$\mathscr{E} = -\frac{\mathrm{d}\Phi_{\mathrm{m}}}{\mathrm{d}t} \tag{6-3}$$

式（6-3）中，电动势$\mathscr{E}$和磁通量Φ_{m}都是标量，为什么会出现负号呢？负号表示感应

电动势的方向。为了说明负号的意义，需从如何选定 $\mathscr{E}$ 和 Φ_m 的正负起始：

1）由相对于回路绕行方向判断 $\mathscr{E}$ 的正负：回路有两种绕行方向（可自行确定正负），当回路上的电动势 $\mathscr{E}$ 与回路绕行方向一致时为正，反之为负。但回路绕行方向不是完全随意规定的。如图6-4所示，若规定回路所围面积的面法线单位矢量 $\boldsymbol{e}_n$ 的正向后，$\boldsymbol{e}_n$ 正向与回路绕行方向构成右手螺旋关系时，则令回路绕行方向为正，但回路绕行方向与 $\boldsymbol{e}_n$ 正向不遵守右手螺旋关系时，则回路绕行方向为负。

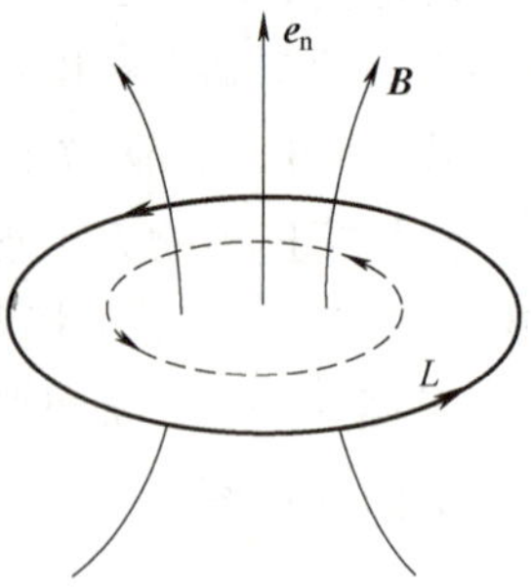

图　6-4

2）用 $\boldsymbol{e}_n$ 确定 Φ_m 的正负：当 Φ_m 穿过回路所围面积时（$\Phi_m = \int_{(S)} \boldsymbol{B} \cdot \mathrm{d}S\boldsymbol{e}_n$），以 $\boldsymbol{B}$ 与 $\boldsymbol{e}_n$ 的夹角描述 Φ_m 的正负。如在图6-4中，当 $\boldsymbol{B}$ 与 $\boldsymbol{e}_n$ 的夹角 $\theta<\frac{\pi}{2}$ 时，Φ_m 为正；反之为负值（见图6-5c、d）。

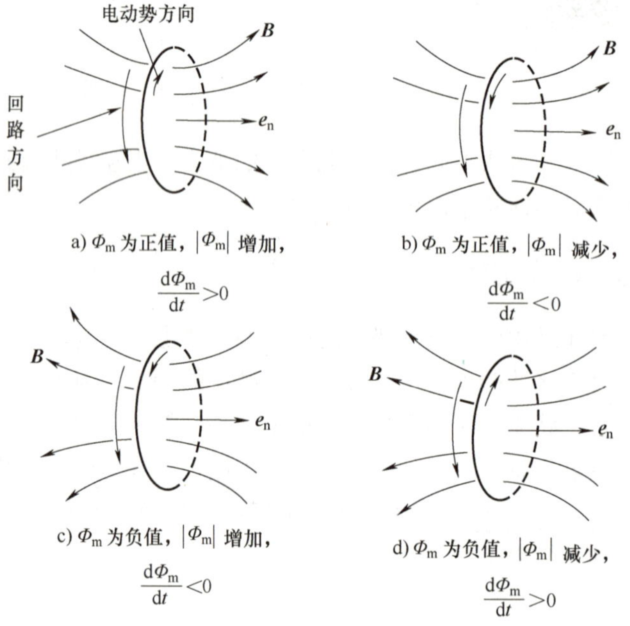

a) Φ_m 为正值，$|\Phi_m|$ 增加，$\frac{\mathrm{d}\Phi_m}{\mathrm{d}t}>0$

b) Φ_m 为正值，$|\Phi_m|$ 减少，$\frac{\mathrm{d}\Phi_m}{\mathrm{d}t}<0$

c) Φ_m 为负值，$|\Phi_m|$ 增加，$\frac{\mathrm{d}\Phi_m}{\mathrm{d}t}<0$

d) Φ_m 为负值，$|\Phi_m|$ 减少，$\frac{\mathrm{d}\Phi_m}{\mathrm{d}t}>0$

图　6-5

3）$\frac{\mathrm{d}\Phi_m}{\mathrm{d}t}$ 的正负：由于 $\mathrm{d}\Phi_m$ 是元增量，可以用 $\mathrm{d}\Phi_m$ 的正、负区分 $\frac{\mathrm{d}\Phi_m}{\mathrm{d}t}$ 的正负，而 $\mathrm{d}\Phi_m$ 的正负与 Φ_m 的正负有关。如在图6-5a中 Φ_m 为正且随时间增加，则 $\mathrm{d}\Phi_m>0$；在图6-5d中 Φ_m 为负，且绝对值随时间减小，这两种情况下：$\frac{\mathrm{d}\Phi_m}{\mathrm{d}t}>0$。而在图6-5b中 Φ_m 为正，若数值随时间减小（图中未画出）与在图6-5c中 Φ_m 为负，绝对值随时间增加，这两种情况下：$\frac{\mathrm{d}\Phi_m}{\mathrm{d}t}<0$。不论何种情况，式（6-3）中负号表示，当 $\frac{\mathrm{d}\Phi_m}{\mathrm{d}t}<0$ 时，对应图6-5b、c中 $\mathscr{E}>0$，表明 $\mathscr{E}$

与标出的回路绕行方向相同；反之，当$\frac{d\Phi_m}{dt}>0$时，对应图 6-5a、d 中 $\mathscr{E}<0$，表明 $\mathscr{E}$ 与回路绕行方向相反。注意：回路绕行方向及 $\boldsymbol{e}_n$ 的正方向类似于坐标轴的取向，是人为规定的，但式（6-3）却是客观规律，不是人为规定的。

式（6-3）只讨论了单匝线圈（回路）。在实验室和工业技术应用中，人们往往用到的是由导线绕制成的 N 匝线圈。如何将单匝线圈得到的结果拓展至多匝线圈呢？一是注意多匝线圈匝与匝之间是由一根（股）导线串接的；二是磁场线是穿过 N 匝并列线圈面积的磁通 $\Phi_1,\Phi_2,\cdots,\Phi_N$，于是 N 匝线圈中的总感应电动势等于各匝线圈中感应电动势之和：

练习 80

$$\begin{aligned}\mathscr{E} &= \mathscr{E}_1+\mathscr{E}_2+\cdots+\mathscr{E}_N=\left(-\frac{d\Phi_1}{dt}\right)+\left(-\frac{d\Phi_2}{dt}\right)+\cdots+\left(-\frac{d\Phi_N}{dt}\right)\\ &=-\frac{d}{dt}(\Phi_1+\Phi_2+\cdots+\Phi_N)=-\frac{d}{dt}\sum_i\Phi_i=-\frac{d}{dt}\Psi\end{aligned} \tag{6-4}$$

上式中的 $\Psi=\sum_i\Phi_i$ 是穿过 N 匝并列线圈的磁通量，称为磁通匝链数，简称磁通链（或磁链）。通常穿过各匝线圈的磁通量相同，则 $\Psi=N\Phi_m$。于是，式（6-4）可简化

$$\mathscr{E}=-\frac{d\Psi}{dt}=-N\frac{d}{dt}\Phi_m \tag{6-5}$$

如果电动势 $\mathscr{E}$ 已知，N 匝线圈的总电阻 R 也已知，则通过线圈的感应电流为

$$I_i=-\frac{1}{R}\frac{d\Psi}{dt} \tag{6-6}$$

电流强度是单位时间流经导线任一截面的电量，表示为 $I=\frac{dq}{dt}$，与式（6-6）联立可用于计算在 t_2-t_1 时间段内，流过线圈导线任一截面的感应电量 q 为

$$q=\left|\int_{t_1}^{t_2}I_i dt\right|=\frac{1}{R}\left|\int_{\Psi_1}^{\Psi_2}d\Psi\right|=\frac{1}{R}|\Psi_2-\Psi_1| \tag{6-7}$$

由式（6-7）可得，对于电阻为 R 的线圈，若通过实验测出 q（方法略），就能计算出此线圈内磁通链的变化。上述原理是**地质勘探和地震监测中使用的探测地磁场变化的磁通计或冲击电流计的物理原理之一**。

三、楞次定律

1834 年楞次提出了直接判断感应电流方向的法则，“感应电流的效果（如产生磁场），总是反抗引起感应电流的原因（磁通增减）。”或者说：“闭合回路中产生的感应电流的方向，总是使得感应电流所激发的磁场阻碍引起感应电流的磁通量的变化（所谓‘增反减同，来阻去留’）”。这一法则称为楞次定律。在简单情况下，可先用楞次定律判断回路中感应电流的方向，然后确定感应电动势的方向，其结果和用法拉第电磁感应定律式（6-3）的符号法则是完全一致的。感应电流的磁场不是阻碍通过回路的磁通量，而是阻碍通过回路磁通量的变化。因此，式（6-3）中负号也可理解为代表楞次定律。结合图 6-5，在应用式（6-3）中负号判断感应电动势方向时可参照以下步骤：

1）判明穿过回路磁感应线的方向（不必考虑正负）。

2）分析磁通量的变化是增加还是减少。

3）按“阻碍磁通量变化”的法则，判断感应电流产生的磁场的方向。

4）用右手螺旋法则，判断感应电流的方向，即感应电动势方向。

关于楞次定律，需补充说明它更深刻的内涵：

1）在判断感应电流的方向时，由于楞次定律比图 6-5 的符号法则更简明，因而已被人们广泛采用。定律中所说的“效果”，并不限于感应电流所产生的磁场，也可能由感应电流引起的某种机械作用（斥力、引力等）。以图 6-6 为例，当磁棒 *N* 极靠近线圈时，线圈中产生感应电流，与此同时，线圈将排斥磁棒，阻碍它继续靠近；当磁棒远离线圈时，线圈对磁棒有引力作用，不允许其继续远离，这都是感应电流的效果。又如，在随后将要介绍的电磁阻尼现象中，并不刻意确定感应电流的方向，而只关心由感应电流所引起阻尼的机械效果，这时，采用楞次定律的“原因-效果说”进行分析非常方便。

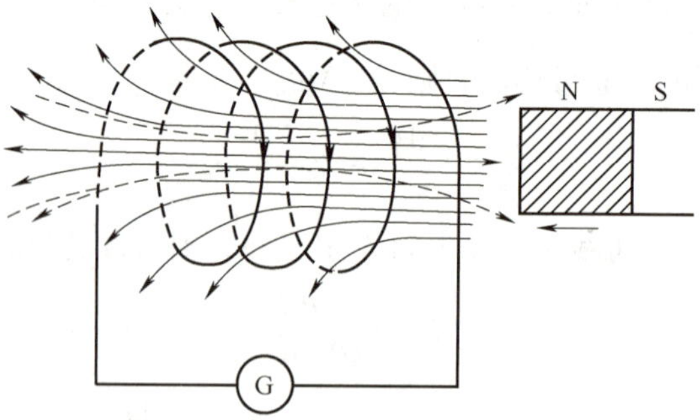

图 6-6

如果电路不是闭合的，那么在电磁感应现象的电路中就没有感应电流，但实验发现，感应电动势依然存在（详见本章第四节）。这时，如果用楞次定律，可以先设想有一个包含所讨论的电路在内的闭合回路，用楞次定律确定该回路中感应电流的方向，而后确定在回路中的部分电路中感应电动势的方向。

楞次定律中所指的“原因”，既可能是磁场变化（见图 6-2），也可能是引起磁通量变化的某种机械运动（见图 6-3）；“反抗原因”就是阻碍这种变化。

2）如前所述，式（6-3）中的负号是楞次定律的数学表示，**为什么感应电动势的方向必然是楞次定律所规定的方向？**这可以从能量角度来理解。以图 6-6 为例，当把磁棒 N 极由右向左插入线圈时，按照楞次定律，线圈中感应电流产生的磁场将阻碍磁棒继续插入，若要继续插入，必须克服线圈感生磁场的阻碍而做功。从能量转换角度看，克服阻力做的功，部分转化为线圈中因感应电流产生的焦耳热（焦耳定律），部分转化为磁场能量（本章第二节）。反之，如果磁棒 N 极远离线圈而去，则线圈中感应电流的方向与插入时相反。线圈与磁棒 N 极之间相互吸引，磁棒要继续远离，必须克服这个引力做功，这个功使线圈发热及磁场能量增加。如果情况并非如此，感应电动势的方向将不遵守楞次定律，只要磁棒朝线圈稍有运动，线圈不排斥而吸引磁棒，磁棒不受阻力继续往前加速，速度会越来越快。此时，在线圈中可以连续不断地产生感应电流，在与它相连的用电器上不断地放出焦耳热，而在整个过程中竟无须外力继续做功，这岂不是永动机吗？显然，这是违背能量守恒定律的。所以从能量观点看，楞次定律实质上是能量守恒定律在电磁感应现象中的一种表现形式。相比之下，法拉第电磁感应定律表示引起感应电流的原因是穿过导体回路的磁通量随时间的变化，而楞次定律中“原因-效果”的内涵，并不仅仅是指磁通量的变化，也不局限于电磁感应，而是在涉及电磁感应的系统中，包含电磁作用和非电磁作用的相互转化（图 6-7 就是发电机原理图）。可以这样看，“效果”对“原因”的阻止作用，意味着电能的增加，必然伴随有另一种非电能量的减少。因此，楞次定律揭示电磁场和其他物质一样具有能量，遵循物理学的普遍规律。从这个意义上看，楞次定律的内涵拓展了法拉第电磁感应定律，具有更广泛、更深刻的意义。

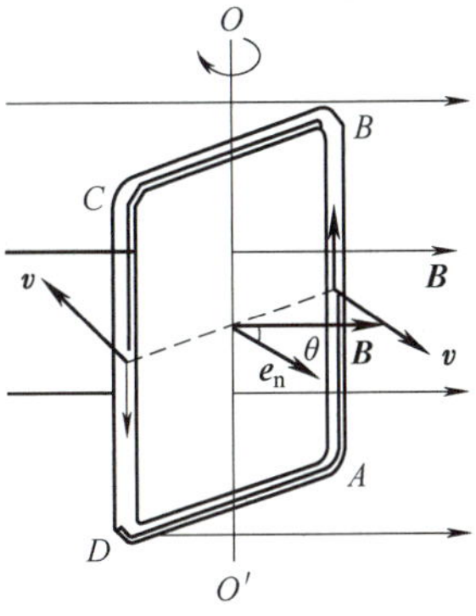

图　6-7

【例 6-1】　如图 6-8 所示，无限长载流直导线与矩形线圈共面，设导线中有电流 $I=5.0\text{A}$，矩形线圈共 1×10^3 匝，宽 $a=10\text{cm}$，长 $l=20\text{cm}$，以 $v=2\text{m}\cdot\text{s}^{-1}$ 的速度向右平动，求当 $d=30\text{cm}$ 时线圈中的感应电动势。

【分析与解答】　感应电动势与磁通量的变化率有关，按法拉第电磁感应定律求解。建立如图 6-8 所示坐标系。

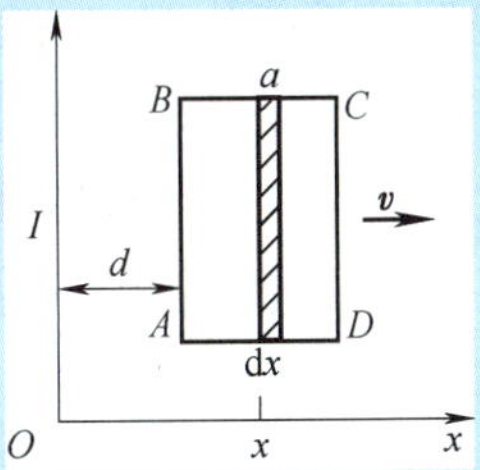

图　6-8

根据法拉第电磁感应定律

$$\mathscr{E}=-\frac{\mathrm{d}\Phi_{\mathrm{m}}}{\mathrm{d}t}$$

式中，Φ_{m} 为线框运动到任意位置时穿过其的磁通量，它由下式计算：

$$\Phi_{\mathrm{m}}=\int_{(S)}\boldsymbol{B}\cdot\mathrm{d}\boldsymbol{S}$$

B 由载流长直导线产生，其周围磁感应强度 **B** 的大小为

$$B=\frac{\mu_0 I}{2\pi x}$$

式中，x 为场点到载流直导线的垂直距离。

对于非匀强磁场用元分析法计算磁通量，在线框上任取一矩形窄条面元 dS，dS 上的 **B** 处处相同，则通过 dS 的元磁通量为

$$\mathrm{d}\Phi_{\mathrm{m}}=\boldsymbol{B}\cdot\mathrm{d}\boldsymbol{S}=\frac{\mu_0 Il}{2\pi x}\mathrm{d}x$$

对元磁通量积分，求得矩形线框的磁通量为

$$\Phi_{\mathrm{m}}=\frac{\mu_0 Il}{2\pi}\int_d^{d+a}\frac{\mathrm{d}x}{x}=\frac{\mu_0 Il}{2\pi}\ln\frac{d+a}{d}$$

由于线圈向右平动，则式中 d 为变量，且 $\frac{\mathrm{d}d}{\mathrm{d}t}=v$。线圈中的感应电动势为

$$\mathscr{E}=-N\frac{\mathrm{d}\Phi_{\mathrm{m}}}{\mathrm{d}t}=N\frac{\mu_0 Il}{2\pi}\frac{a}{(d+a)d}v=0.33\times10^{-3}\mathrm{V}$$

本题也可按动生电动势公式求解，有兴趣的同学可以在本章第三节学习完后，自己尝试用该方法求解。

四、涡电流现象

感应电流不仅能够在线圈或回路内产生，而且，在实验与工业技术应用中，当大块导体（并不处在回路中）对磁场有相对运动或处在变化的磁场中时，大块导体中也会产生感应电流。这种在大块导体内流动的感应电流，叫作**涡电流**（简称涡流），涡流有利有弊。

1. 演示实验

图 6-9 是一个演示涡流的实验。在一个绕有线圈的铁心（为产生强磁场）上端放置一个盛有冷水的铜杯（良导体），把线圈的两端接到交流电源上（产生交变磁场），几分钟后，杯内的冷水就会变热，甚至沸腾起来。**如何解释这一现象呢？**如图 6-10 所示，设想将铜杯看成由无数个半径不同的薄壁圆筒组成，每个圆筒自成闭合回路。当绕在铁心上的线圈中的交流电不断变化时，穿过半径各异的圆筒回路包围面积的磁通量随之变化。因而，按式（6-3），在每个圆筒回路中都产生感应电流，这就是涡流。由于铜杯电阻很小，涡流可以很大，随即产生大量热量，加热杯中冷水使之变热（忽略水中涡流），以至沸腾。那么，可不可按此原理熔化矿石呢？

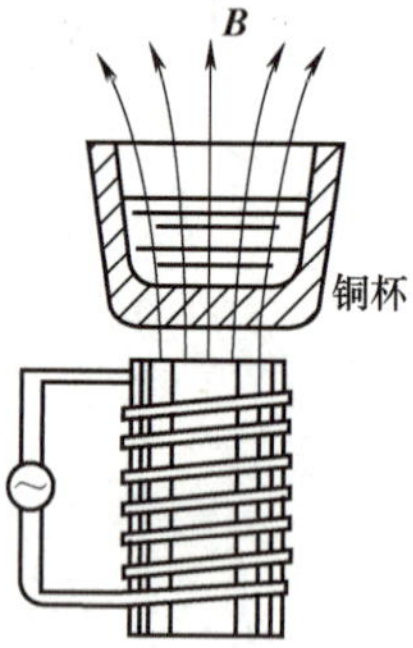

图 6-9

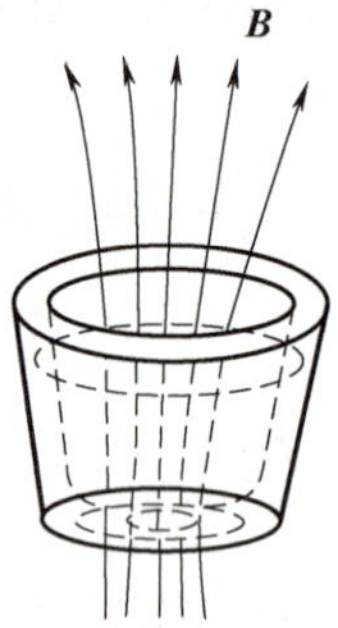

图 6-10

2. 高频感应炉

图 6-11 是高频感应炉的工作原理图。其主要结构是，在坩埚（耐火材料制成）外面绕有一个与大功率高频交流电源相接的多匝线圈（图中简化了密绕方式）。线圈中通以强大的高频交流电，产生急剧变化的磁场，使放在坩埚中被冶炼的金属矿石内产生强大的涡流，释放出大量的焦耳热，将其熔化。因此，在冶金工业中，熔化活泼或难熔金属（如钛、钽、铌、钼等）和冶炼特殊合金（如无铬镍不锈钢等），都常采用这种加热方法。又如，在提纯

半导体材料中使用的外延技术，以及对显像管或激光管中的金属电极进行加热除去吸附的气体等，也都广泛采用这种方法。不仅如此，在电磁仪表中也出现“涡流”的“身影”，那就是电磁阻尼。

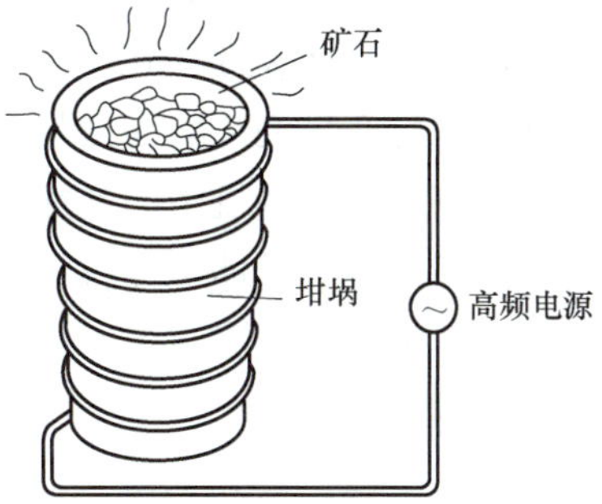

图　6-11

3. 电磁阻尼

如图 6-12a 所示，当金属块在 N-S 极间相对于非均匀磁场运动时，如果以该金属块为参考系，在金属块中就有变化的磁场，变化的磁场使金属块中产生涡流。金属块中出现的这股涡流又要受到磁场的作用。在图 6-12 中，**这种作用是推动金属块继续运动还是阻止其运动呢？**按楞次定律预判，结论是出现阻力阻止金属块相对磁场运动，这种源于电磁感应的阻力叫作电磁阻尼。在使用指针式电磁仪表时，常利用电磁阻尼让它不断摆动的指针迅速停下来。电气火车的电磁制动器、瓦时计（电能表）中的制动装置等都是按这一原理设计的。为此，对图 6-12a 稍做具体分析。设电磁铁两极间的磁场集中在一矩形截面的区域（间距很小），把铜片（或铝片）悬挂在磁铁的两极间形成一个摆。当线圈未通电时，空气的阻尼和转轴处的摩擦力作用很小，摆可以经过相当长时间才停下来。但当电磁铁线圈通电后情况就会发生变化，摆动的铜片很快就会停下来。**为什么会发生这种现象？**分析图 6-12b，设在某一时刻，摆动的铜片正处在两磁极间由右向左摆，当铜片的前半部分经过中心区后磁通逐渐减小，铜片内出现方向如图所示的（顺时针）涡电流，而铜片的后半部分正在经过中心区磁通增大，其涡电流的方向亦如图所示（逆时针）。以后者受力为例，在图 6-12b 中，*ad* 边尚未进入磁场时不受力，*ab* 边与 *cd* 边所受力的方向相反且与摆动方向垂直，对摆动没有影响，只有 *bc* 边受力向右，正是此力阻碍铜片向左摆动。而铜片前半部分涡电流受力情况可照此分析。

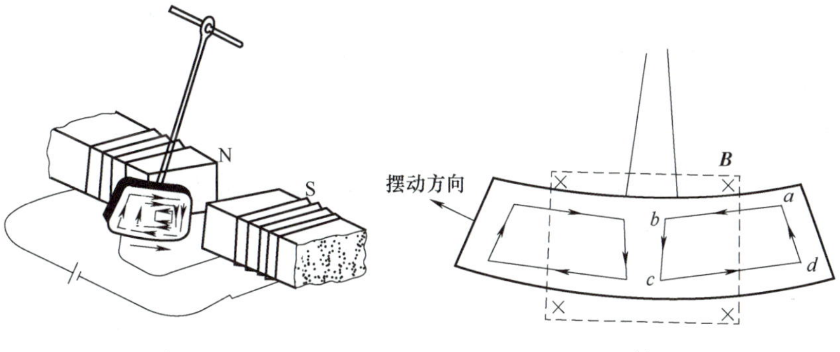

图　6-12

4. 变压器与电机的铁心

如图 6-9 中铁心一样，在各种电机、变压器中，为了增加磁感应强度，其绕组（线圈）中都添加铁心（见图 6-13）。如果铁心制成块状，如图 6-13a 所示，那么，当它在不断变化的磁场中工作时，就会产生很强的涡流而发热，这不仅白白浪费电，而且也可能因设备过度发热而烧毁，这是涡流的负面作用。人们为减小涡流，巧妙地将电机及其他交流仪器的铁心改用如图 6-13b 所示的电阻率较大的硅钢片一片片叠合而成。不仅如此，各片之间还用绝缘漆隔开，并且使硅钢片的平面与磁场线平行。为什么这样做就能使涡电流大为减少呢？而在高频器件中，如收音机中的磁性天线、中频变压器等，由于线圈中电流变化的频率很高，采用电阻率很高的半导体磁性材料粉末（如铁氧体），将粉末压制成磁心，粉末间相互绝缘效果很好。这又是为什么呢？因为可以阻断涡电流。

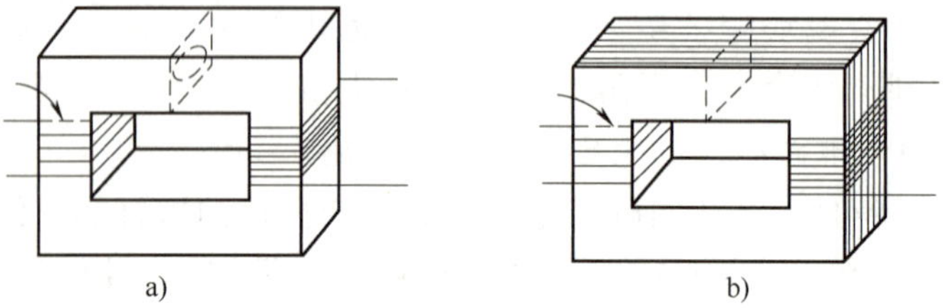

图　6-13

第二节　电路中的电磁感应　互感与自感

拔掉电器插头的瞬间，为什么经常看到有火花产生？汽车引擎中火花塞点火需要上万伏高压，而汽车蓄电池能提供的电压仅为 12V，火花塞又是如何实现高压点火的呢？诸如此类现象可以归结于一个回路中电流的变化将会引起自身或附近另外一个回路中产生感应电动势或感应电流。法拉第电磁感应定律并未限定磁通量来源，如在各种电路系统中（强电、弱电），有回路、有电流变化而引起磁通变化，对应电磁感应现象发生。这些场景中，用变化电流来描述感应电动势比变化的磁通量更直接方便。为此，本节侧重定量讨论互感电动势（互感）与自感电动势（自感）与电路中电流变化的关系。

一、互感

互感

如图 6-14 所示，当螺绕环中的电流随变阻器电阻变化而变化时，在 A 线圈中产生感应电动势，这就是互感现象。无须把两个电路直接连接起来，就可以通过互感实现将交变电信号或电能由一个电路转移到另一个电路，所以，这一物理原理广泛应用于无线电技术和电磁测量的电源变压器、中周变压器、输入或输出变压器、电压互感器以及电流互感器和手机无线充电等。为了更方便描述这种情况，需要拓展式（6-3）直接用变化的电流表述互感电动势。

由图 6-15 分析互感现象，有两个靠得较近、位置固定的线圈 L_1 和 L_2。当线圈 L_1 中的电流 I_1 发生变化时，它所激发的磁场通过线圈 L_2 所包围面积的磁通量 Φ_{12}（注意双下角标的含意）将发生变化。按法拉第电磁感应定律式（6-3），在线圈 L_2 中产生感应电动势 $\mathscr{E}_{12}$。同样的过程也会发生在当线圈 L_2 中的电流变化时线圈 L_1 中产生感应电动势。下面先分析 $\mathscr{E}_{12}$ 与 I_1 变化的关系。

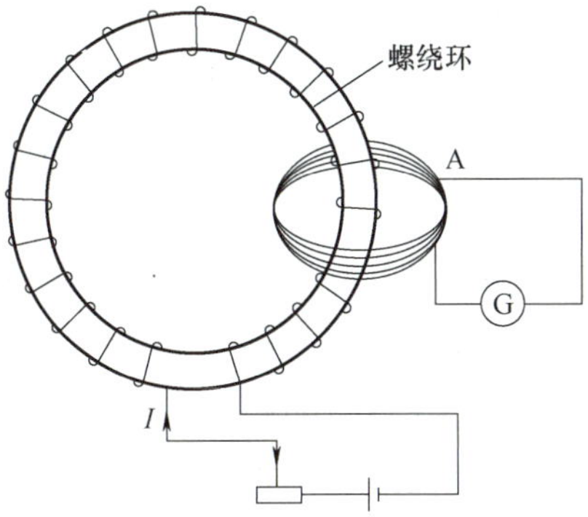

图　6-14

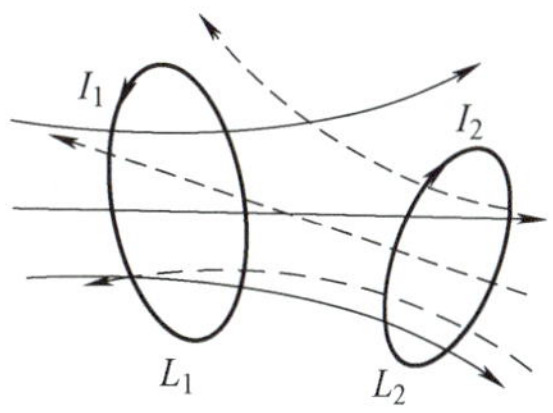

图　6-15

根据毕奥-萨伐尔定律，我们知道由电流产生的磁场中的任一场点的磁感应强度 $\boldsymbol{B}$ 的大小与 I 成正比，而 $\boldsymbol{B}$ 的值又表示磁场线密度。因此可以推断，如图 6-15 由电流 I_1 所建立的磁场通过线圈 L_2 的磁通 Φ_{12} 应与 I_1 成正比，写成等式

练习 81

$$\Phi_{12} = M_{12} I_1 \tag{6-8}$$

式中，比例系数 M_{12} 为回路 L_1 与回路 L_2 之间的互感系数（或互感）。大量实验发现：M_{12} 与两个回路的几何形状、相对位置、各自的匝数及它们周围的介质等有关，而与线圈 L_1 中有无电流 I_1 无关。但当 I_1 发生变化时，回路 L_2 上出现的感应电动势

$$\mathscr{E}_{12} = -\frac{\mathrm{d}\Phi_{12}}{\mathrm{d}t} = -\frac{\mathrm{d}}{\mathrm{d}t}(M_{12}I_1) = -\left(M_{12}\frac{\mathrm{d}I_1}{\mathrm{d}t} + I_1\frac{\mathrm{d}M_{12}}{\mathrm{d}t}\right) \tag{6-9}$$

如果讨论两个位置固定的回路 L_1 和 L_2，之间又无铁磁质（它的影响在第二卷讨论）的情况下，互感 M_{12} 不随时间变化，式（6-9）等号右侧第二项为零，在这种 M_{12} 不随时间变化的特殊情况下，

$$\mathscr{E}_{12} = -M_{12}\frac{\mathrm{d}I_1}{\mathrm{d}t} \tag{6-10}$$

同样的分析可用于回路 L_2 中的电流 I_2 随时间变化时，在回路 L_1 中产生感应电动势 $\mathscr{E}_{21}$（图 6-15 中虚、实两种磁感应线是叠加关系，不是抵消关系。）

$$\mathscr{E}_{21} = -M_{21}\frac{\mathrm{d}I_2}{\mathrm{d}t} \tag{6-11}$$

理论和实验都可以证明（本书略，可参考文献［13］）

$$M_{12} = M_{21} \tag{6-12}$$

式（6-12）意味着分析互感现象时，在上述条件下不必区分究竟是哪个线圈对哪个线圈的互感，它们之间的互感用一个 M 来表示就足够了（参见参考文献［35］中例 6-5 介绍了一种计算方法）。

按 SI，互感的单位名称是亨［利］，符号为 H，则

$$1\mathrm{H}=1\ \frac{\mathrm{V}\cdot\mathrm{s}}{\mathrm{A}}$$

根据互感现象可以解释本节一开始提出的问题。当汽车的火花塞点火时，需要高电压产生一个强电场使空气-汽油混合物中的空气电离，从而形成电火花。高电压来自于12V 的汽车电池，通过一个感应线圈，通常是变压器或互感线圈，将 12V 电压转换成高压。

人们在利用互感现象的同时，也要注意在某些情况下互感也是有害的。例如，电子仪器中线路之间会由于互感而互相干扰、两路电话线之间串音等。为解决这类问题，可采用磁屏蔽等方法将某些器件保护起来，以减小这种干扰。在利用极微弱磁场装置中及在一些精密测量中，磁屏蔽装置还可以屏蔽地磁场的影响。有关利用铁磁材料进行磁屏蔽的具体细节，本书不做介绍，有兴趣的读者可上网查询。

【例 6-2】 如图 6-16 所示，两个共面同心导体圆环，小环半径为 R_1，大环半径为 R_2，且 $R_2 \gg R_1$。试计算两环的互感。

【分析与解答】 假设大环通有电流，按互感的物理意义 $M=-\dfrac{\mathscr{E}_{21}}{\dfrac{\mathrm{d}I_2}{\mathrm{d}t}}$ 或 $M=\dfrac{\Phi_{21}}{I_2}$ 计算。我们采用 $M=-\dfrac{\mathscr{E}_{21}}{\dfrac{\mathrm{d}I_2}{\mathrm{d}t}}$ 讨论。

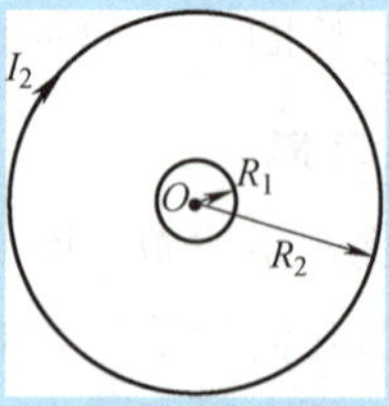

图　6-16

设大环中通上电流 I_2，I_2 在圆心 O 处产生的磁感应强度 B 为

$$B=\frac{\mu_0 I_2}{2R_2}$$

由于 $R_1 \ll R_2$，在小环范围内的磁场可近似认为是匀强磁场，大小为圆心 O 处的 B，因此通过小环的磁通量为

$$\Phi_{21}=BS=\frac{\mu_0 \pi I_2 R_1^2}{2R_2}$$

当大环中电流 I_2 发生变化时，在小环中引起的感应电动势为

$$\mathscr{E}_{21}=-\frac{\mathrm{d}\Phi_{21}}{\mathrm{d}t}=-\frac{\mu_0 \pi R_1^2}{2R_2}\frac{\mathrm{d}I_2}{\mathrm{d}t}$$

则互感为

$$M=-\frac{\mathscr{E}_{21}}{\dfrac{\mathrm{d}I_2}{\mathrm{d}t}}=\frac{\pi \mu_0 R_1^2}{2R_2}$$

读者可以思考一下，如何利用 $M=\Phi_{21}/I_2$ 计算两环的互感系数。

另外，根据该题目读者可以延伸如何设计一个实验测量两个线圈的互感系数。

二、自感

在切断或接通载流电路瞬间，电流的变化使穿过电流回路自身的磁通量也随之变化。按式（6-3）在电流回路中必然会产生感应电动势。这种现象称为自感现象，简称自感，所产生的电动势是自感电动势。

图 6-17 是荧光灯工作原理图，在荧光灯电路上的镇流器就是利用自感现象的一个例子。当图中电路接通电源后，电源电压通过镇流器和荧光灯两端的灯丝加到辉光启动器（简称点火）的两端，使辉光启动器产生辉光放电（原理略）。辉光放电产生热量使辉光启动器中金属片受热形变将电路接通（电路闭合）。闭合电路中的电流将荧光灯的灯丝加热，释放大量电子储备在灯管中。与此同时，由于辉光启动器两端接通，辉光熄灭。金属片冷却，辉光启动器两端自动断开，切断电路。在切断电路的瞬间，镇流器线圈将产生比电源电压高得多的自感电动势（取决于线圈匝数与铁心），加速灯管中电子，使灯管内气体电离，产生辉光放电，荧光灯便发光了（两种辉光放电原理略）。

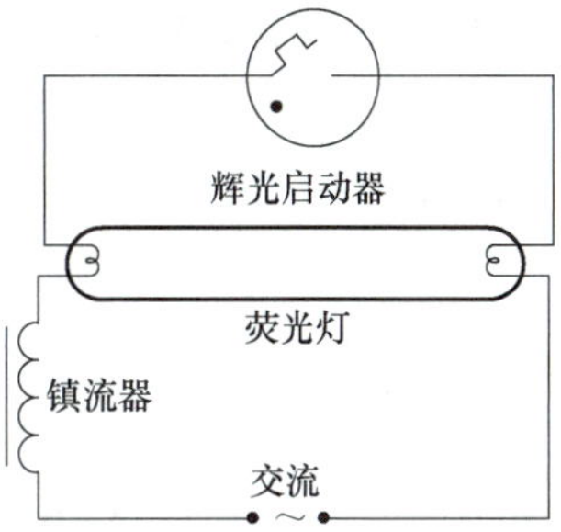

图　6-17

在一些情况下，自感也有害处，如当无轨电车车顶上的电弓脱离电网时，电路突然被断开，瞬间电流减小，所产生的自感电动势很大，在电弓与电网线空隙的空气被电离，从而产生电火花，造成电网的损坏。

仿照讨论互感现象的过程，设电路中某瞬时电流为 I，且其周围没有铁磁质，则穿过回路的磁通与回路中的电流成正比，即

$$\Phi = LI \tag{6-13}$$

式中，比例系数 L 称为自感系数（或自感）。它的数值与电流 I 无关，只取决于回路的大小、形状、线圈匝数与磁介质。若回路中的电流 I 发生变化（例如切断与接通），则通过回路自身的磁通量 Φ 也相应变化，因而在回路中产生感生电动势，即自感电动势。根据式（6-3），将式（6-13）等号两边对时间求导得回路中自感电动势

练习 82

$$\mathscr{E}_L = -\frac{\mathrm{d}\Phi}{\mathrm{d}t} = -\left(L\frac{\mathrm{d}I}{\mathrm{d}t} + I\frac{\mathrm{d}L}{\mathrm{d}t}\right) \tag{6-14}$$

一般在 L 不随时间变化的条件下，等号右侧第二项为零，此时

$$\mathscr{E}_L = -L\frac{\mathrm{d}I}{\mathrm{d}t} \tag{6-15}$$

按式（6-3），式（6-15）中负号表示自感电动势阻碍回路电流的变化。$\mathscr{E}_L$ 与 L 有关，也与 $\frac{\mathrm{d}I}{\mathrm{d}t}$ 有关，因此，式（6-15）也可用于计算自感 L。自感 L 的单位与互感 M 相同。

【例 6-3】 在长为 0.2m、直径为 0.5cm 的硬纸筒上，需绕多少匝线圈，才能使绕成的螺线管的自感约为 2.0×10^{-3}H？

【分析与解答】 自感取决于回路的大小、形状、线圈匝数。假设线圈中电流为 I，按自感的物理意义 $L=-\frac{\mathscr{E}_L}{\frac{\mathrm{d}I}{\mathrm{d}t}}$ 或 $L=\Psi/I$ 计算。我们采用 $L=\Psi/I$ 讨论。

假设线圈通以电流 I，线圈为 N 匝，则单位长度的匝数

$$n = N/0.2 = 5N$$

螺线管内磁场大小为

$$B = \mu_0 nI$$

通过线圈平面的磁通量

$$\Psi = NBS = 5\mu_0 N^2 IS$$

则自感为

$$L = \Psi/I = 5\mu_0 N^2 S = 5\mu_0 \pi N^2 r^2$$

得线圈匝数

$$N = \sqrt{\frac{L}{5\mu_0 \pi r^2}} = \sqrt{\frac{2.0\times10^{-3}\times4}{5\times4\pi^2\times10^{-7}\times0.005^2}}\text{ 匝} = 4026\text{ 匝}$$

三、磁场能量

在本章第一节中讨论楞次定律时曾指出，电磁感应遵守能量转换与守恒定律。例如图 6-18a 所示的含有电感线圈 L 的电路里，当电源电压发生突变时（如开启或切断电路），由于自感的作用，电路中的电流不会立即消失，而要延续短暂的时间。而当接通电路时，EL_1 与 EL_2 两个灯泡有一个先亮一个后亮也是自感的作用。图 6-18b 的演示意味着，当迅速断开开关 S 时，电源不再向灯泡提供能量，似乎灯泡应立即熄灭。但是，灯泡 EL 并不立即熄灭，而是突然更亮地闪动一下后才熄灭。从电磁感应遵守能量转换与守恒观点解释，只有通电线圈 L 可以存储能量，才可能在断电一刹那灯泡闪亮。不过，**线圈中的能量是何时存储又何时释放的呢？**为了回答这一问题，注意当线圈接通电源时，由于线圈的自感，电流从零到稳态值要经过一段时间。在这段时间内，电源提供能量的“流向”是：在电路中出现的焦耳热消耗一部分；为克服线圈上的自感电动势做功消耗另一部分。后者恰恰等于切断电源后电路中的电流在电阻上放出的焦耳热（或使灯泡闪亮的能量）。计算得（见参考文献［13］）

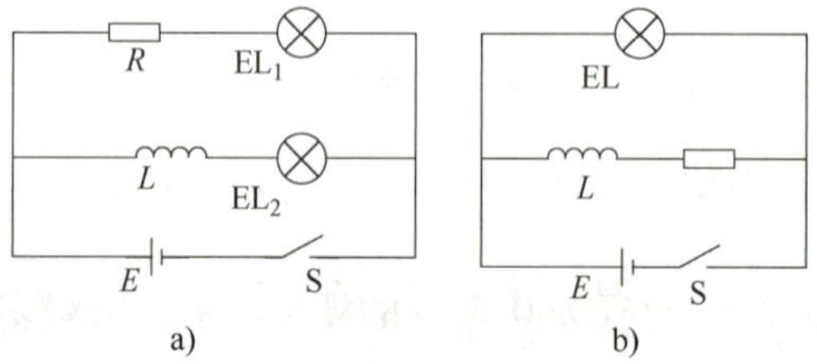

图 6-18

练习 83

$$A_L = \frac{1}{2}LI^2 \tag{6-16}$$

进一步从电流是磁场的源角度分析，随着线圈中电流增长必伴随有空间磁场的建立。与此同时发生电源克服自感电动势做功所消耗的那部分能量就转换成随电流而建立的磁场中储存。在断开电源瞬间，这部分能量又全部转换成使灯泡闪亮所消耗的能量。经计算，具有自感 L 的线圈通电流 I 时所具有的磁能 W_m 为（计算过程略）

$$W_m = \frac{1}{2}LI^2 \tag{6-17}$$

以上从不同角度得到的 A_L［式（6-16）］与 W_m［式（6-17）］相等说明：电源克服线圈自感电动势做功 A_L 的本质是，电源给磁场提供了能量，磁场能量 W_m 又可以通过自感电动势做功释放出来。

下面再通过一个特例说明磁能储存在磁场中。第五章第七节已介绍无限长单层密绕螺线管的磁场 $B=\mu_0 nI$ 及通过计算得到单层密绕螺线管的自感 $L=\mu_0 n^2 V$，一同代入式（6-17），可得

$$\begin{aligned} W_m &= \frac{1}{2}LI^2 = \frac{1}{2}\mu_0 n^2 V \frac{B^2}{\mu_0^2 n^2} \\ &= \frac{1}{2\mu_0}B^2 V = \frac{1}{2}\frac{B^2}{\mu_0}V \end{aligned} \tag{6-18}$$

式中，V 是螺线管所占的空间体积。从式（6-18）的最后结果看，磁能 W_m 只与场量 $\boldsymbol{B}$ 有关，表明哪里有磁场 $\boldsymbol{B}$，哪里就有磁能 W_m。这一结论与讨论图 6-18 的实验解释是一致的。

如果将式（6-18）两边同除以体积 V，得到单位体积中的磁能，称为磁能密度，用 w_m 表示，则

$$w_m = \frac{1}{2}\frac{B^2}{\mu_0} \tag{6-19}$$

式（6-18）与式（6-19）虽然来自于描述无限长单层密绕螺线管均匀磁场能量的特殊情况，但是实验和理论研究都表明，作为一个普适公式，它适用于不论磁场是均匀的还是非均匀的，是稳恒的还是非稳恒的。如果将式（6-19）与式（4-46）放在一起看，磁场和电场都具有能量，都是**物质存在形态**。

第三节　动生电动势

动生电动势

在本章第一节中已经将法拉第发现的电磁感应现象归纳为两类。其中，磁场不变而导体或导体回路相对磁场运动（切割磁场线）而产生的电动势称为**动生电动势**。本节介绍导体在切割磁场线时导体中产生动生电动势的机理。不过，要从什么是电源电动势切入。

一、电源电动势

为探究电源电动势的物理意义，先在中学物理基础上分析图 6-19。

图 6-19 是电容器的放电实验，一般来讲，当把图中两个电势不相等的极板用导线连接起来时，在导线中就会有电流产生（如电容器放电）。随着放电的持续进行，极板 B 上的自由电子不断减少，两极板间的电势差 V_A-V_B 也随之降低直至为零，说明依靠由电容器的放电所产生的电流是不能持久的。平日里维持用电器恒定电流的是电源（直流或交流）。这就好比建在高处的自来水塔，靠水位差向低处的用户供水，但要保证给用户稳定地供水，必须用水泵给水塔补充水，以维持水位差的道理一样。直流电源供电的物理原理及在电路中的作用见图 6-20a、b。

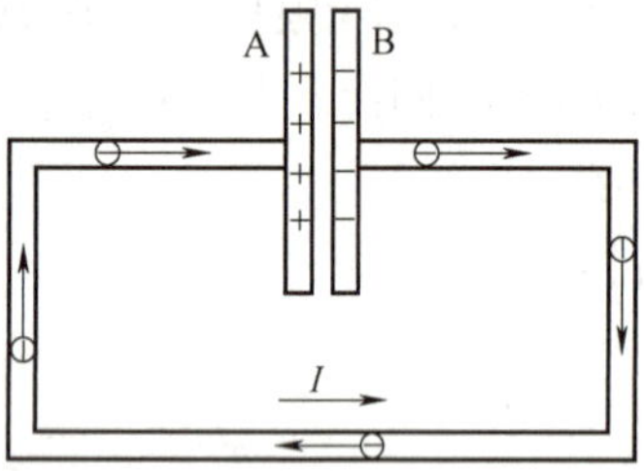

图 6-19

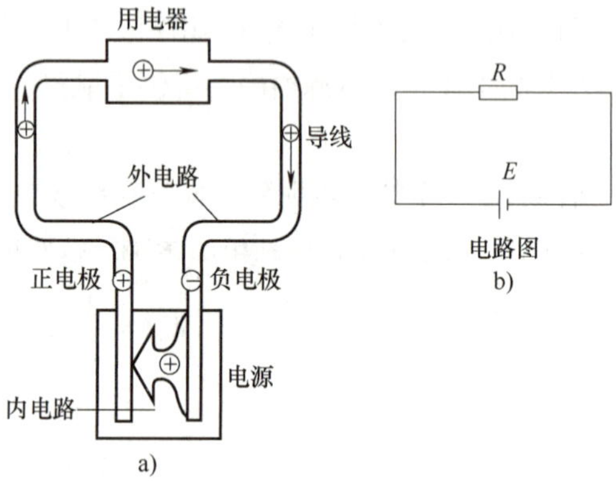

图 6-20

在图 6-20a 中，将用电器与电源连接成一夸张表示的闭合回路。电源外的部分叫外电路。电路中自由电子在电源正、负极间稳恒电场作用下，外电路上电流由电源正极流向负极，电场力做功消耗电源提供的电能。在电源内部（内电路），对自由电子有两种作用：一种是阻碍电子运动的静电力，另一种是克服阻碍推动电子运动的非静电力。克服静电阻碍的非静电力，靠消耗化学能、热能、机械能等维持电流做功，所以电源就是一种把非电形式的能量转换成电能的装置。人们把只存在于电源内部的非静电作用，等效地用 $\boldsymbol{E}_k$ 表示（借鉴场论方法），它在数值上等于作用在单位正电荷上的非静电力，称 $\boldsymbol{E}_k$ 为非静电场强。不同电源区别就在于，非静电力及由它移动单位正电荷所做的功是不同的。为了进一步表述不同电源转换能量能力的不同，人们引入了电动势这一物理量，用符号 $\mathscr{E}$ 表示。电源电动势 $\mathscr{E}$ 数值上等于在电源内部把单位正电荷从电源负极（用"-"表示）移到正极（用"+"表示）非静电力所做的功。值得注意的是，这种处理方式把各种电源内非常复杂的非静电作用，不加区别地统统用非静电场强 $\boldsymbol{E}_k$ 表示，这似乎是沿袭了牛顿用力 $\boldsymbol{F}$ 表示形形色色相互作用的方法。$\boldsymbol{E}_k$ 和 $\mathscr{E}$ 的共同点是都表示对电荷有力的作用，但类比力和功的区别，$\boldsymbol{E}_k$ 和 $\mathscr{E}$ 的性质却是截然不同。这种区别可用积分公式表达为

$$\mathscr{E} = \int_{-\,(\text{电源内})}^{+} \boldsymbol{E}_k \cdot \mathrm{d}\boldsymbol{l} \tag{6-20}$$

在理解和运用式（6-20）时，再强调以下几点：

1）仅从被积表达式中非静电力做功角度看，电动势是标量，每个电源电动势应取正值（做正功）。此时对式（6-20）做积分时，在电源内部取单位正电荷移动方向（$\mathrm{d}\boldsymbol{l}$ 的方

向）、$\boldsymbol{E}_k$方向以及电势升高方向三者一致，一般将此方向（从负极到正极）规定为电动势的方向，但当选择一坐标系规定了空间坐标正方向后，$\boldsymbol{E}_k$、$\mathrm{d}\boldsymbol{l}$ 以及 $\mathscr{E}$ 的正、负都要相对坐标系而言了（参看图 6-22）。

2）电动势和电势差的单位相同（伏特）。但是，两者所表述的物理本质却不同。电动势是电源中非静电力做功能力大小的标志，而电势差却是静电场或稳恒电场中电场力移动单位正电荷做功大小的表征。相同点是数值上与做功大小相关。特别是在图 6-20 的外电路上并不存在非静电力，所以电动势与外电路的性质以及外电路是否接通无关，但电路中各处间的电势差分布却与外电路的情况（元器件等）有关。

3）如果非静电力集中在一段电路内（如图 6-20b 中电源），这种电源称集中电源；若整个闭合电路中处处存在非静电力（如本章第四节感生电动势等），则这种电源称为分布电源。作为分布电源，电动势可表示为

$$\mathscr{E} = \oint_{(\text{全闭合回路})} \boldsymbol{E}_k \cdot \mathrm{d}\boldsymbol{l} \tag{6-21}$$

积分式（6-21）的意义是将单位正电荷绕闭合回路一周非静电力做的功，数值上等于分布电源的电动势。

二、动生电动势的产生及计算

分析图 6-21a，在磁感应强度为 $\boldsymbol{B}$ 的稳恒均匀磁场中，有一长为 l 的导体棒 ab 以速度 $\boldsymbol{v}$ 由左向右运动（切割磁场线），其中令 ab、$\boldsymbol{v}$ 和 $\boldsymbol{B}$ 三者彼此相互垂直。在金属导电的经典电子论看来，导体棒 ab 中的自由电子随棒以速度 $\boldsymbol{v}$ 一道在磁场中运动。根据式（5-3），自由电子受到的洛伦兹力

$$\boldsymbol{F}_m = -e\boldsymbol{v} \times \boldsymbol{B}$$

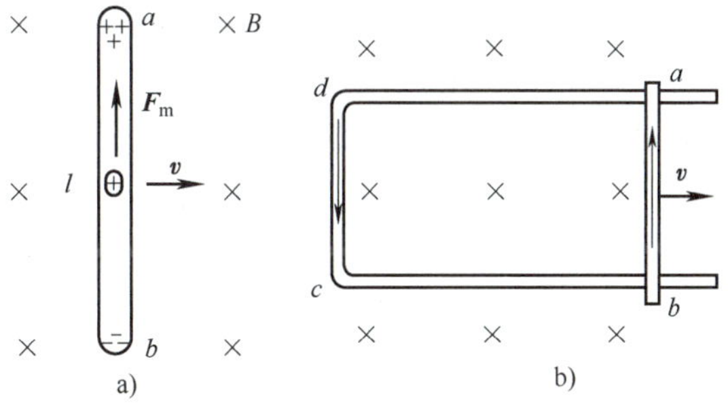

图　6-21

受力方向由 a 指向 b（图中 $\boldsymbol{F}_m$示意正电荷受力方向）。在洛伦兹力作用下自由电子将向 b 端聚集，与此同时，a 端将等效聚集等量正电荷。正负电荷在两端聚集的效果之一是在 ab 之间出现一自上而下的静电场。这个新出现的静电场将阻碍自由电子继续向 b 端聚集。若金属棒在外界作用下持续保持以速度 $\boldsymbol{v}$ 运动，自由电子分别受到来自电场和磁场两个方向相反的作用。合力为

$$\boldsymbol{F} = -e(\boldsymbol{E} + \boldsymbol{v} \times \boldsymbol{B})$$

随着两端电荷不断积累，电场力增大到与洛伦兹力达到平衡时，自由电子受合力为零，电子不再向 b 端运动。宏观上表现为棒中出现一稳定电动势。若用一根导线将 a、b 两端连成一回路（见图 6-21b U 形框），在回路中就会出现如图所示电流。a、b 两端的电荷因此而减少，ab 间静电力减弱，两力失去平衡，此时，洛伦兹力又不断补充两端的电荷，补充结果表现为 ab 棒内由 b 到 a 以及回路中有稳定的电流。这就表明持续切割磁场线的导体棒可用做电源，这个电源中的非静电力就是洛伦兹力。棒中电动势称为动生电动势。这也是一类发电机的工作原理。如用于普通交流发电机中的转子，就是在磁场中旋转的线框（参看图 6-7）。

将金属棒中单位正电荷受力 $\boldsymbol{v}\times\boldsymbol{B}$ 代入式（6-20），ab 导体棒上的动生电动势可表示为

$$\mathscr{E}=\int_{-}^{+}\boldsymbol{E}_{\mathrm{k}}\cdot\mathrm{d}\boldsymbol{l}=\int_{b}^{a}(\boldsymbol{v}\times\boldsymbol{B})\cdot\mathrm{d}\boldsymbol{l}\tag{6-22}$$

可将由特殊情况得到的动生电动势式（6-22）推广到一般：

$$\mathscr{E}=\int_{(L)}(\boldsymbol{v}\times\boldsymbol{B})\cdot\mathrm{d}\boldsymbol{l}\tag{6-23}$$

在用式（6-22）或式（6-23）计算时，也许要处理以下几种情况：

1）动生电动势的产生并不要求导体必须构成闭合回路，构成回路仅仅是可以形成电流，而不是产生动生电动势的必要条件。因此回路中只有部分导线切割磁场线时，只需用式（6-23）对该部分导线（l）积分（见图 6-21a），电动势也只来自于该段导线上；若整个回路都在磁场中运动，用式（6-23）对整个闭合回路积分，这时电动势才存在于整个回路上。不过，如图 6-7 中的旋转线框，需分析回路各部分相对磁场的运动情况。

2）式（6-23）中出现 $\boldsymbol{v}$ 与 $\boldsymbol{B}$ 的矢积，说明在磁场中运动导体上产生的动生电动势与导体相对磁场运动的速度 $\boldsymbol{v}$ 密切相关。例如，在图 6-21 中，若 $\boldsymbol{v}\parallel\boldsymbol{B}$，则 $\boldsymbol{v}\times\boldsymbol{B}=0$，没有电动势产生，只有当导线做切割磁场线的运动时，才产生动生电动势。

3）从式（6-20）到式（6-23）的积分表达式中，线元矢量 $\mathrm{d}\boldsymbol{l}$ 的方向代表正电荷的运动方向，在选取坐标系后，$\mathrm{d}\boldsymbol{l}$ 的正、负就取决于它在坐标轴上的投影（参看图 6-22）。因此，积分结果就可能有正、有负，若 $\mathscr{E}$ 为正，表示 $\mathscr{E}$ 的方向与坐标的正方向相同；反之相反。在此基础上应用式（6-23）时，如何正确写出 $(\boldsymbol{v}\times\boldsymbol{B})\cdot\mathrm{d}\boldsymbol{l}$ 及选择积分变量的上、下限是完成计算的关键。特别是对于导线在非均匀磁场中的运动，要仔细分析不同 $\mathrm{d}\boldsymbol{l}$ 处的 $\boldsymbol{v}$ 和 $\boldsymbol{B}$，最好画矢量图表示 $\boldsymbol{v}$、$\boldsymbol{B}$ 及其叉乘，并分析叉乘积与 $\mathrm{d}\boldsymbol{l}$ 间的点乘关系。

4）如果将数学中三矢量混合积性质 $\boldsymbol{A}\cdot(\boldsymbol{B}\times\boldsymbol{C})=\boldsymbol{B}\cdot(\boldsymbol{C}\times\boldsymbol{A})$ 用于式（6-23）中被积表达式，则

$$\mathrm{d}\mathscr{E}=(\boldsymbol{v}\times\boldsymbol{B})\cdot\mathrm{d}\boldsymbol{l}=\boldsymbol{B}\cdot(\mathrm{d}\boldsymbol{l}\times\boldsymbol{v})\tag{6-24}$$

式中的 $\mathrm{d}\boldsymbol{l}\times\boldsymbol{v}$ 是线元矢量 $\mathrm{d}\boldsymbol{l}$ 在单位时间内所扫过的面积（即 $\mathrm{d}\boldsymbol{l}$ 与 $\boldsymbol{v}$ 所构成平行四边形的面积）。$\boldsymbol{B}\cdot(\mathrm{d}\boldsymbol{l}\times\boldsymbol{v})$ 是线元矢量 $\mathrm{d}\boldsymbol{l}$ 在单位时间内“切割”磁场线的数目。所以，积分式（6-23）又表示导线 L 以速度 $\boldsymbol{v}$ 所扫过的磁场线的数目。若从等效闭合回路 L 观察，其等于通过回路磁通量的变化率。按此分析，式（6-23）与式（6-3）有异曲同工之美，这是用了三矢量混合积的“意外收获”，不过式（6-23）不仅适用于回路，也适用于一段导

线的情形。

【例 6-4】 如图 6-22 所示，一长直导线中通有电流 $I=10\mathrm{A}$，在其附近有一与其共面的长 $L=0.2\mathrm{m}$ 的金属细棒 ab，细棒近导线的一端距离导线 $d=0.1\mathrm{m}$，该棒以 $v=2\mathrm{m}\cdot\mathrm{s}^{-1}$ 的速度平行于长直导线方向做匀速运动，求金属棒中的动生电动势。

【分析与解答】 通电直导线周围的磁场为非均匀磁场，不同细棒处的磁场不同，故先用元分析法建立被积函数，再积分计算。

建立如图 6-22 所示的坐标系。由于金属棒处在通电导线产生的非均匀磁场中，因此，按元分析法，想象将金属棒分割为很多线元，并任选图中位置坐标 x 处的线元 $\mathrm{d}x$，在 $\mathrm{d}x$ 处的磁场可以看作均匀的，利用第五章式（5-32）可得其磁感应强度的大小为

$$B=\frac{\mu_0 I}{2\pi x}$$

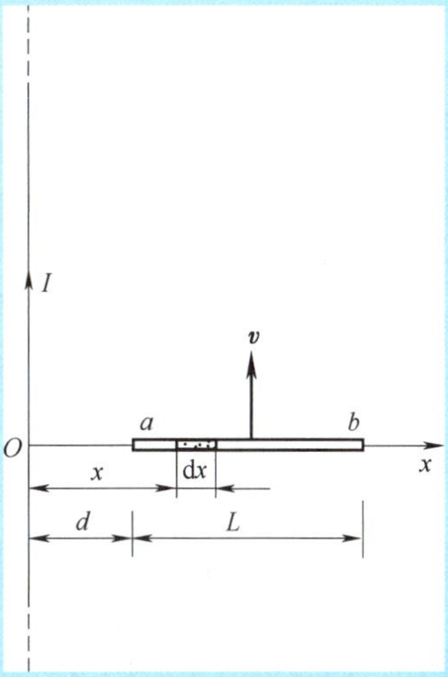

图 6-22

由于本例中 $\boldsymbol{v}\perp\boldsymbol{B}$，所以，在 $\mathrm{d}x$ 小段上的元动生电动势为

$$\mathrm{d}\mathscr{E}=-vB\mathrm{d}x=-\frac{\mu_0 I}{2\pi x}v\mathrm{d}x$$

对整根棒积分，可得

$$\mathscr{E}=\int_{(L)}\mathrm{d}\mathscr{E}=-\int_d^{d+L}\frac{\mu_0 I}{2\pi x}v\mathrm{d}x=-\frac{\mu_0 I}{2\pi}v\ln\left(\frac{d+L}{d}\right)=-4.4\times10^{-6}\mathrm{V}$$

式中负号表示 $\mathscr{E}$ 的方向与 x 轴方向相反（从 b 到 a），即 a 点的电势比 b 点高。

三、动生电动势产生过程中的能量转换

由于洛伦兹力始终与运动电荷（带电粒子）的运动方向垂直，所以，它对运动电荷是不做功的。但是在图 6-21a 中，导体棒以速度 $\boldsymbol{v}$ 在磁场中运动时产生的动生电动势却是由洛伦兹力作用于棒中运动电荷的结果。而且，当运动导体棒与 U 形线框构成回路时，回路中会有感应电流产生，这也是要做功的。这岂不是相互矛盾吗？这个矛盾如何解释呢？为此，分析图 6-23（取自图 6-21a），棒中自由电子的速度有 $\boldsymbol{u}$ 和 $\boldsymbol{v}$ 两个分量，其中，$\boldsymbol{v}$ 是电子随导体棒一起运动的速度，而 $\boldsymbol{u}$ 是电子在棒内由 a 向 b 运动的速度，两速度合成为 $\boldsymbol{v}_{合}=\boldsymbol{v}+\boldsymbol{u}$，每一个以 $\boldsymbol{v}_{合}$ 在磁场中运动的自由电子受到的洛伦兹力

$$\begin{aligned}\boldsymbol{F}_{合}&=q(\boldsymbol{v}+\boldsymbol{u})\times\boldsymbol{B}\\&=q\boldsymbol{v}\times\boldsymbol{B}+q\boldsymbol{u}\times\boldsymbol{B}\\&=\boldsymbol{F}+\boldsymbol{F}'\end{aligned}$$

则有

$$
\begin{aligned}
\boldsymbol{F}_{合} \cdot \boldsymbol{v}_{合} &= (\boldsymbol{F} + \boldsymbol{F}') \cdot (\boldsymbol{v} + \boldsymbol{u}) \\
&= \boldsymbol{F} \cdot \boldsymbol{v} + \boldsymbol{F} \cdot \boldsymbol{u} + \boldsymbol{F}' \cdot \boldsymbol{v} + \boldsymbol{F}' \cdot \boldsymbol{u} \\
&= 0 + \boldsymbol{F} \cdot \boldsymbol{u} + \boldsymbol{F}' \cdot \boldsymbol{v} + 0 = -evBu + euBv = 0
\end{aligned}
\tag{6-25}
$$

即洛伦兹力 $\boldsymbol{F}_{合}$不做功。那么电动势输出的能量又如何而来呢？我们分析式（6-25）中的两个分力 $\boldsymbol{F}$、$\boldsymbol{F}'$对自由电子是否做功？

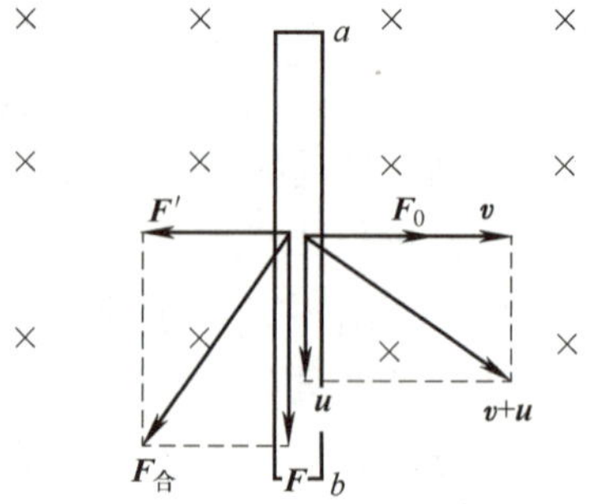

图　6-23

由式（6-25）结果 $\boldsymbol{F} \cdot \boldsymbol{u} = -\boldsymbol{F}' \cdot \boldsymbol{v}$，如在图 6-23 中，等式左边项是洛伦兹力的一个分力 $\boldsymbol{F}$ 移动电子由 a 向 b 做正功的功率，是产生动生电动势的非静电力；等式右边项是洛伦兹力另一个分力 $\boldsymbol{F}'$（与 $\boldsymbol{v}$ 反向）阻碍导线向右运动而做的负功的功率。如果导体棒源源不断提供电动势，则棒中自由电子必须在磁场中保持匀速 $\boldsymbol{v}$ 运动，必须施加外力 $\boldsymbol{F}_0$以克服 $\boldsymbol{F}'$的阻碍，即 $\boldsymbol{F}_0 = -\boldsymbol{F}'$，因此有

$$
\boldsymbol{F}_0 \cdot \boldsymbol{v} = -\boldsymbol{F}' \cdot \boldsymbol{v} = \boldsymbol{F} \cdot \boldsymbol{u}
$$

因此，外力 $\boldsymbol{F}_0$克服分力 $\boldsymbol{F}'$所做的功通过 $\boldsymbol{F}$ 转换为电能。

在此转换过程中洛伦兹力不做功，洛伦兹力的分力 $\boldsymbol{F}$ 做功只起到将非电能转换为电能的作用。回顾第五章第四节所述，图 6-23 中，导体棒所有自由电子受洛伦兹力的分力 $\boldsymbol{F}'$ 之和，宏观上等于导体棒所受的安培力。在图 6-23 中，安培力是妨碍导体棒运动的阻力，欲使导体棒保持以速度 $\boldsymbol{v}$ 运动，必须施外力以克服安培力对棒的阻碍作用做功。至此，可以得出结论：洛伦兹力不做功。图 6-21 中出现电动势并未通过 $\boldsymbol{F}$ 消耗磁场能量，而是通过 $\boldsymbol{F}_0$消耗了机械能。可以肯定地说，图 6-21b 中回路的电能来自于外界的机械能。

第四节　感生电动势　涡旋电场

除动生电动势外，当导体或导体回路相对于参考系静止，但由于磁场大小或方向的变化，在导体或导体回路中产生的感应电动势称为感生电动势。洛伦兹力作为动生电动势的非静电力，那么，**感生电动势的非静电力又是什么呢？**

感生电场

一、涡旋电场

以导体回路产生感生电动势为例。图 6-15 描述的互感现象中，当 L_1 中电流变化时，L_2中产生感应电流。L_2中的电流源于自由电子的定向漂移，说明线圈 L_2中的自由电子受到了某种能使它们定向漂移的作用力。此时，导体回路并没有运动，所以，自由电子不受洛伦兹力的作用。那么，是否意味着自由电子受某种电场力？即当磁场随时间变化时，在 L_2电路中出现了某种电场，在它的作用下 L_2中的自由电子做定向漂移运动，在闭合导体回路中形成了感应电流。早在 1861 年，麦克斯韦在分析、研究了这类现象之后，提出了一个大胆假设：变化的磁场在其周围空间激发或感生一种新的电场；并将这种电场称为涡旋电场或感生电场，其电场强度以符号 $\boldsymbol{E}_i$ 表示。由它提供了

图 6-15 L_2中产生感应电流的非静电力。在本章第三节中曾用式（6-21）描述过分布电源电动势，现将式（6-21）用到图 6-15 中源于涡旋电场 $\boldsymbol{E}_{\mathrm{i}}$的电动势

$$\mathscr{E} = \oint_{(\text{全闭合回路})} \boldsymbol{E}_{\mathrm{i}} \cdot \mathrm{d}\boldsymbol{l} \tag{6-26}$$

式（6-26）的意义：感生电动势数值上等于将单位正电荷沿任意闭合导体回路移动一周涡旋电场力所做的功。获得的电能消耗了引发磁场变化的能量。同时，式（6-26）还暗含另一层含意，涡旋电场强度 $\boldsymbol{E}_{\mathrm{i}}$沿任一闭合回路对弧长的曲线积分（环流）不等于零了，即

$$\oint \boldsymbol{E}_{\mathrm{i}} \cdot \mathrm{d}\boldsymbol{l} \neq 0 \tag{6-27}$$

式（6-27）揭示涡旋电场的性质：

1）随时间变化的磁场在其周围空间激发涡旋电场，它揭示了电磁感应规律更深层次的物理本质。法拉第电磁感应定律式（6-3）中，导体回路只不过是用于检测涡旋电场是否存在的一种“传感器”。对于涡旋电场来说，除导体回路外，一段导体，甚至一个试探电荷都可以作为这种检测手段。

2）在第四章第三节中，归纳了静电场电场线的 3 种特性，从第五章第六节中又看到了磁场线的 3 个特征。作为描述涡旋电场性质“首发”式（6-27），**能否起到展示涡旋电场电场线的某些特征，并用环流和通量遵守的定理描述涡旋电场的基本规律呢？**

二、感生电动势

采用涡旋电场 $\boldsymbol{E}_{\mathrm{i}}$描述感生电动势后，将法拉第电磁感应定律式（6-3）与式（6-26）联系起来，推出一种全新的数学关系式

练习 84

$$\oint_{(L)} \boldsymbol{E}_{i} \cdot \mathrm{d}\boldsymbol{l} = -\frac{\mathrm{d}\boldsymbol{\Phi}_{\mathrm{m}}}{\mathrm{d}t} \tag{6-28}$$

式中，$\boldsymbol{\Phi}_{\mathrm{m}}$可由式（5-42）计算：

$$\boldsymbol{\Phi}_{\mathrm{m}} = \int_{(S)} \boldsymbol{B} \cdot \mathrm{d}\boldsymbol{S}$$

将上式代入式（6-28）的微分运算中，得

$$\oint_{(L)} \boldsymbol{E}_{i} \cdot \mathrm{d}\boldsymbol{l} = -\frac{\mathrm{d}}{\mathrm{d}t}\int_{(S)} \boldsymbol{B} \cdot \mathrm{d}\boldsymbol{S} \tag{6-29}$$

在数学上，式中求导$\frac{\mathrm{d}}{\mathrm{d}t}$与积分$\int_{(S)}$可以交换运算次序；且如图 6-15 所示，回路 L 不随时间变化，由它所围成的面积 S 也不随时间变化，因此，磁通$\int_{(S)} \boldsymbol{B} \cdot \mathrm{d}\boldsymbol{S}$随时间变化，仅为 $\boldsymbol{B}$ 随时间 t 变化。因此，式（6-29）改为

$$\mathscr{E} = \oint_{(L)} \boldsymbol{E}_{\mathrm{i}} \cdot \mathrm{d}\boldsymbol{l} = -\int_{(S)} \frac{\mathrm{d}\boldsymbol{B}}{\mathrm{d}t} \cdot \mathrm{d}\boldsymbol{S}$$

$\frac{\mathrm{d}\boldsymbol{B}}{\mathrm{d}t}$表示 $\boldsymbol{B}$ 只随时间变化，更普遍的情形下 $\boldsymbol{B}=\boldsymbol{B}(r,t)$，故$\frac{\mathrm{d}\boldsymbol{B}}{\mathrm{d}t}$改为$\frac{\partial \boldsymbol{B}}{\partial t}$，所以

$$\mathscr{E}=\oint_{(L)}\boldsymbol{E}_{\mathrm{i}}\cdot\mathrm{d}\boldsymbol{l}=-\int_{(S)}\frac{\partial\boldsymbol{B}}{\partial t}\cdot\mathrm{d}\boldsymbol{S}\tag{6-30}$$

曲面 S 以回路 L 为周界，$\boldsymbol{E}_{\mathrm{i}}$方向与$-\dfrac{\mathrm{d}\boldsymbol{B}}{\mathrm{d}t}$成右手螺旋关系，这与楞次定律结果一致。式（6-30）表示变化的磁场激发电场（$\boldsymbol{E}_{\mathrm{i}}$）的规律（积分形式）。这一规律被大量的实验证实，如电子感应加速器（见本节应用拓展部分）。

如此，比较涡旋电场与静电场，不仅它们的激发方式不同，而且两种电场的性质截然不同。如果空间既存在静电场 $\boldsymbol{E}_{\mathrm{e}}$，又存在涡旋电场 $\boldsymbol{E}_{\mathrm{i}}$，实验表明两种电场可以叠加，叠加的总电场强度为

$$\boldsymbol{E}=\boldsymbol{E}_{\mathrm{e}}+\boldsymbol{E}_{\mathrm{i}}$$

按矢量场环流的数学表达式，总电场 $\boldsymbol{E}$ 的环流

$$\oint_{(L)}\boldsymbol{E}\cdot\mathrm{d}\boldsymbol{l}=\oint_{(L)}(\boldsymbol{E}_{\mathrm{e}}+\boldsymbol{E}_{\mathrm{i}})\cdot\mathrm{d}\boldsymbol{l}=0+\oint_{(L)}\boldsymbol{E}_{\mathrm{i}}\cdot\mathrm{d}\boldsymbol{l}=-\int_{(S)}\frac{\partial\boldsymbol{B}}{\partial t}\cdot\mathrm{d}\boldsymbol{S}\tag{6-31}$$

由于 $\boldsymbol{E}$ 包含两种电场，式（6-31）就代表了法拉第电磁感应定律的普遍（积分）形式，也是电磁场基本方程之一（参看本章第六节）。它强调的意义为变化的磁场可以产生电场。本章第一节中介绍的涡电流只是它的一个特例。因为涡旋电场并不依赖于空间有无介质存在。

三、涡旋电场的计算

【例 6-5】 在半径为 R 的无限长圆柱形区域内（如无限长密绕载流螺线管）t 时刻沿 z 轴存在一均匀磁场（图 6-24a 为其横截面），且横截面内各点磁感应强度的大小随时间均匀变化，设变化率$\dfrac{\mathrm{d}B}{\mathrm{d}t}<0$，圆柱外磁场始终为零。如何计算圆柱内、外涡旋电场 $\boldsymbol{E}_{\mathrm{i}}$ 的分布呢?

【分析与解答】 由于磁场均匀分布在圆柱空间内，且具有轴对称性，因此由磁场变化所激发的感生电场也具有轴对称性，其电场线是以圆柱轴线为圆心的一系列同心圆，同一圆周上的 $\boldsymbol{E}_{\mathrm{i}}$ 大小相同，沿顺时针方向。

作一圆心在圆柱轴线上、半径为 r 的圆周 L，规定顺时针方向为其正方向，见图 6-24a，$\boldsymbol{E}_{\mathrm{i}}\parallel\mathrm{d}\boldsymbol{l}$（$\mathrm{d}\boldsymbol{l}$ 为回路 L 上的一小段）。$\mathrm{d}\boldsymbol{l}$ 与 $\mathrm{d}\boldsymbol{S}$ 的方向之间成右手螺旋关系，$\mathrm{d}\boldsymbol{S}$ 方向垂直向里。$\dfrac{\partial\boldsymbol{B}}{\partial t}$方向垂直向外，则$\dfrac{\partial\boldsymbol{B}}{\partial t}$与 $\mathrm{d}\boldsymbol{S}$ 的夹角为 π，且$\dfrac{\partial B}{\partial t}$为负常数，由式（6-30），得

$$\oint_{(L)}\boldsymbol{E}_{\mathrm{i}}\cdot\mathrm{d}\boldsymbol{l}=E_{\mathrm{i}}\cdot 2\pi r=-\int_{(S)}\frac{\partial\boldsymbol{B}}{\partial t}\cdot\mathrm{d}\boldsymbol{S}=-\frac{\partial B}{\partial t}\int_{(S)}\mathrm{d}S$$

磁场仅分布在半径为 R 的圆柱形区域内，因此分区域求解

当 $r\leqslant R$ 时，
$$2\pi rE_{\mathrm{i}}=-\pi r^{2}\frac{\partial B}{\partial t}$$

圆柱面内涡旋电场强度
$$E_{\mathrm{i}}=-\frac{r}{2}\frac{\partial B}{\partial t}\tag{6-32}$$

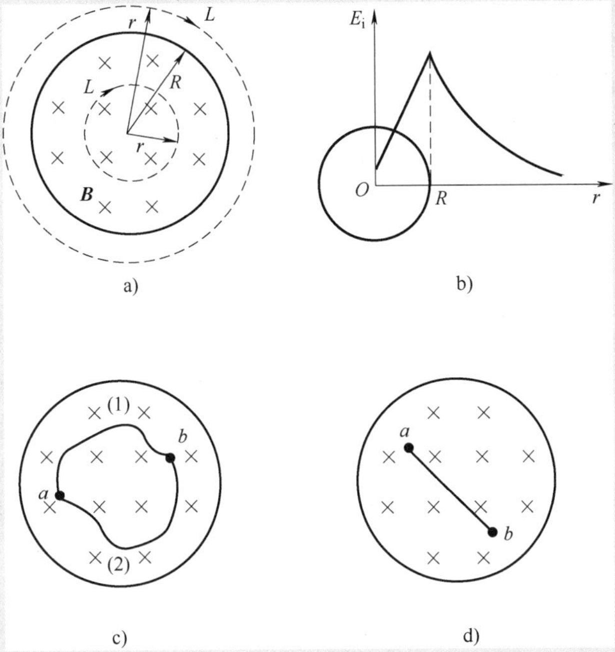

图　6-24

当 $r>R$ 时，
$$2\pi r E_i = -\pi R^2 \frac{\partial B}{\partial t}$$

圆柱面外涡旋电场强度
$$E_i = -\frac{R^2}{2r}\frac{\partial B}{\partial t} \tag{6-33}$$

以上两式中，因 $\frac{\partial B}{\partial t}<0$，则 $E_i>0$，表示 $\boldsymbol{E}_i$ 的方向沿回路正向（此例为顺时针方向）。图 6-24b 表示 $\boldsymbol{E}_i$ 的大小随 r 的变化。从图中可以得到什么结论呢？变化磁场产生的涡旋电场，它不仅分布在变化磁场区域内，也分布在变化磁场区域外。为什么？可参看图 6-14，$\frac{\partial \boldsymbol{B}}{\partial t}$ 只发生在螺绕环中，但线圈 A 中却产生了感应电动势。

讨论：

1）在图 6-24a 的涡旋电场中画一任意形状的闭合回路，如图 6-24c 所示，利用式（6-32）可证

$$\oint \boldsymbol{E}_i \cdot \mathrm{d}\boldsymbol{l} \neq 0$$

上式意味着沿 a、b 两点间不同路径（1）、（2）做积分有

$$\int_{(1)a}^{b} \boldsymbol{E}_i \cdot \mathrm{d}\boldsymbol{l} \neq \int_{(2)a}^{b} \boldsymbol{E}_i \cdot \mathrm{d}\boldsymbol{l}$$

说明在涡旋电场中，不存在静电场中两点之间由式（4-41）描述的电势差。即在涡旋电场中关于“场点 a 和 b 间的电势差”或“场点 a 或 b 的电势”等概念均没有意义。

2）若有一细导体棒放在图6-24d的涡旋电场中，由于涡旋电场对导体棒中的自由电子有作用，将使导体棒 a 端积累负电荷，b 端积累正电荷，正、负电荷间出现静电场，从而导体棒两端出现电势差（在导体不构成回路情况下，电势差的大小就等于导体中的感生电动势）。因此，在这种情况下，导体棒两端"电势差"的提法又有了意义。如果同样的导体棒放在静电场中，两端会有电势差吗？为什么？

四、应用拓展——电子感应加速器

1940年美国科学家科斯特（D. W. Kerst）首次研制出了电子感应加速器，它是利用感生电场加速电子的装置。如图6-25所示为电子感应加速器的原理图，柱形电磁铁的两极间安装一个环形真空管，电磁铁的励磁线圈通以交变电流，在两极间产生一个对称分布的交变磁场，交变磁场在两极间激发感生电场，感生电场线是一系列的同心圆，管内感生电场的方向沿管道方向。射入其中的电子就受到这感生电场的持续作用而被不断加速。设环形真空管的轴线半径为 a，由磁场分布的轴对称性可知，感生电场的分布也具有轴对称性。沿环管轴线上各处的电场强度大小处处相等，而方向都沿轴线的切线方向。因而沿此轴线的感生电场的环路积分为

$$\oint_L \boldsymbol{E}_{\mathrm{i}} \cdot \mathrm{d}\boldsymbol{r} = E_{\mathrm{i}} \cdot 2\pi a$$

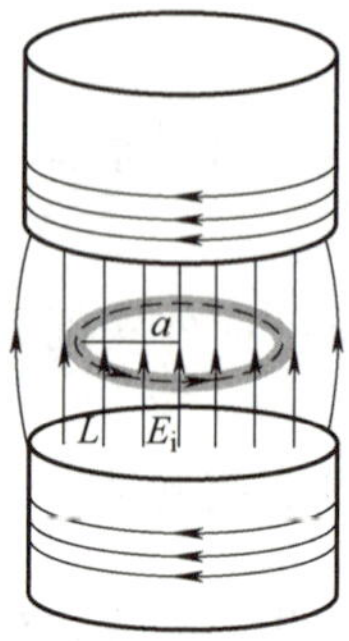

图　6-25

假设两极间磁场为匀强磁场，$\boldsymbol{B}$ 表示环管轴线所围绕的面积上的磁感应强度，则通过此面积的磁通量为

$$\Phi = BS$$

由式（6-30）可得

$$E_{\mathrm{i}} \cdot 2\pi a = -\frac{\mathrm{d}\Phi}{\mathrm{d}t} = -\pi a^2 \frac{\mathrm{d}B}{\mathrm{d}t}$$

由此得

$$E_{\mathrm{i}} = -\frac{a}{2}\frac{\mathrm{d}B}{\mathrm{d}t}$$

如果使用交流电激发磁场，磁感应强度 B 按正弦规律随时间变化，如图6-26所示，按照电场的环路定理给出了感生电场的方向及电子所受洛伦磁力方向随磁感应强度的变化。

由图6-26所示结果表明只有电流的上半周期产生的磁场能使电子沿轨道做圆周运动。如果电流上升过程的磁场变化产生的感应电场使电子加速，那么电流下降过程产生的磁场的变化所激发的感应电场就使电子减速，所以电流的上半周中又只有一半区域可以加速电子。或者说，交流电的一个周期内只有1/4周期可以用来加速电子且保持电子在圆轨道上运动。然而，在1/4周期内电子已经转了几十万周，只要设法在每个周期的前1/4周期之末将电子从环形管引出进入靶室，就可以使电子加速到足够高的能量。一台100MeV的大型电子感应加速器可将电子加速到0. 999986c。加速后的电子可以用来轰击各种金属靶得到X射线与γ射线，在医疗上可以用于放射性肿瘤治疗，在工业上可以探伤。

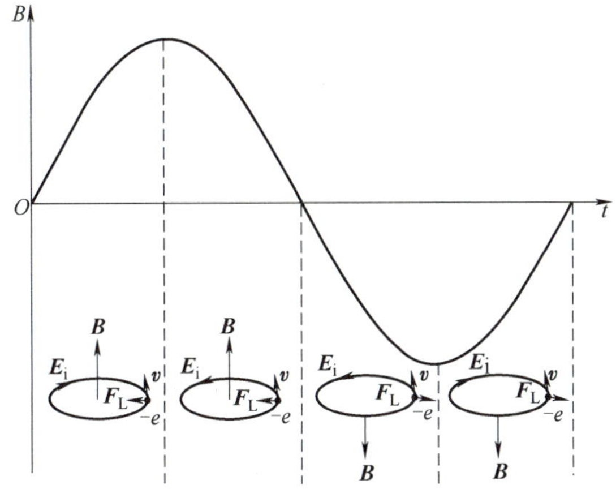

图　6-26

第五节　位移电流

第四章和第五章讨论了静电场与稳恒磁场的性质。第四章由库仑定律和静电场叠加原理导出了描述静电场有源无旋性质的高斯定理和环路定理，第五章由毕奥-萨伐尔定律和磁场叠加原理，导出了描述稳恒磁场无源有旋性质的高斯定理和安培环路定理。为了解引入位移电流概念的意义，先归纳这些公式并罗列如下：

位移电流

练习 85

$$\begin{cases}\oint_{(S)} \boldsymbol{E}_{\mathrm{e}} \cdot \mathrm{d}\boldsymbol{S} = \dfrac{1}{\varepsilon_0}\sum_i q_i \\ \oint_{(L)} \boldsymbol{E}_{\mathrm{e}} \cdot \mathrm{d}\boldsymbol{l} = 0 \\ \oint_{(S)} \boldsymbol{B} \cdot \mathrm{d}\boldsymbol{S} = 0 \\ \oint_{(L)} \boldsymbol{B} \cdot \mathrm{d}\boldsymbol{l} = \mu_0 \sum_i I_i \end{cases} \tag{6-34}$$

式中，$\boldsymbol{E}_{\mathrm{e}}$表示静电场的电场强度；$I_i$表示恒定电流。式（6-34）中静电场与稳恒磁场都满足两类积分公式，表明静电场和稳恒磁场之间具有某种可比性（对称性）。

本章第四节中，麦克斯韦提出涡旋电场假设，拓展静电场环路定理，即

$$\oint_{(L)} \boldsymbol{E} \cdot \mathrm{d}\boldsymbol{l} = -\int_{(S)} \frac{\partial \boldsymbol{B}}{\partial t} \cdot \mathrm{d}\boldsymbol{S}$$

式中，$\boldsymbol{E}=\boldsymbol{E}_{\mathrm{e}}+\boldsymbol{E}_{\mathrm{i}}$。这一拓展将电场的环路定理推广到普遍情形，且引发一种思考：既然变化的磁场能激发电场，那么变化的电场能否激发磁场呢？如果可以，那么，式（6-34）中的

第 4 式（恒定电流安培环路定理）是否也需拓展呢？结论是肯定的。历史上，麦克斯韦在分析了恒定电流安培环路定理不适用于变化电场存在的情形（第 4 式仅适用于恒定电流的情形）后，提出了“位移电流”假设，给出了既适合于恒定电流的磁场，又适合于非恒定电流磁场的安培环路定理。为了解麦克斯韦位移电流假设的内容与意义，本书从电流连续性的话题切入。

一、电流场

在恒定电流情况下，载流子沿粗细均匀的导体流动，在任一截面上电流分布均匀。这时，电流的强弱用电流强度 I 表示，电流强度反映单位时间内载流子通过导体截面的情况。但是，在许多问题中，常常遇到电流在大块导体内或空间流动的情形，导体粗细不均匀、材料不均匀，电流在截面的分布不均匀。如在图 6-27 中的线段（有箭头的、无箭头的，实线的、虚线的）称电流线，图 6-27a 表示在电解槽内电流通过电解液时电流的分布情况；图 6-27b表示电焊机在工作时，其电极附近的电流分布情况（未标电流方向）；图 6-27c 表示一半球形电极接地时电极附近的电流分布情况；图 6-27d 表示用电阻法探矿时，大地中的电流分布情况；图 6-27e 表示同轴电缆中漏电电流的分布情况。其他还有如雷雨天气气体放电时电流通过大气（现代使用激光束引导放电通道）以及在示波器和电视机中电子束在显像管中运动等等就不再一一用图表示了。如何定量描述以上各例中不同位置电流线的疏密分布呢？类比电场、磁场中规定场线密度的方法，引入电流密度矢量 $\boldsymbol{J}$ 的物理量，如图 6-28 所示。导体中任意一点 $\boldsymbol{J}$ 的方向表示该点正电荷的运动方向，$\boldsymbol{J}$ 的大小等于单位时间通过该点附近与电荷运动方向垂直的单位面积的电量，则

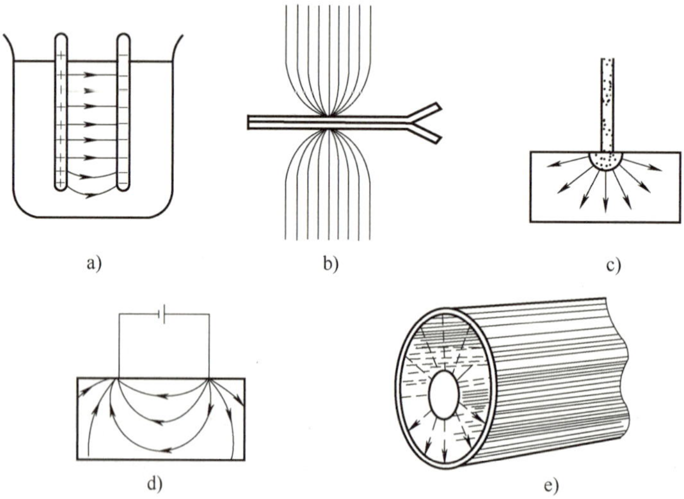

图　6-27

练习 86

$$J=\lim_{\Delta S_{\perp}\to 0}\frac{\Delta q}{\Delta t\Delta S_{\perp}}=\lim_{\Delta S_{\perp}\to 0}\frac{\Delta I}{\Delta S_{\perp}}=\frac{\mathrm{d}I}{\mathrm{d}S_{\perp}}\tag{6-35}$$

用矢量形式表示，电流密度矢量

$$J=\frac{\mathrm{d}I}{\mathrm{d}S_{\perp}}\boldsymbol{e}_J \tag{6-36}$$

式中，用 $\boldsymbol{e}_J$ 表示正电荷运动方向上的单位矢量。在图 6-28 中，过 P 点任取一面元矢量 $\mathrm{d}\boldsymbol{S}$，类比电通量，对照图 4-13，通过面元 $\mathrm{d}S$ 的电流 $\mathrm{d}I$ 和电流密度矢量 $\boldsymbol{J}$ 之间的关系为

$$\mathrm{d}I=J\mathrm{d}S_{\perp}=J\boldsymbol{e}_J\cdot\mathrm{d}\boldsymbol{S}=\boldsymbol{J}\cdot\mathrm{d}\boldsymbol{S} \tag{6-37}$$

按前面两章研究矢量场的方法，定义了电流密度矢量 $\boldsymbol{J}$，$\boldsymbol{J}$ 描述一个矢量场，这个矢量场称为电流场，那么，$\mathrm{d}I$ 为元电流密度矢量通量。

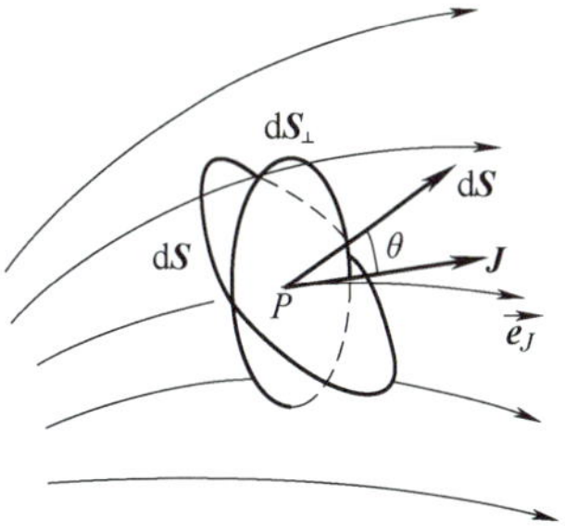

图　6-28

通过任意 S 的电流

$$I=\int\mathrm{d}I=\int_{(S)}\boldsymbol{J}\cdot\mathrm{d}\boldsymbol{S} \tag{6-38}$$

在矢量场中，I 表示单位时间通过面积 S 的通量（电流线的根数），它就是电流密度矢量通量。注意，式（6-38）的重要意义是：I 描述电路中的电流；$\int_{(S)}\boldsymbol{J}\cdot\mathrm{d}\boldsymbol{S}$ 描述电流场中通过任意曲面 S 的电量，两者互为表示。其中，电流 I 是电路（路论）中的“路量”，$\boldsymbol{J}$ 是电流场（场论）中的“场量”。因此，式（6-38）揭示“路量”是由“场量”的空间积分来确定的，回顾电势差［式（4-41）］、电动势［式（6-20）］等路量与场量的关系均如此。

二、电流连续性方程

第三章中的图 3-31 及式（3-56）描述了理想流体定常流动的连续性方程。如果将电流类比水流，自由电子的定向漂移类比水的流动，则在电流场中是否也有数学形式相同的连续性方程 $\oint_{(S)}\boldsymbol{J}\cdot\mathrm{d}\boldsymbol{S}=0$ 呢？为此，考察单位时间通过由图 6-29 所示的电流场中一个闭合曲面 S 的 $\boldsymbol{J}$ 的通量 $\oint_{(S)}\boldsymbol{J}\cdot\mathrm{d}\boldsymbol{S}$。现以 q 表示闭合面 S 内所包围的电量，则 $-\frac{\mathrm{d}q}{\mathrm{d}t}$ 表示单位时间内闭合面 S 内电量的减少，将式（6-38）拓展到对闭合曲面 S 求积分，则

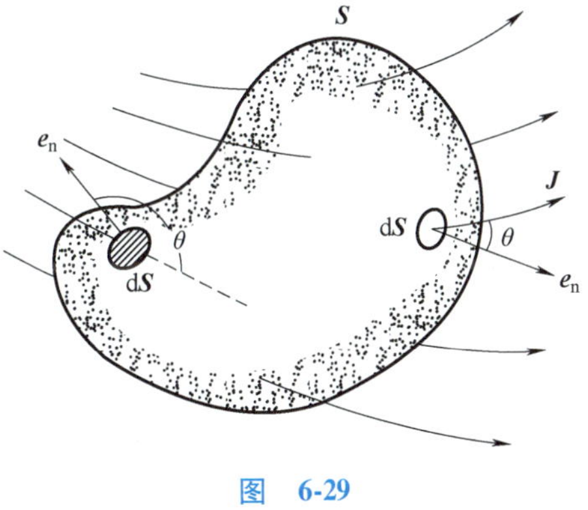

图　6-29

练习 87

$$\oint_{(S)}\boldsymbol{J}\cdot\mathrm{d}\boldsymbol{S}=-\frac{\mathrm{d}q}{\mathrm{d}t} \tag{6-39}$$

式（6-39）是非恒定、非均匀电流连续性方程（原理）的一种表示形式。例如，在电流场中取一闭合曲面 S，若 $\oint_{(S)}\boldsymbol{J}\cdot\mathrm{d}\boldsymbol{S}>0$，则 $\frac{\mathrm{d}q}{\mathrm{d}t}<0$，$S$ 面中正电荷量减少（或负电荷量增加），说明有正电荷流出闭合面 S（或负电荷流入 S）。反之，若 $\oint_{(S)}\boldsymbol{J}\cdot\mathrm{d}\boldsymbol{S}<0$，则 $\frac{\mathrm{d}q}{\mathrm{d}t}>0$，$S$ 面内正电

荷量增加（或负电荷量减少），说明有正电荷流入闭合面 S（或负电荷流出 S）。如果将上述两种情况用电流线来描述，则无论 $\oint_{(S)} \boldsymbol{J} \cdot \mathrm{d}\boldsymbol{S} > 0$，或 $\oint_{(S)} \boldsymbol{J} \cdot \mathrm{d}\boldsymbol{S} < 0$，电流线总是从电荷量变化的地方发出$\left(\frac{\mathrm{d}q}{\mathrm{d}t}<0\right)$，或在电荷量发生变化的地方终止$\left(\frac{\mathrm{d}q}{\mathrm{d}t}>0\right)$。在没有电荷量变化$\left(\frac{\mathrm{d}q}{\mathrm{d}t}=0\right)$的闭合曲面内，电流线既无发出也不终止，电流线是连续的。以上三种情况均由电流连续性方程式（6-39）描述。

当导体中电荷非均匀分布时，设 ρ 为闭合面内电荷体密度，则 $q = \int_{(V)} \rho \mathrm{d}V$，式（6-39）可改写为更具普遍意义的形式

$$\oint_{(S)} \boldsymbol{J} \cdot \mathrm{d}\boldsymbol{S} = -\frac{\mathrm{d}}{\mathrm{d}t}\int_{(V)} \rho \mathrm{d}V \tag{6-40}$$

三、电流恒定条件

如果电路中电流密度矢量 $\boldsymbol{J}$ 不随时间变化，即 $\boldsymbol{J}$ 不是时间的函数，按电流场的观点，该电路一定处在一个不随时间变化的稳恒电场中。稳恒电场的电荷空间分布也不随时间变化，即$\frac{\mathrm{d}\rho}{\mathrm{d}t}=0$ 或$\frac{\mathrm{d}q}{\mathrm{d}t}=0$。则对于恒定电流，由电流连续性方程式（6-39）或式（6-40）得

$$\oint_{(S)} \boldsymbol{J} \cdot \mathrm{d}\boldsymbol{S} = 0 \tag{6-41}$$

以形象的电流线替代通量，结合图 6-29 理解式（6-41），其表示从闭合面左侧流入的电流线根数，等于从闭合面 S 右侧流出的电流线根数。即电流线不中断地连续地穿过闭合面 S。因为闭合曲面 S 可以在电流场中随意选取，式（6-41）具有普遍意义，它表明电路中恒定电流的电流线是闭合曲线。因此，式（6-41）也就是**电流恒定条件**的数学表示式。关于恒定电流，强调以下两点：

1）由于恒定电流的电流线是连续的闭合曲线，恒定电流通道（即电路）必定是闭合电路。同时，电流线不会与导体壁相交而终止于导体壁上，导体壁围成一个电流管。在该电流管中，通过任一截面的电流必定相等。所以，在一条中间没有分支的电路中，只有一个电流值。

2）电路中维持恒定电流的稳恒电场也可以用通量、环流来描述它的性质。但稳恒电场只要求电荷分布（含电路中场源电荷）不随时间变化，并不要求这些电荷本身是静止的，否则电流就不存在。因此，与静电场中导体的静电平衡不同，在电流恒定条件下，导体内部的电场强度并不等于零。

四、电容器的充、放电

由式（6-41）给出的传导电流连续条件，是否适用于如图 6-30 所示含有电容器的电路？先看图 6-30 中元器件：C 为电容，R 为电阻，$\mathscr{E}$ 为电源（电动势），S 为换向开关。当将开关 S 与 a 端接通时，电源向电容器充电（电源连接电容器极板的电路中有电流），电容器极

板的电荷从零开始积累直到一极板与电源正极电势相等，另一极板电势与电源负极电势相等时停止。充电完毕后，如果将开关S倒向b端切断电源，电容器要向电阻R放电，两极板上电量逐渐减小直至为零。不论电容器是充电或放电，电路中电流$I(t)$都随时间变化，并不是恒定电流。图6-31a、b分别表示恒定电流（电源是电池）、非恒定电流（电源是交流电源）两种情形。若在图6-31a中围绕导线取一闭合回路L，并以L为共同周界的左、右两个曲面S_1和S_2构成一闭合曲面S，对闭合面S用式（6-41）时，可知穿入S_1面和穿出S_2面的电流I相等。在这种情况下，磁场$\boldsymbol{B}$沿闭合回路L的环流由式（6-34）第4式表示

$$\oint_{(L)} \boldsymbol{B} \cdot \mathrm{d}\boldsymbol{l} = \mu_0 I$$

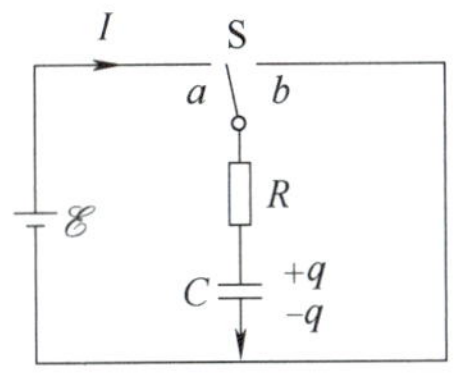

图　6-30

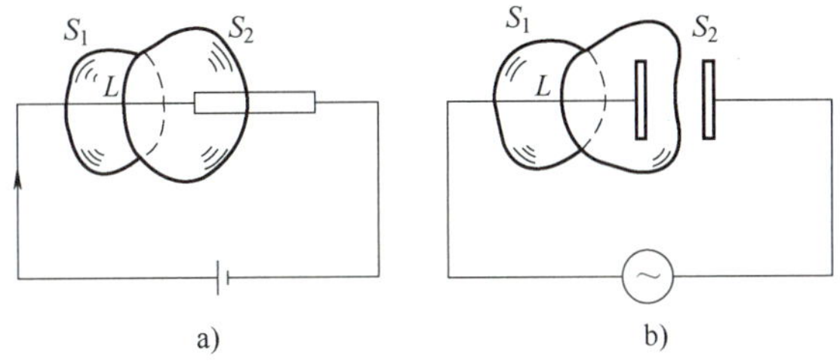

图　6-31

与图6-31a不同，图6-31b电路中有交流电源，且有电容器，属非恒定电流电路情况。为了比较，在电容器的左侧也围绕导线取一回路L，并以L为公共周界作左、右两个曲面S_1和S_2构成一个闭合曲面S。与图6-31a不同的是，曲面S_1与导线相交，曲面S_2穿过电容器两极板之间的空间。在这种情况下，当电容器充（放）电时，有传导电流I从S_1进入闭合面，却没有传导电流穿出S_2，式（6-41）不再成立了。同样用式（6-34）中第4式计算磁场$\boldsymbol{B}$沿图6-31b中闭合回路L的环流，并由式（6-38）计算穿过以回路L为周界的曲面S_1或S_2的电流，则对曲面S_1，有

$$\oint_{(L)} \boldsymbol{B} \cdot \mathrm{d}\boldsymbol{l} = \mu_0 I = \mu_0 \int_{(S_1)} \boldsymbol{J} \cdot \mathrm{d}\boldsymbol{S}$$

而对曲面S_2（无电流I穿出），出现以下不同的结果：

$$\oint_{(L)} \boldsymbol{B} \cdot \mathrm{d}\boldsymbol{l} = \mu_0 \int_{(S_2)} \boldsymbol{J} \cdot \mathrm{d}\boldsymbol{S} = 0$$

在这个特例中，对同一回路L计算磁场的环流$\oint_{(L)} \boldsymbol{B} \cdot \mathrm{d}\boldsymbol{l}$时，对于以$L$为周界的不同曲面$S_1$与$S_2$结果完全不同，结果表明式（6-34）中第4式不再适用于非恒定电流，不具有普适性。因为随时间变化的电流产生的磁场是非稳恒磁场，稳恒磁场中的安培环路定理不再适用于非稳恒磁场。关键问题是图6-30电路中的电容器阻断了直流，破坏了恒定电流的连续性。那么，**在非恒定电流的情况下，应如何修正，以找到一个普适的安培环路定理呢？**

分析上述过程，在电容器充（放）电过程中，传导电流在两极板间中断了，但是，除此之外在两极板之间还发生了什么物理过程？分析图6-32，当传导电流$I(t)$进入闭合面S，却没有传导电流从闭合面S面流出，电流线终止于电荷发生变化的极板，且极板上有自由电

荷的积累 $q'(t)$ [见式（6-39）]，随着电荷 $q'(t)$ 的积累，电容器极板间出现不断增强的电场$\left(E=\dfrac{\sigma}{\varepsilon_0}\right)$。为研究这个不断增强的电场，以图 6-32 中闭合曲面 S 作为高斯面，对极板间的电场应用高斯定理（高斯定理适用于各种电场），则

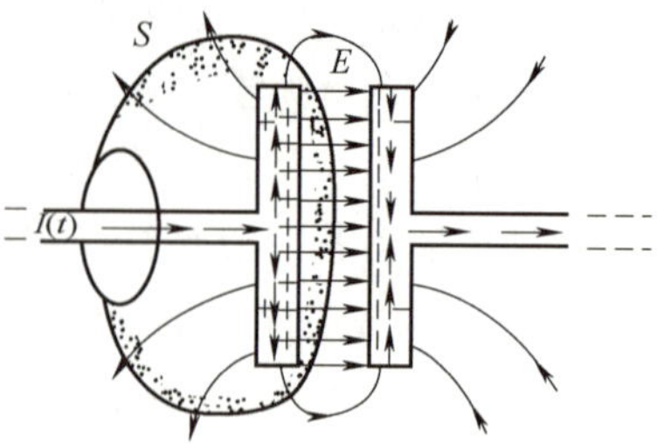

图　6-32

练习 88
$$\oint_{(S)} \boldsymbol{E}\cdot \mathrm{d}\boldsymbol{S}=\frac{1}{\varepsilon_0}q'(t)$$

由于 $q'(t)$ 随时间变化，将上式等号两边对时间求导，交换求导与积分次序，并取 $\boldsymbol{E}$ 对 t 的偏导

$$\frac{1}{\varepsilon_0}\frac{\mathrm{d}q'}{\mathrm{d}t}=\frac{\mathrm{d}}{\mathrm{d}t}\oint_{(S)} \boldsymbol{E}\cdot \mathrm{d}\boldsymbol{S}=\oint_{(S)}\frac{\partial \boldsymbol{E}}{\partial t}\cdot \mathrm{d}\boldsymbol{S} \tag{6-42}$$

另一方面，依据电流连续性方程式（6-39），分析图 6-32 中进入闭合面 S 的充电电流 $I(t)$ 和闭合曲面内极板上积累的自由电荷关系如下：

$$I(t)=\oint_{(S)} \boldsymbol{J}\cdot \mathrm{d}\boldsymbol{S}=-\frac{\mathrm{d}q'(t)}{\mathrm{d}t}$$

将上式代入式（6-42），得

$$\oint_{(S)} \boldsymbol{J}\cdot \mathrm{d}\boldsymbol{S}+\oint_{(S)}\varepsilon_0\frac{\partial \boldsymbol{E}}{\partial t}\cdot \mathrm{d}\boldsymbol{S}=0 \tag{6-43}$$

数学上只有同类项才能相加，分析式（6-43），式中第一项是流入闭合曲面 S 的传导电流密度矢量通量，那么，第二项是流出闭合曲面 S 的另一电流密度矢量通量，两项相加为零。结合图 6-33 看，式（6-43）展示的物理图像是：中断在电容器极板上的传导电流 $\oint_{(S)} \boldsymbol{J}\cdot \mathrm{d}\boldsymbol{S}$，由电容器极板之间的另一种电流 $\oint_{(S)}\varepsilon_0\dfrac{\partial \boldsymbol{E}}{\partial t}\cdot \mathrm{d}\boldsymbol{S}$ 接替下去。

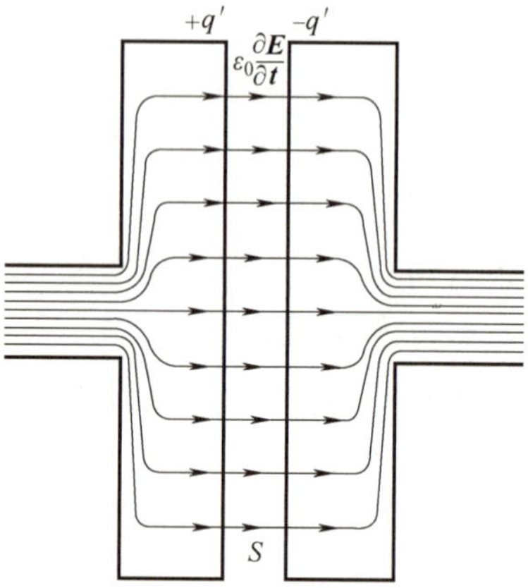

图　6-33

五、位移电流假设

将式（6-43）按积分性质整理

$$\oint_{(S)}\left(\boldsymbol{J}+\varepsilon_0\frac{\partial \boldsymbol{E}}{\partial t}\right)\cdot \mathrm{d}\boldsymbol{S}=0 \tag{6-44}$$

比较式（6-44）与式（6-41），两式在数学形式上完全等价，它揭示在非恒定电流的情况下$\left(\dfrac{\partial E}{\partial t}\neq 0\right)$，$\boldsymbol{J}+\varepsilon_0\dfrac{\partial \boldsymbol{E}}{\partial t}$遵守形如式（6-41）的连续性方程。虽然 $\varepsilon_0\dfrac{\partial \boldsymbol{E}}{\partial t}$与 $\boldsymbol{J}$ 不同，但同样描述一种电流密度矢量。在图 6-33 中，$\pm q'$表示电容器两极板上的自由电荷，板间带箭头实线表示传导电流线在极板间终止之处，极板间必定有等量的电流线$\left(\varepsilon_0\dfrac{\partial \boldsymbol{E}}{\partial t}\right)$接续下去。在本章第四节中曾指出，麦克斯韦在研究电磁感应现象后提出，随时间变化的磁场产生电场（涡旋电

场）的假设。他又从非恒定电流磁场 $\boldsymbol{B}$ 对回路积分（见图 6-31b）不再具有唯一值出发，注意到电容器在充（放）电时，极板间存在变化的电场，进而又大胆提出：随时间变化的电场产生磁场。而电流与磁场相伴存，在产生磁场这一特征上，$\varepsilon_0\frac{\partial \boldsymbol{E}}{\partial t}$相当于一种电流。因此，麦克斯韦把 $\varepsilon_0\frac{\partial \boldsymbol{E}}{\partial t}$称为位移电流密度矢量，常记作 $\boldsymbol{J}_d$（“位移”一词始于法拉第，并不贴切，不必深究），即

$$\boldsymbol{J}_d=\varepsilon_0\frac{\partial \boldsymbol{E}}{\partial t} \tag{6-45}$$

类似式（6-38），通过空间任意曲面的位移电流为

$$I_d=\int_{(S)}\boldsymbol{J}_d\cdot \mathrm{d}\boldsymbol{S} \tag{6-46}$$

至此，式（6-44）中的被积函数 $\boldsymbol{J}+\boldsymbol{J}_d$被命名为全电流密度矢量，$\int_{(S)}(\boldsymbol{J}+\boldsymbol{J}_d)\cdot \mathrm{d}\boldsymbol{S}$ 表示通过曲面（非闭合）的全电流。为方便理解麦克斯韦位移电流假设的意义，说明如下三点：

1）位移电流的本质是变化的电场，核心是：随时间变化的电场产生磁场，这是产生电磁波的必要条件之一。当今人类生活在电磁波的环境里，越来越离不开手机的“低头族”不难理解，因为手机的使用已为位移电流假设提供了最为令人信服的实验证据。

2）麦克斯韦推广了电流的概念。从形成电流的机制而言，电路中自由电荷定向漂移运动形成了传导电流，而电场随时间变化称为位移电流。此外，传导电流通过导体时会产生焦耳热，而如图 6-33 所示电容器中的位移电流不会产生焦耳热。两者唯一的相同点是：都激发磁场。

3）麦克斯韦引入位移电流密度矢量 $\boldsymbol{J}_d$后，任何情况下全电流 $\boldsymbol{J}+\varepsilon_0\frac{\partial \boldsymbol{E}}{\partial t}$的电流线永远是无头无尾的闭合曲线。这样，式（6-34）中的第 4 式就需修改为

$$\begin{aligned}\oint_{(L)}\boldsymbol{B}\cdot \mathrm{d}\boldsymbol{l}&=\mu_0\int_{(S)}(\boldsymbol{J}+\boldsymbol{J}_d)\cdot \mathrm{d}\boldsymbol{S}\\&=\mu_0\int_{(S)}\left(\boldsymbol{J}+\varepsilon_0\frac{\partial \boldsymbol{E}}{\partial t}\right)\cdot \mathrm{d}\boldsymbol{S}\end{aligned} \tag{6-47}$$

式（6-47）称为全电流安培环路定律的积分形式，既适用于恒定电流$\left(如直流\varepsilon_0\frac{\partial \boldsymbol{E}}{\partial t}=\boldsymbol{0}\right)$，又适用于非恒定电流$\left(如交流\varepsilon_0\frac{\partial \boldsymbol{E}}{\partial t}\neq\boldsymbol{0}\right)$。它表明，在普遍情况下全电流是产生磁场的源，式（6-47）是电磁场的基本方程之一。

现代家庭中常用的微波炉是利用位移电流来产生热量的，它通过磁控管产生频率 10^9 Hz 的微波，经密封的波导管进入炉腔并作用于食物，食物吸收微波，其分子在微波下做同样的高频振动，引起快速摩擦而产生热量，达到加热食物的目的。微波对人体有害，微波炉在运作的时候处在密封的状态，防止微波从炉缝泄露，且使用时人离微波炉远一些，就能够免受

辐射的影响。

【例 6-6】 如图 6-34 所示半径为 R 的圆形平板真空电容器，两极板间场强按 $E=E_0\cos\omega t$ 振荡。若电容器内的电场在空间均匀分布，且忽略电场边缘效应，求：

（1）两极板间的位移电流。

（2）两极板内、外的磁感应强度 $\boldsymbol{B}$。

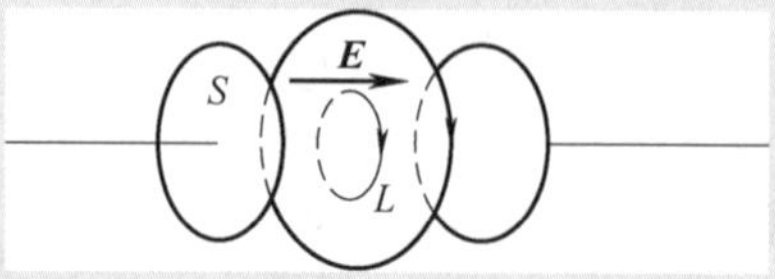

图　6-34

【分析与解答】 电容器极板间电场随时间变化，随时间变化的电场产生位移电流及磁场。

（1）忽略电场边缘效应，电容器两极板间场强可视为匀强电场 $\boldsymbol{E}$，则板间$\dfrac{\partial \boldsymbol{E}}{\partial t}$处处相同，且$\dfrac{\partial \boldsymbol{E}}{\partial t}\parallel \mathrm{d}\boldsymbol{S}$，由式（6-45）与式（6-46）可得

$$\begin{aligned} I_{\mathrm{d}} &= \int_{(S)} \varepsilon_0 \frac{\partial \boldsymbol{E}}{\partial t}\cdot \mathrm{d}\boldsymbol{S} = \varepsilon_0 \frac{\partial E}{\partial t}\int_{(S)} \mathrm{d}S \\ &= -\varepsilon_0 E_0 \omega \sin\omega t \pi R^2 \\ &= -\varepsilon_0 \pi R^2 E_0 \omega \sin\omega t \end{aligned}$$

（2）由于位移电流具有轴对称性，故位移电流所激发的磁场也具有对称性，磁场线为一系列以两极板中心线为轴线的同心圆，$\boldsymbol{B}$ 的方向沿圆切线方向。根据激发磁场的对称性，取电容器内的对称轴上一点为圆心，半径为 r 的圆形回路 L，其方向如图 6-34 所示，且回路 L 上 $\boldsymbol{B}$ 大小处处相同，根据式（6-47）安培环路定理得

$$B\oint_{(L)} \mathrm{d}l = \mu_0 \varepsilon_0 \int_{(S)} \frac{\partial E}{\partial t}\mathrm{d}S$$

当 $r\leqslant R$ 时，$2\pi rB=-\mu_0\varepsilon_0\pi r^2E_0\omega\sin\omega t$，则

$$B=-\frac{1}{2}\mu_0\varepsilon_0 rE_0\omega\sin\omega t$$

当 $r>R$ 时，$2\pi rB=-\mu_0\varepsilon_0\pi R^2E_0\omega\sin\omega t$，则

$$B=-\frac{1}{2r}\mu_0\varepsilon_0 R^2E_0\omega\sin\omega t$$

$\sin\omega t<0$ 时，$\boldsymbol{B}$ 的方向与回路 L 的绕向相同；反之，则相反。

第六节 麦克斯韦电磁场方程组

本章第五节式（6-34）是电磁实验结果的归纳，它描述静电场与稳恒磁场的不同性质，是在特殊情况下总结的规律。需要推广到更普适的变化电磁场，既要从实验中寻找依据，又需要理论思维，把从实验得到的带有局限性的规律上升到具有普适意义的理论。麦克斯韦是伟大的物理学家、数学家和思想家。英国杂志《物理世界》在 100 位著名物理学家中评选出的 10 位最伟大者中，麦克斯韦紧跟爱因斯坦和牛顿排名第三。他自幼酷爱数学，在学生时代就潜心研究了法拉第这位伟大实验物理学家的研究成果，麦克斯韦在总结了库仑、安培和法拉第等人研究工作的基础上，提出了“涡旋电场”和“位移电流”两个假设后，修改静电场和稳恒磁场两个环路定理，并假设静电场、稳恒磁场的高斯定理在一般情况下仍然成立。他总结和提高了法拉第等人的工作，用精准的数学表述了电磁场的运动规律，建立了一个系统完整描述真空中电磁场普遍规律的方程组：

$$\begin{cases}\oint\limits_{(S)}\boldsymbol{E}\cdot\mathrm{d}\boldsymbol{S}=\dfrac{1}{\varepsilon_0}\int\limits_{(V)}\rho\,\mathrm{d}V\\ \oint\limits_{(L)}\boldsymbol{E}\cdot\mathrm{d}\boldsymbol{l}=-\dfrac{\mathrm{d}\Phi_{\mathrm{m}}}{\mathrm{d}t}=-\int\limits_{(S)}\dfrac{\partial\boldsymbol{B}}{\partial t}\cdot\mathrm{d}\boldsymbol{S}\\ \oint\limits_{(S)}\boldsymbol{B}\cdot\mathrm{d}\boldsymbol{S}=0\\ \oint\limits_{(L)}\boldsymbol{B}\cdot\mathrm{d}\boldsymbol{l}=\mu_0 I+\dfrac{1}{c^2}\dfrac{\mathrm{d}\Phi_{\mathrm{e}}}{\mathrm{d}t}=\mu_0\int\limits_{(S)}\left(\boldsymbol{J}+\varepsilon_0\dfrac{\partial\boldsymbol{E}}{\partial t}\right)\cdot\mathrm{d}\boldsymbol{S}\end{cases}\tag{6-48}$$

式（6-48）被称为麦克斯韦方程组（积分形式）。在已知电荷和电流分布的情况下，由这组方程可以给出电场和磁场的唯一分布。它不仅概括了电场和磁场存在的形式和条件，而且描述了两者间的相互转化，是一组描述电磁场的运动方程，也蕴含了电磁场的动力学规律。

关于电磁场理论，补充以下几点（只作为一般性了解）：

1）式（6-48）是关于真空的麦克斯韦方程组。在有介质的情况下，利用辅助量 $\boldsymbol{D}$（电位移矢量）和 $\boldsymbol{H}$（磁场强度），麦克斯韦方程组的积分形式简化为

$$\begin{cases}\oint\limits_{(S)}\boldsymbol{D}\cdot\mathrm{d}\boldsymbol{S}=\int\limits_{(V)}\rho\,\mathrm{d}V\\ \oint\limits_{(L)}\boldsymbol{E}\cdot\mathrm{d}\boldsymbol{l}=-\int\limits_{(S)}\dfrac{\partial\boldsymbol{B}}{\partial t}\cdot\mathrm{d}\boldsymbol{S}\\ \oint\limits_{(S)}\boldsymbol{B}\cdot\mathrm{d}\boldsymbol{S}=0\\ \oint\limits_{(L)}\boldsymbol{H}\cdot\mathrm{d}\boldsymbol{l}=\int\limits_{(S)}\left(\boldsymbol{J}+\dfrac{\partial\boldsymbol{D}}{\partial t}\right)\cdot\mathrm{d}\boldsymbol{S}\end{cases}\tag{6-49}$$

场量 $\boldsymbol{D}$ 和 $\boldsymbol{E}$、$\boldsymbol{B}$ 和 $\boldsymbol{H}$、$\boldsymbol{J}$ 和 $\boldsymbol{E}$ 不是彼此独立的，它们之间存在三个描述介质性质的物态方程式，对于各向同性的线性介质，有

$$
\begin{aligned}
\boldsymbol{D} &= \varepsilon_0 \varepsilon_{\mathrm{r}} \boldsymbol{E} \\
\boldsymbol{B} &= \mu_0 \mu_{\mathrm{r}} \boldsymbol{H} \\
\boldsymbol{J} &= \sigma \boldsymbol{E}
\end{aligned}
\tag{6-50}
$$

2）式（6-48）描述了运动电荷产生电磁场及电磁场运动、变化的规律。这仅是电磁场基本方程的一个方面，另一方面是电磁场对运动电荷的作用，即广义洛伦兹力公式（5-10）：

$$\boldsymbol{F} = q(\boldsymbol{E} + \boldsymbol{v} \times \boldsymbol{B})$$

综合应用式（6-49）、式（6-50）及上式，并结合一定的边界条件，原则上可以解决电磁场的各种问题。

3）式（6-48）是一组积分形式的方程，利用矢量场论的高斯定理和斯托克斯定理，可以由积分形式的麦克斯韦方程组，导出微分形式的麦克斯韦方程组：

$$
\begin{cases}
\nabla \cdot \boldsymbol{E} = \dfrac{\rho}{\varepsilon_0} \\
\nabla \times \boldsymbol{E} = -\dfrac{\partial \boldsymbol{B}}{\partial t} \\
\nabla \cdot \boldsymbol{B} = 0 \\
\nabla \times \boldsymbol{B} = \mu_0 \left(\boldsymbol{J} + \varepsilon_0 \dfrac{\partial \boldsymbol{E}}{\partial t} \right)
\end{cases}
\tag{6-51}
$$

积分形式的式（6-48）描述的是电磁场在一定范围（一个闭合曲面或一个闭合回路）内的电磁场量和电荷、电流之间的依存关系，而式（6-51）描述的是空间任一点上电磁场的规律。在实际应用中，更重要的是要知道场中某些点的场量及与电荷、电流之间的相互依存关系。

4）与牛顿力学相同，麦克斯韦的电磁理论也是从宏观和低速运动的电磁现象中总结出来的，只在宏观实验所能达到的范围内适用。麦克斯韦理论的历史发展有两个方向：一是推广到高速领域，理论和实践证明，麦克斯韦方程组对高速运动情况仍然成立，在任何惯性系中都具有相同的形式；二是推广到分子和原子层次的微观领域中去，结果发展了量子电动力学，宏观电磁理论只可以看作量子电动力学在某些特殊条件下的近似规律。

第七节　物理学方法简述

假说方法概述

人们在认识客观世界时，不断地进行观察、实践、思考与探索，渐渐积累起来一些感性材料。随着与客观事物接触过程的持续，积累的材料越来越多，认识程度就逐渐深入。接着，人们就要对这些有限的、不完整的材料进行分析，试图从中找出某种规律性，或提出一种说法，对不同的感性资料进行统一的、概括性的说明，并进而延伸这种说法，对事物有更进一步的探究。但由于这种说法是从分析有限的、不完整的资料中所提出的，不能要求它一开始就是真理。这种在充分得到实践检验或理论检验之前的说法称为假说、假设或猜想。本章中介绍了麦克斯韦提出的关于涡旋电场与位移电流的两个假设。纵观物理学发展的历史，物理学每次重大发现几乎都是与假说（设）紧密相连的。物理学家不断用假说去解释已知、预测未知，这正是人类认识自然主观能动性的一种表现，同时也是科学发展对人类的客观要求。特别是当新问题的解决需要新假说时，新假说的验证导致新发现，新发现产生新理论，新理论促进新发展，如此相辅相成。假说方法作为人类理论思维的重要方式和进行科学研究的基本方法，推动了物理学发展的进程。

1. 位移电流假设

本章介绍的麦克斯韦关于位移电流假设，是从稳恒电流的安培环路定理这一特殊情况，外推到非稳恒电流（如电容器充放电）遇到不唯一性而提出的。外推方法属于不完全归纳法，是一种由特殊到一般的思维方法。用外推法提出假说，就是一种从有限、特殊的事实中找出规律性的东西，然后把它推广到普遍情况中去，以形成假说的思维分析方法。

2. 涡旋电场假设

麦克斯韦关于涡旋电场假设依据的是，实验中发现当磁场变化时，导线回路（静止回路）中会出现电流的现象。也就是磁场变化时，静止回路中电子受到了某种力的作用。电子受的力不是来自于电场就是来自磁场，但磁场只对运动电荷有作用。由于磁场变化时，并不出现静电场，类比电子在静电场中受到的作用，推测当磁场变化时，空间出现了非静电电场（涡旋电场）。这种类比是依据两个对象（静电场中的电子与磁场变化时导线回路中的电子）之间已知的相同或相似性（受力），进而判断它们在其他方面也可能具有相同或相似性（静电场与非静电电场）的推理方法。如前所述，推理是从特殊到特殊，这也是提出假说比较常用的方法。

假说方法中还有演绎方法、想象方法、移植方法等，本节不再详细介绍。

练习与思考

一、填空

1-1　用导线制成一半径 $r=10\text{cm}$ 的闭合线圈，其电阻 $R=10\Omega$，均匀磁场 $\boldsymbol{B}$ 垂直于线圈平面，欲使电路有一定感应电流 $i=0.01\text{A}$，则 $\dfrac{dB}{dt}$应为__________。

1-2　如图 6-35 所示，导线圈 A 水平放置，条形磁铁在其正上方，N 极向下且向下移近导线圈的过程中，导线圈 A 中的感应电流方向是__________，导线圈 A 所受磁场力的方向是__________。若将条形磁铁 S 极向下，且向上远离导线框移动时，导线框内感应电流方向是__________，导线框所受磁场力的方向是__________。

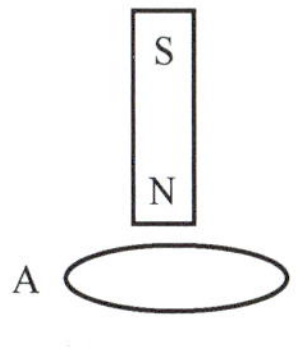

图　6-35

1-3　非静电力将单位正电荷从电源负极经过电源内部移至电源正极时所做的功数值上等于__________，引起动生电动势的非静电力来源是__________，非静电力是__________，感生电场是由__________产生的，它的电场线是__________线。

1-4　在 50 周年国庆庆典上我国 FBC-1“飞豹”新型超声速歼击轰炸机在天安门上空沿水平方向自东向西呼啸而过。该机翼展 12.705m。设北京地磁场的竖直分量为 $0.42\times10^{-4}\text{T}$，该机又以最大马赫数 1.70（1 马赫数表示以声速为单位的飞行航速）飞行，该机两翼间的电势差__________，__________端电势高。

1-5　电流连续性方程的积分形式是__________；物理意义为__________。

1-6　一平行板空气电容器的两极板都是半径为 R 的圆形导体片，在充电时，板间电场强度的变化率为$\frac{\mathrm{d}E}{\mathrm{d}t}$，若略去边缘效应，则两板间的位移电流为__________。

1-7　涡旋电场的实质是__________，位移电流的实质是__________，麦克斯韦在引入有旋电场和位移电流两个重要概念后，对静电场的环流定理和稳恒磁场的安培环路定理进行了修改，修改后的环流定理数学表示式是__________和__________；全电流是__________。

二、计算

2-1　有一用于测量磁感应强度的线圈，其截面积 $S=4.0\text{cm}^2$，匝数 $N=160$，电阻 $R=50\Omega$。线圈与一内阻 $R_1=30\Omega$ 的冲击电流计相连。若开始时线圈的平面与均匀磁场的磁感应强度 $\boldsymbol{B}$ 相垂直，然后线圈的平面很快地转到与 $\boldsymbol{B}$ 的方向平行。此时从冲击电流计中测得电量 $q=4.0\times10^{-3}\text{C}$。问此均匀磁场的磁感应强度 $\boldsymbol{B}$ 的值为多少？

【答案】　5T

2-2　一个圆形线圈 A 由 50 匝绝缘导线绕成，其面积为 4.0cm^2，将其放入匝数为 100、半径为 20.0cm 的圆环形大线圈 B 的中心，两者同轴。求：（1）两线圈的互感系数；（2）当线圈 A 中电流以 $50\text{A}\cdot\text{s}^{-1}$的变化率减小时，线圈 B 的感应电动势。

【答案】　（1）$6.3\times10^{-6}\text{H}$；（2）$3.1\times10^{-4}\text{V}$

2-3　一长直螺线管的导线中通入 20.0A 的恒定电流时，通过每匝线圈的磁通量是 $40\mu\text{Wb}$；当电流以 $4.0\text{A}\cdot\text{s}^{-1}$的速率变化时，产生的自感电动势为 3.2mV。求此螺线管的自感系数与总匝数。

【答案】　$0.8\times10^{-3}\text{H}$；400 匝

2-4　如图 6-36 所示，有一个半圆金属导线半径为 R，在匀强磁场 $\boldsymbol{B}$ 中以匀速 $\boldsymbol{v}$ 做切割磁场线运动，运动方向水平向右，求动生电动势。

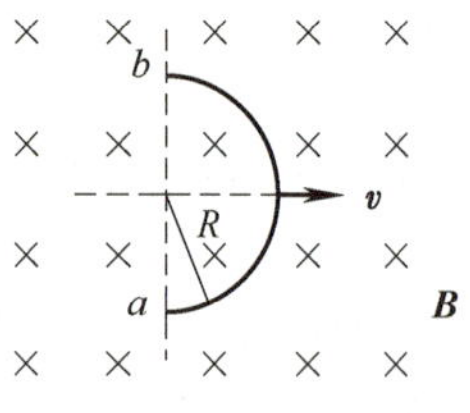

图　6-36

6.1 习题 2-4

【答案】　$2vBR$，方向 $a\rightarrow b$

2-5　如图 6-37 所示，均匀磁场与导体回路所围面积法线 $\boldsymbol{e}_\text{n}$的夹角为 α，磁感应强度的大小为 $B=kt$（k 为大于零的常数），ab 导体长为 L 且以速度 $\boldsymbol{v}$ 水平向右运动，求任意时刻感应电动势的大小和方向（设 $t=0$ 时，$x=0$）。

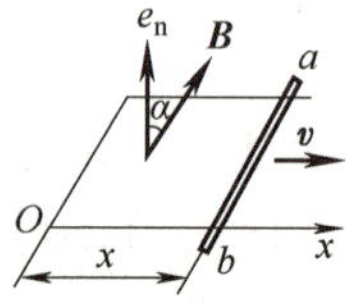

图　6-37

【答案】　$2kvLt\cos\alpha$，方向 $a\rightarrow b$

2-6　半径 $R=2.0\text{cm}$ 的无限长载流密绕螺线管，管内磁场可视为均匀磁场，管外磁场可看作近似为零。若通电电流均匀变化，使得磁感应强度的大小 B 随时间的变化率 $\mathrm{d}B/\mathrm{d}t$ 为常量，且为正值。试求：(1) 管内外由磁场变化而激发的感生电场分布；(2) 如 $\mathrm{d}B/\mathrm{d}t=0.010\text{T}\cdot\text{s}^{-1}$，求距螺线管中心轴 $r=5.0\text{cm}$ 处感生电场的大小和方向。

6.2 习题 2-6

【答案】(1) $-\dfrac{r}{2}\dfrac{\mathrm{d}B}{\mathrm{d}t}$ $(r\leqslant R)$，$-\dfrac{R^2}{2r}\dfrac{\mathrm{d}B}{\mathrm{d}t}$ $(r>R)$；(2) $4.0\times10^{-5}\text{V}\cdot\text{m}^{-1}$

2-7　如图 6-38 所示的平行板电容器由半径为 R 的两块圆形板构成，由长直导线给它供电，设某时刻极板间电场强度的增加率为 $\mathrm{d}E/\mathrm{d}t$，求距离两极板中心连线为 r 处的磁感应强度：(1) $r<R$ 时；(2) $r>R$ 时。

【答案】(1) $\dfrac{r}{2}\varepsilon_0\mu_0\dfrac{\mathrm{d}E}{\mathrm{d}t}$；(2) $\dfrac{R^2}{2r}\varepsilon_0\mu_0\dfrac{\mathrm{d}E}{\mathrm{d}t}$

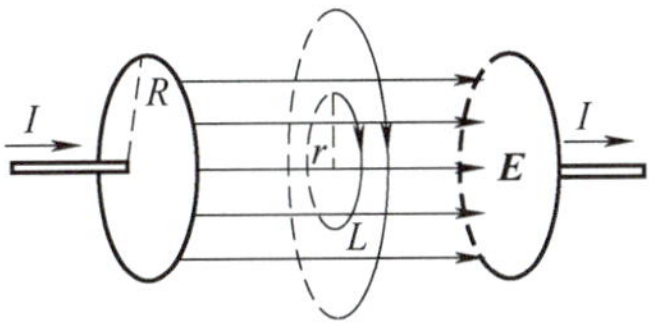

图　6-38

三、思维拓展

3-1　在安检区，人们走过大线圈，并通过弱交变磁场。人所携带的小块金属就能略微改变线圈中的磁场，其结果会如何？

3-2　以正常速度操作电锯只需要相对很小的电流。但是，如果锯一块木头时电锯被卡住，电机轴不能转动，则电流急剧增加，电机过热。这是为什么？

3-3　飞机的金属机翼就像一根“线”飞过地球磁场。机翼之间会感应出电压，电流沿机翼流动，但只有很短的时间，飞机继续在地球磁场中飞行时，为什么电流会停止流动？

第三部分
波动学基础

在自然界中，波动和振动是普遍的运动形式，波动是振动状态在空间中的传播过程。

投石于静水之中，水面上会激起层层涟漪，人们可以看见向各方向传播的圆形水波纹。这种借助于宏观弹性介质质点振动而传播的波动，叫作机械波。声波、地震波就是机械波。

除机械波外另一类人们感受到的波动是可见光波。光波是电磁波。这是一种变化电场和变化磁场相互作用而传播的波，电磁波在空间的传播，不需要任何介质。无线电波和 X 射线也是电磁波。

在人类已经进入“信息时代”的今天，可以说，各种各样信息的传播，几乎绝大多数都要借助于波动。例如，语言的传递借助于声波；文字、图像的传播借助于光波；广播、电视、通信等借助于电磁波等等。可见波动是一种极为普遍而又十分重要的运动形式，在物理学的各分支中也有着广泛的应用。

如前所述，从场的观点看，一个物理量在某一给定空间各点都有确定的值，对这样的空间我们称之为该物理量的场，波动既然是振动在空间的传播，那么波传播的空间就可以称为波场。各类波有着不同的物理机制，但都具有波动的共同特性，遵从相似的规律。

第七章 机械振动

本章核心内容

1. 质点简谐振动的模型、特征、规律与描述。
2. 谐振动叠加的研究方法、规律与应用。

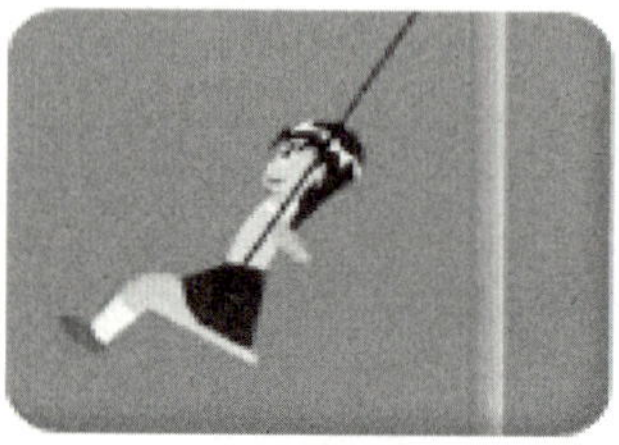

荡秋千

在中学物理中，已介绍机械波是机械振动在空间的传播过程。什么是机械振动呢？观察与分析在日常生活和生产技术中的各种机械运动形式时，其中有一种是物体围绕某一稳定平衡位置做的往复运动（如荡秋千、气缸中活塞的往复运动、钟表的摆动、水上浮标的沉浮、机器开动时各个部分的微小颤动等），这类运动称为机械振动。又如一切发声体的发声可归结为机械振动，一般而论，声学现象实质上就是传声介质（气体、液体、固体等）中的质点依次发生机械振动的表现。广义地说，一个物理量（如电量、电压、电流、电场强度、磁场强度等）如果围绕某一平衡值周期性的变化，都可称为振动。在物理学中，振动广泛存在于机械运动、热运动、电磁运动、晶体内原子的运动等各种运动形式之中。尽管这些振动现象与机械振动不同，但只要物理量在振动，它们都具有由振幅、频率等描述的物理特征，振动的物理量往往遵循形式上相同的微分方程、相似的描述方法和相同形式的解等。因此，研究简单的机械振动是了解机械波，也是了解各种振动规律的窗口。所以，本章将机械振动定位为学习振动与波动的基础。

第一节 简谐振动

简谐振动是最简单、最基本和最重要的振动，也是研究复杂振动的基础。简谐振动一般指一维简谐振动；任何复杂的振动都可以看作由许多不同频率和不同振幅的简谐振动的合成。

一、质点振动系统

在图 7-1 的理想模型中，将一质量可以忽略不计、但劲度系数为 k（描述弹簧“硬”或“软”）的轻质弹簧左端固定，右端连接一个质量为 m 的小球，小球置于光滑水平桌面上，这一由弹簧和小球组成的系统，称为弹簧振子。为简化问题，不计小球的大小，近似认为系统的质量全部集中在质点上，因此，将弹簧振子称为质点振动系统。虽然，这是一个理想化的抽象，但不仅可用之于探讨机械振动规律，在一定条件下（如观测时间不长），它也可用于对实际振动系统的近似处理。因为这一模型的数学处理方法相对简单，所得振动规律的图像清晰、直观，所以，了解弹簧振子的运动规律与研究方法十分重要。

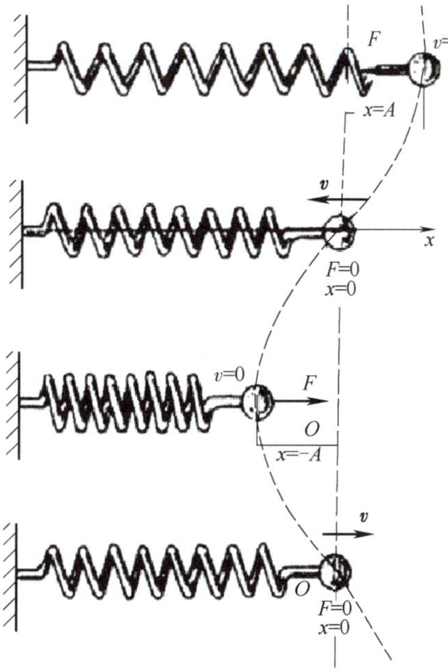

图 7-1

在实际问题中，某个振动系统是否能够看作质点振动系统，取决于系统的线度与振动传播波长（详见第十章）的比值，比值很小时，就可近似地看作质点振动系统。例如，常见的 0.2m 口径的扬声器（俗称喇叭），其纸盆的有效直径约有 0.18m，但当振动频率为 10^3Hz 左右时，计算给出，从纸盆顶部到边缘的距离还不到纸盆振动所传播声波波长的 1/5（约 0.07m）。因此，当这种扬声器的工作频率低于 10^3Hz 时（频率越低，波长越长），可以将纸盆按质点振动系统处理，盆面等效为质点，边缘折环等效为弹簧。但是，一个厚度仅为 0.5cm 的压电陶瓷振子，进行厚度方向的纵振动时，若振动频率为 10^6Hz（超声波），与振动传播对应的波长约为 0.3cm。振子厚度与波长相近。因此，压电陶瓷振子虽小，却不能当质点振动系统处理。

第三章第二节在讨论弹性体中的波速时，曾取一根截面均匀、密度均匀的细长棒，敲击其左端，棒中各质元依次发生拉伸和压缩形变，激发一列纵波从左端传到右端在棒中传播，某时刻棒中质元的振动状态（动态形变）各不相同。但是，如果纵波从左到右传播所需的时间 t 很短，比棒中质元振动周期 T 短得多，或棒的长度比纵波的波长 λ 短得多，那么，可近似认为细长棒各质元的振动状态相同，此时细长棒才可以看成一个质点振动系统。本章只讨论简单的质点振动系统。

二、简谐势

图 7-1 中作为质点振动系统的弹簧，振子被约束在水平方向做一维振动。当弹簧处于自然长度时，质点所处的位置称为振子的平衡位置。在用坐标系描述弹簧振子的运动规律时，常取平衡位置为坐标原点 O，并以图中沿弹簧的伸长方向为 x 轴正向。当质点偏离平衡位置的其他各种情况中，弹簧发生形变，质点均受水平方向弹性力作用。设某时刻质点相对于平衡位置 O 的位移为 x，则按胡克定律式（1-26），质点所受的弹性力为

$$F=-kx \tag{7-1}$$

式中，负号表示 F 是一种回复力，总是与质点位移方向相反。第二章中讨论式（2-22）时

曾指出，弹性力是保守力。从场的观点看，图 7-1 中的质点 m 总是在保守力场（弹性力场）中运动，它的一个标志性特征是势能。在图 7-1 中取振子平衡位置为弹性势能零点，按式（2-23）计算质点在弹性力场中的势能

练习 89

$$E_p(x)=-\int_0^x(-kx)\mathrm{d}x=\frac{1}{2}kx^2 \tag{7-2}$$

式（7-2）的重要意义在于：弹性力场中振子具有弹性势能（函数）$\frac{1}{2}kx^2$，并常以 $E_p(x)$ 代表弹性势场（可等效表弹性力场），$\frac{1}{2}kx^2$ 也简称为简谐势。图 7-2 以 E_p-x 坐标描绘出了弹簧振子的势能曲线。纵坐标表示弹性势能，横坐标表示位移，该势能函数是一个开口向上的抛物线。

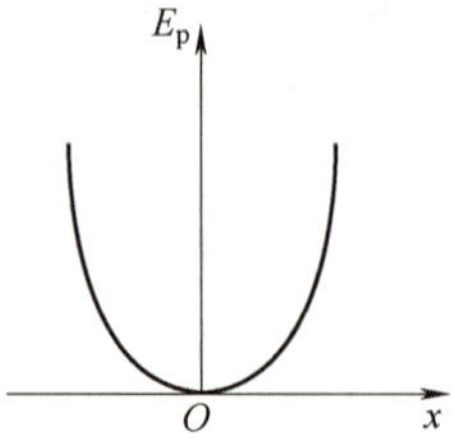

图　7-2

至此，用式（7-1）与式（7-2）从弹性力与简谐势两种角度表征了弹簧振子的动力学特征：其中式（7-1）表征质点受的是保守力，且是回复力；式（7-2）表征弹性势能是位移的平方函数。两式的重要意义还在于：只要机械振动具有这两个特征之一，就说该振动是简谐振动，否则就不是。因为简谐振动动力学特征的本质就在于此，因此，在弹性限度内，弹簧振子又称简谐振子（简称谐振子）。

三、简谐振动的运动方程

下面运用牛顿运动定律和胡克定律，并采用数学方法建立描述弹簧振子运动规律的动力学微分方程。具体步骤是：首先，将振子受力 F［式（7-1）］代入牛顿第二定律，则

练习 90

$$m\frac{\mathrm{d}^2x}{\mathrm{d}t^2}=-kx$$

然后，将上式中 $-kx$ 移至等号左侧，同除以质量 m 得

$$\frac{\mathrm{d}^2x}{\mathrm{d}t^2}+\frac{k}{m}x=0$$

因 k/m 恒为正，可表示为

$$\omega^2=\frac{k}{m} \tag{7-3}$$

$$\frac{\mathrm{d}^2x}{\mathrm{d}t^2}+\omega^2x=0 \tag{7-4}$$

在式（7-9）中，质点的位置坐标对时间的二阶导数（加速度）与位置坐标同处一个方程中，数学上称它为常系数线性微分方程，物理上称简谐振动动力学微分方程。形如式（7-3）方程的解 x 是什么函数形式呢？数学上已有答案，不过 x 随时间 t 变化的函数关系有多种等效的形式，例如

$$x(t)=A\cos(\omega t+\varphi_0) \tag{7-5}$$

或

$$x(t) = A\sin(\omega t + \varphi_0) \tag{7-6}$$

本书取式（7-5）的形式，表示质点相对平衡位置的位移按余弦函数随时间变化。式（7-5）中 A 和 φ_0 是由 $t=0$ 时的初始条件决定的积分常数［详见式（7-14）和式（7-15）］，A、φ_0、ω 在振动描述中具有一定的物理意义。式（7-5）是简谐振动典型的运动学特征。不过，需要指出的是，满足式（7-5）的机械振动不一定都满足式（7-1）和式（7-2）的简谐振动的动力学判据（参看本章第三节受迫振动）。

【例 7-1】 把一个可以视为质点的物体（摆锤）系在一根质量忽略不计、伸长量也忽略不计的细绳下端，绳的上端固定在一个不动的悬点上，这样的系统称为单摆。若让物体离开平衡位置，任其自由运动，它就会在重力与绳的约束下摆动。略去空气阻力，试写出单摆的运动方程（设摆锤质量为 m，摆长为 l）。

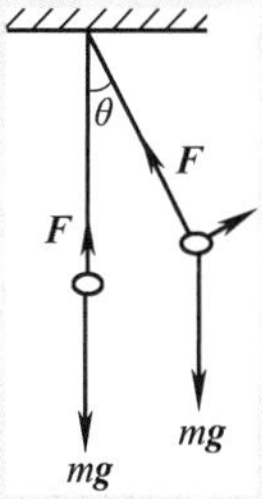

图 7-3

【分析与解答】 运动方程需要知道质点的受力情况，所以先分析摆锤受力，然后将牛顿第二定律用于单摆的切线方向运动。

如图 7-3 所示，当悬线偏离平衡位置任意角 θ 时，物体受重力 $m\boldsymbol{g}$ 与绳子拉力 $\boldsymbol{F}$ 作用，按牛顿第二定律，列出摆锤运动方程：

$$m\boldsymbol{g}+\boldsymbol{F}=m\boldsymbol{a}$$

将上式在极坐标系中分解，写出切线分量式为

$$-mg\sin\theta = ma_t$$

式中负号表示切线加速度 a_t 方向与 θ 增加方向相反。

物体摆动时相对于悬点转动，按转动规律，a_t 又可表示为

$$a_t = l\beta = l\frac{d^2\theta}{dt^2}$$

经整理得

$$\frac{d^2\theta}{dt^2} + \frac{g}{l}\sin\theta = 0$$

在摆角 θ 很小时，取近似 $\sin\theta\approx\theta$，则上式改写为

$$\frac{d^2\theta}{dt^2} + \frac{g}{l}\theta = 0$$

上式即单摆的运动方程。

取 $\omega^2=\dfrac{g}{l}$，则

$$\frac{d^2\theta}{dt^2} + \omega^2\theta = 0$$

此式与弹簧振子动力学方程 $\dfrac{d^2x}{dt^2}+\omega^2x=0$ 在数学形式上完全相同。这说明，当摆角很小时，物体（单摆）做简谐振动。

四、描述简谐振动的特征量

物体按式（7-5）做简谐振动时，利用周期与频率的关系［见式（7-11）］可以导出位置坐标 $x(t)$（即偏离平衡位置的位移函数）有三种等价表达式：

练习 91

$$x(t)=A\cos(\omega t+\varphi_0)$$

$$x(t)=A\cos(2\pi\nu t+\varphi_0) \tag{7-7}$$

$$x(t)=A\cos\left(\frac{2\pi}{T}t+\varphi_0\right) \tag{7-8}$$

以上各式中出现 T、ω、ν、A、φ_0 几个物理量，在函数形式已经确定的条件下，如何确定这几个物理量，就成为描述简谐振动的关键，故称这几个物理量为简谐振动的特征（参）量。

1. 周期

作为一种最简单、最基本的简谐振动，最突出的性质之一就是位移 $x(t)$ 的时间周期性。这一点已从余弦函数是 t 的周期函数中反映出来，高中物理已用符号 T（周期）表示这一性质。作为振动的周期 T 的物理意义是：质点在任一时刻 t 的位置和速度与它在时刻 $t+T$ 的位置和速度完全相同，即两个相同振动状态之间的最短时间。这段文字叙述用数学表述就是

$$x=A\cos(\omega t+\varphi_0)=A\cos[\omega(t+T)+\varphi_0]$$

质点振动速度也具有周期性

$$\frac{dx}{dt}=-A\omega\sin(\omega t+\varphi_0)=-A\omega\sin[\omega(t+T)+\varphi_0] \tag{7-9}$$

按三角函数特点，$\cos[(\omega t+\varphi_0)+2\pi]=\cos[\omega(t+T)+\varphi_0]$，得 $\omega T=2\pi$。再利用式（7-3），弹簧振子的周期可表示为

$$T=\frac{2\pi}{\omega}=2\pi\sqrt{\frac{m}{k}} \tag{7-10}$$

式（7-10）表明，谐振动的周期取决于振子的固有属性（如 m 与 k）。对于弹簧振子，若质点质量 m 越大，有同样 k 值的弹簧振动周期越长，这是因为质量越大，质点保持状态不变的惯性越大，振子运动状态的改变越困难。而如果 k 越大，表明弹簧越“硬”，弹性作用强，振子质量相同时运动状态改变快，周期就越短。式（7-10）还可表示为

$$\omega=2\pi/T=2\pi\nu \tag{7-11}$$

式（7-11）中三个物理量 T、ν、ω 间的关系已在导出式（7-7）中用过，因这一关系，三个量都可以单独用来描述简谐振动的时间周期性。其中 ν（ν 的读音参看附录 C）称为**频率**，它表示单位时间内物体振动的次数。由于 ω 等于 ν 个 2π，2π 是圆周角，因此称 ω 为**圆频率**，也称为角频率（注意：ω 在第三章描述转动时称为角速度，与此处 ω 不是同一个物理量）。前已指出 ω 由振动系统的固有性质（惯性和弹性）决定，是弹性振动系统两个动力学特征（如 m 和 k）的综合体现，因此常称之为质点振动系统的固有圆频率，或称为本征圆频率；ν、T 也分别称为固有频率和固有周期。看过式（7-10）或式（7-11）后，不仅不难

理解式（7-5）、式（7-7）、式（7-8）中位移函数 $x(t)$ 三种表示的等价性，也提示要灵活应用三式之一求解问题的思路。

2. 振幅

在式（7-5）中余弦函数另一大特点是它的绝对值不可能大于 1，这就注定位移函数 $x(t)$ 的绝对值不可能大于 A。具体来说，物理量 A 表示物体振动时离开平衡位置的最大距离（振动范围），称为振幅。有关振幅 A 更多的内容，随后会介绍。

3. 相位和初相位

本书第一章介绍质点运动学时曾指出，质点的运动状态要用位置 x 和速度 v 两个量确定。因此，物体做简谐振动时的运动状态可用式（7-5）和式（7-9）来描述。前已讨论了两式中的周期、频率或圆频率描述振动的周期性，以及振幅给出振动的范围或幅度。但是，两式中还有一个物理量 φ_0 尚未讨论其物理意义与计算方法。φ_0 代表什么？如何计算？为此，注意两式中的 t 是指观测时间，$t=0$ 是观测者规定开始观测的初始时刻，如果将 $t=0$ 代入式（7-5）与式（7-9），就得到由 φ_0 决定的初始时刻质点的位置和速度的 x_0 和 v_0，分别为

练习 92

$$x_0 = A\cos\varphi_0 \tag{7-12}$$

$$v_0 = -A\omega\sin\varphi_0 \tag{7-13}$$

对于 A 和 ω 都已知的简谐振动，当 φ_0 已知，就等于确定了初始时刻系统的振动状态 x_0 与 v_0，故称 φ_0 为初相位。因为 x_0 和 v_0 可以完全确定质点在初始时刻的振动状态，数学上它们又是微分方程式（7-4）的初始条件，如果已知初始条件 x_0 和 v_0，不仅容易利用式（7-12）和式（7-13）确定振动的初相位 φ_0，还能确定振幅 A：

练习 93

$$\tan\varphi_0 = -\frac{v_0}{\omega x_0} \tag{7-14}$$

$$A = \sqrt{x_0^2 + \frac{v_0^2}{\omega^2}} \tag{7-15}$$

前已指出，在数学上振幅 A 和初相位 φ_0 是求解式（7-5）时引入的两个积分常数，物理上它们是由振动系统初始状态决定的两个描述谐振动的特征（参）量。其中振幅 A 的意义已经初步讨论，而在周期函数中初相位 φ_0 的取值范围，一般人为约定在 $0\sim2\pi$ 或 $-\pi\sim\pi$ 之间取值。式（7-14）已很清楚地指出，决定初相位 φ_0 的是初始位置 x_0 和初速度 $\boldsymbol{v}_0$。不过讨论 φ_0 的目的不仅如此，通过初相位 φ_0 要引入相位概念。

从数学上考查式（7-5）中余弦函数的特点，如果令

$$\varphi(t) = \omega t + \varphi_0 \tag{7-16}$$

此时，不仅由 $\varphi(t)$ 可决定式（7-5）中余弦函数的值，而且由于 φ_0 是 $t=0$ 时质点振动的相位，故可将 $\varphi(t)=\omega t+\varphi_0$ 命名为 t 时刻质点振动的相位。为了突破如何理解相位的物理意义这一初学者的难点，将式（7-5）与式（7-9）中（$\omega t+\varphi_0$）都用 $\varphi(t)$ 表示，对于任何一个 A 和 ω 都已给定的简谐振子，$\varphi(t)$ 是可唯一决定质点在任一时刻运动状态（x 和 v）的物理

量，换句话说，简谐振动的状态仅随相位的改变而改变，这就是相位的物理意义。

至此，似乎留下一个问题：按式（7-5）和式（7-9），**振动物体的位置和速度本来是时间 t 的函数，现在引入一个中间变量 $\varphi(t)$，是不是有多此一举之嫌呢？**否。因为时间变量 t 在选取零时刻之后总要单调增大的，但简谐振动却是一种周而复始的运动，而且，对于周期运动，只需要完全清楚振子在一个周期中的行为，就可以说对它整个运动都了如指掌了。例如，从式（7-5）和式（7-7）来看，在一个周期之内，各时刻运动状态（x，$\boldsymbol{v}$）之间的差异，只需指出它们相位 $\varphi(t)$ 不同就清楚了。所以采用相位 $\varphi(t)$ 做变量描述周期运动要比采用时间 t 来得方便。因此，在振动学和波动学中，人们常取 $\varphi(t)$ 而不是时间 t 为自变量。

【例 7-2】 如图 7-4 所示，某质点做振幅为 A、圆频率为 ω 的简谐振动，已知 $t=0$ 时质点位于 $A/2$ 处，且向 x 轴正方向运动，求此谐振动的初相位 φ_0 与运动学方程。

【分析与解答】 运动学方程由三个特征量确定，初相位由 $t=0$ 时的初始条件确定。由初相位确定运动学方程。

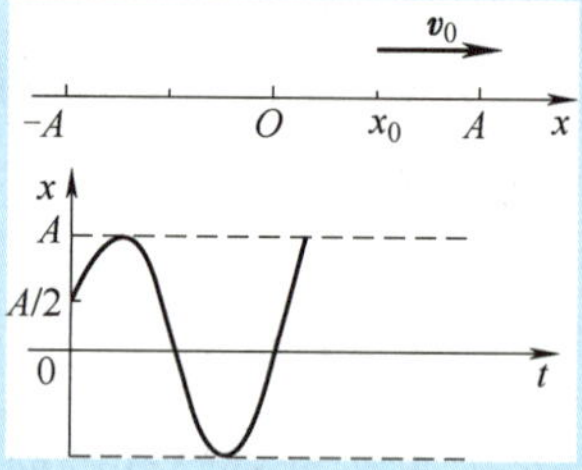

图 7-4

本题有不同解法，我们采用代数法：先将 $t=0$ 时 $x=A/2$ 代入下述谐振动运动学方程（一般表达式）：

$$x(t)=A\cos(\omega t+\varphi_0)$$

$$\frac{A}{2}=A\cos\varphi_0,\quad \cos\varphi_0=\frac{1}{2},\quad \varphi_0=\pm\frac{\pi}{3}$$

质点做谐振动时的速度表达式为

$$v=-A\omega\sin(\omega t+\varphi_0)$$

$t=0$ 时由图 7-4 知质点沿 x 轴正向运动，$v>0$，故初相位取 $\varphi_0=-\dfrac{\pi}{3}$，得本题运动学方程

$$x(t)=A\cos\left(\omega t-\frac{\pi}{3}\right)$$

五、简谐振动的几何描述

前面已讨论做简谐振动的物体的位移、速度可分别由式（7-5）及式（7-9）表示，其加速度可由下式求出：

$$a=\frac{\mathrm{d}^2x}{\mathrm{d}t^2}=-\omega^2A\cos(\omega t+\varphi_0) \tag{7-17}$$

式（7-5）、式（7-9）以及式（7-17）三个方程已清楚表示，谐振动是非匀速、非匀加速的复杂运动。与之类比，质点匀速圆周运动也是一种周而复始的运动。这不能不使人引发联想：**同为周期运动的简谐振动和质点匀速圆周运动之间会不会有某种联系呢？如果有，是什么关系呢？这种关系又有什么用呢？**

图 7-5 已似乎在给出答案。原来，如果图 7-5a 中 P 点以 O 为平衡位置沿 x 轴做振幅为 A、圆频率为 ω 的一维谐振动，与此同时，可以在 Oxy 平面上，以 O 点为圆心、以振幅 A 作

为旋转矢量 $\boldsymbol{A}$ 的模，以角速度 ω 绕坐标原点逆时针匀速转动。两种图像有如下关系：如果在 $t=0$ 时刻 $\boldsymbol{A}$ 与 x 轴的夹角为 φ_0，则在 t 时刻，$\boldsymbol{A}$ 与 x 轴的夹角为

$$\varphi(t)=\omega t+\varphi_0$$

旋转矢量法

此时，$\boldsymbol{A}$ 在 x 轴上的投影点为 P 点的位置，当 $\boldsymbol{A}$ 逆时针匀速转动时，P 的坐标随时间变化的函数关系是

$$x(t)=A\cos(\omega t+\varphi_0)$$

此式正是由式（7-5）所表示的简谐振动。采用图 7-5a 的作图方法称为旋转矢量法，这是一种重要的几何作图方法。旋转矢量法巧妙地将角频率为 ω 的简谐振动转化为角速度大小为 ω 的匀速圆周运动来描述；在简谐振动的一个周期内，相应的旋转矢量将完成一个圆周的旋转。以 ω 逆时针旋转的矢量 $\boldsymbol{A}$ 末端 M 点画出的圆称为参考圆。这里“参考”之意是指欲判断振动相位时可利用这个圆。因此可以巧妙地利用矢量 $\boldsymbol{A}$ 的大小和方向，把点 P 在 x 轴上做简谐振动的三个特征量（振幅、圆频率、相位）都一一直观地表示出来。图 7-5a 中从旋转矢量的方位与其在 x 轴投影的关系不难看出，当旋转矢量位于上半圆周（即 $0<\omega t+\varphi_0<\pi$）时，振子的速度方向为负；当旋转矢量位于下半圆周（即 $\pi<\omega t+\varphi_0<2\pi$）时，振子的速度方向为正；而当 $\omega t+\varphi_0=0$ 或 π 时，振子分别位于正向和负向的最大位移处，速度为零。

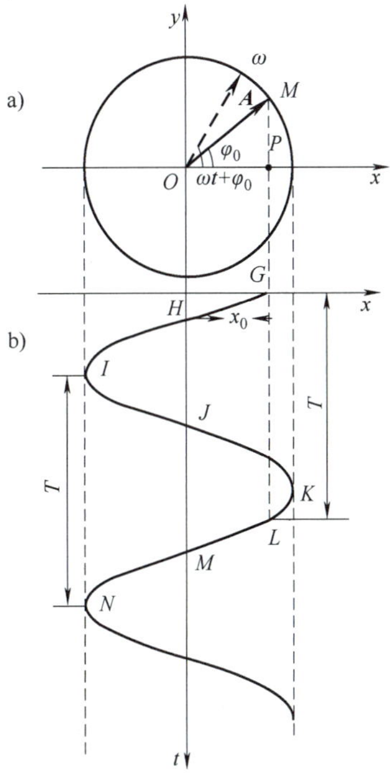

图 7-5

将在图 7-5b 所描绘的曲线是 M 点的投影点 P 的位置坐标按纵向时间 t 轴展开的函数曲线，称为简谐振动曲线。

必须指出，当一个物体沿某一直线在平衡位置附近做简谐运动时，“旋转矢量”“角速度”等实际上并不存在。旋转矢量法描述简谐振动直观、形象，物理意义明晰，在理解和解决简谐振动的问题中，这种几何方法能一目了然地给出相位。在比较两个同方向同频率简谐振动的相位差，特别是在随后研究简谐振动的合成问题时，更能显示出它的优越性。

【例 7-3】 已知一个谐振子的振动曲线如题图 7-6 所示，

（1）求图中相应 a、b、c、d、e 各状态的相位。

（2）写出振动表达式（谐振动运动学方程）。

【分析与解答】 本题用旋转矢量法来求解。

（1）按图示参数，取横轴为 x 轴画旋转矢量图（见图 7-6b），并将谐振动曲线上 a、b、c、d、e 各点标于旋转矢量图上，图中各旋转矢量（a、b、c、d、e）与 x 轴夹角即各点对应相位，分别为 $\varphi_a=0$，$\varphi_b=\dfrac{\pi}{3}$，$\varphi_c=\dfrac{\pi}{2}$，$\varphi_d=\dfrac{2\pi}{3}$，$\varphi_e=\dfrac{4\pi}{3}$。

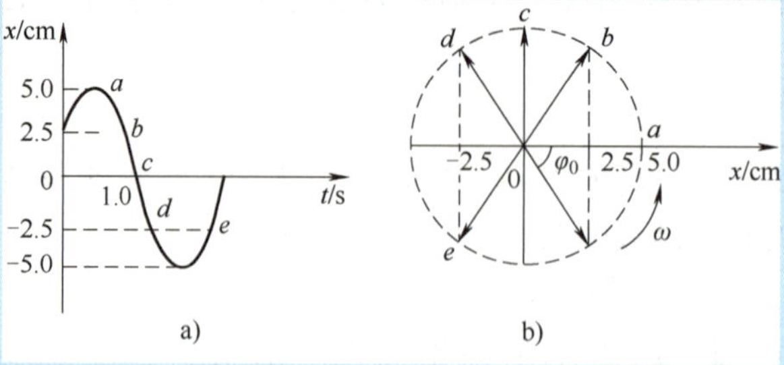

图 7-6

（2）图 7-6b 中 φ_0为初相，$\varphi_0=-\dfrac{\pi}{3}$。利用匀速圆周运动规律

$$\varphi_c-\varphi_0=\omega\Delta t$$

图中 $\varphi_c-\varphi_0=\dfrac{5}{6}\pi$ 及 c 点对应时间 $\Delta t=1\text{s}$，得 $\omega=\dfrac{5}{6}\pi$

由图易知 A 值并将所求出的 φ_0与 ω 代入谐振动一般表达式

$$x(t)=A\cos(\omega t+\varphi_0)$$

得

$$x(t)=0.05\cos\left(\frac{5}{6}\pi t-\frac{\pi}{3}\right)(\text{m})$$

上式即振动表达式（谐振动运动学方程）。从本例可看出，学会用振幅矢量表示法求解，既简单，物理图像又明晰。

六、简谐振动的能量

前已指出，用场的观点看，式（7-2）表示的简谐振动是质点在势场 $E_\text{p}(x)$ 中的运动，振子能量既有动能 E_k也有势能 E_p：

练习 94

$$E_\text{k}(t)=\frac{1}{2}m\left(\frac{\text{d}x}{\text{d}t}\right)^2=\frac{1}{2}mA^2\omega^2\sin^2(\omega t+\varphi_0) \tag{7-18}$$

$$E_\text{p}(t)=\frac{1}{2}kx^2=\frac{1}{2}kA^2\cos^2(\omega t+\varphi_0) \tag{7-19}$$

现将式（7-3）代入式（7-18）后会发现以上两式中系数相等，即$\dfrac{1}{2}mA^2\omega^2=\dfrac{1}{2}kA^2$。将两式相加，任意时刻谐振子的机械能（总能量）为

$$E=E_\text{k}(t)+E_\text{p}(t)=\frac{1}{2}kA^2=\frac{1}{2}mA^2\omega^2 \tag{7-20}$$

可以看到总能量 E 与 t 无关，只与振幅的平方成正比，这有两方面含意。一是简谐振动的机

械能守恒。这个特征可用图 7-7 表示，图中用虚线表示势能，实线表示动能，如果已知势能曲线函数，就可由式（7-20）求出动能。有一种受迫振子的振动，$E_k(t)$ 与 $E_p(t)$ 系数不相等，且机械能 $E(t)$ 与时间 t 有关，不守恒。所以，机械能守恒也是简谐振动的一个重要特征。二是对于 m、k 一定的振子，总能量与振幅平方成正比。

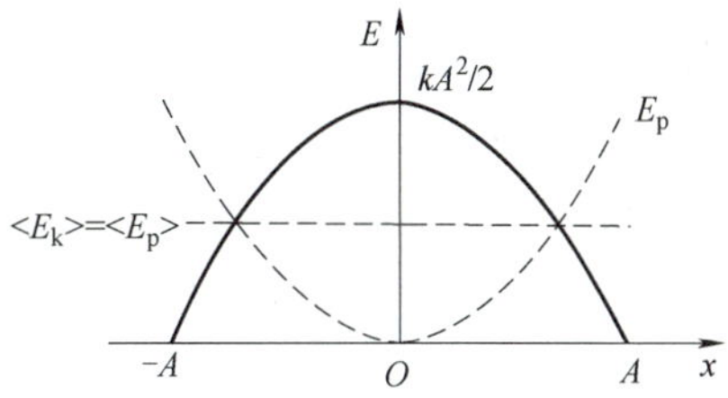

图　7-7

另外，人们在许多实际问题（如测量）中，对振动状态更为关心的不是某一时刻的能量值，而是动能和势能在一个周期内的平均值：

练习 95

$$\langle E_p\rangle = \frac{1}{T}\int_0^T E_p(t)\,\mathrm{d}t = \frac{1}{T}\frac{1}{2}m\omega^2A^2\int_0^T \cos^2(\omega t+\varphi)\,\mathrm{d}t$$

$$= \frac{1}{4}m\omega^2A^2 = \frac{1}{4}kA^2 \tag{7-21}$$

$$\langle E_k\rangle = \frac{1}{T}\int_0^T E_k(t)\,\mathrm{d}t = \frac{1}{T}\frac{1}{2}m\omega^2A^2\int_0^T \sin^2(\omega t+\varphi)\,\mathrm{d}t$$

$$= \frac{1}{4}m\omega^2A^2 = \frac{1}{4}kA^2 \tag{7-22}$$

以上两式相等在图 7-7 中已有所表示，也是只有简谐振动才具有的特征。

七、应用拓展——振动能量收集器

振动能量广泛分布在我们周围的环境中，比如人体运动、机器振动、微风吹动、水纹波动、声音振动等，收集环境中的振动能量对未来电子器件的自驱动化具有十分重要的意义。基于法拉第电磁感应定律的电磁振动能量收集器主要收集高频率的振动能量。压电振动能量收集器主要是通过压电效应来收集振动能量，易于收集中高频率的振动能量。基于摩擦起电与静电感应的摩擦电振动能量收集器可以有效地收集振动能量，在收集低频振动能量方面具有较大的优势。当环境振动频率较单一时，可根据不同振动频段选择不同的收集器；当环境振动较复杂时，可根据以上三种振动能量收集器的收集特性，设计制造出复合型振动能量收集器来收集宽频带、微幅度、多维度振动能量。振动能量收集器可以实现微小型电子器件的自驱动化，用于环境监测、人机交互健康监测、生物传感等。振动能量收集器的出现为实现大规模分布式能源供应打下了坚实的理论及技术基础，将应用于物联网领域、人工智能领域、环境保护领域以及国防安全领域等，甚至影响人类生活的各个方面。

第二节　简谐振动的叠加

上一节介绍了机械振动现象中最基本、最简单的简谐振动模型。实际振动都不是严格的简谐振动。不过，按运动叠加原理，任何一个实际的三维振动，都可以先分解成三个互相垂直方向的一维振动。其中任意一个一维振动都可能是同一方向、不同频率、不同振幅的许多谐振动的叠加；大量实验测量和理论证明，如果一维振动是周期性振动，一定是由若干频率离散谐振动叠加的结果（如发生乐音的振动）；如果一维振动是非周期性振动，则一定是频率连续分布的谐振动的叠加。物理学把周期函数或非周期函数的分解称为频谱分析。例如，人的眼睛能分辨不同颜色，感受不同的光强，是一架很好的可见光频谱分析“仪器”；音乐素养高的人只凭听觉就能判别参加演奏交响乐谱的都是些什么乐器，对于音调和声强，也有很好的鉴别能力，人耳也是一台很好的音频分析仪。实验室用于仿生学研制的现代化的各种频谱仪，在不同的信号处理中有着广泛的应用。既然任何一个复杂的振动都可以由许许多多不同频率（离散的或连续的）的谐振动叠加而成，那么，人们自然会反问：**不同频率的谐振动又是怎样叠加（合成）为一个复杂的振动呢？**可以预见大多数的振动合成问题是比较复杂的，作为分析各种复杂简谐振动叠加（合成）的基础，本书只讨论几种简单但基本的谐振动的合成。

一、同一直线上两个同频率简谐振动的叠加

同方向同频率简谐振动叠加

如果对一个质点振动系统同时激发两个同方向的谐振动，这个系统将会发生什么振动呢？会是两个振动的叠加（合成）吗？例如，设想轮船中悬挂着钟摆，当船体在波浪中发生与钟摆运动方向相同的摇摆时，从地面来看，钟摆应参与了两个振动。又如当有两列声波同时传播到人耳里，鼓膜就会参与两个振动，这些都属于振动叠加现象。为研究振动叠加规律，设一质点同时参与了两个同方向、同频率的简谐振动，要解析该质点的运动，需从两个谐振动运动学方程入手，即

练习 96

$$x_1(t)=A_1\cos(\omega t+\varphi_1)$$
$$x_2(t)=A_2\cos(\omega t+\varphi_2)$$

式中，A_1、A_2和 φ_1、φ_2分别是两个简谐振动的振幅和初相位（为了简化，初相位不再加下角标0）。对于两个处于同一直线上频率相同的谐振动来说，根据运动叠加原理，质点所参与的合振动也一定处于同一条直线上（称为同向叠加）。而且，质点某时刻 t 的位移 $x(t)$ 是 $x_1(t)$ 和 $x_2(t)$ 的代数和：

$$x(t)=x_1(t)+x_2(t)=A_1\cos(\omega t+\varphi_1)+A_2\cos(\omega t+\varphi_2)$$

在三角学中，上式中两个余弦函数相加可以先分别将两函数展开后相加：

$$\begin{aligned}x(t)&=A_1\cos(\omega t+\varphi_1)+A_2\cos(\omega t+\varphi_2)\\&=(A_1\cos\varphi_1+A_2\cos\varphi_2)\cos\omega t-(A_1\sin\varphi_1+A_2\sin\varphi_2)\sin\omega t\end{aligned}$$

上式中两个与时间无关而只与已知的 A_1、A_2、φ_1、φ_2有关的因子简写为（用到三角级数处理方法，本书略）

$$\begin{cases}A_1\cos\varphi_1+A_2\cos\varphi_2=A\cos\varphi\\A_1\sin\varphi_1+A_2\sin\varphi_2=A\sin\varphi\end{cases}\tag{7-23}$$

最终得

$$x(t)=A\cos\varphi\cos\omega t-A\sin\varphi\sin\omega t=A\cos(\omega t+\varphi) \quad (7\text{-}24)$$

它表示了质点合振动仍是频率相同的谐振动，式中，A 和 φ 应当是合振动的振幅和初相位，从式（7-23）可以求出 A 与 φ 具体的数值：

$$A=\sqrt{A_1^2+A_2^2+2A_1A_2\cos(\varphi_2-\varphi_1)} \quad (7\text{-}25)$$

$$\tan\varphi=\frac{A_1\sin\varphi_1+A_2\sin\varphi_2}{A_1\cos\varphi_1+A_2\cos\varphi_2} \quad (7\text{-}26)$$

从以上两式看，质点 P 参与的合振动的振幅和初相位不仅与两分振动 x_1 及 x_2 的振幅有关，还与两分振动的初相位差有关。

如果用旋转矢量法讨论以上过程与结果可以看得更清楚。以图 7-8a 为例，图中 $\boldsymbol{A}_1$ 和 $\boldsymbol{A}_2$ 分别表示两个谐振动 $x_1(t)$ 和 $x_2(t)$ 的振幅矢量。注意图中 $\boldsymbol{A}_1$、$\boldsymbol{A}_2$ 的旋转角速度相等（ω），它们之间的夹角 $\varphi_2-\varphi_1$ 始终保持不变，按平行四边形法则，图中合矢量 $\boldsymbol{A}$ 的大小也保持不变。把握这一点则可在图中找到与式（7-23）~式（7-26）一一对应的几何描述，对理解式（7-23）~式（7-26）会有帮助。

在振动（与波动）问题中，人们往往十分关注由式（7-20）揭示的能量与合振幅的平方 A^2 成正比的关系（往往以 A^2 表示能量）。为此，将式（7-25）取二次方，有

练习 97

$$A^2=A_1^2+A_2^2+2A_1A_2\cos\Delta\varphi \quad (7\text{-}27)$$

式中，$\Delta\varphi$ 是两谐振动之间的初相差（见图 7-8b），即

$$\Delta\varphi=\varphi_2-\varphi_1 \quad (7\text{-}28)$$

注意到式（7-27）中的等号右边有三项，容易看出前两项分别表示两分振动单独存在时的能量，第三项表示两分振动叠加时相互影响、相互纠缠而产生的能量。它是由 A_1 和 A_2 两振幅同时确定的能量纠缠项（$2A_1A_2\cos\Delta\varphi$），纠缠项中的关键因子是两个分振动的相位差 $\Delta\varphi$。其中，由三种特殊的 $\Delta\varphi$ 决定的能量值得品味：

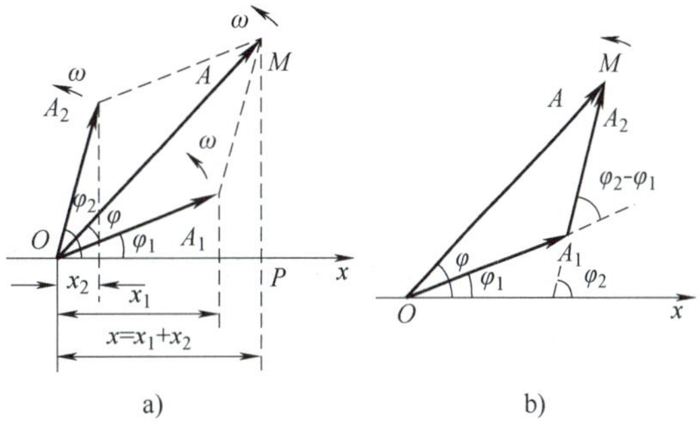

图　7-8

1）当 $\Delta\varphi=\pm2n\pi$（$n=0,1,2,\cdots$）时，$\cos\Delta\varphi=1$，则

$$A^2=A_1^2+A_2^2+2A_1A_2$$

$$A=A_1+A_2 \quad (7\text{-}29)$$

两分振动在这种相位差叠加时合振动振幅达到最大（见图 7-9a），合振动的能量最高，这种叠加称为同相叠加（区分同向叠加与同相叠加的联系与差别）。

2）当 $\Delta\varphi=\pm(2n+1)\pi$　（$n=0,1,2,\cdots$）时，$\cos\Delta\varphi=-1$，两分振动在这种相位差叠加时，有

$$A^2=A_1^2+A_2^2-2A_1A_2$$

$$A=|A_1-A_2| \quad (7\text{-}30)$$

这种情况下合振动振幅最小（见图 7-9b），合振动能量最低，并小于两分振动各自能量之和，这种情况称为反相叠加（区分反向叠加与反相叠加联系与的区别）。

3）当 $\Delta\varphi=\pm(2n+1)\pi/2$ （$n=0,1,2,\cdots$）时，$\cos\Delta\varphi=0$，则

$$A^2 = A_1^2 + A_2^2$$

$$A = \sqrt{A_1^2 + A_2^2} \tag{7-31}$$

此时，合振动的能量仅等于两分振动能量之和。就一周期的平均能量而言，好像两个分振动没有发生纠缠与关联（见图 7-9c）。此时，虽然两个振动仍是同向叠加，但由于相位差特殊，两个振幅矢量相互垂直，它们各自在 x 轴上的投影仍然按余弦规律随时间变化。步调相差 1/4 个周期，所以称两振动互相正交。这里指的正交不仅仅是狭义的几何上的相互垂直，还有它特定的含义（无相互影响，如有一种化学传感器对多种物质分析互不干扰称之为正交检测）。

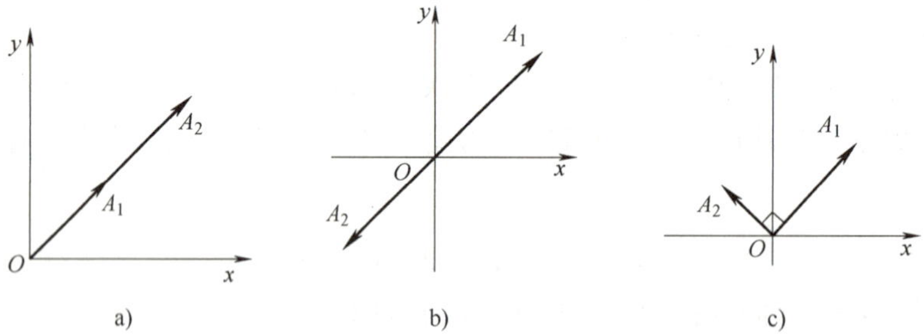

图　7-9

以上讨论的结果将会在随后研究声波、光波等波动过程的干涉和衍射时用到，一般没有仪器的帮助，在日常生活中不易观察到能量纠缠项的影响。

【例 7-4】　已知两个同方向、同频率的简谐振动为：$x_1=\cos 6t$（cm），$x_2=\sqrt{3}\cos(6t+\pi/2)$（cm）。

（1）求它们的合振动方程。

（2）另有一与它们同方向、同频率的简谐振动 $x_3=5\cos(6t+\varphi_3)$（cm），问 φ_3 为何值时，x_1+x_3 的振幅为 5.5cm？又 φ_3 为何值时，x_2+x_3 的振幅为最小？此时振幅为多少？

【分析与解答】　利用旋转矢量图示法求解同方向、同频率谐振动的合成，同一旋转矢量图上分别表示两个谐振动。

（1）在同一旋转矢量图（见图 7-10）上，分别画出两个频率相同、振幅不同的振幅矢量（$\boldsymbol{A}_1$，$\boldsymbol{A}_2$），经矢量合成，得到合振动的振幅矢量 $\boldsymbol{A}$，其大小为 $A=2$cm，初相位为 $\varphi=\pi/3$，再将合振幅矢量 $\boldsymbol{A}$ 投影到 x 轴上，得合振动方程

$$x = 2\cos(6t + \pi/3)\ (\text{cm})$$

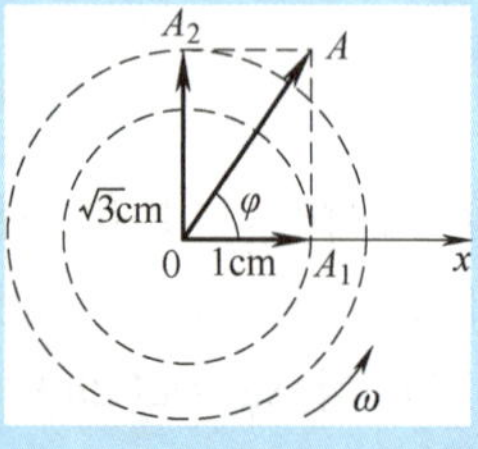

图　7-10

（2）按合振幅公式

$$A=\sqrt{A_1^2+A_2^2+2A_1A_2\cos\Delta\varphi}$$

讨论 x_1+x_3 时，$\Delta\varphi=\varphi_3-\varphi_1=\varphi_3$，合振幅 $A=5.5\text{cm}$，分振动振幅 $A_1=1\text{cm}$，$A_3=5\text{cm}$，得

$$\cos\Delta\varphi=\cos\varphi_3=0.425$$

所以当 $\varphi_3=\pm0.36\pi\pm2k\pi$（$k=0,1,2,\cdots$）时，$x_1+x_3$ 的合振幅为 5.5cm。

讨论 x_2+x_3 时，因 $\Delta\varphi=\varphi_3-\varphi_2=\varphi_3-\pi/2$，当 x_2+x_3 的振幅最小时：

$$\varphi_3-\varphi_2=\pm(2n+1)\pi\quad(n=0,1,2,\cdots)$$

$$\varphi_3=\frac{\pi}{2}\pm(2n+1)\pi\quad(n=0,1,2,\cdots)$$

分振动振幅为：$A_2=\sqrt{3}\,\text{cm}$，$A_3=5\text{cm}$，$\cos\Delta\varphi=-1$，解得 x_2+x_3 最小的合振幅

$$A=|A_2-A_3|=|\sqrt{3}-5|=3.27\text{cm}$$

二、多个同方向、同频率简谐振动的叠加

以图 7-11 为例，如果一个质点振动系统同时参与 N 个振幅相等、初相位依次为 $0,\varphi,2\varphi,\cdots,(N-1)\varphi$ 的同方向、同频率的谐振动，如

$$\begin{aligned}x_1&=A_1\cos(\omega t)\\x_2&=A_2\cos(\omega t+\varphi)\\x_3&=A_3\cos(\omega t+2\varphi)\\&\vdots\\x_N&=A_N\cos[\omega t+(N-1)\varphi]\end{aligned}\tag{7-32}$$

式中，$A_1=A_2=A_3=\cdots=A_N=A_0$，质点的合振动（振幅和初相位）情况如何呢？

求解这一问题有不同的方法，本书采用旋转矢量法可以避免繁杂的三角函数运算，有极大的优越性。为了解与应用该方法以图 7-8b 为例，具体步骤是在图中点 O 先按初相 φ_1 画振幅矢量 $\boldsymbol{A}_1$，然后在 $\boldsymbol{A}_1$ 矢尾按 $\varphi_2-\varphi_1$ 画 $\boldsymbol{A}_2$ 使 $\boldsymbol{A}_2$ 与 $\boldsymbol{A}_1$ 首尾相连，再由始点 O 到 $\boldsymbol{A}_2$ 矢尾 M 连一有向线段 $OM(A)$ 构成一闭合三角形，$\boldsymbol{A}$ 即为合振动的振幅矢量，$\boldsymbol{A}$ 在 x 轴上的投影随时间变化代表合振动。这一求合振动振幅的作图法称矢量合成的三角形法则，与平行四边形法则等价。

将图 7-8b 显示的三角形法则推广到 N 个同方向、同频率谐振动（式 7-32）的叠加比连续多次用四边形法则更为方便。以图 7-11 为例，图中仿照三角形法则，先画在 $t=0$ 时刻的振幅矢量 $\boldsymbol{A}_1$、$\boldsymbol{A}_2$，然后在 $\boldsymbol{A}_2$ 矢尾画 $\boldsymbol{A}_3$，在 $\boldsymbol{A}_3$ 矢尾画 $\boldsymbol{A}_4$，如此持续下去直至画出 $\boldsymbol{A}_N$（图中 $N=5$），画 $\boldsymbol{A}_1,\boldsymbol{A}_2,\cdots,\boldsymbol{A}_N$ 依次首尾相接的作图方法时注意，相邻矢量间的夹角均为 φ。这样由图 7-8b 的三角形法则拓展到图 7-11 中的多边形法则，图中由 N 个矢量构成一正多边形的一部分（或闭合正多边

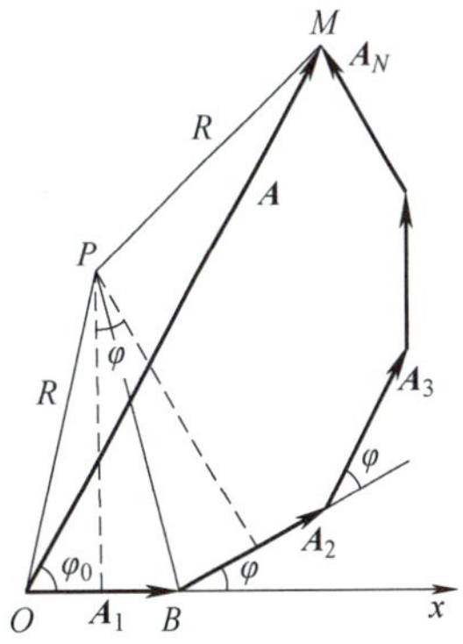

图 7-11

形)。在图中，从起点 O 到终点 M 作矢量 $\boldsymbol{A}$。与用 $N-1$ 次平行四边形法则求对角线结果相同，矢量 $\boldsymbol{A}$ 的大小就是合振动的振幅，它与 x 轴的夹角 φ_0 就是合振动的初相位，$\boldsymbol{A}$ 在 x 轴上的投影随时间变化的函数就是合振动运动学方程

$$x=\sum x_N=A\cos(\omega t+\varphi_0) \tag{7-33}$$

式中，A 与 φ_0 可以继续采用几何方法求出，求法的核心是正多边形与其外接圆的关系。

在几何学中，正多边形必有一外接圆。在图 7-11 中，设想由 N 个分振动的振幅矢量构成了正多边形的一部分，外接圆圆心位于点 P，外接圆半径为 R（外接圆未画出）。图中，由圆心 P 分别对 $\boldsymbol{A}_1$ 和 $\boldsymbol{A}_2$ 作垂直平分线（虚线）。图中由两虚线围成的四边形的几何关系看，两虚线的夹角等于 φ。由此推断，图中每一个振幅矢量（$\boldsymbol{A}_i$）所对应的圆心角也都等于 φ。于是，与合振幅矢量 $\boldsymbol{A}$ 对应的圆心角为 $N\varphi$（图中未标出）。再从两等腰三角形 POB 与 POM 看，两底边分别为

练习 98

$$A_0=2R\sin\frac{\varphi}{2},\quad A=2R\sin\frac{N\varphi}{2} \tag{7-34}$$

将两式相比消去 R，有

$$A=A_0\frac{\sin\dfrac{N\varphi}{2}}{\sin\dfrac{\varphi}{2}} \tag{7-35}$$

又因为图中两个等腰三角形 POB 与 POM 中的底角分别为

$$\angle POB=\frac{1}{2}(\pi-\varphi)$$

$$\angle POM=\frac{1}{2}(\pi-N\varphi)$$

将 $\angle POB$ 减去 $\angle POM$ 就是合振动的初相 φ_0

$$\varphi_0=\angle POB-\angle POM=\frac{N-1}{2}\varphi \tag{7-36}$$

最后，将式（7-35）与式（7-36）一并代入式（7-33），得

$$x=A\cos(\omega t+\varphi_0)=A_0\frac{\sin\dfrac{N\varphi}{2}}{\sin\dfrac{\varphi}{2}}\cos\left[\omega t+\frac{(N-1)\varphi}{2}\right] \tag{7-37}$$

这是一个描述由 N 个同方向、同频率、初相差恒定的谐振动合成的公式，公式主要应用在本书第十二章对光的衍射等问题的研究中，其中有两种特殊情况有必要提前指出：

1）如果各分振动初相相等（各振幅矢量同方向），即在式（7-32）中 $\varphi=0$，将它代入式（7-35），出现了一个不定式$\dfrac{0}{0}$。按数学中的洛毕达法则，

练习 99

$$A=\lim_{\varphi\to 0}A_0\frac{\sin\frac{N\varphi}{2}}{\sin\frac{\varphi}{2}}=\lim_{\varphi\to 0}A_0\frac{\cos\frac{N\varphi}{2}\cdot\frac{N}{2}}{\cos\frac{\varphi}{2}\cdot\frac{1}{2}}=NA_0 \tag{7-38}$$

这一结果指出，在所有分振幅矢量同相的特定情况下叠加，合振动的振幅最大（类似图 7-10a）。

2）另一种特殊情况是各分振动的初相差 $\varphi=\pm\frac{2n'\pi}{N}(n'=1,2,\cdots,N-1$，但 $n'\neq Nn)$，式（7-35）在这种条件下变为

$$A=A_0\frac{\sin n'\pi}{\sin\frac{n'\pi}{N}}=0 \tag{7-39}$$

设 $n'=1$，则 $\sin\pi=0$，$A=0$，这种情况的几何图像是，在图 7-11 中，N 个振幅矢量依次改变 $\varphi=\frac{2\pi}{N}$后首尾相接，由于 $N\varphi=2\pi$（合矢量对应圆心角）构成的是一个闭合正多边形，故合振动振幅只能是等于零。

三、二维振动的叠加

当质点同时参与两个相互垂直的谐振动时，不在同一方向的谐振动也可以叠加吗？可以。但一般情况下，质点不再在一条直线上运动，而将在平面上运动，轨迹位于平面内的振动常称为二维振动，以下采用代数方法推导二维振动所满足的方程。

设在 x 轴与 y 轴的方向上，质点同时参与两个频率相同的谐振动：

$$\begin{cases}x=A_1\cos(\omega t+\varphi_1)\\y=A_2\cos(\omega t+\varphi_2)\end{cases} \tag{7-40}$$

按运动叠加原理，任一时刻合振动的位矢 $\boldsymbol{r}$ 不是 $x+y$，而应当表示为

$$\boldsymbol{r}(t)=x(t)\boldsymbol{i}+y(t)\boldsymbol{j} \tag{7-41}$$

从式（7-40）中可以通过消去 t 得质点振动的轨迹方程 $y=y(x)$。具体步骤是可先将式（7-40）中两式分别进行三角函数展开，得

练习 100

$$\frac{x}{A_1}=\cos\omega t\cos\varphi_1-\sin\omega t\sin\varphi_1 \tag{7-42}$$

$$\frac{y}{A_2}=\cos\omega t\cos\varphi_2-\sin\omega t\sin\varphi_2 \tag{7-43}$$

然后以 $\cos\varphi_2$乘式（7-42），以 $\cos\varphi_1$乘式（7-43），并将所得两式相减，经整理得

$$\frac{x}{A_1}\cos\varphi_2-\frac{y}{A_2}\cos\varphi_1=\sin\omega t\sin(\varphi_2-\varphi_1) \tag{7-44}$$

再以 $\sin\varphi_2$乘式（7-42），以 $\sin\varphi_1$乘式（7-43），然后又将所得两式相减，经整理得

$$\frac{x}{A_1}\sin\varphi_2 - \frac{y}{A_2}\sin\varphi_1 = \cos\omega t\sin(\varphi_2 - \varphi_1) \tag{7-45}$$

最后将式（7-44）与式（7-45）分别平方，然后相加，就得到合振动的轨迹方程

$$\frac{x^2}{A_1^2} + \frac{y^2}{A_2^2} - \frac{2xy}{A_1A_2}\cos(\varphi_2 - \varphi_1) = \sin^2(\varphi_2 - \varphi_1) \tag{7-46}$$

一般情况下，这是一个椭圆方程。椭圆的形状、大小和长短轴的方位，由分振动振幅 A_1、A_2 以及初始相位差 $\varphi_2-\varphi_1$ 决定。下面分析几种常见的特殊情况。

1）当式（7-46）中 $\varphi_2-\varphi_1=0$ 或 $\varphi_2-\varphi_1=\pi$ 时，式（7-46）变为

$$\left(\frac{x}{A_1} \mp \frac{y}{A_2}\right)^2 = 0$$

$$y = \pm\frac{A_2}{A_1}x \tag{7-47}$$

这是通过原点且在一、三（或二、四）象限的一条直线，表明质点将在一条直线上做同频率谐振动。

2）当式（7-46）中 $\varphi_2-\varphi_1=\pm\frac{\pi}{2}$ 时，式（7-46）变为

$$\frac{x^2}{A_1^2} + \frac{y^2}{A_2^2} = 1 \tag{7-48}$$

式（7-48）表示，合振动的轨迹是以 Ox 和 Oy 为主轴的正椭圆，利用式（7-40）可以判断，当 $\varphi_2-\varphi_1=\frac{\pi}{2}$ 时，振动点沿顺时针方向进行；而 $\varphi_2-\varphi_1=-\frac{\pi}{2}$ 时，振动点沿逆时针方向进行。

在以上情况下，当 $A_1=A_2$ 时，运动轨迹由椭圆退化为圆。

综上所述，两个频率相同、互相垂直的谐振动叠加后，其合振动可能是在一直线、椭圆或圆上进行，轨迹的形状和运动的方向由分振动振幅的大小和相位差决定。

如果两个分振动的频率不同且频率差较大，但还有简单的整数比关系，这时，合振动为有一定规则的稳定的闭合曲线，这种图形叫李萨如图形。在使用示波器的物理实验中，将利用李萨如图形，由一个已知的振动周期，求出另一个振动的周期。那时，各种李萨如图形的特征将一览无余（见图7-12）。

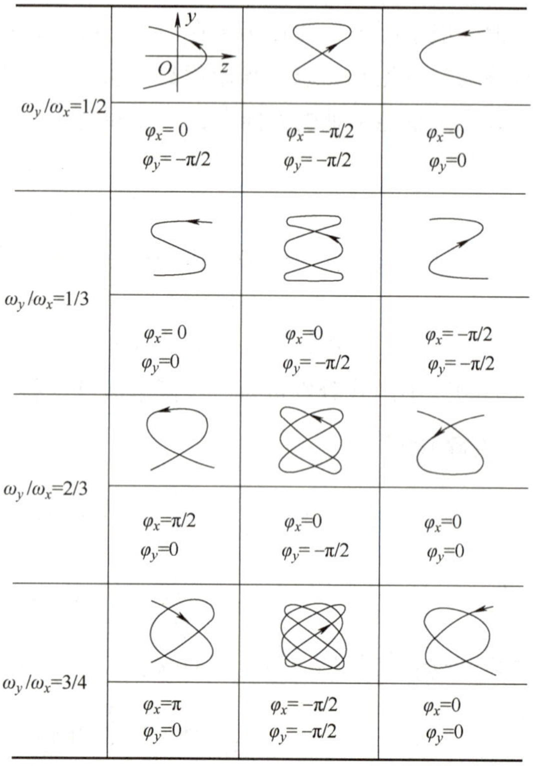

图　7-12

*第三节 阻尼振动与受迫振动简介

以上讨论的简谐振动是一种理想的振动模型，是只受弹性力或准弹性力作用的自由振动，机械能守恒。而实际的振动系统在运动过程中，一定会或多或少受到来自外界的阻力，系统的能量总是有消耗的。例如，单摆在运动中总会受到空气阻力的作用，使摆动能量逐渐减少，与此同时，振幅也随时间而减小，直到最后停止。但是，**钟摆的振动为什么能长久维持等幅振动呢？**这是因为，钟表的机械结构对钟摆施加了周期性外力的缘故，前者称为阻尼振动，后者称为受迫振动。

一、阻尼振动

如图 7-13 所示的模型为与一弹簧连着的小球（简称振子），将振子放入流体介质中，则振子的运动将同时受到来自弹簧及流体黏滞阻力的作用，而不能维持等幅的自由振动。

当振子在流体中的速度不是大到足以引起湍流时，黏滞阻力通常可以近似看作与速度成正比（简化模型只考虑正比的情况）：

$$F_{阻} = -\gamma\frac{\mathrm{d}x}{\mathrm{d}t} \tag{7-49}$$

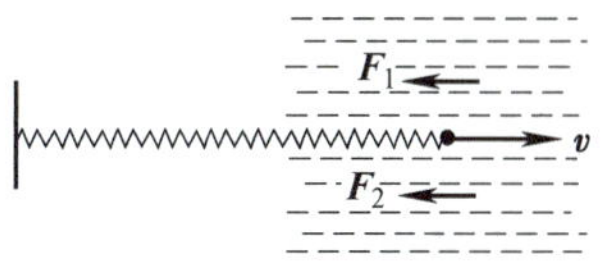

图 7-13

式中，γ 称为阻力系数或力阻，它取决于介质的性质、物体的形状、大小与表面状况，是一个正的常数；负号表示这个力总是和速度的方向相反。这样，对于所讨论的振动系统，作用在振子上的力为弹性力（$-kx$）和阻力$\left(-\gamma\frac{\mathrm{d}x}{\mathrm{d}t}\right)$之和。根据牛顿第二定律，振子的动力学微分方程为

$$-kx-\gamma\frac{\mathrm{d}x}{\mathrm{d}t}=m\frac{\mathrm{d}^2x}{\mathrm{d}t^2} \tag{7-50}$$

改写为典型形式

$$\frac{\mathrm{d}^2x}{\mathrm{d}t^2}+\frac{\gamma}{m}\frac{\mathrm{d}x}{\mathrm{d}t}+\frac{k}{m}x=0$$

为解这类方程方便，数学上令

$$\omega_0^2=\frac{k}{m},\ 2\beta=\frac{\gamma}{m}$$

式中，ω_0为振动系统的固有圆频率；β 叫作阻尼系数。于是，式（7-50）可以写作

$$\frac{\mathrm{d}^2x}{\mathrm{d}t^2}+2\beta\frac{\mathrm{d}x}{\mathrm{d}t}+\omega_0^2x=0 \tag{7-51}$$

这个方程的求解需要利用高等数学中有关微分方程的知识。物理学上，随着阻力大小的不同，式（7-51）的解可有三种不同形式，相应代表着振子的三种运动方式，现分述如下：

1. 弱阻尼时的衰减振动

当阻力较小（又称弱阻尼）时，即$\beta^2<\omega_0^2$时，式（7-51）的解为

$$x(t)=A_0\mathrm{e}^{-\beta t}\cos(\omega t+\varphi_0) \tag{7-52}$$

$$\omega=\sqrt{\omega_0^2-\beta^2}$$

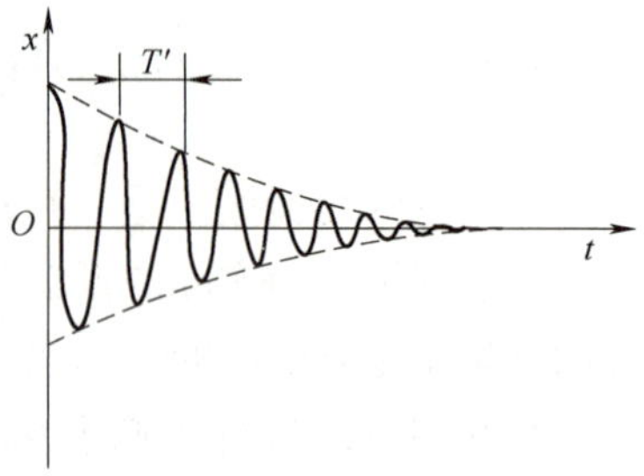

图 7-14

式（7-52）表示，在这种情况下，位移与时间的关系由两个因子的乘积所决定。其中，$A_0\mathrm{e}^{-\beta t}$反映在阻力作用下，振幅随时间按指数规律逐渐衰减，β越大，振幅衰减越快；而$\cos(\omega t+\varphi_0)$反映在弹性力作用下，振子做往复周期性运动。因为位移不能在每一周期后恢复原值，即振子运动虽也往返，但振幅递减，并不复始，如图 7-14 所示。所以严格说来，阻尼振动并不是周期运动，一般称为准周期性运动。如果借用一下简谐振动的周期概念，质点每连续两次通过平衡位置并沿相同方向运动所需时间间隔是相同的，所需的时间叫作阻尼振动的周期 T'，则

$$T'=\frac{2\pi}{\omega}=\frac{2\pi}{\sqrt{\omega_0^2-\beta^2}} \tag{7-53}$$

可见，有阻尼时振动的周期 T' 大于振子的固有周期$\dfrac{2\pi}{\omega_0}$，即由于阻力的作用，振动变慢了。

2. 强阻尼时的衰减运动

当阻尼很大时，$\beta^2>\omega_0^2$的情形称为强阻尼。此时，式（7-51）的解为

$$x(t)=c_1\mathrm{e}^{-(\beta-\beta_0)t}+c_2\mathrm{e}^{-(\beta+\beta_0)t} \tag{7-54}$$

式中，c_1、c_2为积分常数，由初始条件决定。其中

$$\beta_0=\sqrt{\beta^2-\omega_0^2}$$

此时，振子的运动是非周期性的，由于阻尼作用过大，在未达到平衡位置前，能量就消耗完毕，以至连一次振动都来不及完成就会停止在平衡位置上，这种情况也称为过阻尼。如图 7-15 所示，浸泡在黏滞力较强的液体中的摆的运动就是过阻尼运动。

3. 临界阻尼时的衰减运动

当$\beta^2=\omega_0^2$时，则物体刚刚能不做周期性运动，如图 7-16 所示。在临界阻尼的情况下，位移随时间以 e 指数衰减，直至趋向于零。不能够在平衡位置附件反复运动，而是一次性回到趋于平衡点的位置，并且和过阻尼相比，振子从静止开始运动回复到平衡位置所需要的时间最短，这种情况称为临界阻尼。因此，在实验中，当振子偏离平衡位置后，如果需要它不发生振动且最快地恢复到平衡位置，常采用施加临界阻尼的方法。

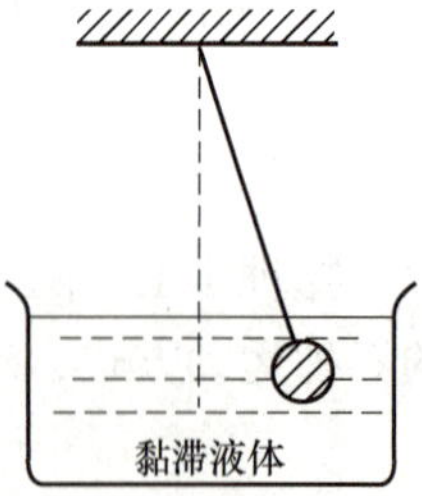

图 7-15

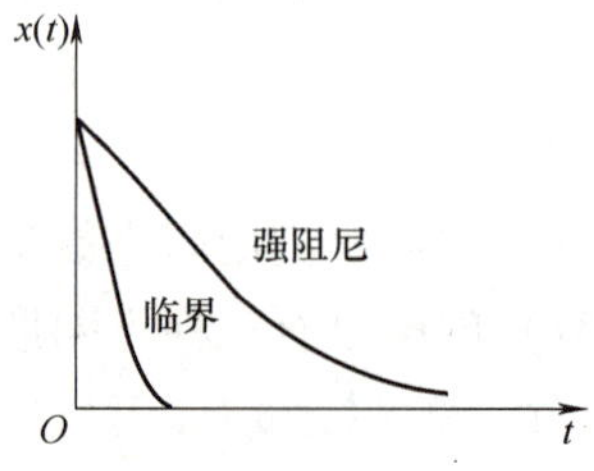

图 7-16

在工程实际中，常根据不同的要求，用改变阻尼大小的办法来控制振动系统的振动情况，以达到降低设备本身的或外界传递给设备的振动（简称减振）。常见的阻尼减振方法大致有：应用黏弹性材料变形时将耗散一部分能量减振；利用运动件与阻尼件之间振动时的摩擦来消耗振动能量以减振；利用运动件在阻尼液体中的黏滞性摩擦或形成旋涡来消耗振动能量以减振；利用金属运动件在磁场中振动时产生涡流以减振等。潜艇的“静音”水平就是减振的表现。

二、受迫振动

由于实际的振动系统总会受到各种阻尼的作用，随着能量的不断损耗，振动系统的振幅最终将减小到零。在实践中，为了维持系统的稳定振动（等幅振动），常常采用给振动系统施加一周期性外力的方法，如扬声器中纸盒的振动、电话机中膜的振动、小提琴木板的振动等。这时，外力也要随振动系统的运动而不断改变方向，外力也是一种周期性的振动，这种周期性外力称为驱动力，振动系统在周期性外力作用下的振动叫作受迫振动。

理论上研究受迫振动可以用一个阻尼弹簧振子为例。如在图 7-17 中，一维阻尼弹簧振子除受到弹性力 $F_1=-kx$ 和阻尼力 $F_2=-\gamma\dfrac{\mathrm{d}x}{\mathrm{d}t}$ 作用外，还受到一驱动力 $F(t)=f_0\cos\omega t$ 作用（为便于讨论，假定驱动力按余弦函数随时间变化）。根据牛顿第二定律，可在式（7-50）的基础上于左侧添加 $\boldsymbol{F}(t)$，经处理，可得

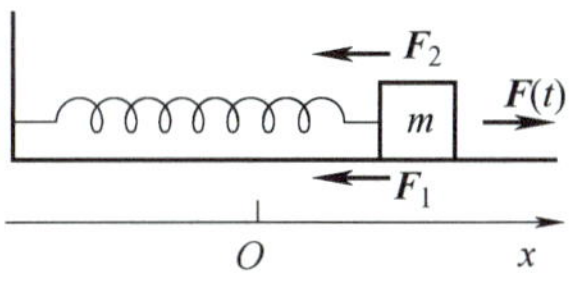

图 7-17

$$\frac{\mathrm{d}^2x}{\mathrm{d}t^2}+2\beta\frac{\mathrm{d}x}{\mathrm{d}t}+\omega_0^2x=C\cos\omega t \tag{7-55}$$

这是个非齐次常系数二阶微分方程。在线性代数或微分方程中，非齐次方程的通解等于“齐次方程的通解”加上“非齐次方程的特解”。而式（7-51）的三种不同形式的通解正是描述阻尼弹簧振子的三种阻尼运动。

这三种阻尼运动均系衰减运动，在稍长时间后均不复存在。虽然，对阻尼弹簧振子加上周期性外力以后，在开始的一段时间内运动是很复杂的。但按上述分析，在经过一段时间以后，振子将按外来驱动力的频率，维持一稳定振动，即受迫振动（见图 7-18）。下面仅对受迫振动的重要特征做一定性介绍：

1）与简谐振动不同，受迫振动的振幅 A 和相位 φ_0 与初位移和初速度无关，它取决于式（7-55）中的 C、ω、β 及 ω_0 等诸多因素。

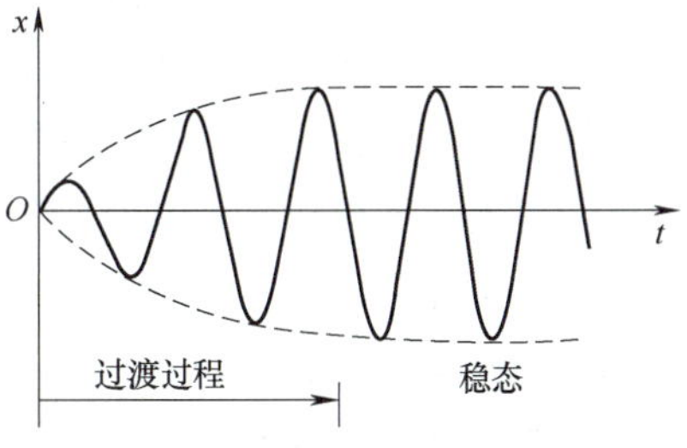

图 7-18

2）由于受迫振动的振幅 A 与驱动力的频率 ω 有关，实验及理论研究发现，当 ω 为某一数值时，A 可达到极大。这种在外来周期性力作用下，振幅达到极大的现象称为共振。共振时的圆频率称为共振圆频率，以 ω_τ 表示，则

$$\omega_\tau=\sqrt{\omega_0^2-2\beta^2} \tag{7-56}$$

式（7-56）表明，共振圆频率 ω_r 并不完全等于系统的固有圆频率 ω_0，而是稍小一点。阻尼因素 β 越小，它们越接近，在弱阻尼情况下，$\omega \approx \omega_r$，这就是常说的共振条件。

当我们要加强驱动力的作用而使振幅很大时，应使 ω 与 ω_0 相接近，如收音机、电视机等的输入回路中，只有当把输入回路的固有频率调谐到与外来频率相近时，才能获得最强信号而输送给放大系统进行放大；另一方面，当我们要削弱驱动力的作用而使振幅很小时，就应使 ω 与 ω_0 之差尽量大一些，如高楼大厦、烟囱、桥梁等的设计就是这样，常常通过改变固有频率 ω_0、阻尼系数 β、强迫力的大小 C 和圆频率 ω 的方法来消除共振或减轻共振的作用。**读者从式（7-56）中可以看到解决这一问题的基本思路吗？**

飞船在进入大气层时由于空气的阻力而产生了低频共振，物理学家通过测量发现，把低于20Hz以下的振动称为“低频振动”，而低频振动低于10Hz时，人体对它相当敏感，这可能会对宇航员和飞船的安全造成威胁。航天员杨利伟在执行任务时就经历了惊险瞬间：火箭和飞船之间产生了强烈的振动，飞船共振26s。经过技术改进，从“神舟七号”飞船开始，所有的飞船上已经没有共振现象发生。通过调整火箭动力参数和改变空气动力学形态，加装振动吸收器等一系列措施，成功解决了这个问题。这表明科学技术在探索未知领域时，不仅需要勇气和创新，还需要不断调整和改进。

三、应用拓展——机械振动控制技术

在航空航天领域中，航空机械的运行环境较为复杂，涉及大量的风险因素，振动可能会对飞行器的稳定性和使用寿命造成负面影响。机械振动控制技术的研究与应用为航空设备的稳定运行提供保障，规避外界因素扰动，譬如发动机振动和操纵系统振动方面，也能为其他行业机械设备的控制与管理提供参考。机械振动控制技术作为现代航空航天行业的核心技术，在航空航天工程中的应用日益深入。

机械振动控制技术有被动振动控制技术：主要通过改变结构材料、结构形状或添加阻尼器等手段来抑制振动，对外部激励的响应相对较为有限，主要用于改善结构的强度。“颗粒阻尼技术”是一种新型振动被动控制技术，长征五号B火箭对多种降冲击方案进行比较和试验后，采用了“双隔冲框+阻尼盒”的降冲击方案，并应用了“颗粒阻尼技术”。通过振动体的封闭空间内填充的微小颗粒体和阻尼器构成一个耦合、有限封闭的非线性系统，在封闭空间内摩擦与冲击作用消耗系统振动能量，从而实现减振降噪的效果。长征五号B火箭舱箭分离界面的分离得到有效改善，空间站舱段可以在“下车”过程中感受到火箭的“温柔”。机械振动控制技术还有主动振动控制技术：通过在机体上添加高性能执行器和小型高灵敏度传感器，实时感知和调整结构的振动状态，具有更高的振动监测的精度和实时性、灵活性，可在动态环境中实现更为精细的振动控制，适应多变的振动环境。振动传感器是通过内部的压电陶瓷片加弹簧重锤结构感受机械运动振动的参量（如振动速度、频率、加速度等）并转换成可用输出信号，然后经过运放放大并输出控制信号。传感器在振动控制中发挥着关键作用，而新一代传感器的引入将在技术应用中带来质的飞跃，准确采集和传输振动数据对振动信号进行分析和处理，实现对机械振动的监测、控制和优化。随着传感器技术和智能算法的不断发展，新型传感器技术在机械振动领域的应用将更加广泛和深入，为工业生产和科学研究带来更大的价值和意义。

混合振动控制技术综合了被动和主动两种控制方式的优势，通过应用新型先进材料、调节结构材料的特性或控制阻尼器的工作状态，再根据监测到的振动情况，利用主动组件提供精确的反向振动，实现更为灵活、主动的振动控制，进一步降低系统的能耗。

机械振动控制技术在航空航天行业中的应用是一项相对复杂的课题，关乎航空航天事业的长远发展，是航空机械运行管理与控制中的核心技术，合理应用该技术，对于航空机械的稳定运行有着重要意义。

中北大学为长征五号 B 运载火箭配套研制了 20K 低温振动传感器等 3 类 20 个左右传感器、变换器和 2 个数据压缩单元，用于测量飞行过程中氢氧发动机以及各舱段力学参数。在飞行试验阶段的箭上噪声数据的实时无损压缩和传输；外系统等效器完成了火箭各研制阶段测控系统对控制系统、伺服系统接口的匹配测试，缩短了飞行试验的研制周期，节约了大量的人力物力成本；研制了以振动传感器、冲击传感器为主的多种力学参数测量系统传感器产品，研制的产品性能可靠、精度高。同类产品曾为神舟八号、长征七号、嫦娥四号、长征五号、长征三号等航天工程研制产品提供了环境参数数据支撑。为保证航天各项任务的圆满成功，中北人强化使命担当，坚定航天理想，在配套研制过程中精益求精，为国家航天事业不懈奋斗。

第四节　物理学方法简述

一、谐振动研究方法

本章介绍机械振动中简谐振动的规律时，采用的主要方法是将牛顿第二定律应用于质点（质心）振动系统（如谐振子模型）。牛顿第二定律又称动力学微分方程，由于加速度可用二阶导数表示，所以常将包含二阶导数的质点（质心）动力学方程称为二阶微分方程，即式（7-4）。方程的解称为运动学方程，即式（7-5）或式（7-6）。

1. 振动动力学微分方程的建立

如上所述，建立谐振动微分方程是研究谐振动规律的第一步。按牛顿第二定律处理问题的一般方法主要是分析力，如弹性力（弹簧振子）、准弹性力（单摆）等。将弹性力代入用二阶导数表述的牛顿第二定律，得谐振动微分方程（7-4），它的求解在高等数学课程中有详细介绍。

2. 运动学特征的研究

式（7-4）的解又称为谐振动运动学方程，即式（7-5）。三角函数描述了谐振动规律，包含了简谐振动的各种信息。谐振动规律还可以用以下两种方法研究：

1）三角函数曲线。在 x-t 坐标系中，将函数式（7-5）转换为曲线的几何形式，它形象、直观地描述了谐振动各种物理量的数量特征与关系。

2）旋转矢量法。本章所讨论的一维谐振动其最主要的特征由振幅与相位描述。其中振幅很直观，但相位概念对初学者非常抽象。若采用旋转矢量法（或振幅矢量图解法），则对振动相位、相位差及其在谐振动中特殊作用的描述就比较清楚。这是因为矢量有大小、有方向，正好用于描述谐振动的振幅与相位，特别是匀速圆周运动也是一种周期运动。这种用旋转的振幅矢量图形描述一维振动图形的方法也可称为几何变换方法。

二、数学变换方法（化归法）

将复杂的问题通过数学变换转化成简单的问题，或将困难问题通过数学变换转化成容易的问题，将未解决的问题通过数学变换转化成已解决的问题，这就是数学变换方法（或化归法）的作用。

本章在讨论同方向、同频率谐振动合成时，可以采用式（7-24）所示的代数加法，也可采用图7-11所示的旋转矢量（振幅矢量）图解法（多边形法则）。但用振幅矢量图解法求解时更简单、方便。这种处理方式就是数学变换方法或化归法。所谓数学变换方法是把欲求解的同方向、同频率谐振动合成的合振幅问题，经过“采用振幅矢量相加”这一数学变换，使之归结为一个“用矢量正多边形法则求合矢量”的问题，相比于采用式（7-24）所示的代数加法，问题的求解就简单多了。这种解决问题的方法，还会在光学中重复使用（见第十章第二、五节）。

练习与思考

一、填空

1-1　一弹簧振子做简谐振动，振幅为 A，周期为 T，其运动方程用余弦函数表示。若 $t=0$ 时，（1）振子在负的最大位移处，则初相为________；

（2）振子在平衡位置向正方向运动，则初相为________；

（3）振子在位移为 $A/2$ 处，且向负方向运动，则初相为________。

1-2　一质点做简谐振动，速度最大值 $v_m=5\text{cm}\cdot\text{s}^{-1}$，振幅 $A=2\text{cm}$。若令速度具有正最大值的那一时刻为 $t=0$，则振动表达式为________。

1-3　一简谐振动用余弦函数表示，其振动曲线如图7-19所示，则此简谐振动的三个特征量为 $A=$________；$\omega=$________；$\varphi_0=$________。

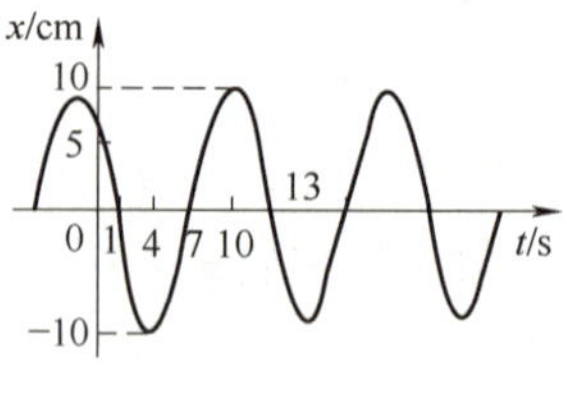

图　7-19

1-4　两个弹簧振子的周期都是0.4s，设开始时第一个振子从平衡位置向负方向运动，经过0.5s后，第二个振子才从正方向的端点开始运动，则这两振动的相位差为________。

1-5　一做简谐振动的振动系统，振子质量为2kg，系统振动频率为1000Hz，振幅为0.5cm，则其振动能量为________。

1-6　两个同方向同频率的简谐振动，其振动表达式分别为

$$x_1=6\times10^{-2}\cos\left(5t+\frac{1}{2}\pi\right)\ (\text{SI})\ ;\ x_2=2\times10^{-2}\cos\left(\frac{1}{2}\pi-5t\right)\ (\text{SI})$$

它们的合振动的振幅为________，初相为________。

1-7　两个同方向、同频率的简谐振动，其合振动的振幅为20cm，与第一个简谐振动的

相位差 $\varphi-\varphi_1=\pi/6$。若第一个简谐振动的振幅为 $10\sqrt{3}\,\text{cm}=17.3\text{cm}$，则第二个简谐振动的振幅为____________ cm，第一、二两个简谐振动的相位差 $\varphi_2-\varphi_1$ 为____________。

二、计算

2-1　如图 7-20 所示，重物 A 质量 $m=1\text{kg}$，放在倾角 $\theta=30°$ 的光滑斜面上，并用绳跨过定滑轮与劲度系数 $k=49\text{N}\cdot\text{m}^{-1}$ 的轻质弹簧连接，将物体由弹簧尚未形变的位置（原长）静止释放并开始计时，试写出物体的运动方程（滑轮质量忽略不计）。

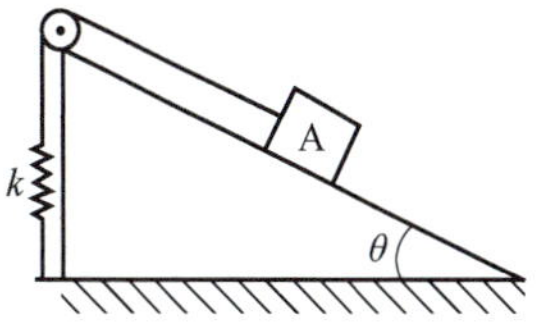

图　7-20

【答案】 $0.1\cos(7t+\pi)$ (m)

2-2　有一弹簧，当其下端挂一质量为 m 的物体时，伸长量为 $9.8\times10^{-2}\text{m}$，若使物体上下振动，且规定向下为正方向。(1) $t=0$ 时，物体在平衡位置上方 $8.0\times10^{-2}\text{m}$ 处释放，由静止开始向下运动，求运动方程；(2) $t=0$ 时，物体在平衡位置并以 $0.6\text{m}\cdot\text{s}^{-1}$ 的初速度向上运动，求运动方程。

7.1 习题 2-2

【答案】 (1) $x_1=8.0\times10^{-2}\cos(10t+\pi)$ (m)；

(2) $x_2=6.0\times10^{-2}\cos(10t+0.5\pi)$ (m)

2-3　已知一做简谐运动的物体其运动周期为 T，由平衡位置向 x 轴正方向运动，试求经过下列路程所需的最短时间：(1) 由平衡位置到最大位移处；(2) 由平衡位置到 $x=A/2$ 处；(3) 由 $x=A/2$ 处到最大位移处。

【答案】 (1) $T/4$；(2) $T/12$；(3) $T/6$

2-4　一物体沿 x 轴做简谐运动，振幅为 0.06m，周期为 2.0s，当 $t=0$ 时位移为 0.03m，且向 x 轴正向运动，(1) 求 $t=0.5\text{s}$ 时，物体的位移、速度和加速度；(2) 问物体从 $x=-0.03\text{m}$ 处向 x 轴负向方向运动开始到平衡位置，至少需要多少时间？

【答案】 (1) 0.052m，$-0.094\text{m}\cdot\text{s}^{-1}$，$-0.513\text{m}\cdot\text{s}^{-2}$；(2) 0.833s

2-5　两质点做同频率、同振幅、同方向的简谐振动，第一个质点的运动方程为 $x_1=A\cos(\omega t+\varphi)$，当第一个质点自振动正方向回到平衡位置时，第二个质点恰在振动正方向的端点，试用旋转矢量图求第二个质点的运动方程及它们的相位差。

【答案】 $x_2=A\cos(\omega t+\varphi-\pi/2)$，$\pi/2$，图略

三、思维拓展

3-1　"广义而言，物理量（电量、电压等）围绕一定平衡值做周期性变化都是振动，"那这些都可以看作机械振动吗？

3-2　在实际中，机械振动的应用实例都有哪些？

3-3　同一直线上不同频率的简谐振动的合成，是否能按照同频率简谐振动的合成方法来处理呢？

第八章 机械波

本章核心内容

1. 平面简谐波几种不同的描述方法。
2. 能量随波逐流的特征、规律与描述。
3. 相干波叠加的新现象与规律研究。
4. 探秘驻波的形成与特点。

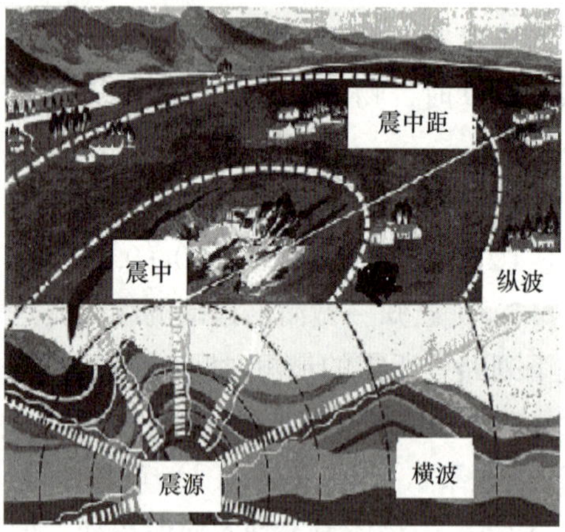

地震波

在中学物理中，波动是振动在空间的传播过程。而机械振动在弹性介质中的传播称为机械波。因此，形成机械波的条件有二：首先应有波源，有时称波源为扰动源；其次应有弹性传播介质，能提供波动的能量。不过振动与波动区别之一是上一章对机械振动的研究中，关注的是质点（即振子）的运动，而在本章中讨论波在介质中的传播，研究的是连续弹性介质内各质元（点）位置的相对变化。采用场的观点，不论研究何种机械波，可以将物质内部质点的振动，抽象为研究某物理量在空间随时间的变化规律，也就是场量（如第三章第二节的应变、应力）随空间和时间的变化规律。数学上场量一般表示为空间坐标 x、y、z 及时间 t 的多元函数，因而场量随空间和时间变化的描述，涉及偏微分的应用，这已在本书第三章第二节讨论弹性体中的波速时有过接触。虽说可能超出读者当下的数学基础，但只作为粗浅了解还是不可缺少的。

本章主要介绍机械波的形成机制与物理图像，它的特征及其数学描述具有普遍意义，其中许多结论也适用于其他类型的波。

第一节 机械波的形成与描述

一、弹性介质中机械波的产生

图 8-1 是一个描述在一维弹性介质中形成纵波的模型（横波略）。图中水平放置一轻质

长弹簧，设想某一时刻弹簧左端受到一沿弹簧纵向持续的振动扰动（用手压缩与拉伸弹簧）。由于弹簧各部分（微缩为质元）之间有弹性力作用，左端部的振动带动了右方相邻部分发生动态形变的同时，产生回复力从而振动起来，此振动又带动其右方相邻部分振动，如此由左向右延伸下去，各部分将依次相继振动。于是，只要左端振动不停止，若不考虑其他各种阻尼作用，在弹簧中就形成了一列波动（纵波）。

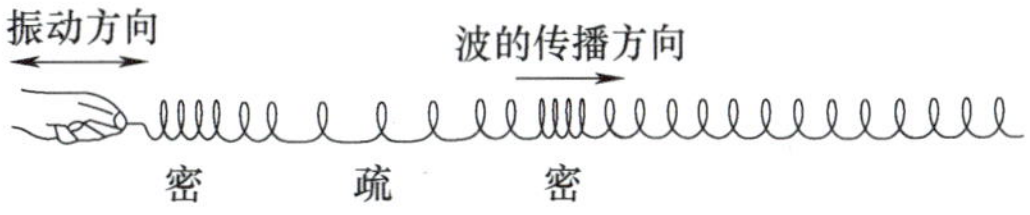

图 8-1

用类似的方法也能描述弹性介质中横波的形成，不过，质元振动方向与波传播方向垂直。通常，在气体或液体介质中，纵波成分是主要的。而在固体介质中，横波和纵波两种成分同时并存，地震波在地壳中的传播就属这种情形。地震中，横波破坏力大（原因复杂），利用表 3-5 中横波与纵波波速的差异，物理上可作为制订强地震早期预警方案的一种依据。

二、机械波波动方程

以上只是定性描绘了机械波产生的条件及其形成过程。要定量描述机械波需借助于波动方程。从数学上定量描述机械波已在本书第三章第二节中由式（3-41）~ 式（3-43）给出，即

$$\frac{\partial^2 y}{\partial t^2} = u^2 \frac{\partial^2 y}{\partial x^2} \tag{8-1}$$

式（8-1）从数学形式上看，机械波在连续介质中的传播由质元的位移函数 $y(x,t)$（也称波函数）对时间和对空间的二阶偏导的相互关系表示。从物理过程分析，式（8-1）等号左侧表示质元绕其平衡位置振动的加速度。等号右侧的二阶偏导可以这样理解：因为一阶偏导$\frac{\partial y}{\partial x}$表示质元的非均匀应变，则二阶偏导$\frac{\partial^2 y}{\partial x^2}$就是非均匀形变中应变对空间的变化率。它表明连续介质内波动过程中质元产生加速度与它有关。波速 u 以平方项出现在式中，暗示机械波以速率 u 传播时，不论向右还是向左传播时方程不变，物理过程相同。

不过，本书不讨论这个偏微分方程的解法。在“数学物理方法”中，式（8-1）的通解 $y(x,t)$ 有以下形式（非唯一形式）：

$$y(x,t) = A\cos\omega\left(t - \frac{x}{u}\right) \tag{8-2}$$

作为练习，可以验证式（8-2）满足式（8-1），方法是：利用对多元函数求偏导运算法则，分别写出：

练习 101 $y(x,t)$ 对时间 t 的二阶偏导数

$$\frac{\partial^2 y}{\partial t^2} = -A\omega^2\cos\omega\left(t - \frac{x}{u}\right)$$

和 $y(x,t)$ 对 x 的二阶偏导数

$$\frac{\partial^2 y}{\partial x^2}=-A\frac{\omega^2}{u^2}\cos\omega\left(t-\frac{x}{u}\right)$$

然后将以上两式代入波动方程（8-1），即可发现式（8-2）完全满足波动方程式（8-1）。这说明，式（8-1）的解如式（8-2）所表示的波函数 $y(x,t)$，描述介质中任意质元 x、任意时刻 t 离各自平衡位置的位移。同时，按以上步骤也可证明：波函数 $y(x,t)=A\cos\omega\left(t+\frac{x}{u}\right)$ 也是式（8-1）的解，不同的是，它表示以速率 u 沿反方向传播的波。进而如果将两列描述相反方向传播的波的波函数相加后，可以发现其和仍能满足波动方程（8-1）。这种相加性，就是之后要介绍的波叠加原理的数学基础。

第二节　平面简谐波

平面简谐波函数

平面波函数物理意义

一、波动空间中波的几何描述

由于式（8-2）十分重要，在进一步分析式（8-2）是如何用来描述机械波之前，先了解机械波的一种几何描述方法。因为在弹性介质中出现波动时（如水波），一般情况下，振动可以沿各个方向传播，同时，波的传播也有一定速度（如声波），离波源较远的质元（点）要比离波源较近的质元晚些振动就是这个道理。为此，想象在波动传播的空间中（介质的抽象），某时刻振动传播所到之处（点）组成某种曲面——波面：波动空间中某时刻振动相位相同点组成的曲面。众波面中最前面的波面为波前。波动过程中波面的数目可以任意多，而任一时刻波前却只有一个，波前形状多种多样，基本分两种模型，图 8-2a、b 分别表示球面波和平面波。波前为球面的波称为球面波；波前是平面的波称为平面波。沿波的传播方向画一些带有箭头的线，叫作波线。通常所说的光线就是光波的波线。本书只讨论均匀各向同性介质中的波动，波线与波面垂直。不过，球面波和平面波只有相对意义。例如，当观察者在离波源较远处观察波动时，或当波源线度比波源相对于观察者的距离小到可以忽略不计时，此波源可视为点波源，点波源所发出的波可以近似看成球面波；当观察者距离波源很远很远时，此波波面在观察处的曲率半径（与波面某处相切圆的半径）相对于观察区域大很多，此时，可近似认为该波的波面为平面，按平面波处理。如太阳光射到我们的实验室，在实验室范围内，就认为太阳光是平面波。

二、坐标图中简谐波波函数

前已指出，式（8-2）是波动方程（8-1）的解，用它描述的波称为简谐波。**如何从式（8-2）理解波的简谐性呢？**为此，先讨论式（8-2）中 y 的物理意义。首先，从式中的 x 坐标观察，y 表示波线上各点 x 都做振幅相等的简谐振动，这种波就称为简谐波。其次，

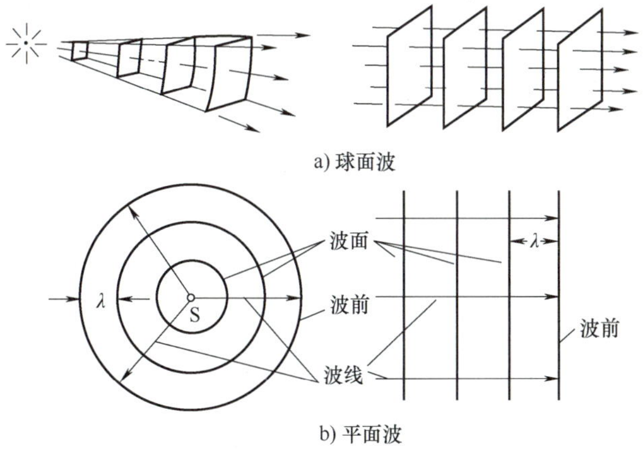

图 8-2

当所考察的波面为平面时，该波就是平面简谐波。在研究平面简谐波时，由于在波动空间中（见图 8-2b），所有波线都是等价的，物理学只需研究其中任意一条波线上振动的传播规律，就可以知道在整个波动空间中平面简谐波的传播规律。图 8-3 已示出，具体的研究步骤是，从波动空间中选出一波线建坐标系并取为 x 轴，在其上任取一点 O 作为坐标原点；将振动方向取为 y 轴，图中 $y(x)$ 曲线称为 t 时该时的波形曲线，它描述在无吸收的无限介质中（x 由$-\infty$ 到$+\infty$）该时刻不同坐标 x 处质点离开平衡位置位移的大小。

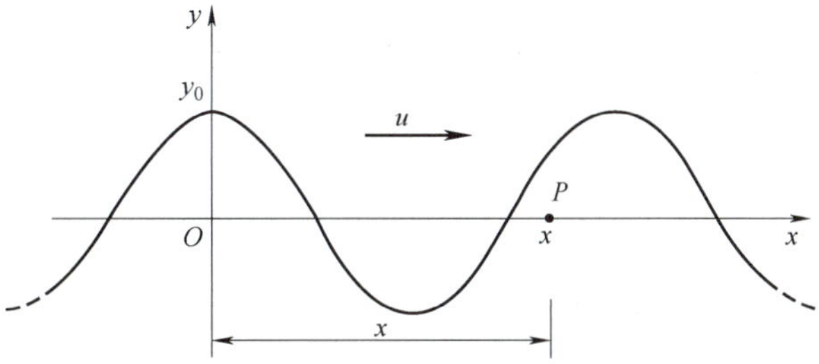

图 8-3

为利用所建坐标系进一步揭示平面简谐波的传播规律，按式（8-2），令 $x=0$ 得到描述在 t 时刻处于原点 O 质点的振动的位移表达式为

$$y_0 = A\cos\omega t$$

x 轴上各质点离各自平衡位置的位移随 x 坐标不同的差别，已由图 8-3 波形曲线示出。这一规律还可以利用余弦函数特点换一种方式表述：

$$y(x,t) = A\cos[\omega t + \varphi(x)] \tag{8-3}$$

显然，从函数形式上看，式（8-3）与式（8-2）的区别在于 $\varphi(x)$ 与$-\omega\dfrac{x}{u}$。那么，引入 $\varphi(x)$ 有什么特殊的物理意义吗？任选质点 P 坐标为 x，按波动规律，若以 $\boldsymbol{u}$ 表示振动状态

从点 O 传播到点 P 的速度，则振动传播所需的时间等于$\frac{x}{u}$。意味着对于任意时刻 $t\left(t>\frac{x}{u}\right)$，点 P 的振动将以同样的振幅和频率重复着 $t-\frac{x}{u}$时刻点 O 的振动。上一章已用相位来描述振动状态。如果用 $\omega\left(t-\frac{x}{u}\right)$ 表示$\left(t-\frac{x}{u}\right)$ 时刻点 O 的振动相位，则 t 时刻这一相位传到了点 P，换种说法，任意时刻 t，点 P 的振动相位总比点 O 落后 $\omega\frac{x}{u}$。这样一来，式（8-3）中的 $\varphi(x)$ 可表示如下：

$$\varphi(x)=-\omega\frac{x}{u} \tag{8-4}$$

负号表示 x 处质点振动相位落后于原点 O 振动，将式（8-4）代回式（8-3），得

$$y(x,t)=A\cos\omega\left(t-\frac{x}{u}\right) \tag{8-5}$$

虽然 A、ω、u 均保持不变（无任何衰减）的 $y(x,t)$ 只是重现了式（8-2），但诠释了它作为简谐波模型数学描述的内涵。何谓简谐波？首先，式中 x 可以取由 $-\infty$ 到 $+\infty$ 间任意值，故波函数 $y(x,t)$ 又称为**平面简谐波的波动表达式**。当取 x 为定值后，t 为变量，它表示介质中位置坐标 x 处质元做谐振动；当指定 t 时，x 为变量，它表示 t 时刻各质元偏离各自平衡位置的位移，即图 8-3 波形曲线。其次，式中 $\omega\left(t-\frac{x}{u}\right)$ 称相位函数（简称相位），它是变量 t 与 x 的二元函数，意味着式（8-2）描述波的传播就是相位的传播（详见本节三）。

在以上讨论中，为简单计，已取原点的初相 φ_0 为零，如果 φ_0 不为零，则波函数表达式为

$$y(x,t)=A\cos\omega\left(t\mp\frac{x}{u}\right)+\varphi_0 \tag{8-6}$$

根据前述分析，括号中的负号应当是表示波沿 x 轴正方向传播（称右行波）；反之，若取正号，则表示波沿 x 轴负方向传播（称左行波）。

三、波场中的相位分布与传播

1. 相速度

在图 8-4 中，用实、虚两条曲线分别表示右行波在 t_1 与 $t_1+\Delta t$ 两个不同时刻的波形曲线。在以上对平面简谐波表达式（8-2）的分析讨论中称 $\omega\left(t-\frac{x}{u}\right)$ 为相位函数，可用 $\varphi(x,t)$ 表示为

$$\varphi(x,t)=\omega\left(t-\frac{x}{u}\right) \tag{8-7}$$

因式（8-6）已经表示不同时刻 t、不同位置坐标 x 处的振动相位，故 t_1 时刻（实线所示）x 处质元振动相位为

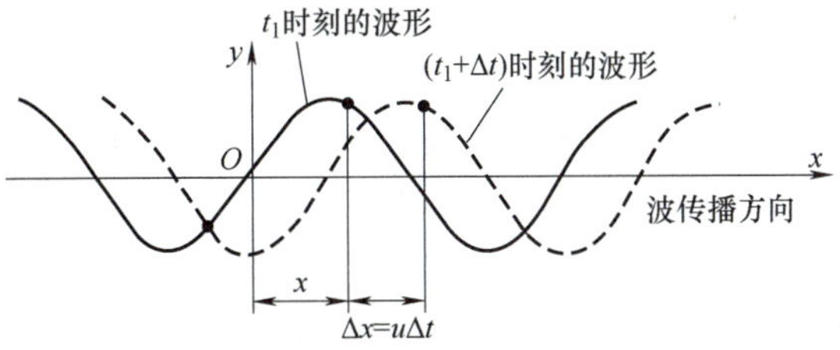

图 8-4

练习 102

$$\varphi(x,t_1)=\omega\left(t_1-\frac{x}{u}\right)$$

而 $t_1+\Delta t$ 时刻（虚线所示）$x+\Delta x$ 处质元的振动相位为

$$\varphi(x+\Delta x,t_1+\Delta t)=\omega\left(t_1+\Delta t-\frac{x+\Delta x}{u}\right)$$

因为波动本质上是振动相位的传播过程，上述在 t_1时刻 x 处的相位 $\varphi(x,t_1)$ 经 Δt 时间后传到 $x+\Delta x$ 处于是有

$$\varphi(x,t_1)=\varphi(x+\Delta x,t_1+\Delta t)$$

或

$$\omega\left(t_1-\frac{x}{u}\right)=\omega\left(t_1+\Delta t-\frac{x+\Delta x}{u}\right)$$

将上式经移项整理后，得

$$u=\frac{\Delta x}{\Delta t} \tag{8-8}$$

式中，Δx 是坐标轴上两相邻点间距；Δt 是波由前一点传到后一点的时间间隔。因此，u 表示波的传播速度。从上述推导过程看，波速是什么？波速是相位传播的速度，又称为相速度。这一探讨波动传播速度的过程意味深长，那就是在研究机械波在弹性介质中传播的规律时，可以在抽象的波动空间（波场）中，用相位在波场中的分布与传播来描述。相速度不同于波线上各质元绕平衡位置的振动速度，而是振动形成的传播速度，也只在本章中等于波的能量传播速度。

2. 周期

在波函数表示式（8-2）中，出现了两个自变量：t 与 x。前已指出，如果选择观测波线上位置坐标为 x 的某点，则 y 描述该点做谐振动。现取 y 为纵坐标，以 t 为横坐标，将式（8-2）绘于图 8-5 上，得一条描述质点谐振动的位移-时间曲线。若在图 8-5 上选取两个不同的时刻 t_1与 t_2，则两时刻不同的振动状态分别由相位 $\varphi(x,t_1)$ 与 $\varphi(x,t_2)$ 区分，它们之间的相位差

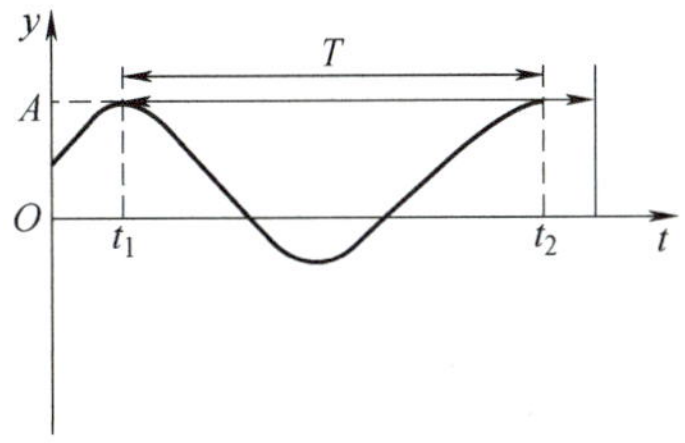

图 8-5

练习 103

$$\varphi(x,t_2)-\varphi(x,t_1)=\omega(t_2-t_1) \tag{8-9}$$

如果两时刻的相位差 $\omega(t_2-t_1)=2\pi$（或相位改变 2π，即同相），则有

$$t_2-t_1=\frac{2\pi}{\omega}=T \tag{8-10}$$

式中，T 是 x 处质点做谐振动的周期，而在这一周期 T 内波在波线上传播了相位 2π，故 T 也表示波动周期。

3. 波长

如果说周期 T 描述了波动的时间周期性，那么，**波长就是描述波动的空间周期性**。为什么这么说呢？这是基于波动是相位在空间的传播过程这一基本认识。以图 8-6 为例，图中为一平面简谐波在某一时刻的波形曲线。如何从该图揭示波长的物理意义呢？首先，在 x 轴上任取两个不同位置 x_1 与 x_2。然后计算在同一时刻 t，波动在它们之间的相位差

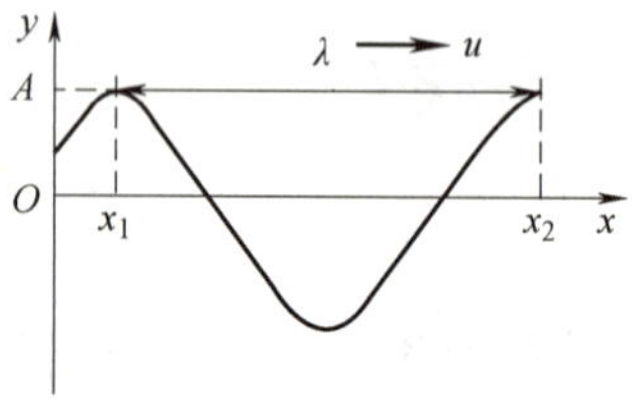

图 8-6

练习 104

$$\varphi(x_2,t)-\varphi(x_1,t)=\omega\left(t-\frac{x_2}{u}\right)-\omega\left(t-\frac{x_1}{u}\right)=-\frac{\omega}{u}(x_2-x_1) \tag{8-11}$$

上式中的负号意味着 x_2 点的相位落后于 x_1 点的相位。之后根据相位传播规律，设想 x_1 与 x_2 两点之间的相位差正好等于 2π，即

$$\frac{\omega}{u}(x_2-x_1)=2\pi$$

则将波线上同相位的相邻两点 x_1 与 x_2 间的距离称为**波长**，记为 λ，则

$$x_2-x_1=\frac{u}{\omega}2\pi=uT=\lambda \tag{8-12}$$

最后，式（8-12）中 $\lambda=uT$ 诠释了波长是在一个波动周期内相位传播的距离，它取决于波在介质中的传播速度。

综合以上各点看，平面简谐波具有时间、空间的双重周期性。为了简明地展现简谐波这一特征，通常采用另一个与 ω 地位相同的物理量波数 k（不同于上一章中劲度系数），即

$$k=\frac{2\pi}{\lambda} \tag{8-13}$$

对比描述波的圆频率 $\omega=\dfrac{2\pi}{T}$，因 ω 是一个周期内质元在单位时间内的振动相位。式（8-13）可理解为 k 是在一个波长内质元在单位长度内的振动相位，故称“空间圆频率”（或空间角频率）。至此，利用平面简谐波这一理想模型，讨论了波场中的相位分布的周期性及其传播特征。还有以下几点补充：

1）用不同的特征参量 ω、ν、u、T、λ、k，式（8-2）还可表示为其他等效形式：

练习 105

$$y(x,t)=A\cos\omega\left(t-\frac{x}{u}\right)$$

$$y(x,t)=A\cos2\pi\left(\frac{t}{T}-\frac{x}{\lambda}\right) \tag{8-14}$$

$$y(x,t)=A\cos2\pi\left(\nu t-\frac{x}{\lambda}\right) \tag{8-15}$$

$$y(x,t)=A\cos(\omega t-kx) \tag{8-16}$$

在处理具体问题时，依所采集的参数不同，以上各式各有所用；注意式（8-16）的表示最为简洁，在光学与近代物理中采用它已成为新常态。

2）实验证明，波速与介质有关，也与波源的振动方式有关。例如，水中的声速比空气中的声速快很多，在固体中，横波与纵波也有不同的波速。本书第三章第二节的式（3-44）给出了计算公式，表 3-3~表 3-5 列出了许多数据供查阅。

3）现在介绍的简谐波的一个显著特点是波线与波面垂直。不过，在光学中有些晶体在不同方向有不同的波速，波线与波面就不一定垂直。因此，本书只讨论介质在不同方向有相同的相速度，这种介质就是各向同性均匀介质。

4）波动是振动相位在空间的传播过程，“上游”质点依次带动“下游”质点振动，某时刻某质点的振动状态将在较晚时刻于“下游”某处出现。因此，也可以形象地说，波动是波前（或波面）以相速度 u 沿波线方向的运动。

【例 8-1】 有一列平面简谐波，波线上所取坐标原点，按照 $y=A\cos(\omega t+\varphi_0)$ 的规律振动。已知 $A=0.10\text{m}$，$T=0.50\text{s}$，$\lambda=10\text{m}$，试：

（1）写出此平面简谐波的波函数（波动表达式）。

（2）求波线上相距 2.5m 处两点的相位差。

（3）假如 $t=0$ 时，处于坐标原点的质点的振动位移为 $y_0=0.05\text{m}$，且向平衡位置运动，求初相位并写出波函数。

【分析与解答】 将已知条件代入波动表达式，用旋转矢量法解第（3）问。

（1）先取波线为 x 轴，按题示条件 T 及 λ 将原点振动表达式改写为

$$y=A\cos\left(\frac{2\pi}{T}t+\varphi_0\right)$$

则写出离原点 x 处的振动表达式，即波动表达式

$$y=A\cos\left(\frac{2\pi}{T}t-\frac{2\pi x}{\lambda}+\varphi_0\right)$$

最后将 $A=0.10\text{m}$，$T=0.50\text{s}$，$\lambda=10\text{m}$ 代入上式得波函数

$$y=0.10\cos(4\pi t-0.2\pi x+\varphi_0)\,(\text{m})$$

（2）上式中括号表示 x 点振动相位，则波线上相距 2.5m 两点的相位差为

$$(4\pi t-0.2\pi x+\varphi_0)-[4\pi t-0.2\pi(x+2.5)+\varphi_0]=0.5\pi$$

(3) 为求初相位，简便方法是采用旋转矢量图（见图 8-7），图中取纵坐标轴为 y 轴，表示质点离平衡位置的位移。

因此，旋转矢量与 y 轴平行时为相位零点，按题意 $t=0$，质点位于 y 轴上 0.05m 即 $A/2$ 处，且向负向运动。从图上可得初相为 $\varphi_0=\pi/3$，波函数为

$$y = 0.10\cos\left(4\pi t - 0.2\pi x + \frac{\pi}{3}\right)\ \mathrm{m}$$

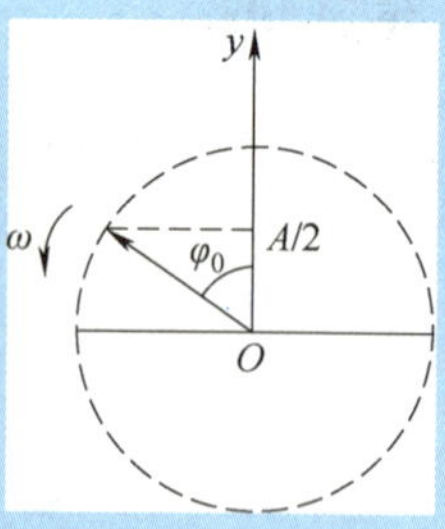

图 8-7

四、应用拓展——声呐

声呐技术是一种广泛应用于海洋、水下等领域的技术。它是利用声波在水下的传播特性，通过电声转换和信息处理，完成水下目标进行探测、定位和通信任务的电子设备，是水声学中应用最广泛、最重要的一种装置，属于声学定位的范畴。在水中进行观察和测量，至今还没有发现比声波更有效的手段。这是由于声波在水中传播的衰减比起光波和无线电波在水下衰减小得多，声波在水中可以传输很远的距离，低频的声波还可以穿透海底几千米的地层，并且得到地层中的信息。而其他探测手段的作用距离都很短。声呐中的重要器件是人工换能器，利用某些材料在电场或磁场的作用下发生伸缩的压电效应或磁致伸缩效应，是声能与其他形式的能如机械能、电能、磁能等相互转换的装置。人工换能器可以在水下发射声波，称为“发射换能器”，相当于空气中的扬声器，通过发射声波，在物体表面或周围的水体中产生回波；还可以在水下接收声波，称为“接收换能器”，相当于空气中的传声器，可以检测探头可接收的回波，并计算物体的距离、方位和速度。换能器在实际使用时往往同时用于发射和接收声波。接收器声呐技术使用频率范围广泛，通常在数百千兆赫兹的范围内。

按工作方式可以分为主动声呐和被动声呐。主动声呐技术是指主动发射声波“照射”目标，然后接收回波来进行计算回波时间以及回波参数，以测定目标的参数。它由简单的回声探测仪器演变而来，适用于探测沉船、海深、冰山、暗礁、鱼群、关闭了发动机的隐蔽的潜艇和水雷。被动声呐技术是指声呐被动接收舰船等水中目标产生的辐射噪声和水声设备发射的信号，以测定目标的方位和距离。它由简单的水听器演变而来，它收听目标发出的噪声，判断出目标的位置和某些特性，特别适用于不能发声暴露自己而又要探测敌舰活动的潜艇。

声呐的应用：人工港珠澳大桥项目东、西人工岛是水上桥梁与水下隧道的衔接部分，是全线路段的重点配套工程。其填海海域使用高清侧扫声呐的水下验收测量技术，该技术使用侧扫声呐的换能器固定式安装方法，其最大的优势在于减小了换能器相对于天线和测量船的位置误差，能够有效提高侧扫精度，结合高精度定位测量技术，提高了海上定位与海底地形测量的精度，能够快速准确地获得用海边界位置，高效地完成了人工岛填海的水下与陆地测量工作，为填海验收工作提供了可靠的数据。

声呐技术可以帮助我们更好地了解海洋环境、研究生态系统、寻找水下物品并提供准确的导航和定位等服务，随着技术的不断发展，我们可以期待声呐对这些领域的未来发展提供

更多的支持。

第三节 波场中的能量与能流

以上两节介绍了一列平面简谐波在弹性介质中传播时几种不同的描述。如果从能量观点观察，随着振动相位的传播，能量如何不断地由波源向周围介质由近及远地输运呢？如何描述能量随波逐流传播呢？

为此，采用如图 8-8 所示的模型。在图示波纹线的波场中选一介质元 dV，当机械波到达质元 dV 时，质元将由静止开始运动而获得动能；同时，该质元由于发生振动而具有弹性势能。质元的能量来自波源，又随波传播到所到之处（暂不考虑波的反射）。如何定量地描写能量随波在介质中传播的规律，无论在理论上还是应用上都是很重要的。

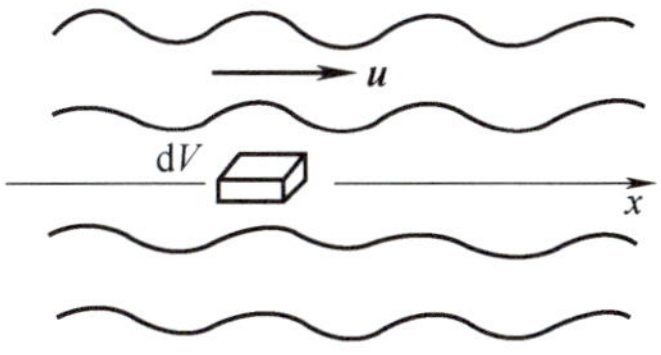

图 8-8

一、介质中任一质元的能量

本节仍以图 3-21 所示细长棒为传播机械波的介质，并设在棒中传播一列平面简谐纵波

$$y = A\cos(\omega t - kx)$$

在图 8-8 放大的波场中，以 dm 表质元 dV 的质量：

$$\mathrm{d}m = \rho \mathrm{d}V$$

该质元在波动中既加速又形变。为计算振动动能以$\frac{\mathrm{d}y}{\mathrm{d}t}$表示质元振动速度，则振动动能 d$E_{\mathrm{k}}$为

练习 106

$$\mathrm{d}E_{\mathrm{k}} = \frac{1}{2}(\mathrm{d}m)v^2 = \frac{1}{2}\rho \mathrm{d}V\left(\frac{\mathrm{d}y}{\mathrm{d}t}\right)^2$$

$$= \frac{1}{2}\rho \mathrm{d}VA^2\omega^2\sin^2(\omega t - kx) \tag{8-17}$$

取图 8-8 中质元 dV 在 x 轴方向长为 dx，当波传来时，引发该质元与相邻质元间发生相对位移（见图 3-22）。设质元 dx 的形变为 dy，按弹性形变遵守的胡克定律式（3-34）

$$\frac{F}{S} = E\frac{\mathrm{d}y}{\mathrm{d}x}$$

上式中的 F 是回复力，其大小为

$$F = \frac{ES}{\mathrm{d}x}\mathrm{d}y = k'\mathrm{d}y$$

dy 一般很小，可采用近似处理方法，即将受力形变的质元等效于一个质点振动系统，上式中 $k' = \frac{ES}{\mathrm{d}x}$，根据式（7-2），质元 d$V$ 的弹性势能可近似按下式计算：

练习 107

$$\mathrm{d}E_{\mathrm{p}}=\frac{1}{2}k'(\mathrm{d}y)^2=\frac{1}{2}\frac{ES}{\mathrm{d}x}\left(\frac{\mathrm{d}y}{\mathrm{d}x}\mathrm{d}x\right)^2$$

$$=\frac{1}{2}ESk^2A^2\sin^2(\omega t-kx)\mathrm{d}x$$

$$=\frac{1}{2}E\mathrm{d}Vk^2A^2\sin^2(\omega t-kx) \tag{8-18}$$

根据式（8-12）、式（8-13）及式（3-44）

$$u=\frac{\lambda}{T}=\frac{\omega}{k}=\sqrt{\frac{E}{\rho}}$$

或

$$\rho\omega^2=Ek^2$$

可将式（8-18）改写为

$$\mathrm{d}E_{\mathrm{p}}=\frac{1}{2}\rho\mathrm{d}VA^2\omega^2\sin^2(\omega t-kx) \tag{8-19}$$

质元的动能和弹性势能同为时间的周期函数，大小相等，相位相同。将式（8-17）与式（8-19）相加，可得质元 $\mathrm{d}V$ 在某时刻振动机械能（不考虑其他衰减）

$$\mathrm{d}E=\mathrm{d}E_{\mathrm{p}}+\mathrm{d}E_{\mathrm{k}}=\rho\mathrm{d}VA^2\omega^2\sin^2(\omega t-kx) \tag{8-20}$$

综合看式（8-17）~式（8-20）有以下特点：

1）诸式中均有因子（$\omega t-kx$），它是相位函数，也是能量随波逐流的相位传播因子。因为，相位传播、能量传输融为一体。（两者分离的情况，本书略。）

2）式（8-17）与式（8-19）中的相位相同意味着，动能与势能同时达到最大，又同时回到最小。**这一结果是不是违背能量守恒定律？首先可以看出这种动能与势能的相互关系与孤立谐振子的式（7-18）和式（7-19）完全不同。**为什么与孤立谐振子势能达到最大时动能最小、势能达到最小时动能最大的情况不同呢？原来，弹簧振子做谐振动是孤立系统。孤立系统与外界既没有能量交换也没有质量交换，满足机械能守恒定律；而在波的传播过程中，总能量随时间做周期性变化。这说明该质元和相邻的介质之间有能量交换，质元的能量增加时，它从相邻介质中吸收能量；质元的能量减少时，它向相邻介质释放能量。所以，波动过程也就是能量传播的过程。伴随能量的输运，对任一质元来说，机械能就不守恒了。在这一点上，平面简谐波中质元的振动和孤立谐振子的振动除数学形式相同外有本质的区别。

为进一步了解波动中能量传输的特点，还可以对波形曲线进行简要分析。如在图 8-9 中画有虚、实两条波形曲线，各表示两个不同时刻位置坐标为 x 的质元的位移。

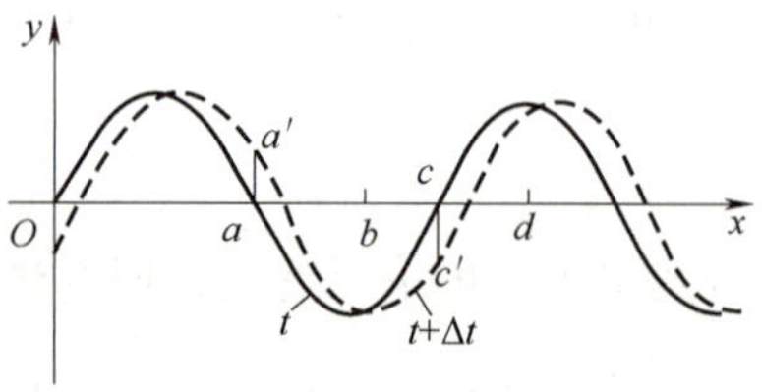

图　8-9

质元的加速与形变是同时发生的，设在 t 时刻（实线），图中位置坐标为 a（或 c）的质元，正通过平衡位置 $y=0$，按式（8-17）动能最大，但此时在点 a（或点 c）左、右两侧质元发生的相对位移，正好方向相反，也就是说，虽然点 a（或点 c）位移为零，但波形曲线较陡，质元应变$\frac{dy}{dx}$有最大值，按式（8-18），a（及 c）质元势能最大；同理，图中坐标为 b、d 的质元，已到达位移最大处，但 b（或 d）质元应变$\frac{dy}{dx}=0$，势能为零，加之速度为零，动能也为零。需要强调指出的是，式（8-18）中介质中质元的形变势能不是取决于它的位移 y，而是如式（8-18）那样，决定于质元与周围介质的相对形变$\frac{dy}{dx}$。

二、波强度

在介质中能量随波逐流时人们自然关心介质中能量的传输如何表征？如何测量？声学中的声强、光学中的光强等概念（统称为波强度），就是能量流动的一种物理描写。实验测量中，作用于观察者或检测仪器的也是这种波强度。表 8-1 列出了某些机械波和电磁波的强度以作参考。

表 8-1 某些机械波和电磁波的强度

波源	强度 $I/\mathrm{W\cdot m^{-2}}$	波源	强度 $I/\mathrm{W\cdot m^{-2}}$
低语声波	约 10^{-10}	震耳欲聋声	约 10^{3}
钟表的滴嗒声	约 10^{-7}	地面阳光	约 1368
钢琴弦上横波	约 10^{-6}	相机闪光灯（1m 远处）	约 4×10^{3}
电视发射机（5kW 在 5km 远处）	约 1.6×10^{-4}	微波炉内	约 6×10^{3}
流行乐队演唱	约 10	地震（里氏 7 级，距震中 5km）	约 4×10^{4}
飞机起飞（30m 远）噪声	约 5	引起核聚变的激光	约 10^{18}
检测用超声波	约 10^{2}		

那么，波强度的物理意义是什么？如何定量地表示和计算波强度呢？

要回答以上问题，不妨采用既简明、又实用的类比方法：回顾本书第三章中体积流量的计算式（3-48），它表示单位时间内通过与流速垂直的面元 ΔS 的体积，将它移植到描述在介质中能量的流动，不失为一次可贵的尝试。

为此，设介质中波速 u 为能量的传输速度。在波场中取由图 8-8 所示的、横截面为 ΔS 的一长方体 dV（放大为图 8-10），按式（8-20），在 dt 时间内通过波线上横截面 ΔS 流体的能量，就是图 8-10 中以 ΔS 为底、udt 为高的长方体体积 dV 内的机械能 dE。波动学中将波强度定义为：单位时间内通过与波速垂直的 ΔS 面上单位面积的平均能量，记为 I，数学表达式为

$$I=\left\langle\frac{dE}{dt\Delta s}\right\rangle \tag{8-21}$$

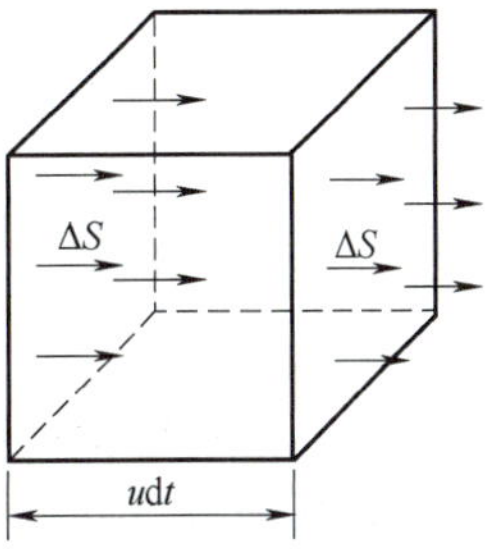

图 8-10

应用定义式（8-21）需明确两个问题，**一是式中 dE 怎么计算，二是为什么式（8-21）要取平均值呢？**

解释第一个问题需从式（8-20）入手。注意该式中 dE 是相位传播因子（$\omega t-kx$）的正弦平方函数，揭示能量在介质中传输时，介质中各质元 dV 在不断地接收来自波源的能量时，按正弦平方函数由零到最大变化，又不断地把能量释放出去，按正弦平方函数由最大到零变化。式（8-20）还显示在 dV 体积内的能量不是常量，而是随时间做周期性振荡。能量流动的这一特点，虽然与理想流体定常流都是“流动”，但过程完全不同。不过对波强度的实验观测只是能量输运中的平均值而不是式（8-20）计算的瞬时值（与仪器响应速率有关）。表现在定义式（8-21）时对 dE 应取时间（周期）平均值。如何计算一周期（T）内的平均值呢？借鉴式（7-21），先求和（积分）后取时间平均：

练习 108

$$
\begin{aligned}
<\mathrm{d}E> &= \frac{1}{T}\int_0^T \rho \mathrm{d}VA^2\omega^2\sin^2(\omega t - kx)\mathrm{d}t \\
&= \frac{1}{T}\int_0^T \rho \mathrm{d}VA^2\omega^2\left[\frac{1}{2} - \frac{1}{2}\cos^2(\omega t - kx)\right]\mathrm{d}t \\
&= \frac{1}{2}\rho A^2\omega^2\mathrm{d}V
\end{aligned}
\tag{8-22}
$$

式（8-22）给出了 dV 体积中一个周期 T 内的能量平均值。将式（8-22）代入式（8-21）并利用图 8-10 中 dV=ud$t\Delta S$，则

$$
\begin{aligned}
I &= <\frac{\mathrm{d}E}{\mathrm{d}t\Delta s}> \\
&= \frac{1}{2}\rho A^2\omega^2 <\frac{\mathrm{d}V}{\mathrm{d}t\Delta s}> \\
&= \frac{1}{2}\rho A^2\omega^2 u = <w>\, u
\end{aligned}
\tag{8-23}
$$

式（8-23）就是描述能量随波逐流特征的波强度 I（又称平均能流密度），I 同时与介质密度 ρ、波动振幅平方及圆频率平方 ω^2 成正比。在波动过程中，只要这些量保持不变，I 就不变。按式（8-23），$<w>=\frac{1}{2}\rho A^2\omega^2$ 是在一个周期内介质单位体积中的平均能量（对空间求平均），故称为平均能量密度。至此，为描述波动中能量传输需要引入和采用几个不同的物理概念：能量 dE，平均能量<dE>，平均能量密度<w>，平均能流密度 I。几个概念有不同含意，既相互联系，又相互区别，用得最多的还是 I。

第四节　波的叠加与干涉

人们在欣赏交响乐队演奏华丽的乐章时，各种具有不同音色的乐器，按照乐谱演奏出各自的旋律，在演奏厅内或听众的听觉中，出现了不同声波的和声效果；五彩缤纷的舞台显示出各种绚丽的光彩。从物理学的角度看，这些都是声波或光波叠加提供给人们的享受。以前

几节一列行波的规律为基础，本节讨论两列行波同时在介质中传播相遇时，介质中质点的振动及波的传播会出现哪些新的规律。

一、波的叠加原理

经验表明，在日常生活中频繁接触到的不论是声波、电磁波还是光波，它们不约而同遵守同一规律：一列波的传播与是否有另一列波存在无关。也就是说，如果有两列波同时在介质中传播，无论相遇与否，它们各自的振幅、频率、波长、振动方向、传播方向和波速等特性均不受另一波列存在的影响。人们从实践经验基础上总结出的这一规律，称为波的独立传播定律。

因此，当这几列波相遇时，在它们重叠区域内任一点的振动是各列波在该点引起的振动的合成，质点的位移等于这几列波单独传播时引起的位移的矢量和，这就是波的叠加原理。具体来看，以图 8-11 为例。设想图中有两列简谐波（波 1、波 2）在空间某点 P 相遇。若波 1 引起点 P 的振动用 $\boldsymbol{y}_1(p,t)$ 描述，波 2 引起点 P 的振动用 $\boldsymbol{y}_2(p,t)$ 描述，（括号中 p 用以表示点 P 的空间位置。）根据波的独立传播定律以及振动叠加原理，点 P 发生的振动一般由 $\boldsymbol{y}_1(p,t)$ 与 $\boldsymbol{y}_2(p,t)$ 的矢量和描写，即（$\boldsymbol{y}_1$ 与 $\boldsymbol{y}_2$ 方向可能不同）

$$\boldsymbol{y}(p,t)=\boldsymbol{y}_1(p,t)+\boldsymbol{y}_2(p,t) \tag{8-24}$$

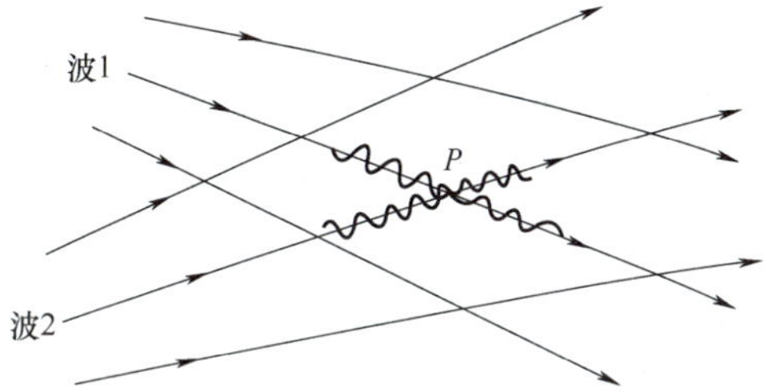

图 8-11

式（8-24）表述的是波的叠加原理。在本章第一节介绍左行波与右行波概念后曾提到这一原理，也就是，若 y_1、y_2 是满足式（8-1）的解，则式（8-24）也是满足式（8-1）的解，不过，式（8-24）只适合于质点振动速度远小于波速、质点位移远小于波长的线性函数相加。对于剧烈爆炸产生的冲击波、极强光束相遇等现象（非线性），式（8-24）表述的原理失效。非线性一般出现于以上高功率、大振幅的现象中。简言之，它的一个显著特点是，波速与质点振幅不再彼此独立，两者之间存在相互联系。随着现代强声和强光技术的发展，以研究大振幅波的传播规律为基本内容的非线性波动学，已成为当前非线性科学领域的重大课题（上网了解），本书不便展开介绍。只是学习物理学一定不要拘泥于课本所涉及的范围。当今新的理论、方法与实验技术、奇异的物理图像不断地涌现，等待着有志气的青年学子去发现、去开拓、去创造。

二、波的干涉

以图 8-12 为例，如果两简谐波波源 O_1、O_2 的振动频率相同、振动方向相同，而且初相

波的干涉

位差固定不变，则这样的两波源称为相干波源。由两相干波源在同一介质中激发的两列谐波称为相干波。这两列相干波叠加有什么值得关注的现象吗？既然探究叠加就得从式（8-24）切入，并先利用式（8-3）分别写出两列波的波函数

练习 109

$$y_1(r_1,t)=A_1\cos[\omega t+\varphi_1(r_1)]$$
$$y_2(r_2,t)=A_2\cos[\omega t+\varphi_2(r_2)]$$

两式中 y_1 与 y_2 方向相同，但对两波的振幅并不要求相等，r_1 和 r_2 分别是点 P 离两波源的距离，$\varphi_1(r_1)$、$\varphi_2(r_2)$ 表示两波在 r_1 与 r_2 处引起振动的初相位。然后在将两式代入式（8-24）中时，注意点 P 的振动应当是两个同方向、同频率谐振动的合成。合成结果曾由式（7-24）表示：

练习 110

$$\begin{aligned}y(r,t)&=y_1(r_1,t)+y_2(r_2,t)\\&=A\cos(\omega t+\varphi)\end{aligned}\tag{8-25}$$

由式（8-25）得，两相干波叠加于点 P，结果点 P 以频率 ω 做谐振动。合振幅 A 的平方仍由式（7-27）确定：

$$A^2=A_1^2+A_2^2+2A_1A_2\cos\Delta\varphi\tag{8-26}$$

相干波叠加时，$\Delta\varphi$ 是两波在点 P 相遇时二者的初相位差，即 $\Delta\varphi=\varphi_1(r_1)-\varphi_2(r_2)$ 决定出现什么叠加结果，其影响非同小可。一般来说，$\Delta\varphi$ 不仅与点 P 到两波源的距离有关，还与两波源振动的初相差有关（为简单计可取这一初相差为零）。因此，只要观察点 P 一经确定，$\Delta\varphi$ 就是个不变的量，合振幅 A 也是个确定的量。而两波叠加区中不同的点因 $\Delta\varphi$ 不同，合振幅不同，波强度也不相等，呈现一个稳定的空间分布。波强度稳定的空间分布有利于实验观测。由式（8-23）结合式（8-26），可得这种稳定的波强度分布为

$$I=I_1+I_2+2\sqrt{I_1I_2}\cos\Delta\varphi\tag{8-27}$$

若式（8-27）等号右侧第3项恒为零，则 $I=I_1+I_2$，即两波叠加后的波强度等于两列波波强度之和。重要的是，第3项 $2\sqrt{I_1I_2}\cos\Delta\varphi$ 并不为零的那些场点，波强度 I 不再等于两波波强度之和，故将 $2\sqrt{I_1I_2}\cos\Delta\varphi$ 称为干涉项。理解它的意义既重要又有难度，破解此难点的方法是参看式（7-27）中第3项表征质点参与两分振动的能量纠缠项，这里的“纠缠”源于相干条件下质元处于特殊振动态。由于两振动状态（相位）相互纠缠，才在空间多出一项不随时间变化的、有稳定空间分布的波强度，这种现象称为波的干涉。值得深思的是，两波脱离干涉区后仍会按各自的方式继续独立传播。

在波的干涉区域中，按式（8-26），若点 P 处（点 P 是任选的一点）

$$\Delta\varphi=\pm2n\pi,\ \cos\Delta\varphi=1\quad(n=0,1,2,\cdots)\tag{8-28}$$

则该点合振幅 A 最大，且 $A=A_1+A_2$。按式（8-26），波强度大于两列波波强度之和，因此，将满足式（8-28）的那些点称为相长相干点。

若点 P 处

$$\Delta\varphi = \pm(2n+1)\pi,\ \cos\Delta\varphi = -1 \quad (n=0,1,2,\cdots) \tag{8-29}$$

则点 P 的合振幅最小，$A=|A_1-A_2|$，且该点波强度小于两列波波强度之和。与相长相干点不同，这些波强最小的空间点称为相消相干点。除以上两种情况外，$\Delta\varphi$ 取一系列其他值时，由式（8-27）描述的波强度介于上述各值之间。综上所述，式（8-27）揭示出一幅从两波源传输来的能量在叠加区有强有弱分布的干涉图像。

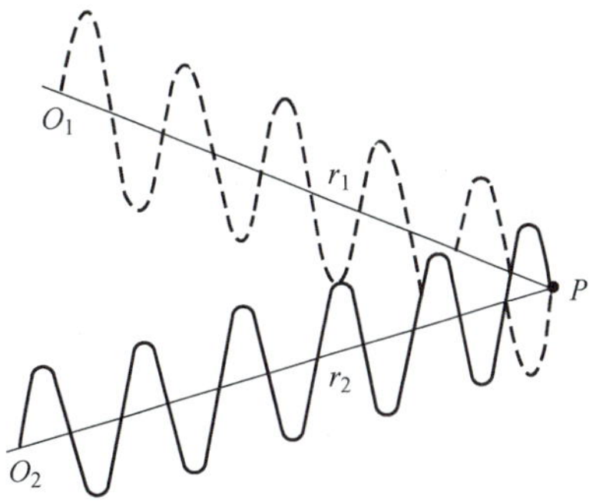

图　8-12

为突出满足式（8-28）与式（8-29）的特殊场点位置，常用另一种更为直观的表述。以图 8-12 为例，这种方法主要利用式（8-4），设图中两列波在点 P 各自引起振动的初相位差为

练习 111

$$\varphi_1(r_1) = -\frac{\omega}{u}r_1 + \varphi_{10} = -\frac{2\pi}{\lambda}r_1 + \varphi_{10}$$

$$\varphi_2(r_2) = -\frac{\omega}{u}r_2 + \varphi_{20} = -\frac{2\pi}{\lambda}r_2 + \varphi_{20}$$

式中，用 φ_{10}、φ_{20}突出两相干波源 O_1与 O_2有不同的振动初相位（常数），在简化讨论时，也可设 $\varphi_{10}=\varphi_{20}$，不影响随后的讨论，则按 $\Delta\varphi$ 的本意：

$$\Delta\varphi = \varphi_1(r_1) - \varphi_2(r_2) = \frac{2\pi}{\lambda}(r_2 - r_1) \tag{8-30}$$

式（8-30）将相位差转换用 $2\pi\frac{r_2-r_1}{\lambda}$表示，其中的 r_2-r_1称为波程差。由式（8-28）和式（8-29）设置的条件用于式（8-30）后，就可用波程差界定干涉区强弱分布位置：

$$r_2 - r_1 = \pm n\lambda \quad 相长干涉 \quad (n=0,1,2,\cdots) \tag{8-31}$$

$$r_2 - r_1 = \pm(2n+1)\frac{\lambda}{2} \quad 相消干涉 \quad (n=0,1,2,\cdots) \tag{8-32}$$

图　8-13

以上讨论波的干涉时，两波相位差条件与波程差条件互为补充，各有所用。相干波干涉可用下述实验方法观察：在水槽内，用两个同相位的点波源，在水面产生圆形波，就可看到水波的干涉现象（见图 8-13）。注意，干涉现象的显示正是波叠加原理成立的实验依据。

【例 8-2】　如图 8-14 所示，在同一介质中有两个相干波源分别处于 P 点和 Q 点。假设由它们发出的平面简谐波沿 x 方向传播，已知 $PQ=3.0\text{m}$，两波源的频率 $\nu=100\text{Hz}$，振幅相等，P 点的相位比 Q 点的相位超前 $\pi/2$，波速为 $u=400\text{m}\cdot\text{s}^{-1}$，在 Q 点一侧有一点 S，S 点到 Q 点的距离为 r，试写出 P、Q 点发出的两波分别在该点产生的振动，并求 S 点的合振动。

【分析与解答】　按 $y=A\cos[\omega(t-x/u)+\varphi_0]$ 写两波波动表达式；S 点的合振动为谐振动合成。

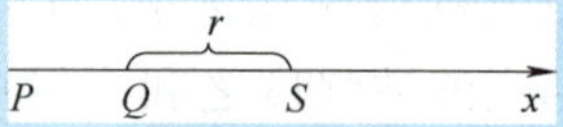

图　8-14

首先在图中选 P 点作为坐标原点建立坐标系，然后分别写出两波在 S 点引起的振动。

波源 Q 点引起 S 点振动为

$$y_Q = A\cos\left[\omega\left(t-\frac{QS}{u}\right)+\varphi_Q\right] = A\cos\left[200\pi\left(t-\frac{r}{400}\right)+\varphi_Q\right]$$

波源 P 点引起 S 点振动为

$$y_P = A\cos\left[\omega\left(t-\frac{PS}{u}\right)+\varphi_P\right] = A\cos\left[200\pi\left(t-\frac{r+3}{400}\right)+\varphi_Q+\frac{\pi}{2}\right]$$

S 点的合振动为

$$y(r,t) = y_P(r_1,t) + y_Q(r_2,t) = A\cos(\omega t+\varphi)$$

S 点合振动的振幅为

$$A^2 = A_1^2 + A_2^2 + 2A_1A_2\cos\Delta\varphi$$

可求两波在 S 点的相位差：

$$\Delta\varphi = \varphi_P - \varphi_Q = \left[200\pi\left(t-\frac{r+3}{400}\right)+\varphi_Q+\frac{\pi}{2}\right] - \left[200\pi\left(t-\frac{r}{400}\right)+\varphi_Q\right] = -\pi$$

因为相位差满足下列条件：

$$\Delta\varphi = \pm(2n+1)\pi \quad (n=0,1,2,\cdots)$$

所以，S 点的振动属相消干涉，即静止不动。

第五节　驻　　波

驻波

上一节介绍的研究两列相干波叠加的方法经适当拓展，可用于本节分析驻波。什么是驻波呢？何处可遇到驻波呢？实际上，文化娱乐中司空见惯的各种管弦乐器的发声就源于驻波。如在图 8-15 中，已知二胡的“千斤”（弦的上方固定点）和“码子”（弦的下方固定点）之间的距离 L、弦的质量线密度 ρ、拉紧弦时的张力 F，根据驻波的物理原理，就可计算出弦中产生的基频属于什么音调，具体如何分析，就让我们来探秘驻波的形成吧。

一、从波的干涉看驻波

形成驻波的一般条件是，在同一介质中有两列振幅相等的相干波，在同一直线上（见图 8-16 中的 x 轴）沿相反方向传播（右行波与左行波）时叠加干涉。如何揭示驻波有什么特性呢？首先，取图 8-16 所示的坐标系。其次，设在 x 轴上相向传播两列相干波的波函数分别为

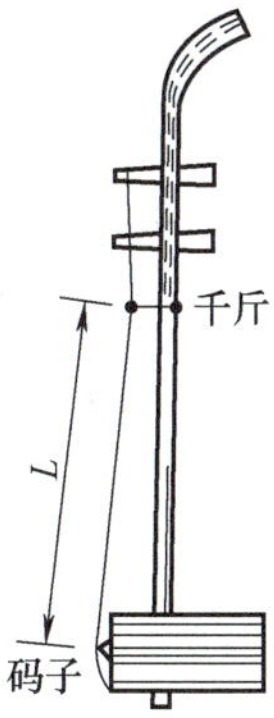

图 8-15

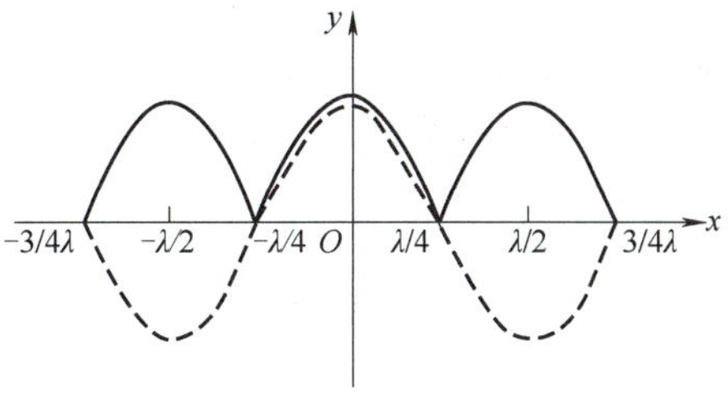

图 8-16

练习 112

$$y_1(x,t) = A\cos(\omega t - kx) \tag{8-33}$$

$$y_2(x,t) = A\cos(\omega t + kx) \tag{8-34}$$

以上特定波函数暗含两式在坐标原点（$x=0$）两波相位相同的假设，且当原点处质点向上移动到最大位移 A 时开始计时（$t=0$），两列波在原点振动初相为零。然后，按波叠加原理式（8-24）计算两波相遇点的合位移

$$\begin{aligned} y(x,t) &= y_1(x,t) + y_2(x,t) \\ &= A\cos(\omega t - kx) + A\cos(\omega t + kx) \end{aligned}$$

利用三角学中和差化积公式或加法公式整理上式，有

$$y(x,t) = 2A\cos kx\cos\omega t \tag{8-35}$$

式（8-35）就是一种描述驻波的驻波方程。最后，对这个方程稍加分析可以发现，与行波 $y_1(x,t)$、$y_2(x,t)$ 不同，式（8-35）中出现两个简谐函数因子，前一个只与坐标有关，后一个只与时间有关。它表明驻波场中各质点仍做谐振动，但振幅不仅不是常数而是按质点坐标 x 依余弦函数变化。具体分析如下：

1. 驻波场中的振幅分布

为看清振幅特点，先改写式（8-35）：

练习 113

$$y(x,t) = A(x)\cos\omega t$$

$$A(x) = 2A\cos kx \tag{8-36}$$

式中，$A(x)$ 表示驻波振幅，称为驻波方程的振幅因子。为进一步展示驻波振幅因子的与“众”不同，用图 8-16 中的实线描绘驻波振幅随坐标变化的情况。既是余弦函数为什么图中 A 总取正值呢？这是因为质点振动时，作为量度振动范围大小的振幅来说总是大于零的算术量，不能取负值，所以各点的振幅实际取 $|2A\cos kx|$。进一步讲，既然 $A(x)$ 按余弦函数变化，则图中凡满足 $|\cos kx|=1$ 的点的振幅最大，等于 $2A$，称该处为驻波的波腹。按余弦函数性质，可计算波腹位置坐标如下：

$$kx = \pm n\pi,\quad |\cos kx| = 1 \quad (n=0,1,2,\cdots)$$

波腹的位置坐标

$$x=\pm n\frac{\lambda}{2} \tag{8-37}$$

实验中式（8-37）的作用在于，因相邻波腹（$n=0,1,2,\cdots$）间距为半个波长，原则上可通过驻波波腹测行波波长。与对波腹的讨论类似，在图8-16中的实线上，凡满足$|\cos kx|=0$的点，振幅为零，称该处为驻波的波节。波节在任一时刻始终表现静止不动（类比动平衡状态）。决定波节位置坐标的条件为

$$kx=\pm(2n+1)\frac{\pi}{2} \quad (n=0,1,2,3,\cdots)$$

波节的位置坐标为

$$x=\pm(2n+1)\frac{\lambda}{4} \tag{8-38}$$

同样，相邻波节之间的距离也是$\frac{\lambda}{2}$。这样一来，与式（8-37）一样，式（8-38）也从原理上提供了一种测量行波波长的方法。如果驻波出现在弦中、棒中，实验时用相应传感器（片）测得相邻波节与波节或相邻波腹与波腹间的距离，就可以确定行波的波长［但用式（8-38）较好］。这种波腹与波节位置固定的振动方式，也称为驻波方式。之所以带个“波”字，是因为式（8-35）也满足波动方程（8-1），图8-16中的虚线是某时刻由式（8-35）表示的驻波的波形曲线。

思考：图8-16中下一时刻虚线（波形曲线）会在什么位置呢？

2. 驻波场中各点的相位

式（8-35）中的另一项因子是$\cos\omega t$，它表示$y(x,t)$随时间按余弦规律变化，意味着各质点都做谐振动。不过，是不是驻波场中各点振动相位都是相同（ωt）呢？其实不然。这是因为振幅因子$A(x)$是一个余弦函数。从图8-16中虚线看，各质点都做谐振动，根据振动特点，余弦函数$y(x,t)$在节点两侧必然反号，而在两相邻节点之间必然同号（见图8-16中的虚线）。但振幅不为负，因此，各质点振动相位的关系是：波节两侧反相，相邻两波节间同相。由此可见，驻波中没有相位的传播。在每一时刻，驻波虽有一定的波形，但这些波形既不左移，也不右移；只是各点的位移改变大小和方向而已。所以，驻波既是一种特殊的干涉现象，又是连续介质的一种特殊振动现象，从这个意义上讲，驻波并不是波。之所以称为波，是因为式（8-35）满足波动方程式（8-1）。

3. 驻波场的能量

驻波是不是波，还可以从驻波场的能量特点得出判据。分析图8-17的表示，在驻波场中取3个不同时刻的波形曲线。图中第1个是在$t=0$时，除波节外，由式（8-36）确定所有质元同时到达各自最大位移处。此时，各质元振动速度均为零（类似单摆摆到最大偏角），动能也都等于零。与此同时，除波节外，所有质元均离开了各自平衡位置，但不同质元之间相对形变不同。如越靠近波节处，一上一下的相对形变大，弹性势能最大。而在波腹处，一左一右相对形变为零，动能也为零，此时驻波场中各质点的能量只有弹性势能，而波节处弹性势能最大，波腹处弹性势能为零（参考对图8-9的分析）。

当 $t=\frac{T}{4}$ 时，图中波形曲线是一条直线，各质元都同时通过平衡位置（波节除外），各质元间的相对形变均随之消失 $\left(\frac{\mathrm{d}y}{\mathrm{d}x}=0\right)$，弹性势能为零。除波节外，各质元的速度都达到了各自的最大值，各点只有动能。对应波腹处质元的动能最大，而波节处（$A(x)=0$）质元的动能必定为零。以此由速度和相对形变可以类推 $t=\frac{T}{2}$、$t=\frac{3T}{4}$ 及 $t=T$ 各时刻驻波场中各点的动能与势能。结论是：在驻波场中，不论何时波腹处只有动能，弹性势能始终为零，波节处只有弹性势能，动能始终为零，而除此而外的其他各处动能与势能交替变化。这就是说，与图 8-9 不同之处是，图 8-17 中驻波波形曲线只有起伏变化，没有行波式的或左或右移动，没有能量随波逐流，有的只是动能与弹性势能的转换。而且这种转换过程，发生在波腹附近动能转移到波节附近势能，再由波节附近势能返回到波腹附近动能，这种转移始终只发生在相邻的波节与波腹之间，没有能流通过任何一个波节或波腹，也不向外辐射能量（与周围介质相互作用除外）。一对相邻波腹与波节之间的区域，成为贮存驻波能量的空间单元。为了维持稳定的驻波，外界只需补充因阻尼而损耗的能量。驻波现象诠释了两列相向传播相干波叠加过程蕴含的相干波的相互纠缠现象。（源于各质元既加速又形变）

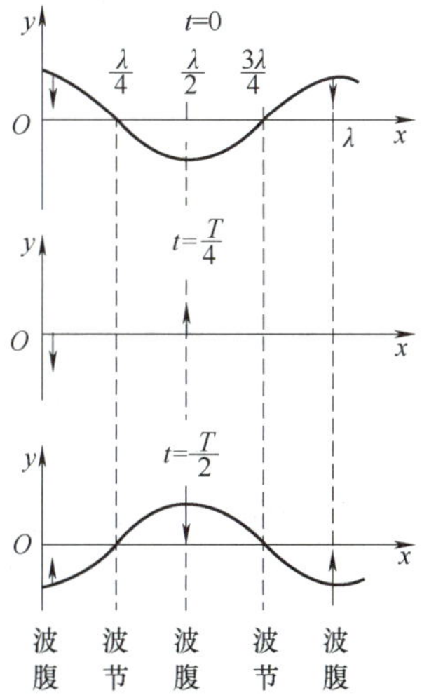

图 8-17

二、从固有振动看驻波

本节伊始曾以二胡为例，指出可依据驻波遵守的物理规律，计算琴弦的基频（或音调）。这是因为，与二胡类似的各种弦乐器的弦线两端是被固定的，当弦线被琴弓激励产生振动后，大致发生的过程是所激励的行波在弦上传播、叠加、干涉形成驻波（简称弦驻波）。弦驻波的最低频率称为基频，与此同时还有其他频率如二次倍频（或谐频）、三次倍频（或谐频）等与基频共存。各种乐器的音调均由基频决定，音色则取决于各倍频的相对幅度（分布）。不同的乐器，除共鸣腔不同外，因倍频分布不同，有不同的音色就是这个原因。图 8-18 示出一些乐器的频谱，其中图 8-18a 为小提琴（未标出频率），图 8-18b 为长号，图 8-18c 为单簧管（未标出频率），图 8-18d 为钢琴。但是，从波的干涉看驻波时，式（8-35）表征的是在无限广延（由 $-\infty$ 到 $+\infty$）的介质中沿波线相向传播的两列行波发生干涉而形成的驻波方程。那么，**对于两端固定的弦中，驻波又是如何形成的呢？**

1. 反射波的相位突变

如前所述，在弦乐器两端固定的琴弦，因某种激励产生的行波经固定端的反射与入射波相干叠加形成驻波（图 8-19 仅以实线示意右行波传播，以虚线示意左行波传播）。

相位突变

一般来说，在均匀介质中沿直线传播的波，在遇到另外一种介质时将在两介质界面发生反射（和透射）。当图中以实线示意的入射波到达

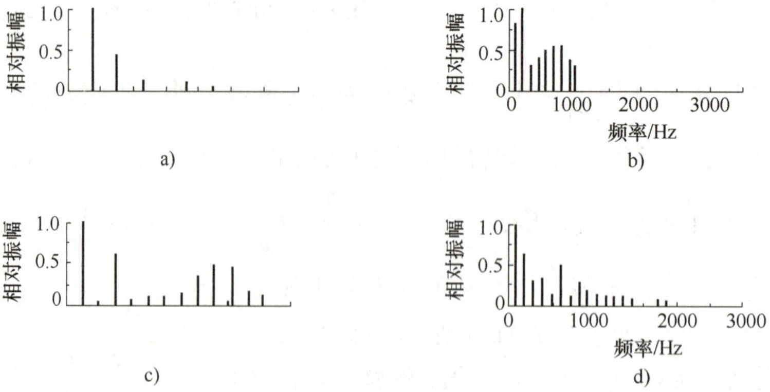

图 8-18

右端两介质分界面时，按出现在式（8-26）中 $\Delta\varphi$ 的作用来看，反射波的相位与入射波的相位关系 $\Delta\varphi$ 是影响两波相干叠加图像的关键。实验发现和理论证明，反射点 B 可以是所形成驻波的波节（见图 8-19a），也可以是驻波的波腹（见图 8-19b）。究竟是波节还是波腹？这取决于波的种类（横波或纵波）及两种介质的密度及弹性模量等。作为初步的定性分析，先介绍波阻抗的概念。

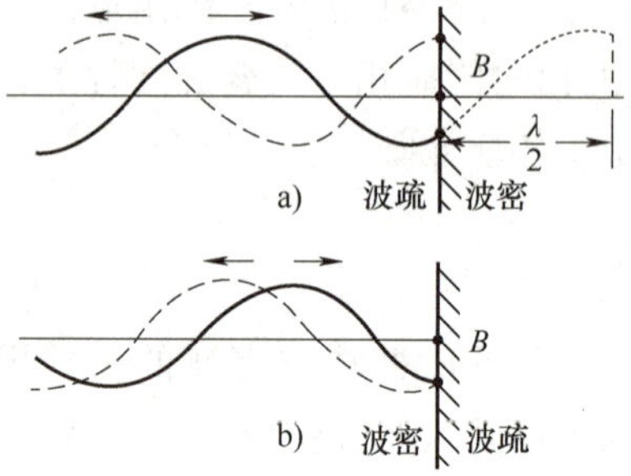

图 8-19

1）什么是波阻抗（特性阻抗）？以图 8-19a 为例，设一列平面谐波在均匀介质中自左向右传播，由于质元间的弹性作用，左方质元的振动将会引起右方质元振动。反之，右方质元也将会给左方质元施以一种反作用（阻力），这种“阻力”的大小，与介质的密度和弹性有关。理论上，把弹性介质阻碍质元随波振动的性质用**波阻抗** z 描述，其计算公式为

$$z=\rho u \tag{8-39}$$

式中，ρ 是介质密度；u 是介质中波速。

波阻抗的引入，也可从能量角度这样理解：本章第三节讨论了振动的传播伴随着能量传输，设想，当图 8-19 中右行平面简谐波在理想介质中传播时，介质内任一质元都在不断地从左方质元接收能量，又向其右方传递能量。此行波的能量来自于波源，能量又随波以波速 u 在介质中输运。在这一过程中，波源的能量被耗散（提供给波）了。不过，这种耗散并没有转化成热，同时，波场中各处也无能量储存。描述介质这种对波源能量“传输损耗”程度的物理量就是波阻抗。

2）波密介质与波疏介质。从式（8-39）中看，ρ 与 u 都是由介质固有性质所决定的量。因此，利用 z 的不同区分介质。在两种不同介质的比较中，z 较大的称为波密介质，z 较小的称为波疏介质。例如，在 20℃下，水对声波的波阻抗为 $1.480\times10^6\mathrm{N\cdot s\cdot m^{-3}}$，甘油对声波的波阻抗为 $2.425\times10^6\mathrm{N\cdot s\cdot m^{-3}}$，甲醇对声波的波阻抗为 $0.887\times10^6\mathrm{N\cdot s\cdot m^{-3}}$。只有通过对三种介质波阻抗的两两比较中才有哪是波密介质，哪是波疏介质之说。

3）波在介质界面上的反射。一列机械波在单一均匀介质中传播时，是不会发生反射的。但当波从一种介质传播到另一种介质时，由于两种介质的波阻抗不同（不论孰大孰小），在分界面上都要发生反射和透射。当入射波与反射波满足形成驻波条件时，反射点是波腹还是波节呢？结果之一是在入射波垂直于界面入射的情况下，当波从波阻抗 z 较大的介质反射回来时，在反射点形成驻波的波节。对这一现象的解释是，相对于入射波，反射波的相位在反射点突然改变了 π（而不是其他），这一现象称为反射波的**相位突变**。由于波线上某质点振动相位传播一个波长 λ 的距离时，该质点振动相位改变 2π，相位改变 π 等效于反射波反射时损失了半个波长。所以有时又把相位突变形象地称为“**半波损失**”，这种反射现象也称为半波反射（见图 8-19a）。另一种情况是当入射波从波疏介质反射回来时，在反射点反射波不发生相位突变，无半波损失，这一现象称为全波反射，在反射点形成驻波的波腹（见图 8-19b）。

对以上定性介绍的界面上反射波的相位变更规律，本书不加推导给出一组公式。设 y_i、y_r、y_t分别代表入射波、反射波、透射波在界面入射点上引起的位移，z_1、z_2表示界面左右两侧介质的波阻抗，则它们在界面上有如下关系：

$$y_r=\frac{z_1-z_2}{z_1+z_2}y_i \tag{8-40}$$

$$y_t=\frac{2z_1}{z_1+z_2}y_i \tag{8-41}$$

作为练习，用以上两式分析下面三种情况：

1）当 $z_1=z_2$时，表示波在同一种均匀介质中传播的情况，$y_r=0$，$y_t=y_i$，此时无反射波。

2）当 $z_2\to\infty$（或 $z_2\gg z_1$）时，如机械波入射“绝对硬”的介质，$y_r=-y_i$，只反射，无透射，则反射点有相位突变。

3）当 $z_2\to0$（或 $z_2\ll z_1$）时，如声波，从黏滞力强的液体中入射空气，$y_r=y_i$，此时有反射波，但反射波无相位突变。

2. 两端固定弦的振动模式

反射波的相位突变在生活中有什么应用呢？前已介绍，弦乐器的弦线两端是被固定的，当拨动弦线或由琴弓激励时，弦线中就由激励源产生频率相同、振动方向相同、初相差恒定、传播方向相反的两列行波。两波相向传播时就形成驻波。由于两端固定必定都是驻波的波节，根据式（8-38）给出的相邻两波节间的距离为半波长$\frac{\lambda}{2}$，因而，与弦长 l 有以下关系的波长 λ_n同时存在：

$$l=n\frac{\lambda_n}{2},\quad \lambda_n=\frac{2l}{n}\quad(n=1,2,3,\cdots) \tag{8-42}$$

式（8-42）也表明，只有波长满足上述条件的行波才能在弦上形成驻波。不满足条件者，自然被“淘汰”了。设弦线上波速为 u，则按波长、波速与频率的关系，对应式（8-42）的频率（固有频率）为

$$\nu_n = \frac{u}{\lambda_n} = n\frac{u}{2l} = n\nu_1 \tag{8-43}$$

式中，$\nu_1 = \dfrac{u}{2l}$称为基频。如图 8-20 所示，当 $n=2,3,\cdots$时，相应的频率称为 2 次、3 次……倍频（或谐频），倍频的取值及其相对强度不是任意的，它的变化也不是连续的。理论上已经证明，弦上横波的波速还可以表示为（证明略）

$$u = \sqrt{\frac{F}{\rho}} \tag{8-44}$$

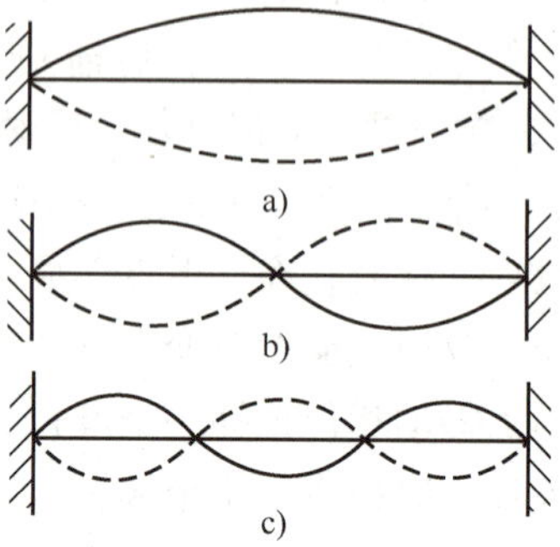

图 8-20

式中，F 为弦上的平衡张力；ρ 为单位弦长的质量（又称线密度）。综合式（8-43）与式（8-44）可以解释，为什么在演奏前要对弦乐器调音，其实弦被拉得越紧，基频（音调）也越高。而演奏者移动、下压手指在改变弦长的同时，也改变了基频，结果产生不同的音调。会弹奏弦乐器的人一定熟悉这些技巧，但不一定都“知其所以然”。

从振动的角度看，有限大小的物体（如琴弦），作为一种具有弹性的连续介质，各个质元都有弹性和惯性，质元间通过弹性相互联系（耦合），对于两端固定的弦，式（8-43）描述了琴弦固有的频谱。当琴弦被琴弓推拉或被琴键敲击某一位置（即初始条件）时，对琴弦的这一短暂激振，可包含丰富的范围很宽的频率，是所谓连续频谱（频谱分析理论，略），但琴弦能形成稳定驻波的频率，要满足式（8-43）所表征的条件。因此，在外来激励信号中，只要与式（8-43）所表征的固有频率接近，就会激发琴弦共振，实际上，乐器的发声机理就是共振。这样，就解释了如图 8-18 示出的各种乐器所具有的频谱。其中长号和单簧管这类管乐器，一端为驻波场波节（固定端），另一端为波腹（自由端），它的声谱中只有奇次倍频，而没有偶次倍频。与式（8-43）有别，其计算公式如下：

$$\nu_n = (2n-1)\frac{u}{4l} \quad (n=1,2,3,\cdots) \tag{8-45}$$

另外，式（8-43）的每一频率对应于琴弦的一种可能的振动方式（见图 8-20），通常又将这些振动方式称为系统的简正模，相应的频率为简正频率（或本征频率）。

在第一次看到图 8-20 时，顺便补充两点：

1）不论是式（8-42）中描述空间周期性的量 λ_n，还是式（8-43）中描述时间周期性的量 ν_n，它们都只能取某一值的正整数的倍数，我们称这种取值特点为量子化。主宰微观世界的量子化现象将在本书第二卷中详细介绍。

2）两端固定弦具有选频功能，即只有激振频率与系统固有频率之一相同时，才能引起琴弦的共振［见式（7-56）］，产生振幅很大的驻波。驻波现象的这一实际应用，在本书第

二卷激光器的工作原理中于以拓展。

【例 8-3】 在图 8-21 中有一平面简谐波 $y_i = A\cos 2\pi\left(\frac{t}{T}-\frac{x}{\lambda}\right)$ 沿 x 轴向右传播，在距坐标原点 O 为 $x_0=5\lambda$ 处被垂直界面反射，反射面可看作固定端，反射波振幅近似等于入射波振幅。试求：

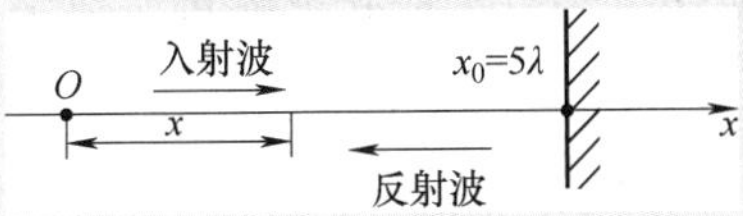

图 8-21

(1) 反射波的波动表达式。

(2) 驻波的波动表达式。

(3) 在 O 到 x_0 间各个波节和波腹点的坐标。

【分析与解答】 该题从讨论入射波与反射波的相位入手。

(1) 由图 8-21，按题示波函数先写出反射点振动表达式，以该振动为波源向左传播形成反射波。写反射波波动表达式有两种方法：第一种是根据反射波向左传播的特点，由反射点振动表达式写出反射点左方任一点 x 的振动表达式，即反射波波动表达式；第二种是先写出反射点振动表达式，然后写该振动向左传播到原点 O 处的振动表达式，有了原点 O 的振动表达式写该振动向左传播的波动表达式，它也是反射波波动表达式。由于反射点为固定端，因此反射时发生半波损失，注意相位突变。

方法一：按 $y_i = A\cos 2\pi\left(\frac{t}{T}-\frac{x}{\lambda}\right)$，反射点振动表达式（注意相位突变）是

$$y_{x_0} = A\cos\left[2\pi\left(\frac{t}{T}-\frac{5\lambda}{\lambda}\right)+\pi\right] = A\cos\left(2\pi\frac{t}{T}-9\pi\right) \qquad (*)$$

反射波在 x 点引起的振动表达式（即反射波表达式）

$$y_t = A\cos\left[2\pi\left(\frac{t}{T}-\frac{5\lambda-x}{\lambda}\right)-9\pi\right] = A\cos\left[2\pi\left(\frac{t}{T}+\frac{x}{\lambda}\right)-19\pi\right]$$

$$= A\cos\left[2\pi\left(\frac{t}{T}+\frac{x}{\lambda}\right)+\pi\right]$$

方法二：根据式（ * ）得，反射波引起原点 O 的振动表达式为

$$y_O = A\cos\left(2\pi\frac{t}{T}-9\pi-2\pi\frac{5\lambda}{\lambda}\right) = A\cos\left(2\pi\frac{t}{T}-19\pi\right)$$

根据该式写出反射波波动表达式

$$y_t = A\cos\left[2\pi\left(\frac{t}{T}+\frac{x}{\lambda}\right)-19\pi\right] = A\cos\left[2\pi\left(\frac{t}{T}+\frac{x}{\lambda}\right)+\pi\right]$$

以上结果表明，反射波波动表达式完全相同，说明两种方法等效。

（2）按 $y=y_{\mathrm{i}}+y_{\mathrm{t}}$，利用三角函数和差化积公式，得驻波方程（过程略）

$$y=y_{\mathrm{i}}+y_{\mathrm{t}}=2A\sin\frac{2\pi}{\lambda}x\sin\frac{2\pi}{T}t$$

（3）波节坐标是上式中振幅因子 $|A(x)|=0$ 时的位置，即 $\left|2A\sin\frac{2\pi}{\lambda}x\right|=0$，$\left|\sin\frac{2\pi}{\lambda}x\right|=0$，$\frac{2\pi}{\lambda}x=n\pi$（$n=0,1,2,\cdots$），据此可解得波节坐标

$$x=0,\ \frac{\lambda}{2},\ \lambda,\ \frac{3}{2}\lambda,\ 2\lambda,\ \frac{5}{2}\lambda,\ 3\lambda,\ \frac{7}{2}\lambda,\ 4\lambda,\ \frac{9}{2}\lambda,\ 5\lambda$$

波腹坐标是振幅因子 $|A(x)|$ 取得最大值的位置，即 $\left|2A\sin\frac{2\pi}{\lambda}x\right|=2A$，$\left|\sin\frac{2\pi}{\lambda}x\right|=1$，$\frac{2\pi}{\lambda}x=(2n+1)\frac{\pi}{2}$（$n=0,1,2,\cdots$），据此可解得波腹坐标

$$x=\frac{\lambda}{4},\ \frac{3}{4}\lambda,\ \frac{5}{4}\lambda,\ \frac{7}{4}\lambda,\ \frac{9}{4}\lambda,\ \frac{11}{4}\lambda,\ \frac{13}{4}\lambda,\ \frac{15}{4}\lambda,\ \frac{17}{4}\lambda,\ \frac{19}{4}\lambda$$

（注意，按题意 $0\leqslant x\leqslant 5\lambda$。）

三、应用拓展——声悬浮

随着航天技术的进步和空间资源的开发利用，声悬浮成为很有潜力的无容器处理技术，声悬浮是在高声强条件下的一种非线性效应。在重力或微重力空间，强声场的辐射会与物体重力保持平衡，该技术使物体能够稳定地悬浮在声场中或在空中移动。其基本原理是为克服物体所受到的重力，声驻波与物体的相互作用产生竖直方向的悬浮力，同时还会产生水平方向的悬浮定位力将物体悬浮于声压波节处。单轴式声悬浮只在其竖直方向产生一列驻波，其定位力由圆柱形谐振腔所激发的一定模式的声场来提供。

单轴式声悬浮装置示意图如图8-22所示，其工作原理是声发射端从上面发出声波，声波传到下端的声反射端后会被反射回来，调节反射端到发射端之间的距离，发射和反射的声波满足驻波的形成条件，会相互干扰，从而产生驻波。当声波谐振腔的长度恰好是该声波波长的整数倍时，谐振腔内将产生稳定的驻波。驻波有波节（压力最小的地方）和波腹（压力最大的地方）。由驻波的形成机理与特点不难理解，这些波节对声悬浮至关重要。波节处的质元是不会沿波的传播方向移动的，将物体放在声驻波的波节处成为传播声波的媒质，因此物体将悬浮在该点附近。声悬浮的原理决定了被悬浮物尺寸必须小于声波的半波长，对超声波段，可悬浮的物体尺寸不超过1cm。

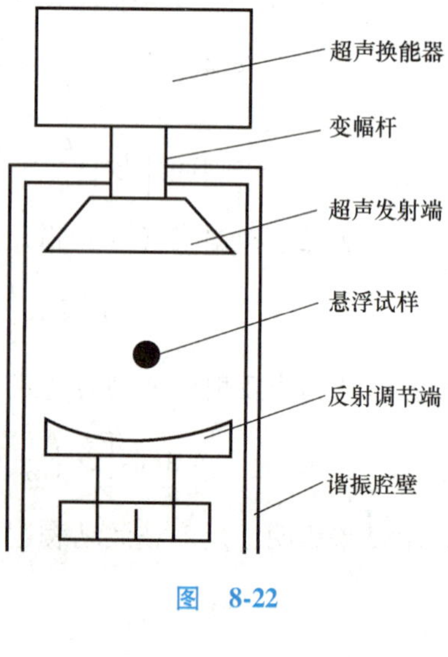

图　8-22

通过声悬浮方法，实现各种金属材料、无机非金属和有机材料的无容器处理，开展深过冷热力学、液滴动力学、材料科学、分析化学和生物化学等方面的研究。例如，在材料科学领域，为了获得高质量的材料，声悬浮可以把金属、非金属和有机物悬浮起来，从而避免材料与容器壁间的接触。

声悬浮装置可以提供适用于气泡及气泡膜的空间环境的地面模拟途径，声场通过声腔共振机制，可以诱导悬浮液膜转变为气泡，气泡通过声场作用在悬浮中稳定下来，即使在热铜针穿刺时，仍然能够保持完整不破裂。从而达到了媲美空间站中微重力环境抑制排液的效果，在常规重力条件之下，无固体表面接触、无化学“污染”超稳定的声悬浮气泡，在科学研究和工业生产中具有极大的应用前景。

第六节 物理学方法简述

一、波场描述方法

机械波是振动在弹性介质中的传播过程，与上一章讨论谐振动问题时一样，可由求解动力学偏微分方程得到运动学方程（或称波动表达式、波函数）。本章从第三章第二节介绍波在弹性介质中传播时，从产生非均匀形变的动力学偏微分方程式（3-43）出发，通过式（8-1）引入了描述简谐波的波函数式（8-2），并以式（8-2）作为本章讨论的重点。对一维平面简谐波来说，波函数式（8-2）描述介质中各质点在任意时刻偏离平衡位置的位移。类比流体与流场的关系，可建立弹性介质与波场的对应。将弹性介质中一系列物质点对应于波场中的点，这样波函数式（8-2）就构建了一维波场。有了波场，就可利用数学方法对振动在弹性介质中的传播过程进行讨论。波场中每个空间点在每个时刻都有确定的物理量（如位移、相位、能量密度等），它们都是空间坐标和时间的连续函数。这些物理量满足一切应该遵循的物理规律，如牛顿运动定律、能量守恒定律等。因此，波场反映某种波动物理量在空间的分布随时间、空间呈周期性变化。同时，这些物理量又必须依靠一定的介质、依赖这些介质对这些物理量的影响。读者当然知道，波或波场并没有把弹性介质本身带走，它只是弹性介质中波动的一种方法论性的抽象。

具体来说，波场中任一点总有某一个（或数个）物理量随时间振动，若该物理量是矢量，例如机械波中质点的位移、电磁波中的电场强度矢量等，可以把这种矢量称为振动矢量，相应的波亦称为矢量波。

类比第三章第三节对理想流体运动的讨论，如果说牛顿-拉格朗日法考察质点运动（如质点路径）可以称为“物质描述”的话，则在本章中当提到“介质中各质点在任意时刻离开平衡位置的位移”的概念时，应当属于“物质描述”。而欧拉法考察流场中各点物理量随时间变化的规律（如流速），称为“流场描述”，是一种抽象的空间描述。在本章中提到“相位传播”“相速度”“能流”等概念，就是在波场中描述波动。因此，波场是把“振动在弹性介质中的传播”抽象出来的一个数学模型，“抽象”源于实际，又高于实际，所以“物质描述”与“波场描述”既相互联系又相互区别。

二、坐标描述方法

波场是波传播的空间，用波场空间中的点、线、面（如波线、波前、波面等）描述波动，实质上是一种几何描述。这种几何描述直观、形象。如果在波场描述中建立起一个与波场对应的空间笛卡儿直角坐标系，通过这种坐标系，可以把波场空间的点与坐标系中的数（或数组）对应。一般来说，这种对应还包括曲线与方程对应，几何图形的性质有关问题与代数式或代数方程对应等。利用坐标系可把波场中的几何描述转换为代数运算，之后还可将此结果转化回相关的几何关系，实现波场中的求解。如取图8-4所示的平面坐标系，其中纵坐标表示位移，横坐标表示位置，则式（8-2）在图中表示某时刻的波形曲线；若纵坐标表示位移，横坐标表示时间，则式（8-2）又表示某点的振动曲线；又如，波速与波长、周期的物理意义都可在这一坐标系中通过代数方程式（8-8）、式（8-9）、式（8-11）展示出来。

总之，将弹性介质中机械振动的传播规律变换为波场中波的传播，在波场中取坐标系，以代数方法定量讨论波动，使得弹性介质中机械振动传播规律的描述更为丰满。

由于波函数是时间与坐标的二元函数，所以在动力学方程中有波函数对时间与对坐标的偏导数，故这种方程称为偏微分方程。这里的微分（或偏微）与积分（方程的解）再一次相对应出现，表明用微分与微分方程描述物理学的基本规律是物理学的基本方法。

练习与思考

一、填空

1-1　一个余弦横波以速度 $\boldsymbol{u}$ 沿 x 轴正向传播，t 时刻波形曲线如图8-23所示。试分别指出图中 A、B、C 各质点在该时刻的运动方向。A ________；B ________；C ________。

1-2　已知波源的振动周期为 4.00×10^{-2}s，波的传播速度为 $300\text{m}\cdot\text{s}^{-1}$，波沿 x 轴正方向传播，则位于 $x_1=10.0\text{m}$ 和 $x_2=16.0\text{m}$ 的两质点振动相位差为________。

1-3　图8-24是一简谐波在 $t=0$ 时刻与 $t=T/4$ 时刻（T 为周期）的波形图，则 x_1 处质点的振动方程为________。

1-4　一平面余弦波沿 Ox 轴正方向传播，波函数为 $y(x,t)=A\cos2\pi(t/T-x/\lambda)+\varphi_0$，则 $x=-\lambda$ 处质点的振动方程是________。若以 $x=\lambda$ 处为新的坐标轴原点，且此坐标轴指向与波的传播方向相反，则对此新的坐标轴，该波的波函数是________。

1-5　图8-25中两相干波源 S_1 和 S_2 相距 $\lambda/4$（λ 为波长），S_1 的相位比 S_2 的相位超前 $\pi/2$，在 S_1、S_2 的连线上，S_1 外侧各点（例如 P 点）两波引起的两谐振动的相位差是________。

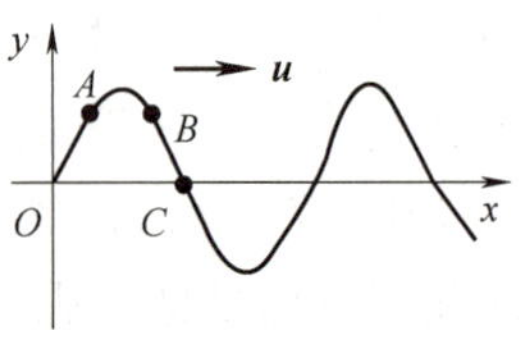

图　8-23

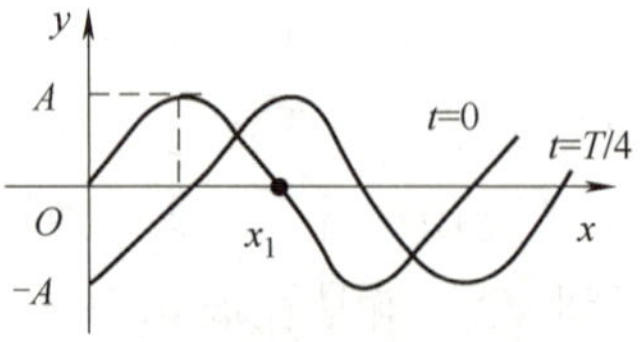

图　8-24

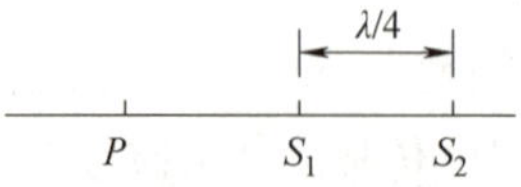

图　8-25

1-6　两相干波源 S_1 和 S_2 的振动方程分别是 $y_1=A\cos(\omega t+\varphi)$ 和 $y_2=A\cos(\omega t+\varphi)$。$S_1$ 距 P 点 3 个波长，S_2 距 P 点 4.5 个波长。设波传播过程中振幅不变，则两波同时传到 P 点时的合振幅是____________。

1-7　入射波：$y_1=6.0\times10^{-2}\cos\dfrac{\pi}{2}(x-40t)$ (SI)

反射波：$y_2=6.0\times10^{-2}\cos\dfrac{\pi}{2}(x+40t)$ (SI)

则合成波的表达式为：$y=12.0\times10^{-2}\cos\dfrac{1}{2}\pi x\cos20\pi t$。在 $x=0$ 至 $x=10.0\text{m}$ 内波节的位置是____________；波腹的位置是____________。

1-8　沿着相反方向传播的两列相干波，其表达式为

$$y_1=A\cos2\pi(\nu t-x/\lambda)\quad 和\quad y_2=A\cos2\pi(\nu t+x/\lambda)$$

在叠加后形成的驻波中，各处简谐振动的振幅是______。

二、计算

2-1　处于坐标原点处的质点（波源）做简谐振动，周期为 0.02s，若该振动以 $100\text{m}\cdot\text{s}^{-1}$ 的速度沿 x 轴传播，设 $t=0$ 时，质点经平衡位置向正方向运动。求：（1）距波源 15.0m 和 5.0m 处质点的运动方程和初相位；（2）距波源分别为 16.0m 和 17.0m 处的两质点间的相位差。

【答案】（1）$\varphi_0=\pi/2$，$y_1=A\cos(100\pi t-15.5\pi)$，$\varphi_{10}=-15.5\pi$，$y_2=A\cos(100\pi t-5.5\pi)$，$\varphi_{20}=-5.5\pi$（若波源初相取 $\varphi_0=3\pi/2$，则初相 $\varphi_{10}=-13.5\pi$ 和 $\varphi_{20}=-3.5\pi$）；（2）π

2-2　设一平面简谐波波源位于 x 轴的原点 O，波源的振动曲线如图 8-26 所示，波沿 x 轴正向传播，波速 $u=5\text{m}\cdot\text{s}^{-1}$。（1）求波动方程；（2）画出 $t=3\text{s}$ 时的波形曲线。

【答案】（1）$y=2\cos\left[\dfrac{\pi}{2}\left(t-\dfrac{x}{5}\right)-\dfrac{\pi}{2}\right]$（m）；（2）（略）

8.1 习题 2-3

2-3　如图 8-27 所示为平面简谐波在 $t=0$ 时的波形图，设此简谐波的频率为 250Hz，且此时图中 P 点的运动方向向上，求：（1）该波的波动方程；（2）在距原点为 7.5m 处质点的运动方程与 $t=0$ 时该点的振动速度。

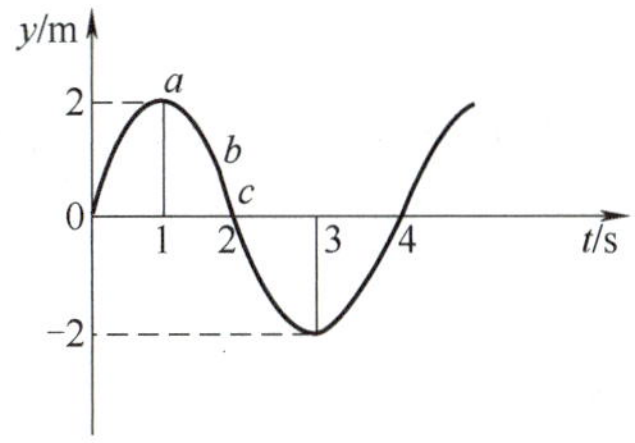

图　8-26

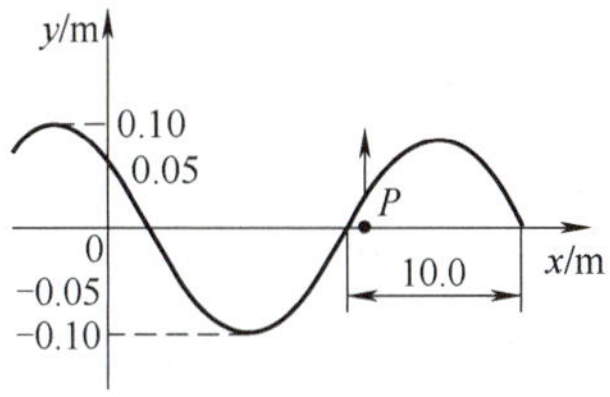

图　8-27

【答案】（1）$y=0.1\cos[500\pi(t+x/5000)+\pi/3]$（m）；（2）$y=0.1\cos(500\pi t+13\pi/12)$（m），

40. 6m · s^{-1}

2-4　已知一平面简谐波波动表达式为 $y=0.05\sin(10\pi t-2x)$ m。求：(1) 波长、频率、波速和周期；(2) 说明 $x=0$ 时方程的意义，并作图表示。

【答案】 (1) 3. 14m，4. 0Hz，12. 56m · s^{-1}，0. 25s；(2)（略）

2-5　如图 8-28 所示，两振动方向相同的平面简谐波波源分别位于 A 点、B 点。设它们相位相同，且频率都是 $\nu=30$Hz，波速 $u=0.5$m · s^{-1}，求 P 点处两列波的相位差。

【答案】 7. 2π

2-6　如图 8-29 所示，两相干波源分别在 P、Q 两点，它们发出频率为 ν、波长为 λ、初相位相同的两列右行相干波。设 $PQ=3\lambda/2$，R 为 PQ 连线上的一点。求：(1) 自 P、Q 两点发出的两列波在 R 处的相位差；(2) 两列在 R 处干涉时的合振幅。

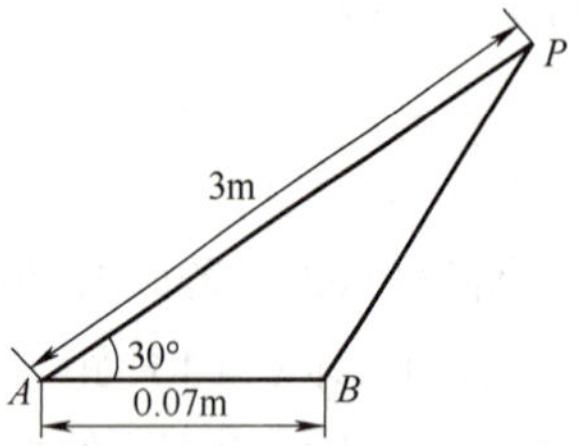

图　8-28

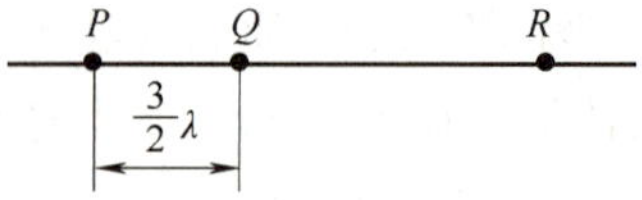

图　8-29

【答案】 (1) 3π；(2) $|A_1-A_2|$

2-7　如图 8-30 所示，有两个波源位于同一介质中的 A、B 两点，振动方向相同，振幅相等，频率皆为 100Hz，但 B 点波源比 A 点波源的位相超前 π。若 A、B 两点相距 30m，波速为 400m · s^{-1}，试求 A、B 两点之间的连线上因干涉而静止的各点的位置。

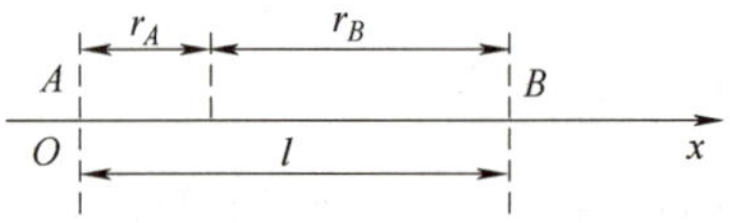

图　8-30

8. 2 习题 2-7

【答案】 1m,3m,5m,7m,⋯,29m

2-8　两波在同一细绳上传播，它们的方程分别为 $y_1=0.06\cos(\pi x-4\pi t)$ 和 $y_2=0.06\cos(\pi x+4\pi t)$，单位为 m。(1) 证明这细绳是做驻波式振动，并求节点和波腹的位置；(2) 波腹处的振幅多大？在 $x=1.2$m 处，振幅多大？

【答案】 (1) $y=(0.12\text{m})\cos\pi x\cos4\pi t$，与驻波形式相同。

波节：$x=\pm(2n+1)\lambda/4=\pm(n+0.5)$(m)，$n=0,1,2,\cdots$

波腹：$x=\pm n\lambda/2=\pm n$(m)　$n=0,1,2,\cdots$

(2) 0. 12m；0. 097m

2-9　如图 8-31 所示，一平面简谐波的波源距反射壁为 L，振幅为 A，圆频率为 ω，波速

为 u，试求：(1) 此平面波的表达式；(2) 反射波的表达式（有半波损失）；(3) 合成波的表达式；(4) 在距波源 $L/3$ 处 C 点的振动规律。

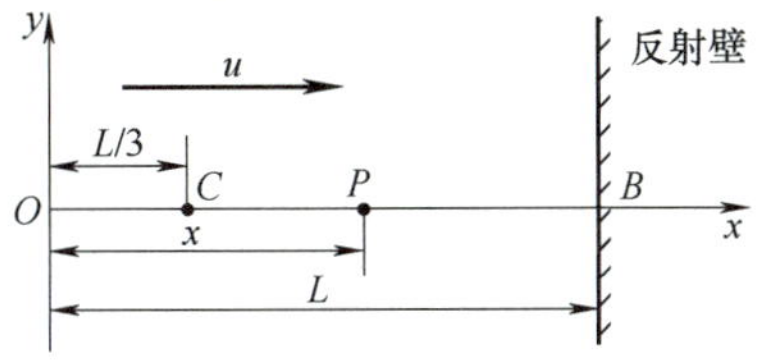

图 8-31

【答案】(1) $y_{入}=A\cos\left[\omega\left(t-\dfrac{x}{u}\right)+\varphi\right]$；

(2) $y_{反}=A\cos\left[\omega\left(t+\dfrac{x}{u}\right)-\left(\dfrac{2\omega L}{u}+\pi-\varphi\right)\right]$；

(3) $y=2A\cos\left[\dfrac{\omega(L-x)}{u}+\dfrac{\pi}{2}\right]\cos\left[\omega t-\dfrac{\omega L}{u}+\varphi-\dfrac{\pi}{2}\right]$；

(4) $y_C=2A\cos\left[\dfrac{2\omega L}{3u}+\dfrac{\pi}{2}\right]\cos\left[\omega t-\dfrac{\omega L}{u}+\varphi-\dfrac{\pi}{2}\right]$。

三、思维拓展

3-1 在介质能量随波逐流这一（能流）特征中，能量（是）在介质中流动，离波源越来越远，并且一去不返，又从波源产生新能量，还是在波（介质）中来回流动？

3-2 波的干涉现象与传播的介质有关吗？在有介质的条件下，明暗条纹的相位差有变化吗？

3-3 驻波有周期吗？驻波在任意时刻的波形图是什么样子？可以理解为手机放歌时出现的那种光条显示出的曲线吗？

第九章 光的干涉

本章核心内容

1. 光波发生干涉的条件。
2. 光程与光程差。
3. 分波前干涉条纹特征、形成与规律。
4. 厚度均匀薄膜上下表面反射光干涉特征、规律及应用。
5. 空气劈尖干涉的特征、规律及应用。
6. 牛顿环的特征、规律及应用。

镀膜

高中物理中告诉我们可见光本质上是一种电磁波。除频率（波长）外，它与无线电波、微波、X 射线和 γ 射线并无本质的不同，是能引起人眼视觉作用波段的电磁波（与视觉神经工作模式有关）。表 9-1 列出了可见光波波段各种色光的波长和频率范围。

表 9-1 各种色光的波长和频率范围

颜色	波长范围/nm	频率范围/10^{14} Hz	颜色	波长范围/nm	频率范围/10^{14} Hz
红	622~760	4.7~3.9	青	450~492	6.7~6.3
橙	597~622	5.0~4.7	蓝	435~450	6.9~6.7
黄	577~597	5.5~5.0	紫	390~435	7.7~6.9
绿	492~577	6.3~5.5			

图 9-1 是根据实验测得正常观察者眼睛对各种波长可见光辐射能量相对灵敏度的感应曲线，图中曲线峰值表明，人眼对波长为 550nm 左右的黄绿光最为敏感。波长在 760~6000nm 之间的电磁波称为“红外线”，波长在 5~400nm 之间的电磁波称为“紫外线”。

干涉现象是波动具有的性质之一。将光波与上一章讨论过的机械波做一类比，则光波在空间传播过程中也应遵守独立传播定律。即一束光在空间中的传播方向、速度、频率以及空间各点振幅和相位分布，都不会因为其他光波存在而受到任何影响（不论强光还是弱光）。当多列光波在空间中叠加时，叠加区中任意点的光振动，等于各列光波在该点单独存在时引起光振动的合成，这就是光波叠加原理。当满足一定条件的两束光叠加时，在叠加空间出现稳定的亮暗区域分布现象，这就是光的干涉（不是唯一现象）。

历史上，光的干涉现象曾被当作光具有波动性的重要实验证据。在近代，一些光学元器件上进行蒸镀介质薄膜的关键技术，依据的物理原理就是光的干涉。以干涉原理为基础衍生出的各种干涉测量法，已成为精密测量领域中的重要手段。2017 年诺贝尔物理学奖授予了韦斯（Rainer Weiss）等人，以表彰它们在激光干涉引力波天文台（LIGO）检测和引力波观测的决定性贡献。其中 LIGO 的工作原理就是利用激光干涉技术来探测引力波引起空间、时间的微小扰动。我国的“天琴计划”也在快速发展月球和深空卫星激光测距技术。综上，光波干涉原理的重要性不言而喻，那么光波的干涉需要具备哪些条件呢？

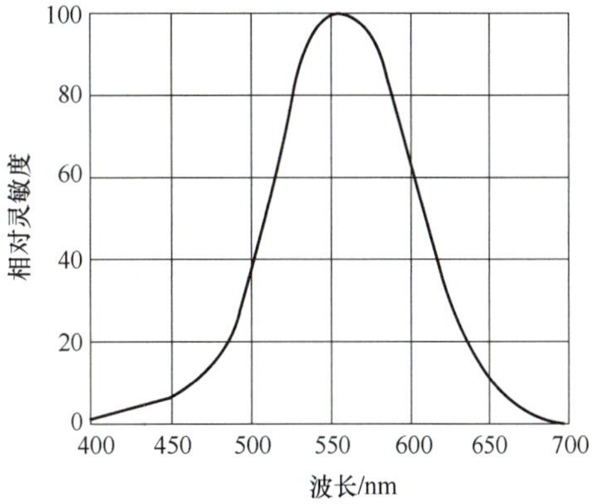

图　9-1

上一章讨论机械波时曾指出：只有两列振动方向相同、频率相同、初相相等或相位差恒定的波叠加时，才会产生干涉现象。类比机械波干涉，光波的干涉同样需要上述的三个条件。但是，两个独立的、同频率的普通光源（如钠光灯）发出的光在空间中相遇，却不容易观察它们的干涉图样。这是为什么呢？原因是，一般机械波或无线电波的波源可以连续地振动，三个相干条件比较容易满足。可见光的波长较短，干涉屏的厚度或者缝宽与光波长相似时才能看到，受限于当时的实验设备和技术，使得干涉效应难以观察。但对于光波情况又有所不同，光波的干涉规律，既具有各种波动的共同性，又具有光波的特殊性。那这种特殊性是什么呢？

第一节　光波及其相干性

麦克斯韦在 19 世纪 60 年代提出了一系列重要电磁理论，描述了电场和磁场之间的变化规律，从而统一了电磁学理论。根据麦克斯韦方程组预言了光波是一种电磁波，是交变电磁场在空间的传播，并由此建立了光的电磁理论。例如，理论上由第六章第六节中的式（6-51），就可以推导出平面电磁波所遵守的波动方程（本书从略）

$$\frac{\partial^2 \boldsymbol{E}}{\partial t^2} = c^2 \frac{\partial^2 \boldsymbol{E}}{\partial x^2} \tag{9-1}$$

式中，$\boldsymbol{E}$ 表示电场或磁场。不妨将式（9-1）与式（8-1）做比较，能看出来，光波与机械波都遵守相同数学形式的波动方程。既然这样，类似式（8-4），应当可以用以下数学形式表示单色光波，即

$$\boldsymbol{E} = \boldsymbol{A}_0(\boldsymbol{r})\cos[\omega t + \varphi(\boldsymbol{r})] \tag{9-2}$$

从场的观点看，式中 $\boldsymbol{A}_0(\boldsymbol{r})$ 是光场中各场点光振动的振幅；$\omega t+\varphi(\boldsymbol{r})$ 是场点（$\boldsymbol{r}$ 处）光振

动的相位。若设坐标原点 O 的光振动初相位 $\varphi_0=0$，则 $\varphi(\boldsymbol{r})$ 就是场点 $\boldsymbol{r}$ 处光振动相对于原点光振动的相位差。因而，函数 $\varphi(\boldsymbol{r})$ 确定了各场点的相位分布。如果式（9-2）中 ω、$\boldsymbol{A}_0(\boldsymbol{r})$ 和 $\varphi(\boldsymbol{r})$ 均已知，任意时刻单色光的光场就完全确定了。

实验证明，光波是横波（详见第十一章）。通常，式（9-2）中矢量 $\boldsymbol{E}$ 简称电磁波的电矢量（又称光矢量）。为什么用 $\boldsymbol{E}$ 表示空间传播的交变电磁场，且把 $\boldsymbol{E}$ 矢量称为光矢量呢？这是因为在实验观测光波中发现，通常能够引起视觉作用和感光作用的是电矢量 $\boldsymbol{E}$。所以，通常用式（9-2）描述光波。作为最简单的、沿 x 轴方向传播的一维平面简谐光波，类比式（8-15），改写式（9-2）［通常 $\boldsymbol{A}_0(r)$ 用于表示球面波振幅］：

$$\boldsymbol{E}=\boldsymbol{A}_0\cos(\omega t-kx) \tag{9-3}$$

一、光波的相干条件

由于光波和机械波一样满足叠加原理，对于多列光波叠加的情况，总的光矢量 $\boldsymbol{E}$ 可表示为各列光波光矢量 $\boldsymbol{E}_1,\boldsymbol{E}_2,\cdots$的矢量和，即

$$\boldsymbol{E}=\boldsymbol{E}_1+\boldsymbol{E}_2+\cdots=\sum_i \boldsymbol{E}_i \tag{9-4}$$

以图 9-2a 的模型为例，同一介质中从波源 S_1、S_2 发出两列单色光波 $\boldsymbol{E}_1$、$\boldsymbol{E}_2$，经过 r_1、r_2 在点 P 相遇。根据式（9-4）可得点 P 的光振动矢量。再按式（9-3）分别写出点 P 处两列单色平面光波的光矢量 $\boldsymbol{E}_1(p,t)$ 和 $\boldsymbol{E}_2(p,t)$：

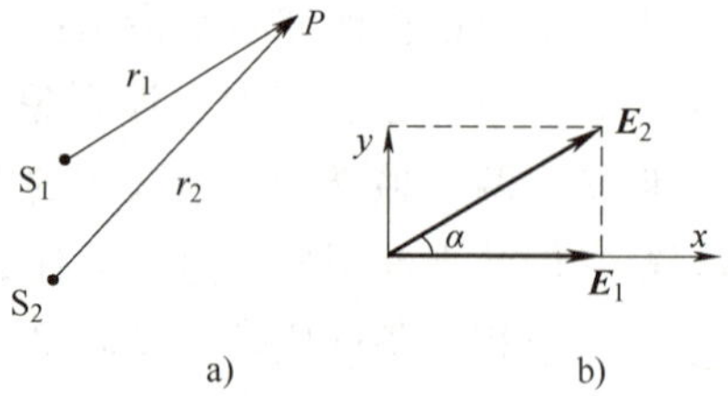

图 9-2

练习 114

$$\boldsymbol{E}_1(p,t)=\boldsymbol{A}_{10}\cos(\omega t+\varphi_{10}-kr_1) \tag{9-5}$$

$$\boldsymbol{E}_2(p,t)=\boldsymbol{A}_{20}\cos(\omega t+\varphi_{20}-kr_2) \tag{9-6}$$

两式中 φ_{10}与 φ_{20}为 $t=0$ 时刻光源的初相位。如果在 P 点 $\boldsymbol{E}_1$ 与 $\boldsymbol{E}_2$ 有一夹角为 α（见图 9-2b），则可将矢量 $\boldsymbol{E}_2$ 按图 9-2b 的方式分解后再对 x、y 两分量求和。之所以这样做是出于以下考虑：在图 9-2b 中，点 P 的总光强等于两个相互垂直方向上光振动光强 I_x 与 I_y 之和。根据式（8-26），光场强度与光场振幅平方成正比，即

$$I=A_0^2 \tag{9-7}$$

按式（9-7）分别写出图 9-2b 中 x 方向和 y 方向上光振动的光强 I_x 与 I_y 后相加，其中 I_x 是 x 方向两列相干光场叠加得到的光强，得

$$I=I_1+I_2+2\sqrt{I_1I_2}\cos\alpha\cos\Delta\varphi \tag{9-8}$$

分析式（9-8），I_1、I_2 分别是两光波单独传播到点 P 的光强，$\Delta\varphi$ 为 t 时刻两光矢量 $\boldsymbol{E}_1$ 与 $\boldsymbol{E}_2$（x 轴分量）在空间点 P 的相位差，即

$$\Delta\varphi=(\varphi_{20}-\varphi_{10})-k(r_2-r_1) \tag{9-9}$$

对选定的光源 S_1 与 S_2 以及空间点 P 坐标都是确定的，式（9-5）与式（9-6）中振幅 A_{10}、A_{20}以及距离差 r_2-r_1 都是确定的。如果图 9-2a 中两光源的初相位 φ_{10}和 φ_{20}也不随时间变化，则空间中点 P 的光强同样不随时间变化。对空间点 P 光强的分析可以推广到叠加区

域中的任意一点。也就是说，整个叠加区域的光强分布（明暗相间）是稳定不变的，也称之为光的干涉场。式（9-8）中第三项决定了空间各点光强的差异，称为干涉项。

从以上讨论看两列光波相干叠加需要以下条件：

1）频率（或波长）相同。

2）在叠加点处存在互相平行的振动分量（光波是矢量波，详见第十一章）。

3）在叠加点处具有稳定不变的相位差。

对于光的干涉现象来说，以上三条件也不是绝对的。因为实验中干涉图样是否清晰、稳定，取决于探测器的响应时间（如人眼为0.05s，照相乳胶为10^{-3}s，光电器件为10^{-9}s等）。对于快速响应的探测器，可放宽对频率与恒定相位差的要求。在现代信号检测领域内，光的相干性（同方向标量波用式（8-24））已扩展为光的相关性［不同方向的矢量波用式（9-8）］。本书只讨论光的相干性。

二、非相干叠加

大量事实说明，两个普通的独立光源（如两盏电灯）或从同一光源不同部分发出的光波在空间中叠加时，如果不采用特殊装置是观察不到干涉现象的。这从式（9-8）可知，在这种光源情况下，第三项总是等于零，合光强等于分光强之和，这种情形称为光的非相干叠加。那么，**这样的光源只能产生非相干叠加的原因是什么呢？**要找到这一问题的答案，必须从光源发光的微观机制切入。一般来说，各种光源发光的激发机制是不同的，大致可以分成普通光源和激光光源两大类（激光光源发光机制将在本书第二卷中介绍）。现在已经清楚，普通光源的发光，不论是利用热能激发的、电能激发的、光能激发的还是化学反应激发的，都是由处于激发态的原子（或分子）自发辐射的一种宏观效应。即当光源中的原子、分子以不同方式吸收了外界的能量以后，跃迁到较高的能量状态（称之为激发态，见图9-3中的能级E_2和E_3），这些激发态因为能量较高是极不稳定的，一般只能在激发态上保持10^{-10}~10^{-8}s。随后随机地跃迁到较低的能级上，同时以光波的形式释放出所吸收的能量，因而每个原子（或分子）每次发光持续时间很短，约在10^{-10}~10^{-8}s之间。因此，每个原子（或分子）的发光不是连续的，发出的光波也不是无限长的简谐波列，而是长为$l=\Delta tc$的数厘米到数十厘米之间、一定频率与一定振动方向的波列（见图9-4）。一个原子经过一次发光后，降到较低能级，只有在重新获得足够能量跃迁至激发态后才可能再次发光。由于参与发光的原子数目巨大（10^{23}个/mol），某个发光后的原子究竟什么时候再次发光是不确定的真随机事件。因此，每个原子所发出光波的初相位φ_0也是随机的，杂乱无章的。

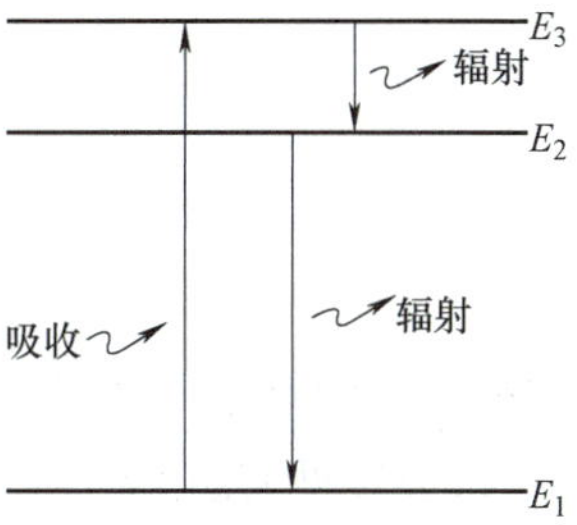

图　9-3

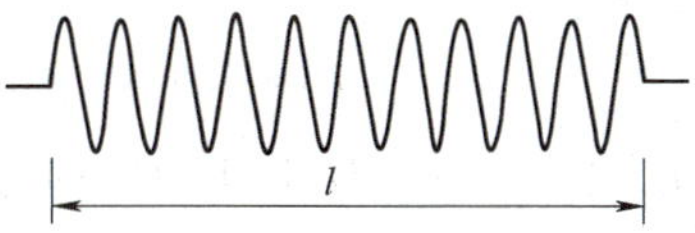

图　9-4

另一方面，由于光源中原子数量巨大，各个原子的激发与自发辐射独立进行且互不相关，即使由同一原子先后发出的两列光波，不仅初相位不同，其振动方向、频率和波列长短也不尽相同，属随机事件。

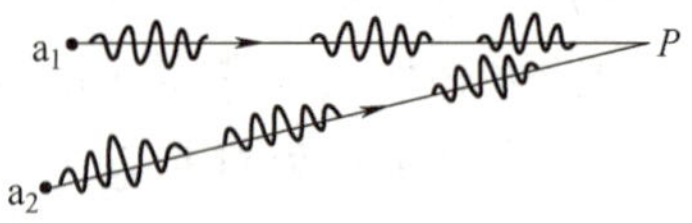

图 9-5

综上所述，某时刻两个普通光源或同一光源上的不同部分发出的两个波列，一般都不满足相干光的三个条件。以图 9-5 为例，假设某时刻两个独立光源中的原子 a_1 和原子 a_2 先后各自随机地发出一系列波列，若两波列的频率完全相同，当它们到达点 P 叠加时，能不能产生干涉现象呢？从图中看，在点 P 叠加的两束光波是由一系列长度有限且互无关联的波列所构成的。当相应波列重叠时，产生了干涉（称原子发光的有序性），但随后一系列的对应波列能否重叠，重叠部分长度又各是多少，这些都完全无法预料（随机性）。还有由于每个原子发光的持续时间在 $10^{-10}\sim10^{-8}$s 之间，即使两波列重叠产生了干涉，干涉强度也只能维持十亿分之几秒，接着可能出现完全不同于前者的另一种强度分布。由于人眼的视觉暂留效应（人眼分辨时间约 0.05s），不可能观察到如此瞬息万变的强度变化。实际上，人眼观察到的光强只是一种时间平均值。因此，当图中两个独立原子 a_1 与 a_2 发出的光波叠加时，式（9-8）中对应的干涉项平均效应为零，合光强等于两光单独存在时光强的代数和。推而广之，在同一个光源上不同部分发出的光，一般也不会产生干涉。这也就是在一般情况下，不易观察到光的干涉现象的缘故。如此说来，实验上如何才能获得两束稳定的相干光呢？

三、获得相干光的方法

按以上分析，要实现光的干涉，需要两列光波满足相干条件。从光波相干的三个条件看，前两条比较容易实现。例如，可利用滤光片来获得频率相同的准单色光，利用偏振片（见第十一章）可获得光矢量相互平行的光。困难来自第三条。为了从普通光源得到满足第三条的两列光波，可以通过巧妙地设计光学系统实现，即先设法把普通光源上同一点发出的波列“一分为二”，然后，让它们通过不同光路后又重新相遇，实现同一波列自身的叠加干涉，实验室分光波的方法大体有三种：

1）分波前法（参见本章第二节）。

2）分振幅法（参见本章第三节）。

3）分振动面方法（参见第十一章第四节）。

总之，不论何种方法，实现光波干涉的光学系统大体上包含三部分，即光源、干涉装置与干涉图样的观察、记录、计算与保存装置。

第二节 分波前干涉

分波前干涉

英国医生兼物理学家托马斯·杨，1801 年设计了一种既巧妙又简单的呈现干涉现象的方法（分波前法），可以锁定两点光源之间的相位差，首次观察到了光的干涉现象，实验上证明了光具有波动性。今天看来，光波干涉效应的实用价值在于：利用它可以将光波不可直接探测的物理量如波长、频率、相位差等或其他微小、迅变的信息（如长度、厚度等），用宏观、稳定的干涉图样直接进行显示和检测。

一、杨氏实验

如上所述，实现干涉的光学系统包括光源、干涉装置和干涉图样显示装置三个主要部分。杨氏最初的设计是这样实现的，他让太阳光照射暗室中一针孔，将透过该针孔的阳光作为光源，照射不远处一不透光光屏上的两个针孔（干涉装置），这两束光照射到后面的屏幕上呈现出叠加图样。继续改进实验，改用相距很近的平行狭缝替代两个针孔，可得到更加明亮的条纹。诸如上述干涉实验统称为杨氏实验，本书只介绍双缝干涉实验（已不是当年杨氏的装置）。

1. 双缝干涉实验装置

在图 9-6a 的模型中，用普通单色光源（如钠光灯）照射开有狭缝 S（宽 10^{-1}mm）的不透光光屏，狭缝 S 的长度方向与纸面垂直。单色光通过 S 后，形成一束以缝长方向为轴的、理想的半柱面光波（见图 9-7），然后再入射到另一不透明屏上一对与 S 平行，相距为 d（约等于 5×10^{-1}mm）的、等宽平行双狭缝 S_1 与 S_2 上。S_1 和 S_2 离光源 S 等远（垂直距离约 2×10^{-1}mm）。光透过 S_1 和 S_2 后，又形成两个半柱面波并在空间叠加。在 S_1、S_2 后方距离 D（取 1~5m）处放观察屏幕 E，屏幕 E 上能够观察到清晰可见、稳定的明暗相间的条纹，也可以通过移动目镜直接观察明暗相间的条纹。激光问世以后，由于激光束具有高度相干性和高亮度，利用激光束直接照射双缝，能在屏幕上获得更为清晰的明暗条纹（见图 9-6b）。本节只讨论采用普通光源进行的实验。无论是何种光源实验观测和技术应用，都是为了测量与分析稳定的干涉条纹。

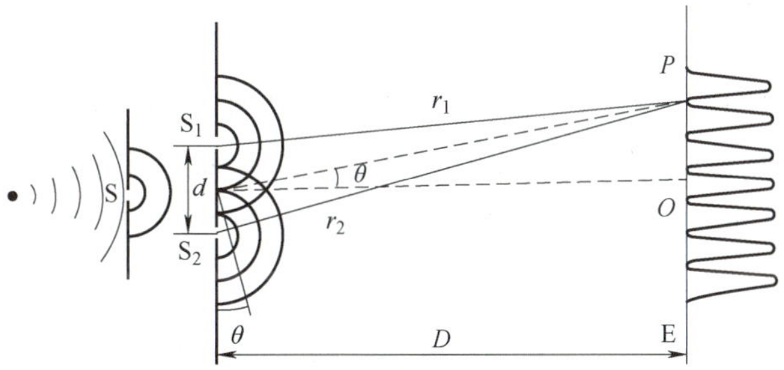

a)

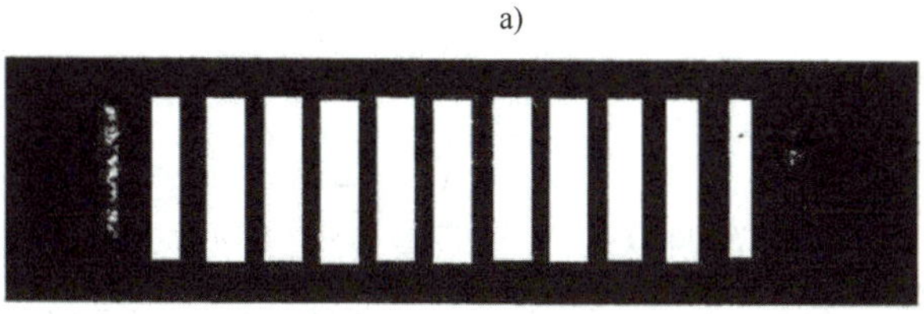

b)

图　9-6

2. 干涉条纹形成的条件

为什么在双缝实验中观察屏上能出现如图 9-6b 所示的明暗相间的条纹呢？为此，先从

图 9-6a 产生明、暗条纹的光路溯源。由于单狭缝 S 到 S_1、S_2 距离相等，从单狭缝 S 发出的半柱面波（图中示意其横截面）同时到达 S_1 和 S_2，则由 S_1 和 S_2 射出的半柱面光束，是由 S 发出半柱面波同一波前的不同部分（分波前）。因此，分别从 S_1 与 S_2 发出的半柱面波不仅具有相同的频率而且初相位相同，加之两缝之间距离很小，两束光振动方向（$\boldsymbol{E}_1$ 与 $\boldsymbol{E}_2$）几乎共线［见图 9-2b 及式（9-8）中 $\alpha\approx0$］。从 S_1 和 S_2 发出的半柱面波满足相干光的三个条件。因此，两列相干光到达 P 点的相位差 $\Delta\varphi$，只取决于点 P 离 S_1 和 S_2 的距离 r_1 和 r_2。况且，又由于 $D\gg d$，故可近似认为两列光的光强 I_1 和 I_2 也相等（$\boldsymbol{E}_1$ 与 $\boldsymbol{E}_2$ 共线）。这样，根据式（9-8），屏幕上两列光波相干叠加的光强为

练习 115

$$I=I_1+I_2+2\sqrt{I_1I_2}\cos\Delta\varphi=2I_1(1+\cos\Delta\varphi)=4I_1\cos^2\frac{\Delta\varphi}{2}$$

按式（8-29），

$$\Delta\varphi=\frac{2\pi}{\lambda}(r_2-r_1)$$

在图 9-6a 上，r_2-r_1 是同一介质中两列光到达点 P 的几何路程差。空间点 P 位置不同，$\Delta\varphi$ 不同，这样就在屏幕上出现了光强 I 的分布，这就是为什么在图 9-6b 上出现了一系列与缝平行、明暗相间条纹的原因。参照式（8-30）与式（8-31），以 k 取代 n（光学中 n 表折射率），条纹的明或暗取决于

$$r_2-r_1=\pm k\lambda\quad(k=0,1,2,\cdots)\quad\text{相干相长　明纹}\tag{9-10}$$

$$r_2-r_1=\pm(2k+1)\frac{\lambda}{2}\quad(k=0,1,2,\cdots)\quad\text{相干相消　暗纹}\tag{9-11}$$

图 9-7 为柱面波传播示意图。

3. 双缝干涉条纹的位置

以上两式，提示要计算屏上明暗条纹的位置关键需抓住两列光的几何程差。具体方法是按图 9-8 中光路的几何特征，先取 S_1 与 S_2 连线的中点作垂线与屏幕的交点 O 为坐标原点建坐标系，向上为 x 轴正向。则点 O 附近的任一观察点 P 的位置坐标 x，满足

练习 116

$$r_1^2=D^2+\left(x-\frac{d}{2}\right)^2$$

$$r_2^2=D^2+\left(x-\frac{d}{2}\right)^2$$

考虑到观测条件中实验装置取 $D\gg d$，且明暗条纹仅分布于点 O 附近（涉及两束光到达 P 点的时间相干性，本书略）。所以，做如下近似处理，在 $r_2^2-r_1^2=(r_2+r_1)(r_2-r_1)$ 中，取 $r_1+r_2\approx2D$。利用这一近似，在将以上两式相减后可解得

$$r_2-r_1=x\frac{d}{D}\tag{9-12}$$

另外，式（9-12）也可以从图中标志的 δ 边与 θ 角的直角三角形得到印证（过程略）。

最后，将联系观察点 P 的 r_2-r_1 与其位置坐标 x 的式（9-12）代入干涉条纹明、暗条件的式（9-10）与式（9-11），并稍做整理可得回答本段标题的答案

$$x = \pm k\frac{D}{d}\lambda \quad \text{明纹中心坐标} \quad (k=0,1,2\cdots) \tag{9-13}$$

$$x = \pm\frac{D}{d}(2k+1)\frac{\lambda}{2} \quad \text{暗纹中心坐标} \quad (k=0,1,2\cdots) \tag{9-14}$$

通常将式（9-13）中 $k=0$ 的明纹称为零级明纹或中央明条纹，其余条纹的命名依次类推。

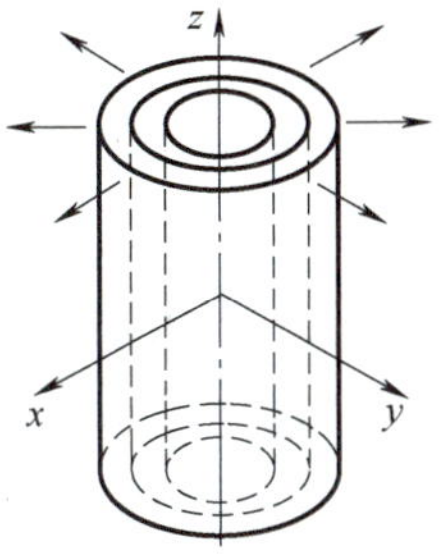

图 9-7

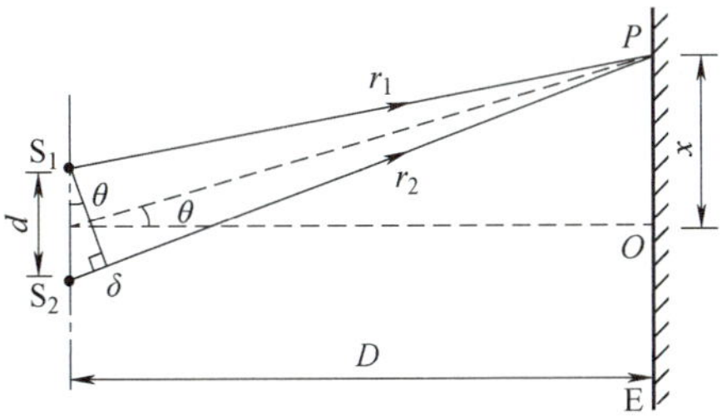

图 9-8

利用以上两式可以计算相邻两明条纹（或两暗条纹）之间的距离（叫作**条纹间距**）Δx，方法是在式（9-13）或式（9-14）中，分别代入 k 与 $k+1$，可算得

$$\Delta x = \frac{D}{d}\lambda \tag{9-15}$$

此式中，Δx 与级次 k 无关，表明理想的杨氏干涉条纹不论明或暗，都是等宽等间距地排列在中央明条纹两侧（见图 9-6b）。对于式（9-15），还蕴含如下重要意义：

1）当干涉装置中的 d，D 一定时，测出 Δx 就可以测量未知光波的波长 λ，杨氏就是最先用它测光波波长。测量中当 D 一定时，d 越小条纹间距越大，有利于观察。例如当条纹间距 $\Delta x=1\text{mm}$，干涉条纹较为清晰。不过，倘若 Δx 小到 0.1mm 时，因条纹过密，不经放大人眼很难分辨出干涉条纹。

2）由于式（9-15）与波长有关，若用白光做实验，可以预见，在观察屏上，除中央明纹为白光外，其他干涉条纹将显示彩色，图 9-9 粗略标出了彩色谱分布（与三棱镜原理不同）。为什么是这种分布呢？原来，按式（9-15），条纹间距与波长成正比。波长越短，间距 Δx 越窄；波长越长，间距 Δx 越宽。所以，各种颜色（波长不同）的明条纹将按波长大小“各行其是”逐级分开，形成彩色条纹，也称干涉光谱。与此同时，图中不同 k 级的彩色条纹有分有合，干涉级次 k 越高，式（9-13）中 k 与 λ 共同影响彩色谱发生重叠，直至不可分辨。

3）在杨氏实验中，如果移动屏幕的远近甚至不慎稍有倾斜，干涉条纹分布会有变化吗？（注意中央明纹的反应）同时，从式（9-15）看，只要 D 不至于太小（1～5m 之间），观察屏上都能观测到干涉条纹。同时在 1～5m 的空间范围内都能看到干涉条纹，因而这种不

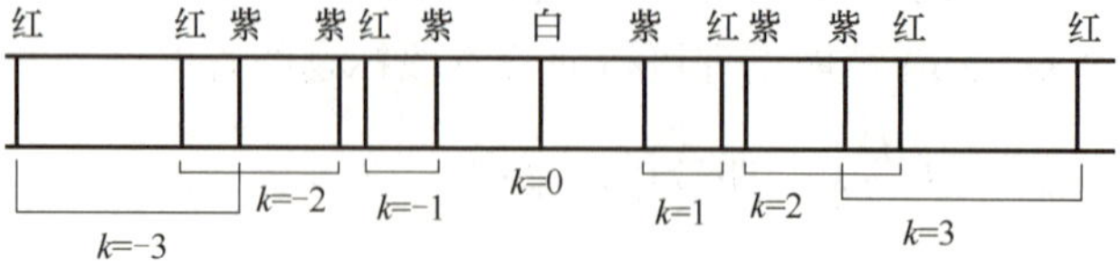

图　9-9

局限于某处的条纹称为非定域条纹。杨氏干涉又称为非定域干涉。有非定域干涉，就有定域干涉，第三节将讨论定域干涉现象。

光程和光程差

二、光程

如上所述，在同一介质中，确定双缝干涉光强分布情况，关键在于计算两束相干光到达叠加区域某处的几何程差。但是，如果出现如图 9-10 所示情况，从光源 S_1 和 S_2 发出的两束光，分别通过折射率为 n_1 与 n_2 的不同介质后，到达空间某点 P 处相遇时，揭示相位差与几何程差关系的式（8-29）中第 2 个等号还成立吗？光波在不同介质中传播时，频率是不变的（不考虑可使光波频率变化的介质）。但频率为 ν 的光波在折射率不同的介质中传播速度是不同的，$u=\dfrac{c}{n}$，c 为真空中光速。因此，不同介质中光波波长（以 λ_n 表示）也不同，即 $\lambda_n=\dfrac{u}{\nu}=\dfrac{c}{\nu}\cdot\dfrac{1}{n}=\dfrac{\lambda}{n}$，其中 λ 是光在真空中的波长（见图 9-11）。这样一来，要计算图 9-10 中两相干波在点 P 引起振动的相位差时，就不能直接用式（8-29）中的（r_2-r_1）除以波长 λ 了。但是，光波传播一个波长的距离，耗时一个周期，相位改变 2π 这个基本原理是不变的。因此，在图 9-10 中，一列光波从波源 S_2 传到给定点 P 时，点 P 的相位比波源 S_2 的相位落后多少，直接取决于光在介质中传播所经过的几何路程 r_2 及光在介质中传播的波长 λ_n，利用 λ_n 与 λ 的关系得

练习 117

$$\frac{r}{\lambda_n}\cdot 2\pi=\frac{nr}{\lambda}\cdot 2\pi \tag{9-16}$$

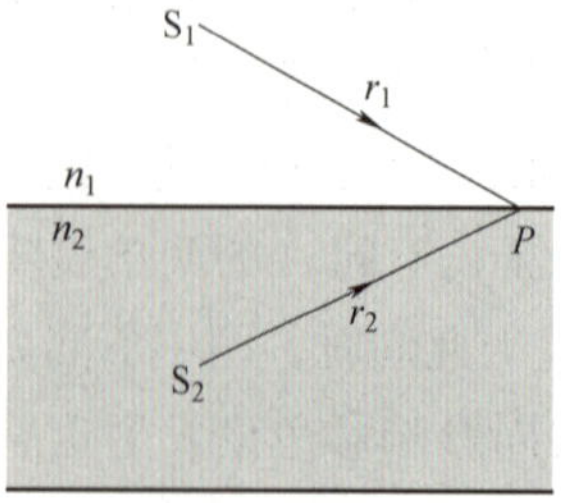

图　9-10

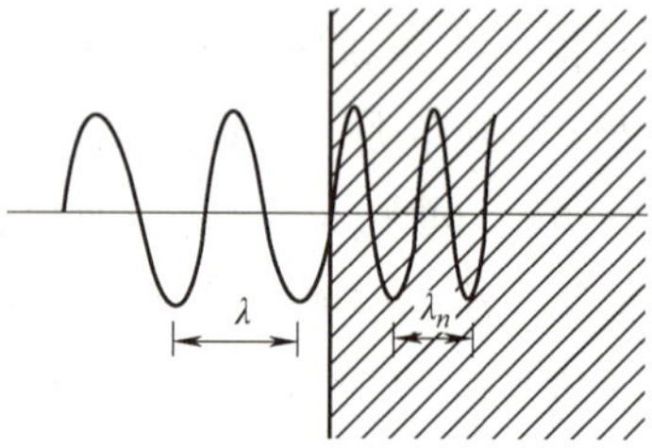

图　9-11

物理学将式（9-16）中折射率 n 与路程 r 之积 nr 称为光程。它表示一种换算方法，即将同一频率的光在折射率为 n 的介质中通过的距离 r，换算成光在真空中通过的距离 nr。可

见，引入了光程概念之后，可将单色光经过不同介质的几何路程，统一用真空中光程 nr 计算。将式（8-29）还可拓展成更为清晰的表达：

$$相位差 = \frac{光程差}{\lambda} \cdot 2\pi$$

或

$$\Delta\varphi = \frac{2\pi}{\lambda}(n_2 r_2 - n_1 r_1) = \frac{2\pi\delta}{\lambda} \tag{9-17}$$

式中，以 $\delta = n_2 r_2 - n_1 r_1$ 代表光程差（习惯上用大角标减小角标），式（9-17）换一种表示：

$$\delta = \frac{\Delta\varphi}{2\pi} \cdot \lambda \tag{9-18}$$

作为应用，在杨氏干涉实验装置中，由于干涉光路中介质的某种变化引起光程差的改变，将如何导致干涉条纹移动？

例如，在图 9-12 所示的杨氏双缝干涉实验装置模型中，在 S_2 缝上加入一厚度为 e、折射率为 n 的透明介质薄片后，发现原先的干涉条纹发生了平移。以中央零级明纹为例。假设加入薄片使中央零级明条纹移动到屏上的 x 处，可以根据条纹移动计算薄片的厚度 e。

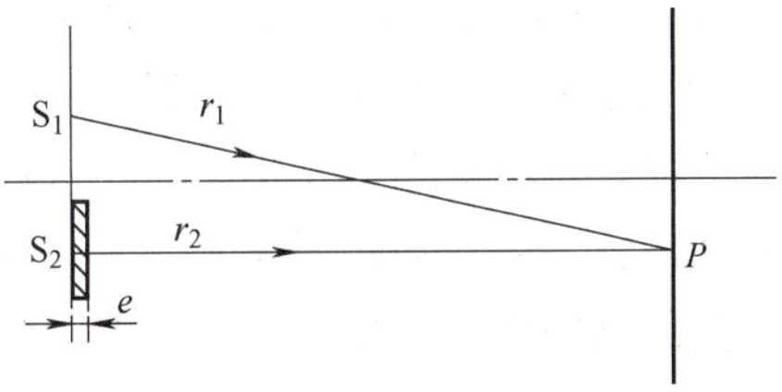

图　9-12

注意，在 9-12 中，S_2 缝加薄片后，虽然从 S_2、S_1 到观察屏上点 P 的几何程差仍为（r_2-r_1）。但是，由于从 S_2 发出的光要经过透明介质（e，n），光波经 r_2 路径的光程不再是 r_2，而是 $\delta_2 = r_2 - e + ne$，因此从 S_2、S_1 到点 P 的光程差 δ 为

$$\delta = (r_2 - e + ne) - r_1$$

式中，已设空气折射率为 1。由于中央明纹不论移动到何处都对应光程差 $\delta = 0$，利用这一条件计算加薄片后中央明纹对应的几何程差

$$r_2 - r_1 = -(n-1)e$$

从上式看，无透明介质时，$n=1$，$r_2 - r_1 = 0$。有介质时，因为 $n>1$，$r_2 - r_1 = -(n-1)e<0$，可知中央明条纹下移。同理，如果薄片加在 S_1 上，条纹将上移。

根据式（9-12）可知，屏上的 x 处

$$x = \frac{D}{d}(r_2 - r_1)$$

现在中央明条纹下移到 x 处，则两种情况下两束光到达点 P 的几何程差同时满足

$$r_2 - r_1 = -(n-1)e \quad 和 \quad r_2 - r_1 = \frac{d}{D}x$$

解得薄片厚度

$$e = \frac{d}{(1-n)D}x \tag{9-19}$$

若已知 e，式（9-19）就是一种测量透明介质折射率方法的物理原理。

双缝干涉是一个经典的物理实验，它不仅在基础研究中具有重要意义，也在生产生活中得到了广泛应用。

第三节 分振幅薄膜干涉

上一节介绍了用双缝分波前方法实现双束光干涉，与之不同的是也可采用分振幅方法实现双光束干涉。两者都是光的干涉，必有联系与区别。什么是分振幅干涉呢？图9-13表示该方法简化的光路图（模型）。图中取一条来自光源S的光束入射到材质、厚度均匀的透明薄膜上，该薄膜上表面将入射光分为反射光2（称参考光）和折射光1（称探测光）。光束1进入薄膜内，经下表面反射后，通过薄膜上表面，携带薄膜有关信息出射后与参考光束叠加（其他光束不考虑）。因为反射光和折射光各携带入射光的一部分能量，而光波的能量与振幅的平方成正比。似乎光束1与光束2是从同一入射光的振幅中“分割”出来的。所以，光束1和2是相干的。这种获得相干光束的方法因此得名分振幅法，光束1与2的干涉现象，称分振幅薄膜干涉（简称薄膜干涉）。相对于杨氏干涉，薄膜干涉是人们能经常见到的物理现象。如在阳光照射下，看到彩色的肥皂泡、飘浮在水面上的油膜以及许多昆虫翅膀的彩色花纹，并且随着观察方向改变，还会发生颜色变化，这些范畴都属于薄膜干涉现象。

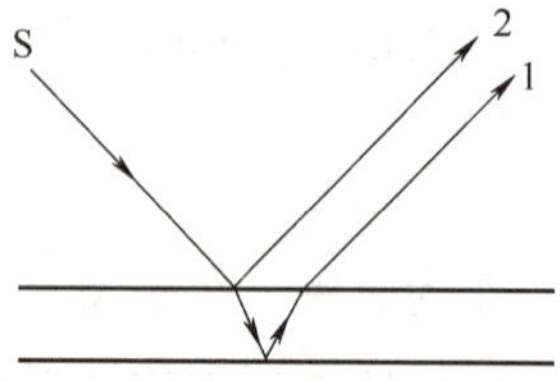

图 9-13

目前，实际应用中的大多数现代干涉仪器，大都采用分振幅干涉原理，通过检测干涉条纹变化来测量薄膜的相关信息。

一、物像之间的等光程性

要理解分振幅干涉原理更多的细节，有必要先从了解物像间的等光程开始。这是为什么？回到图9-13。由光源S发出的一束入射光经透明薄膜上下两表面反射的两束相干光1和2是平行光，平行光在有限的空间区域内并不相交（重叠）。这与双缝干涉实验中两束相干光有交点的非定域干涉不同。为了观察平行光的干涉，类似人眼对平行光的观察原理，人们设计了如图9-14那样的光学系统（望远镜类型）。图中L是会聚透镜。按几何光学原理，平行光束1和光束2以和镜轴成θ角入射，通过透镜L后，会聚于焦平面上点P，P点与镜轴的距离PF为x，F为焦点，点P的亮或暗取决于两平行光束在点P的相位关系。透镜的使用说明，平行光波的干涉图样（明暗条纹）只能呈现在透镜的焦平面上（图9-14中f表示透镜的焦距），故将这种明暗条纹称为定域条纹。与杨氏干涉不同，这种干涉称为定域干涉。

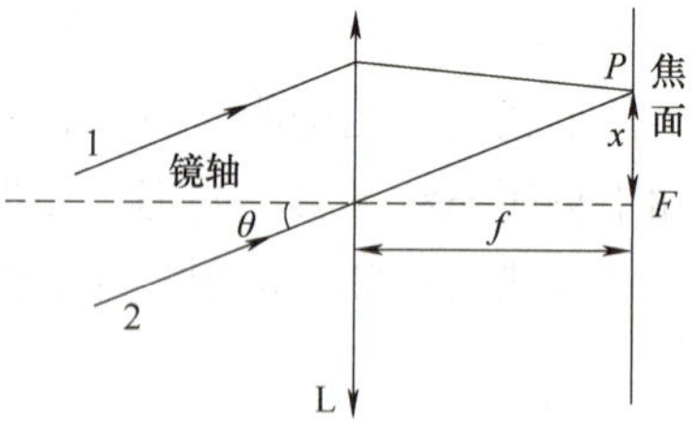

图 9-14

在几何光学中，在靠镜轴附近的光束，经薄透镜折射仅改变传播路径，各光线间不产生新的光程差。如图 9-15 中的物点 Q 和像点 Q' 之间，虽然每条光线（图中夸张地画出 5 条）所经历的几何路程不同，但它们的光程皆相等。否则，不会聚焦于一点，光学中，称这一规律为物像之间的等光程性（原理）。取其中一条光线写出数学表达式表示这一原理

$$n_1 r_1 + n_2 r_2 + n_3 r_3 = C(\text{常量}) \tag{9-20}$$

实验上，日常生活中平行光经透镜会聚为一亮点（见图 9-16a 与 b）。否则，不呈现亮点的话，这就要从光束间光程差找原因了。可以肯定地说，这种光程差一定是在光束到达图 9-16a、b 中的 AB 之前就已经产生了，引入透镜系统汇聚光束并不增加额外的光程差。（为什么呢？）

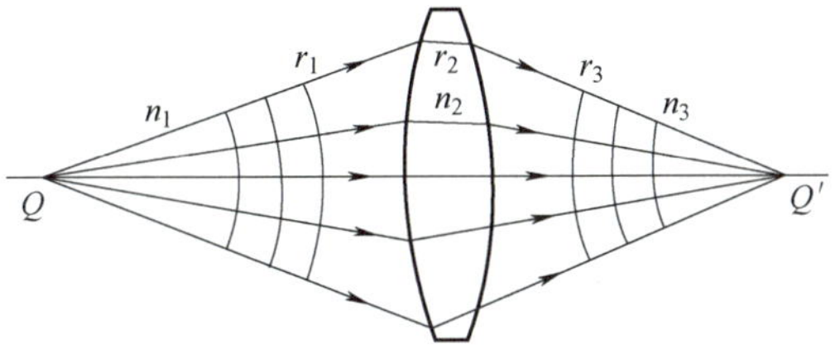

图　9-15

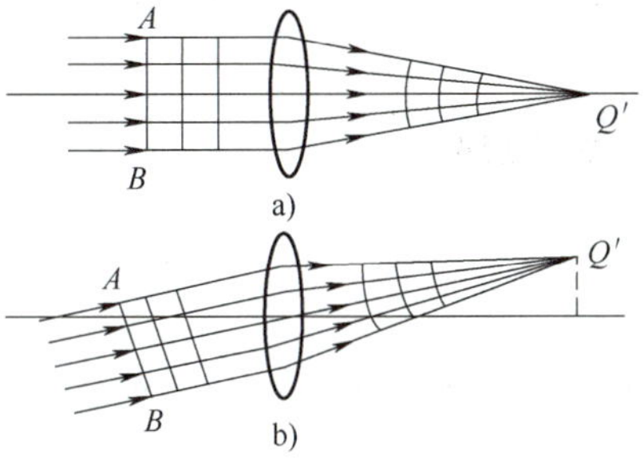

图　9-16

二、等倾干涉

前面已介绍，图 9-13 中，薄膜干涉是薄膜上、下表面将入射光按分振幅后获得两束平行相干光波经透镜会聚后形成的。实际应用中，根据膜厚是否均匀，薄膜干涉一般又可分为等倾干涉和等厚干涉两类。两者间的差异会随后介绍。薄膜干涉现象比较复杂，本书只针对简单模型做初步介绍。

1. 点光源、非定域干涉

图 9-17 与图 9-18 都只讨论点光源，前者取由点光源 S 发出的两条光线，后者只考察一条光线，它们分别经透明薄膜上下表面分解为两束反射光后叠加相干，图 9-17 显示相交光干涉，图 9-18 为平行光干涉（仅此两类干涉）。

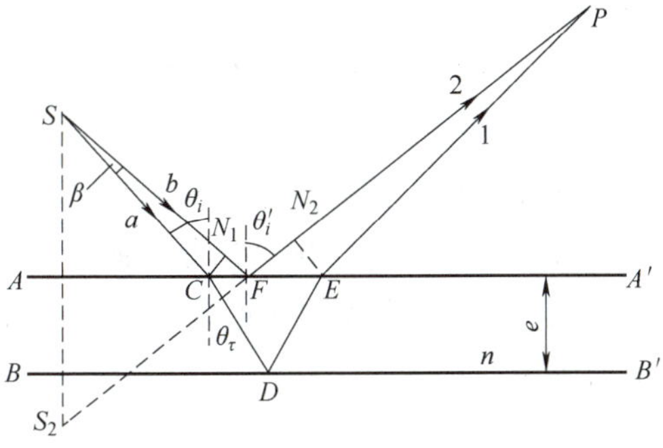

图　9-17

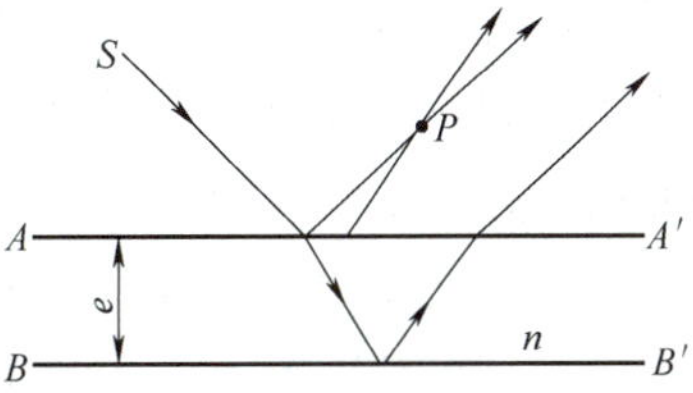

图　9-18

为什么要同时展示同一点光源 S 发出光束经薄膜分解后的两类不同干涉呢？将图 9-17 结合图 9-18 看两条反射光时，似乎薄膜的上、下表面可以看成两面反射镜，两条反射光线 1 与 2 来自点光源 S 在两反射镜中的虚像点 S_2（与 S_1，未画出）。因此，薄膜干涉又称双像干涉系统。类比杨氏干涉原理，来自两虚点光源 S_2（与 S_1）两条光线 1 与 2 之间的干涉属于相交光非定域干涉（干涉图像是实像）。如何描述均匀薄膜非定域干涉？首先要做的是计算图 9-17 中两相交光线 1 与 2 在 P 点处的光程差。

为此，仔细分析图 9-17 中两条光线（实线所示）各自的几何路径，从中找它们之间的相互关系。设图中 θ_i、θ_i'分别为入射光线 a 和 b 的入射角（与平面法线间夹角），θ_τ为光线 a 在薄膜中的折射角；令 $\beta=\theta_i'-\theta_i$。两光线 1 和 2 在点 P 处的光程差只需从 CN_1 计算到 EN_2（为什么?），即

练习 118

$$\delta = n(CD + DE) - \left(N_1F + FN_2 - \frac{\lambda}{2}\right) \tag{9-21}$$

式中，n 是薄膜折射率；$\frac{\lambda}{2}$是光线 b 由光疏介质（空气）进入光密介质（薄膜）时在界面 AA'反射时出现的半波损失（等效于相位突变 π）。接着从$\triangle CDE$、$\triangle CFN_1$、$\triangle EFN_2$ 中找到以下各式以细化公式（9-21）中各个参量关系：

$$CD = DE = \frac{e}{\cos\theta_\tau}$$

$$N_1F + FN_2 \approx CF\sin\theta'_i + FE\sin\theta'_i = CE\sin\theta'_i = 2e\tan\theta_\tau\sin\theta'_i$$

式中，e 为膜厚；$\theta_i'=\theta_i+\beta$。有了以上结果之后代入式（9-21），光程差 δ 改写为

$$\delta = \frac{2ne}{\cos\theta_\tau} - 2e\frac{\sin\theta_\tau}{\cos\theta_\tau}\sin\theta'_i + \frac{\lambda}{2} = \frac{2ne}{\cos\theta_\tau}\left[1 - \frac{\sin\theta_\tau}{n}\sin(\theta_i + \beta)\right] + \frac{\lambda}{2}$$

$$= \frac{2ne}{\sqrt{1 - \dfrac{\sin^2\theta_i}{n^2}}}\left[1 - \frac{\sin\theta_i}{n^2}\sin(\theta_i + \beta)\right] + \frac{\lambda}{2} \tag{9-22}$$

式（9-22）暗含了几何光学的折射定律$\left(n=\dfrac{\sin\theta_i}{\sin\theta_\tau}\right)$的应用。

结合图 9-17 分析式（9-22）：当 n 和 e 给定后，a、b 两条光线到达 P 点的光程差 δ 只与光线 a 的入射角 θ_i及 a、b 两条光线间夹角 β 有关，即使图中光源 S 位置不变，但 θ_i和 β 两量是变量，也就是从点光源 S 发出具有不同 θ_i与 β 的两光束经薄膜反射后在空间不同点相交叠加，由于不同点光程差 δ 不同而呈现不同的干涉状态。因此，仅在点光源 S 照射情况下，在反射光束交叠的不同空间区域中都可出现干涉条纹，这就是点光源非定域干涉的特点。有关图 9-18 出现的平行光，在随后用扩展光源照射薄膜中讨论。

思考：式（9-21）中为什么考虑半波损失?

半波损失只有在垂直入射和掠射的时候考虑，大学物理范围我们只考虑垂直入射情况。如果光波从光疏介质进入光密介质，需要考虑半波损失；如果光波从光密介质进入光疏介

质，不需要考虑半波损失。折射光在任何情况下都没有半波损失。

2. 扩展光源、定域干涉

实际光源不可能是严格意义上的点光源，而是具有一定大小的发光面，称发光面为面光源或扩展光源。在实验观测时，点光源相对面光源产生的干涉条纹比较弱。为此，通常采用扩展光源得到较强的干涉图样。但是，当用扩展光源照射薄膜时，就会出现如图 9-18 所示的两种干涉。在图 9-18 中，平行光干涉条纹只能采用会聚透镜才能观察到，如前所述，这种干涉称为定域干涉。定域干涉将遵守什么规律呢？下面就以扩展光源为例进行分析。方法是，在图 9-19 中，设想把扩展光源分成无数个互不相干的点光源，先取其中两个点光源（例如图中 S_1、S_2），对每一个都采用图 9-17 的光路和式（9-22）来描述。因此，由于 S_1、S_2 在扩展光源上的位置不同，于点 P 干涉的光强也不同。点 P 的总光强是由组成扩展光源的大量互不相干点光源（S_1，S_2，…）各自在点 P 处产生相干光强的代数和。大量非相干叠加的结果相当于普通光源照明，使点 P 处干涉条纹清晰度降低至无法观察。更有甚者，相同情况还出现在叠加区不同空间点（如 P'等），可以预见，整个视场展现的是一片均匀的亮区。也就是说，在薄膜附近的区域里，不可能观察到非定域相交光场的干涉条纹，采用专业术语说，扩展光源对近距离的光场不显现相干性。那么，在用扩展光源照射薄膜的情况下，为什么还能观察到干涉条纹呢？答案来自图 9-18 中的平行光干涉。下面以图 9-20 为例，分析平行光干涉。

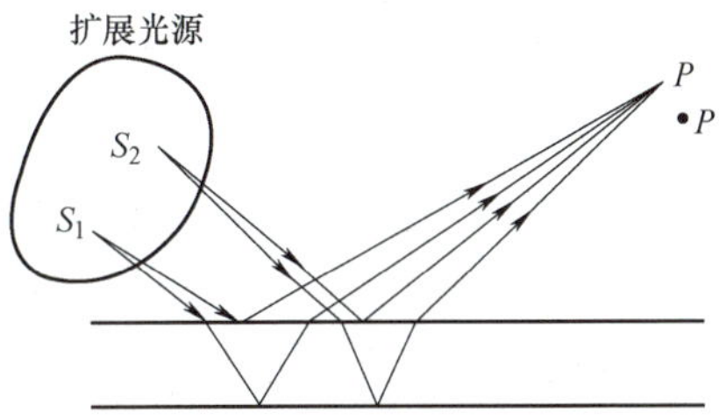

图　9-19

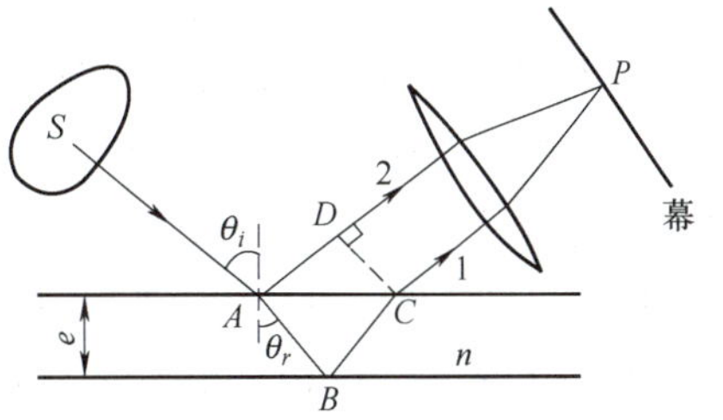

图　9-20

在图 9-20 中，先从扩展光源上任选一个点光源 S，且考察以角度 θ_i 入射到薄膜上一条光线被薄膜上、下表面反射的情况。设膜厚为 e，折射率为 n，作为“单刀直入”的方法将图 9-20 与图 9-17 相对比。如令图 9-17 中的 $\beta=0$，就由图 9-17 变换到图 9-20，可见，β 是否取为零（即一条还是两条入射光），决定了是分析相交光干涉问题还是平行光干涉问题。在图 9-20 中，由一条入射光经薄膜分出的两反射光束 1、光束 2 相互平行，只能用透镜会聚在焦平面上叠加形成干涉图样，这就是定域干涉。直接用式（9-22）时，令 $\beta=0$ 并消去分母，改写为

练习 119

$$\delta = 2ne\sqrt{1-\frac{\sin^2\theta_i}{n^2}}+\frac{\lambda}{2} = 2e\sqrt{n^2-\sin^2\theta_i}+\frac{\lambda}{2} = 2ne\cos\theta_\tau+\frac{\lambda}{2} \tag{9-23}$$

对给定的薄膜，式中 e、n 皆为常量。两反射光的光程差 δ 仅由入射角 θ_i（或折射角 θ_τ）决

定，与点光源在扩展光源上的位置并无关系。如在图 9-21 中，不论 S_1、S_2，只要入射角 θ_i 相同，图中的虚线（或实线）表示的反射平行光经透镜 L 会聚于点 P（或点 P'），总光强等于 S_1 和 S_2（及面上其他各点光源）单独在该点相干光强的代数和。按式（9-23），若光程差 δ 满足下式时，分别出现明暗条纹：

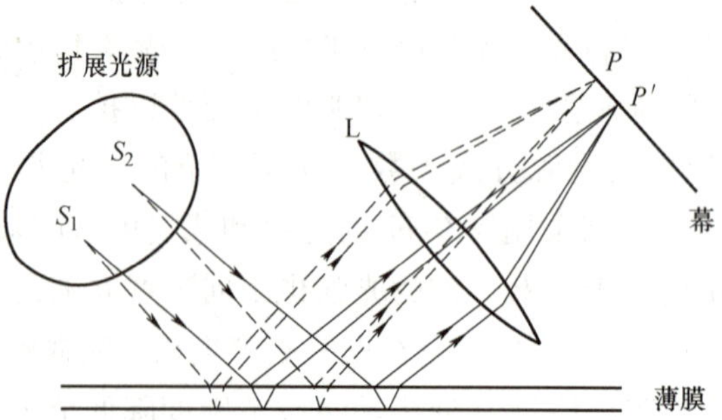

图　9-21

$$\delta=\begin{cases}k\lambda & (k=1,2,\cdots) \quad \text{明纹}\\(2k+1)\dfrac{\lambda}{2} & (k=0,1,2,\cdots) \quad \text{暗纹}\end{cases} \tag{9-24}$$

根据以上分析，式（9-24）表示处于同一级（k）干涉条纹上的各点，是从扩展光源上不同位置的点光源以相同入射角（或倾角 θ_i）的入射光，经薄膜上下表面反射后叠加干涉所形成的，因为不同的入射角 θ_i 对应不同条纹，故把这种干涉称为等倾干涉（等 θ_i）。

实际应用中，等倾干涉条纹可以用来检测薄膜厚度的均匀性。如何检测呢？图 9-22 是观测薄膜厚度是否均匀的装置原理示意图。在图 9-22a 中，S 是扩展光源上的一个点光源，M 是半透半反镜（50%光透过，50%光反射）。从 S 向 M 平面作垂线（图中未画出），想象由点光源 S 向 M 发出入射角（θ_i）相同的光束，以该垂线为轴构成一圆锥形光束（见图 9-22b）。这一圆锥形光束经 M 反射后入射薄膜［入射角相同但一般不等于 θ_i（为什么?）］，再经薄膜上下表面反射形成成对的反射平行光，然后透过半反半透镜 M 和透镜 L 后，在观察屏幕 H 上呈现干涉条纹。由于从点光源 S 以相同倾角经 M 入射到薄膜上光线组成的是一个圆，所以经薄膜反射后的光波在屏幕上也会聚在同一圆上（见图 9-22b），P 为圆上任意点，O 为圆心。从扩展光源上不同点光源发出的圆锥形光束中，对薄膜入射角（如 θ_i）相同的光线都将聚焦在屏幕的同一圆周上，经过多点光源强度相加，从而较之一个点光源提高了条纹的清晰度。因此，整个干涉图样由一些内疏外密、明暗相间的同心圆环组成（见图 9-22c），称为等倾条纹。

为什么图 9-22c 中条纹呈现内疏外密的特征呢？将式（9-23）代入明、暗纹判据式（9-24）

$$2ne\cos\theta_\tau+\frac{\lambda}{2}=k\lambda \quad (k=1,2,\cdots) \quad \text{明纹} \tag{9-25}$$

$$2ne\cos\theta_\tau+\frac{\lambda}{2}=(2k+1)\frac{\lambda}{2} \quad (k=0,1,2,\cdots) \quad \text{（暗纹）} \tag{9-26}$$

由式（9-25）看出，当式中 θ_τ 为零时，k 值最大。分析 θ_τ 的变化与不同 k 取值关系，对

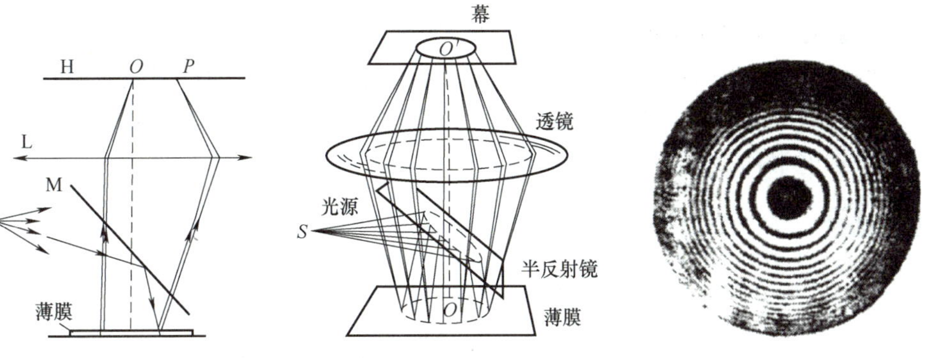

a)　　　b)　　　c)

图 9-22

式（9-25）两边求微分（以有限变化符号 Δ 替代连续变化符号 d），得

$$2ne(-\sin\theta_\tau)\Delta\theta_\tau = \lambda\Delta k \tag{9-27}$$

由式（9-27）可求相邻条纹（$\Delta k=1$）各自对应 θ_τ 角之差（称为条纹的角宽度）

$$|\Delta\theta_\tau| = \frac{\lambda}{2ne\sin\theta_\tau} \tag{9-28}$$

式中，$\Delta\theta_\tau$ 的大小随 θ_τ 的增大而减小，说明等倾条纹越靠近边缘越密，当薄膜厚度 e 增加时，条纹也变密。所以，用式（9-28）就可以解读等倾条纹内疏外密的特征。

本节讨论的原理可以用于在线检测膜厚是否均匀以及膜厚度是否满足设计要求，以便精确控制制备过程。读者是否已从上述分析中悟出其中道理了呢？

利用薄膜干涉的原理还能制成增透膜、高反射膜和干涉滤光片等，下面介绍两个实例。

3. 增透膜

高品质的照相机、摄像机、光学显微镜以及一些精密光学仪器的镜头，是由多片透镜组成的。由于光波从空气垂直入射到玻璃片上时，反射损失的光能大约占到入射光能的 4%，看似很小，但如果一台光学仪器有 12 个空气-玻璃界面（如玻璃片堆等），那么，最后能直接透射进入的光能 W' 与原入射光能 W_0 之比是多少呢？

增透膜

$$\frac{W'}{W_0} = (0.96)^{12} = 0.613 = 61.3\%$$

仅玻璃表面的反射，就造成了约 39% 光能的损失。为减少反射时的光能损失，利用薄膜干涉原理，采取图 9-23 描述的方法：在透镜表面镀上一层透明介质薄膜（也称复膜），就可以达到减少反射、增强透射的目的，这种介质薄膜称为增透膜。增透膜的效果是镜头质量一个重要指标。我们经常在太阳光下看到相机镜头呈现出蓝紫色（或红色、绿色等），就是因为镜片上镀有增透膜的缘故。

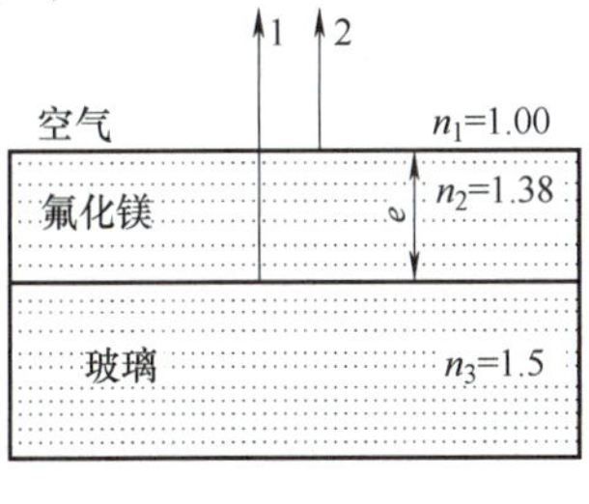

图 9-23

以图 9-23 为例，对于波长为 550nm（黄绿）的入射光，在折射率 $n=1.5$ 的照相机镜头上，镀上一层折射率为 1.38 的

氟化镁膜就能达到增加黄绿光透射的目的。那么，增透的原理是什么呢？按式（9-24），当光线垂直入射时，黄绿光满足反射相消条件。为具体计算相消条件，注意到由于入射光在薄膜上、下两种界面反射时都有半波损失（光疏到光密），则计算两反射光光程差时不必考虑半波损失。由图 9-23 直接得两反射光 1、2 间光程差 $\delta=2n_2e$，之后将 δ 代入反射光干涉相消条件（增加透射率）

练习 120

$$2n_2e=(2k+1)\frac{\lambda}{2}\quad(k=0,1,2,\cdots)\tag{9-29}$$

取 $k=1$，$n_2=1.38$，得膜厚 $e=\dfrac{3\lambda}{4n_2}=\dfrac{3\times5500\times10^{-10}}{4\times1.38}\text{m}=2.982\times10^{-7}\text{m}$。

4. 增反膜

与增透膜不同，有些光学器件需要减少其透射率，以增加反射光的光强（如激光器）。这又如何实现呢？以图 9-23 为例。若将图中低折射率（$n_2=1.38$）的膜换成同样厚度的、比玻璃折射率（$n_3=1.5$）高的膜，即 $n_2>n_3$。这时，因图中反射光 1 无半波损失而反射光 2 有半波损失，则 1、2 两反射光的光程差（考虑半波损失）为：$\delta=2n_2e+\dfrac{\lambda}{2}$。当 δ 满足式（9-24）两反射光相长干涉条件时，透射光减弱，这就是增反膜或高反膜的物理原理。为增强反射的多层高反膜，如图 9-24 所示，图中 H 膜折射率为 $n_2=2.35$，L 膜折射率为 $n_3=1.38$，$n_2>n_3$。

以氦氖激光器为例，谐振腔的一端端面反射镜要求对波长 $\lambda=632.8\text{nm}$ 的单色光的反射率在 99%以上。为此，在反射镜的玻璃表面，交替镀上高折射率材料 ZnS（$n_2=2.35$）和低折射率材料 MgF_2（$n_3=1.38$）的多层薄膜，如图 9-24 所示。下面按最小厚度计算膜厚。

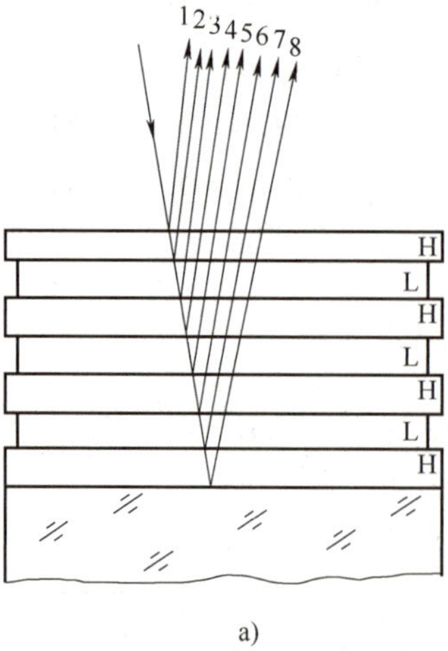

a)

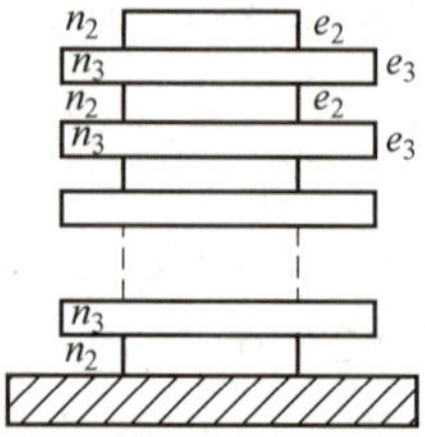

b)

图 9-24

因为在实际使用中，光线总是垂直入射在多层膜上的，两条反射光相长干涉的光程差满足

$$\delta = 2n_2e_2 + \frac{\lambda}{2} = k\lambda \quad (k = 1,2,3,\cdots)$$

由此可以得到

$$e_2 = \frac{(2k-1)\lambda}{4n_2}$$

根据上式，当 $k=1$ 时，对应于波长 632.8nm 的单色光，第一层膜（ZnS）的最小厚度为

$$e_2 = \frac{\lambda}{4n_2} = \frac{632.8\text{nm}}{4 \times 2.35} = 67.3\text{nm}$$

第二层是 MgF_2 膜，入射光在膜上表面反射时没有半波损失，但在下表面反射时却有半波损失。为了使反射光加强，从膜上、下表面反射的两反射光的光程差也应满足

$$\delta = 2n_3e_3 + \frac{\lambda}{2} = k\lambda \quad (k = 1,2,3,\cdots)$$

所以 $e_3=\frac{(2k-1)\lambda}{4n_3}$，此式与 e_2 形式上完全相同，只是由 n_3 代替了 n_2。代入数据，则第二层的最小厚度为

$$e_3 = \frac{632.8\text{nm}}{4 \times 1.38} = 114.6\text{nm}$$

依此类推，每层都使波长为 $\lambda=632.8\text{nm}$ 的单色光反射加强。膜的层数越多，总的反射率就越高。但是，由于材料对光的吸收，层数也不宜过多，一般镀到 13 层或至多 17 层即可。

例如，在白光照射下，通常眼镜呈紫蓝色，就因为所镀的膜（$n_2=1.38$）对黄绿光有增透作用，而对蓝紫光有增反作用。当膜厚为 2.982×10^{-7}m 时，膜对反射光相长干涉的条件是（反射增强）

$$2n_2e = k\lambda \tag{9-30}$$

已知 $e=2.982\times10^{-7}$m，$n_2=1.38$，对式（9-30）中 k 取不同值进行分析。若 k 取 1，$\lambda_1=855$nm；k 取 2，$\lambda_2=412.5$nm（可见光）；k 取 3，$\lambda_3=275$nm。显然，λ_1 与 λ_3 为非可见光。所以，此增透膜对 412.5nm 的光有增反，因而，膜呈现蓝紫色，这是一种通过显示颜色而不出现明暗条纹的干涉现象。目前流行的树脂镜片镀膜，除增透外，有的还有加硬、抗辐射等功能（本书略）。

三、等厚干涉

生活实际中见到的薄膜，厚度常常并不均匀。因此，图 9-17～图 9-23 所示光路及两反射光光程差计算式（9-23）都不能直接用于这种情况，但处理思路相通。例如，通常可将非均匀膜的某一局部，看作一顶角很小的楔形薄膜（见图 9-25）。当以单色扩展光源照射楔形薄膜时，与讨论均匀薄膜干涉方法（见图 9-17）类似，也是先考察面光源上某点光源发出的光，经薄膜上下两表面反射后得相干光（相交光）的干涉情况。楔形膜的模型可以这样构造：两块平面玻璃片，一端相接触，另一端用薄纸隔开，就构成空气薄膜（称之为空气劈

尖）。由于楔角很小，如果借鉴图9-17及式（9-23）讨论发生在图9-25中膜厚e处的两条反射光的干涉时，就需近似取两入射光夹角β趋于零，也就是光线a和b近乎平行入射。于是，用图9-26上的一条入射光线为代表，按式（9-23），对应于劈尖中膜厚e处，两反射相干光线的光程差为

$$\delta = 2ne\cos\theta_\tau + \frac{\lambda}{2} = 2e\sqrt{n^2 - \sin^2\theta_i} + \frac{\lambda}{2} \tag{9-31}$$

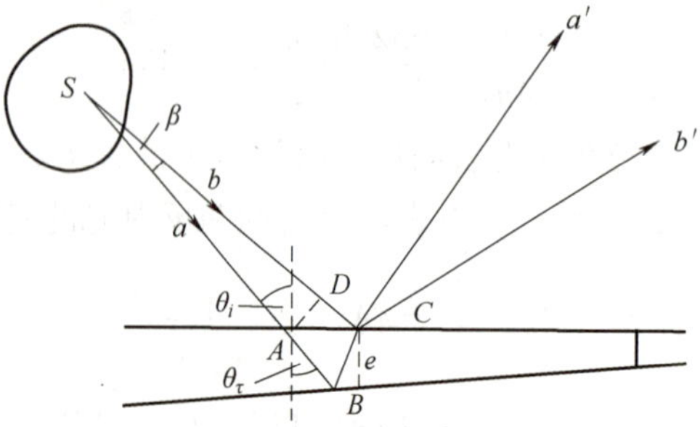

图 9-25

式（9-31）与式（9-23）形式完全相同，但式（9-23）中e是常数，而式（9-31）中e由于是空气劈尖为连续变量，这一差别表现干涉条纹不同。因此，如果观察扩展光源上不同点光源发出的光束以相同入射角入射劈尖时（即一束平行光），式（9-31）中除n、θ_i、θ_τ相同外，两反射光光程差只与膜的厚度e有关。为此，想象将厚度放宽为如图9-27中的阶梯膜。凡薄膜上厚度e相同的等厚膜，扩展光源上各点发出入射角相同的入射光，经该薄膜处上下表面反射后，得到的反射光在空间相遇点有相同的光程差。这些点必定处于同一条干涉条纹上，这种与膜厚有关的干涉得名**等厚干涉**。这里的等厚特指式（9-31）中的e值相同。

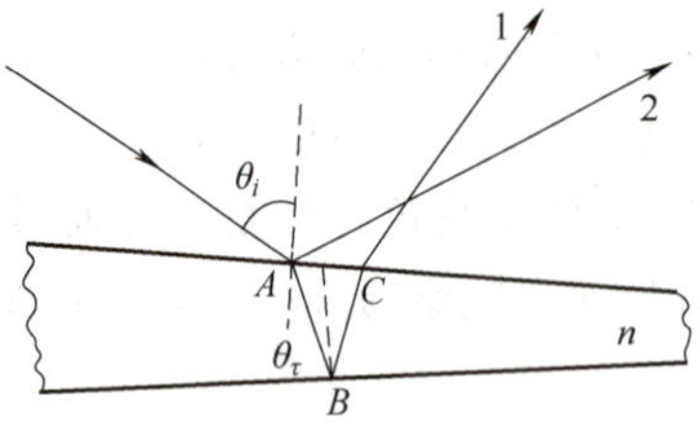

图 9-26

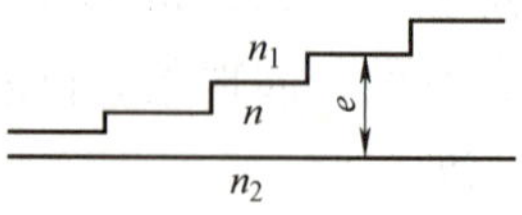

图 9-27

除考虑发生在厚度e处的两反射光干涉外，另外一种情况如图9-28所示，两反射相交光干涉，干涉条纹不再呈现于无限远处。随入射光相对薄膜取向的不同，交点P既可能在薄膜的下方，也可能在薄膜的上方。因此，等厚条纹是非定域条纹。所以，人眼或显微镜需要在膜的附近进行调焦（见图9-29）才可能观察到这种等厚干涉条纹。条纹形状由膜上等厚点轨迹所决定（如平行于棱边）。下面，具体分析等厚干涉的两个实例。

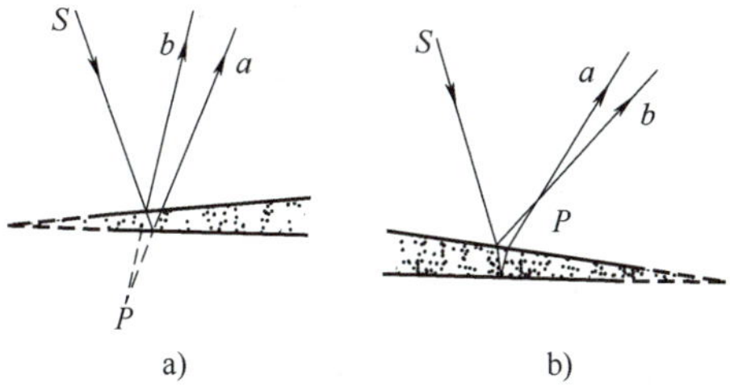

图 9-28

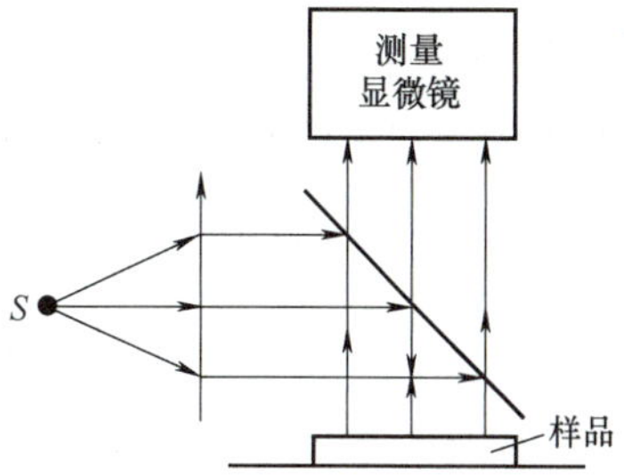

图 9-29

1. 空气劈尖膜的干涉

图 9-30 是由两玻璃片组成的一劈尖形空气薄膜的一个剖面，即空气劈尖，两玻璃片的交线称为棱边，现在讨论这个劈尖放在空气中的情形。由于在很多实际问题中，常常采用图 9-30 所示平行光束垂直入射薄膜表面，在这种入射条件下，由空气劈尖的上、下两个表面反射的光线 a 和 b 产生的干涉条纹，就携带有该劈尖膜厚度的信息（因为光线 a 进出劈尖）。具体分析如下：

劈尖干涉

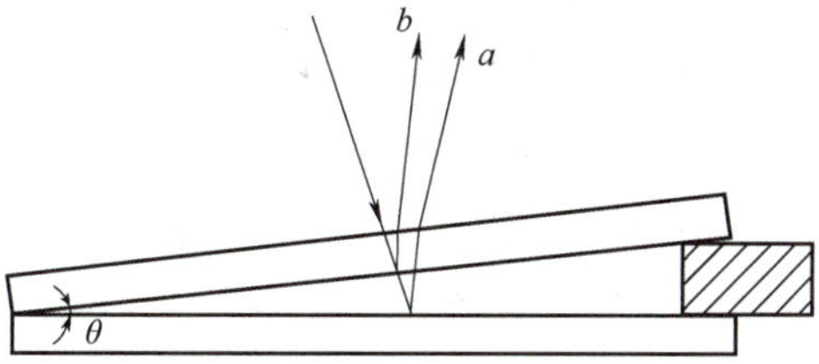

图 9-30

当光线垂直入射劈尖时，为计算两反射光干涉图像，近似取 $\theta_i \approx \theta_{\tau}=0$（图中放大了入射光与反射光间的夹角），$n\approx1$，则 a、b 两反射光光程差出现于空气膜内。因此，用式（9-31）时，可简化为

练习 121

$$\delta=2e+\frac{\lambda}{2} \tag{9-32}$$

将计算的光程差式（9-32）用干涉条纹公式（9-24）判断，若

$$\delta = 2e + \frac{\lambda}{2} = k\lambda \quad (k = 1,2,3,\cdots) \quad 明纹 \tag{9-33}$$

$$\delta = 2e + \frac{\lambda}{2} = (2k + 1)\frac{\lambda}{2} \quad (k = 0,1,2,\cdots) \quad 暗纹 \tag{9-34}$$

由以上两式分析空气劈尖干涉条纹具有的特点：

1）在两块玻璃接触处（棱边），$e=0$，光程差为$\frac{\lambda}{2}$。按式（9-34），棱边处形成暗条纹，这也是“相位突变”的又一个有力证据。

2）在厚度较小处，对应的干涉条纹级次较低（k 较小），在厚度较大处条纹级次较高。设在图 9-31 中，第 k 级暗纹（或明纹）对应的劈尖厚度为 e_k，第 $k+1$ 级暗纹（或明纹）对应的劈尖厚度为 e_{k+1}，则相邻暗纹（或明纹）所对应劈尖厚度差

$$\Delta e = e_{k+1} - e_k = \frac{\lambda}{2} \tag{9-35}$$

可见，相邻级次条纹对应劈尖厚度差为光波波长的一半（数量级为微米）。这一关系可以用于测量光波波长。**这种测量如何实现呢?**

3）由于膜很薄，劈尖的楔角 θ 极小。所以在图 9-31 中，可以做近似计算 $\theta \approx \sin\theta = \frac{\Delta e}{l}$，将 Δe 用式（9-35）代入，得

$$l = \frac{\lambda}{2\theta} \tag{9-36}$$

式中，l 是相邻暗纹（或明纹）间距。对于波长一定的入射光加之 θ 不变的话，劈尖干涉图样是一系列等间距的、与棱边平行的明暗相间条纹。在图 9-31 中，实线和虚线分别表示暗条纹与明条纹。式（9-36）表明对于一定波长的入射光，条纹间距 l 与楔角 θ 有关。θ 角越小，明暗条纹间距越大，干涉条纹分布就越稀疏，越容易观察；反之，θ 越大，条纹分布变密。因此，干涉条纹只能在楔角 θ 很小时才清晰可见。利用式（9-36）通过测量 θ 与 l，就可以测量未知光波的波长。不过 θ 角可用已知波长 λ 测定它（标定）。

4）参看图 9-32，当劈尖膜厚度按图中方式变化（例如将上玻璃片平行向上移动或者 θ 角变大或变小）时，干涉条纹均将发生变化。可以根据本节对条纹级次 k 与厚度 e_k 关系的讨论，对照图 9-32 **判断在以上各种情况下，干涉条纹将如何变化?**

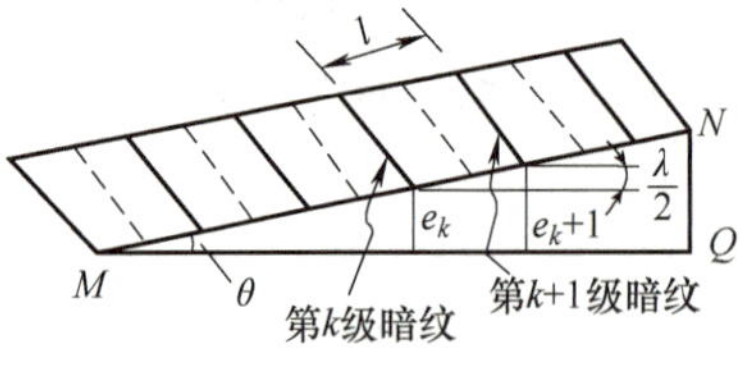

图 9-31

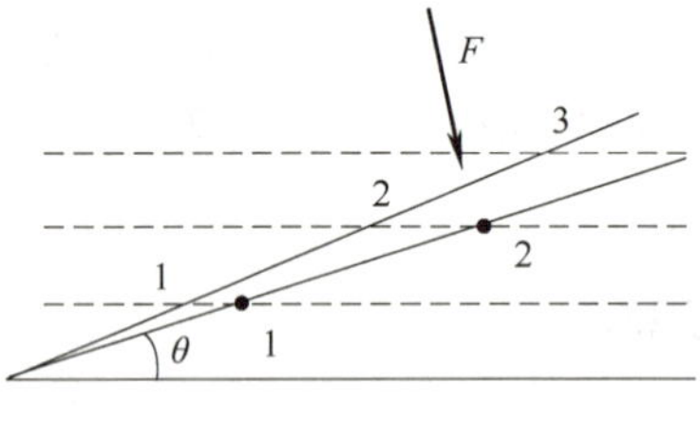

图 9-32

以上讨论的对象是空气劈尖膜，近似取空气折射率 $n=1$。如果讨论对象是放在空气中的、折射率为 n 的介质劈尖，实验条件相同时，依据本节的讨论，需要从式（9-32）开始进行修正，方法是在涉及光程差计算中的相关公式加入折射率 n。

【例 9-1】 将一根金属丝夹在两平板玻璃之间，形成空气劈尖，如图 9-33 所示，金属丝与劈尖棱边的距离 $D=28.88\text{nm}$，当波长 $\lambda=589.3\text{nm}$ 的钠黄光垂直照射时，从反射光中测得 30 条明纹之间的距离为 4.295mm，求金属丝的直径 d。

【分析与解答】　此为空气劈尖的反射光干涉，由于劈尖角很小，故相邻明条纹间距为

$$l=\frac{\lambda}{2\theta}$$

据题意，30 条明条纹之间有 29 个条纹间距，满足

$$29l=29\frac{\lambda}{2\theta}=4.295\text{mm}$$

且有关系式 $d=D\theta$，将 $\lambda=589.3\text{nm}$、$D=28.88\text{mm}$ 代入得

$$d=D\theta=28.88\text{mm}\times\frac{29\times589.3\text{nm}}{2\times4.295\times10^{6}\text{nm}}=5.746\times10^{-2}\text{mm}$$

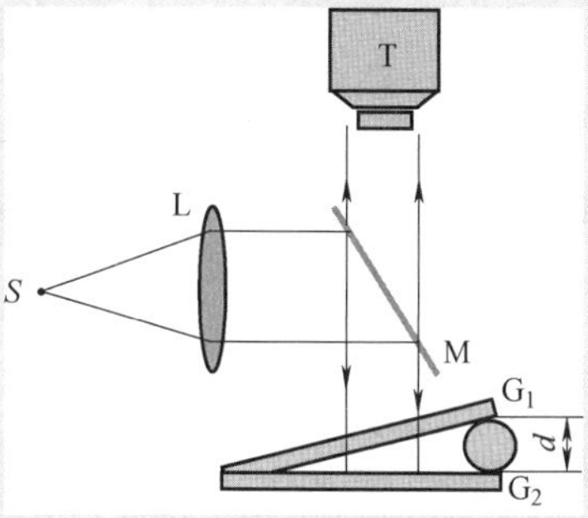

图　9-33

【例 9-2】　如图 9-34 所示，利用空气劈尖的等厚干涉条纹，可以检测工件表面存在的极小的凸凹不平。方法是在经过加工的工件表面上放一光学平面玻璃，使其间形成空气劈尖，用单色光垂直照射玻璃表面，并在显微镜中观察到干涉条纹如图 9-34b 所示。试根据干涉条纹弯曲方向，说明工件表面是凹的还是凸的？并证明凹凸深度可用式 $h=\frac{l'}{l}\frac{\lambda}{2}$求得，其中 λ 为照射光的波长。

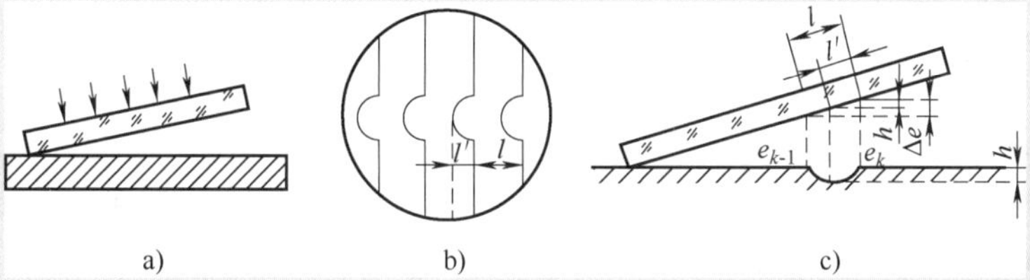

图　9-34

【分析与解答】　对于同一级条纹，不论弯曲与否都对应同一膜厚。若工件表面是平的，空气劈尖的等厚干涉条纹应为与棱边平行的直条纹，现在条纹局部向棱边弯曲，首先说明工件表面该处凹凸不平。是凸还是凹，可从条纹弯曲的状况判断。这是因为等厚条纹之所以称为等厚是指 k 级干涉条纹上各点都相应于同一气隙厚度 e_k。如在图 9-34b 中 k 级条纹向棱边方向弯曲，说明 e_k厚度向棱边方向移动，工件表面下凹了。为定量计算凹凸深度，可依据图 9-34b 和图 9-34c 考虑，令图 9-34b 中工件正常表面相邻条纹间隔为 l，条纹弯曲深度为 l'，工件表面凹凸深度为 h，因为相邻两条纹对应的空气膜厚度差为 $\Delta e=\lambda/2$，利用图 9-34c 中以 l'为斜边的直角三角形及以 l 为斜边的直角三角形的相似性，就可得到

$$\frac{l'}{l}=\frac{h}{\Delta e}=\frac{h}{\frac{\lambda}{2}}$$

解得
$$h=\frac{l'}{l}\frac{\lambda}{2}$$

2. 牛顿环

牛顿环

应当说，对于楔角 θ 极小的任何厚度不均匀薄膜，在相同实验条件下，都能产生等厚干涉条纹。牛顿在研究光的本质时曾做过一个实验，如图 9-35a 所示。他把一个薄凸透镜放在一块光学平面玻璃上，用准单色光垂直入射，观察到透镜中心附近有一组内疏外密、明暗相间的（见图 9-35b）同心圆环，后人把这种圆环形干涉条纹称为**牛顿环**。

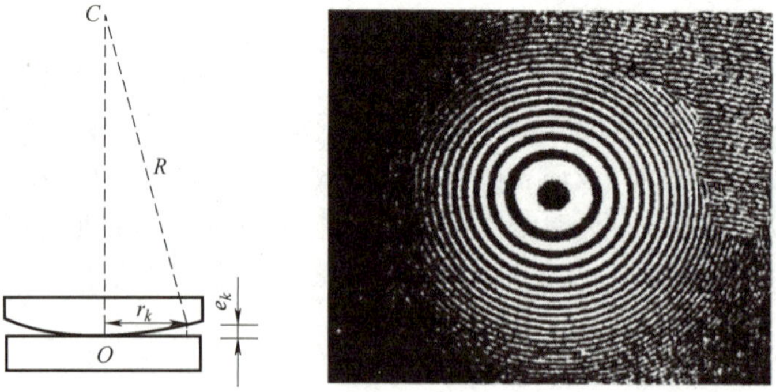

图 9-35

牛顿环形成的基本原理是圆盆形空气劈尖（将图 9-35a 以 OC 为轴旋转一周）的等厚干涉。从图 9-35a 中看，曲率半径很大的平凸透镜与光学平面玻璃之间形成了圆盆形空气劈尖。当平行光束垂直地射向平凸透镜时，在空气劈尖上、下表面形成的两束反射光发生干涉，呈现出等厚干涉条纹。而对应不同厚度的明暗条纹，组成以接触点 O 为圆心、不同半径的一组同心圆。按分析干涉现象的基本思路，先计算牛顿环光程差，然后用明暗条纹判据式（9-33）与式（9-34）确定牛顿环为明纹或暗纹以及它们的半径。

如在图 9-35a 中，当 k 级明环对应的空气劈尖厚度为 e_k时，其光程差等于波长的整数倍，按式（9-33）

练习 122

$$2e_k+\frac{\lambda}{2}=k\lambda\quad(k=1,2,3,\cdots)$$

为找到 e_k对应的明环半径 r_n，在图 9-35a 中，画出了以 R 为斜边的直角三角形，r_k满足如下几何条件：

$$r_k^2=R^2-(R-e_k)^2=2Re_k-e_k^2$$

利用 $R \gg e_k$，在上式中略去二阶小量 e_k^2。于是

$$e_k = \frac{r_k^2}{2R} \tag{9-37}$$

同时，将 e_k 满足的 k 级明纹条件改写为

$$e_k = \frac{\lambda}{2}\left(k - \frac{1}{2}\right) \tag{9-38}$$

联立解式（9-37）与式（9-38），得 k 级明环半径

$$r_k = \sqrt{\frac{(2k-1)R\lambda}{2}} \quad (k = 1,2,3,\cdots) \tag{9-39}$$

用同样方法可以计算 k 级暗环半径

$$r_k = \sqrt{kR\lambda} \quad (k = 0,1,2,\cdots) \tag{9-40}$$

实验上，测出干涉圆环半径 r_k，就可以由以上两式计算光波波长 λ 或平凸透镜的曲率半径 R。利用牛顿环也可以测量微小长度的变化。在工业上，也可利用牛顿环来检查透镜的质量，不过，这种检验工作现在已被先进的干涉仪和全息干涉仪代替了。

关于牛顿环，还指出两点：

1）图 9-35b 示出的牛顿环和图 9-22c 示出的等倾干涉条纹都是内疏外密的圆环形条纹，但两者环纹级次（k）的变化规律却不相同。等倾条纹级次是由环心向外递减，而牛顿环则反之，由环心向外递增。

2）如果使圆盆形膜层厚度减小（微微下移平凸透镜），则牛顿环的环纹自中心冒出并向外扩展，反之，向内收缩。

四、应用拓展——白光干涉显微镜

白光干涉显微镜（White Light Interference Microscope，简称 WLIM）是一种利用白光干涉现象进行表面轮廓和结构测量的高精度光学显微镜，其示意图如图 9-36 所示。这种显微镜通过测量样品表面不同位置的光程差，生成高分辨率的三维表面图像。

白光干涉显微镜的基本工作原理是白光干涉。在这种显微镜中，白光被分成两束：一束照射在参考镜上，另一束照射在待测样品表面。两束光在反射后重新组合，形成干涉图样。由于白光包含多种波长，干涉图样中的不同波长干涉条纹的位置可以用来精确测量光程差，从而测量样品表面的高度差。

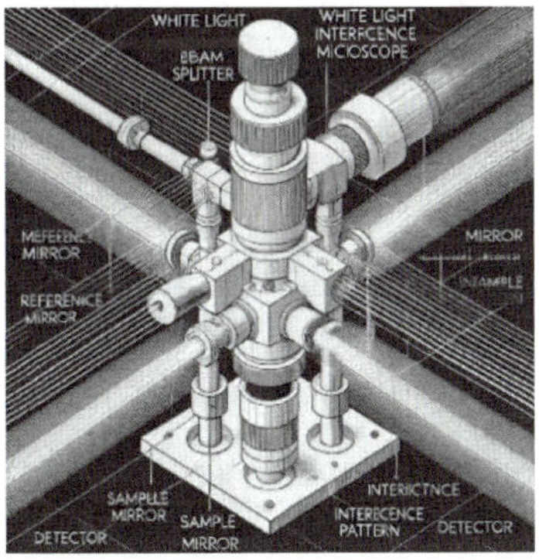

图 9-36　白光干涉显微镜示意图

白光干涉显微镜广泛应用于多个领域，可以用于检测晶圆和集成电路的表面平整度和缺陷；可以用于研究材料表面的微观结构和磨损情况；可以用于观察和测量生物样品的微观结构；可以用于测量微小机械部件的形貌和运动特性。其能够精确测量纳米级的表面形貌，不会对样品造成损伤，可以快速生成高分辨率的三维图像。但是，其应用需要样品表面具有一定的反射

率，透明或者极度粗糙的样品可能难以测量，而且对振动和空气敏感，需要在稳定的实验室环境下进行操作。

白光干涉显微镜是一种强大的工具，广泛应用于多个高精度测量领域。通过其非接触、高精度和快速的特性，白光干涉显微镜为科学研究和工业生产提供了重要支持。随着技术的不断进步，其应用范围和测量精度将进一步提升。

第四节　物理学方法简述

一、光波与机械波类比方法

自然界中存在着各种各样的波动现象，例如水面上的水波、空气中的声波、地下的地震波（以上是机械波）和无线电波、光波（以上是电磁波）等。撇开各自不同的机制，它们的共同点是：都有一个振动的波源，使周围空间（或介质）产生振动并向四方传播。这样得到一般的波动图像：波动是振动状态在空间的传播。不同的波虽然机制各不相同，但它们在空间的传播规律却具有共性，即有相同的数学描述。由于物理学的规律一般都要用数学方程式表示出来，本章就利用了光波与机械波数学形式上的类比（偏微分方程与余弦函数）来介绍光波的特性和规律。

历史上，在17世纪人们已熟悉了声的特性及其波动本质后，1663年惠更斯曾依据声现象的一些特性与光现象特性做出如下类比，其推理过程可归纳为：

声具有：回声、折射，两列波相遇而不改变各自特性；

光具有：反射、折射，两列波相遇而不改变各自特性。

从以上类比推理得出“光也具有波动特性”的结论。这一结论解释了方解石双折射现象（参看第十一章第四节）。此后，托马斯·杨发展了这一类比，设计了双缝干涉实验，求出了红、紫光的波长。菲涅耳把光与机械横波类比，解释了光的偏振现象。

光波与机械波本质不同，在电磁理论中，光是交变电磁场在空间的传播。因光波在空间传播无须介质，光波所传播的空间就是光场。一般用电振动代表在光传播的空间中的光振动。当光在传播中遇到介质（或光学器件）时，光场（光波）与介质有相互作用，本章中表现为分波前干涉与分振幅干涉。在讨论干涉场明暗条纹分布规律时，同样需选取坐标系，采用代数方法。

二、干涉实验方法

光是什么？物理学史上微粒说与波动说争论了几百年。尽管1663年惠更斯依据声现象的一些特性与光现象特性进行了类比，但在1800年以前一个相当长的时期中，人们很难观察到光的干涉现象。1800年托马斯·杨做了“双缝干涉实验”，开始打破微粒说的优势。从干涉角度看，杨氏实验的核心是解决使光波呈现稳定干涉现象的方法。后来，人们把这个问题归结为光的相干条件。因此，光的相干性又叫作光源的相干性，杨氏实验是产生相干光的一种方法。

从本章开始的经典波动光学主要介绍早期的实验观测和技术应用。分波前干涉、分振幅干涉等几个光的干涉实验，都是对稳定的干涉条纹的实现与分析。可以看出，一个完整、成功的光学干涉实验大致可分为三个组成部分：

1）光源：它是光信号的发生源，在光学实验中它也是能源，如点光源、缝光源、扩展光源等。

2）光学器件：它是光信号所作用的对象，也是处理光信号的器件，如双缝、薄膜等。

3）检测器：这是用以呈现光学器件作用光信号后所产生效应的部分，以便通过直接或间接的方式进行实验结果的观察、显示、记录等。

以上光学干涉实验三个组成部分也是一般物理实验的三个组成部分，光源相当于实验信号发生源，光学器件相当于实验对象，显示屏相当于实验效果显示器。当然，上述分法不是绝对的。在有些简单的实验中，实验源和实验对象为同一个；在有的实验中，实验效果就显示在实验对象身上。从另一个角度看，一个物理实验中大多会出现能量流、物质流与信息流，不同的实验目的，侧重观测不同的“流”。如在薄膜干涉中，薄膜是光信号所作用的对象，也是处理光信号的器件。由于薄膜对光信号的作用（上、下两表面反射），产生两束相干光，实现分振幅干涉。从式（9-23）可知，从薄膜下表面反射的光就携带有薄膜的信息，如膜厚 e、膜的折射率 n。通过对干涉场明暗条纹的计算，可以确定这些信息。另外读者也要注意，为得到稳定清晰的干涉条纹，除相干条件之外，光干涉实验技术上还要求：①两束光的振动方向尽可能一致；②两束光的光强尽可能接近。以上两项要求，即要求无论双缝间距或薄膜厚度，都必须很小。因此，光学器件对干涉场的影响在一定程度上是实验成败的一个重要因素。若进行进一步的理论分析，可参看本书参考文献中列出的有关光学的参考书。

练习与思考

一、填空

1-1 在双缝干涉实验中，所用单色光波长为 $\lambda=562.5\text{nm}$ （$1\text{nm}=10^{-9}\text{m}$），双缝与观察屏的距离 $D=1.2\text{m}$，若测得屏上相邻明条纹间距为 $\Delta x=1.5\text{mm}$，则双缝的间距 $d=$ ________。

1-2 如图 9-37 所示，S_1、S_2 是两个相干光源，它们到 P 点的距离分别为 r_1 和 r_2、路径 S_1P 垂直穿过一块厚度为 t_1、折射率为 n_1 的介质板，路径 S_2P 垂直穿过厚度为 t_2、折射率为 n_2 的另一介质板，其余部分可看作真空，这两条路径的光程差等于________。

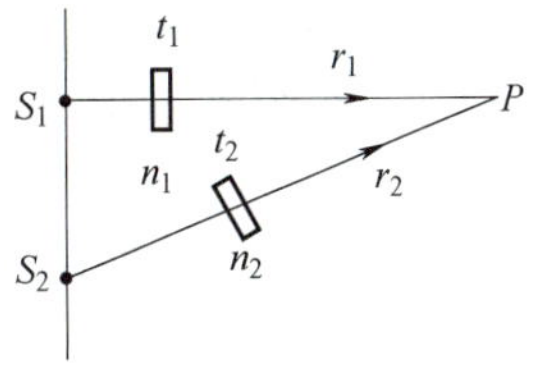

图 9-37

1-3 一束波长为 λ 的单色光由空气垂直入射到折射率为 n 的透明薄膜上，透明薄膜放在空气中，要使反射光得到干涉加强，则薄膜最小的厚度为________。

1-4 在牛顿环实验装置中，曲率半径为 R 的平凸透镜与平玻璃板在中心恰好接触，它们之间充满折射率为 n 的透明介质，垂直入射到牛顿环装置上的平行单色光在真空中的波长为 λ，则反射光形成的干涉条纹中暗环半径 r_k 的表达式为________。

二、计算

2-1　如图 9-38 所示，假设有两个同相的相干点光源 S_1 和 S_2，发出波长为 λ 的光。A 是它们连线的中垂线上的一点。若在 S_1 与 A 之间插入厚度为 e、折射率为 n 的薄玻璃片，计算两光源发出的光在 A 点的相位差 $\Delta\varphi$。若已知 $\lambda=500\text{nm}$，$n=1.5$，A 点恰为第四级明纹中心，求玻璃片厚度 e。

9.1 习题 2-1

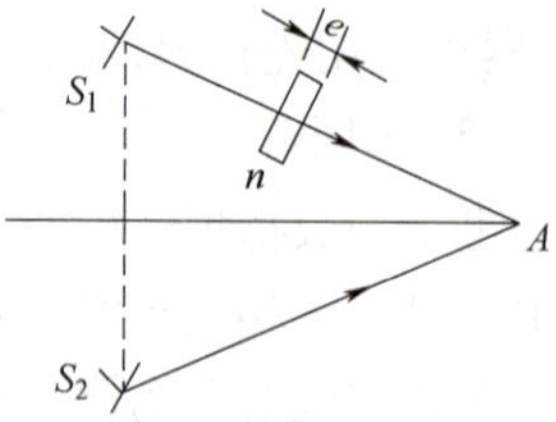

图　9-38

【答案】 $\dfrac{2\pi}{\lambda}(n-1)e$，4000nm

2-2　如图 9-39 所示，在空气中有一劈形透明膜，其劈尖角 $\theta=1.0\times10^{-4}\text{rad}$，在波长 $\lambda=700\text{nm}$ 的单色光垂直照射下，测得两相邻干涉明条纹间距 $l=0.25\text{cm}$，由此计算透明材料的折射率 n。

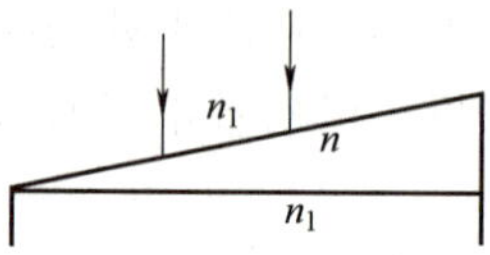

图　9-39

9.2 习题 2-2

【答案】 1.4

三、设计与应用

利用本章所学知识设计一个实验，测量某一光源的波长。

四、思维拓展

4-1　在杨氏双缝干涉实验中，为什么双缝前一定要有缝 S？如果直接用光照在双缝上，可以看到干涉现象吗？

4-2　观察太阳下肥皂泡的颜色变化，解释这一实验现象？

4-3　在牛顿环实验中，如果在透镜和平板玻璃之间加入一层液体，干涉条纹会如何变化？

4-4　解释激光干涉仪是如何用来探测引力波的，并讨论噪声对测量精度的影响。

第十章 光的衍射

本章核心内容

1. 单缝衍射谱的特征、成因、规律与描述。
2. 圆孔衍射艾里斑半径的计算与应用。
3. 透射光栅衍射谱的特征、形成、缺级与计算。

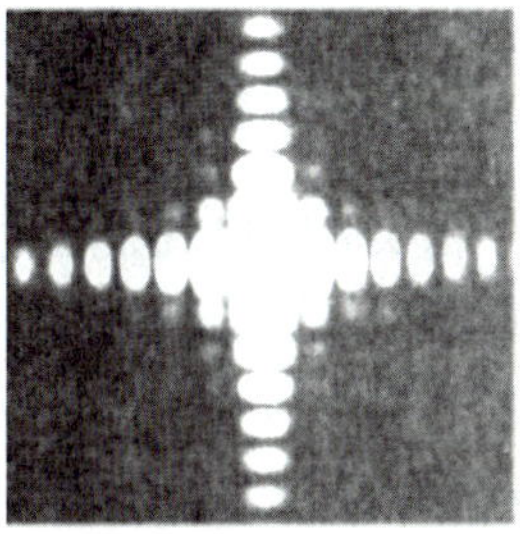

衍射谱

人们在观察波在传播过程中遇到障碍物时发现，波能绕过障碍物的边缘偏离原直线方向传播，简言之，障碍物可迫使波偏离直线传播。比如：在房间里的人即使不能直接看见窗外的发声物体，却依然能听到窗外的声音；在太阳光照射下的物体，影子不会显现出黑白分明的界线；把两个手指并拢，靠近眼睛，通过指缝观看电灯灯丝，使缝与灯丝平行，可以看到灯丝两旁有明暗相间并带有彩色的平行条纹等；这些都称为波的衍射（或绕射）现象。与波的干涉一样，衍射也是波动的特性。那么波动的干涉和衍射之间有什么联系与差别呢？实际的光学现象中，有时如上一章只考虑两列或几列有数的相干波叠加现象；有时又需考虑有大量甚至无限多相干波的叠加。待本章讨论了光的衍射现象后，干涉和衍射的联系与区别就会清楚了。

一般来说，在光的衍射现象中，光不仅偏离直线传播，而且在偏离直线后的区域，还出现明暗相间的条纹或圆环，在波场（衍射场）中发生能量的重新分布。法国物理学家菲涅耳，从 1814 年开始研究光的衍射现象，如图 10-1 所示，他曾用准单色光源 S 照射不透光屏 G 上的小圆孔，在距该屏不远处的观察屏 E 上，观察到同心圆环状条纹（衍射图样）。现代采用高亮度的激光照射小圆孔，在距小圆孔后方的屏幕上，出现对比度很高的、明暗相间的条纹。图 10-2a 是不同大小（由左向右孔径是减小还是增大呢？）的圆孔的衍射条纹，图 10-2b 是其中之一的放大像。图 10-3 是在圆盘的几何阴影边缘，也出现了一系列明暗相间的衍射条纹，这些都是最简单的、典型的光衍射现象，它们的出现在光学仪器中也有不利影响。

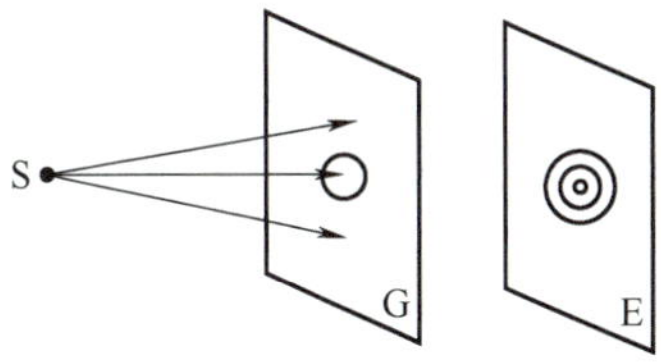

图 10-1

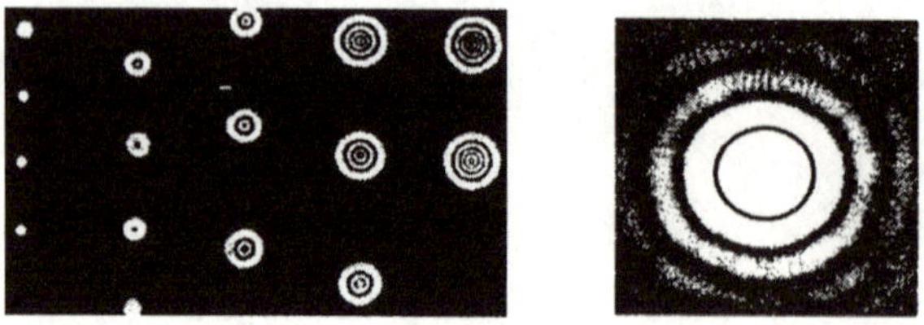

a) b)

图 10-2

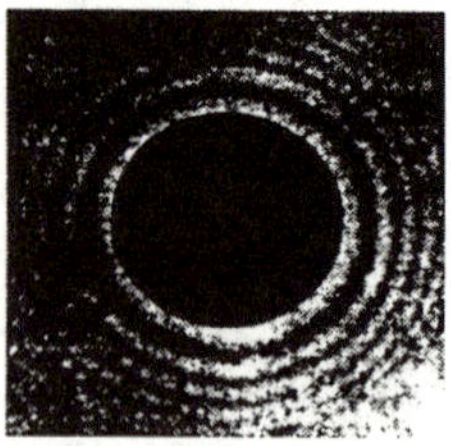

图 10-3

第一节 光的衍射和惠更斯-菲涅耳原理

一、衍射现象的分类

在实验室里观察衍射现象时，通常采用由准单色光源、衍射屏和接收屏（又称光屏）组成的衍射系统（见图10-4）。由于研究的目的不同，按光源、接收屏、衍射屏间距离的远近（近场衍射与远场衍射），将衍射现象分为菲涅耳衍射和夫琅禾费衍射两大类。其中，近场是指当光源离衍射屏的距离近（不是无限大）或接收屏到衍射屏的距离近（不是无限大），或两者都不是无限大时所发生的衍射现象，这就是菲涅耳衍射（菲涅耳1814年起所做的实验就属于这种情形）。图10-5a描述的就是菲涅耳衍射。这种衍射的主要特征表现在入射光或通过衍射屏后的衍射光不是平行光，或两者都不是平行光，这类衍射现象的数学计算较为复杂，本书不做进一步介绍。而图10-5b所示的情形属远场衍射，称作夫琅禾费衍射。**对比菲涅耳衍射，**夫琅禾费衍射主要特征是要借助于透镜实现。如在图10-5c中，使用了两个透镜 L_1、L_2。根据几何光学，L_1 将入射光变为平行光，L_2 将衍射平行光会聚到 L_2 的焦平面上以供观测。

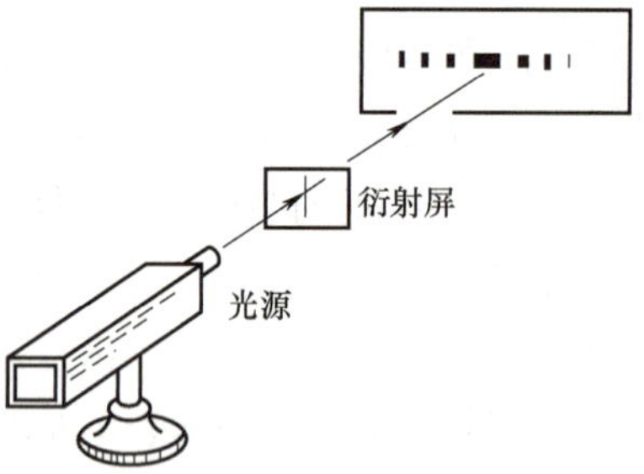

图 10-4

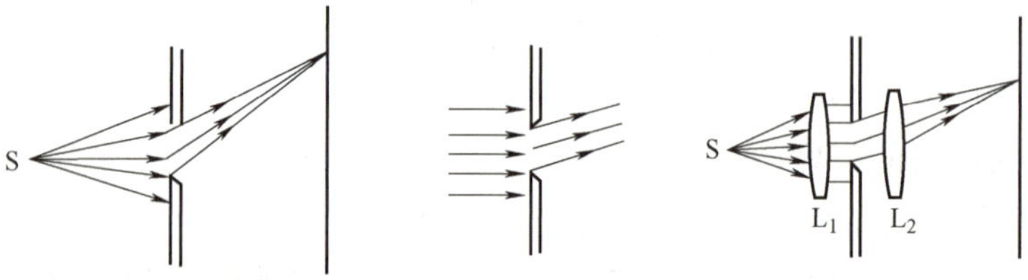

a) b) c)

图 10-5

二、惠更斯-菲涅耳原理

以机械波传播为例，波源的振动是通过弹性介质中各质元在既加速又形变中依次传播出去的。因此，这一机理可抽象为将依次振动的每个质元都可看作波源。如以图 10-6 为例，当水波传播到一个有小孔的挡板时，不论图中自左向右的水面波是平面波（见图 10-6a、b）还是球面波（见图 10-6c），在小孔右方都会出现球面波。这些球面波与传向挡板的波面形状无关，使人联想到它好像是以小孔为波源产生的波。

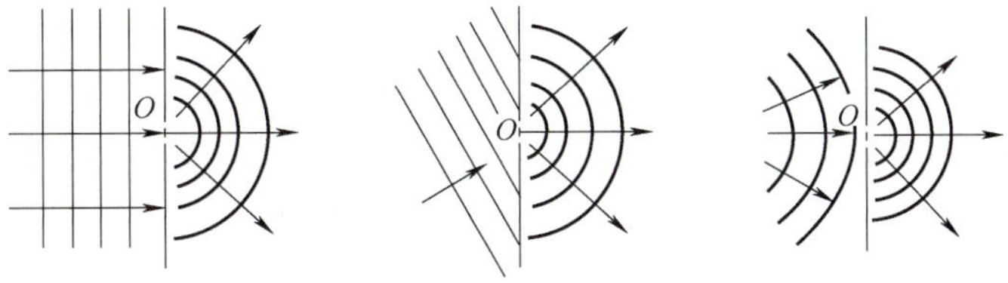

图 10-6

光的波动学创始人，荷兰物理学家惠更斯用归纳法总结了这类波动现象，于 17 世纪末提出了波前传播原理：波前（同相位曲面）上每一面元都可以看成能发出球面子波的子波源，由这些子波源发出的子波的公切面（包络面）构建了下一时刻的波前，这一原理称为惠更斯原理。以图 10-7a 为例，设有一以 O 为中心的球面波以波速 u 在真空中传播。在某一时刻 t 的波前为 S_1，按惠更斯原理，S_1 上的每一面元都是新的子波波源。因此，以 S_1 上各子波波源为中心，以 $u\Delta t$ 为半径，可画出经过 Δt 时间许多向前传播的半球形子波，之后画出这些子波的包络面 S_2 就是 $t+\Delta t$ 时刻的波前。对图 10-7b 所示的平面波，按类似的分析，也可画出下一时刻的波前。

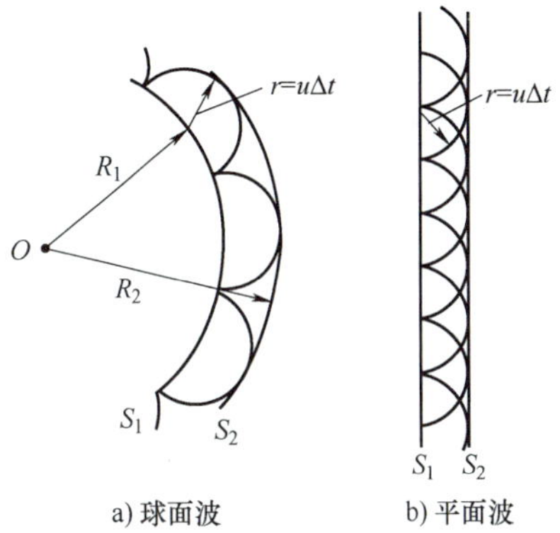

图 10-7

根据以上对图 10-7 的分析，惠更斯原理实际上是以作图法和几何图像，直观地描绘波在空间传播的景象，并可用于解释如波的反射与折射以及光绕过障碍物边缘时所发生的拐弯现象，以及确定衍射后波面的形状。但是，该原理中并没有触及波动所具有的时、空周期性，因而不能说明衍射现象中光波振幅和相位的变化，更不能给出图 10-2 中衍射图像明暗相间条纹形成的原因及光强分布规律的解释。实用上，惠更斯原理只是一种确定波前的几何作图方法。因此，后人总得有所发现、有所前进直至能圆满解释波的衍射规律。

果然，1818 年菲涅耳在对衍射现象做了深入的观察和分析之后，在惠更斯原理基础上提出了“子波相干叠加”的概念。经他补充和发展后的原理称为惠更斯-菲涅耳原理：某时刻波所到达的空间任意点都可看作能发出球面子波的波源，下一时刻空间任一点的光振动是所有这些子波在该点相干叠加的结果。其实，物理学中的多数规律也是在前人的基础上不断完善和发展起来的，其他学科的发展又何尝不是呢？所以在学习生涯中打好基础很重要，只有做到厚积才能薄发。

以图 10-8 为例，在惠更斯-菲涅耳原理中，dS 为从点光源发出的光波波前 S 上任一面元。由 dS 发出的子波到达图中点 P 的振幅，与面元面积 dS 成正比，与面元到点 P 的距离 r 成反比，并随面元法线 $\boldsymbol{e}_n$ 与 r 间的夹角 θ 的增大而减小（即辐射指向性，本书略）。而点 P 振动的振幅是整个波前 S 上所有面元发出的子波在点 P 引起光振动的叠加。为求点 P 的合振幅 $\boldsymbol{A}$ 要做以下矢量积分：

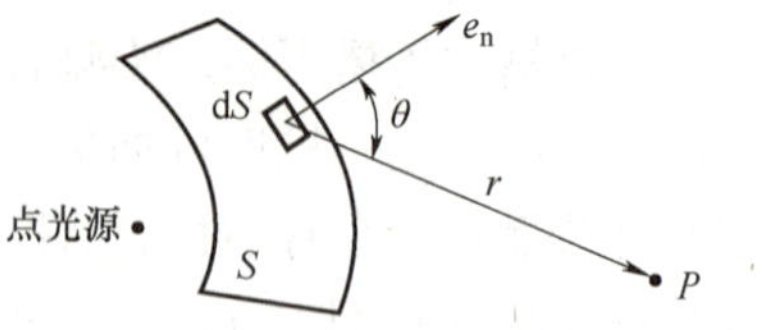

图 10-8

$$\boldsymbol{A}_P = \int \mathrm{d}\boldsymbol{A} \tag{10-1}$$

式中，d$\boldsymbol{A}$ 为面元 dS 发出的子波在点 P 的振幅矢量。在波动光学中，惠更斯-菲涅耳原理是分析和处理衍射问题的理论基础，原则上可以解决一般衍射问题。但要做式（10-1）的积分计算确实不容易（参看专业的光学教科书），通常只限于求解某些规则孔径的衍射。特别是光学仪器中多出现夫琅禾费衍射，因此，本书只介绍采用振幅矢量图解法和半波带法来解释单缝、圆孔与光栅的衍射现象，其基本思想均属惠更斯-菲涅耳原理。

第二节 单缝衍射

一、实验装置与光路

单缝衍射
半波带法

图 10-9 是夫琅禾费单缝衍射的实验装置原理图：分为光源、衍射屏与接收屏三大部分。在图中，单缝光源 S 位于透镜 L_1 的物方焦面上，透镜 L_1 将通过的一束光线形成平行光照射留有可调宽度的单狭缝的衍射屏 K 上。取最简单的模型是单色平行光垂直入射衍射屏。光经单缝后，透镜 L_2 将不同衍射方向（θ）的平行光分别会聚在位于 L_2 像方焦平面的接收屏 E 的不同位置上，形成一组与单缝平行的、明暗相间的直条纹组成衍射图样。这种衍射图样说明，入射光波面在狭缝长度方向上未受任何限制，因而，光线在该方向不发生衍射。相反，入射光波面在单缝宽度方向上受到了限制（垂直于狭缝长度方向），必在这个方向上产生衍射（见图 10-10）。如果将狭缝旋转 90°或换成方孔，会形成什么衍射图样呢？

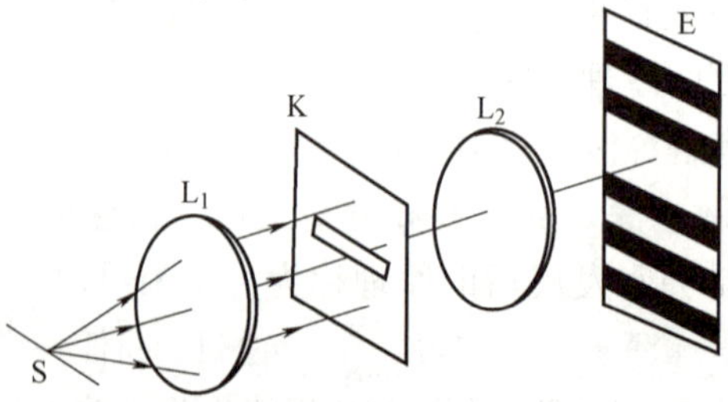

图 10-9

图 10-10

二、光强分布公式

如何解释在图 10-9 及图 10-10 中，屏上出现的明、暗相间的条纹呢？前已指出需用惠更斯-菲涅耳原理。但直接用式（10-1）计算非常复杂。所以，本书介绍在具有对称特征的衍射图样情况下，采用由菲涅耳提出的振幅矢量图解法与半波带法。

什么是振幅矢量图解法呢？以图 10-11 为例（图中缝宽与透镜尺寸不成比例）。图中 BC 表示与纸面垂直的单缝，宽度为 a。当单色平行光垂直入射 BC 时，按惠更斯-菲涅耳原理，到达单缝 BC 的波前上的每一面元作为子波波源要发出新的、沿缝后各方向传播的子波，某一方向（如 θ）所有子波波线与衍射屏平面法线之间的夹角称为衍射角（即 θ 角）。具有同一 θ 角的衍射平行光通过透镜会聚在处于后焦面的接收屏上同一点（如点 P）发生相干叠加。不同衍射方向（θ 不同）的衍射平行光经过透镜会聚于屏上其他各点上（图中未画出）组成屏上的衍射图样。其中，衍射角 $\theta=0$ 的子波经透镜后，会聚在接收屏上的点 O。因为 $\theta=0$ 的各条光线光程相等，所以点 O 必定处于亮条纹上。这个亮条纹称为中央明（亮）条纹，对应的光强也称为衍射条纹中的主极大。那么，**图中点 P 是由一束衍射角为 θ 的平行光经透镜会聚于此，它是否一定是亮点呢？如何计算点 P 的光强呢？**

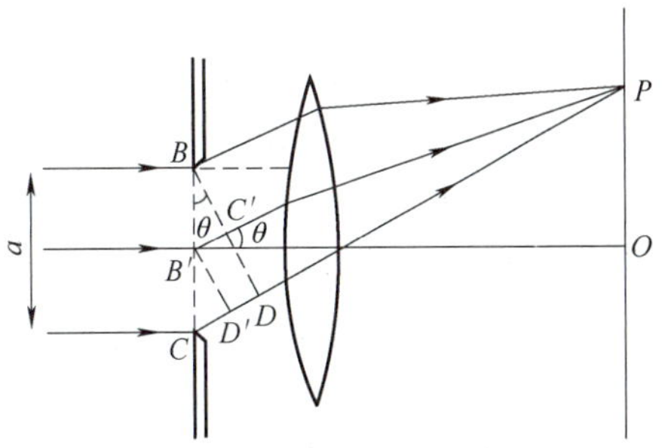

图　10-11

为了简化式（10-1）的计算，菲涅耳提出的振幅矢量图解法的要点是：首先，在波前上找子波波源，方法是想象将图 10-11 中 BC 分割成 N 个沿单缝长度方向、且相互平行的等宽窄条（称为波带，图中仅以两条波带 BB' 与 $B'C$ 示意）。每一波带都是振幅相等的相干子波波源，然后，在由每一波带发出的子波（衍射光）中，考察由衍射角为 θ 的子波在点 P 引起的光振动。之后，为求点 P 合振动，可借鉴第七章第二节 N 个同方向、同频率谐振动合成的分析方法。

为此，从图 10-11 的点 B 向由点 C 发出的衍射平行光作垂线交于 D。得到的 CD 就是由 B 与 C 发出的衍射平行光到达点 P 的光程差 Δ：

$$\Delta = CD = a\sin\theta \tag{10-2}$$

与 Δ 相应的相位差为 $\Delta\varphi=\dfrac{2\pi}{\lambda}a\sin\theta$。现在的问题是，决定点 P 光强的是由**处于上、下边缘（B、C）之间的 N 个窄条（子波波源）发出的衍射平行光到达点 P 的光程差或相位差又如何计算呢？**振幅矢量图解法是这样来解决这一问题的：首先，由于波面 BC 由 N 个等宽波带组成，因此，利用式（10-2）可以对相邻窄条发出的子波（衍射平行光）到达 P 点的光程差按比例推算。具体方法是，将利用图 10-11 中作虚线的方法，设想已将 CD 段 N 等分（图中 $N=2$），由其中的 $N-1$ 个分点（如图中 D'）向 BC 作 BD 的平行线（图中虚线），与 BC 相交（如图中为 B'）出 $N-1$ 个交点，由这 $N-1$ 个交点将 BC 分为 N 个窄条（子波波源）。计算 BC 上任意一对相邻窄条发出的衍射平行光到达点 P 的光程差 δ，则

练习 123

$$\delta = \frac{\Delta}{N} = \frac{a\sin\theta}{N} \tag{10-3}$$

如果将与光程差δ对应的相位差用β表示的话，则

$$\beta = \frac{\delta}{\lambda} \cdot 2\pi = \frac{2\pi}{\lambda}\frac{a\sin\theta}{N} \tag{10-4}$$

接下来，为求点P的光强，按式（10-1）的思路，先用$\Delta\boldsymbol{A}_i$（$i=1,2,\cdots,N$）代表BC上每一窄条（子波波源）发出的衍射平行光在点P的振幅矢量（见图10-12）。由于入射光垂直入射单缝，在BC上各子波波源振幅相等。当只考察很小的衍射角θ时，由各窄条发出的衍射光到达点P的光程相差不大，取点P处各$\Delta\boldsymbol{A}_i$大小近似相等，各相邻$\Delta\boldsymbol{A}_i$间的夹角β（相位差）由式（10-4）表示。为求合振幅矢量$\boldsymbol{A}$，在对这样的N个振幅矢量求和时可采用如图10-12a的作图方法。这种作图法似曾见过？对照图7-9，作图步骤一样，即在图10-12a中，以图10-11中对应单缝的点B为起点作一系列矢量$\Delta\boldsymbol{A}_i$（图中只画出5个），作法是使后一矢量的起点与前一矢量的终点相连，即前后矢量首尾相接，保持所有前后相邻矢量间夹角等于β。最后一个振幅矢量$\Delta\boldsymbol{A}_N$的终点为对应图10-11中单缝的点C。图10-12a中从B到C连接的矢量$\boldsymbol{A}_P$就是屏上点P的合振幅。

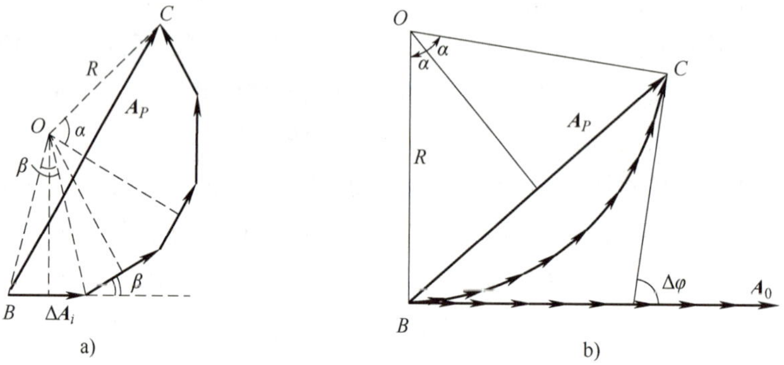

图　10-12

式（10-1）是一个连续变量的积分式，而图10-12a上只显示出N个分立的$\Delta\boldsymbol{A}_i$的矢量和，按式（10-1）做积分的要求，应将分割波前BC的窄条数目$N\to\infty$，每个窄条的宽度无限小，相邻窄条间相位差$\beta\to 0$。在此极限情况下，图10-12a中的折线图由图10-12b中一段光滑的圆弧替换。这段圆弧的圆心仍为O，半径为R，圆弧所张的圆心角为2α（α不成比例）。图上弦$\overline{BC}$即合矢量$\boldsymbol{A}_P$，大小为

$$A = |\boldsymbol{A}_P| = 2R\sin\alpha$$

在图10-12b中，弧长$\widehat{BC}$与圆心角2α的关系是$R=\dfrac{\widehat{BC}}{2a}=\dfrac{A_0}{2a}$，则

$$A = A_0\frac{\sin\alpha}{\alpha} \tag{10-5}$$

式中，A_0 是什么呢？为什么弧长$\widehat{BC}$等于 A_0？为此回顾图 10-11。接收屏上点 O 出现的中央亮条纹对应 $\theta=0$，$\beta=0$，即衍射角为 0，各窄条间相位差为零，这种特殊条件在图 10-12b 中表现在同方向（$\beta=0$）的水平线上，A_0 就是 $N\to\infty$ 时 N 个振幅矢量 $\Delta\boldsymbol{A}_i$之和（$\boldsymbol{A}_0\neq|\boldsymbol{A}_P|$）。因光强与振幅平方成正比，按式（10-5），在图 10-11 中，衍射角为 θ 的平行光会聚在点 P 的光强为

$$I_P=I_0\left(\frac{\sin\alpha}{\alpha}\right)^2 \quad 或 \quad \frac{I_P}{I_0}=\left(\frac{\sin\alpha}{\alpha}\right)^2 \tag{10-6}$$

式中，I_0 表示单缝中央亮条纹的光强；α 是单缝上下缘衍射光相位差 $N\beta$ 的一半；相对强度 I_P/I_0又称单缝衍射因子。式（10-6）就是单缝夫琅禾费衍射的光强分布公式。图 10-13 画出了 I-$\sin\theta$ 的函数曲线（作为一般表示，I_P的下角标可以去掉），描述了观察屏上光强随 $\sin\theta$ 而变的规律（作此图需借用一个新函数，可参看本书参考文献中有关“光学”类参考书）。归纳以上分析，单缝衍射光强分布具有如下特征：

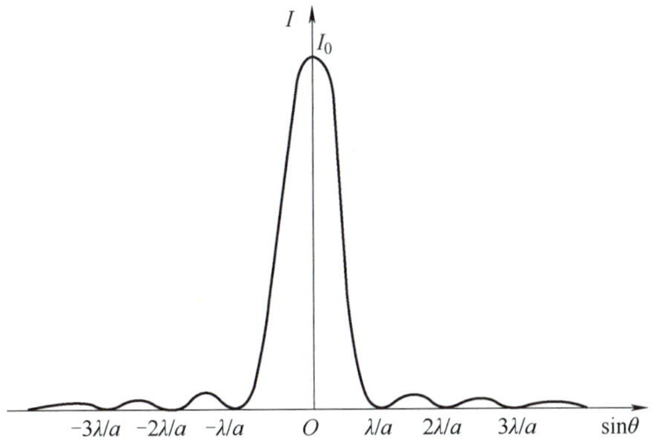

图 10-13

1）在图 10-11 中，透镜主光轴与接收屏的交点 O 处，衍射角 $\theta=0$，$\beta=0$，$\alpha=0$（注意 θ、β、$\Delta\varphi$、α 的区别与关系）。此时，经透镜会聚的各条衍射光线有相同的相位。式（10-6）中，

$$\lim_{\alpha\to 0}\frac{\sin\alpha}{\alpha}=1 \tag{10-7}$$

所以，$I=I_0$，即衍射图样中心点 O 的光强最大，这就是前面所说的主极大。

θ 角相同的衍射平行光经透镜会聚的各点光强也相同。这就是为什么在单缝夫琅禾费衍射图样中，明暗条纹都平行于单缝的原因。

2）在式（10-6）中，若将 $\alpha=\pm k'\pi$（$k'\neq 0, k'=1,2,\cdots$）代入，得 $I=0$，呈现出暗条纹，因图 10-12a 中 $\alpha=\dfrac{N\beta}{2}=\dfrac{\pi}{\lambda}a\sin\theta$，则

$$a\sin\theta=\pm k'\lambda \tag{10-8}$$

得到的式（10-8）称为单缝衍射暗条纹条件，是分析衍射的一个重要公式，式中 k'的数值表

示暗条纹的级次，因为 $\sin\theta$ 的值不超出 1，所以最大的 k' 值取决于比值$\frac{a}{\lambda}$（小于）。在实验分析中常常需要由式（10-8）确定暗条纹中心线的角位置（θ）。若只针对小角度衍射（如 $k=1$），可近似取 $\sin\theta\approx\theta$，则式（10-8）可以写为 $\theta\approx\pm k'\frac{\lambda}{a}$。如在图 10-14 中，设点 P 处为一级暗纹，一般约定，将相邻暗纹中心的角距离 $\Delta\theta$ 作为其间明纹的角宽度。结合图 10-13 看，图 10-14 中的中央亮纹半角宽度为

$$\Delta\theta=\frac{\lambda}{a} \tag{10-9}$$

图中，其他两相邻暗纹间的角宽度同样由式（10-9）表示。式（10-9）也提示了 λ 与 a 的大小对衍射图像的影响。

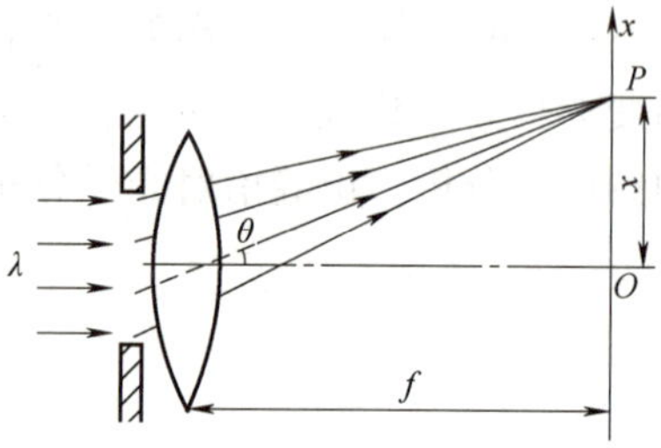

图　10-14

3）从图 10-13 还可看到，在主极大之外相邻暗纹间还存在强度很弱的次级明纹（次极大）。**如何确定这些次极大的位置？**数学上，采用对式（10-5）或式（10-6）求极值点的方法，即由$\frac{\mathrm{d}}{\mathrm{d}\alpha}\left(\frac{\sin\alpha}{\alpha}\right)=0$ 或$\frac{\mathrm{d}}{\mathrm{d}\alpha}\left(\frac{\sin\alpha}{\alpha}\right)^2=0$ 确定次极大位置。求解过程本书不再给出，结果见式（10-10）。

4）若采用白光照射单缝，白光中各种波长的光将形成各自的衍射图样。作为应用上述分析的练习，可以找到衍射图样呈彩色谱分布的特点。

还有一个问题是，**当图 10-14 中的单缝在本身所在平面内做上下左右小范围的平行移动时，接收屏上相同衍射角（θ）的衍射平行光的衍射图样会发生变化吗？**（提示：注意单缝尺寸与透镜尺寸的比例关系。）

三、半波带法

在图 10-11 中，如果只需确定观察屏上明暗条纹位置，而不要求考究光强分布规律的话，则可采用半波带法。这种方法的要点是，对于图 10-11 中某衍射平行光（θ），当光程差 CD 恰等于半波长整数倍$\left(N\frac{\lambda}{2}\right)$时可以把 CD 分为 N 个半波长，从 CD 上的 $N-1$ 个分点向 BC 作 BD 平行线，将 BC（波前）分为 N 个窄条（半波带）。但由于相邻半波带发出的子波到达点 P 的相位差为 π，当 N 为偶数时，点 P 相干相消［即式（10-8）］出现暗条纹；当 N 为奇数时，由于其中的 $N-1$ 个（偶数）半波带在点 P 相干相消，留下 1 个半波带使点 P 出现明条纹，因此，明条纹与衍射角的关系的数学表示式为

$$a\sin\theta=\pm(2k+1)\frac{\lambda}{2}\quad(k\neq0,k=1,2,\cdots) \tag{10-10}$$

作为式（10-8）的应用练习，在图 10-11 中，设用 $\lambda=500\mathrm{nm}$ 的单色平行光垂直照射单缝，发现衍射的第 1 级暗纹出现在 $\theta=30°$的方位上。此时，按式（10-8），应取 $k=1$，即

$$a\sin\theta_1=\pm\lambda$$

代入 $\theta=\pm30°$，可求得缝宽

$$a=\frac{\lambda}{\sin 30^\circ}=1.0\times10^{-6}\text{m}$$

要制造宽度如此小的狭缝相当困难。由于通过单缝的光强太弱，要观察或拍摄这种狭缝的衍射图样也是十分困难的，那么，衍射现象在光学仪器中是无足轻重吗？

【例 10-1】 单缝衍射装置如前图 10-14 所示，已知单缝宽度为 0.5mm，会聚透镜的焦距为 50cm，今以白光垂直照射狭缝，在观察屏上 1.5mm 处，可以看到明条纹，试求：

（1）入射光的波长及衍射级数。

（2）单缝所在处的波阵面被分成的波带数目。

【分析与解答】 用单缝衍射明条纹条件公式计算。

（1）先写出单缝衍射明条纹条件

$$a\sin\theta=\pm(2k+1)\frac{\lambda}{2}$$

当条纹对应的衍射角较小时，可以取近似计算

$$\sin\theta\approx\tan\theta=\frac{x}{f}$$

两式联立可得波长 $\lambda=\frac{2a}{2k+1}\frac{|x|}{f}\quad(k=1,2,\cdots)$

由于本题中波长与具体衍射级数均未知，因此，需要令 k 取一系列整数（$k=1,2,\cdots$），以计算相应波长，并从这些波长中选择在可见光波段（400~760nm）中的波长与相应衍射级数。

即当 $k=2$ 时，$\lambda=\frac{2a}{2k+1}\frac{|x|}{f}=\frac{2\times0.5\times10^{-3}\times1.5\times10^{-3}}{(2\times2+1)\times50\times10^{-2}}\text{m}=600\text{nm}$

当 $k=3$ 时，$\lambda=\frac{2a}{2k+1}\frac{|x|}{f}=\frac{2\times0.5\times10^{-3}\times1.5\times10^{-3}}{(2\times3+1)\times50\times10^{-2}}\text{m}=428.6\text{nm}$

（2）当 $k=2$ 时，分成的半波带数目为 $2k+1=2\times2+1=5$；当 $k=3$ 时，分成的半波带数目为 $2k+1=2\times3+1=7$。

第三节 圆孔衍射

在使用一般光学系统时（如相机、望远镜等），多数光学元件（如透镜快门及孔径光阑等）都要采用限制光波传播的圆形通光孔。当光波穿过小圆孔后，受限制的波面也会产生衍射现象。因此，在光学系统的成像问题中要注意处理圆孔衍射的影响。本书仅仅讨论在平行光垂直入射条件下的夫琅禾费圆孔衍射。

在图 10-15a 的光学系统中，用小圆孔更换图 10-9 中的单缝就是圆孔衍射光路图。当单色平行光垂直照射小圆孔时，实验发现，在接收屏上出现中央明亮的圆斑，圆斑周围是一组明暗相间的同心圆环。经计算，圆斑约集中了衍射光能的 83.8%，称此圆斑为**艾里斑**。

图 10-15a 中，一级暗环与透镜光轴间夹角 $\Delta\theta$ 称为艾里斑半角宽度。$\Delta\theta$ 也用于衡量艾里斑的大小，衍射图样的强度分布如图 10-15b 所示（纵轴两边对称）。

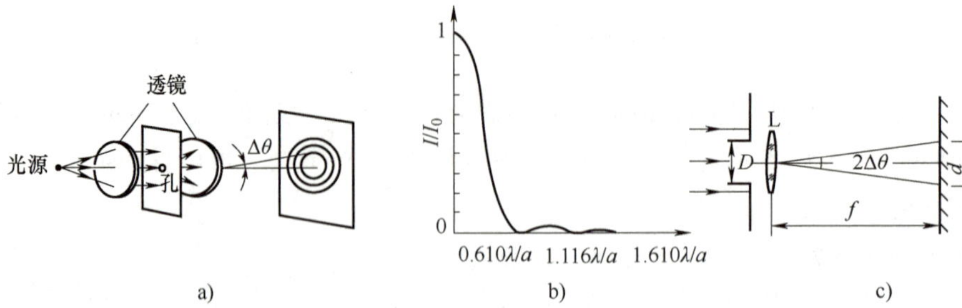

图　10-15

经理论计算可得艾里斑的半角宽度为（计算过程略）

$$\Delta\theta \approx \sin\theta_1 = 0.610\frac{\lambda}{a} = 1.22\frac{\lambda}{D} \tag{10-11}$$

式中，a 为圆孔半径；D 为圆孔的直径；λ 是入射光的波长。式（10-11）除了一个反映不同于单狭缝几何形状的因子 1.22 外，数学形式及参量与式（10-9）完全一样。由于主极大（中央亮斑）的半角宽度都以 $\frac{\lambda}{a}$ 为尺度来衡量，以及式（10-9）与式（10-11）的相似性，所以圆孔衍射与单缝衍射的分析方法完全相同。本书之所以省略了因子 1.22 的“来头”，是因为对前者的分析过程比后者复杂得多。

用式（10-11）可计算图 10-15c 中艾里斑的线半径（图 10-15c 中 d 表示直径）

$$r = f\Delta\theta = 1.22\frac{\lambda f}{D} \tag{10-12}$$

式中，f 为透镜焦距（装置上透镜紧贴圆孔）。式（10-12）给出了圆孔孔径与艾里斑大小的关系。为什么要强调艾里斑的半角宽度与线半径的关系呢？

第四节　光学仪器的分辨本领

一、瑞利判据

如前所述，由于任何一种光学仪器，例如显微镜、望远镜、照相机等都有圆形通光孔。如果仅从几何光学（光线光学）角度考虑，只要适当选择透镜焦距，并采用多透镜的组合，似乎能把任何微小物体放大到清晰可见的程度。但实际情况并非如此，因为从波动光学看，上述光学仪器对一个点物的成像过程是一个圆孔夫琅禾费衍射过程。经过衍射，点物并不会成点像，而是扩展为一个有一定大小的艾里斑，这对于分析圆孔成像质量十分重要。例如，用天文望远镜观察太空中一对靠得很近的双星时，由于光的衍射，有时在像方焦面上会形成两个互相叠加的艾里斑，每个艾里斑对应不同的星体，以至于无法分辨。经研究，两个艾里斑的重叠程度大致按图 10-16 分为三种（图 10-16 中 a、b、c 三类用三种等效方式描述）：

1）如图 10-16a 以上、中、下三种方式说明，两个星体完全可以分辨。

2）图 10-16b 中下面第 3 图示意两个像已靠近，但两斑圆心之间的距离还大于艾里斑的线半径。或者用角参量衡量，当两个艾里斑中心间的角间距 $\delta\theta$ 大于艾里斑的角半径 $\Delta\theta$（未画出）时，虽然两艾里斑有部分重叠，但重叠部分的光强较之艾里斑中心处的光强要弱很多（见图 10-16b 中第 2 图），人们还能分辨出是两个星体。

3）当 $\delta\theta<\Delta\theta$ 时（见图 10-16c），两个衍射图样重叠而混为一体。在这种情况下，两星体（物点）就不可能分辨了。

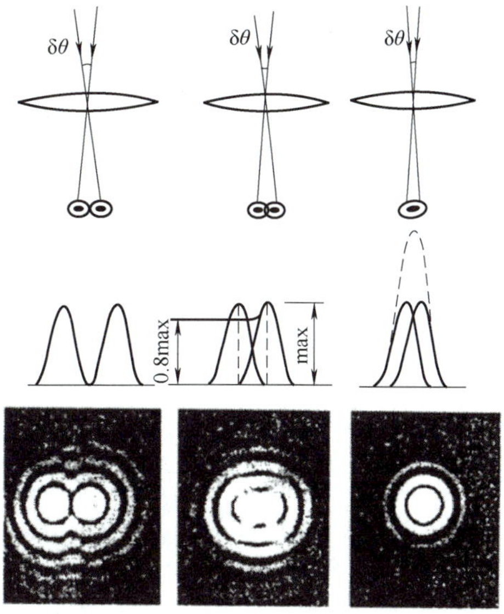

图　10-16

在三类情况中，恰好能够分辨两个物点（见图 10-16b）的标准是瑞利提出的：如果一个像点的艾里斑的圆心刚好与另一像点艾里斑的第一级暗环相重合，则这两个物点恰好能为这一光学仪器所分辨，这一准则称为瑞利判据。为什么是这样？因为此时两衍射图像重叠（不是相干）中心处的光强约为每个艾里斑中心处光强的 80%，对于大多数使用科学仪器的人的视觉来说，仍能够判断出这是两个物点的像。对于光学仪器中的凸透镜，在这一临界情况下，图 10-16 中 $\delta\theta$ 是两个物点 S_1 和 S_2 对透镜光心的张角，$\delta\theta$ 称为最小分辨角，则

$$\delta\theta = \Delta\theta = 1.22\frac{\lambda}{D} \tag{10-13}$$

式中，$\Delta\theta$ 即每一个艾里斑的角半径，则透镜的最小分辨角的大小 $\delta\theta$ 由孔径 D 和光波的波长 λ 决定，如图 10-17 所示。定义：最小分辨角的倒数为仪器的分辨本领。从式（10-13）分析，增大透镜直径 D、缩短入射光波长 λ，可以提高光学仪器的分辨本领（实用中都有一个限度），因而，有利于观察距离地球更远的星体。式（10-13）也界定了小圆孔“小”的含意。读到这里大家不难联想到被誉为“中国天眼”的球面射电望远镜为什么会被设计成 500m 大口径了吧？在此我们需要特别感谢该工程首席科学家、总工程师南仁东先生为我国天文学事业发展所做出的伟大贡献和取得的卓越成绩，他为工程默默奉献的 24 载已成功诠释了什么才是社会主义核心价值观中的“爱国、敬业、诚信、友善”。

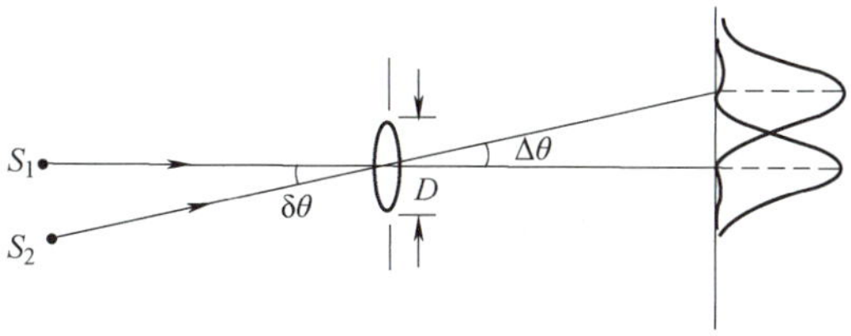

图　10-17

【例 10-2】 有人说，站在月球上能看到长城，这是真的吗？已知：月球与地球相距 3.8×10^5km，人眼瞳孔直径约为 3mm，对人眼最敏感的黄绿光波长为 550nm。算出长城的宽度至少应为多少时才能被看清，从而判断结果是否合理。

【分析与解答】 以 $\Delta\theta$ 表人眼最小分辨角，长城对月球上人的张角为 $\delta\theta$，要求 $\delta\theta = \Delta\theta$。如图 10-18 所示，设长城宽度为 l，月球与地球间距为 s，它对站在月球上的人的张角 $\delta\theta$ 近似取为

$$\delta\theta = \frac{l}{s}$$

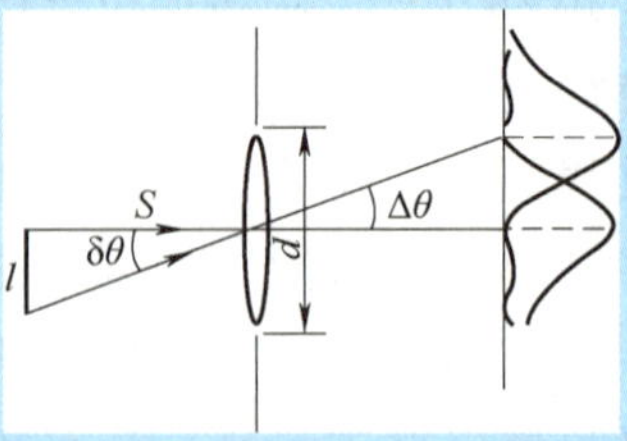

图　10-18

人眼最小分辨角为

$$\Delta\theta = 1.22\frac{\lambda}{d}$$

联立以上两式 $\delta\theta = \Delta\theta$，得

$$l = s\Delta\theta = 1.22s\frac{\lambda}{d}$$

将数据 $s=3.8\times10^8$m、$\lambda=550\times10^{-9}$m 及 $d=3\times10^{-3}$m 代入即得能被人眼看清楚的长城的最小宽度 $l=1.22\times3.8\times10^8\times\frac{550\times10^{-9}}{3\times10^{-3}}$m $=8.4\times10^4$m，该数据远远超过长城的实际宽度，故站在月球上看长城说法不合理。

二、应用拓展——射电望远镜

射电望远镜作为天文望远镜的一种，通常是指用于观测和研究天体的射电波的一种基本设备，可用于测量天体射电的强度、频谱及偏振等。中国 500m 口径球面射电望远镜（Five hundred meter Aperture Spherical radio Telescope，即 FAST）是目前我国乃至世界上最大且最灵敏的射电望远镜，也是全球搜寻脉冲星效率最高的射电望远镜，它坐落于贵州省平塘县。和同类大口径射电望远镜相比，FAST 的独到之处在于：利用贵州省境内喀斯特地貌中的天然洼坑作为台址；洼坑内铺设数千块单元，构成 500m 球冠状主动反射面，球冠反射面在射电电源方向形成 300m 口径瞬时抛物面，可将 300m 范围内全部信号进行汇聚，其灵敏度是 Arecibo（阿雷西博望远镜）的 3 倍，是如今其他射电望远镜的 10 倍以上；另外，采用的轻型索拖动机构和并联机器人，实现了接收机的高精度定位。

第五节　光栅衍射

光栅是在杨氏双缝干涉仪基础上发展而产生的一种多缝光学元件。1818 年，夫琅禾费制成的第一块光栅是用细金属丝在两平行螺钉上缠成栅状物。后人发展用金刚石刻针在一块透明玻璃板上刻划一系列等宽、等间距的平行刻线（见图 10-19a），在每条刻痕处，入射光

向各个方向散射而不能透过，入射光只能在未刻划的透明部分通过。这种大量等宽、等间隔的单缝就构成了平面透射光栅。

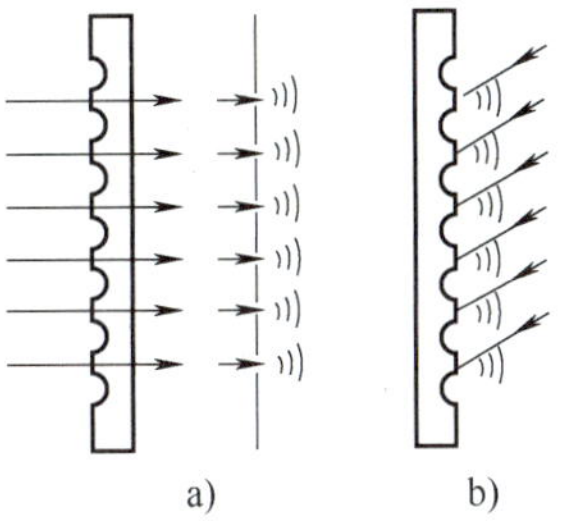

图 10-19

光栅衍射

光栅

若在光洁度很高的高反射率金属面上刻线，如图 10-19b 所示，则入射光只能在未刻的光亮部分反射。与通过狭缝的光会产生衍射一样，由窄条反射的光也会产生衍射，这种利用反射光衍射的光栅叫反射光栅。通常的透射光栅在 1cm 宽的玻璃板上，刻痕多达 1 万条以上，不难想见，刻制光栅是一种较为先进的技术。因此，原刻光栅十分珍贵。一般实验室用光栅是原刻母光栅的复制品，它用优质塑料膜复制后夹在两块玻璃片中间做成。

虽然光栅还有其他多种类型，但它们的基本光学原理相同。本节只介绍如何应用光的干涉和衍射的理论，讨论平面透射光栅衍射的基本规律。

一、平面透射光栅的光强分布公式

图 10-20 是观察光栅衍射的实验装置示意图。与前几节的光学系统类似，它仍然由光源、衍射屏、接收屏三部分组成，并且只需将图 10-9 中的单缝更换成光栅就是光栅衍射光路图。实验发现，衍射屏的更换，导致在接收屏上却出现了一组不同于单缝衍射条纹的、暗区很宽、明亮尖锐的谱线。**那么，接收屏上的光栅衍射谱是如何形成的呢？**或者说，**如何分析光通过光栅后经透镜会聚在观察屏上的光强分布呢？**在分析之前，先设透射光栅的狭缝数为 N，每一条狭缝宽为 a，相邻两狭缝间宽度为 b，$d=a+b$ 称为**光栅常数**。如果把光栅上每一条单缝的衍射光叫作一个光束，则光栅是一种用分波前法制成的多光束干涉器件。下面如何来分析 N 条单缝多光束的干涉？

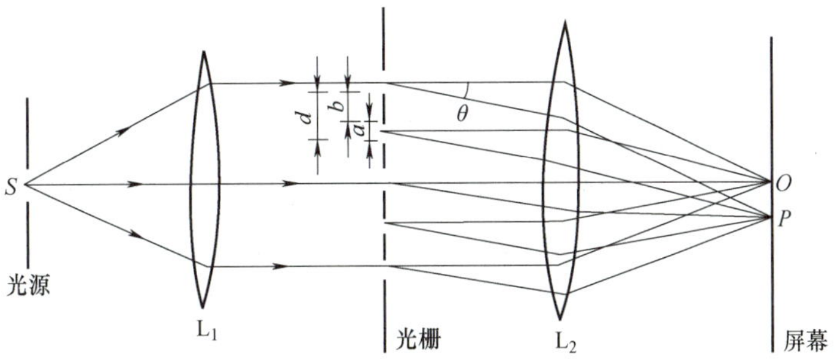

图 10-20

1. 光栅衍射中的单缝衍射

在图 10-21 中最简单的情况是，采用单色平行光垂直照射光栅。光通过 N 条单狭缝而每条狭缝产生单缝衍射（见上一节）。在图 10-11 中，单缝夫琅禾费衍射图样只取决于衍射角 θ，点 P 衍射不随单缝的上下移动而变化，它表明光栅上 N 条单缝衍射在屏幕上产生的图样完全一样，且彼此互相重叠在一起。

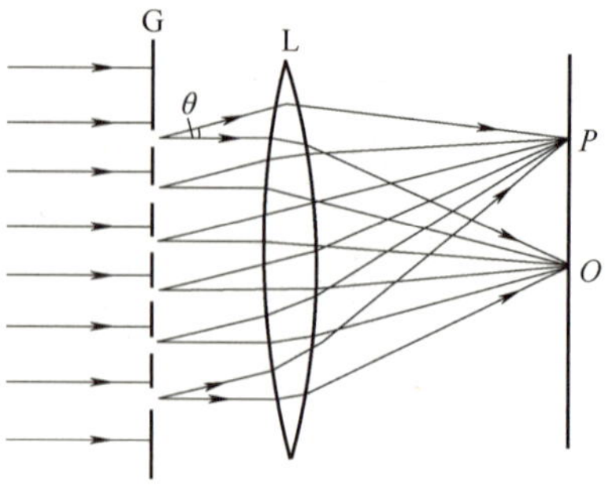

图　10-21

2. 光栅中单缝衍射的多缝干涉

由于光栅 N 条平行单狭缝分波前出射的衍射光都是相干光，通过透镜会聚在屏幕（焦平面）上不同位置（见图 10-21 中点 P 与点 O）产生相干叠加，形成一系列极大值和极小值。换句话说，光栅衍射图样是单缝衍射和多缝干涉的共同结果。那么，光栅衍射图样的光强分布遵守什么规律呢？

3. 光强分布公式

为计算光强，按光栅衍射光谱是单缝衍射与多缝干涉共同形成的思路，讨论谱线强度还是要从振幅切入，因此，设从每条单狭缝出射的、衍射角为 θ 的衍射光到达接收屏上点 P（见图 10-21）的振幅矢量 $\boldsymbol{A}_i$（$i=1,2,\cdots,N$）大小相等，N 条单缝于点 P 光振动的合振幅矢量等于各单缝 $\boldsymbol{A}_i$ 的矢量和，接下来就是计算这一矢量和。

由于在本章第二节讨论单缝衍射时，已得到由式（10-5）计算单缝衍射在点 P 振幅公式

$$A_i = A_0 \frac{\sin\alpha}{\alpha}$$

要求 N 个振幅矢量的矢量和，仅已知 A_i 大小不够，还需考虑它们之间的相位差，由于 N 个单缝等间距排列且限定讨论图 10-22 中沿 θ 角方向的 N 条衍射平行光，则任一相邻两狭缝间发出的两条衍射光的光程差及相位差相同。在图 10-22 中以 Δ 表示它们之间的光程差，为

练习 124

$$\Delta = d\sin\theta \tag{10-14}$$

相位差为

$$\beta = \frac{2\pi}{\lambda} d\sin\theta \tag{10-15}$$

满足以上条件（Δ，β）的 N 个矢量 $\boldsymbol{A}_i$ 求和问题已在图 7-9 及图 10-12a 用振幅矢量图解法解决过。现以图 10-23 示意点 P 光振动的 N 个（图中 $N=4$）振幅矢量 $\boldsymbol{A}_i$，由于它们长度相等，且相继两振幅矢量间的夹角（相位差）都是 β，则点 P 光振动的合振幅矢量为

$$\boldsymbol{A} = \sum_{i=1}^{N} \boldsymbol{A}_i$$

分析图 7-11 的方法可原封不动地用到图 10-23 中（最终合振幅 A 的函数形式不同），结

果如下：

$$R=\frac{\dfrac{A_i}{2}}{\sin\dfrac{\beta}{2}}$$

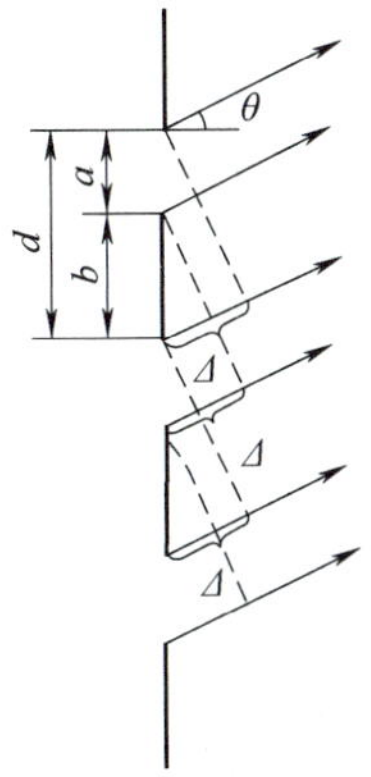

图　10-22

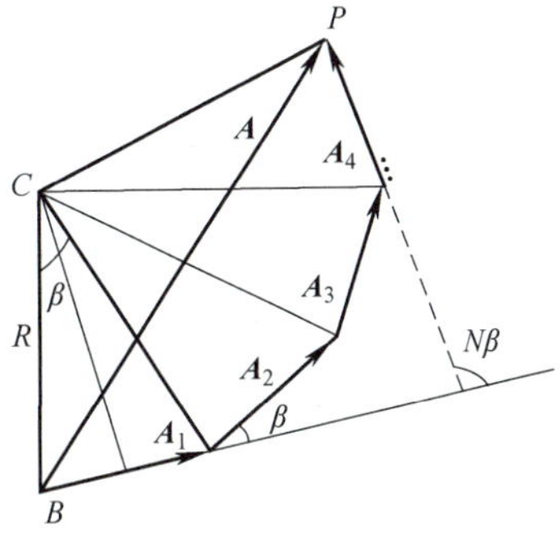

图　10-23

合振幅矢量 $\boldsymbol{A}$ 所对的圆心角为 $N\beta$，从等腰三角形 CBD 看，A 的长度为

$$A=2R\sin\frac{N\beta}{2}=A_i\frac{\sin\dfrac{N\beta}{2}}{\sin\dfrac{\beta}{2}}=A_0\frac{\sin\alpha}{\alpha}\frac{\sin\dfrac{N\beta}{2}}{\sin\dfrac{\beta}{2}} \tag{10-16}$$

于是，点 P 的光强为

$$I=I_0\left(\frac{\sin\alpha}{\alpha}\right)^2\left(\frac{\sin\dfrac{N\beta}{2}}{\sin\dfrac{\beta}{2}}\right)^2 \tag{10-17}$$

式中，I 随 α、β 而变，它就是光栅衍射谱的光强分布公式。按图 10-12，α 为

$$\alpha=\frac{\pi a}{\lambda}\sin\theta=\frac{N\beta}{2}$$

根据 α 的含义，式（10-17）中的第一个因子$\left(\dfrac{\sin\alpha}{\alpha}\right)^2$称为单缝衍射因子，它描述每一个参与相干叠加的单缝衍射的光强分布；第二个称为干涉因子，它描述的是所有单缝发出的、衍射角为 θ 的衍射光干涉对光强的贡献。如何用式（10-17）分析衍射图样呢?

二、光栅衍射图样的特点

1. 主极大　光栅方程

在式（10-17）中，衍射因子与干涉因子在函数形式上有某种相似之处，区别在于，第二项的分母是周期函数。在某一衍射角 θ 时，第二项中分子、分母有可能都等于零，即

$\sin\frac{N\beta}{2}=0$，$\sin\frac{\beta}{2}=0$，类比式（7-38）

练习 125

$$\lim_{\frac{\beta}{2}\to k\pi}\left(\frac{\sin\frac{N\beta}{2}}{\sin\frac{\beta}{2}}\right)^2=\lim_{\frac{\beta}{2}\to k\pi}\left(\frac{N\cos\frac{N\beta}{2}}{\cos\frac{\beta}{2}}\right)^2=N^2 \tag{10-18}$$

对应某衍射角干涉因子取最大值 N^2，以致由式（10-17）表示的光强可能达极大（称主极大）。此时，由于 $\sin\frac{\beta}{2}=0$，必有 $\frac{\beta}{2}=\pm k\pi$，将它与式（10-15）联立，可得到一重要公式

$$d\sin\theta=\pm k\lambda \quad (k=0,1,2,\cdots) \tag{10-19}$$

式（10-19）之所以重要，先结合图 10-22 读懂等号左侧表示的是由相邻两单缝发出的、衍射角为 θ 的衍射平行光到达点 P 的光程差。当该光程差为波长的整数倍，且式（10-17）中衍射因子不为零时，则在点 P 出现明纹（主极大）。因而将式（10-19）称为光栅方程。满足光栅方程的光强与 N^2 成正比，也就是主极大的光强是每一单缝在该衍射方向光强 $I_0\left(\frac{\sin\alpha}{\alpha}\right)^2$ 的 N^2 倍，这就是光栅较之单缝能产生明亮尖锐亮纹的原因。通常把式（10-19）中 $k=0$ 的主极大称为零级光谱或中央明纹。在光栅矢量图 10-23 上，这种情况相当于各 $\boldsymbol{A}_i$ 同相位（如 $\beta=0$），它们沿同一方向相加。当 k 取其他值时（$k=0,1,2,\cdots$），分别称为 k 级光谱或 k 级明条纹。k 的最大值受限于 $\sin\theta=1$。

2. 暗条纹

光栅衍射图样（参看图 10-26）出现暗区有以下三个原因：

（1）多缝干涉结果　若振幅矢量图 10-23 上各 $\boldsymbol{A}_i$ 首尾相连，可构成一图 10-24 的封闭多边形，则合振幅

$$\boldsymbol{A}=\sum_i \boldsymbol{A}_i=\boldsymbol{0} \tag{10-20}$$

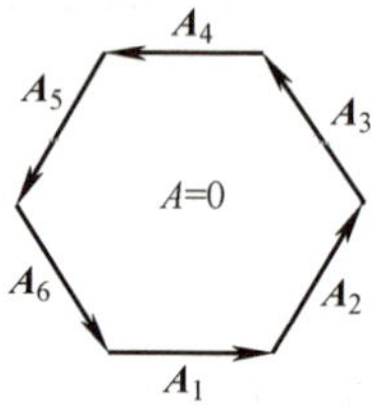

图　10-24

此时，在图 10-21 上由 N 条单缝发出的衍射光束在 P 点叠加后相消。从式（10-17）来看，这就是当分子 $\sin N\frac{\beta}{2}=0$，而分母 $\sin\frac{\beta}{2}\neq 0$ 时，$I=0$，根据式（10-15）

$$N\frac{\beta}{2}=N\cdot\frac{\pi}{\lambda}d\sin\theta=\pm k'\pi$$

即当衍射角 θ 满足下述条件时的那些衍射平行光经透镜会聚后不出现明纹而是将出现暗纹：

$$d\sin\theta=\pm\frac{k'}{N}\lambda \quad (k'=1,2,3,\cdots,N-1) \tag{10-21}$$

式（10-21）称为暗纹方程，为什么式中没有 $k'=0$ 及 $k'=N$ 呢？试以 $k'=0$ 与 $k'=N$ 代入式（10-21），会发现与式（10-19）的结果相同，因而必须排除在外。因此，由 k' 的 $N-1$ 个

取值意味在相邻主极大间出现有 $N-1$ 条暗条纹。

（2）单缝衍射出现暗纹 光栅中每条单缝衍射有它自身规律，其中式（10-8）表示在 θ 角衍射方向将出现暗纹，即使 N 条单缝衍射叠加也不会改变这一结果，这是相邻主极大间出现暗区另一原因。

（3）主极大缺级 这种暗纹缘于单缝衍射对主极大的调制（详见后）。

3. 次极大

上面介绍了在相邻主极大之间出现 $N-1$ 条暗条纹，既然如此，在相邻两暗条纹之间既不是主极大，又不是暗纹，只有一种可能，即如图 10-25 所示的微弱的明纹（次极大），而且数量也可观。这些次极大的光强只有主极大的 4%左右，所以，当 N 很大时，两主极大之间被密而弱的次极大覆盖的区间被当成一片相当暗的背底，对光栅光谱（主极大）的实验测量没什么影响，所以再进一步对次极大的讨论就无多大实际意义了。图 10-26 已表明光栅衍射图样是在暗区的背景上，呈现出一系列明亮尖锐的亮纹（主极大）。正是由于这一特点，光栅常用于精密测量（如入射光的波长等）。

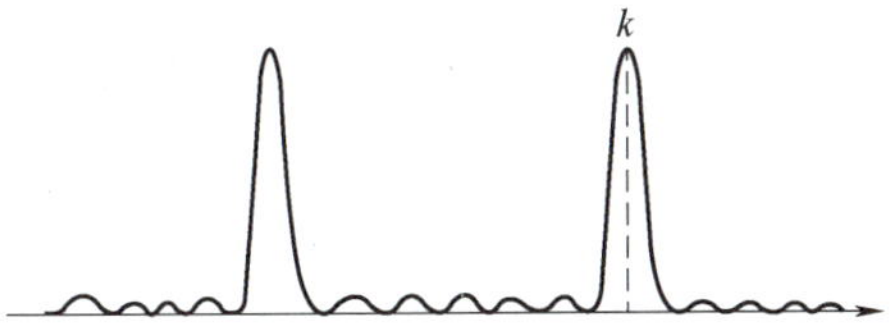

图 10-25

图 10-26

4. 单缝衍射对主极大的调制

上面提到主极大缺级是单缝衍射对主极大的调制，这是怎么一回事呢？

先看图 10-27a，纵坐标表示式（10-17）的干涉因子项，横坐标 $\gamma=\dfrac{\beta}{2}$，函数曲线是假设各单缝在相同衍射方向（θ）的、衍射光的光强相同而画出来的。但是，在式（10-17）中，光栅的强度分布不仅与干涉因子有关还与单缝衍射因子有关。预示各级主极大的强度并不相同。如图 10-27b 所示，单缝衍射光强随衍射角 θ 的变化而变化（对比图 10-13）。因此，可以说，光栅衍射图样图 10-27c 是单缝衍射光强曲线（见图 10-27b）对多缝干涉光强曲线（见图 10-27a）调制（约束）的结果。

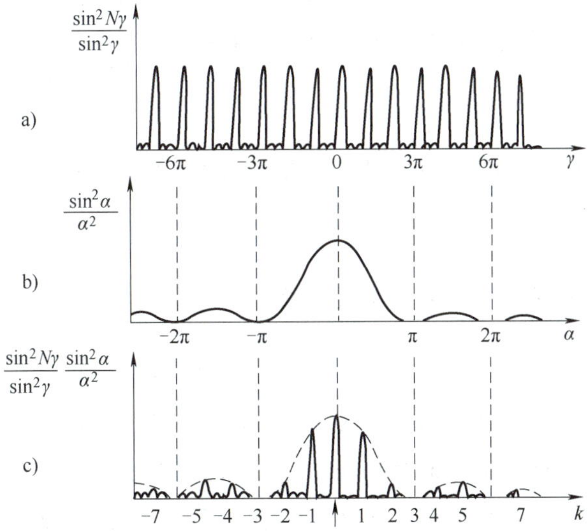

图 10-27

从图 10-27c 看，纵坐标表示式（10-17）中相对光强，横坐标为式（10-19）中 k。如果干涉因子的主极大恰好位于单缝衍射的暗纹处，则该级主极大在衍射谱中就不能出现了，这种现象叫作**缺级**。实验中，缺级现象反映了单缝衍射与多缝干涉规律中单缝的调制作用约束着光栅光谱。将式（10-8）和式（10-19）联立，可求缺级的级次，方法是：如果图 10-22 中的某衍射角 θ 同时满足以下两个方程：

练习 126

单缝衍射暗纹条件　　$a\sin\theta=\pm k'\lambda \quad (k'=1,2,3,\cdots)$

光栅方程　　$d\sin\theta=\pm k\lambda \quad (k=0,1,2,\cdots)$

由以上两式解得

$$\sin\theta=\frac{k'}{a}\lambda=\frac{k}{d}\lambda \tag{10-22}$$

式（10-22）表明，在此衍射角 θ 下，当光栅的 d 和 a 之间满足如下关系时，每一单缝衍射谱出现暗条纹：

$$d=\frac{k}{k'}a \quad (\text{因 } d>a,\text{则 } k>k')$$

此时，光栅方程中第 k 级干涉主极大不出现（缺级）。k 由 k' 决定（与入射光波长无关）：

$$k=\frac{d}{a}k' \quad (\text{而 } k'=1,2,\cdots\text{时，单缝衍射出现暗条纹}) \tag{10-23}$$

图 10-27c 中画出了 $d=3a$ 时的缺级情况。

【例 10-3】　有一宽度为 $D=10\text{mm}$、每毫米均匀刻有 100 条刻线的光栅，当单色平行光垂直入射该光栅时，第 4 级主极大的衍射光刚好消失（缺级），第 2 级光强不为零，试求光栅单狭缝可能的宽度。

【分析与解答】　按光栅衍射谱缺级规律考虑。先联立光栅方程与单缝暗条纹公式，得光栅衍射谱缺级时满足下述关系：

$$\frac{d}{a}=\frac{k}{k'}$$

按题意第 4 级（$k=4$）主极大缺级，则将 $k=4$ 代入上式得

$$a=\frac{k'}{4}d$$

其中光栅常数 d 可由题示条件求出，即

$$d=\frac{1}{100}\text{mm}=0.01\text{mm}$$

k' 为单缝衍射级次，k' 可能取值 $1,2,3,\cdots$。当 $k'=1$ 时，对应于最小缝宽 $a=d/4=0.01\text{mm}/4=2.5\times10^{-3}\text{mm}$ 时，第 4 级缺级；$k'=2$，$d/a=2$，相当于 $k'=1$，$k=2$，第 2 级缺级，与题意不符，应舍弃；当 $k'=3$，对应的缝宽 $a=3d/4=3\times0.01/4\text{mm}=7.5\times10^{-3}\text{mm}$，第 4 级缺级；从第二表达式看，$k'\neq4$。

综上，光栅单缝可能宽度为 $2.5\times10^{-3}\text{mm}$ 或 $7.5\times10^{-3}\text{mm}$。

*三、光栅光谱

在光谱分析中，由于物质的发射光谱和吸收光谱都携带有物质内部结构的重要信息，所以原子光谱、分子光谱已成为了解原子、分子结构及其运动规律的重要窗口。在科学研究和工程技术中，光栅光谱仪早已广泛地应用于分析、鉴定及标准化测量等方面。如前所述，当满足光栅方程式（10-19）时，单色光经过光栅衍射后，形成各级细而亮的明纹。因衍射主极大的衍射角与光波波长有关，通过测定指定级次的衍射角，可以精确地测定波长。但原子光谱、分子光谱都是复色光谱，当光源中不同波长的光经光栅衍射后，每种波长成分在屏幕上形成各自的衍射图样，除所有波长的零级主极大均位于 $\theta=0$ 处外，其他各级主极大均按波长由短到长的次序，自中央向外侧彼此分开，这一现象称为色散。而且不同的波长构成一组不同的谱线（见图 10-28），光栅衍射产生的这种按波长排列的一组组谱线称为光栅光谱。这样一来，在使用光栅进行光谱分析时，光栅的主要参量除光栅常数 d、缝宽 a、光栅的线数 N 外，还有两个参量：角色散率 D 及色分辨率 R 对光谱分析也十分重要。

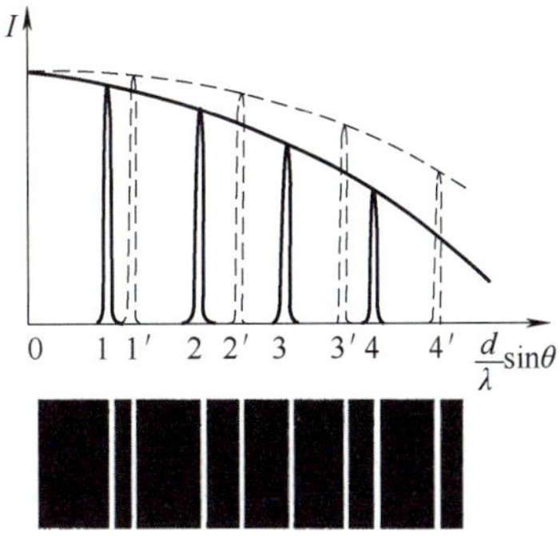

图　10-28

1. 角色散率 D 的物理意义

在光栅的作用下，不同波长光波的同级（k）光谱有不同的衍射角（θ）。那么，波长相近的两条谱线如何才能在光栅光谱中分辨出来呢？应当说将两条同级（k）的不同谱线分开的程度应当与光栅本身的性质有关。为了描述光栅能将同级（k）的不同波长的谱线分开的能力大小，需要引入角色散率 D（又称角色散本领）。那么 D 的物理意义是什么呢？

假设两相近波长光波的波长分别为 λ 和 $\lambda+\delta\lambda$，它们的 k 级谱线分开的角间距为 $\delta\theta$，则角色散率 D 的定义为

$$D=\frac{\delta\theta}{\delta\lambda} \tag{10-24}$$

式（10-24）表明，角色散率等于两波波长相差一个单位时两谱线所分开的角间距。如何计算 D 呢？对波长与衍射角相关联的光栅方程式（10-19）两边取微分，$\delta(d\sin\theta)=\delta(k\lambda)$，得

$$d\cos\theta\delta\theta=k\delta\lambda$$

则式（10-24）可表示为

$$D=\frac{\delta\theta}{\delta\lambda}=\frac{k}{d\cos\theta} \tag{10-25}$$

式（10-25）表明，角色散率 D 与光栅常数 d 成反比，因而，要使光栅有足够大的角色散率，刻线必须刻得足够密。同时，对给定 d 的光栅，角色散率与光谱级次 k 成正比。也就是说，光谱级次越高，角色散率越大，不同波长的谱线也就分得越开。但由于光谱强度随谱线级次的增加而减弱（见图 10-27），因此，在研究工作中选择光谱级次时，需要兼顾角色散率和光谱线的强度。

2. 色分辨率 R 的物理意义（角间距 $\delta\theta$）

由式（10-24）或式（10-25）所定义的角色散率 D，仅给出不同波长同级（k）谱两主极大中心间的分离程度，两谱线能否被分辨，还要取决于相邻两谱线本身的宽度。这是为什么呢？以图10-29为例，借鉴瑞利判据：若一条谱线的极大值刚好和另一条谱线的极小值重合，则这两条谱线恰好可以分辨。也就是说，若波长为 λ 的 k 级主极大的半角宽 $\Delta\theta$ 等于同级（k）两波长 λ 与 $\lambda+\delta\lambda$ 主极大之间的角间距 $\delta\theta$，则波长为 λ 与 $\lambda+\delta\lambda$ 的 k 级谱线刚好能分辨（见图10-29b）。为此，有必要引进另一个能描述光栅分辨谱线能力的参量，这个参量称为色分辨率 R，又称光栅分辨本领。R 是怎样定义的呢？

回到式（10-25），可得两条谱线的角间距

$$\delta\theta = D\delta\lambda = \frac{k}{d\cos\theta}\delta\lambda \tag{10-26}$$

那么**谱线（主极大）的半角宽度 $\Delta\theta$ 如何计算呢？**主极大的半角宽度是指主极大中心到近邻暗纹之间的角距离，由光栅方程式（10-19）可知，在图10-30中，k 级主极大的位置可由 $k\dfrac{\lambda}{d}$ 计算出 θ，而由光栅暗纹公式（10-21）知，k 级主极大近邻暗纹位置由 $\dfrac{kN+1}{N}\dfrac{\lambda}{d}$，计算相应的 θ 为计算主极大的半角宽度 $\Delta\theta$ 对 $\sin\theta$ 求微分，然后用符号 Δ 替代 d，而 $\Delta\sin\theta$ 又表示图10-30中两 $\sin\theta$ 之差：

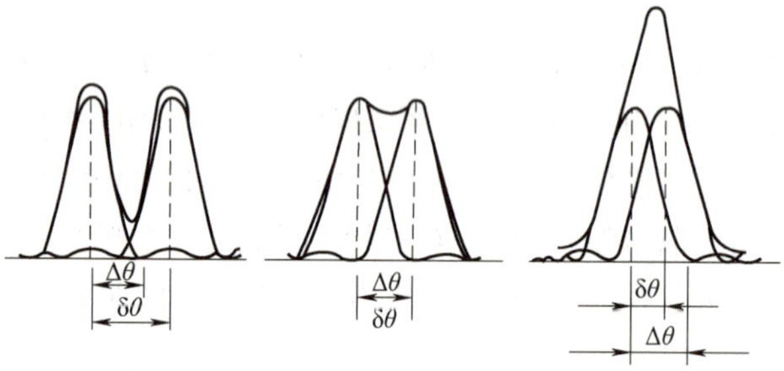

图　10-29

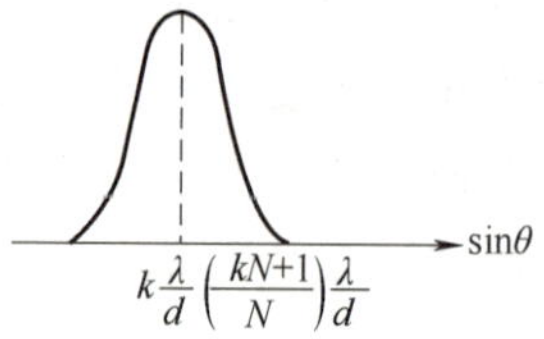

图　10-30

$$\Delta(\sin\theta) = \cos\theta\Delta\theta = \frac{kN+1}{N}\frac{\lambda}{d} - k\frac{\lambda}{d} = \frac{\lambda}{Nd}$$

得

$$\Delta\theta = \frac{\lambda}{Nd\cos\theta} \tag{10-27}$$

则根据瑞利判据，有 $\delta\theta=\Delta\theta$。与式（10-26）、式（10-27）联立有

$$\frac{k}{d\cos\theta}\cdot\delta\lambda = \frac{\lambda}{Nd\cos\theta}$$

得

$$\delta\lambda = \frac{\lambda}{Nk} \tag{10-28}$$

光栅光谱仪的色分辨率定义为

$$R=\frac{\lambda}{\delta\lambda}=Nk \tag{10-29}$$

式（10-29）表明，光栅的色分辨率 R 与光栅的缝数 N 及光谱级次 k 成正比。这是因为，N 的增大可使谱线变得更为细亮，有利于实验观测时分辨；而随着干涉级次 k 的提高，光谱线的角色散率也提高了。

四、应用拓展——相控阵雷达

在通信和军事上有很大实用价值的相控阵雷达与光栅有不解之缘。其工作原理源于光栅衍射原理。它主要由空间分布的多个发射电磁波（微波）天线阵列元组成。其中每一个天线阵元的相位可单独调制，密集排布的天线阵元可等效为干涉光的相干光源。每一个发射阵列可等效为单缝，而多列的单缝规律排列，即可等效为光栅。当改变相邻的天线阵元的波束方向（即光栅中入射光的方向）时，可以改变天线阵衍射零级主极大（天线波束）的方向，从而改变相邻天线阵元间的相位差。在相控阵雷达中，相位差可通过移相器控制改变，通过移相器改变相邻天线阵元间的相位差，就可以检测得到物体的方位。我国辽宁舰即配有自主研制的有源相控阵雷达，它集目标指示、跟踪、识别、制导、火控于一身，对增强现代海战场环境下航母平台的自防御能力具有重要作用。该相控阵雷达系统不仅提高了对大气层内各种飞行器的探测能力，而且增强了对大气层外弹道导弹等目标的探测能力，对今后中国海军编队防空作战的发展具有重要意义。

第六节　物理学方法简述

1819 年菲涅耳做了“光的衍射实验”之后，光的波动说终于在相对光的粒子说的争论中占了上风。本章主要介绍了单缝、圆孔与光栅衍射实验所呈现的现象与规律。

一、光学系统类比

如上一章第四节所述，衍射实验的光学系统也由三部分组成，即光源、衍射屏与观测屏。衍射屏包括单缝、圆孔与光栅，它们分别对应于单缝衍射、圆孔衍射与光栅衍射实验。将单缝、圆孔与光栅三种衍射屏两两对调，就由一个衍射光学系统变换为另一个衍射光学系统，这种变换表明了三种衍射之间存在同一性，三种衍射规律之间也密切相关。如圆孔衍射第一暗环公式（10-11）与单缝衍射暗纹公式（10-9）的关系；单缝对光栅衍射主极大的调制等；又如在计算单缝衍射强度分布与光栅衍射的强度分布时，都采用振幅矢量图解法。另一方面，不同的衍射出现不同的衍射条纹，振幅矢量图解法的应用也有所不同，强度分布也不相同，这是它们之间的差异性。既要抓住三种衍射实验的同一性，又要注意它们的差异性。

二、衍射与干涉类比

衍射与干涉是显示光波波动性的两类实验现象，从解释衍射现象的惠更斯-菲涅耳原理可知，衍射与干涉同时存在，干涉和衍射是不可分割的。一种现象到底是称为干涉还是衍射，一方面要看该过程中是何因素起主导作用，另一方面还与习惯有关。以杨氏双缝实验为例，所谓干涉是指从两个缝（次波源）发出的波的相互作用，而对于每一个缝来说，所发生的现象是单缝衍射。若缝可以看成无限窄（极限状态），每缝的衍射波可以简单地认为是理想柱面波，此时的杨氏双缝实验常称为双缝干涉；若缝的宽度不能忽略，每一单缝产生衍射波已非理想柱面波，而是具有一定的空间强弱分布，这时分析杨氏双缝实验，需同时考虑单缝的衍射效应及双缝之间的干涉效应，该过程通常被称为双缝衍射。这是因为，按振幅矢量图解法将单缝处的波阵面分为若干窄条（波带），若缝无限窄，只按一个窄条处理，其衍射波是一束理想柱面波；当缝宽不是无限窄，单缝处的波阵面可分为 N 个窄条（波带）时，就出现了单缝衍射，因此，杨氏双缝实验要按双缝衍射处理。在用振幅矢量图解法计算衍射场时，对于单缝衍射，图 10-12b 表示有无限多子波的叠加相干；对于光栅衍射，图 10-23 表示只有有限个子波的叠加相干。这里“无限”与“有限”之分，也可以是衍射与干涉之分。

练习与思考

一、填空

1-1　根据惠更斯-菲涅耳原理，若已知光某时刻波阵面为 S，则 S 的前方某点 P 的光强度决定于波阵面 S 上所有面积元发出的子波各自传到 P 点________。

1-2　在单缝夫琅禾费衍射实验中，波长为 λ 的单色光垂直入射在宽度为 $a=4\lambda$ 的单缝上，对应于衍射角为30°的方向，单缝处波阵面可分成的半波带数目为________。

1-3　波长为 600nm 的单色平行光，垂直入射到缝宽为 $a=0.60\text{mm}$ 的单缝上，缝后有一焦距 $f=60\text{cm}$ 的透镜，在透镜焦平面上观察衍射图样，则中央明纹的宽度为________，两个第三级暗纹之间的距离为________。

1-4　根据瑞利判据恰好能够分辨两个物点的标准是：当一个像点的艾里斑的中心刚好和另一像点的艾里斑的____________相重合。

1-5　一个望远镜系统的分辨本领取决于____________和____________。

1-6　在多缝夫琅禾费衍射中，其他条件不变，增加缝数时，衍射条纹的亮度将________。

1-7　一束单色光垂直入射在光栅上，一束平行单色光垂直入射在一光栅上，若光栅的透明缝宽度 a 与不透明部分宽度 b 相等，则可能看到的衍射光谱的级次为________________。如果衍射光谱中共出现 5 条明纹，那么在中央明纹一侧的两条明纹分别是第________级和第________级谱线。

1-8　一束白光垂直照射在一光栅上，在形成的同一级光栅光谱中，偏离中央明纹最远的是________。

二、计算

2-1　以波长为 $\lambda=589\text{nm}$ 的单色光垂直照射宽度 $a=0.40\text{mm}$ 的单缝，设透镜的焦距 $f=1.0\text{m}$。求：（1）第 1 级暗纹距中心的距离；（2）第 2 级明纹距中心的距离。

【答案】（1）$1.47\times10^{-3}\text{m}$；（2）$3.68\times10^{-3}\text{m}$

2-2 在迎面驶来的汽车上，两盏前灯相距 1.2m，试问在汽车离人多远的地方，眼睛才可能分辨这两盏前灯？假设夜间人眼瞳孔直径为 5.0mm，而入射光波长为 500nm。

【答案】 9836m

2-3 波长为 600nm 的单色光垂直入射在一光栅上。第 2、3 级明条纹分别出现在 $\sin\varphi=0.20$ 和 $\sin\varphi=0.30$ 处，第 4 级缺级。试求：（1）光栅常数；（2）光栅上狭缝最小宽度；（3）屏上实际可以呈现的全部条纹数。

【答案】（1）6×10^{-6}m；（2）1.5×10^{-6}m；（3）15 条

三、设计与应用

某同学欲通过实验方法测试光栅常数。现用一平行光束垂直入射到光栅上，且该光束包含有两种波长成分，分别为 $\lambda_1=440$nm 和 $\lambda_2=660$nm，实验结果发现，两种波长的谱线（不计中央明纹）在第二次重合时衍射角对应取值为 $\theta=60°$。据此：（1）试写出两谱线在重合时所满足的光栅方程；（2）在满足第二次重合时两谱线的主极大取值；（3）解出光栅常数。

10.1 习题三

四、思维拓展

4-1 假如人眼的可见光波段移到了毫米波段，而人眼的瞳孔仍保持 4mm 左右的孔径，那么，人们所看到的外部世界将是一幅什么景象？

4-2 人体的线度是米的数量级，这数值恰与人耳的可闻声波波长相近，假想人耳的可闻声波波长移至毫米数量级，外部世界给予我们的听觉形象将是什么状况？

4-3 蝙蝠在飞行时是利用超声波来探测前面的障碍物的，它们为什么不用对人类来说是可闻的声波？

第十一章 光的偏振

本章核心内容

1. 光的几种不同偏振态的特征与描述。
2. 自然光、线偏光经偏振片后的光强变化。
3. 自然光在界面反射与折射时出现的偏振态。

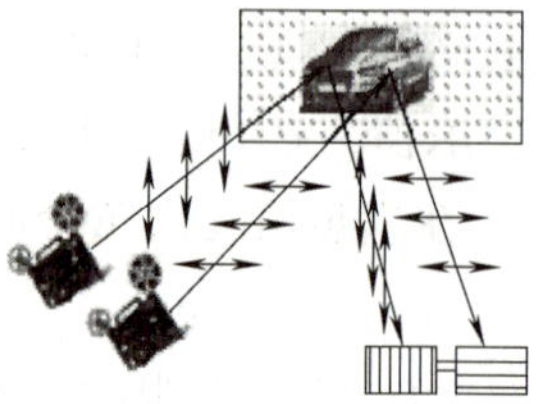

立体电影

从前两章了解了光的干涉和衍射规律。光的干涉和衍射证明了光具有波动性。但还不能以此来判别光是纵波还是横波，因为无论纵波还是横波，都能产生干涉和衍射。从 17 世纪末到 19 世纪初的一百多年间，人们曾经将光波与声波类比，因为声波是纵波，所以，误认为光波也是纵波。随后，人们通过实验才得知，光是一种横波（矢量波）。特别是 1861 年，麦克斯韦的电磁场理论预见了光的电磁本性后，实验进一步证明了光波是横波。偏振现象是一切纵波没有、只是横波具有的特性，所以，通过光的偏振现象可以显示和证明光的横波性。本章只重点介绍线偏振光的特点、产生与检验。

第一节 光的偏振态

在介绍式（9-2）时曾指出，光作为一种电磁波，在与物质的相互作用中，如光的生理作用、感光现象等，只是电矢量在起作用。实验测量到的光信号也只是电场强度矢量 $\boldsymbol{E}$。因此，通常所说的光矢量就是指电矢量 $\boldsymbol{E}$。作为横波，光矢量的振动方向总和光的传播方向垂直，它可以在垂直于传播方向（如取为 z 轴）的平面（如 xy 平面）任一方向上内振动，并可能呈现出不同的振动方式。不同的振动方式叫作光波的偏振态。因此，在研究光波的横波性质时，必然涉及一束光的光矢量究竟是哪一种振动方式？光波能有哪些偏振态呢？光波为什么会有不同的偏振态呢？现分别介绍如下。

一、自然光

在第九章第一节介绍光波的非相干叠加时已经指出，像白炽灯、荧光灯、LED 灯等常用光源中，包含了大量各自独立发光的原子（或分子），在光源发光过程中，其中任何一个发光原子都在随机、间歇地发出一个又一个波列。如图 11-1 示出的一列，波的电矢量具有确定的振动方向和振幅（大小）。图中 $\boldsymbol{e}_k$ 表示振动方向，阴影线表示电矢量大小的变化，由 $\boldsymbol{e}_k$ 与波线 $\boldsymbol{k}$（表示波传播方向的单位矢量）决定的平面叫偏振面。由于原子（或分子）的发光是随机、间断进行的，当它发出一个波列之后，第二个波列的振动方向和相位不一定与第一波列相同，而且何时发出第二个波列也是完全不确定的。由光源数目巨大的原子（~10^{23}个/mol）所发出的光，想象迎着光看去，看到的是与图 11-1 完全不同的景象（见图 11-2）。特别是从统计平均来说，图中任一方向上都具有相同的振幅和能量，彼此之间却没有固定相位关系，也不能说有哪个特殊方向比其他方向更占优势。这种振动方式叫作**自然光**。图 11-2 表示自然光的偏振态（顾名思义指日常生活所用光源发的光）。

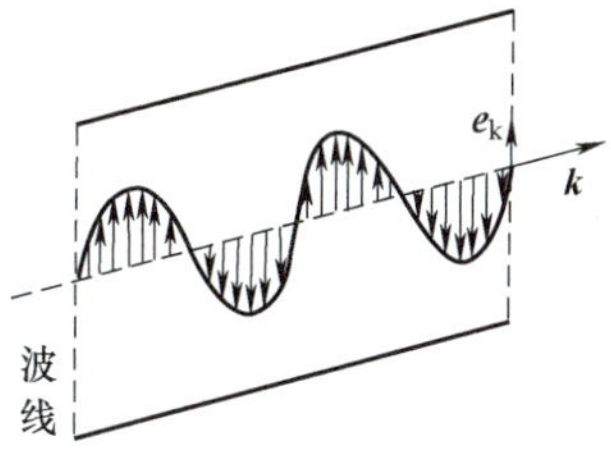

图 11-1

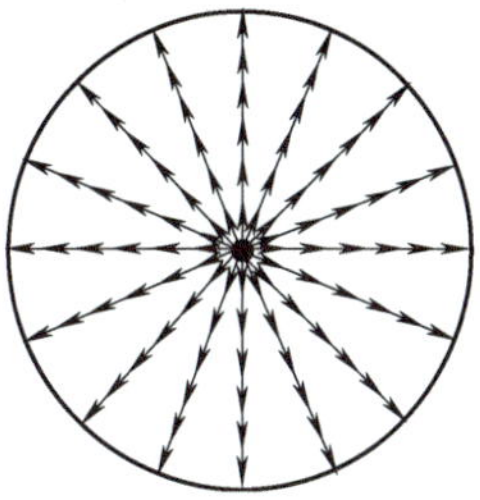

图 11-2

为了更方便地研究图 11-2 所示自然光，采用将图中任一方向的光振动分解成两个相互正交方向上一维振动的方法。这种方法具体显示在图 11-3 中，作法是在垂直于传播方向 $\boldsymbol{k}$ 的任意平面内取直角坐标系，将图 11-2 中各个方向的光矢量都分解到如图 11-3b 所示的两个互相正交方向（x,y）上。图 11-3b 中的 $\boldsymbol{E}_x$ 和 $\boldsymbol{E}_y$ 不仅互相正交，而且是由在 x 和 y 两个方向上，数目极大的、没有固定相位关系的光振动的非相干叠加的结果。设图 11-2 中每一个光振动分解后的振幅分量分别为 A_{ix} 和 A_{iy}，则在图 11-3b 上每一个方向上的合光强可表示为

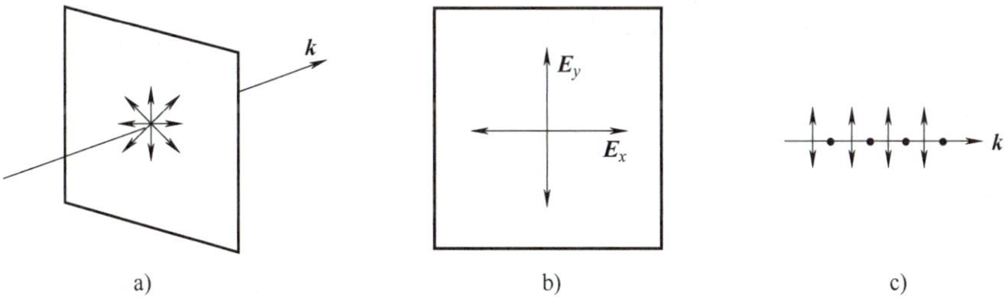

图 11-3

练习 127

$$I_x = A_x^2 = \sum_i A_{ix}^2 \tag{11-1}$$

$$I_y = A_y^2 = \sum_i A_{iy}^2 \tag{11-2}$$

式中，A_x、A_y 分别是 x 方向与 y 方向上光矢量 $\boldsymbol{E}_i$ 振幅分量 A_{ix}、A_{iy} 的代数和。在对大量不同

方向光矢量振幅分量求和时需用平均观点来看，即两个相互垂直方向上的光强各占自然光总光强的一半，即

$$I_x = I_y = \frac{1}{2}I_0 \tag{11-3}$$

式（11-3）也是图 11-2 中自然光光矢量呈对称分布的必然结果，因此，图 11-3c 中等量的"↕"与"·"就是自然光的一种特有的标示方法。

二、线偏振光

与图 11-3c 不同，图 11-4a 与 b 中单纯的"线"或"点"分别表示光在传播过程中，光矢量 $\boldsymbol{E}$ 始终只在一个固定的方向上振动，以这种方式振动的光就称为线偏振光或平面偏振光。类比图 11-1、图 11-4a 的偏振面与图面平行，图 11-4b 的偏振面与图面垂直。因此，图 11-4 可以认为是自然光分解的结果，它给人们的启迪是，如果有方法把图 11-3c 中自然光中某一方向上的光振动完全消去（又称消光），可以得到只在另一方向振动的线偏振光吗？是的，但实际上的完全偏振光共有三类：线偏振光、左旋偏振光和右旋偏振光。其中每一类又都可以由两个偏振方向正交（垂直）的线偏振光合成得到。以上讨论了什么是线偏振光（如彩虹发出的光是完全线偏振光）。那么，什么是左旋偏振光和右旋偏振光呢？

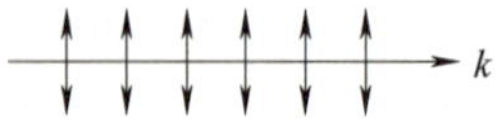

a) 振动方向在纸面内的线偏振光

b) 振动方向垂直纸面的线偏振光

图　11-4

*三、椭圆偏振光和圆偏振光

图 11-5 的画出是设想迎着光线观察某种在晶片状单晶体中传播的偏振光的情景（参看本章第四节）。与图 11-2 不同，某时刻图中光矢量的端点在一个椭圆柱面上的一条螺旋线上。也就是说，光矢量（$\boldsymbol{E}$）在沿着光的传播方向（$\boldsymbol{k}$）前进的同时，端点（光强最大）还绕着传播方向均匀转动，如果旋转的轨迹为一椭圆，这种光就叫椭圆偏振光。

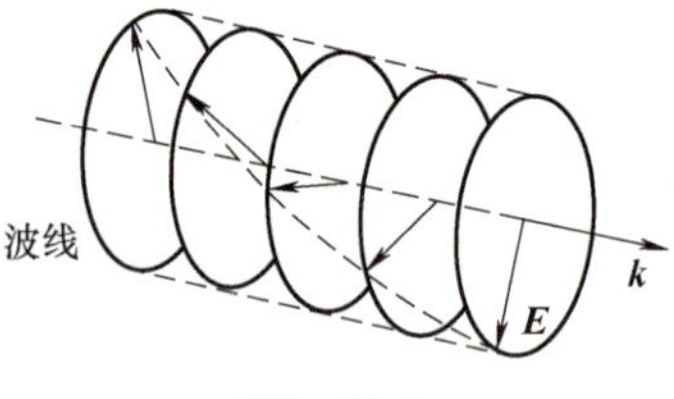

图　11-5

若光矢量的大小保持不变，就成为圆偏振光。按光矢量旋转方向的不同，椭圆（或圆）偏振光有左旋光和右旋光之分。近代理论证明，由原子发出的光波波列的偏振态包含有左旋圆偏振态和右旋圆偏振态两种，它们对应光子的两种自旋角动量。同时，用两种圆偏振光也可以合成出线偏振光和椭圆偏振光。所以，也可以认为，左旋圆偏振和右旋圆偏振是两种基本的偏振态。采用第七章第二节中关于二维振动合成的数学表达式，可以较直观地理解椭圆偏振光与圆偏振光，其中式（7-46）就是一个椭圆方程。为了应用式（7-46）对椭圆偏振光进行讨论，假定某光束由振动面互相垂直的两线偏振光组成，两光具有相同的振动频率 ω 与固定的相位关系，在光传播路径上各点的光振动，是这两个相互垂直振动的合

成。对比式（7-40），设在 x、y 两个坐标轴方向的线偏振光分别表示为

$$\begin{aligned}E_x &= A_x\cos(\omega t - kz)\\ E_y &= A_y\cos(\omega t - kz + \Delta\varphi)\end{aligned} \tag{11-4}$$

式中，E_x、E_y是两线偏振光光振动矢量的大小；A_x、A_y分别表示振幅；$\Delta\varphi$ 是两光的相位差。在 z 等于常数的平面内，E_x和 E_y两光振动合矢量端点的运动轨迹方程为

$$\left(\frac{E_x}{A_x}\right)^2 + \left(\frac{E_y}{A_y}\right)^2 - 2\frac{E_x}{A_x}\cdot\frac{E_y}{A_y}\cos\Delta\varphi = \sin^2\Delta\varphi \tag{11-5}$$

图 11-6 表示，设想迎着光线看到的合成光振动矢量端点运动轨迹的横截面。如果光矢量逆时针旋转，则称为左旋椭圆（或圆）偏振光（见图 11-6g、h、i）；若光矢量顺时针旋转，则称为右旋椭圆（或圆）偏振光（见图 11-6b、c、d）。当 $\Delta\varphi=0$ 或 $\pm\pi$ 时，椭圆（或圆）偏振光退化为线偏振光。

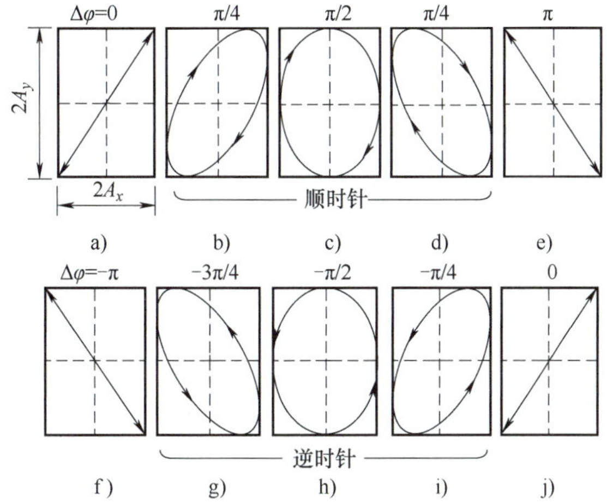

图　11-6

四、部分偏振光

初看图 11-7a，似乎光振动包括了一切可能方向上的横振动。但与图 11-2 做一比较可以发现，此图中不同方向上的振幅不同（不是立体展示效果）。例如，在竖直方向上的振幅最大，而在与之正交的水平方向上振幅最小。

这种振动方式介于自然光和线偏振光之间的光，称为部分偏振光（见图 11-7b）。但是，除振幅不同外，这种光与自然光相同之处是，各光振动彼此之间还是没有固定的相位关系。简单地说，自然光混杂线偏振光、自然光混杂椭圆偏振光、自然光混杂圆偏振光，都属于部分偏振光。在自然界中，当自然光射入有悬浮微粒的空气、水或其他透明液体时，所产生的散射光（如“天光”、“湖光”）都是部分偏振光，因为散射光中既有自然光又有线偏振光。

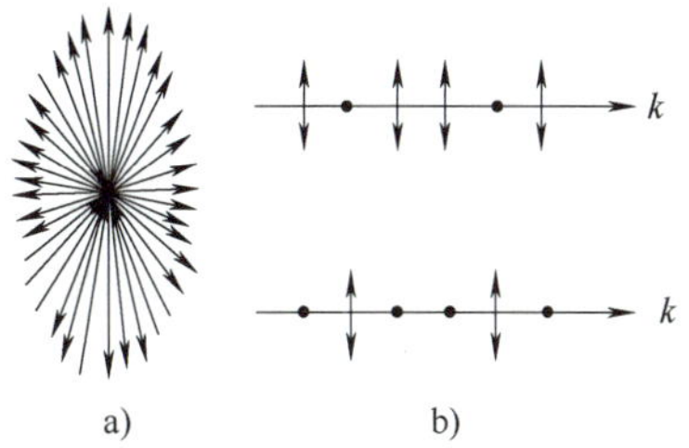

图　11-7

综上所述，自然光、线偏振光、椭圆偏振光、圆偏振光和部分偏振光，已包括了光的一切可能的振动方式（偏振态）。

第二节　偏振片　马吕斯定律

一、偏振片

由于普通光源发出的自然光可以用图 11-3c 中互相垂直的两个光矢量分量表示。前已提到，如果能把光矢量两分量之一设法消去就得到了线偏振光。人们通过实践发现，这种设想可以利用某些具有特殊晶体结构的物质实现。因为这些晶体的特定结构能吸收掉某一方向的光振动，而只允许与该方向垂直的另一光振动通过，晶体的这种性质称为二向色性。实用上，人们将具有二向色性的材料薄膜夹在两块玻璃片之间，制成的光学元件只允许透过特定方向的线偏振光，因而得名偏振片，电气石是最著名的二向色晶体之一。1928 年，由朗德发明偏振片后，现今的偏振片一般分为三类：第一类是微晶偏振片，它是将微小的针状碘化硫奎宁结晶，放入一种黏性塑料中，再通过一个狭缝挤压而成；第二类是将聚乙烯醇透明薄膜经碘溶液浸泡，碘链将平行于聚乙烯醇分子排列，制成偏振片；第三类是由聚乙烯化合物制成的塑料偏振片。以上列举的二向色性物质，对不同线偏振态的吸收不同，故又称为线二向色性。如果对右旋和左旋的圆偏振光吸收不同，那就称为圆二向色性。与此类似，还有椭圆二向色性晶体。本书主要讨论线二向色性晶体，习惯上，把偏振片允许透过的线偏振光方向叫作偏振片的偏振化方向（或通光方向、透振方向），而称强烈吸收（不是衰减或反射）线偏振光的方向为消光方向。偏振片的这种功能具体描述如下：

以图 11-8 为例。图中两块偏振片 P_1 和 P_2 平行放置，它们的偏振化方向分别用片中一组平行线表示。相对于由左方入射的自然光（或部分偏振光），P_1 称为起偏器。所谓起偏是因为，当自然光垂直入射偏振片 P_1 时，透过 P_1 的光将成为线偏振光，其振动方向平行于 P_1 的偏振化方向。

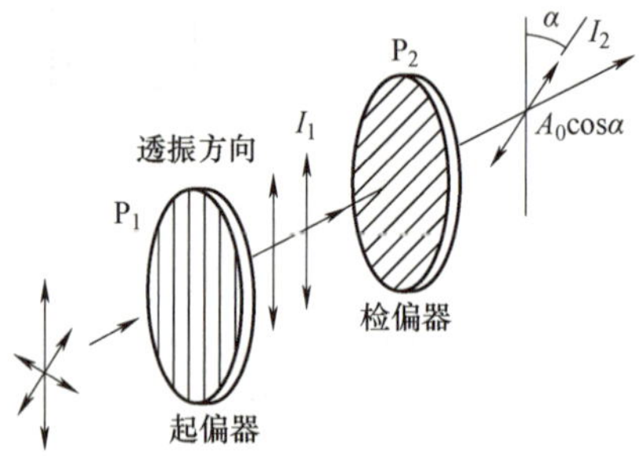

图　11-8

二、马吕斯定律

按图 11-3b，透射光光强 I_1 等于入射自然光光强 I_0 的 1/2。人眼不能区分自然光与线偏振光，需借助于偏振片才能加以区分。如图 11-8 中的偏振片 P_2 就是用来检验偏振光的偏振片（称检验器），原因是当入射 P_1 的自然光起偏后再入射到偏振片 P_2 上，**透过 P_2 的光的光强 I_2 会遵从新的规律了。**实验发现，当 P_1 与 P_2 的偏振化方向彼此平行时 $I_2=I_1$（理想无衰减，图中未示出），而当 P_1 与 P_2 的偏振化方向相互垂直时，透过 P_2 的光强 $I_2=0$。如果将 P_2 以光的传播方向为轴缓慢旋转，实验发现，透过 P_2 的光强 I_2 将随 P_2 的转动而变化，当 P_2 连续旋转一周，则 I_2 的变化将经历两次最大和两次消失。若入射 P_2 的光是自然光（P_1 不存在），任随 P_2 如何绕轴旋转都将观察不到任何光强的变化。这就是利用 P_2 可以检验入射光是自然光还是线偏振光的原因所在。如果入射 P_2 的光是部分偏振光，仍用以上方法旋转 P_2 时，那么，**透过 P_2 的光强 I_2 又将如何变化呢？**

为回答这一问题，需要借助于马吕斯定律。在不考虑光在偏振片中衰减的理想条件下，1808 年，法国学者马吕斯通过实验发现，在图 11-8 的情况下，线偏振光透过检偏片 P_2 的光强 I_2 遵守以下规律：

$$I_2 = I_1\cos^2\alpha$$

在只利用偏振片的检偏功能情况下，上式中表示透射光强 I_2 的下角标有些多余，可以去掉，而通常将入射光强度 I_1 用 I_0 表示。上式变为

$$I = I_0\cos^2\alpha \tag{11-6}$$

式中，α 是入射线偏振光的光振动方向与检偏片偏振化方向间的夹角。式（11-6）就称为马吕斯定律。为什么 I、I_0 与 α 之间有这种关系呢？

简单证明如下：以图 11-9 为例，图中 P_1 代表入射线偏振光的振动方向，P_2 表示透过检偏器 P_2 的线偏光的振动方向，α 是它们之间的夹角。将图中 A_0 分解为 $A_0\cos\alpha$ 和 $A_0\sin\alpha$ 两个分量，根据偏振片性质，只有其中平行于 P_2 方向的分量 $A_0\cos\alpha$ 可以透过 P_2，而垂直于 P_2 方向的分量 $A_0\sin\alpha$ 被吸收掉（消光）。所以，透射光的振幅为

$$A = A_0\cos\alpha$$

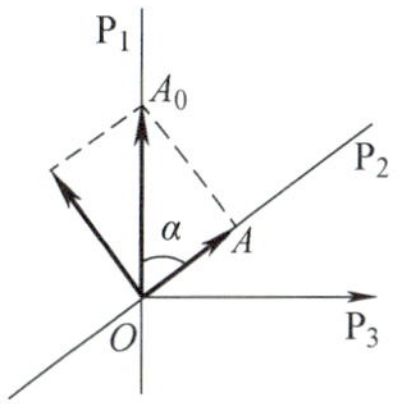

图　11-9

因为透射光强 I 与入射光强 I_0 之比等于相应振幅的平方比，即

$$\frac{I}{I_0} = \frac{A^2}{A_0^2}$$

所以得

$$I = I_0\cos^2\alpha$$

证毕。

按余弦平方函数的特点，式（11-6）中当 $\alpha = 0$ 或 180°时，$I = I_0$，透射光最强；当 $\alpha =$ 90°或 270°时，$I = 0$。所以，在图 11-8 中，不论是自然光入射 P_1 还是部分偏振光入射 P_1，当检验器 P_2 绕光轴旋转一周时，透过 P_2 的光分别两次出现或明或暗现象。

如果在图 11-10 中，在偏振化方向正交的两偏振片 P_1、P_3 之间，插入另一偏振片 P_2。令 P_1 与 P_3 不动，当 P_2 以角速度 ω 绕图中轴线（入射光方向）旋转时，按式（11-6）所示规律，以光强为 I_0 的自然光入射 P_1，并透过 P_2 与 P_3 后的出射光的光强 I_3 会随着 P_2 的旋转而变化。

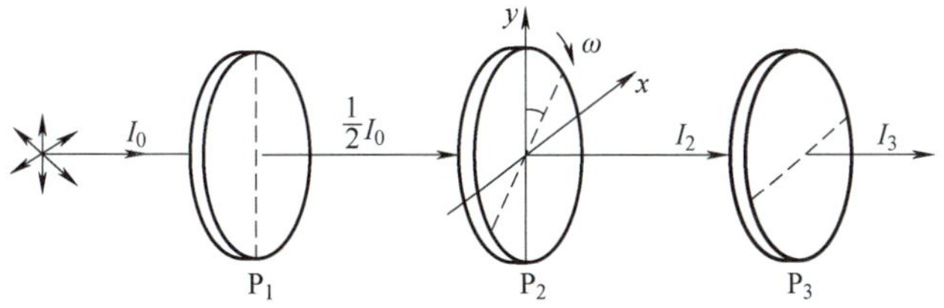

图　11-10

实验发现，I_3 与 ω 有关。它们是什么关系呢？在图 11-9 中过点 O 画一与 P_1 垂直的水平线表 P_3，设某时刻 P_2 的偏振化方向与 P_1 的偏振化方向夹角为 $\alpha=\omega t$，P_2 与 P_3 偏振化方向夹角为$\left(\dfrac{\pi}{2}-\alpha\right)$（设 $t=0$ 时，P_1、P_2 的偏振化方向互相平行），则按式（11-6），从 P_3 出射的光强

练习 128

$$I_3=I_2\cos\left(\frac{\pi}{2}-\alpha\right)$$

将 $I_2=I_1\cos^2\alpha=\dfrac{1}{2}I_0\cos^2\alpha$ 代入上式得

$$\begin{aligned}I_3&=\frac{1}{2}I_0\cos^2\alpha\cos^2\left(\frac{\pi}{2}-\alpha\right)=\frac{1}{2}I_0\cos^2\alpha\sin^2\alpha\\&=\frac{I_0}{8}(1-\cos2\alpha)(1+\cos2\alpha)=\frac{I_0}{8}(1-\cos^2 2\alpha)\\&=\frac{I_0}{16}(1-\cos4\alpha)=\frac{I_0}{16}-\frac{I_0}{16}\cos4\omega t\end{aligned}$$

即出射 P_3 的光强为一恒定光强 $I_0/16$ 与以 4ω 做余弦变化的光强之差。这一结果更深远的意义在于，利用偏振片（P_2）在 P_1 与 P_3 之间的转动得到一种调制光信号强弱的方法。此外，偏光镜片还可保护眼睛而不致受强光的伤害。还有，在摄影镜头前加上偏振片可消除物体反射光中的偏振光，从而拍摄出更清晰图片；利用液晶对光偏振的调制特性可制作空间光调制器，使人感受立体视觉效果，3D 电影利用的就是光的偏振特性进行拍摄和放映。只要有一双善于观察和发现的眼睛，“生活处处有物理”。

【例 11-1】 自然光透射到互相重叠的两块偏振片上，如果透射光的强度为（1）第一次透射光束最大强度的 1/3；（2）入射光束强度的 1/3。则两块偏振片的偏振方向之间的夹角为多大？假定偏振片是理想的，经偏振片后自然光的强度减少一半。

【分析与解答】 （1）令入射的自然光强度 为 I_0，则透过一块偏振片的强度为

$$I_1=\frac{1}{2}I_0$$

经第二块偏振片后的光强为

$$I_2=I_1\cos^2\theta_1=\frac{I_0}{2}\cos^2\theta_1=\frac{I_1}{3}$$

故

$$\cos^2\theta_1=\frac{I_2}{I_1}=\frac{1}{3}$$

则

$$\cos\theta_1=\frac{\sqrt{3}}{3}$$

即 $\theta_1=54.73°$。

例 11-1

（2）由已知条件 $I=I_0/3$，得

$$I = I_1\cos^2\theta_2 = \frac{I_0}{2}\cos^2\theta_2 = \frac{I_0}{3}$$

故

$$\cos^2\theta_2 = \frac{2}{3}$$

则 $\theta_2=35.26°$。

三、应用拓展——偏振探测识别技术

偏振探测技术是近几年发展起来的新型遥感探测技术，偏振成像可以增加目标物的信息量，在某种程度上能大大提高目标探测和地物识别的准确度，是其他探测手段无法替代的新型对地探测技术。与其他传统光度学和辐射度学的方法相比，偏振探测通过测量目标辐射和反射的偏振强度值、偏振度、偏振角和辐射率，可以解决传统光度学探测无法解决的一些问题，具有比辐射测量更高的精度。对 C-130 和 B-52 飞机进行线偏振光特性研究的实验数据表明飞机不同位置的偏振光的光谱分布不一样，机身亮处在绿光波长上偏振度最大，暗处偏振度最大出现在红外谱段，机身偏振度远远大于天空，因此可以将二者区分。人造军事目标一般具有较光滑表面，其辐射或者反射中的线偏振较强，而一般目标（如泥土、植被）都是相对很粗糙的，其辐射或反射偏振度相对较低。因此基于偏振光进行空间目标识别具有重要军事意义。

第三节 光在反射和折射时的偏振

归纳大量实验事实后发现，当自然光在任意两种各向同性介质（如空气与玻璃）的分界面上发生反射和折射时，反射光和折射光都不再是自然光，一般都是部分偏振光，也可在反射光中出现完全线偏振光，它取决于入射角以及两种介质的折射率。这也是实验上一种获取偏振光的方法。以图 11-11 为例，当自然光入射时，反射光中既有以“点”表示的垂直于入射面的光振动成分（简称 S 光），也有以“线”表示的平行于入射面的光振动成分（简称 P 光）。1812—1815 年间，布儒斯特从实验研究中发现，在图 11-11 中，当入射角 θ_i 等于某一特定角 θ_B 时（见图 11-12），反射光会成为以“点”示意的完全线偏振光（S 光）。此时 θ_B 满足关系

$$\tan\theta_B = \frac{n_2}{n_1} = n_{21} \tag{11-7}$$

称式（11-7）为布儒斯特定律。式中，n_{21} 是介质 2 对介质 1 的相对折射率；θ_B 称为布儒斯特角或起偏角。以空气与玻璃的界面为例，$n_1\approx1$，$n_2\approx1.5$。当自然光从空气射向玻璃时，$\theta_B\approx 56.3°$；当自然光从空气射向水面（$n_2=1.33$）时，则 $\theta_B=53.1°$。在以上两种情况中，除反射光是完全线偏振光外，折射光是既包括 S 光还包括 P 光的部分偏振光。在图 11-12 中，设折射角为 θ_τ，将光学中折射定律

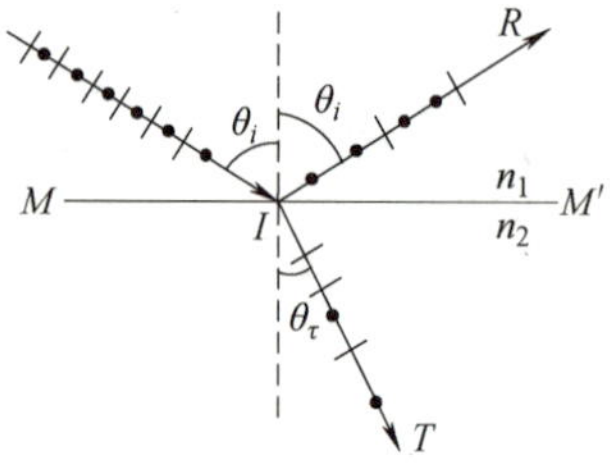

图　11-11

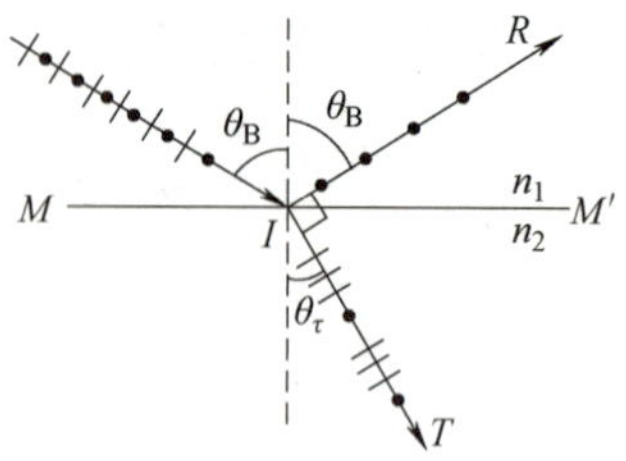

图　11-12

练习 129

$$\frac{\sin\theta_B}{\sin\theta_\tau}=\frac{n_2}{n_1} \tag{11-8}$$

代入式（11-7）有

$$\sin\theta_\tau=\cos\theta_B$$

此式表明

$$\theta_B+\theta_\tau=\frac{\pi}{2} \tag{11-9}$$

式（11-9）表示，当自然光入射界面的入射角为起偏角 θ_B 时，反射光与折射光互相垂直，这是同时应用两条定律得出的结果（哪两条定律?）。例如，当自然光从空气射向玻璃时，如果 $\theta_B=56.3°$，可求出 $\theta_\tau=33.7°$。

用电磁场理论中电磁波在介面上的边值条件可以解释上述实验事实（本书从略）。如果从能量角度看，在波强度基础上，定义反射能流（反射光功率）与入射能流（即入射光功率）之比为能流反射率 R（简称反射率），透射能流与入射能流之比为能流透射率 T（简称透射率），则按能量守恒定律

$$R+T=1 \tag{11-10}$$

在图 11-13 中，以纵坐标 R 表示反射率，横坐标 θ_i 表示入射角，两条函数曲线分别描述自然光从空气射向玻璃时，比较 S 光与 P 光的反射率 R_S 与 R_P 各自所占比例随入射角 θ_i 而变化的规律。当 θ_i 小于 30°时，R_S 与 R_P 几乎相等（约为 0.04），随着 θ_i 增大，R_S 单调增长，R_P 单调下降；当 $\theta_i=\theta_B$（布儒斯特角）时；$R_P=0$，R_S 约为 0.20。$R_P=0$ 意味着此时反射光只有 S 光［参看式（11-7）］；当 θ_i 大于 θ_B 且继续增大时，R_S 和 R_P 都迅速增大，表明反射光是 S 光和 P 光的混合光（部分偏振光）。

依上所述，虽然反射和折射时的偏振现象可以提供产生偏振光的一种实验方法，用玻璃片可以做起偏器，但是，仅用一块玻璃片反射获得的偏振光的强度是比较弱的，而且反射光偏离原入射光方向，使用起来多有不便。通常，更多的是使用折射光起偏。为此，让自然光以布儒斯特角入射，并让折射光相继通过由平行玻璃板组成的玻璃片堆（见图 11-14）。与入射面垂直的 S 光，在玻璃片堆的每个界面上都要被反射掉一部分，而与入射面平行的 P 光在各界面上完全不能反射。若不考虑玻璃片堆对光的吸收和散射的理想条件下，P 光将无损失地透过各玻璃片。这样，假若由 10 块玻璃组成玻璃片堆，就有 20 个这样的界面，这就是

用玻片堆获取折射偏振光的原理。与偏振片一样，玻璃片堆也可用作起偏器和检偏器。

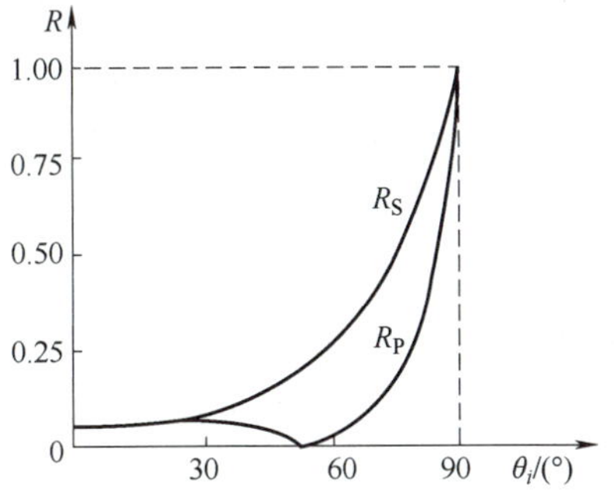

图　11-13

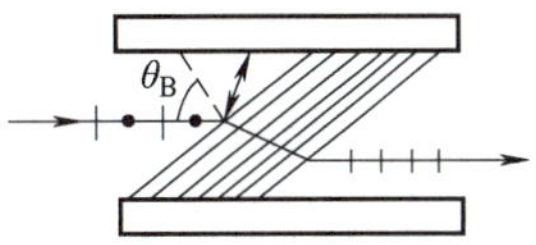

图　11-14

【例 11-2】　光在某两种介质交界面上的全反射临界角是 45°，它在界面同一侧的起偏振角是多少？

【分析与解答】　起偏振角按布儒斯特定律确定。全反射临界角涉及折射定律

$$\frac{\sin i}{\sin\gamma}=\frac{n_2}{n_1}$$

式中，i 为入射角；γ 为折射角。当入射光在界面发生全反射时折射角 $\gamma=90°$，且 $i=45°$，故可得

$$\sin i=\frac{n_2}{n_1}=\frac{\sqrt{2}}{2}$$

将上式中的 n_2/n_1 代入布儒斯特定律中，起偏角为

$$\theta_B=\arctan\frac{n_2}{n_1}$$

代入数据，则 $\theta_B=\arctan\frac{\sqrt{2}}{2}=35.3°$。

第四节　晶体的双折射现象

如前所述，一束自然光由空气进入玻璃时，在界面上发生的折射光只有一束。一般来说，一束自然光在两种各向同性介质的分界面处折射时，也只有一束折射光。但是，1669 年，哥本哈根大学教授巴塞林纳做了一个实验，他在纸上画一个黑点，然后在黑点上面放一块方解石（冰洲石）晶体（即碳酸钙 $CaCO_3$ 的天然晶体），透过晶体看黑点时，竟看到黑点有两个。当转动晶体时，两个点中一个保持不动，而另一个则绕前者转动起来（见图 11-15）。根据几何光学的成像原理，这一现象应该是一束光进入这种晶体内分成了两束

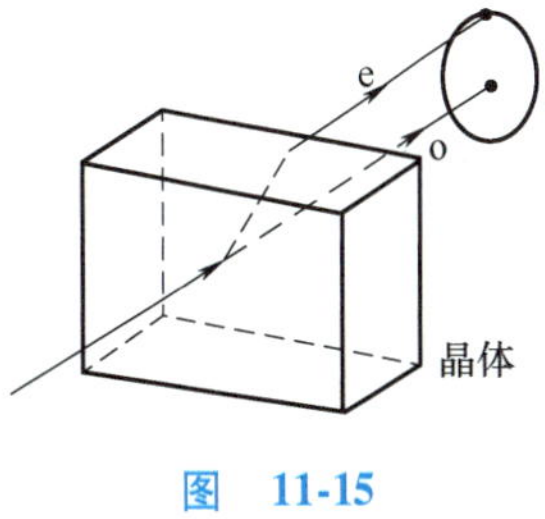

图　11-15

光，两束光沿不同方向发生折射而引起的。后来惠更斯进一步发现，形成两个像的折射光都是线偏振光，这种现象叫作双折射，能产生双折射现象的晶体叫作双折射晶体。如在图 11-15 中，当一束平行的自然光垂直进入到具有某一特殊方位的方解石晶体中后，在两束光中有一束遵守折射定律，叫作寻常光，简称 o 光；另一束在晶体中传播时不遵守折射定律，称为非常光，简称 e 光。o 光和 e 光都是线偏振光。不过，所谓是否遵守折射定律，只有在晶体内才见分晓，射出晶体后就无所谓 o 光和 e 光了。

许多晶体，如石英、云母、糖和冰等，都显示出双折射性质，而且双折射现象不仅产生在具有各向异性的单晶中，还会出现在受到应力作用的玻璃、树脂和塑料等其他非晶体介质中。实验发现，在方解石等各向异性单晶中存在一个特殊方向，当自然光在晶体内沿该方向传播时不发生双折射，这个特殊方向称为晶体的光轴。与几何光学系统的光轴不同，晶体光轴不是一条，而是一系列互相平行的直线，因为它表征着晶体内部一个特征方向。当自然光沿这一方向在晶体中传播时，o 光和 e 光具有相同的折射率，即具有相同的传播速度，因而入射光不分为两束光。

实验还表明，方解石、石英、红宝石、冰等只具有一个光轴，称它们为单轴晶体；而云母、硫黄、蓝宝石、橄榄石等具有两个光轴，称为双轴晶体。下面简要描述单轴晶体的双折射。

当自然光在单轴晶体中传播时，由 o 光（或 e 光）光线（传播方向，不同于振动方向）与光轴构成的平面称为 o 光（或 e 光）的主平面。如在图 11-16 中，图 a 表示 o 光主平面平行于纸面，图 b 表示 e 光主平面也平行于纸面。图中，o 光的振动方向垂直于 o 光的主平面，而 e 光的振动方向平行于 e 光的主平面。由图看，o 光光矢量总与光轴垂直，而 e 光光矢量随传播方向不同，可以与光轴方向构成不同夹角。如果光轴在入射平面内，实验发现，o 光与 e 光的主平面重合。此时，两光偏振方向相互垂直。如果以自然光入射晶体，两种振动在晶体中不存在确定的相位关系。晶体中 o 光和 e 光的主平面通常也并不重合（见图 11-17）。在大多数情况下，这两个主平面之间的夹角很小，o 光与 e 光的振动方向也不完全相互垂直。不过，在实际应用中，还总是尽量避免出现这种情况。前述的偏振片及玻璃片堆等起偏器，只能产生近似的线偏振光，因为或多或少总会包含与偏振化方向相垂直的振动分量。但利用晶体双折射性质制成的偏振棱镜，却可以产生纯粹的线偏振光。因为，偏振棱镜的基本原理是设法把晶体中的两条折射光（o 光与 e 光）分得更开，从而获得单束纯净线偏振光。例如，在鉴别矿物晶体时，通常需要同时比较晶体中振动方向不同偏振光的行为。

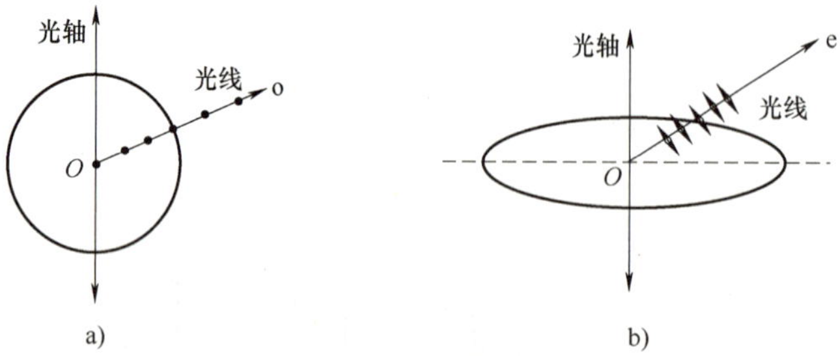

图　11-16

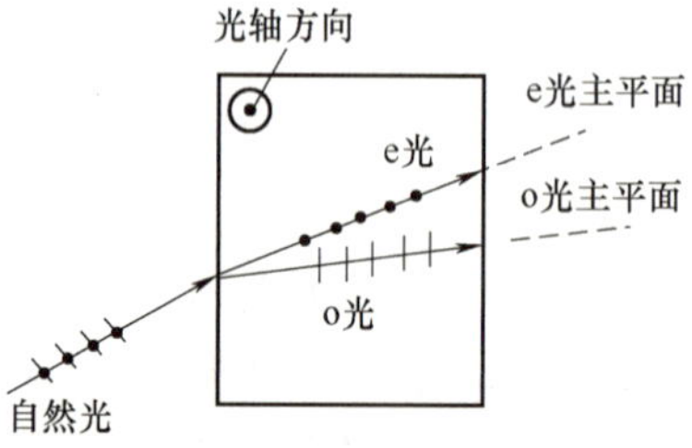

图　11-17

以上讨论双折射晶体中的 o 光、e 光时，入射光是自然光。特别是，当自然光垂直入射到光轴与表面平行的晶体上且光轴在入射平面内时，晶体中的 o 光和 e 光沿同一方向传播，它们的振动方向互相垂直。但是，两种振动间不存在确定的相位关系。如果以线偏振光入射时，入射光在晶体中会发生什么情况呢？如图 11-18 所示，当线偏振光的振动方向与晶体的光轴平行时，在晶体中只存在 e 光；当线偏振光的振动方向与晶体的光轴垂直时，在晶体中只存在 o 光。只有当入射光的振动方向与光轴既不垂直也不平行时，晶体中就同时存在 o 光和 e 光，两者沿同一方向传播，并不分开。它们的振幅分别为

$$A_o = A\sin\alpha$$
$$A_e = A\cos\alpha \tag{11-11}$$

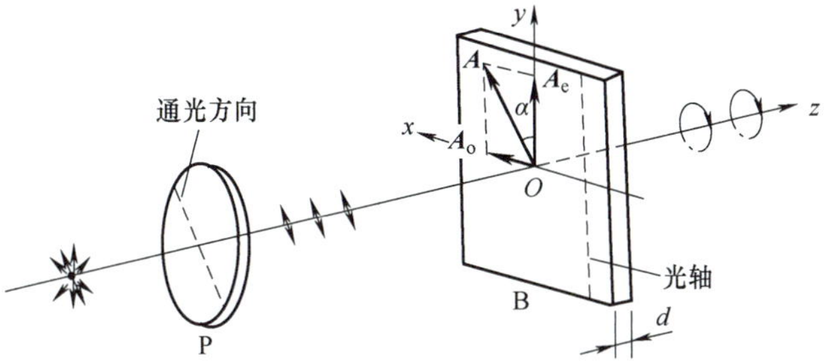

图　11-18

由于两种振动是从同一入射振动分解而来的，在入射晶体前，入射光只有一种相位。然而，由于在晶体内 o 光与 e 光的折射率不同，即其传播速度不同，如果在图 11-18 中晶体是厚度均匀的晶片，则 o 光和 e 光透过晶片后，它们之间会产生确定的相位差。按本章第一节的介绍，出射光可以是椭圆偏振光、圆偏振光或线偏振光。因为对出射光来说，是频率相同、相位差恒定、振动方向相互垂直的两束光的合成。通过这种简要讨论，从物理原理上预示一种产生和检验椭圆或圆偏振光的方法。

o 光和 e 光在介质中的传播速度取决于介电常数 ε，对于各向异性的晶体来说，其介电常数 ε 与方向有关。同时，光在晶体内传播速度的大小还同光矢量对晶体光轴的相对取向有关，双折射现象就是这一性质的反映，对此本书不做进一步的讨论。

第五节　物理学方法简述

一、随机事件与统计方法

光波是横波，光矢量在垂直于波线的平面上做二维振动，呈现不同的振动方式，光矢量的这种振动方式称为光的偏振态。对于普通光源来说，光源发光一般是原子的外层电子受激发后从低能态跃迁到高能态，当它从高能态回到低能态时，通常将能量以光的形式辐射出来。在由极大量发光原子组成的普通光源发光时，每一个原子（分子）的发光是一种随机事件，即由每一个原子（分子）发出的每一波列，具有随机的振幅、初相与频率。这样说，并不是普通光源的发光无规律可言。事实上，数目极大的发光原子（分子）发光是按一定

的概率向空间各可能方向发射出各种振动方式的随机波列，这一图像称为统计规律性（参看第二卷第十六章）。以这种方式描述普通光源发光，称为统计模型，对统计模型采用的研究方法称为统计方法。作为统计规律性，“数目极大”是它的前提。“数目极大”有两方面含义：一是某一随机波列在同一条件下无限次地重复出现；二是无限多的随机波列同时存在。由于普通光源以相同的概率向空间各可能方向发射出各种振动方式的随机波列，从整体上平均地看，光强在空间的分布也是均匀的，振动方向按空间的分布也是均匀的（见图 11-2），这种均匀性就是统计规律性。把由普通光源发出的光称为自然光。

如前所述，光波是矢量波，无论对随机波列还是其统计结果，都可以选平面直角坐标系将光矢量（即电矢量）分解。根据统计规律性，自然光的振动方向按空间的分布是均匀的。本章采用在坐标系中对光矢量进行分解的方法（见图 11-3），这样便于对各种偏振态进行直观描述与计算。特别是二向色性晶体对于垂直入射自然光，只容许与其偏振化方向平行的光矢量分量通过，也使得坐标分解方法派上了用场。

二、观察方法

本章介绍的两个实验定律——马吕斯定律与布儒斯特定律，都是通过实验观察归纳出的经验公式。

科学家历来十分重视观察的作用。著名物理学家法拉第曾深刻地指出：“没有观察就没有科学，科学发现诞生于仔细观察之中。”著名生物学家巴甫洛夫则谆谆告诫他的学生和助手们：“观察，观察，再观察。”实验方法是在观察方法的基础上发展而来的，是观察方法的延伸和扩充。所以，从更基本的层次讲，物理学是一门实验科学，也是一门观察的科学。

当然，这里提到的观察方法并不是只在研究光的偏振时才使用。这是因为，物理学是一门实验科学，离开了实验，物理学就失去了存在和发展的基础。所谓实验，就是通过实验仪器人为地控制或干预研究对象，使其事件或现象在有利于观察的条件下发生或重现，从而获取科学事实的研究方法。

练习与思考

一、填空

1-1　一束平行的自然光，以 60°角入射到平玻璃表面上，若反射光束是完全线偏振光，则透射光束的折射角为________；玻璃的折射率为________。

1-2　用相互平行的一束自然光和一束线偏振光构成的混合光垂直照射在一偏振片上，以光的传播方向为轴旋转偏振片时，发现透射光强的最大值为最小值的 5 倍，则入射光中，自然光强 I_0 与线偏振光强 I 之比为________。

1-3　一束光垂直入射在偏振片 P 上，以入射光线为轴转动 P，观察通过 P 的光强的变化过程。若入射光是________光，则将看到光强不变；若入射光是________，则将看到明暗交替变化，有时出现全暗；若入射光是________，则将看到明暗交替变化，但不出现全暗。

1-4 当一束自然光以布儒斯特角 i_0 入射到两种介质的分界面（垂直于纸面）上时，在图 11-19 上画出实际存在的折射光线和反射光线，并用点或短线把振动方向表示出来。

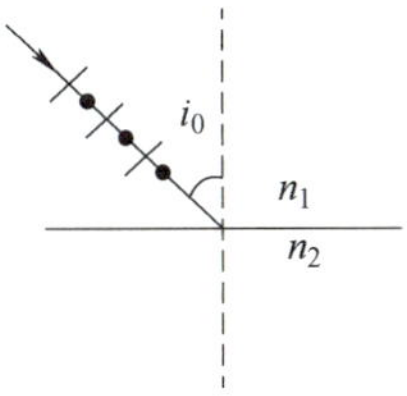

图 11-19

二、计算

2-1 有两个材质相同的偏振片 P_1、P_2，当光强为 I_0 的自然光垂直入射到偏振片 P_1 时，从 P_1 透射出来的光的光强有吸收，$I_1=0.32I_0$，然后再垂直射到偏振片 P_2，已知 P_1、P_2 的偏振化方向夹角 $\alpha=30°$，试计算从 P_2 透射出来的光强 I_2。

【答案】 $0.15I_0$

2-2 根据布儒斯特定律可以测定不透明媒质的折射率。今在空气中测得某媒质的起偏振角 $i_0=58°$，试求它的折射率。

【答案】 1.60

三、设计与应用

计划用偏振片使出射线偏振光的振动方向垂直入射线偏振光的振动方向，则

（1）至少要几块偏振片？

（2）怎样安排才能使出射的光强最大？

（3）最大出射光光强与入射光光强之比为多少？

四、思维拓展

4-1 当一束光在两种透明介质的分界面上时，会发生只有透射而无反射的情况吗？

11.1 习题三

4-2 科幻小说中常描绘一种隐身术，根据本章所学知识，试想一下，即使有办法使人体变得无色透明，要想别人完全看不见，还需要什么条件？

4-3 通常偏振片的透振方向是没有标明的，你能用什么简易的方法将它确定下来？

11.2 习题 4-3

第四部分

热物理学基础

热物理学是物理学的一个重要分支，它是研究宏观物体的各种热现象及其相互联系与规律的一门学科。

热现象是一切生命体生存于自然界、进行新陈代谢的基本现象，也是与人类生活密切相关的现象。如通常物体的蒸发、液化、凝固、熔解等现象直接与分子热运动有关；汽车、火车、轮船、飞机、火箭等动力装置利用燃烧热，通过做功而转变为机械能；任何一个化学反应的发生也总会出现吸热与放热等，都无一不与热现象有关。

实验表明，宏观物体都是由大量微观粒子（分子、原子、离子、电子等）组成的，这些微观粒子以各自的方式相互作用，并处于不停顿的无规则运动之中（热运动）。热现象就是组成物体的大量分子、原子热运动的集体表现。因此，研究热现象的规律有宏观的热力学和微观的统计物理学两种方法，前者建立在实验观测基础上，是对热现象进行大尺度、粗线条、感性的描述；后者依据特定的微观模型，运用统计的方法，从理论上揭示物质热运动必须遵循的规律。学习中既要注意这两种方法的相互区别，又要注意它们的相互联系与应用。

第十二章
热力学第一定律

本章核心内容

1. 三种等值过程中功、传热与热力学能的转换。
2. 绝热过程方程的建立。
3. 热机循环的特点与效率的计算。

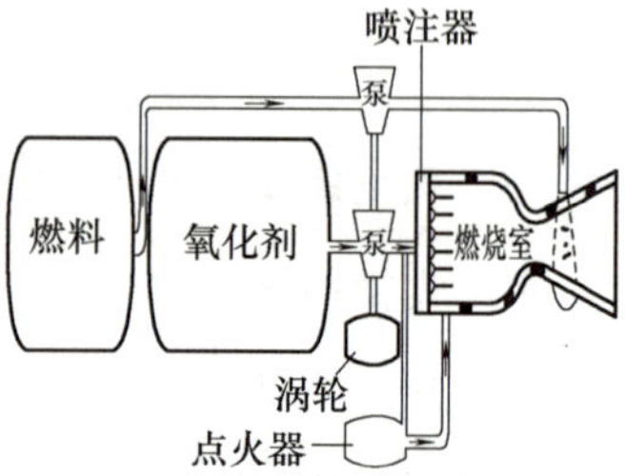

液体火箭发动机

热力学是研究物质的热性质、热运动及与其他运动形态相互转化规律的学科。人们通过对热现象的观测、实验资料的归纳分析，总结出热现象普遍遵守的基本规律。其中，热力学第一定律是热现象中的能量守恒与转换定律，是自然界的普遍规律。

第一节 热力学中的基本概念

一、热力学系统

作为热力学研究对象的热力学系统（或体系），是由大量原子、分子或其他微观粒子组成的固体、液体或气体。为分析热现象及热物理过程，通常需要把系统从它的周围环境中分离出来（类比力学中隔离体法），热力学按系统与环境（外界）之间相互作用的形式，把系统分成以下三类（也有分成四类的，本书略）：

1. 孤立系统

与外界既无能量交换，也无质量交换的系统。

2. 封闭系统

和外界有能量交换但无质量交换的系统（本章的讨论对象是封闭系统）。

3. 开放系统

与外界既有能量交换，又有质量交换的系统。

二、系统状态与状态参量

热力学研究的是系统涉及热现象的宏观状态（热力学状态）的描述及其变化规律，其中状态的描述采用的是与热性质有关的宏观可测量。例如，以一瓶装气体为研究对象时，气体的温度、压强、体积、气体物质的量、密度等，都可以用来描述该瓶气体（系统）的状态。一般说到系统的某种热力学状态，是指系统所有宏观性质的整体，当系统所有的宏观性质都被确定了，则系统的热力学状态才能说被确定了，反之亦然。所以，什么是系统的状态，简言之，是系统所有宏观性质的总和。

1. 平衡态

热力学中，按系统宏观性质随时间变化与否，将系统状态分为平衡态与非平衡态两大类。其中，如果没有外界作用（即与外界无能量和物质交换），系统的宏观性质在较长时间内不发生变化的状态就是**平衡态**，反之，称为**非平衡态**。和其他物理模型类似，平衡态也是一个理想化的概念，是在一定条件下对实际问题的抽象。

如何从实际问题抽象出平衡态概念呢？以图 12-1 气缸中的气体为研究对象。当活塞向左压缩气体做功时（p'为活塞作用于气体的压强），气体的体积、密度、温度和压强都要发生变化。但是，在大型气缸中，活塞移动的速率约为几米每秒，压缩一次所用时间约 1s。而实验表明，在室温条件下，缸中各处气体压强趋于相等的时间大约为 10^{-3}s。因此，理论上想象把移动活塞的时间无限分割，在其中任一微小时间段 dt 内（d$t \ll 10^{-3}$s），气体状态的变化很微小，以致可以忽略不计时，可近似按平衡态对待。与质点、刚体等模型一样，平衡态也只具有相对意义，即当外界条件变化非常非常缓慢时，才可以认为外界影响趋近于零。此时，系统处于理想的相对稳定或接近相对稳定的一种状态。判断一个与外界有相互作用的系统是否处于平衡态，有四个观察点：

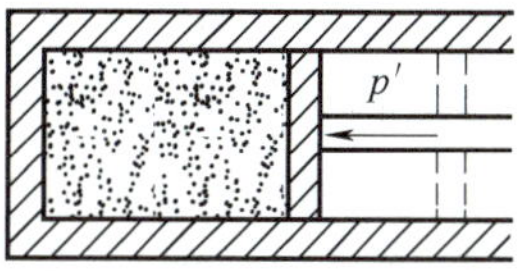

图　12-1

1）力学平衡：若系统与外界存在压力作用，看系统内、外之间压强是否相等，或者看系统内各部分之间压强是否相等。

2）热平衡：如果系统和外界有热相互作用（如热量传递），看系统与外界温度是否相等；或者系统内各部分温度是否相等。

3）相平衡：如果系统与外界处在不同的两相共存状态（如冰水共存、水汽共存），看两相温度是否相等、压强是否相等、化学势（本书略）是否相等。

4）化学平衡：如果两种浓度不同的物质放在一起，除看是否满足上述三个平衡条件外，还看系统浓度是否均匀。

以上四个观察点上只要有一个未达到平衡，就可判定系统未处在平衡态。

2. 状态参量

前已指出，当系统处于平衡态时，系统所有的宏观性质都不随时间变化，表现为描述宏观性质的物理量都有确定的值（不是时间的函数）。于是，这些物理量就被用来表征系统的平衡态，并统称为系统的**状态参量**（也称为系统的热力学坐标）。例如，质量一定且处于平衡态的某种气体的压强 p、体积 V 和温度 T，就是系统的状态参量。作为一种表示方法常以压强 p 为纵坐标、体积 V 为横坐标建立 p-V 图，图上任意一点有确定的 p、V、T 值，就代表系统的一个平衡态。（也可用 p-T 图上的点描述平衡态）

在平衡态下，系统的宏观量（如 p、V、T）之间必然有确定的自变量与因变量的函数关系，在描述系统平衡态时往往选择其中两个能确定系统平衡态的独立变量。

按以上所述，描述热力学系统平衡态的状态参量（独立变量）大致可以分为以下五类：

1）几何参量：如气体的体积、固体的应变。

2）力学参量：如气体的压强、固体的应力。

3）化学参量：如各化学组分物质的量、浓度。

4）电磁参量：如电场强度、磁感应强度（涉及电介质极化、磁介质磁化略）。

虽然乍一看去以上四类参量并不全是热学中特有的，它们的测量分别属于力学、化学和电磁学的范围，但是，一种具体的热现象却可能与这四类参量的部分或全体有关，这与热力学中特定的研究方法有关，也是热力学的一个重要特征。

5）热学参量：除以上四类参量之外，只有热力学才特有的参量，就是温度。它与几何参量、力学参量、化学参量和电磁参量不同，是反映处于热平衡状态的系统参量。因此，也可以把温度看成是以上四类参量的函数。

如何选择以上状态参量，要随所讨论系统的性质而定。例如，在讨论液体表面问题时，需引进面积（几何参量）和表面张力（力学参量）；而在讨论理想气体问题时，一般不必考虑电磁效应，也就不需要用到电磁参量；如果不考虑与化学成分有关的性质，系统中又不发生化学反应，也就不必引入化学参量；等等。对于化学纯气体的简单系统，有 (p,V,T) 三个状态参量，而且三个参量之间有一定的函数关系。这是为什么呢？以图12-1为例。设气缸内只有一种一定质量的化学纯气体，以它作为研究对象，忽略重力对气体分子的作用，且当系统处于平衡态时，气体各处的压强和密度均相等。若对气体加热的同时保持体积不变，则气体压强增加。反之，若维持气体压强不变时加热，则体积增加。这样看来，该系统只需用体积和压强两个参量来描写即可，本部分只限于讨论这类简单系统。

3. 状态方程

对于理想气体，p、V、T 三个状态参量满足

$$pV = \nu RT \tag{12-1}$$

式（12-1）称为理想气体状态方程，其中 ν 为理想气体的物质的量；R 为普适气体常数，其值是 $8.314\ \mathrm{J \cdot mol^{-1} \cdot K^{-1}}$。该状态方程可以通过玻意耳定律、阿伏伽德罗定律及理想气体温标的定义共同得到。理想气体为严格遵守式（12-1）的气体，也是一个理想模型。实际气体在温度不太低、压强不太大的情况下近似遵从理想气体状态方程，且气体压强越低，近似准确程度越高。

三、准静态过程

描述热力学系统平衡态的状态参量，如 p、V、T 将随着系统的状态变化而变化（其中任意两个参量是独立的）。因而，通过研究系统状态参量变化的规律，就能对涉及系统状态变化的热现象做出相应的分析和判断。

系统状态随时间变化所经历的过程，统称为**热力学过程**（简称过程）。按所经历过程中的中间状态是否是平衡态，将热力学过程分为准静态过程和非准静态过程两大类。为了理解准静态与非准静态过程的区别，先引入弛豫时间的概念。

1. 弛豫时间

如图 12-2 所示，以气缸中的气体作为研究对象。设在实验开始之前，图中气体内部各处密度、温度、压强都相同。实验只考察压强变化的影响，如去掉图中活塞上的一个砝码（模拟外界压强），外界对气体的压力减小，气体体积发生膨胀，比如说从 V 增加到 $V+\Delta V$。从分子热运动角度看，去砝码的瞬间，在紧靠活塞下表面处因膨胀新增加的体积 ΔV 内，气体分子数目较少，气体压强也小。因而，气缸内部的密度和压强不同，系统处于宏观性质不均匀的非平衡态。将此特例推广：一个处于平衡态的系统，在外界条件发生变化后，其平衡态必被破坏。之后，若外界条件不再变化（如图中活塞上的砝码不再继续增减），经过一段时间后，各处的密度、温度、压强等性质也都恢复均匀，系统将达到新的平衡态。这种因外界条件发生变化，引起系统内发生的由一个平衡态变到另一个平衡态的过程，称为弛豫过程。弛豫过程所经历的时间，称为弛豫时间，常用符号 τ 表示。

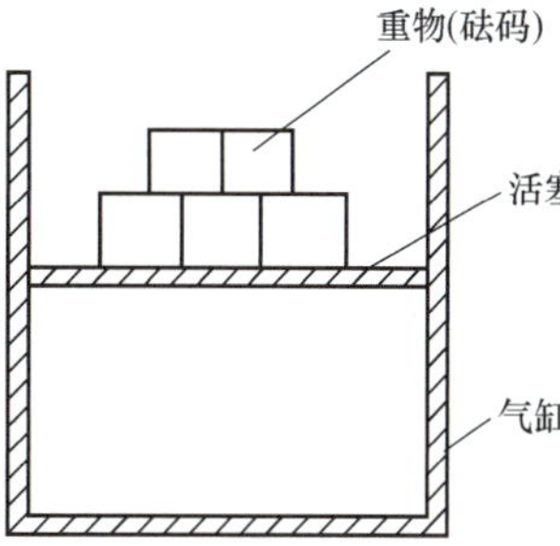

图　12-2

弛豫时间的长短，与外界条件改变的幅度大小、时间长短及系统何种性质的不均匀有关。人们常把以上实验中宏观状态参量之差（如 ΔV）与弛豫时间联系起来，将两者之比（如 $\Delta V/\tau$）称为恢复速率。

2. 准静态过程

系统在经历图 12-2 中的弛豫过程时，中间状态都是非平衡态。因为非平衡态的特点是，系统中各处密度、温度、压强均不相同，系统状态不能用同一个密度、温度、压强（状态参量）来描述。因此，就不能用状态图（如 p-V 图）上的一个点来表示。但可以这样设计如下的一个理想实验：如果在图 12-2 中，气缸活塞上放的重物不是砝码，而是用一堆砂粒模拟外界对气体的压强（见图 12-3）。实验时，还是只考察外界压强的影响，每次一颗一颗缓慢地拿走砂粒。每当拿走一颗砂粒时，外界压强减小，气体膨胀 ΔV。由于砂粒重量极小，膨胀中气体的密度和压强的不均匀程度很小，因而，过程中每个中间状态与平衡态的偏离微乎其微，此时气体的密度、压强由不均匀趋向均匀的弛豫时间就非常短。作为比较，在本实验中设体积膨胀 ΔV 所需时间为 Δt，比值$\dfrac{\Delta V}{\Delta t}$称为破坏速率。在图 12-3 上一颗一颗取走砂粒的过程中，破坏速率将远小于恢复速率，即

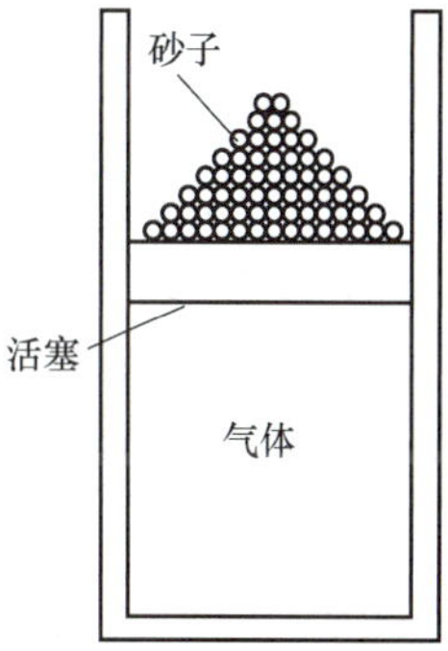

图　12-3

$$\frac{\Delta V}{\Delta t} \ll \frac{\Delta V}{\tau} \quad (\Delta t \gg \tau) \tag{12-2}$$

热力学中，将满足式（12-2）的过程理想化为弛豫时间无限小（无限缓慢）的过程。无限缓慢意味着在系统状态连续变化过程中的每一步系统都处在平衡态（回顾对图 12-1 的讨论）。系统只有处在平衡态才可以用状态参量描述，才可以由外界条件唯一地确定（孤立系统除外）。对于理想气体系统的平衡态，可以用状态图（如 p-V 图）上一个点来表示。这样，也就可以用状态图上一条曲线描述热力学过程。这种任一中间状态都可看作平衡状态的

过程称为准静态过程，其重要性类似于质点、刚体等模型，它是热力学研究的基础。和力学中匀速直线运动概念一样，准静态过程也是一个理想过程模型。事实上，除了一些极快的过程（如爆炸）外，大多数情况下，可以把实际过程近似处理为准静态过程。如无特殊说明，之后所讨论的过程均默认是准静态过程。

第二节 功、热力学能和热量

在热力学中，针对准静态过程讨论功、热量和热力学能（又称内能）变化的关系时，常取封闭系统为例，如图12-4气缸中的气体（理想气体）。按本章第一节的定义，封闭系统是与外界有能量交换而无质量交换的系统（如气缸不漏气）。此时，外界与系统的能量交换表现为做功与传热两种方式。

一、功

在力学中，按式（1-38）或式（1-39）定义功。在热力学中，虽然做功的形式会拓展许多，但无论何种形式的功，作为系统与外界交换能量的一种方式与量度的本质未变。以图12-4为例，设图中以横截面积为S（质量可以忽略）的活塞代表外界，活塞作用于气体的压强为p'，则对气体的压力为$F=p'S$。若活塞无限缓慢地由图中虚线位置向左移动了dx距离到实线位置，外力$\boldsymbol{F}$对系统做的元功为

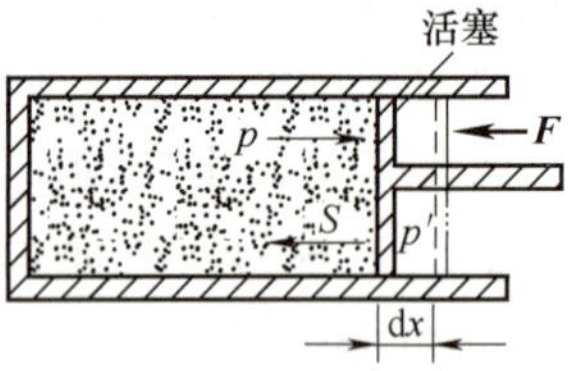

图 12-4

练习130

$$\text{đ}A' = F\mathrm{d}x = p'S\mathrm{d}x = p'\mathrm{d}V \qquad (12\text{-}3)$$

式中，表示元功的微分符号d上加上了一横道，其含义以后会加以说明。注意气体体积变化dV过程中p'是不变的。

因为活塞移动属准静态过程，忽略活塞与气缸壁的摩擦，则系统在压缩过程中所受外界压强p'与系统对外界（活塞）的压强p的大小相等，方向相反（作用与反作用），即$p'=-p$。将式（12-3）用描述系统平衡态的状态参量p表示的话，则

$$\text{đ}A' = p'\mathrm{d}V = -p\mathrm{d}V \qquad (12\text{-}4)$$

同时，用đA表示系统对外界做的功，则

$$\text{đ}A = -\text{đ}A' = p\mathrm{d}V \qquad (12\text{-}5)$$

式（12-5）给出一个重要信息：在准静态过程中，可以用系统的状态参量及其变化来表述系统对外界所做的元功（见图12-5）。当系统被压缩时，式（12-5）中d$V<0$，đ$A<0$，系统对外界做负功（外界对系统做正功）；反之，d$V>0$，đ$A>0$，表示系统对外做正功（外界对系统做负功），热力学中以系统对外做功的正负来规定功的正负。

再看图12-5，系统由状态1膨胀到状态2的过程中，系统对外界所做的总功需要对式（12-5）做定积分计算：

$$A = \int_{V_1}^{V_2} p\mathrm{d}V \qquad (12\text{-}6)$$

按式（12-5），该过程中外界对系统所做的总功为

$$A' = -\int_{V_1}^{V_2} p\mathrm{d}V \tag{12-7}$$

根据定积分的几何意义，在图 12-5 中，系统由状态 1 膨胀至状态 2 的过程曲线下的曲边梯形面积的数值，等于过程中系统对外所做的功（经实线和经虚线膨胀过程做功不同）。在此意义上，状态图 12-5 也称为机械功示意图。

为了理解和应用式（12-3）~式（12-7），注意以下几点：

1）$đA$ 或 $đA'$不是全微分。图 12-5 已指出由同一个初态 1 出发，经过实线所示的过程到达终态 2，与经过虚线所示的过程到达终态 2，系统对外所做的功不相同。这说明，在热力学中，功也不是系统的状态函数，是只与过程有关的过程量。例如，可以说“系统的温度是多少”，但绝没有人说“系统的功是多少”。为此，在表示无限小过程中的元功的式（12-4）中，在微分符号 d 上加一横道以示区别。

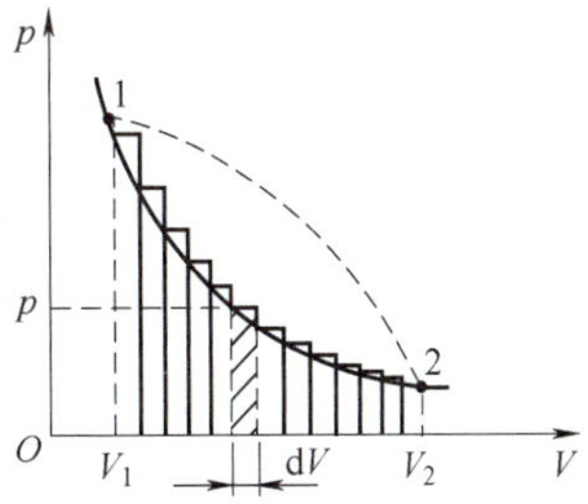

图　12-5

2）不同形式的功：在热力学中，以理想气体为研究对象，系统所做的功与其体积的变化相联系，称为体积功，只是做功的一种形式。除此之外，还有多种形式的功，如因拉伸金属丝的作用引起长度改变做功；电池中，因电动势移动电荷的作用要做功等，都与系统和外界之间发生了能量交换有关，都是热力学讨论的范畴。不过，由于热力学系统不同，状态参量也不同。因此，在元功的表达式中，各物理量不再用 $p\mathrm{d}V$ 表示，而采用如下形式：

$$đA = -đA' = X\mathrm{d}x \tag{12-8}$$

式中，X 称为广义力；x 为广义坐标；$\mathrm{d}x$ 称为广义位移。由于篇幅所限，本书不做具体介绍，在学习相关后续课程中，将会遇到针对不同问题，表述如式（12-8）广义功的具体形式。

二、系统的热力学能

本节所讨论的封闭系统是可以与外界发生能量交换的系统。因此，系统必然也具有能量。在中学物理中，已把物质中分子的动能和势能的总和称为热力学能，又称内能。进一步说，系统的热力学能是：系统所具有的、由其热力学状态所决定的能量。做功可以改变系统的热力学能。如用锯条锯木头时，因为要克服摩擦力做功，锯条和木头的热力学状态（如温度）都发生变化，锯条和木头的热力学能增加。用搅拌器在水中搅拌要做功，可以使水温升高，水的热力学能随之增加。下面，通过焦耳实验引入热力学能的概念。

焦耳从 1840 年至 1878 年近 40 年的时间，采用不同方法进行了大量的各种各样的独创性实验，并精确地测定了热功当量，不愧为一位令后人尊敬的实验大师。可见，坚持不懈的精神是取得科学研究创新突破的重要条件，进而激发学生的学习积极性，只有认准目标，勤耕细作，永不言弃，同时放弃走捷径，才能取得学习或者研究的突破。图 12-6 是焦耳实验中最著名的一个。图中示意，在一个由绝热壁包围着的容器（无热量传递）中盛有水，由于重物上下运动带动叶片转动搅拌水做功，水温升高。在采用绝热壁实验条件下，焦耳反复

采用搅拌、摩擦、压缩、通电等不同方式对容器中的工作物质做功，测量其温度的升高。所有的实验结果都一样，即只要系统的初态（p,T_1）和终态（p,T_2）是一定的（忽略压强变化），无论用什么方式做功，实验测得使水升高相同温度的功都相等。由于焦耳在实验中采用绝热壁，系统与外界没有热量传递，把在容器中发生的各种实验过程称为绝热过程。进而将在绝热过程中外界对系统做的功叫作绝热功。因此，焦耳实验揭示了：绝热功与系统所经历怎样的不同做功方式无关，而只与温度变化过程的初态（p,T_1）和终态（p,T_2）有关。换句话说，绝热过程中，外界对系统所做的功仅取决于系统的初态与终态的状态参量。**这一实验结果的物理意义是什么呢？**

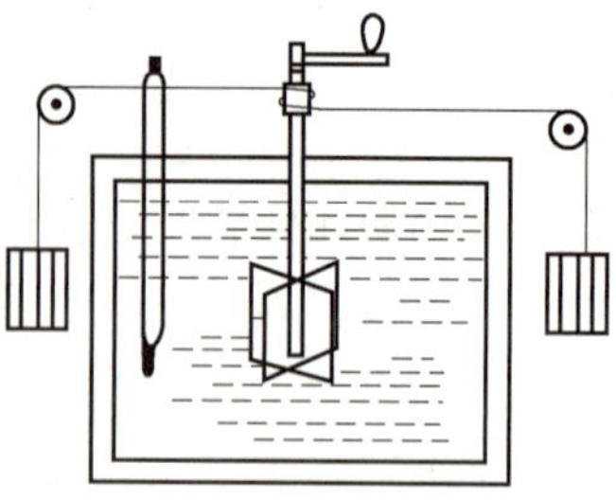

图 12-6

在力学中（见第二章第二节）曾经证明，保守力所做的功与路径无关，只与质点的起点、终点的位置有关。据此引入了势能概念，进而得出保守力做功只由初态与终态的势能差确定的结论。在上述焦耳实验中，绝热功与过程无关，只与系统初、终态有关，从而采用类比方法引入系统热力学能的概念，并以符号 U 表示。具体来说，当一封闭系统经过一个绝热过程由初态 1 变到终态 2 时，外界对系统所做的功 A' 等于系统热力学能的增量。即

$$U_2 - U_1 = A' \tag{12-9}$$

式中，U_1、U_2分别是系统在平衡态 1 和 2 时的热力学能，均只由系统的状态参量确定，只是状态参量的单值函数，简称态函数。这就诠释了为什么前面说，系统的热力学能指的是系统所具有的、由其热学状态所决定的能量。通常，把热力学温度（即绝对温度）趋于零时的状态，定为标准的参考态，系统处于该状态的热力学能为零。

三、热量

经验表明，当两个温度不同的系统接触时，将有热量从高温系统流向低温系统，与此同时，两个系统的热力学状态发生变化，作为态函数的热力学能也随之变化（热库除外）。可见，除做功外，还可以通过传递热量的方式改变系统的热力学能。例如，在焦耳实验中，用机械搅动等做功方式使水温升高，热力学能改变。但也可以在不做功的情况下，通过加热使水温升高，热力学能同样改变。由此可见，热量和功一样，是伴随加热过程而出现的过程量，也不是态函数。如同“一个处于确定状态的系统有多少功”这类描述没有意义一样，“处于一定温度下的系统具有多少热量”的说法同样是错误的。正确的描述是：传热是系统与外界存在温度差时交换能量的一种方式，以传热交换能量的量度称为热量。或者说，热量是在传热方式下，系统与外界所交换能量的量度。因而，只有在系统状态变化过程中才可以用多少热量描述，并且它的数值与系统状态变化所经历的具体过程有关。在随后的讨论中，当系统初、终状态一定时，不同的过程吸收（或放出）的热量并不相同。因此，在无限小的元过程中，系统从外界吸收（或放出）的微小热量 $đQ$ 不是状态参量的全微分，故也在符号 d 上加一横道以示区别。在热力学中规定：$đQ>0$ 表示系统吸热；$đQ<0$ 表示系统放热。

第三节　热力学第一定律的内容

综上所述，除外界对系统做功外，还可以通过给系统传热 Q 改变系统的热力学能。在做功与传热两种方式同时出现的情况下，系统热力学能的增量为 $\Delta U=U_2-U_1$。根据能量守恒与转换定律

$$\Delta U = Q + A' \tag{12-10}$$

热力学第一定律

式中，系统从外界吸热时 Q 为正；外界对系统做功时 A'为正。式（12-10）便是**热力学第一定律**的数学表达式之一。它表明，在系统从一个平衡态（U_1）变换到另一个平衡态（U_2）的过程中，功和热量是系统热力学能变化的量度。这也是第一类永动机不能实现的判据。

式（12-10）表述的是一个有限过程中的能量守恒与转换过程规律，它是由无限小过程积累的结果。若热力学系统经历一个无限小的元过程，则式（12-10）中各量用无限小量表示为

$$\mathrm{d}U = \text{đ}Q + \text{đ}A' \tag{12-11}$$

由于功与热量是过程量，式（12-10）只规定了系统的初态与终态是平衡态，并不限制在系统状态的变化过程中的中间态是平衡态还是非平衡态。因此，作为能量守恒与转换定律在热现象中的具体表述式（12-10）与式（12-11）适用于两个平衡态之间进行的一切过程（包括准静态过程与非准静态过程），但系统的初、终态各部分都不是平衡态则除外，这是因为系统热力能处在变化之中，不能用一个态函数表示。对于系统经历准静态过程，则外界对系统所做的元功可按式（12-4）表示为

$$\text{đ}A' = -p\mathrm{d}V$$

这时，式（12-11）可写为

物理学原理形式
$$\mathrm{d}U = \text{đ}Q - p\mathrm{d}V \tag{12-12}$$

工程技术应用形式
$$\text{đ}Q = \mathrm{d}U + p\mathrm{d}V \tag{12-13}$$

因此，式（12-12）与式（12-13）的特别之处在于，只适用于准静态过程。

【例 12-1】 一定量的理想气体，由状态 a 经 b 到达 c（见图 12-7），求此过程中：

（1）气体对外做的功。

（2）气体内能的增量。

（3）气体吸收的热量。

例 12-1

【分析与解答】 本题考察对热力学第一定律概念的理解。

（1）气体对外做的功为 ac 直线下梯形包围的面积

$$A = [(1+3)\times 1.013\times 10^5\times(3-1)\times 10^{-3}\,\mathrm{J}/2] = 405.2\,\mathrm{J}$$

（2）由 $p_aV_a=p_cV_c$ 得 $T_a=T_c$，而气体内能是温度的函数，因此 $\Delta U=0$。

（3）根据热力学第一定律 $Q=\Delta U+A$，得该过程气体从外界吸收热量 $Q=A=405.2\,\mathrm{J}$。

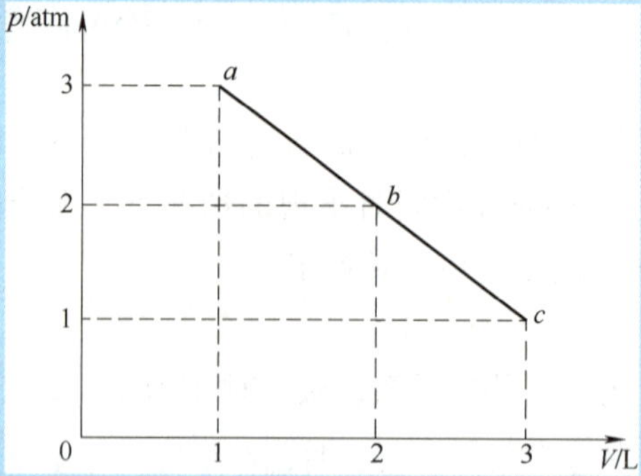

图　12-7

第四节　理想气体的热力学过程

在前几节基础上，本节介绍热力学第一定律在理想气体三种不同等值过程以及绝热过程中的应用。在热力学第一定律表达式（12-10）中，三个量 ΔU、Q 和 A' 中已知任意两个，就可以求得第三个。按工程应用要求，往往先计算 ΔU 与 A' 后由式（12-10）确定 Q（放热或吸热）。

一、等体（定容）过程

等体过程是指如图 12-8 所示系统体积始终保持不变的过程。从 p-V 图 12-8b 上看，等体过程是由一条与 p 轴平行的实线段描述的。V 不变，则 $\mathrm{d}V=0$。所以，由式（12-6）得，$A=0$（直线与横轴间无面积），根据热力学第一定律式（12-11）得

$$\text{đ}Q = \mathrm{d}U \qquad (12\text{-}14)$$

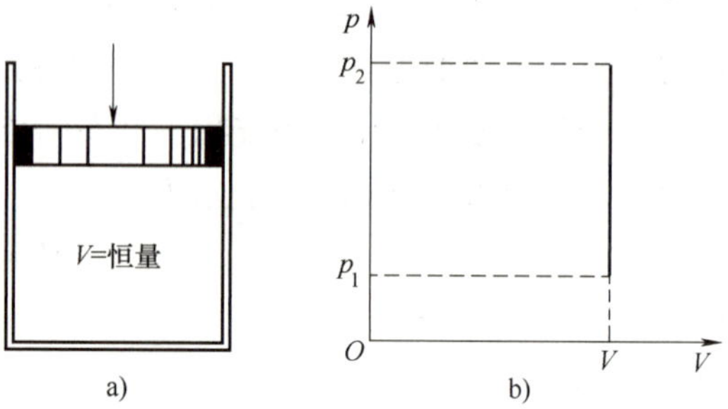

图　12-8

对于有限的等体过程，可得

$$Q_V = U_2 - U_1 \qquad (12\text{-}15)$$

式（12-15）表明等体过程中，气体吸收的热量全部转换为系统的热力学能。

在很多情况下，系统和外界之间交换热量会引起系统温度变化。温度变化与热传递之间关系的研究产生了热容概念，并通过实验测量热容（或比热容）加深对热运动的微观本质和物质的微观结构的认识是近代物理的一个不可缺少的方法。物理学史上，研究热容具有重要作用。因为若系统在某一无限小过程中吸收了热量 $\text{đ}Q$，其温度变化为 $\mathrm{d}T$，则系统在该过程中的热容为

$$C = \frac{\text{đ}Q}{\mathrm{d}T} \qquad (12\text{-}16)$$

实验发现，热容不仅与热传递过程有关，还与物体所含物质量的多少有关，为了排除因物质

量的不同带来的不唯一性以便于比较，人们常用 1mol 物质的热容（摩尔热容），记为 C_m（下脚标 m 表示摩尔）。

式（12-16）已暗含热容与过程有关，因此，每当提及热容时，必定要指明是何种过程的热容。在等体过程中，有摩尔定容热容，记作 $C_{V,m}$（下脚标 V 表过程）。

因在等体（定容）过程中，外界对系统不做功，按式（12-14）及热容定义式（12-16），得到通过态参量与态函数来计算摩尔定容热容的表达式，即

$$C_{V,m}=\left(\frac{đQ}{dT}\right)_V=\left(\frac{dU}{dT}\right)_V=\left(\frac{\partial U}{\partial T}\right)_V \tag{12-17}$$

式（12-17）的文字表述是，摩尔定容热容等于 1mol 质量系统的热力学能对温度的变化率。通常它也是温度的函数。式（12-17）也可写成

$$đQ_{V,m}=C_{V,m}dT \tag{12-18}$$

因此对于物质的量为 ν 的理想气体在等体过程中，温度由 T_1 改变为 T_2 时式（12-15）可以写成

$$Q_V=U_2-U_1=\nu C_{V,m}(T_2-T_1) \tag{12-19}$$

由式（12-19）可知，系统热力学能的增量只取决于温度差。这一结论不仅适用等体过程也适用于理想气体其他体积发生变化的过程。这是因为，系统热力学能是态函数，是状态参量的单值函数，对于质量一定的理想气体，不论体积大或小，改变与否，分子间均没有相互作用。热力学能与体积是否变化无关，它仅仅是温度的单值函数。根据理想气体状态方程式（12-1），对于等体过程，可得 $\frac{p}{T}$=恒量。由此可判断图 12-8b 中 T_1 与 T_2 的高低，进而确定式（12-19）中 Q_V 的正负以及已知 $C_{V,m}$ 由式（12-19）求热力学能增量。

二、等（定）压过程

等压过程是指系统压强始终保持不变的等值过程。在图 12-9 的 p-V 图上，等压过程由一条与 V 轴平行的线段描述。系统由 V_1 等压膨胀至 V_2，根据式（12-6）系统对外所做的功

$$A=\int_{V_1}^{V_2}p\,dV=p(V_2-V_1) \tag{12-20}$$

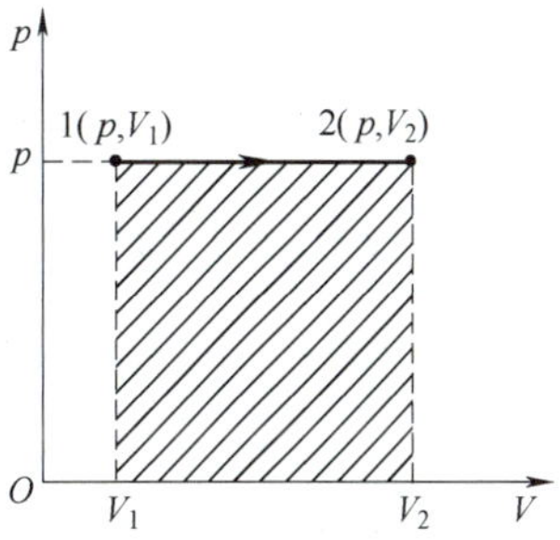

图 12-9

在热力学第一定律式（12-10）中代入式（12-20），得出

$$Q_p=(U_2-U_1)+A=\nu C_{V,m}(T_2-T_1)+p(V_2-V_1) \tag{12-21}$$

即等压过程中，理想气体吸收的热量一部分用来对外做功，另一部分使系统热力学能增加。

在等压过程中，用摩尔定压热容 $C_{p,m}$ 来描述 1mol 物质温度升高 1K 时吸收的热量。类比于式（12-17）可得摩尔定压热容为

$$C_{p,m}=\left(\frac{đQ}{dT}\right)_p \tag{12-22}$$

对于物质的量为 ν 的理想气体在定压过程中吸收的热量为

$$Q_p=\nu C_{p,m}(T_2-T_1) \tag{12-23}$$

结合式（12-21）、式（12-23）和理想气体状态方程（12-1）可得

练习 131

$$C_{p,m} = C_{V,m} + R \tag{12-24}$$

此式是迈耶在1842年导出的，称为迈耶公式。另外，从摩尔定压热容和摩尔定容热容的定义式（12-17）和式（12-22）出发，结合式（12-1）也可以证明迈耶公式。它表示理想气体的摩尔定压热容与摩尔定容热容之差为摩尔气体常量 R，即

$$C_{p,m} - C_{V,m} = R$$

这表明，在等压过程中1mol理想气体温度升高1K时，要比等体过程中温度升高1K时多吸收8.31J的热量（用以对外做功），这足以说明传热与过程有关。

在实际应用中，常常用它们的比值 γ，即

$$\gamma = \frac{C_{p,m}}{C_{V,m}} \tag{12-25}$$

γ 称摩尔热容比（可从相关手册查阅）。通常它也是温度的函数。利用 γ 可将理想气体的 $C_{p,m}$ 与 $C_{V,m}$ 分别表示为下式备用：

$$C_{p,m} = \gamma \frac{R}{\gamma - 1},\ C_{V,m} = \frac{R}{\gamma - 1} \tag{12-26}$$

三、等温过程

系统与恒温热源（俗称热库）保持接触的过程称为等温过程（见图12-10）。根据理想气体状态方程及 $T=C$ 得，$pV=$常数，所以在 p-V 图（见图12-10）上，等温线对应于一条等轴双曲线。根据式（12-1）所示的理想气体的状态方程，对于等温过程，$p=\dfrac{\nu RT}{V}$。将此式代入式（12-6）中，系统在等温过程对外做功为

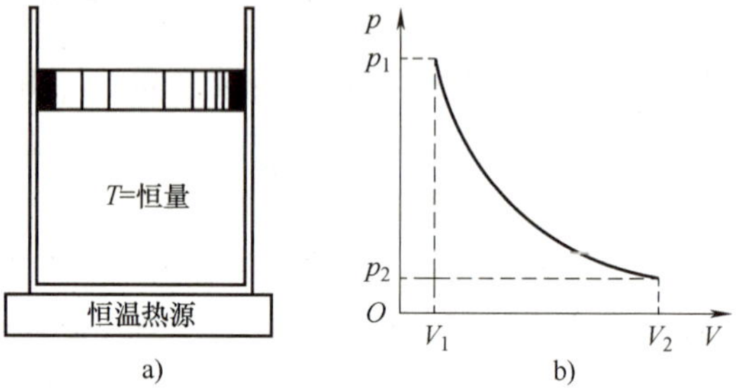

图　12-10

练习 132

$$A = \int_{V_1}^{V_2} p\mathrm{d}V = \nu RT\int_{V_1}^{V_2} \frac{\mathrm{d}V}{V} = \nu RT\ln\frac{V_2}{V_1} \tag{12-27}$$

式中，V_1、V_2 分别表示初态、终态体积。当 $V_2>V_1$ 时，属等温膨胀，$A>0$，气体对外做正功；当 $V_2<V_1$ 时，是等温压缩，$A<0$，外界对气体做正功。

如前所述，对于理想气体来说，理论与实验都证明，热力学能只与温度有关，与体积大小无关（详见第十四章第三节）。因此，在等温过程中，不论体积与压强如何变化，因温度不变，气体的热力学能就不变。再结合式（12-10），得

$$Q_T = \nu RT\ln\frac{V_2}{V_1} = \nu RT\ln\frac{p_1}{p_2} \tag{12-28}$$

当气体被等温压缩（即 $V_2<V_1$ 或 $p_2>p_1$）时，Q_T 取负值。此时，外界对气体所做的功，以热量形式由气体传给恒温热源。

四、绝热过程

绝热过程

1. 过程方程

在图 12-6 所描述的焦耳实验中，系统的状态发生变化，但与外界没有热量交换，$đQ=0$，这种过程称为绝热过程。前面分别在 p-V 图上用等体线、等压线及等温线描述了这三个等值过程，那么是否可用 p-V 图描述绝热线呢？为此，如何导出绝热过程 p 与 V 的函数关系呢？导出思路是，任何过程都遵守热力学第一定律。绝热过程也不例外。在绝热条件下，式（12-12）为

$$dU=-pdV=\nu C_{V,m}dT \tag{12-29}$$

仅从上式还看不出 p 与 V 的相互关系。要导出绝热过程方程，还得考虑理想气体状态方程式。因为 p-V 图上任何过程曲线上一点都遵守状态方程，由于式（12-29）是微分关系，所以需先对理想气体状态方程两边取微分：

$$pdV+Vdp=\nu RdT \tag{12-30}$$

然后，联立式（12-29）和式（12-30）消去 dT，得

$$(C_{V,m}+R)pdV=-C_{V,m}Vdp$$

上式中括号就是 $C_{p,m}$，而 $C_{p,m}$ 与 $C_{V,m}$ 之比等于 γ［见式（12-25）］，经整理

$$Vdp+\gamma pdV=0$$

或

$$\frac{dp}{p}+\gamma\frac{dV}{V}=0 \tag{12-31}$$

式（12-31）称为理想气体准静态绝热过程微分方程。将式（12-31）积分，得

$$\ln p+\gamma\ln V=\text{常量}$$

或

$$pV^{\gamma}=\text{常量} \tag{12-32}$$

这就是理想气体绝热过程方程（又称为泊松公式），就是在 p–V 图 12-11b 中用虚线描述的方程，从图中的虚线簇看它既不同于等体线、等压线，也不同于等温线，绝热线上 p、V、T 三参量同时变化（为什么?）。因此，除式（12-32）外，绝热过程方程应当还有由其他两个参量表示的形式。推导思路如下：

将理想气体状态方程 $pV=\nu RT$ 与式（12-32）联立，消去 p 或 V（过程略），分别得到

练习 133

$$TV^{\gamma-1}=\text{常量} \tag{12-33}$$

$$T^{-\gamma}p^{\gamma-1}=\text{常量} \tag{12-34}$$

以上三式中常量不相等。如何计算准静态绝热过程中外界对 ν mol 理想气体所做的功呢？按式（12-7），只需将式（12-29）中的 $-pdV$ 代入式（12-12）后完成积分：

$$A'=-\int_{V_1}^{V_2}pdV=\nu C_{V,m}\int_{T_1}^{T_2}dT=\nu C_{V,m}(T_2-T_1)$$

$$= \frac{C_{V,m}}{R}(p_2V_2 - p_1V_1) = \frac{1}{\gamma - 1}(p_2V_2 - p_1V_1) \tag{12-35}$$

式（12-35）右方积分结果的三种等价形式也是理想气体（ν mol）在两平衡态（2 与 1）之间，经绝热过程后热力学能变化的三种数学表达式，具体计算时需灵活选择。

2. 绝热线与等温线

在图 12-11 上，同种气体的绝热线与等温线两者有些相似。相比之下，绝热线更陡些。为什么有这种差异呢？可从以下两方面予以解释：

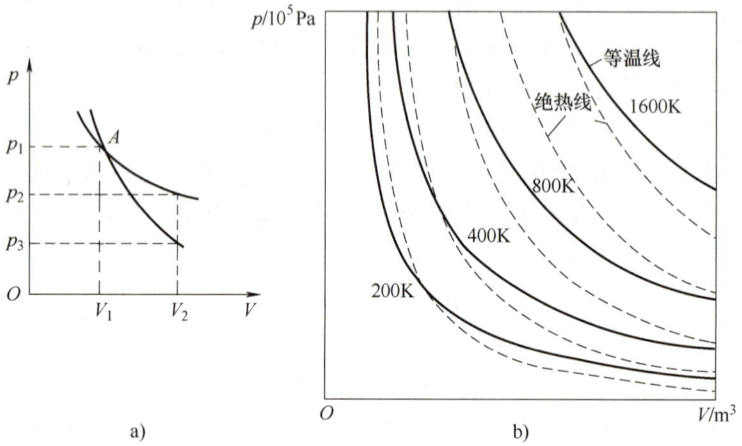

图　12-11

1）在等温过程中，压强的变化仅与体积的变化有关；而在绝热过程中，任一条绝热线对应无穷多的温度，压强的变化不仅与体积的变化有关，还与温度变化有关。因此，在绝热过程中，二元变量（V,T）引起系统压强的变化将更为显著。以图 12-11a 中两线为例，设想系统从 A 所代表的状态出发，经两种过程膨胀到同一体积 V_2。在等温膨胀中，压强降低至 p_2；而在绝热膨胀中，系统的压强降到 p_3，$p_3<p_2$。

2）另一方面，从数学上采用比较 A 点斜率$\left(\frac{\mathrm{d}p}{\mathrm{d}V}\right)$的方法，也能证明绝热线比等温线陡。从函数关系 $p(V)$ 用微分方法可求等温线和绝热线的斜率

练习 134

$$\left(\frac{\mathrm{d}p}{\mathrm{d}V}\right)_T = -\frac{p_A}{V_A}$$

$$\left(\frac{\mathrm{d}p}{\mathrm{d}V}\right)_Q = -\gamma\frac{p_A}{V_A}$$

以上两式 p 对 V 求导的下脚标中 T 表等温，Q 表绝热。由于 $\gamma>1$，所以在图 12-11a 中两线交点 A 处，绝热线斜率的绝对值较等温线斜率的绝对值为大。这已严格证明，同种气体从同一初状态（如 A）做同样的体积膨胀（或压缩）时，压强的变化在绝热过程中比在等温过程中要大。

【例 12-2】　设有 5mol 的氢气，最初的压强 p_1 为 1.0132×10^5Pa，温度 T_1 为 293K（图中点 1 处），如图 12-12 所示。则在下列等温和绝热过程中，把氢气压缩为原来体积的 1/10，已知氢气的 $\gamma=1.41$，试：

（1）计算图中等温压缩过程（由点 1 到点 2′）系统对外界做的功。

（2）计算图中点 1 到点 2 绝热压缩过程系统对外界做的功。

（3）分别计算点 2′和 2 的压强。

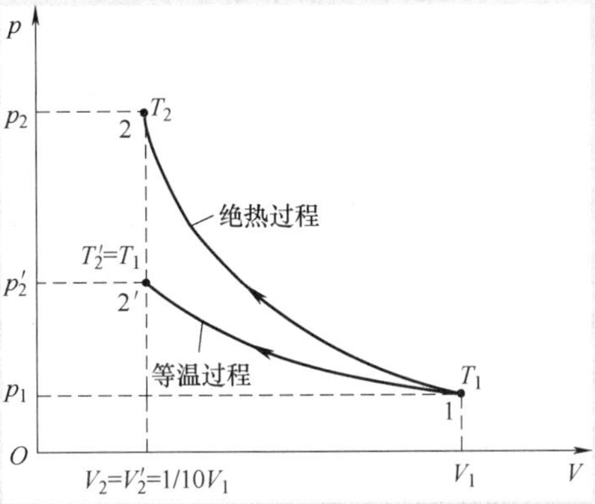

图　12-12

例 12-2

【分析与解答】　本题属于等温过程和绝热过程系统对外界做功的问题。

（1）先计算图中等温压缩过程（由点 1 到点 2′）系统对外界做的功，按式（12-28），得

$$A_{12'}=\nu RT\ln\frac{V_2}{V_1}=\left(5\times8.31\times293\ln\frac{1}{10}\right)\text{J}=-2.80\times10^4\text{J}$$

式中，负号表示压缩过程系统对外界做负功，也就是外界对系统做正功。

（2）为求由图中点 1 到点 2 绝热压缩过程外界做的功方法之一，利用式（12-33）先求出点 2 的温度

$$T_2=T_1\left(\frac{V_1}{V_2}\right)^{\gamma-1}=293\times10^{0.41}\text{K}=753\text{K}$$

再利用式（12-35），得

$$A_{12}=-\nu C_{V,\text{m}}(T_2-T_1)$$

已知氢的摩尔定容热容 $C_{V,\text{m}}=20.79\text{J}\cdot\text{mol}^{-1}\cdot\text{K}^{-1}$。把已知数据代入上式，得

$$A_{12}=-(5\times20.79\times(753-293))\text{J}=-4.78\times10^4\text{J}$$

式中，负号表示压缩过程系统对外界做负功。相比之下，绝热压缩中外界做功多。

（3）点 2′和 2 的压强可分别计算如下：对等温过程中，有

$$p_2'=p_1\left(\frac{V_1}{V_2'}\right)=(1.013\times10^5\times10)\text{Pa}=1.013\times10^6\text{Pa}$$

在绝热过程中，有

$$p_2 = p_1\left(\frac{V_1}{V_2}\right)^{\gamma} = (1.013 \times 10^5 \times 10^{1.41})\text{Pa} = 2.6 \times 10^6\text{Pa}$$

以上两压强值表明，氢气从同一初态1经不同过程压缩到同一体积，外界做功不同，压强变化必然不同，绝热过程比等温过程压强变化更大。

第五节 热力学循环

一、循环过程

循环过程

在生产实践中，需要持续利用热做功，实现这种转变的机器称为热机。例如，内燃机、燃气轮机等。尽管不同的热机在结构、工作物质、做功方式、工作效率等方面有着很大的差异，但它们工作的物理原理是相通的，即工作物质（系统）从某一初始状态出发、经若干个不同的分过程又回到起始状态，如此周而复始地循环实现热转换为功。工作物质经历的这种过程称为热力学循环（简称循环）。理想准静态循环可以在 p-V 图上表示出来（见图12-13）。

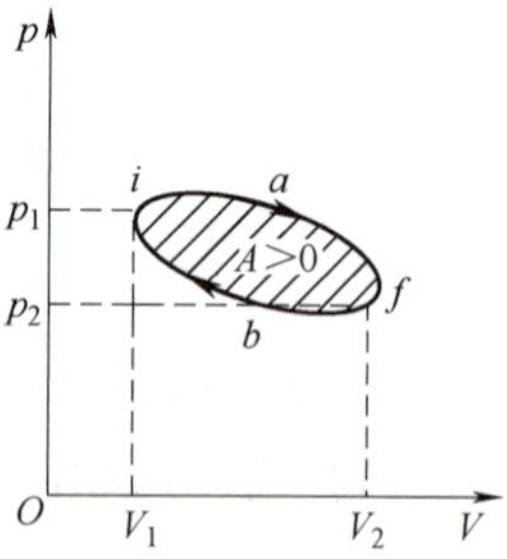

图 12-13

工作物质（系统）经过一个循环之后，热力学能没有变化。循环过程的功：在图12-13中画出一闭合曲线，示意如果系统由 i 出发，经 $iafbi$ 后回到 i 的热力学过程，是一个准静态循环过程。该循环过程可以分解为 iaf 与 fbi 两个分过程。从曲线上标出的箭头判断，系统经 iaf 膨胀过程（过程曲线上方向箭头与 V 轴正向相同）对外做正功；经 fbi 为压缩过程，对外做负功（过程曲线上方向箭头与 V 轴方向相反）。图上 $iafbi$ 包围的面积在数值上等于系统对外界做的净功。当闭合曲线取图示顺时针方向时，系统通过这一循环过程对外做正功（$A>0$，$A'<0$），称为正循环。反之，做负功（$A<0$，$A'>0$），称为逆循环。图12-14与图12-15分别表示正循环（热机）与逆循环（制冷机）。

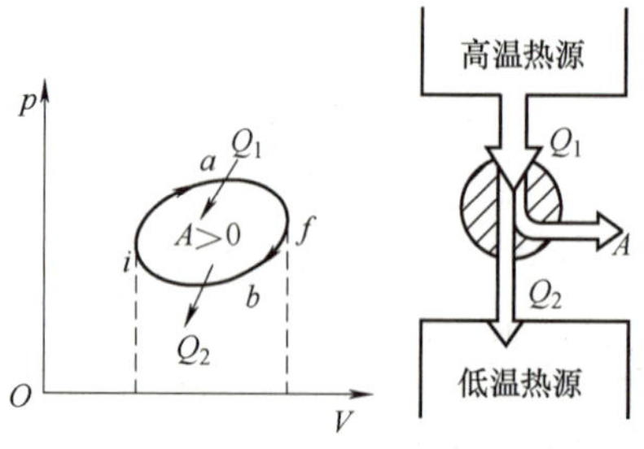

a) b)

图 12-14

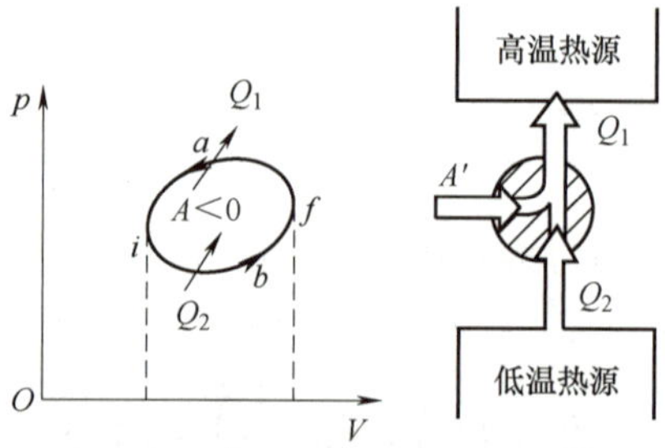

a) b)

图 12-15

二、热机

由于系统在完成一个正循环回到起始状态时，热力学能不变，热机中工作物质对外所做的净功（A），在数值上等于闭合曲线（见图 12-14）所包围面积的大小。根据热力学第一定律，在整个循环过程中，系统从外界（高温热源）吸收的热量 Q_1，必定大于向外界（低温热源）放出的热量 Q_2，两者之差 $Q_1-|Q_2|$等于系统对外所做的净功 A。若系统对外释放的热量用$-|Q_2|$表示，由于循环过程 $\Delta U=0$，根据热力学第一定律可得

$$A = Q_1 - |Q_2| \tag{12-36}$$

式中，等号右侧表示系统在正循环过程中从热源吸收的净热量（有吸有放）；等号左侧表示系统对外界做的净功。（过程中有膨胀，有压缩，一般净功不为零，见图 12-14b。）热机满足 $Q_1-|Q_2|>0$。热机效率是热机性能的一个重要标志，定义为

$$\eta = \frac{A}{Q_1} = 1 - \frac{|Q_2|}{Q_1} \tag{12-37}$$

式（12-37）给出了计算热机效率两种等价方法。

若 $Q_1-|Q_2|<0$，即 $A<0$，表示系统对外界做负功或外界对系统做正功的逆循环。以图 12-15a 所表示的逆循环为例，热量传递和做功方向都与正循环相反（逆时针方向），用图 12-15b 示意。外界对系统做功 A'，使系统在循环过程中从外界吸收热量 Q_2的同时，还要向高温热源释放热量 Q_1。按热力学第一定律，$|Q_1|=A'+Q_2$。外界对系统所做的功 A'及系统从低温热源吸取的热量 Q_2一起被送到了高温热源，这就是制冷机的基本工作原理。实际使用的制冷机工作流程并不简单。下面简要介绍制冷机。

*三、制冷机

目前，制冷设备在工业生产、医药卫生、食品饮食、家庭起居及科学研究等方面均有广泛的应用。各种各样的制冷设备，尽管设计与结构并不相同，但工作原理如图 12-15 所示的那样，都是先通过压缩工作物质做功，同时不断从低温热源（或冷源）吸收热量传向高温热源，从而确保冷源的低温状态。图 12-16 为常用制冷机（如冰箱）的装置原理图。

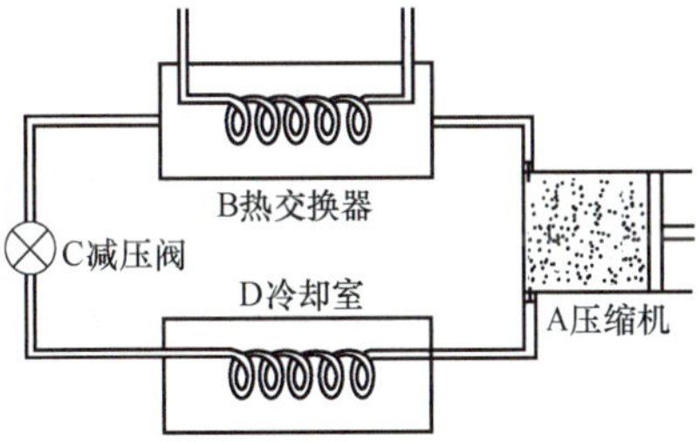

图　12-16

制冷机的工作物质一般选凝结温度较低或沸点较低、较易液化的气体为制冷剂，如氨、氟利昂（已逐渐被淘汰）等。以氨为例，氨的沸点为-33.5℃，在室温（20℃）及常压下处于蒸气状态。在图 12-16 中，将氨气经压缩机 A 压缩至压强为 1.0×10^6Pa（近 10 个大气压）、温度为 70℃时进入热交换器 B（高温热源），向冷却水或周围空气放热，温度降至 20℃，凝结为高压液态氨。然后，流过减压阀（节流阀）C，经绝热膨胀，降压降温后进入冷却室内的蒸发器 D（低温热源）。在此过程中，液体在低压下沸腾，吸热汽化，其温度进一步下降到-10℃。这种低温气体可使冷却室内物体的温度下降到-5℃（理想状态）。此氨蒸气随后又被吸入压缩

机A进行下一个循环。

制冷系数是制冷机性能的一个重要标志，定义为

$$\varepsilon = \frac{Q_2}{A'} \tag{12-38}$$

式（12-38）意味着制冷机的性能取决于循环过程中外界对系统（工质）做了功（A'），能通过工作物质从冷却室吸取多少热量（Q_2）。

制冷机也可对室内供热。此时，只需把室内的空气作为制冷机的高温热源B，而把室外的空气当作低温热源D（具体变换技术本书略）。则在制冷机工作的每一循环内，就把从室外D吸取的热量Q_2和外界（压缩机）对制冷机所做的功A'，一起送到室内。室内得到的热量为

$$|Q_1| = Q_2 + A' = (\varepsilon + 1)A' \tag{12-39}$$

按以上循环工作的制冷机又称热泵，许多空调器都具有制冷和热泵的双重功能，目前已进入了千家万户。当前，正在研制和开发利用半导体制冷效应的制冷机。

第六节　物理学方法简述

一、公理化方法

公理化方法是一种重要的科学思维方法。数学的严谨性就是公理化的典范，不仅如此，它还渗透到物理学等其他学科。因为一门科学发展到一定程度后，必然要“再回首”对所积累的材料与认知加以整理。将那些意义自明的概念作为学科的基础概念，特别是将那些最简明的、其真实性已广为人们所公认的、不证自明的规律作为公理。然后，以这些基础概念和公理作为推理的出发点，推演出其他的定义、定理，从而把本门科学组成一个由低级到高级、彼此融合、和谐的理论体系。这个体系就全体来看是用演绎法建立起来的一个演绎系统。公理化方法实质上就是用已掌握了的知识进行思考、应用演绎推理的逻辑方法，由原始概念、公理、派生定义、逻辑规则、定理等构成公理体系的方法。

本章介绍的热力学第一定律是能量转化与守恒定律用于热现象的特殊表述。现在已经知道，自然界一切物质都具有能量，能量可以有各种不同的形态，能够从一个物体传递给另一个物体，从一种形态转化为另一种形态，在传递和转化过程中总能量不变，这就是能量转化与守恒定律。例如，宏观物体的几何性质、力学性质、电磁性质、光学性质、化学性质以及存在的形态等都与物体的温度有关，因此，我们说热现象是自然界的一种普遍现象。热力学第一定律普适于物理、天文、化学、生物或其他各种系统，普适于力学、电磁、生物等各种过程。因此，在展开本章内容时，能量转化与守恒定律可以作为公理。作为能量转化与守恒定律的应用，一定要涉及具体的研究对象，在能量转化过程中，研究对象的状态必然要发生变化，因此，“研究对象、状态、过程”就是意义自明的基础概念。如由“研究对象”这一基础概念出发，派生出与温度有关的热力学系统；而依据系统与外界的作用形式，可将系统分为“孤立、封闭、开放”三种；由“状态”这一基础概念出发，派生出平衡态、非平衡

态、准静态等概念；由“过程”概念派生出准静态过程、等值过程、绝热过程、循环过程等；由于热运动与其他运动形式之间相互转化的规律也是热学的“研究对象”，因而又派生出热力学能、热量、功、热功转换等概念。按公理化方法进行分析，可将本章有关的知识系统化。注意，这种演绎推理的方法不仅可以方便人们系统地理解知识体系，掌握理论的本质，而且它也是一种表述科学理论比较完善的方法。

二、理想实验方法

如第一章第四节所述，理想化方法包含理想模型、理想化过程与理想实验三个方面。如准静态过程既是理想化过程又可理解为理想实验。

为描述准静态过程，本章采用了图 12-3 所示的理想实验。理想实验有两个基本特点，第一是让全部的实验过程在完全理想的状态下进行（如一粒一粒地加减砂粒）；第二是它与实际实验一样，具有明确的实验目的、科学的实验原理、合适的仪器设备、正确的操作方法和合理的结果分析。不同的是，仪器设备与操作方法都是想象的。从图 12-3 可以看出，理想实验实际上是按实际实验的方式和步骤展开的一种理论思维方式。实验是它的形式和外表，而思维和推理才是它的本质和内涵。所以，可以认为，理想实验是一种思维方式而不是实际的实验方法。从这个意义上说，它属于思维的范畴而不属于实验的范畴。

注意，准静态过程即是一种理想过程，它不可能实现，只能无限趋近。这是因为，平衡态和过程是两个对立的概念。既然是平衡态，则系统的状态参量就不随时间变化。若将平衡态概念绝对化，就否定了它组成过程的可能性。另一方面，既然是过程，则构成过程的、随时间变化的状态肯定是不平衡的。若将过程的概念绝对化，则热力学过程只能由非平衡态构成，这就否定了准静态过程中状态的平衡性。系统既要发生某一过程，又要求过程中的每一时刻系统都处于平衡态。

快速与缓慢也是相对的。从定义上讲，只有过程进行得无限缓慢才可能为准静态过程。但实际问题中的快速与缓慢又不是绝对的。这些分析是学习理想化方法时必须想到的。

练习与思考

一、填空

1-1　要使一热力学系统的内能增加，可以通过________或________两种方式，或者两种方式兼用来完成。热力学系统的状态发生变化时，其内能的改变量只决定于________，而与________无关。

1-2　如图 12-17 所示，一定量的理想气体经历 $a \to b \to c$ 过程，在此过程中气体从外界吸收热量 Q，系统内能变化 ΔU，请在以下空格内填上>0 或<0 或=0：Q ____________，ΔU ____________。

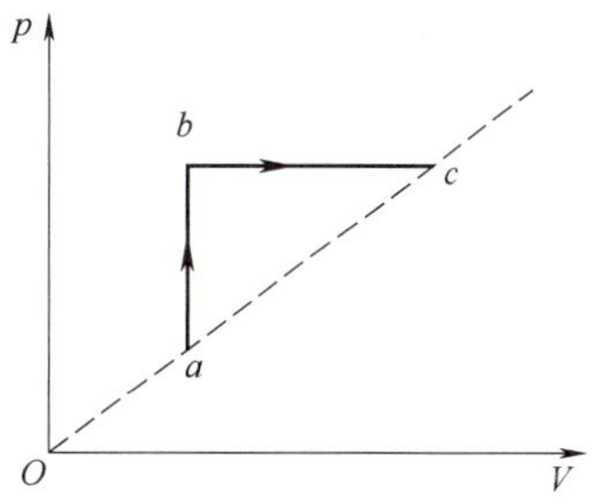

图　12-17

1-3　将热量 Q 传给一定量的理想气体：

（1）若气体的体积不变，则热量用于________________。

（2）若气体的温度不变，则热量用于________________。

（3）若气体的压强不变，则热量用于 ________________。

1-4　一气缸内贮有 10mol 的单原子分子理想气体，在压缩过程中外界做功 209J，气体升温 1K，此过程中气体内能增量为________，外界传给气体的热量为________。（$C_{V,\mathrm{m}}=3R/2$）

二、计算

2-1　将 500J 的热量传给标准状态下 2mol 的氢气（把氢气看作理想气体，$C_{V,\mathrm{m}}=5R/2$）：（1）若体积不变，氢气的温度为多少？（2）若温度不变，氢气的压强和体积各为多少？（3）若压强不变，氢气的温度和体积各变为多少？

【答案】（1）285.18K；（2）9.1×10^4Pa，$5\times10^{-2}\mathrm{m}^3$；（3）281.74K，$4.6\times10^{-2}\mathrm{m}^3$

2-2　压强为 1.01325×10^5Pa、温度为 25℃的 1mol 理想气体，等温膨胀到原体积的 3 倍。（1）计算这种情况下气体对外所做的功；（2）若膨胀按绝热过程进行又怎样？（设 $\gamma=1.4$）

【答案】（1）2.72×10^3J；（2）2.20×10^3J

2-3　一定量的单原子分子理想气体（$C_{V,\mathrm{m}}=3R/2$）从 A 态出发经等压过程膨胀到 B 态，又经绝热过程膨胀到 C 态，如图 12-18 所示。试求：（1）这全过程中气体吸收的热量及内能的增量；（2）这全过程中气体对外所做的功。

12.1 习题 2-3

【答案】（1）1.49×10^6J，0；（2）1.49×10^6J

2-4　1mol 氦气经过如图 12-19 所示的循环过程，其中 $p_2=2p_1$，$V_4=2V_1$，求 1→2、2→3、3→4、4→1 各过程中气体吸收的热量和此正循环的效率。（已知：$C_{V,\mathrm{m}}=3R/2$）

【答案】15.4%

2-5　1mol 单原子理想气体经历如图 12-20 所示的循环过程，其中 ac 为等温线，已知 $V_a=1\times10^{-3}\mathrm{m}^3$，$V_c=2\times10^{-3}\mathrm{m}^3$，求此循环过程的效率。（设 $C_{V,\mathrm{m}}=3R/2$ ）

12.2 习题 2-4

【答案】13.4%

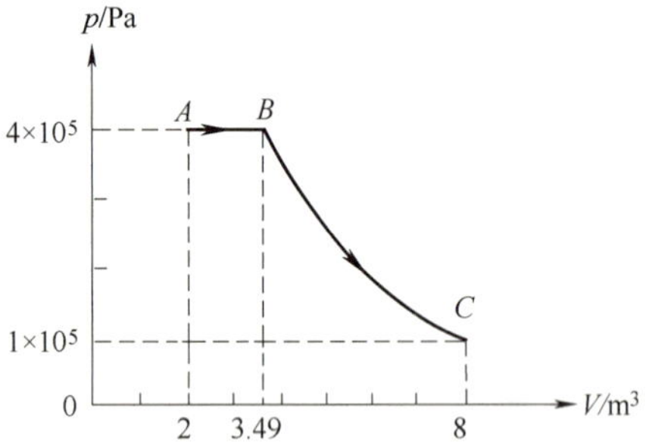

图　12-18

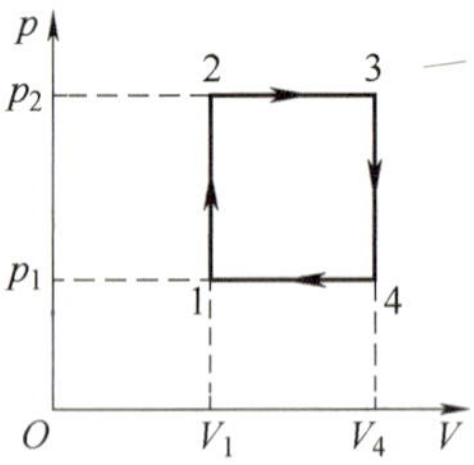

图　12-19

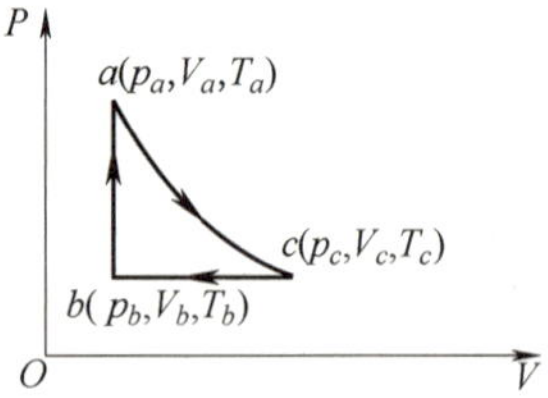

图　12-20

三、思维拓展

3-1　冰箱和空调的工作原理有何异同？

3-2　谈到绝热过程，双层保温杯中间的隔层是真空的还是特殊气体？

3-3　导弹爆炸是哪一类（热力学）过程？

第十三章 热力学第二定律

本章核心内容

1. 卡诺循环的组成特点、效率及意义。
2. 自然过程的不可逆性与理想可逆过程模型。
3. 热力学第二定律内容、数学表述与意义。

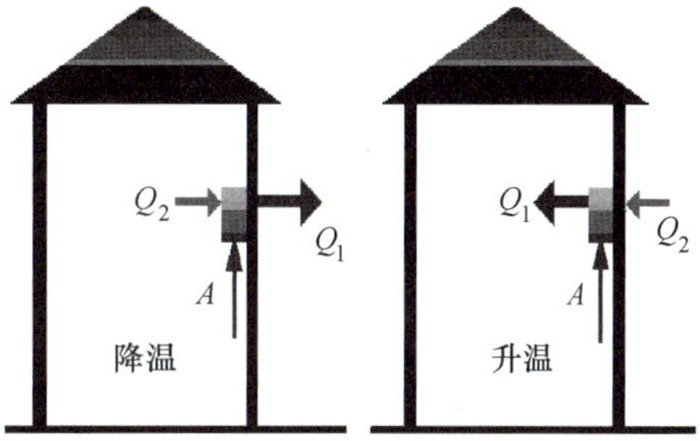

空调

历史上，热学的发展与生产实践对能源的需求紧密相关。18 世纪初，热机在工业上已得到了广泛的应用，但效率很低，一般为 3%～5%。到 19 世纪初，随着热机的广泛应用，提高热机效率便成为当时一个迫切需要解决的问题。其间，虽然人们做了大量的工作，如减少漏热、漏气、摩擦等，但直到 19 世纪中叶，花费了近 50 年的时间，热机的效率也只提高到 8%左右（直到今天，非循环工作的液体燃料火箭的热效率也只有 48%，燃气轮机热效率为 46%，柴油机热效率只有 37%，汽油机热效率更低，只有 25%）。这样一来，生产实践向物理学提出了问题：理论上，限制热机效率的关键是什么？热机效率的提高是否有上限？能不能制造效率为 100% 的循环动作的热机？为了回答这些问题，导致了热力学第二定律的发现。

第一节 卡诺循环

1824 年，法国年轻的工程师卡诺发表了《关于火力动力的见解》这一著名论文。文章分析了一种与实际热机循环不同的理想模型的效率。这种模型称为卡诺热机。其工作物质（简称工质）在循环中只与两个恒温热源交换热量，该循环称为卡诺循环。其重要性直到卡诺去世后的 1848 年才为人们所认识。那么，这个理想循环有什么特点呢？

卡诺循环

一、卡诺循环的四个分过程

图 13-1 描述了以理想气体为工质（系统）的准静态卡诺正循环的四个分过程。具体的热功转换分述如下：

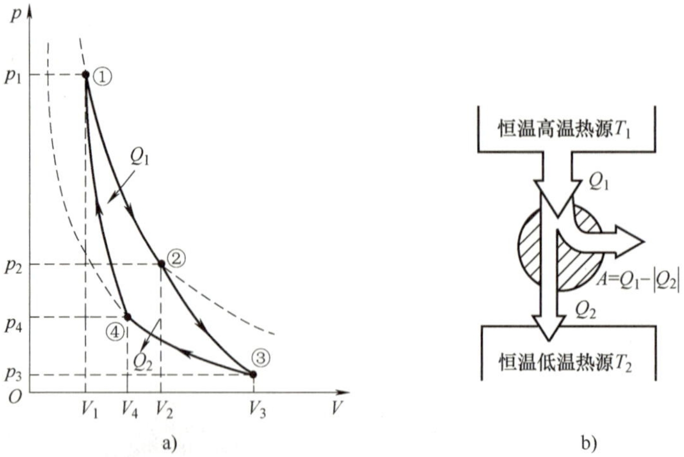

图 13-1

1. ①→②为等温膨胀

图中，①→②是等温膨胀过程。为保持工质在膨胀过程中温度不变，设想工质仅与温度为 T_1 的高温热源接触，且工质从高温热源（T_1）等温吸热 Q_1 的过程中，由初态①（p_1,V_1,T_1）等温膨胀到终态②（p_2,V_2,T_1）。按式（12-28），工质吸收的热量 Q_1 为

$$Q_1=\nu RT_1\ln\frac{V_2}{V_1} \tag{13-1}$$

与此同时，气体膨胀对外做功，且由于温度不变有 $A_1=Q_1$，数值上等于图 13-1a 中①→②等温线下与横轴间包围的面积。

2. ②→③为绝热膨胀

在图中②→③的过程中，工质与高温热源脱离。实线显示由初态②（p_2,V_2,T_1）经绝热过程膨胀到终态③（p_3,V_3,T_2）。压强降低的同时，工质温度由 T_1 下降到低温热源的温度 T_2。工质既不从外界吸热，也不向外界放热。但因膨胀对外做正功，其数值等于图中②→③绝热线下与横轴间包围的面积。与此同时，工质热力学能减少，按式（12-10）它们之间的数量关系是

$$A_2=-\Delta U=\nu C_{V,\mathrm{m}}(T_1-T_2) \tag{13-2}$$

3. ③→④为等温压缩

工质经两次膨胀后按③→④压缩，在此过程中工质仅与一个低温热源 T_2 接触，由初态③（p_3,V_3,T_2）经等温压缩到终态④（p_4,V_4,T_2），并向低温热源等温放热 Q_2，其间工质热力学能不变。外界对工质做功，数值上等于图中③→④等温线下与横轴间包围面积的大小，且与工质放出的热量数值相等。经对放热取绝对值，有

$$A_3'=|Q_2|=\nu RT_2\ln\frac{V_3}{V_4} \tag{13-3}$$

4. ④→①为绝热压缩

在此过程中，工质与低温热源脱离，并由初态④（p_4,V_4,T_2）经过绝热压缩过程到终态

①（p_1, V_1, T_1），温度也由 T_2 升至 T_1，工质热力学能增加。由于工质与外界没有热量交换，外界对工质所做的功等于工质热力学能的增量，在数值上等于图中④→①绝热线下与横轴间包围的面积，即

$$A_4' = \Delta U = \nu C_{V,\mathrm{m}}(T_1 - T_2) \tag{13-4}$$

二、卡诺循环的效率

按上一章第五节的论述，作为一个循环过程，卡诺循环中工质经 4 个分过程对外所做的净功，类比图 12-14a，数值上等于图 13-1a 中闭合曲线所围成的面积

$$A = A_1 + A_2 - A_3' - A_4' = \nu R\left(T_1 \ln\frac{V_2}{V_1} - T_2 \ln\frac{V_3}{V_4}\right) \tag{13-5}$$

将热力学第一定律式（12-10）用于卡诺循环，式（13-5）中的 A 等于系统从高温热源吸收的热量 Q_1 与它向低温热源放出的热量 $|Q_2|$ 之差，即

$$A = |Q_1| - |Q_2|$$

将上式用于式（12-37）可计算**卡诺循环**的**效率**

练习 135

$$\eta = \frac{A}{Q_1} = 1 - \frac{|Q_2|}{Q_1} = 1 - \frac{T_2 \ln\dfrac{V_3}{V_4}}{T_1 \ln\dfrac{V_2}{V_1}}$$

$$= 1 - \frac{T_2}{T_1} \tag{13-6}$$

需要注意的是，在计算卡诺循环的效率时，温度指的是热力学温度，单位为开尔文（K）。

在得出式（13-6）最终结果时，为什么 $\dfrac{V_3}{V_4} = \dfrac{V_2}{V_1}$ 呢？这是因为在图 13-1a 上状态①和④、状态②和③分别处在两条绝热线与两条等温线上。将用 T、V 描述的绝热过程方程式（12-33）用于②→③及④→①两分过程，可得

$$\left(\frac{V_3}{V_2}\right)^{\gamma-1} = \left(\frac{V_4}{V_1}\right)^{\gamma-1} = \frac{T_1}{T_2}$$

即

$$\frac{V_2}{V_1} = \frac{V_3}{V_4}$$

式（13-6）的重要性不可低估：

1）首先，要完成一次卡诺循环，高、低温两个热源缺一不可。

2）其次，理想气体准静态卡诺正循环的热效率，只与高温热源和低温热源的温度（态函数）有关，与气体的多少、循环的大小、热机对外界所做功的数值等无关。T_1 越高，T_2 越低，效率就越高。推而广之，为了提高实际热机效率（如内燃机的奥托循环），可以从提高高温热源温度 T_1，或者降低低温热源温度 T_2 入手，除减少各种形式的能量损耗外，这是提

高热机效率的一个方向。

3）最后，由于工程技术上不可能无限制地提高温度 T_1（如涉及燃料及热机材料等），也不可能使 T_2 达到绝对零度（放热不可避免），所以任凭工程技术如何发展，热机的效率总是小于1，即不可能把从高温热源所吸收的热量全部用来对外做功。

【例 13-1】　人们在研究如何利用表层海水和深层海水的温差来制成热机。已知热带海域表层水温约25℃，300m深处水温约为5℃。

（1）在这两个温度之间工作的卡诺热机的效率多大？

（2）如果一电站在此最大理论效率下工作时获得的机械功率是1MW，它在单位时间内向低温热源放出的热量为多少？

【分析与解答】　该题属于应用卡诺热机效率公式及一般热机效率公式解决实际问题。

（1）根据卡诺热机效率公式

$$\eta = 1 - \frac{T_2}{T_1}$$

代入题示数据计算可得 $\eta = 6.7\%$。

（2）卡诺热机同时满足一般热机效率公式

$$\eta = 1 - \frac{|Q_2|}{Q_1} = 1 - \frac{|Q_2|}{A + |Q_2|}$$

设 $|Q_2|$ 为单位时间向低温热源放出的热量，解上式（式中 A 为功率）得

$$|Q_2| = \frac{A(1-\eta)}{\eta}$$

将相关数据代入上式可得 $|Q_2| = 1.4\times10^7\text{J}$。

第二节　可逆过程与不可逆过程　卡诺定理

按上一章的介绍，自然界中发生的任何涉及热现象的过程，都必须遵守热力学第一定律，也就是要遵守能量守恒与转换定律。但是，人们经过长期的实践和分析还注意到，在自然界中，很多并不违反热力学第一定律的过程却不能发生，如功可以全部转换为热，但热却不可以全部转换为功。这是怎么一回事呢？这是由于实际发生的热力学过程，还要同时满足另外一条热力学定律？即本章将要介绍的热力学第二定律。热力学第二定律是在对不可逆过程长期研究的实践经验进行总结、归纳得到的实验结果。本节先介绍可逆过程与不可逆过程的概念。

一、实际热力学过程的不可逆性

人们周围发生形形色色的实际热力学过程的典型代表有热与功的转换及热量从高温物体到低温物体的传递。

1. 热功转换的不可逆性

实践表明，磨床上旋转的砂轮，在切断电源后，砂轮将减速，直到完全停止。在这一过程中，砂轮轴与轴承之间有摩擦，砂轮表面与空气之间有摩擦，砂轮通过克服摩擦做功，将动能转换为热力学能。类似的例子有一个共同的规律，那就是不论机械运动、电磁运动或是其他形态的运动，通过做功转换成热运动的过程可以自发进行，称为自发过程。“自发”是指这些过程顺其自然进行，既无须外界的帮助也不受外界的影响。人们发现，在大量的、与热现象有关的自发过程中，起支配作用的是能量的传递和转换过程的方向性。是什么样的方向性呢？从做功和传热两种能量传递和转换方式的相互关系看，做功方式向传热方式转换，可以自发地进行；相反，传输的热量全部用于做功却不能自发进行。以砂轮减速为例，砂轮克服摩擦做功可以使周围空气变热。这是自发过程。但砂轮周围空气自发冷却，提供热量使砂轮重新转动起来的过程，至今没有人观察到，这种过程不会自发发生。只有利用吸热做功的热机或通电才可以使砂轮转动起来，但是，这不是可以自发发生的。何况热机从高温吸收的热量 Q_1 不可能全部用来做功，必然要向低温热源放出一部分热量 Q_2。也就是说，做功可以全部转化为热量，但传输的热量不可能全部转换去做功，这就是能量转换过程的方向性，决定了不可逆过程的方向性。

1）历史上，曾有不少人幻想设计一种机器，它能将工作物质吸收的热，完全转化为宏观的机械功。后人还对此计算过，如果利用它从海水吸热做功不放热的话，全世界大约有 10^{18}t（吨）海水，只要冷却 1℃，就会放出 10^{21}kJ 的热量，这相当于 10^{14}t 煤完全燃烧所提供的热量。而所有海水温度只要降低 0.01℃时，它所放出的热量就可供全世界的工厂连续工作数百年。这种热机并不违反能量守恒与转换定律，它的热效率可达 100%。人们把这种只从单一热源吸热做功的热机，称为**第二类永动机**。如同第一类永动机一样，实践和理论都否定了这种幻想，即第二类永动机不可能造成。

因为式（13-6）已经告诉人们，热机效率总是小于 1。工作物质从高温热源 T_1 吸取热量 Q_1，经过卡诺循环，必然要向低温热源放出一部分热量 Q_2，才能回复到初始状态。

2）对于理想气体的准静态等温膨胀过程，按式（12-28），它似乎是只能从单一热源吸热对外做功。但是，随着气体体积的膨胀，气体的压强最终会降到与大气压相等时的水平，膨胀过程无法持续进行下去，更不用说制造只吸热不放热而循环工作的热机。

综上所述，在热功转换中，机械能可以通过摩擦、内耗、阻尼等耗散机制自动地转化为热力学能，而热力学能反方向转化为机械能却不可以自发地进行。把相反的过程不可以自发进行的过程称为**不可逆过程**。注意，不可逆过程并不是没有办法让它向反方向进行的过程，而是不能自发地向反方向进行。

2. 热传递过程的不可逆性

人们熟知，当两个温度不同的物体相互接触时，热量会自发从高温物体传递到低温物体。但是，它的相反过程，即热量自发从低温物体传递到高温物体不可能发生。这一事实同样说明能量在传递和转换中具有方向性。换句话说，热量传递是不可逆过程。否则，如果热量能够自发地从低温传到高温而无其他影响，就可以制造一种循环工作的制冷机，它不需要做功，就可达到制冷的效果，这显然是违反自然规律的。

以上提到的热量传递的不可逆性，并不是说，热量不可能从低温物体传到高温物体，而是指这一过程不可能自发地发生。在一定的条件下，热量可以从低温物体传到高温物体。那么，**这个条件是什么?** 上一章第五节介绍的制冷机已预先回答了这一问题。

二、理想热力学过程的可逆性

1. 不可逆过程的产生

自然界所有涉及热现象的实际过程，都是不可逆过程。这是因为存在产生不可逆过程的条件：

（1）压强差引起的不可逆过程 如在图 13-2 中，一个绝热容器由隔板分为 A、B 两室，A 室中贮有理想气体，B 室为真空。实验时，抽开隔板，因两室间存在压强差，A 室中的气体将向 B 室膨胀，最后达到压强、温度相同且不变的平衡态。这一过程称为理想气体对真空的自由膨胀，是一个典型的不可逆过程。推广到一般的情况是，当系统与外界或系统内部各部分之间存在有限大小（非无限小）的压强差时，就会有分子（或其他粒子）从压强大的地方向压强小的地方流动。这种宏观流动都是不可逆过程。在图 13-2 中，人们从未见到过已经充满整个容器的气体能自动地收缩到容器的 A 室中去。又如，当大气中有高气压区和低气压区时，必有气流从高气压区自动地向低气压区迁移，这就是通常所表现的括风，也是不可逆过程。

（2）温度差引起的不可逆过程 以图 13-3 为例。在温度为 T_1 和 T_2（$T_1>T_2$）的热源之间用一柱状物体（导热的固体或流体）相连。由于两端的温度差，热量通过柱状物体从高温热源流向低温热源。推广到一般情况是，当系统与外界或系统内部各部分之间存在有限温度差时，就会产生热量的传递。这也是典型的不可逆过程。

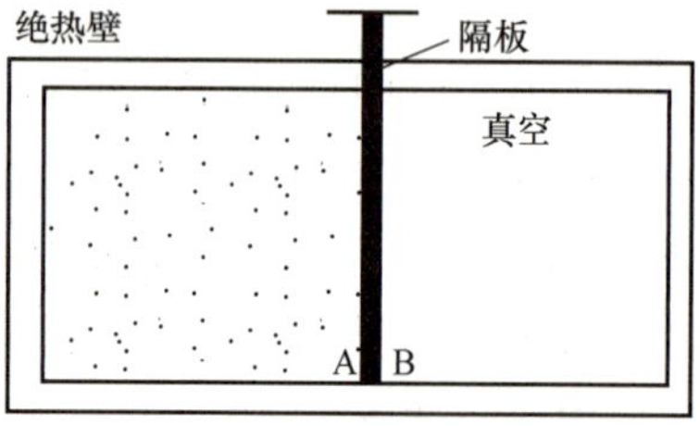

图 13-2

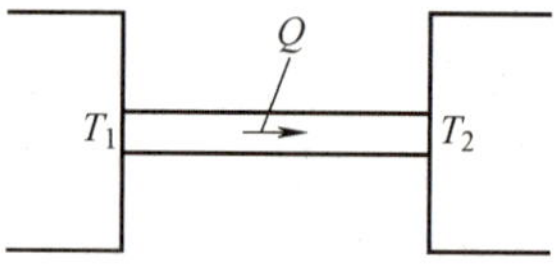

图 13-3

（3）化学势差引起的不可逆过程 一般来说物质都有气、液、固三态（或三相）。汽化、凝结、熔解、凝固等，都是物质从它的一相转变到另一相的过程。这也是一种自发的不可逆过程。但这要留待有关后续课程中才能予以介绍。继而相变这种不可逆过程取决于化学势差。

（4）浓度差引发的不可逆过程 在图 13-4 中用隔板分开，同一种气态物质的 α 与 β 两种同位素。其中一种 α 有放射性，另一种 β 没有放射性。实验时把隔板抽去，可以想见，由于浓度差，将发生 α 和 β 气体之间的扩散。推广到一般情况则是，当系统与外界，或系统内部各部分之间存在有限浓度差时，就

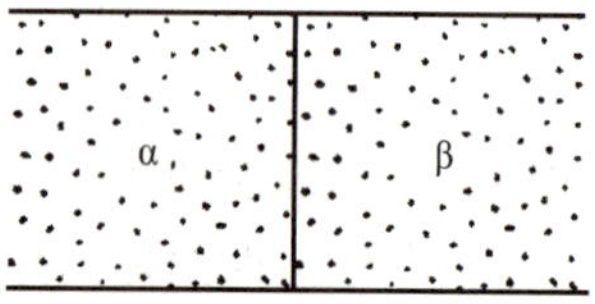

图 13-4

会出现分子或粒子的扩散运动。一旦发生扩散，就不会恢复原状，扩散也是一个不可逆过程。

（5）存在摩擦、黏滞、电阻等耗散过程　以摩擦为例，它是典型的耗散过程。如发生摩擦时，做功可以全部转化为热，但这部分热不仅不可能自动转化去做功，即使利用热做功，也不可能实现全部转换。所以，只要出现摩擦、黏滞、电阻等现象的过程，一定是不可逆过程。

总之，介绍以上几方面的实验事实是为了得出如下结论：当一个系统与外界之间，或系统内部各部分之间出现了压强、温度、浓度等某个强度量的差异时，系统与外界或系统内部会出现能量、动量或质量等广延量的定向流动，好比是“落叶永离，覆水难收”。

2. 理想的可逆过程

物理学为研究不可逆过程的规律，先将过程理想化，抽象出一种可逆过程模型。通过对可逆过程模型的理论分析，找到不可逆过程的规律。什么是可逆过程？它是如何从实际的不可逆过程抽象出来的呢？

在上一章曾指出，热力学过程可以分为准静态过程和非准静态过程两类。它们的区别在于，过程中的每一中间状态是否处于平衡态。若准静态过程中无任何耗散作用的话它就是可逆过程。即可逆过程模型要求两个理想化条件：

1）过程无限缓慢地进行。

2）过程中没有摩擦、黏滞、非弹性、电阻及磁滞等各种耗散力做功。

以图 13-5 为例。有一理想气体系统，经无耗散准静态过程从①态膨胀到②态（或从②态压缩到①态）。对于其中每一个无限缓慢进行的元过程（压强差无限小，温差无限小），热力学第一定律式（12-10）可表示为

$$\mathrm{d}U = đQ - đA$$

式中，$\mathrm{d}U$、$đQ$、$đA$ 分别是元过程中系统热力学能的元增量、系统所吸收的元热量和系统对外所做的元功。设想当过程由②态经压缩回到①态的准静态反向进行时，每一中间态都仍是平衡态，与由①膨胀到②过程相比，$\mathrm{d}U$、$đQ$、$đA$ 各项除改变符号外并无其他区别，如数值不变，且相互关系不变，则对外界也没留下任何新的其他影响。就一般情况而论，如果一个过程中的每一步在正反两个方向进行之后，$\mathrm{d}U$、$đQ$、$đA$ 对外界不留下任何不可逆的影响，这就是可逆过程。在图 13-5 中，系统在由①态到②态的膨胀过程中，从热源吸热 Q_1，对外做功为 A，系统热力学能变化为 ΔU；若系统从②态经压缩过程回到①态，外界对系统做功 A（数值上 $A=A'$）；同时向热源放热 Q'（图中未标出，数值上 $|Q'|=Q_1$）；正反两过程终了，系统和外界都同时恢复原状。

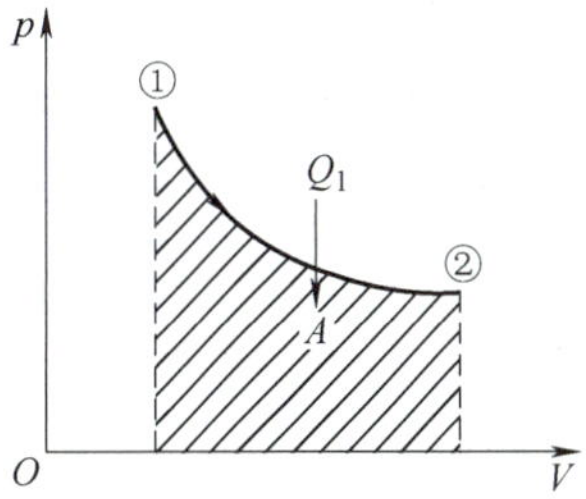

图　13-5

因此，可逆过程也可理解为：在理想化条件下，过程向反方向进行，系统和外界完全恢复原状而且不引起其他变化。

三、卡诺定理

卡诺依据他对热机的研究提出：工作在两个相同的高温热源和低温热源间的一切热机，

与不可逆热机相比，可逆机的效率最高。可逆机（即卡诺热机）的效率只取决于两热源的温度，而与工作物质的性质（理想气体状态方程最简单）无关。这一论断叫作卡诺定理，即

$$\eta \leqslant 1-\frac{T_2}{T_1} \tag{13-7}$$

式（13-7）中的等号表示理想的可逆热机的效率，不等号表示不可逆机的效率（卡诺定理的证明见参考文献［12］）。

第三节 热力学第二定律的内容

一、热力学第二定律的文字表述

按上节对发生的几种不可逆过程的分析，可以说，自然界中各种与热现象有关的、不可逆过程中发生什么样的状态变化千差万别，但是这些自发过程有没有共同规律呢？例如，它们都必须满足热力学第一定律。历史上克劳修斯发现，似乎还需要另一条独立于热力学第一定律之外的定律揭示不可逆过程的共同规律，1850年他提出了定律的一种表述之后，翌年汤姆孙（即开尔文）又提出了另一种表述。就这样，在讨论不可逆过程基础上诞生了热力学第二定律。可以证明（本书从略），两种表述虽然不同却是等价的。现简要介绍两种表述：

1. 热传递过程的不可逆性和热力学第二定律的克劳修斯表述（1850年）

不存在这样的过程，其唯一效果是热量从较冷（低温）的物体传到较热（高温）的物体。

这里强调，“唯一”一词很重要。因为启动制冷机后热量是可以从低温热源传给高温热源的，但这种热量传递并不是唯一效果，制冷机的启动要耗电，电能之一部分转化为热，这是对外界产生的“其他影响”。若制冷机“停电”了，热量绝不可能自动（唯一）从低温区域传向高温区域。

2. 热功转换的不可逆性和热力学第二定律的开尔文表述（1851年）

不存在这样的过程，其唯一效果是从单一热源取得热量使之完全变成有用功。

虽然在讨论理想气体的等温膨胀过程时，曾看到等温膨胀吸收的热量可以完全变为功［式（12-28）］，但是如前所述，这并非是唯一效果。因为气体膨胀了，占据了更大的体积，与此同时气体压强降到不能再做功的水平。前已指出，幻想从单一热源吸热全部用于做功的热机称为第二类永动机。所以，上述开尔文表述又可表为：第二类永动机不可能实现。

两位学者对热力学第二定律的两种不同说法，蕴含相同的内涵。研究发现在热现象中，系统与外界间的能量交换可分为“非热”的和“热”的两类。“非热”的方式是指机械或电磁作用，通常是通过系统整体宏观有序运动来完成能量交换的。有时也把机械功、电磁功称为宏观功。与做功不同，而“热”的方式也就是传递热量的方式。能量交换是通过分子的无规则热运动来完成的。例如，当系统与外界之间有温度差并且发生热接触后，通过分子

间的频繁碰撞交换能量，通常把热量传递叫作微观功。

联系到热力学第二定律的两种表述，功变热实际就是从宏观有序运动向无规则热运动的转换过程，即从有序到无序方向运动的不可逆过程；而热量从高温物体传到低温物体，开始两个物体温度有高有低，最后温度相同。温度是量度大量分子无规则平均平动动能大小的宏观物理量（将在第十四章介绍），即热量自发地从两个物体分子平均平动动能不同的较为有序的状态向平均平动动能完全相同的无序状态进行，而从无序到有序的相反过程进行，显然是不可能的。因此，从微观上讲，一切自然的宏观热力学过程总是向着分子热运动无序性增加的方向运动，这也阐明了热力学第二定律的微观意义。

二、熵和热力学第二定律的数学表述

热力学第二定律的两种文字表述已指出，一切包含热功转换或热传递的实际宏观过程都是不可逆的。它们的共同特点是过程涉及系统的初态向终态的转变，这种转变有时是“系统自发的行为”，有时是“由外界迫使的行为”。“初”与“终”在不可逆过程中地位不同，由初态可自发转变到终态，但由终态却不能自发转变到初态，状态决定过程方向。物理学家设想，用某个由状态决定的态函数在初态与终态间之差或变化来判断实际过程进行的方向，这个新的态函数称为熵。

1. 熵的引入

本章第一节已指出，以理想气体为工质进行可逆循环的卡诺热机的效率为

$$\eta = \frac{Q_1 - |Q_2|}{Q_1} = \frac{T_1 - T_2}{T_1}$$

式中，Q_1是系统从温度为T_1的高温热源吸取的热量；$|Q_2|$为系统向低温热源T_2放出的热量的绝对值，用负号表放热。从上式导出

练习 136

$$\frac{Q_1}{T_1} - \frac{|Q_2|}{T_2} = 0$$

如果取消上式中Q_2的绝对值符号，还原放热Q_2本身的负号，改写上式

$$\frac{Q_1}{T_1} + \frac{Q_2}{T_2} = 0 \tag{13-8}$$

改写后式（13-8）中的Q_1、Q_2都可解释为在卡诺循环中系统所吸收的热量（一正、一负）。不仅如此，克劳修斯还从式（13-8）中注意到，虽然在完成一次卡诺循环中工质从高温热源吸热Q_1和向低温热源放热$|Q_2|$是不相等的，但$\frac{Q}{T}$的代数和却等于零，这一结果预示着什么呢？为进一步探究式（13-8）所蕴含的物理意义，现在把式（13-8）放到一个与n个热源相接触的、更一般的可逆循环中讨论（见图 13-6）。

图中一条光滑闭合曲线表示系统做任意一个可逆循环过程，将其看作由大量微卡诺循环构成。从图中任意选取两个相邻微卡诺循环来看，它们之间相互靠在一起的绝热线，左右过程方向不同，绝热线的热学效果相反，相互抵消。因此，整个循环过程只留下一条锯齿形闭

合曲线。所取的微卡诺循环数目越多，这条锯齿形闭合曲线就越接近于光滑闭合曲线。在微卡诺循环数目 n 趋向无穷（每个微卡诺循环趋向无限小）的极限情况下，锯齿曲线就无限地接近于光滑闭合曲线。此时，就用 n 个（$n\to\infty$）微卡诺循环模拟了原来的循环过程。

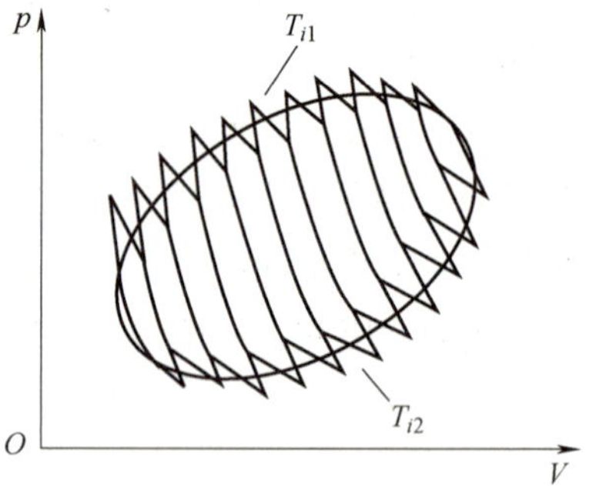

图 13-6

按式（13-8），图 13-6 中每一个微卡诺循环都满足

$$\frac{đQ_{i1}}{T_{i1}}+\frac{đQ_{i2}}{T_{i2}}=0 \qquad (13\text{-}9)$$

式中，T_{i1}、T_{i2}为第 i 个微卡诺循环中的高、低两个热源的温度；$đQ_{i1}$、$đQ_{i2}$为工质在第 i 个微卡诺循环中从高、低热源吸收的热量。对图中 n 个满足式（13-9）微卡诺循环求和，在求和时进而对式（13-9）中两项不分 1、2 统一表述成$\frac{đQ_i}{T_i}$，则求和项有 $2n$ 之多，即

$$\sum_{i=1}^{2n}\frac{đQ_i}{T_i}=0 \qquad (13\text{-}10)$$

当 $n\to\infty$ 时，式（13-10）的极限为一沿闭合曲线（图中循环过程）的积分：

$$\oint\left(\frac{đQ}{T}\right)_{可逆}=0 \qquad (13\text{-}11)$$

式中，符号 $\oint$ 表示积分沿整个循环路径进行；$đQ$ 表示在无限小过程中系统所吸收的热量；T 为外界热源的温度。由于可逆循环过程是准静态过程，过程中的每一步，系统的温度必定与其交换热量的热源的温度相等，所以式（13-11）中的 T 也是系统的温度（这也是理解可逆过程关键之一）。式（13-11）称为克劳修斯定理或**克劳修斯等式**。**它的物理意义是什么呢？**

如果仅从式（13-11）的数学形式上看，似乎在保守力场（重力场、静电场）中，曾经见过类似的数学表达式［如式（2-22）、式（4-36）等］。那么，**在热学中出现这种相似的数学形式意味着什么呢？**

为此，分析图 13-7。首先在图中可逆循环上取 1、2 两点及Ⅰ、Ⅱ两条路径。1 和 2 两点表系统在循环过程中两个不同状态，对此循环用式（13-11）积分时，可用分割变换方法

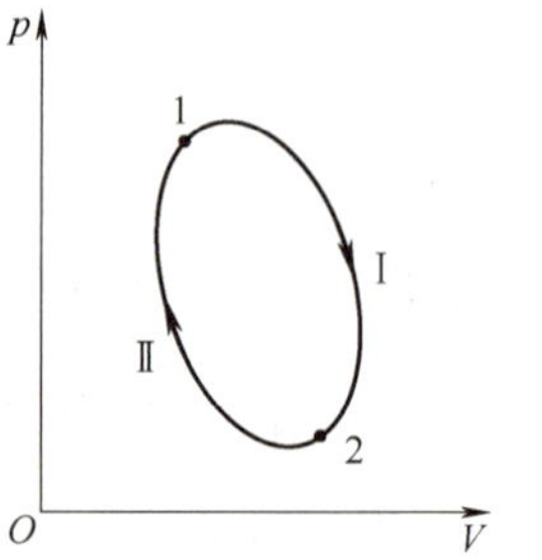

图 13-7

$$\oint\left(\frac{đQ}{T}\right)_{可逆}=\int_{1\,(Ⅰ)}^{2}\left(\frac{đQ}{T}\right)_{可逆}+\int_{2\,(Ⅱ)}^{1}\left(\frac{đQ}{T}\right)_{可逆}=0 \qquad (13\text{-}12)$$

对于可逆过程，将由态 2 到态 1 过程反向进行时只需改变积分符号

$$\int_{2\,(Ⅱ)}^{1}\left(\frac{đQ}{T}\right)_{可逆}=-\int_{1\,(Ⅱ)}^{2}\left(\frac{đQ}{T}\right)_{可逆} \qquad (13\text{-}13)$$

如果将式（13-13）代入式（13-12），得

$$\int_{1\,(Ⅰ)}^{2}\left(\frac{đQ}{T}\right)_{可逆}-\int_{1\,(Ⅱ)}^{2}\left(\frac{đQ}{T}\right)_{可逆}=0$$

则

$$\int_{\substack{1\\(\mathrm{I})}}^{2}\left(\frac{\text{đ}Q}{T}\right)_{\text{可逆}}=\int_{\substack{1\\(\mathrm{II})}}^{2}\left(\frac{\text{đ}Q}{T}\right)_{\text{可逆}}\tag{13-14}$$

式中，被积表达式是系统吸收的热量与系统温度之比，称为热温比。式（13-14）表示的是：当系统从态 1（初态）变到态 2（终态）时，热温比的积分与所经历的过程（路径）无关，仅与始末状态有关。

回顾在质点力学和静电学中，由于保守力做功与路径无关，只与始、末状态有关而引入了势能、电势等描述系统性质的状态函数。类似地，根据式（13-14）也可以在热力学中引入判断过程方向的态函数。不过这个态函数在终态（如态 2）之值与它在初态（如态 1）之值的差等于积分 $\int_1^2\frac{\text{đ}Q}{T}$。经过深入的思考与研究，1865 年克劳修斯把这个态函数称为熵，记为符号 S。它在终态 2 与初态 1 之间的差值表示为

$$\Delta S=S_2-S_1=\int_{\substack{1\\(\text{可逆})}}^{2}\frac{\text{đ}Q}{T}\tag{13-15}$$

式中，被积表达式是系统经历可逆无限小过程态函数熵的元增量

$$\mathrm{d}S=\frac{\text{đ}Q}{T}\tag{13-16}$$

因为熵 S 是态函数，dS 是全微分（T^{-1}在数学里称为积分因子，略），式（13-16）是式（13-15）的微分形式。

关于熵，我们做如下说明：

1）熵和热力学能一样是系统的态函数。系统的状态（平衡态）一经确定了，熵也就确定了。对于非平衡态，类比处理非均匀场的方法，可将系统分为若干部分，每一部分近似看成平衡态，因而，每一部分都有确定的熵，系统的熵就等于各部分熵之和。熵与能量都是广延量，可以求和。

2）和势能、热力学能一样，从式（13-15）只能得到熵的差值。说系统在某个状态的熵值，实际上并非是其绝对值，而是包含了一个由参考态的熵值决定的任意常数。

3）对于一个可逆绝热过程来说，因为 $\text{đ}Q=0$，故有

$$S_2=S_1,\quad \Delta S=S_2-S_1=0\tag{13-17}$$

因此，可逆绝热过程又称等熵过程。

4）按热力学第一定律

$$\mathrm{d}U=\text{đ}Q+\text{đ}A$$

对于一个元可逆过程，上式中过程量均可采用系统的状态参量或它们的微分表示。如果系统只因体积改变而对外做功时

$$\text{đ}A=p\mathrm{d}V$$

以及由式（13-16）

$$\text{đ}Q=T\mathrm{d}S$$

将以上两式代入热力学第一定律，得

$$dU = TdS - pdV \tag{13-18}$$

式中，每一项都只包含系统的态函数、状态参量及它们的微分，称式（13-18）为热力学微分方程（牛顿第二定律被称为质点动力学微分方程）。

5）对于一个热力学过程，按照式（13-15）可以计算两个平衡态之间的熵变。需要强调的是，既然熵是态函数，在确定的初态与终态两平衡态之间，熵差一定有确定的值，而与两态之间是发生可逆过程还是不可逆过程无关。因此，两态之间若发生一个不可逆过程，可以设计一可逆过程结合式（13-15）计算熵差。

【例 13-2】 理想气体自由膨胀的熵增。如图 13-2 所示，被绝热壁包围的理想气体是一个孤立系统。设气体在膨胀前体积为 V_1，压强为 p_1，温度为 T，熵为 S_1。抽去隔板后，最终体积变为 V_2，压强降为 p_2，熵为 S_2。计算气体的熵变。

【分析与解答】 本题中理想气体向真空自由膨胀是一个不可逆过程，既然熵差与过程无关，可以设计一个可逆过程来求气体的熵变。

理想气体的自由膨胀过程中温度不变，系统与外界无热量交换，即 $Q=0$，系统对外界不做功，即 $A=0$。根据热力学第一定律，得 $\Delta U=0$，即过程始、末系统热力学能不变。

根据过程进行的特点，设计一个等温膨胀的可逆过程连接系统的初态（T,V_1）与终态（T,V_2），计算它们之间的熵差。

根据热力学微分方程式（13-18），因等温过程 $dU=0$，故得

$$TdS = pdV$$

将理想气体状态方程用于等温过程，得

$$dS = \frac{pdV}{T} = \nu R \frac{dV}{V}$$

两边积分可得系统由初态（T,V_1）变到终态（T,V_2）的熵差

$$S_2 - S_1 = \int_{1\,(\text{可逆})}^{2} dS = \nu R \int_{1\,(\text{可逆})}^{2} \frac{dV}{V} = \nu R \ln \frac{V_2}{V_1}$$

分析：由于 $V_2>V_1$，$\ln\dfrac{V_2}{V_1}>0$，故 $S_2>S_1$，可见在理想气体向真空自由膨胀的不可逆过程中，它的熵是增加的。将这一特例的处理方法与结论引伸：

1）计算熵差时，具体设计什么样的可逆过程连接初态和终态视不可逆过程中 p、V、T 三变量情况而定。

2）在理想气体自由膨胀这一特例中，由于系统与外界不发生热交换，所以该不可逆过程为绝热过程。如果按绝热过程 $đQ=0$，而得出该过程熵增 $dS=\dfrac{đQ}{T}=0$ 的结论是错误的（为什么?）。因为只有在可逆过程中$\dfrac{đQ}{T}$才是熵的元增量。对不可逆过程$\dfrac{đQ}{T}$仅表示元热温比，是与 dS 是完全不同的概念。

3）既然对于不可逆过程积分 $\int_{1\atop(\text{不可逆})}^{2}\frac{đQ}{T}$ 不是熵差，它是什么呢？注意积分中被积表达式是热温比，所以它仅表示不可逆过程热温比的积分。因此，在理想气体向真空自由膨胀的不可逆绝热过程中，因 $đQ=0$，热温比的积分 $\int_{1\atop(\text{不可逆})}^{2}\frac{đQ}{T}=0$。另外由上述讨论知这一过程的熵增 ΔS 大于零，所以，不可逆过程的熵增 ΔS 与不可逆过程热温比之和之间有如下关系：

练习 137

$$\Delta S=S_2-S_1>\int_{1\atop(\text{不可逆})}^{2}\frac{đQ}{T} \tag{13-19}$$

式（13-19）指出，当系统发生不可逆过程时，其热温比的积分 $\int_{1\atop(\text{不可逆})}^{2}\frac{đQ}{T}$ 要小于系统的熵增 ΔS，已经证明，这是一个具有普遍意义的结论。（参看文献［8］）

2. 熵增加原理

式（13-17）已指出，可逆绝热过程是等熵过程。如果人们选择的研究对象是一个孤立系统，由于孤立系统与外界之间没有能量交换，孤立系统中发生的过程当然也是绝热的，即 $đQ=0$。因此，如果孤立系统内（包括绝热系统）发生了可逆过程则

熵增加原理

$$S_2-S_1=\int_{1\atop(\text{可逆})}^{2}\frac{đQ}{T}=0 \tag{13-20}$$

将式（13-19）与式（13-20）综合起来看，对于孤立系统内发生的任意可逆或不可逆过程，有

练习 138

$$S_2-S_1\geqslant 0\quad\begin{cases}>0 & \text{不可逆过程(1,2 两状态熵不同)}\\ =0 & \text{可逆过程(1,2 两状态熵相同)}\end{cases} \tag{13-21}$$

或对元过程

$$\mathrm{d}S\geqslant 0\quad\begin{cases}>0 & \text{不可逆过程}\\ =0 & \text{可逆过程}\end{cases} \tag{13-22}$$

式（13-21）或式（13-22）中将等号与大于号合并表示熵增不小于零之意，它揭示一种自然规律，即孤立系统内发生的一切热力学过程（不论可逆与不可逆）系统的熵都不会减小。换句话说，孤立系统可逆过程熵不变，不可逆过程熵增加。这一原理称为熵增加原理，运用这一原理时，“孤立系统”或“绝热过程”不可少。理论上，由本节特例得到的结论还可从卡诺定理导出。

*3. 熵与无序度　玻尔兹曼关系式

上述内容已从宏观角度讨论了描述热力学过程进行方向的熵增加原理，现从微观角度说

明熵和热运动无序度的关系。

仍以例13-2中理想气体的绝热膨胀加以说明，打开隔板后，A室中的理想气体向B室（真空）逐渐扩散膨胀，是一个理想气体向真空的绝热膨胀过程，经历的时间越长，理想气体分子在整个容器分布得越均匀，随着气体的不断扩散，无序度越来越大，当气体分子达到均匀分布时，无序度达到最大。另外，已经证实在理想气体的绝热膨胀的不可逆过程中，熵在增加。因此，可以说熵的增加意味着无序度的增加。如之前介绍热力学第二定律的微观意义时所述，一切实际的热力学过程如功热转换、热传导等是沿着无序度增加的方向进行的，即向着熵增加的方向进行。

总的来讲，熵增加原理可以这样理解：在孤立系统中，系统处于平衡态时，系统的熵达到最大，系统无序度也达到极限，因此可以说熵是孤立系统的无序度的一种量度。

依据统计物理学观点，热力学概率是无序度大小的量度，可证明熵和热力学概率存在如下关系：

$$S = k\ln W \tag{13-23}$$

式（13-23）称为玻尔兹曼关系式，其中k是玻尔兹曼常数，W为热力学概率（或微观状态数），式（13-23）的重要意义在于把宏观物理量熵与微观物理量热力学概率联系起来，对熵进行了统计解释，使人们对熵增加原理的微观本质有更深入理解，即孤立系统内部发生的过程是从热力学概率小（微观状态数少）的状态向热力学概率大（微观状态数多）的状态进行。

4. 克劳修斯不等式

在图13-8中画有实虚两线，其中实线1→Ⅱ→2表示系统从初态1经可逆过程到达到终态2。虚线1→Ⅰ→2表示系统由1态经不可逆过程到2态。原本不可逆过程不能用p-V图表示（为什么?），图中虚线并非不可逆过程曲线，只是示意在初态与终态间有一不可逆过程而已。

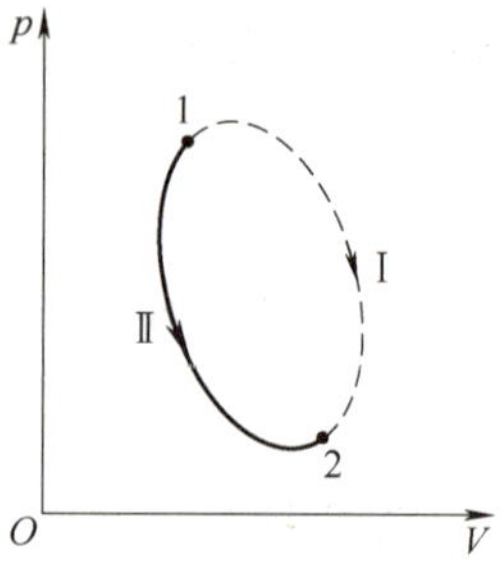

图 13-8

按式（13-15），可逆过程中系统热温比的积分等于系统的熵增。由式（13-19），不可逆过程中系统的热温比的积分小于系统的熵增。将两式合并

$$S_2 - S_1 \geqslant \int_1^2 \frac{đQ}{T} \tag{13-24}$$

对可逆过程式中用等号，对不可逆过程用大于号。此式称克劳修斯不等式。对应的无限小元过程（即被积表达式）

$$\mathrm{d}S \geqslant \frac{đQ}{T} \tag{13-25}$$

式（13-25）称为克劳修斯不等式的微分形式，适用于任意的可逆和不可逆过程。

两种形式的克劳修斯不等式（13-24）与式（13-25）的重要意义在于：从数学上用熵增与热温比的关系表示热力学第二定律。为什么这么说呢?

1）不要把式（13-24）及式（13-25）中的等号与不等号理解为不可逆过程的熵增比可

逆过程的熵增大。为什么？因为熵是态函数。在确定的两个状态之间，不论过程是可逆的还是不可逆的，熵增相同。以式（13-24）为例，正确的理解是，在可逆过程中，系统热温比的积分等于系统的熵增（式中等号）；而在不可逆过程中，系统热温比的积分小于系统的熵增（式中大于号）。

2）把式（13-24）或式（13-25）用于绝热过程或孤立系统时，得到由式（13-21）或式（13-22）表示的熵增加原理：

① 孤立系统发生的所有实际热过程沿熵增加的方向进行，达到平衡后，熵最大。

② 孤立系统发生的一切可逆过程不改变系统的熵。

从熵增加原理式（13-21）与式（13-22）看，两者表述的就是热力学第二定律。为什么这么说呢？初看起来，熵增加原理只是对孤立系统适用的一个原理，其实不然。广义地说，如果所讨论的对象是指包含所有参与热力学过程的物体组成的系统，那么这个系统对于某个热力学过程来说，就是孤立系统。因此，面对一个实际的热力学过程，可以放到由过程中所涉及的物体组成的孤立系统内讨论。这样，孤立系统的熵增加原理就是实际热力学过程遵守的一个十分普遍的原理，是实际热力学过程自发进行方向的判据。所以，也是热力学第二定律的一种普遍表达形式。

如上所述，熵增加原理不仅为我们分析某些物理现象、研究自发过程提供了定量分析的基础，人们还将熵的概念扩展到了许多其他领域。如在统计热力学中，熵是一个系统可能出现的微观态数的量度；而在通信理论中，熵是信息的量度，信息论中有信息熵的概念。在生命现象中，有机体是一个开放系统，因此引入熵流、熵产生概念。人们认识到，与生命现象相伴随的是熵不断地减小，“负熵”不断地增加（本书略）（参考文献［10］）。总之，熵和能量一样，是自然科学，甚至是整个科学技术和人类社会活动中最重要的两个概念和物理量。对于希望了解更为详尽内容的读者，可参阅相关的热学教材。

*5. 信息熵

信息论的奠基人香农（C. E. Shannon）为了定量研究信息学的具体内容，引入了熵的概念和普遍规则，进而构建了信息熵的理论。他的理论指出，获取信息会导致不确定性的降低。而熵是系统的不确定性程度或无序度的度量，即系统的熵越小，其不确定性就越低。为此，香农把熵的概念引用到信息论中，称为信息熵。信息熵定义如下：

$$S = -K\sum_{i=1}^{N} P_i \ln P_i = K\sum_{i=1}^{x} P_i \ln \frac{1}{P_i}$$

其中P_i为 i 事件出现的概率，则 $\ln \dfrac{1}{P_i}$为 i 事件的不确定度；系数 K 数值上是 1.443。对于等概率事件，$P_i = 1/N$，将它代入上式有如下关系：

$$S = k\ln N \tag{13-26}$$

式（13-26）表明，信息熵 S 越高，可能性 N 越多，信息的不确定程度就越大，信息量越小。依照熵增加原理，可以认为信息熵也是沿着增大的方向发展，即从信息熵小到信息熵大的方向发展。既然信息熵不会减少，那么相应地，信息量也不会自发增加。在通信过程中，由于受到外部因素的干扰，信息量会连续减少，如果信息被噪声淹没，那么信息量的欠缺将达到极大。

信息熵的引入为信息学的定量研究提供了便利，另一方面，信息熵是系统的不确定性的量度，与马克思主义哲学中的辩证唯物主义关于事物的发展相互联系，即事物的发展是由相对稳定状态向相对不稳定状态进行；信息熵反映的是信息的不确定性和无序性，其与社会现象多样性和信息不确定性（信息不对称、不透明）等问题密切相关，可以培养学生获取有用信息，分析和辨别社会现象的能力。

三、应用拓展——热电厂和能源

在讨论能源的利用时，热力学发挥着重要作用。我们可以通过对热力学第二定律和热机的效率的理解，获得最有效的利用能源的方式。

最常见的发电厂是通过燃烧煤、石油、天然气等不可再生能源的热电厂。这种热电厂的核心是热机。简述发电原理如下：燃烧燃料会释放能量，从而使工作物质（水和蒸汽）温度升高。热蒸汽推动涡轮机，从而使与发电机相连的轴转动。最后，通过输电线把电能输送给用户。蒸汽涡轮机属于热机，其效率受热力学第二定律限制，一切与热现象有关的实际过程如这里所说的蒸汽涡轮机是一个不可逆过程。根据卡诺定理，在两个热源之间发生的不可逆过程，其效率小于卡诺循环的效率［参照式（13-7）］。然而相比于汽车发动机（该发动机中的油气混合物快速燃烧是一个高度不可逆的过程），蒸汽涡轮机更接近于可逆卡诺热机。因此可以利用提高可逆卡诺热机效率的方法研究这个问题，增加最高温度或者高低热源的温差，效率就越高。也就是说将蒸汽加热到材料允许的最高温度是有成效的。所用材料决定了大多数蒸汽涡轮机的温度上限，一般情况下，最高温度在 600℃左右。

我们可以采用这些数据利用式（13-6）对汽轮机的理想效率做如下估算。设高温热源温度为$T_1=600℃$（873.15K），低温热源温度为$T_2=100℃$（373.15K），也就是说汽轮机在输入温度为 600℃和接近水的沸点的排气温度之间运行。估算得到理想效率为 57.3%。然而发电厂的实际效率一般为 40%～50%。燃料燃烧释放的热量只有一半转化为机械能或电能，其余的气体释放到环境中（废热）。涡轮机的排气端必须冷却来增加效率，冷却水可以流过冷却塔，将热量排到大气中（见图 13-9），也可以返回到水体中。如果废热排到河里或排到大气中，会对环境和生物造成影响。

图　13-9

第四节　物理学方法简述

一、理想过程方法

本章两个难点之一是可逆过程概念，这是从不可逆过程抽象出来的一个理想过程，是理想化方法的又一应用。因此，要理解可逆过程的概念，需要从理想化方法入手。在第一章第四节介绍理想化方法时，以质点模型为例，讨论了理想模型方法；在上一章第七节讨论了理想化方法中的理想实验方法。本章的可逆过程是理想过程方法的应用。理想过程方法是将物体运动与状态变化的过程理想化，如熟知的匀变速直线运动、自由落体运动、抛体运动（包括平抛与斜抛运动）、准静态过程，与上一章气体状态变化的等温过程、等压过程、等体过程、绝热过程及本章的可逆过程等，都是理想过程。应用理想过程方法研究物理问题，是为了突出过程的本质和过程中各物理量的关系，简化问题的解决。具体来说，理想过程方法作为一种抽象的思维方法，是以客观的实际过程为基础，抽象出现实中无法实现而又合乎逻辑的过程。日常经验告诉我们，热现象中有一些过程可以自发地进行，而与它相反的过程却不能自发地进行。要使相反的过程能够进行，必须借助外部作用才能实现。当有外部作用时，就会给环境留下影响。如果在反向过程进行中，过程进行得无限缓慢，各种耗散外力作用可以忽略不计、给环境留下的影响无限小，这种过程的极限，这就是可逆过程。好比力学中一个无限光滑的平面对平面上运动物体没有摩擦一样，所谓“无限光滑”并不存在，但它使人感到“理所当然”。

与热现象有关的宏观过程都是不可逆的，而每个不可逆过程都可以作为热力学第二定律的研究对象。历史上许多科学家就是从不同角度考察了不同类型的不可逆过程，给出了关于热力学第二定律的各种各样的定性表述。因此，热力学第二定律有多种形式的表述（本书只介绍了两种），各种表述也都是等效的。但多种不同的定性表述还需要上升到用数学来表述。克劳修斯想到，任何过程总是热力学系统中各物体状态的变化，如果系统中每一物体的初态和终态都是平衡态，则有可能用一个状态函数的变化说明过程的性质与过程自然进行的方向。克劳修斯通过用 n 个微可逆卡诺循环对可逆循环的模拟研究，引进了态函数——熵，进而得到熵增加原理与克劳修斯不等式，定量表述了热力学第二定律比用特定过程描述热力学第二定律，更具有普遍意义。可逆卡诺循环是由两个等温过程和两个绝热过程共同构成的。这里的等温过程与绝热过程都是理想化过程，因为工作物质与高温热源及低温热源接触时温度差是必然存在的，工作物质与热源脱离时也不可能与外界绝对隔绝，即总是与外界有热交换。所以真实的情况不可能是等温或绝热的，可逆卡诺循环就是理想过程。

二、模拟（或模型）方法

在科学研究中，模拟（或模型）方法也是最常用的基本方法之一。在第一章第四节中介绍了理想模型方法。实际上，物理模型有两大类，一类是以抽象化为特点的理想模型，如质点、刚体、理想流体、点电荷等。它是以原型为基础，忽略次要因素，突出主要因素，经科学抽象而建立起来的绝对理想形态。另一类是以仿真性为特点的模拟式模型，即用已知的事物去比拟未知的事物，它的特点是：

1）模型与原型之间具有一定的相似关系。

2）模型在研究过程中能代替原型。

3）通过对模型的研究，能够得到原型的信息。

如本章在引出态函数熵时，用 n 个微卡诺循环模拟任意可逆循环，n 个微卡诺循环的集合就是模拟式模型；又如，在计算理想气体自由膨胀这一不可逆过程的熵增时，设计了一种等温可逆过程，这里等温可逆过程也是理解为模拟式模型方法的一种应用。

练习与思考

一、填空

1-1　一卡诺热机（可逆的），低温热源的温度为 27℃，热机效率为 40%，其高温热源温度为________。今欲将该热机效率提高到 50%，若低温热源保持不变，则高温热源的温度应增加________。

1-2　一热机从温度为 727℃的高温热源吸热，向温度为 527℃的低温热源放热。若热机在最大效率下工作，且每一循环吸热 2000J，则此热机每一循环做功________J。

1-3　在一个孤立系统内，一切实际过程都向着________的方向进行。这就是热力学第二定律的统计意义。从宏观上说，一切与热现象有关的实际的过程都是____________。

1-4　一绝热容器被隔板分成两半，一半是真空，另一半是理想气体。若把隔板抽出，气体将进行自由膨胀，达到平衡后熵________（填增加、不变或者减小）。

1-5　热力学第二定律的克劳修斯叙述是：________________________；开尔文叙述是________________________。

二、计算

2-1　一可逆卡诺热机低温热源的温度为 7℃，效率为 40%。若将效率提高到 50%，则高温热源的温度应提高多少度？

【答案】　93. 4K

2-2　如图 13-10 所示，有一个容器的器壁是由绝热材料做成的。容器内有两个彼此相接触的物体 A 和 B，它们的温度分别为 T_A 和 T_B，且 $T_A>T_B$。这两个物体组成一个系统。求热传导过程中的总熵变。

【答案】　$\Delta Q\left(\frac{1}{T_B}-\frac{1}{T_A}\right)$

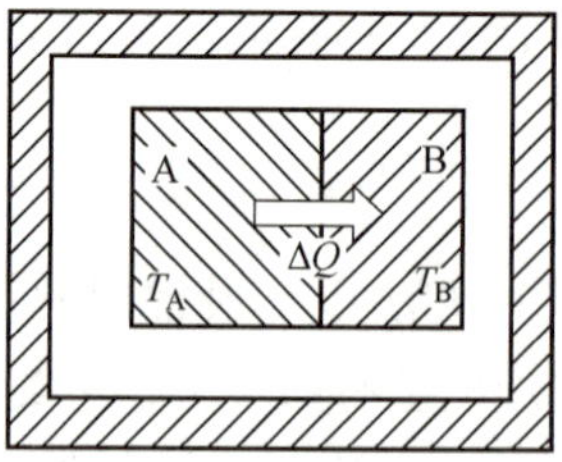

图　13-10

三、思维拓展

3-1　如果将来的设备达到要求，卡诺循环的效率可能等于 1 吗？

3-2　如何提高热机效率？

第十四章
热平衡态的气体分子动理论

本章核心内容

1. 从分子热运动解释理想气体的压强与温度。
2. 理想气体的内能。
3. 气体分子热运动按速率分布的统计规律。

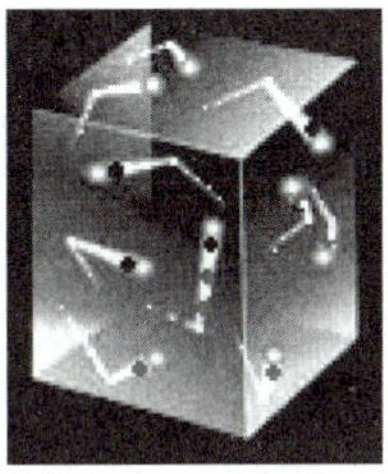

分子运动

热力学系统是由大量分子组成的，因此，系统的各种热现象从微观上看都是大量分子热运动的统计平均效果。这些分子（或原子）统称为微观粒子（简称粒子），其线度一般小到 $10^{-10}\sim10^{-9}$ m，数量之多由阿伏伽德罗常量（$6.022\times10^{23}\ \text{mol}^{-1}$）表征。如何从微观层次了解粒子的运动呢？本章假设，处于热运动中的粒子可看作质点，遵守经典力学规律，即每个粒子的运动状态可用坐标、速度（动量）来确定。这些物理量称为微观量。微观量不能直接感受，也不能直接准确测量。由于组成系统的粒子数目如此巨大，粒子间相互作用又异常复杂，每个粒子运动过程变化万千，单个粒子运动状态极具偶然性，因此，对于一个由 N 个粒子组成的热力学系统，采用第二章的力学方法去求解每个粒子的运动方程是不可能实现的。另外，由于各种热现象都是大量粒子热运动的集体表现，这表明系统中单个粒子运动的偶然性和大量粒子热运动宏观规律的必然性，是热运动区别于其他运动形式的一个基本特点。这种关系称为统计规律性，相关的物理学科称为统计物理学。

在大学物理层面上，不可能全面系统地介绍统计物理学的内容。本书仅以理想气体作为研究对象，依据气体分子模型，初步运用经典统计方法讨论平衡态下的某些统计分布规律，了解理想气体相关宏观性质和规律的微观本质，从中学习一些处理问题的基本方法。因此，本章内容称为气体分子运动理论，简称气体动理论。不过，从平衡态得到的结论不能随意推广到非平衡态。

第一节　理想气体的压强

一、气体分子热运动的基本特点

1. 气体由大量分子组成，分子之间有间隙

生活实践和实验事实表明，大千世界千姿百态。它们大多是由大量分子和原子组成的。

以气体为例，这些分子、原子的大小、质量、间距是什么量级呢？作为粗浅描述，把分子（或原子）看作一个圆球，经估算球的直径大约是 10^{-10}m。以氢气为例，1mol 氢气的总质量是 2.0×10^{-3}kg，有 6.022×10^{23}个分子，每个氢分子的质量为 3.3×10^{-27}kg。又如，在标准状态下，饱和水蒸气分子之间的距离约为分子自身线度的 10 倍。所以，气体分子间存在一定的间隙，气体的体积能被大大地压缩。

2. 分子永不停息的热运动

日常生活中，常见的各种扩散现象是分子热运动的证据。例如，在清水中滴入的几滴墨水，将会看到墨水在清水中慢慢扩散开，最后均匀散布在整个清水中，使原来的清水染上墨水的颜色。1827 年，英国植物学家布朗用显微镜观察到放入水中的花粉颗粒（线度约为 10^{-4}cm）处于不停顿、无规则的运动之中。之后，人们又陆续发现，不仅是花粉颗粒，其他悬浮在液体中的微粒也能表现出这种无规则的运动，后人统称之为布朗运动（现在可通过计算机模拟显示这种运动）。起初，人们并不了解这种运动的原因。1877 年，德耳索按原子-分子论的观点指出，布朗运动是由于微粒受到周围分子碰撞的不平衡而引起的运动。布朗运动本身并不是分子运动，而是液体分子不断碰撞的结果，是其不停顿、无规则热运动的佐证（见图 14-1）。1905 年，爱因斯坦等发表了用统计力学分析布朗运动的论文。1900 年到 1912 年间，法国物理学家佩兰还做了一系列关于布朗运动的实验，他不但相当精确地测定了阿伏伽德罗常量，并且证实了爱因斯坦理论。

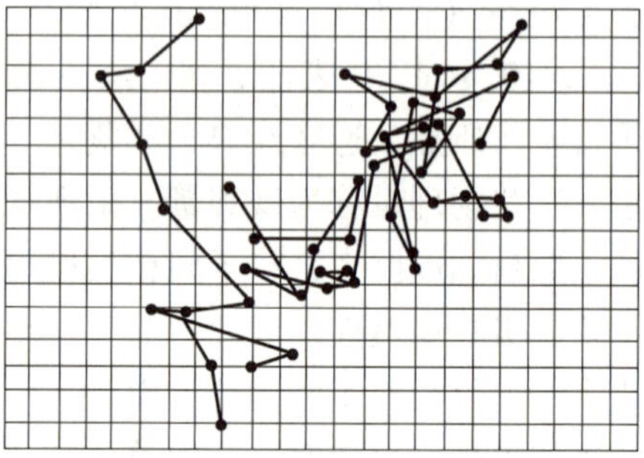
图　14-1

从图 14-1 可以看到，花粉颗粒的运动轨迹为一条毫无规律的折线。如果缩短观察的时间间隔，会得到与大时间间隔所得相似的折线图形，称为不同时标下的自相似，现代科学将这种支离破碎的自相似图形称为分形。分形是非线性科学的研究热点之一，这种基础研究会带来许多有价值的应用。

不仅如此，悬浮在空气中的宏观微小粒子，如尘埃、烟雾或雾霾微粒，也在不停地进行着这种布朗运动。人们经常会嗅到各种气味（如烟味），那么，气味是什么？从原子-分子论的观点看，气味粒子一旦进入空气，运动着的空气分子就碰撞气味粒子，使之四处运动，就像液体中微粒的布朗运动一样。这种无规则的撞击使气味粒子散布开来，在空气中向各个方向扩散，最后到达人们的鼻子。现代困扰人们的环境污染就包括粉尘污染、有毒气体污染、二氧化硫污染及雾霾等等。有两个问题读者可以思考一下，一是若仅从原子-分子运动理论看，人类应当如何保护环境呢？二是在绝对零度下，微观粒子的运动会停止吗？

3. 分子之间及分子与器壁之间进行着频繁碰撞

如前所述，布朗运动并不是分子运动，但它却是液体分子和气体分子热运动的缩影。可以由布朗运动推断：气体分子与分子、分子与器壁进行着频繁碰撞。例如，在室温下，气体分子运动的平均速率一般为 $10^2\sim10^3\mathrm{m\cdot s^{-1}}$。按此速率，如果教室的讲台上有一瓶香水，打开瓶盖后，香水分子几乎可以立即从教室的讲台运动到教室的后排。但实际上这一过程并没那么快，在无风条件下，需要经历相当长的一段时间。这是为什么呢？究其原因是因为气味分子在运动中要遭到空气分子频繁碰撞的阻挠。许多近代仪器中要求高真空度，就是要尽量排除气体分子碰撞的干扰。

一般来说，分子在两次碰撞之间自由飞行的路程（简称自由程）平均约为 10^{-7}m，自由飞行的时间为 10^{-10}s。因此，每个分子在 1s 内将会遭遇到 10^{10}次碰撞。

综上所述，气体分子热运动的基本图像是：永不停顿、无规则和频繁碰撞。热力学系统出现的某种弛豫过程就源于分子永不停顿的热运动和频繁碰撞。

4. 分子间存在相互作用力——分子力

分子都是由电子和带正电的原子核组成的复杂系统。分子和分子之间的相互作用（分子力）有引力或斥力。在实验研究的基础上，人们设想，两分子之间作用力的大小 F 随它们之间距离变化的规律大致如图 14-2 所示。以其中一个分子的位置为坐标原点，$r=r_0$时，$F=0$，引力和斥力互相平衡，因此，r_0 称为平衡位置；$r>r_0$时，以引力为主（取负值），维系系统不致解体；$r<r_0$时，以斥力为主（取正值），抵抗来自外部的压缩作用。分子力大小可以近似用一些经验公式来表示，例如：

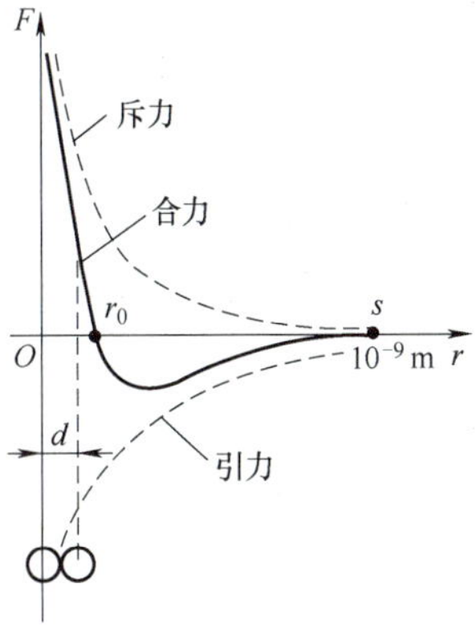

图　14-2

$$F=-\frac{\alpha}{r^m}+\frac{\beta}{r^n}\quad (m<n) \tag{14-1}$$

式中，r 是两个分子中心的距离；m、n、α、β 都取正数，且与分子结构有关，均由实验确定。其中，第一项中的负号表示引力；第二项为正值，表示斥力。$n>m$ 表明随着距离的增大，排斥力要比吸引力更快地减小。若 $r>s(=10^{-9}\text{m})$，即图中分子间距大于 10^{-9}m，则分子间的相互作用就可以忽略了。

二、理想气体分子的微观模型

由于气体分子热运动具有以上特点，处理起来并非易事。物理学必定先采用简化方法将气体分子模型化。理想气体就是一例。它包含以下三个要点：

1）分子是体积为零的、有质量的质点。

2）除发生完全弹性碰撞之外，分子之间及分子与器壁之间没有其他相互作用。因此，两次碰撞之间，分子做匀速直线运动。

3）单个分子的运动遵守牛顿运动定律。

综上所述，经过抽象和简化，理想气体可以看作大量弹性的、自由运动的质点的集合，这就是理想气体的微观模型。

三、大量分子热运动的统计性假设

我们以掷骰子为例说明统计规律性。在相同条件下，多次抛掷同一枚质地均匀的硬币，可以发现出现正面（或反面）的次数与抛掷总次数之比总是在$\frac{1}{2}$左右。当抛掷次数很多时，比值趋于稳定，我们就说“出现正面（或反面）的概率是$\frac{1}{2}$”。这种对大量的偶然事件的总体起作用的规律，称为统计规律。

本节目标是从理想气体分子的微观模型及分子热运动特征出发，导出理想气体处在平衡态时的压强公式。为此，还需针对大量分子热运动的混乱与无序程度做出两点统计平均假设。统计平均假设依据的是大量分子热运动在混乱、无序之中表现出宏观规律性的实验事实。为寻找分子热运动的无序性与宏观规律之间的关系，采用统计平均方法求大量分子的某些微观量的统计平均值。在这种统计平均方法中，对大量分子热运动提出两点统计假设：

1）在小范围内可忽略重力对分子运动的影响，气体处在平衡态时，分子在容器中按位置的空间分布是均匀的。若以 n 表示气体的分子数密度，则容器中各处 n 都相等。换句话说，每个分子出现在容器中某处的概率是相等的——等概率原理。

2）气体处在平衡态时，分子按速度方向的分布（而不是按速率的分布）也是均匀的。或者平均来说，以某一相同速率向各个方向运动的分子数相等。每个分子以该速率沿任何方向运动的机会（概率）都相等。本假设（数学上）量化为分子速度分量 v_x、v_y、v_z的平方平均值（与速度方向无关）相等：

$$<v_x^2> = <v_y^2> = <v_z^2> \tag{14-2}$$

以上各平均值按以下公式计算：

练习 139

$$<v_x^2> = \frac{\sum_i v_{ix}^2}{N}$$
$$<v_y^2> = \frac{\sum_i v_{iy}^2}{N} \tag{14-3}$$
$$<v_z^2> = \frac{\sum_i v_{iz}^2}{N}$$

式中，i 为分子编号（暂且认为可以编号）；求和遍及整个容器中的所有分子。式（14-2）不能以分子速度分量平均值替代（为什么?）。

由于每个分子的速度分量的平方有如下关系：

$$v_i^2 = v_{ix}^2 + v_{iy}^2 + v_{iz}^2$$

所以，按统计性假设式（14-2），得气体分子方均速率

$$<v^2> = <v_x^2> + <v_y^2> + <v_z^2>$$

或

$$<v_x^2> = <v_y^2> = <v_z^2> = \frac{1}{3}<v^2> \tag{14-4}$$

以上结论是统计结论，只有在平均意义上才是正确的，气体分子数越多，统计结果就越准确。

四、理想气体压强解释与压强公式

如何按理想气体的物理模型和两点统计性假设导出理想气体的压强公式呢？关键的物理思想是：作为宏观性质的理想气体的压强是由容器中大量分子频繁碰撞器壁的平均结果。碰撞是力学过程，频繁碰撞显示大量分子热运动特征，为此，本节需要用力学原理和统计平均方法，推导理想气体平衡态的压强公式。

1. 基本思路

基于容器中每个分子做杂乱无章的热运动，都有可能与器壁碰撞。因而，从力学观点看，宏观的压强源于容器中全部分子在单位时间内通过碰撞给器壁单位面积所提供的平均冲量。为此，先在计算一个分子对器壁的一次碰撞所给予器壁的冲量之后求和，最后，按统计平均假设计算全部分子碰撞器壁所给予的压强。

2. 推导步骤

为简化推导过程，假设有同种理想气体盛于一个长、宽、高边长分别为 l_1、l_2 和 l_3 的长方体容器并处于平衡态，如图 14-3 所示。设气体共有 N 个分子，每个分子的质量均为 m、单位体积内的分子数为 n。由于气体处于平衡态，六个面上压强相等。因此，只需要计算出任何一个面上的压强，就是气体的压强。为此，按力学方法在图中取所示坐标系，以垂直于 x 轴的壁面 A_1 作为计算对象。

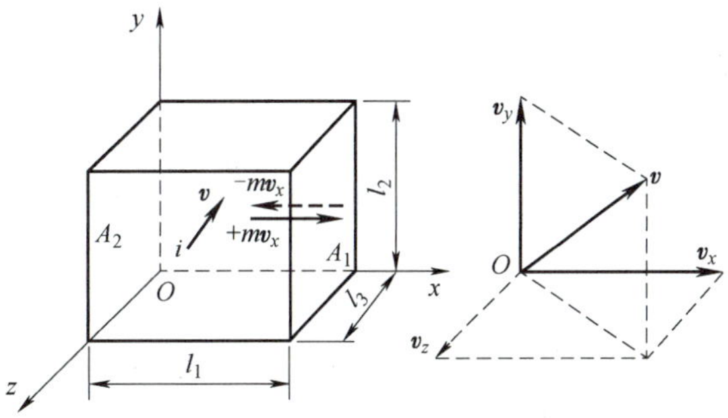

图　14-3

1）一个分子在一次碰撞中对器壁 A_1 的冲量。设序号为 i 的分子（简称 i 分子），某时刻的速度为 $\boldsymbol{v}_i=v_{ix}\boldsymbol{i}+v_{iy}\boldsymbol{j}+v_{iz}\boldsymbol{k}$。$i$ 分子与 A_1 面发生完全弹性碰撞后，速度变为 $\boldsymbol{v}_i=-v_{ix}\boldsymbol{i}+v_{iy}\boldsymbol{j}+v_{iz}\boldsymbol{k}$。利用动量定理式（1-31）求得器壁给予 i 分子的冲量等于 i 分子动量的增量，即

练习 140

$$\Delta p_{ix}=(-mv_{ix})-mv_{ix}=-2mv_{ix} \tag{14-5}$$

按牛顿第三定律可得，分子给予 A_1 面的冲量为 $I_{ix}=2mv_{ix}$，方向向右。

2）单位时间，一个分子对器壁 A_1 的平均作用力。单个 i 分子对器壁的一次碰撞是短暂的，但是，经过一次碰撞后 i 分子还要与 A_1 碰撞。假设 i 分子离开 A_1 面后不与其他分子相碰而直达对面 A_2，与 A_2 面完全弹性碰撞后，即刻以 v_{ix} 返回再碰 A_1 面。如此往复、碰撞……由于 A_1 面和 A_2 面相距 l_1，i 分子与 A_1 面连续两次碰撞所经历的时间为 $\dfrac{2l_1}{v_{ix}}$，这样，可计算出在单位时间内 i 分子与 A_1 面碰撞了 $\dfrac{1}{\dfrac{2l_1}{v_{ix}}}=\dfrac{v_{ix}}{2l_1}$ 次（匀速直线运动）。因为在每一次碰撞中，i 分子给予 A_1 面的冲量为 $2mv_{ix}$，所以，单位时间内 i 分子碰 A_1 面而给予 A_1 面的冲量为 $2mv_{ix}\dfrac{v_{ix}}{2l_1}$。

采用式（1-35），i 分子单位时间给予 A_1 面的平均冲力

$$\langle F_i \rangle = 2mv_{ix}\frac{v_{ix}}{2l_1} = \frac{1}{l_1}m\,v_{ix}^2 \tag{14-6}$$

3）单位时间，N 个分子对器壁 A_1 的作用力。因为按统计观点，在平衡态下容器中 N 个分子的经历不分彼此。单位时间内，A_1 面所受的压力大小等于每个分子作用在 A_1 面上平均冲力之和，以 $\langle F_{A_1}\rangle$ 表示。于是，对式（14-6）求和

$$\langle F_{A_1} \rangle = \sum_i \langle F_i \rangle = \sum_i \frac{1}{l_1}mv_{ix}^2 = \frac{m}{l_1}\sum_i v_{ix}^2$$

将式（14-3）用于上式得

$$\langle F_{A_1} \rangle = \frac{Nm}{l_1}\langle v_x^2 \rangle$$

4）器壁 A_1 受到的压强。根据力学中压强的定义，A_1 面上所受的压强等于单位面积所受的压力

$$p_{A_1} = \frac{\langle F_{A_1}\rangle}{l_2 l_3} = \frac{N}{l_1 l_2 l_3}m\langle v_x^2\rangle$$

$$= nm\langle v_x^2\rangle = \frac{1}{3}nm\langle v^2\rangle \tag{14-7}$$

在式（14-7）中出现 $n=N/V$，是气体的分子数密度。可以推断，若取垂直于 y 轴或 z 轴的壁面来讨论，应当得到与式（14-7）同样的结果（为什么?）。所以，理想气体压强 p 可用公式表示为

$$p = \frac{1}{3}nm\langle v^2\rangle = \frac{1}{3}\rho\langle v^2\rangle \tag{14-8}$$

再考虑分子的平均平动动能（区分转动、振动），$\langle E_t\rangle=\frac{1}{2}m\langle v^2\rangle$，则式（14-8）可改写为

$$p = \frac{2}{3}n\langle E_t\rangle \tag{14-9}$$

式（14-9）表明：气体的压强与分子数密度和平均平动动能成正比，式（14-9）与式（14-8）均称为理想气体的压强公式。

压强的物理意义

3. 压强公式物理意义的讨论

在压强公式（14-8）中，气体密度 ρ 越大，分子的方均速率 $\langle v^2\rangle$ 越大，气体与器壁碰撞的概率越大，则压强也越大。由于式中 n、ρ、$\langle v^2\rangle$ 都是在两点统计假设下得到的描述分子运动微观量的统计平均值，所以式（14-8）将微观量的统计平均值与宏观可测量 p 联系在一起，从而揭示了压强的微观本质。简言之，式（14-8）表明压强是大量分子对容器壁无规则碰撞的平均结果。它是一个统计平均结果而不是一个力学公式（源于两点统计假设）。从这个意义上理解，对个别分子谈压强是没有意义的。

五、关于导出压强公式的几点说明

1）按本节理想气体分子的微观模型，推导压强公式的过程中假设分子在 A_1 与 A_2 之间运

动中不与其他分子相碰而直达器壁对面，这种假设是否合理呢？实际上，在分子数十分巨大的容器中，分子间发生着频繁的碰撞。但是，由于任何两个分子间的碰撞可以按完全弹性的对心碰撞（视分子为质点）处理，所以在碰撞中，所发生的只不过是动量交换，或者说速度的交换。碰撞的结果，也许 i 分子在 x 方向的速度分量不再是 v_{ix} 了，然而，v_{ix} 却通过分子间的对心弹性碰撞赋予了与它相碰的其他（j）分子。换句话说，i 分子与 j 分子碰撞的结果是 j 分子取代了 i 分子，并以 v_{ix} 的速度分量继续前进。如此接力式地替代下去，完全等价于 i 分子以 v_{ix} 直奔对面。所以，在这里计不计分子间的碰撞（碰撞时间 10^{-10}s），不影响所得的结论。

式（14-8）中的 n 和 $<v^2>$ 是微观量的统计平均值，实验上无法测量，所以无法从实验上证实该式的正确性。但是从式（14-8）出发可以较好地解释许多已经得到验证的实验规律。

2）在推导公式过程中，曾假设单个分子的行为服从力学规律（如牛顿第三定律、动量定理），而大量分子整体所表现的行为则服从一种崭新的规律——统计规律，如式（14-9）中出现了 n 和 $<E_t>$。当容器中分子数很少时，分子施于器壁的总冲力变得不确定，各统计平均值也就失去了意义，这一点对说明何时必须用或可以用统计平均方法是十分重要的。

第二节　理想气体温度的统计意义

一、理想气体的温度公式

根据式（14-9）可知，在平衡态下理想气体分子数密度 n 保持不变，气体的压强 p 与分子的平均平动动能 $<E_t>$ 成正比。根据理想气体状态方程式

练习 141

$$pV = \nu RT = \frac{m'}{M}RT$$

气体质量 $m'=Nm$，气体摩尔质量 $M=N_A m$，则

$$p = \frac{m'}{VM}RT = \frac{Nm}{VN_A m}RT = \frac{N}{V}\frac{R}{N_A}T = nkT \tag{14-10}$$

可得，一定量的理想气体，当体积保持不变（n 不变）时，压强 p 与温度 T 成正比。因此，理想气体的温度一定与分子的平均平动动能 $<E_t>$ 成正比。将式（14-10）与式（14-9）联立消去 p，得

$$<E_t> = \frac{1}{2}m <v^2> = \frac{3}{2}kT \tag{14-11}$$

将式（14-11）称为理想气体的温度公式，式中 k 为玻尔兹曼常量$\left(k=\frac{R}{N_A}\right)$，参看本书附录 E 查具体数值。

如有两种气体，它们分别处于平衡态，若两种气体的温度相等，那么由式（14-11）可以看出，这两种气体的平均平动动能也相等。若使两种气体相接触，两种气体间将没有宏观

的能量传递。因此我们说温度是表征气体处于热平衡状态的物理量。

二、温度的统计意义

式（14-11）也可改写为

$$T=\frac{2}{3k}\langle E_{\mathrm{t}}\rangle \tag{14-12}$$

温度的物理意义

式（14-11）和式（14-12）是气体动理论基本公式之一。下面，简要讨论两式所揭示温度的物理意义。

1）对于理想气体，温度正比于大量分子热运动的平均平动动能，说明宏观量温度 T 与大量分子无规热运动有关。

2）分子的平均平动动能越大，分子热运动的程度越激烈，温度越高。从这种关系看，温度是量度气体（系统）内部大量分子无规则热运动激烈程度的一个物理量。这一概念比“温度是表征物体冷热程度”的说法更深刻地反映了温度的实质。

既然气体分子的平均平动动能$\langle E_{\mathrm{t}}\rangle$是一个统计平均值，而式（14-12）揭示了系统的宏观量温度与系统微观量统计平均值$\langle E_{\mathrm{t}}\rangle$之间的内在联系，所以，温度和压强一样，也是一个统计平均值，这就是温度的统计意义。需要指出的是，温度是大量气体分子热运动的集体体现，对少量分子不成立。因此对于少数或者单个分子讨论其温度是没有意义的。

从温度的微观意义来看，可以理解两个相互接触的、温度不同的系统达到热平衡的微观过程。那就是，由于分子热运动的剧烈程度不同，两系统分子间通过接触面上的相互碰撞，或者通过分子的定向流动，平均平动动能大的分子逐渐把能量传递给平均平动动能较小的分子，直到两系统的温度相等为止。这种由于温度差而传递能量的方式与量度称为热量。不过，热传递过程属于非平衡过程，有关非平衡过程的知识，将在第十五章中做简要介绍。

三、绝对零度（热力学温度 0K）

从式（14-12）可得出这样的结论：当气体的温度达到绝对零度时，分子热运动将会停止，这个结论显然是错误的。关于这一问题，我们做几点说明：

1）上面的结论是理想气体模型的直接结果。但是，实际气体只有在温度不太低、压强不太高时，才接近于理想气体的行为。随着温度的降低，气体将液化，甚至变成固体，其性质和行为已不能用理想气体状态方程来描述。所以，式（14-12）将由更为普遍的公式所取代（本书略）。近代量子理论证实，即使温度能达到绝对零度，组成固体的微观粒子也还保持有零点能。

2）实际上，微观粒子的运动是永远不会停息的，宏观上，绝对零度达不到（称为热力学第三定律）就是这个道理。

【例 14-1】 2g 氢气与 2g 氦气分别装在两个体积相等、温度也相等的容器中，求（1）分子的平均平动动能之比；（2）压强之比。

【分析与解答】 该题属于理想气体压强与温度公式的应用。分子的平均平动动能正比于温度。

（1）因为 $T_1=T_2$，所以

$$<E_{t1}>=<E_{t2}>$$

$$\frac{E_{t1}}{E_{t2}}=1$$

（2）由 $pV=\nu RT=\frac{m'}{M}RT$ 得

$$\frac{p_1}{p_2}=\frac{M_2}{M_1}=\frac{4}{2}=2$$

第三节　能量均分定理

按照理想气体分子的微观模型，理想气体分子是不考虑体积大小的质点。在力学中，一个质点在三维空间中运动，它的空间位置需要 3 个独立坐标（如 x, y, z）来确定。将式（14-4）与式（14-11）联系起来，可得

$$\frac{1}{2}m\ <v_x^2>=\frac{1}{2}m\ <v_y^2>=\frac{1}{2}m\ <v_z^2>=\frac{1}{2}kT \tag{14-13}$$

式（14-13）之所以重要在于：分子平均平动动能 $\frac{3}{2}kT$ 似乎被平均地分配在 3 个相互正交的方向上。换一种说法，在直角坐标系中 3 个相互垂直的坐标方向上，分子平均平动动能相等。如何理解这一结果呢？从统计平均观点看，因为大量分子做无规则热运动，每一个分子皆以相同的概率向空间任何方向运动，不存在某个特殊运动方向。所以，对式（14-13）用一种等效的、新的观点表述：平均来说，一个分子在每一个自由度的平均动能为 $\frac{1}{2}kT$。这一表述可拓展为能量按自由度均分定理。那么，什么是自由度呢？

一、自由度

1. 自由度的定义

确定一个物体的空间位置所需要的独立坐标数目，称为该物体的运动自由度或自由度。例如：将飞机看成一个质点时，确定它的位置所需要的独立坐标数是 3 个，自由度为 3；将大海中航行的军舰看成质点，确定它的位置所需要的独立坐标数是 2 个，自由度为 2。为什么军舰的自由度比飞机少？通过这些例子可以看出，物体的自由度与物体受到的约束和限制有关，物体受到的限制（约束条件）越多，自由度就越少。物体的自由度等于物体上每个质点的坐标个数减去所受到的约束条件个数。

自由度

2. 气体分子的自由度

在气体分子动理论中，系统热力学能是大量分子热运动所具有的能量。因为气体分子有不同结构，其热运动形态并不限于平动。气体分子可以分为单原子分子（如氦、氖等）、双

原子分子（如氢气、氧气等）和多原子分子（如水、氨气等）。单原子分子的热运动形态只有平动，而双原子分子和多原子分子的热运动不仅有平动，还可能出现转动和振动等运动形态，不同的运动形态，具有相应的能量，如转动能量、振动能量。

（1）单原子分子的自由度　根据自由度的定义，单原子分子可以看成一个质点，并且运动完全是自由的，所以分子需要（x,y,z）三个独立的空间坐标才能确定位置，所以它的自由度为3（见图14-4a）。

（2）双原子分子的自由度　对于双原子分子，除了需要用三个坐标（x,y,z）确定其质心的位置以外，还需要确定它的两个原子的连线在空间的方位。一条直线在空间的方位可用其与x、y、z轴的夹角（θ,φ,ψ）来确定（见图14-4b）。

双原子分子在一定的外界条件下（如温度不太高），原子间的相对位置将保持不变，这种分子描述成哑铃状，称为刚性双原子分子（见图14-5a）。完全确定这种系统在空间的位置，还需要6个自由度吗？为什么？

刚性双原子分子除了需要3个自由度确定分子空间的位置（x,y,z）外，还需要2个自由度确定哑铃杆（双原子的连线）的方位（θ,φ），因而它的自由度是5。刚性双原子分子的5个自由度常常也因此分解为3个平动自由度和2个转动自由度。双原子分子的5个自由度也可以这样来理解，两个原子需要6个坐标，由于刚性的要求，两个原子间距离不变，形成一个约束方程，所以θ,φ,ψ只有两个是独立的，自由度等于5。

当双原子分子中两原子间的相对位置可以发生变化时，近似取两原子间的相互作用遵守弹性规律（模型）。这类分子称为弹性双原子分子（见图14-5b）。

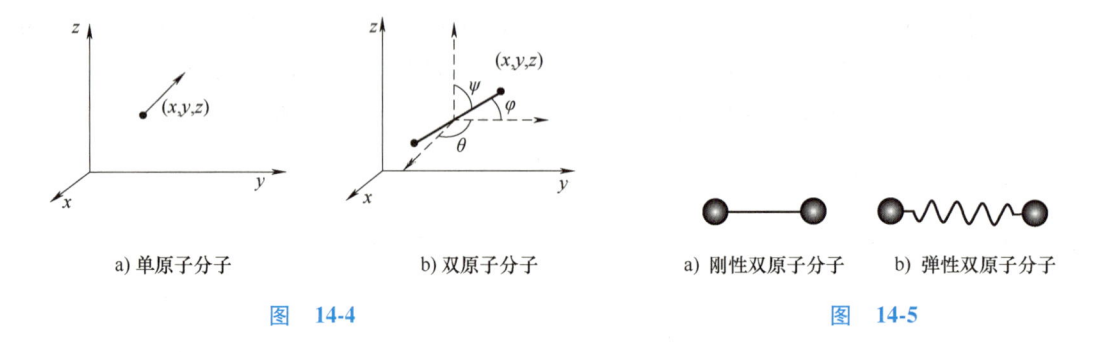

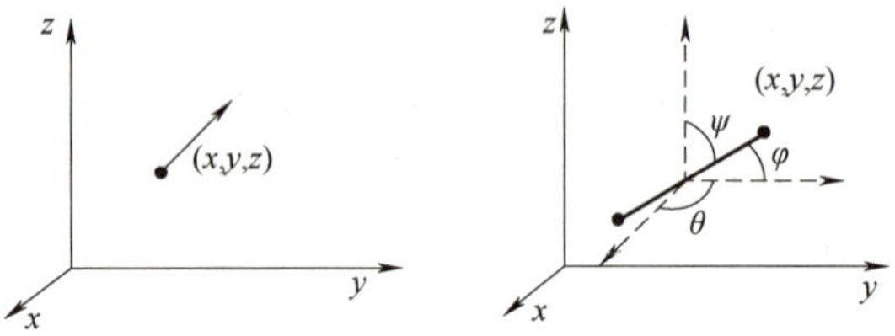

a) 单原子分子　　b) 双原子分子

图　14-4

a) 刚性双原子分子　　b) 弹性双原子分子

图　14-5

两原子在弹性相互作用下的相对运动，是分子内部原子间的振动。为了描述振动时原子的位置，还应增添一个自由度称为振动自由度。这种双原子分子共有6个自由度：3个表示分子空间位置的自由度，2个表示分子的转动自由度，1个表示分子中原子间的振动自由度。

（3）多原子分子的自由度　对于刚性多原子分子需要由（$x,y,z,\theta,\varphi,\psi$）6个坐标才能完全确定。因此，共有6个自由度：其中包括3个分子质心（C）的平动自由度（x,y,z）和3个系统绕质心的转动自由度（θ,φ,ψ）。

对于由多个原子组成的非刚性的复杂分子，每个原子有3个自由度，所以最多有$3n$个自由度。其中3个是分子质心（C）的平动自由度，3个是系统绕质心的转动自由度，其余$3n-6$个就是振动自由度。当分子的运动受到某种约束或限制时，其自由度就相应地减少。

分子的自由度通常用i表示，平动自由度用t表示，转动自由度用r表示，振动自由度

用 s 表示。高温时体现平动、转动和振动，常温时体现平动、转动，低温时只体现平动。

二、能量按自由度均分定理

气体（系统）的热平衡态是通过气体分子的热运动与分子之间的频繁碰撞得以建立和维持的。如果考虑气体分子本身具有结构（如双原子分子、多原子分子），分子间的碰撞就应分为对心碰撞（正碰）和非对心碰撞（斜碰）两种。在大量分子热运动中，两种碰撞同时存在，结果是分子的热运动不仅有平动，还有转动和振动三种形态。在分子频繁碰撞过程中能量在分子间传递，不同的运动形态（平动、转动、振动）也会在碰撞中相互转化。对某一单个分子而言，某一时刻，它的某一种运动形态的动能（如平动动能或转动动能或振动动能）相对于气体分子动能的平均值可能有高有低，但对于处于平衡态下的大量分子来说，从统计平均观点看，不仅分子的平均平动动能按式（14-13）均等地分配于每个平动自由度$\left(\frac{1}{2}kT\right)$，而且，其他运动形态的动能也将均等地分配于转动、振动每个自由度。或者说，在能量按自由度的分配上，无论哪一种运动形态都不占优势，哪一个自由度也不占优势，经典统计物理学也严格证明了：在温度为 T 的热平衡态下，物质（包括气体、固体或液体）分子的每一自由度都具有相同的平均动能，其大小都等于$\frac{1}{2}kT$，这就是**能量按自由度均分定理**，简称能均分定理，在经典理论范围内是一条普遍适用的重要定理。

对于弹性双原子分子来说，由于分子内部原子之间有相对振动，一般将这种振动近似按谐振动模型处理。所以，这种分子的能量除振动动能外，还包括振动势能（内势能）在内。第七章中曾指出，做简谐振动的系统在一个周期内的平均动能和平均势能是相等的［见式（7-21）与式（7-22）］。这样一来，对弹性双原子分子每一个振动自由度，除具有$\frac{1}{2}kT$的平均振动动能外，还具有$\frac{1}{2}kT$ 的平均振动势能。如果弹性多原子分子有 s 个振动自由度，则这种分子有$\frac{s}{2}kT$ 的平均振动动能和$\frac{s}{2}kT$ 的平均振动势能，总平均振动能量为 skT。

总结以上分析，如某种气体分子有 t 个平动自由度、r 个转动自由度和 s 个振动自由度，则分子的平均平动动能、平均转动动能和平均振动动能分别为$\frac{t}{2}kT$，$\frac{r}{2}kT$ 和$\frac{s}{2}kT$，故该气体分子总的平均动能为

练习 142

$$\langle E_k \rangle = \frac{1}{2}(t+r+s)kT \tag{14-14}$$

可见，热运动中，分子总平均动能只与分子自由度及系统温度有关。考虑到有些分子具有平均振动势能$\frac{s}{2}kT$，则该种气体一个分子的总平均能量（包括平均动能和平均势能）为

$$\langle E\rangle=\frac{1}{2}(t+r+2s)kT \tag{14-15}$$

将式（14-15）用于几种不同结构的气体分子：

1）单原子分子 $t=3$，$r=s=0$，则

$$\langle E\rangle=\frac{3}{2}kT \tag{14-16}$$

2）刚性双原子分子 $t=3$，$r=2$，$s=0$，则

$$\langle E\rangle=\frac{5}{2}kT \tag{14-17}$$

3）弹性双原子分子 $t=3$，$r=2$，$s=1$，则

$$\langle E\rangle=\frac{7}{2}kT \tag{14-18}$$

三、理想气体的热力学能

在气体分子动理论中，一个热力学系统的热力学能等于所有分子总能量（即各种形式的动能与分子内部原子间的振动势能之和）与所有分子间相互作用势能之和，但不包括系统整体运动时的动能和在保守力场中的势能（不属于热运动）。对于理想气体模型，分子间不存在相互作用。质量为 m'、摩尔质量为 M（或物质的量为 ν）及分子数为 N 的理想气体，当取热力学温度趋于0K时的热力学能为零，则热力学能 U 为

练习 143

$$\begin{aligned}U&=N\langle E\rangle=N\cdot\frac{1}{2}(t+r+2s)kT\\&=\frac{m'}{M}\cdot N_{\mathrm{A}}\cdot\frac{1}{2}(t+r+2s)kT=\nu\frac{i+s}{2}RT\end{aligned} \tag{14-19}$$

式中，N_{A}为阿伏伽德罗常量；$i=t+r+s$ 表示理想气体分子的自由度。式（14-19）指出，一定质量（ν）理想气体的热力学能与分子的自由度（分子结构）和气体的温度有关。所以：

1）1mol 单原子理想气体的热力学能为

$$U_{\mathrm{m}}=\frac{1}{2}(t+r+2s)RT=\frac{3}{2}RT \tag{14-20}$$

2）1mol 刚性双原子分子理想气体的热力学能为

$$U_{\mathrm{m}}=\frac{5}{2}RT \tag{14-21}$$

3）1mol 弹性双原子分子理想气体的热力学能为

$$U_{\mathrm{m}}=\frac{7}{2}RT \tag{14-22}$$

四、理想气体的摩尔热容

根据第十二章引入的热容概念以及理想气体热力学能计算式（14-19），理想气体的摩尔

定容热容 $C_{V,\mathrm{m}}$ 为

$$C_{V,\mathrm{m}}=\left(\frac{đQ}{\mathrm{d}T}\right)_V=\frac{\mathrm{d}U}{\mathrm{d}T}=\frac{1}{2}(i+s)R \tag{14-23}$$

式（14-23）指出，理想气体的摩尔定容热容是一个只与分子的自由度有关的量，而与系统的温度无关。利用式（14-20）~式（14-22），对于不同分子结构的理想气体，可分别得到摩尔定容热容为 $\frac{3}{2}R$、$\frac{5}{2}R$、$\frac{7}{2}R$，这是由能均分定理得到的结论。

按式（12-24），$C_{p,\mathrm{m}}=C_{V,\mathrm{m}}+R$，其对应的摩尔定压热容为 $\frac{5}{2}R$、$\frac{7}{2}R$、$\frac{9}{2}R$。以上关系可用于依据实验测量的 $C_{V,\mathrm{m}}$ 或 $C_{p,\mathrm{m}}$ 之值，判断与之对应的可视为理想气体分子的结构。

五、经典理论的缺陷

1. 双原子分子气体 $C_{V,\mathrm{m}}$-T 曲线

图 14-6 是在一个大气压下，实验测量双原子分子气体 H_2 的摩尔定容热容 $C_{V,\mathrm{m}}$ 随温度变化的实验曲线，该曲线的几个特点与 H_2 分子的自由度有关：

1）H_2 的 $C_{V,\mathrm{m}}$ 随温度的升高而增加，并不是能均分定理得到的与温度无关。

2）在温度很低时（对 H_2 来说在 100K 以下），$C_{V,\mathrm{m}}\approx\frac{3}{2}R$。按式（14-23），似乎在低温下，只有分子的平均平动动能对摩尔热容有贡献，气体分子的转动与振动不参与和热效应有关的能量交换（“冻结”），两者对热容无贡献。

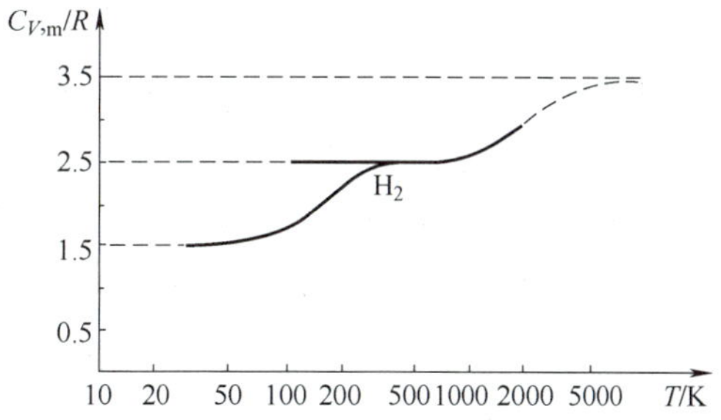

图　14-6

3）在通常温度（对 H_2 来说在 250~1000K 之间）下，$C_{V,\mathrm{m}}\approx\frac{5}{2}R$，按式（14-23），说明 H_2 分子在此温度下，属刚性双原子分子，且除质心运动外还有转动，但振动自由度仍是“冻结”着的。

4）在高温（对 H_2 来说在 2000K 以上）下，$C_{V,\mathrm{m}}$ 才与理论值 $C_{V,\mathrm{m}}=\frac{7}{2}R$ 相接近。此时，分子的平动、转动和振动三种运动形态才同时参与和热效应有关的能量交换。

2. 经典理论的缺陷

回顾图 14-6，建立在经典理论基础上的能量均分定理只在高温时才给出与实验相吻合的结果。这是因为经典理论把组成气体的分子视为一个经典力学系统，把分子这样小的微观粒子绕其质心的转动和分子内原子的相对振动，都按宏观物体的转动、振动一样处理。平动、转动和振动能量值都可以连续变化。近代物理研究表明，微观粒子的运动遵守量子力学规律。图 14-6 中，氢的 $C_{V,\mathrm{m}}$ 随 T 变化不连续的“台阶”行为就意味着微观粒子的转动能量和振动能量不能连续变化，只具有分立值。这就是说，能量均分定理的局限性，只有用量子理

论才能较好地解决。在本书第二卷中将会简要介绍量子物理的基础内容。

第四节　气体分子的速率分布律

在一个由大量分子组成的、处于平衡态的气体系统中，由于分子热运动的无规则性和分子间极为频繁的碰撞，分子的运动速率不仅千差万别，而且是瞬息万变的。因此，可以说包括每个分子的速率在内的微观量都是随机量，严格谈及它们的数值是没有意义的。实际上，对于由大量分子组成的系统人们不可能预知、也不需要确切地知道每个分子在任一时刻的速率。

在讨论气体分子的平均平动动能基础上，由式（14-11）可以计算出气体分子的方均根速率

$$\sqrt{<v^2>} = \sqrt{\frac{3kT}{m}} = \sqrt{\frac{3RT}{M}} \approx 1.73\sqrt{\frac{RT}{M}} \tag{14-24}$$

式中，M 表示气体分子的摩尔质量。将氧分子的 $M=0.032\text{kg}\cdot\text{mol}^{-1}$ 和 $T=273\text{K}$ 代入式（14-24），得

$$\sqrt{<v^2>} = 461\text{m}\cdot\text{s}^{-1}$$

以上计算的方均根速率是分子速率的一种统计平均值。既然是平均值，那么气体在平衡状态下并非所有分子都以方均根速率运动，而应当具有各种不同速率。按经典物理观点，气体分子的速率应当可以在0到无限大之间连续地取任何数值。那么，N 个分子组成的气体中，某时刻具有各种速率的分子各有多少？它们在分子总数中所占的比率又有多大呢？这一问题的本质涉及分子按速率的分布规律（简称速率分布律）。

气体分子按速率分布的统计定律最早是麦克斯韦于1859年在概率论的基础上导出的，1877年，玻尔兹曼又用经典统计力学进行了严格的推导。1920年施特恩从实验中证实了麦克斯韦分子按速率分布的统计定律。我国物理学家葛正权在1934年也从实验中验明了这条定律。限于数学上的原因，本节不给出速率分布律的推导过程，先介绍几个测量速率分布律的实验，了解实验原理、结果以及不断地创新实验方法的大致过程，然后给出麦克斯韦速率分布律的数学表达式。

一、气体分子速率分布律的实验测定

1. 分子束技术

本书介绍的分子束技术又称泻流分子束（或分子射线）实验技术。目前，分子束技术与高真空技术、自动控制技术及精密测量技术密切配合，它的发展与提高，在促进近代物理及其他自然科学的发展方面具有重要的意义。所谓泻流，是指从存有某种气体的容器A中引出气体分子束的方法。可以想象，似乎在容器壁上开一狭缝或一个小孔S（见图14-7），让容器漏气不就行

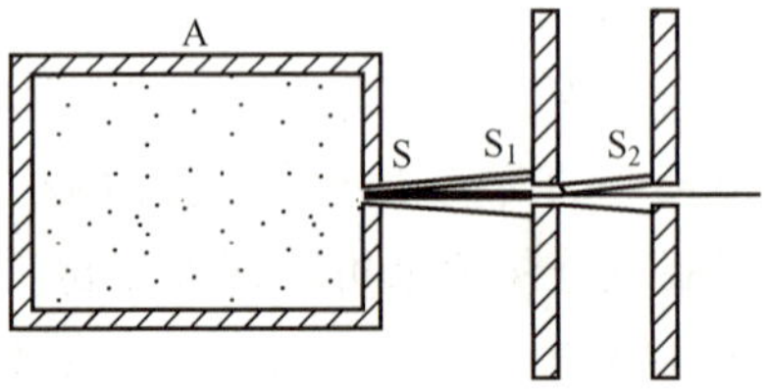

图　14-7

了吗？其实不然，这种技术的先进性就在于，不仅实验装置缝要做得很窄，孔要很小，整个设备还要在高真空环境下工作，特别是在泻流的同时，容器中气体仍要保持为质量、温度、压强均维持不变的平衡态，这是关键，也是难点。

2. 施特恩实验

1920 年，历史上第一个用实验测定气体分子速率分布的是斯特恩和他的同事，直至 1947 年几经改进后的实验装置原理如图 14-8 所示。图 14-8a 中，有两个共轴的圆筒 A 和 B（一个可转动，一个固定不动），放在真空度为 10^{-9} atm（约为 10^{-4} Pa）的高真空容器中。其中，外筒 A 可绕轴线 OO' 旋转，其半径 R 为 5～6cm，固定的内筒 B 半径 r 为 2～3mm。沿轴线 OO' 装一根表面镀银的铂丝。给铂丝通电、加热到温度高达 1235K 以上时，银表面开始汽化。以内筒 B 中的银蒸气作为被研究的气体系统。图 14-8b 中内筒 B 上开有一条狭缝 S_1，银蒸气可从 S_1 泄漏出来（泻流）。该蒸气通过第二个狭缝 S_2 后可以成为分子射线束。当外筒 A 静止不动时，银分子束射到外筒壁上固定的位置（由 P 点示意）。当外筒 A 以角速度 ω 顺时针旋转时，由于离开狭缝 S_2 后的银分子到达外筒 A 内壁需要一段时间 $\Delta t\left(\Delta t=\dfrac{R-r}{v}\right)$，在 Δt 时间段内，外筒 A 已转过了一个角度 ψ，其大小 $\psi=\omega\Delta t=\omega\dfrac{R-r}{v}$。因此，不同速率的银分子落在 P 与 P' 之间不同的位置。图 14-8b 是以外筒 A 为参考系观察银分子束的落点。若以 s 表示固定点 P 与动点 P' 之间某一段弧长，则银分子速率 v 与弧长 s 的关系为

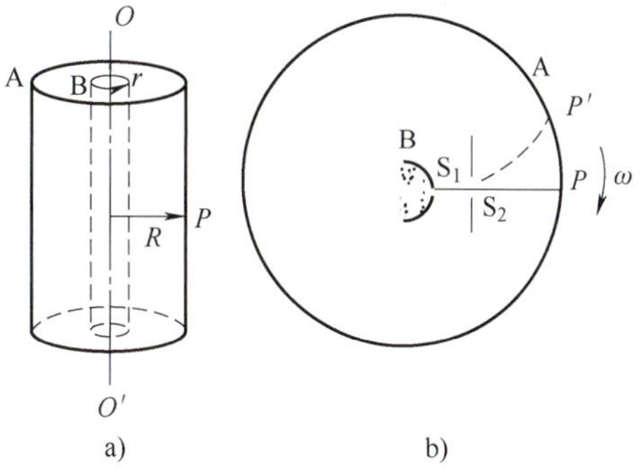

图　14-8

$$s=R\psi=R\cdot\frac{R-r}{v}\cdot\omega \tag{14-25}$$

解得

$$v=\frac{R(R-r)\omega}{s} \tag{14-26}$$

式中，R、r 已知，可以调节 ω 和测量不同的 s，就可得到银分子的不同速率。

测量时，在弧面 $\overset{\frown}{PP'}$ 上装上圆弧状的玻璃板，不同速率的银分子将落到玻璃板的不同位置上呈现黑点。实验结束后，用能自动记录的测微光度计测定板上的黑度，就可以确定到达玻璃板上的不同速率的分子数目，以找出气体分子的速率分布规律。

3. 蔡特曼-葛正权实验

1930—1934 年，蔡特曼和我国物理学家葛正权教授也进行了气体分子速率的实验测定，其实验装置原理的主要部分如图 14-9 所示。该装置将开有泻流狭缝的蒸气源 A 与开有狭缝 S_3 的圆筒探测室 K 分开。单缝 S_2 限制从 S_1 泻流出来的分子形成准直的分子束。实验时圆筒 K 旋转。只有当 S_3 与 S_1、S_2 三缝处于同一条直线上时，分子束才可以进入筒中。随着 K 的

旋转，进入筒中的分子束因速率不同而分别沉积在玻璃板 G 上不同位置。有关计算公式与施特恩实验类同。葛正权在 1934 年测定铋（Bi）蒸气分子的速率分布时，铋蒸气温度为 1173K 左右，S_1宽为 0.5mm，长为 10mm，S_2和 S_3各宽 0.6mm，长为 10mm，空心圆筒半径为 9.4cm，转速为 $3\times10^4 r\cdot min^{-1}$，一次实验用时 10h（小时），实验结果与理论预期的分布曲线相符。

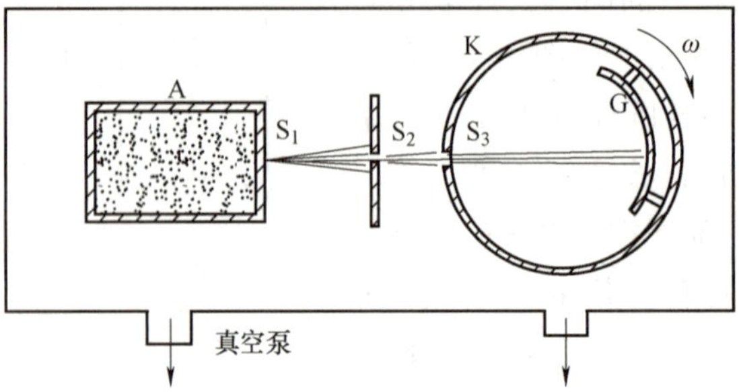

图　14-9

4. 马修斯-麦克菲实验

20 世纪 50 年代，有许多学者如密勒和库士，马修斯和麦克菲等，先后分别改进实验方法做分子束实验，在不同精度上得到了麦克斯韦分子速率分布律。现简要介绍 1959 年马修斯和麦克菲的实验工作。图 14-10 是实验基本装置原理图。仍由带泻流狭缝的蒸气（如汞）源 A，准直单狭缝 S，速度选择器 B、C 及探测器 D 组成。这里的速度选择器是做什么用的呢？或者说它的工作原理是什么呢？原来 B、C 是两个共轴圆盘，盘上都开有沟槽，与图 14-9 比较，B 槽相当 S_3，C 槽编号 S_4，但 B 盘与 C 盘上的沟槽略为错开一个小角度 $\psi(2°\sim4°)$，两盘相距 l。当两圆盘以同一角速度 ω 转动时，通过 B 槽的不同速率的分子并不都能通过 C 槽。欲使通过 B 槽后又能通过 C 槽的分子的速率必须满足以下条件：

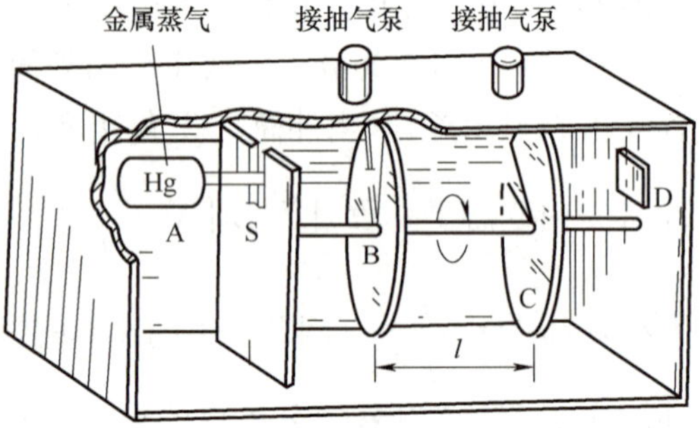

图　14-10

$$\Delta t=\frac{l}{v}=\frac{\psi}{\omega} \tag{14-27}$$

即

$$v=\frac{\omega}{\psi}l \tag{14-28}$$

式（14-28）就是圆盘 B、C 具有速率选择器功能的原因。实验时，单独改变 ω、ψ 和 l 三量之一或一并改变之，使不同速率的分子到达探测器 D（玻璃片、胶片等），从而获得蒸气分子按速率分布的规律。此实验中，由于 B、C 盘上沟槽毕竟有一定宽度，当 ω 一定时，从探测器 D 得到的是速率在 $v\sim v+\Delta v$ 区间内的分子数，而不可能得到速率正好是 v 的分子数。

实验时，让圆盘以不同的角速度 $\omega_1,\omega_2,\omega_3,\cdots$转动，从屏上可测量出每次所沉积的金属层的厚度，各次沉积的厚度对应于不同速率区间内的分子数。比较这些厚度的比率，就可以知道在分子射线中，不同速率区间内的分子数与总分子数之比 $\Delta N/N$。这就是气体分子处于速率区间 $v\sim v+\Delta v$ 的概率。

归纳以上几个实验，方案构思巧妙，不断改进，用并不高深的物理原理和方法完成了十分复杂的平衡态下分子速率分布测量。同时表明，气体分子的速率分布律不仅是理论的成果，也是实验事实。

二、实验结果分析

1. 分子速率分布矩形图

在上述实验中，可以得到不同速率区间（$v\sim v+\Delta v$）内的分子数 ΔN 及与总分子数 N 之比$\dfrac{\Delta N}{N}$。表 14-1 列出氧气在温度为 273K 时分子速率分布的一组数据。

表 14-1 氧气在温度 273K 时分子速率的分布情况

按速率大小而分的区间/$m\cdot s^{-1}$	分子数的百分率 $\frac{\Delta N}{N}$ (%)	按速率大小而分的区间/$m\cdot s^{-1}$	分子数的百分率 $\frac{\Delta N}{N}$ (%)
100 以下	1.4	500~600	15.1
100~200	8.1	600~700	9.2
200~300	16.5	700~800	4.8
300~400	21.4	800~900	2.0
400~500	20.6	900 以上	0.9

从表 14-1 中粗略地看，在 273K 下氧气分子速率出现在 300~400$m\cdot s^{-1}$这一区间的数目最多、概率最大，而出现在 100$m\cdot s^{-1}$以下或 900$m\cdot s^{-1}$以上区间的数目很少，概率最小。为了形象地描述表 14-1 的数据分布特征，将实验数据通过计算机相关软件绘制成如图 14-11 的分子速率分布柱状图。图中取 v 为横轴、$\dfrac{\Delta N}{N\Delta v}$为纵轴，它表示分子速率处于 v_i 至 $v_i+\Delta v_i$ 范围内、单位速率区间内的气体分子数占总分子数的百分比。而宽度 Δv_i 的矩形面积$\left(\dfrac{1}{N}\dfrac{\Delta N(v_i)}{\Delta v_i}\cdot\Delta v_i\right)$表示分布在图中各速率区间内的分子数占总分子数的百分比。

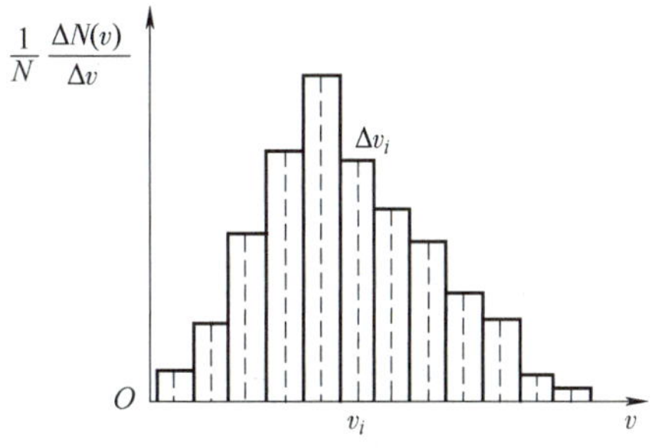

图 14-11

当 $\Delta v_i\to 0$ 时，则 $\Delta N/N$ 的极限值就变成 v 的一个连续函数了，如图 14-12 所示，并用 $f(v)$ 表示，即

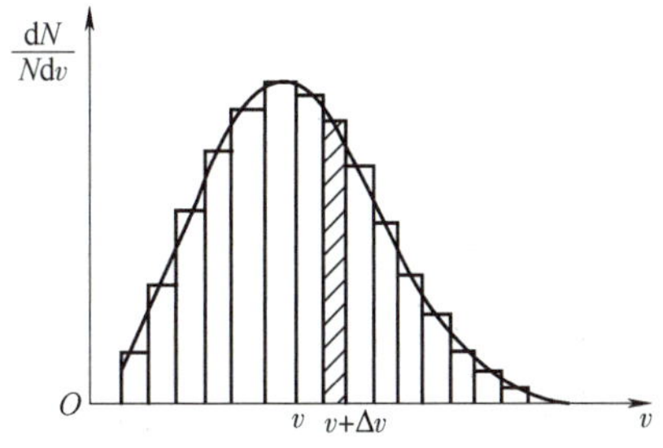

图 14-12

$$f(v)=\lim_{\Delta v\to 0}\frac{1}{N}\frac{\Delta N(v)}{\Delta v}=\frac{1}{N}\frac{dN}{dv} \qquad (14\text{-}29)$$

且

$$\int_0^{\infty} f(v)\,\mathrm{d}v = 1 \tag{14-30}$$

称函数 $f(v)$ 为平衡态下气体分子速率分布函数。在概率论中，式（14-30）是 $f(v)$ 必然满足的归一化条件。因为分子的速率出现在整个速率范围（$0\sim\infty$）的概率之和等于1。那么，如何从概率的观点理解 $f(v)$ 的物理意义呢？

2. 速率分布函数的物理意义

以上通过讨论气体分子速率在 v 到 $v+\mathrm{d}v$ 区间中、单位区间内$\left(\frac{1}{\mathrm{d}v}\text{泛指单位速率区间}\right)$的分子数占总分子数 N 的百分比，引入了速率分布函数 $f(v)$，如何从概率观点了解速率分布函数的物理意义呢？

（1）$f(v)=\dfrac{\mathrm{d}N}{N\mathrm{d}v}$　由于式(14-29)中 $f(v)$ 表示一个分子的速率出现在 v 附近、单位速率区间内的概率，故又称 $f(v)$ 为概率密度函数。为什么不说分子速率为 v 的概率是多少，而只能说分子速率在 v 附近单位速率区间（或 $\mathrm{d}v$ 区间）的概率呢？这是因为，按经典力学的观点，气体分子速率为 v 的值可以由0到∞连续变化，但是，分子的个数（$1,2,\cdots,N$）却是不连续的。如果非要在 $0\to\infty$ 中指定某个速率值，也许正巧没有一个分子恰好具有这样的速率。同时，由于概率总是大于零的正值，非要说每个分子都具有每个 v 值的概率的话，则分子具有 $0\to\infty$ 的各种速率的概率之和将大得没有物理意义了。实际上，因为气体分子数目巨大，在式（14-29）中的 $\mathrm{d}v$ 也不能看作数学上的无限小，而物理上理解为宏观小，微观大。所谓宏观小，是指在 $\mathrm{d}v$ 区间内，分子可近似地看成具有相同的速率 v，而微观大是指，在 $\mathrm{d}v$ 速率区间中包含的分子数依然很大。所以，对于一个连续可变量 v，不能说速率取完全确定数值 v 的气体分子数目有多少，也不能说气体分子速率取 v 值的概率有多大。这一点，从分子束实验中各狭缝相对分子大小不可能没有一定宽度得到佐证。

（2）$f(v)\,\mathrm{d}v=\dfrac{\mathrm{d}N}{N}$　因为 $f(v)$ 是概率密度函数，$f(v)\,\mathrm{d}v$ 表示速率处在 v 到 $v+\mathrm{d}v$ 之间的分子数 $\mathrm{d}N$ 占分子总数 N 的百分比，对应于图14-13中阴影部分的面积，归一化条件式（14-30）则给出曲线下的面积为1。

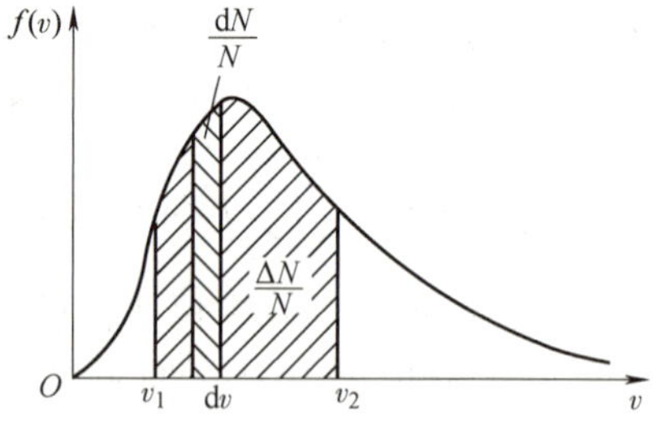

图　14-13

如果要求速率处在 v_1 到 v_2 区间中的分子数该怎么办呢？这可用积分计算如下：

$$\Delta N = \int_{v_1}^{v_2} \mathrm{d}N = \int_{v_1}^{v_2} N f(v)\,\mathrm{d}v \tag{14-31}$$

三、麦克斯韦速率分布律

1859年麦克斯韦首先从理论上导出在平衡态时，气体分子的速率分布函数的数学形式为

麦克斯韦速率分布函数曲线的影响

$$f(v)=4\pi\left(\frac{m}{2\pi kT}\right)^{3/2}\mathrm{e}^{-\frac{mv^2}{2kT}}v^2 \tag{14-32}$$

式中，T 为系统的温度；m 为分子的质量；k 为玻尔兹曼常量。前面已介绍 $f(v)$ 称为麦克斯韦速率分布函数，而 $f(v)\mathrm{d}v$ 称为麦克斯韦速率分布律，分布函数与分布律既有联系又有区别，此处“函数”与“律”之差表明两者不是一回事。

麦克斯韦速率分布的特点：

1）气体分子的速率有一个宽广的分布。从图 14-13 可以看出，从原点出发，经过一极大值后，随 v 的增大而渐近于横轴。这表明气体分子的速率可以取由 $0\sim\infty$ 的一切数值。速率很大和很小的分子所占的百分比都很小，而具有中等速率的分子所占的百分比则很大。(思考：图 14-13 中随分子速率 v 的增大，$f(v)$ 曲线是无限接近横轴还是会与横轴相交?)

2）给定的平衡态，对于一定质量的气体，速率分布曲线的形状与温度和气体分子的质量有关。再看图 14-14 中给出同一种氮气分子两条速率分布曲线。当温度较高时（1200K），曲线显得较为平坦。这是因为与 300K 相比，随着温度的升高，分子的热运动速率增大，速率大的分子增多，曲线必定向右延伸。但按式（14-30），两曲线下的面积是相等的和恒定的，所以曲线的峰值也要随之减小。那么，当温度给定时，氧气和氮气的气体分子速率分布曲线有什么样的区别呢?

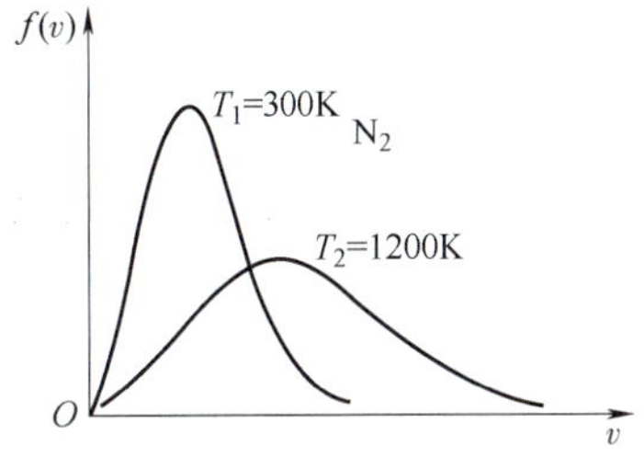

图　14-14

3）速率分布曲线有一极大值，与其对应的速率称为最概然速率，常以 v_p 表示，其物理意义是：一定温度下，在 v_p 附近单位速率间隔内的分子出现的概率最大。这个峰值的位置（即对应的横坐标）如何确定？它与温度的函数关系是什么？这需要借助于高等数学了。

四、用速率分布函数求分子速率的统计平均值

1. 最概然速率（最可几速率）v_p

为解决上述问题，以图 14-15 为例，$f(v)$ 曲线峰值的位置即为最概然速率 v_p。根据数学求函数极值点的方法，即将 $f(v)$ 对速率 v 取一阶导数并令其等于零求之：

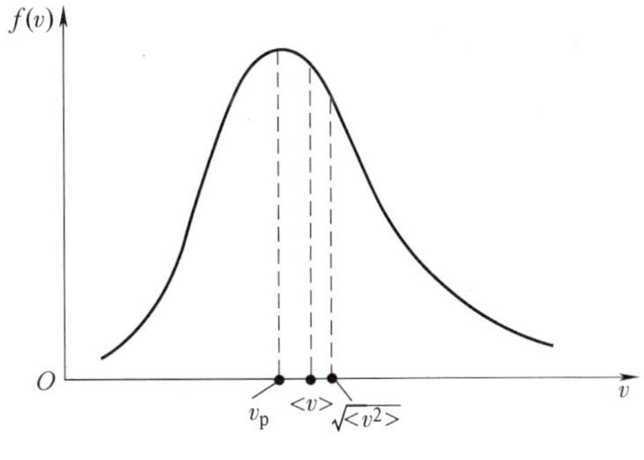

图　14-15

练习 144

$$\left.\frac{\mathrm{d}f(v)}{\mathrm{d}v}\right|_{v=v_\mathrm{p}}=0$$

将式（14-32）按上式求导得

$$v_\mathrm{p}=\sqrt{\frac{2kT}{m}}=1.41\sqrt{\frac{RT}{M}} \tag{14-33}$$

式中，M 为摩尔质量。

2. 算术平均速率$\langle v\rangle$

用$\langle v\rangle$表示分子速率的算术平均值（平均速率），本意是

$$<v> = \frac{\sum_i N_i v_i}{N}$$

由于v_i可以连续变化，计算时要取求和的极限即积分，即

$$<v> = \frac{\int v \mathrm{d}N}{N} = \frac{\int_0^\infty vNf(v)\,\mathrm{d}v}{N} = \int_0^\infty f(v)\,v\mathrm{d}v = \sqrt{\frac{8kT}{\pi m}} = 1.60\sqrt{\frac{RT}{M}} \tag{14-34}$$

在求上式（14-34）时，需利用积分公式

$$\int_0^\infty v^3 \mathrm{e}^{-bv^2}\mathrm{d}v = \frac{1}{2b^2}$$

3. 方均根速率$\sqrt{<v^2>}$

利用麦克斯韦速率分布函数也可求方均根速率［虽然已从式（14-24）得到］。具体计算用到两个公式：

（1）$<v^2> = \dfrac{\int_0^\infty v^2 \mathrm{d}N}{N} = \int_0^\infty v^2 f(v)\,\mathrm{d}v$

（2）$\int_0^\infty v^4 \mathrm{e}^{-bv^2}\mathrm{d}v = \dfrac{3}{8}\sqrt{\dfrac{\pi}{b^5}}$

解得结果为

$$\sqrt{<v^2>} = \sqrt{\frac{3kT}{m}} = \sqrt{\frac{3RT}{M}} = 1.73\sqrt{\frac{RT}{M}} \tag{14-35}$$

式（14-35）与式（14-24）完全相同。

归纳以上方法可以推广到，只要知道了分子速率分布函数$f(v)$，就可以计算与分子无规则热运动速率有关的各种物理量的统计平均值，从以下计算方法中还可以进一步领悟函数$f(v)$的重要性。设$u(v)$是与分子速率v有关的一个物理量，如何求它的统计平均值呢？步骤是：

1）将$u(v)$与具有相同$u(v)$的分子数$\mathrm{d}N$相乘，即

$$u(v)\,\mathrm{d}N$$

2）计算在速率$v \sim v+\mathrm{d}v$区间内的分子数$\mathrm{d}N$，得

$$\mathrm{d}N = Nf(v)\,\mathrm{d}v$$

3）利用$u(v)$的平均值$<u(v)>$定义式

$$<u(v)> = \frac{\int u(v)\,\mathrm{d}N}{N} = \int_0^\infty u(v) f(v)\,\mathrm{d}v \tag{14-36}$$

4）将分子速率分布函数$f(v)$的函数式（14-32）代入式（14-36）（此处未列出计算

式)。计算中需利用下列积分公式分别求之:

$$\int_0^\infty v^2 e^{-bv^2} dv = \frac{1}{4}\sqrt{\frac{\pi}{b^3}}$$ [利用此式可证明式(14-30)]

$$\int_0^\infty v^3 e^{-bv^2} dv = \frac{1}{2b^2}$$ [已用于式(14-34)]

$$\int_0^\infty v^4 e^{-bv^2} dv = \frac{3}{8}\sqrt{\frac{\pi}{b^5}}$$ [已用于式(14-35)]

如图 14-15 所示，三种速率都与$\sqrt{T}$成正比，与$\sqrt{m}$或$\sqrt{M}$成反比。在数值上由小到大的排序为 $v_p<\langle v\rangle<\sqrt{<v^2>}$。在室温下，他们的数量级一般为几百米每秒。以上三种速率都是统计平均速率，从不同角度反映了大量分子做热运动的统计规律。在不同的问题中有各自的应用。在讨论速率分布时，要用到最概然速率；在计算分子运动的平均距离时，要用到平均速率；计算分子的平均平动动能时，要用到方均根速率。

【例 14-2】 有 N 个质量为 m 的同种气体分子，它们的速率分布如图 14-16 所示。

(1) 说明曲线（实线）与横坐标所包围的面积的含义。

(2) 由 N 和 v_0，求 a 的值。

(3) 求在速率 $v_0/2$ 到 $3v_0/2$ 间隔内的分子数。

(4) 求分子的平均平动动能。

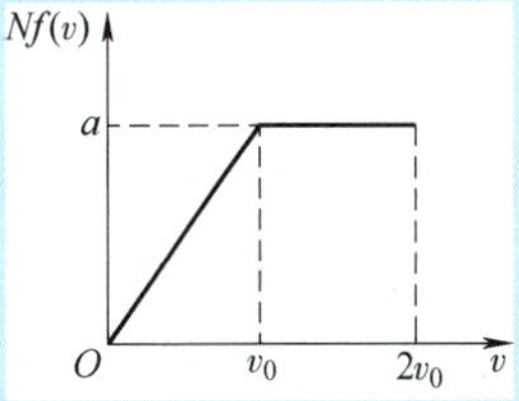

图　14-16

【分析与解答】 本题是气体分子速率分布函数的应用。$Nf(v)=dN/dv$ 表示处于速率 v 附近单位速率区间内的分子数。

(1) 由归一化条件 $\int_0^\infty f(v)\,dv=1$，气体分子速率只出现在 $0\sim 2v_0$之间，所以

$$S=\int_0^{2v_0} Nf(v)\,dv = N$$

曲线下的面积 S 表示系统的分子总数 N。

(2) 从图上看，在 $0\sim v_0$区间，$Nf(v)=\dfrac{a}{v_0}v$，而在 $v_0\sim 2v_0$区间，$Nf(v)=a$，所以

$$N=\int_0^{v_0}\frac{av}{v_0}dv+\int_{v_0}^{2v_0} a\,dv$$

由上式计算可得 $a=\dfrac{2N}{3v_0}$。

(3) 将 (2) 中第一项的积分限换成 $v_0/2$ 到 v_0、第二项积分限换成 v_0到 $3v_0/2$，得

$$\Delta N=\int_{v_0/2}^{v_0}\frac{av}{v_0}dv+\int_{v_0}^{3v_0/2} a\,dv = 7N/12$$

(4) 因为分子速率平方平均值为

$$<v^2> = \int_0^\infty v^2 \mathrm{d}N/N = \int_0^\infty v^2 f(v)\,\mathrm{d}v = \int_0^{v_0} \frac{a}{N v_0} v^3 \mathrm{d}v + \int_{v_0}^{2v_0} \frac{a}{N} v^2 \mathrm{d}v = \frac{62}{36} v_0^2$$

故分子的平均平动动能　$$<E_t> = \frac{1}{2}m <v^2> = \frac{31}{36} m v_0^2$$

五、应用拓展——浓缩铀的获得

众所周知，用于制造核武器或热中子堆核电站发电的是 U^{235}。核电站通常使用纯度 3% 的低浓缩铀，纯度大于 80% 的 U^{235} 称为高浓缩铀，核武器则需要使用纯度在 90% 以上的 U^{235}，称为武器级浓缩铀。天然铀矿石中有三种同位素，分别是 U^{238}（含量为 99.275%）、U^{235}（含量为 0.72%）、U^{234}（含量为 0.005%）。U^{235} 含量极低，所以必须使用一定的方法提高 U^{235} 的浓度，这个过程就是铀浓缩。

通过一系列的工艺，从铀矿石中获得 UF_6，如何把含有 U^{235} 组成的 UF_6 分子分离出来？通常用的办法是将 UF_6 加热，使其升华为气体，然后用气体扩散法得到不同浓度 U^{235} 组成的 UF_6。根据气体分子的方均根速率

$$\sqrt{<v^2>} = \sqrt{\frac{3kT}{m}}$$

可知，分子质量越小，方均根速率越大。所以当 UF_6 气体在加压下通过布满微孔的扩散膜，U^{235} 组成的 UF_6 分子与 U^{238} 组成的 UF_6 分子相比质量要稍小，速度稍快，通过扩散膜的比例稍大于由 U^{238} 组成的 UF_6 分子，经过上千个这样的扩散膜，就可以将天然铀中的 U^{235} 浓缩。图 14-17 给出利用扩散原理获得浓缩铀的原理示意图。

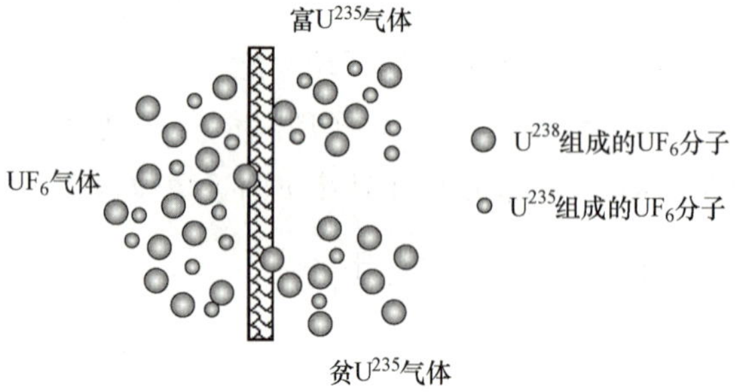

图　14-17

但是气体扩散法效率比较低，一般要经过 1200~1500 次才能将浓度提升至 5% 左右，提纯到 90% 级别的是要花费很多的时间。而且气体扩散法耗能极大，甚至要专门配套发电厂保障电力供应。

*第五节　玻尔兹曼分布简介

大气的物理状况复杂多变，主要表现为压强、温度和密度的垂直分布；在水平方向上却比较均匀。这是由于地心引力的作用。上一节讨论的麦克斯韦气体分子速率分布律，是气体处于平衡态时分子的速率分布规律。平衡态是指，气体的温度、压强和分子数密度在整个容器里处处相同，也不随时间改变。因此，气体所占据空间各点的物理性质是相同的和均匀的。用场论的语言表述就是，存在着均匀的密度场（n）、温度场（T）、压力场（p）等。

但是，当理想气体处在非均匀外力场（如引力场、电场等）中时，由于空间各处的均匀性遭到破坏，此时，密度场、温度场、压力场都是非均匀场，分子在各处相同的体积内出现的概率就不相同了。

历史上，1868 年玻尔兹曼将麦克斯韦分布律推广到保守力场中处于平衡态的热力学气体系统。下面从气体分子动理论的层面，简要介绍玻尔兹曼工作的一些结果。

一、重力场中微粒按高度的分布

重力场是均匀的保守力场。若以地平面上一点为原点，以垂直向上的高度坐标为 z，则质量为 m 的分子的势能为 mgz。可以想象，地球周围的大气因受地球重力场的作用，其分子数密度 n 随高度升高而减少，压强也随之而减小。图 14-18 给出空气分子沿垂直方向的上疏下密分布的状况。显然，在重力场作用下的大气中的气体分子，如果没有热运动，将在重力作用下，沉降到地球的表面；另一方面，如果气体分子只有热运动，而没有重力作用，则空气将逐渐离开地球而飞向外层空间。气体分子不停顿的无规则热运动和地球的引力两个因素的同时存在，使大气层维系在地球的周围，几十亿年来，保护着人类的生存环境。

为研究气体分子在重力场中的分布，首先设想在图 14-18 所示的大气中，想象取一可控制圆柱体中的空气作为研究对象，分析其密度或压强与高度的关系及随高度而变化的规律。如图 14-19 所示，在圆柱体中再分割出一小段气体柱。设其上、下端面（横截面）平行，面积为 S，高为 dz，密度为 ρ，则 $\rho=nm$，n 为分子数密度。这一小段气体柱上、下端面所受来自外界的压力分别为 $(p+dp)S$ 与 pS。要使该小段气体处于力学平衡状态，两压强之差与小段气柱自身的重力相等（已令 z 向上为正）。即

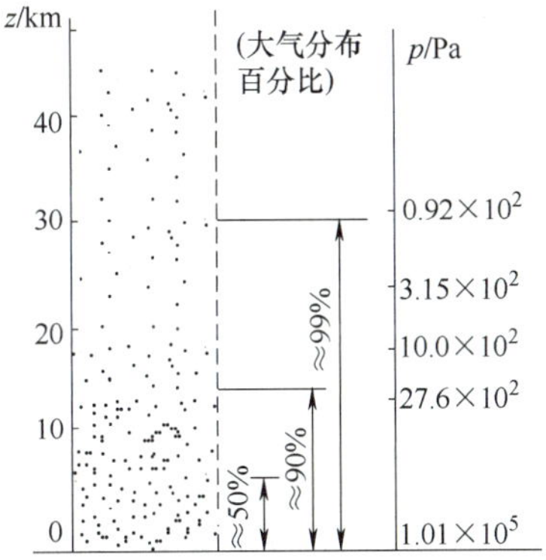

图　14-18

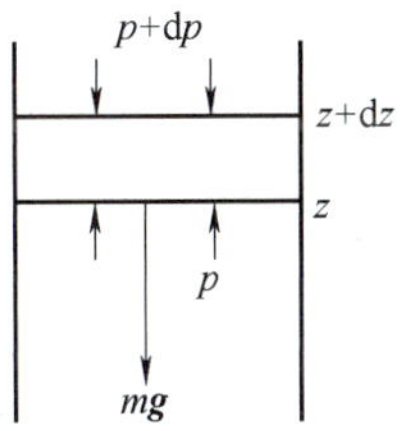

图　14-19

练习 145

$$(p+dp)S-pS=-\rho g dz S \tag{14-37}$$

则

$$dp=-\rho g dz=-nmg dz$$

式中负号表明，随高度升高，压强降低。如果该小段气体还处在热平衡态，则温度 T 不随高

度而改变（等温模型）。将大气按理想气体模型处理，满足状态方程式 $p=nkT$，将 $\mathrm{d}p$ 与 p 相比，得

$$\frac{\mathrm{d}p}{p}=-\frac{mg}{kT}\mathrm{d}z$$

两边积分后取所得对数函数的反函数，得

$$p=p_0\mathrm{e}^{-\frac{mg}{kT}z} \tag{14-38}$$

和

$$n=n_0\mathrm{e}^{-\frac{mg}{kT}z} \tag{14-39}$$

式中，p_0和 n_0分别表示 $z=0$（如地面）的压强和分子数密度。式（14-38）又称等温气压公式，是根据等温模型得到的结果。因此，式（14-38）与式（14-39）在实际应用中只能当作近似公式看待。图 14-20 给出了式（14-39）描述分子数密度随高度递减与温度的关系。比较图中两条曲线可知，温度越高，分子数密度随高度减小越缓慢，读者能否定性理解这一现象呢？

1648 年，Perier 登上法国中部的一座火山上（高度为 1365m），发现水银气压计的水银柱随山的高度上升而减小，这是实验上第一次观察随高度的升高而气压降低的现象。1975 年，我国的测绘工作者根据式（14-38）测得珠穆朗玛峰的高度为 8848.13m。

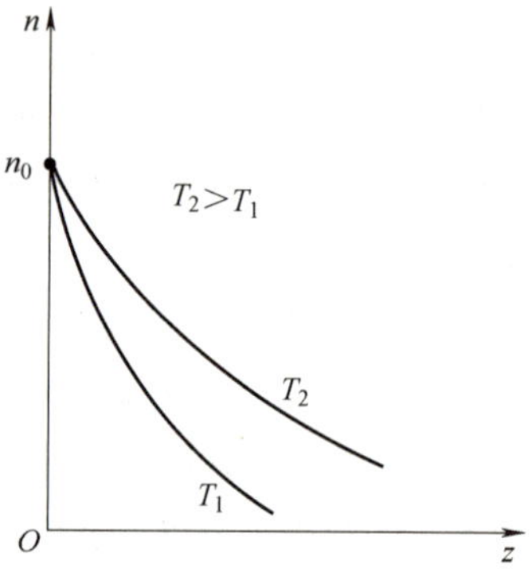

图　14-20

二、玻尔兹曼密度分布律

从某种意义上说，重力场是一种特殊的力场。物体在场中的势能只在一个方向上变化。在从万有引力更为普遍的情况下看，保守力场的势能应当是 x、y、z 的函数，然而，式（14-39）只是显示了气体分子在重力场中随高度（一维）的分布。如果气体分子在其他保守力场（三维）中，将如何分布呢？为此，玻尔兹曼在用较严格的统计方法建立的统计理论中，得出保守力场中粒子系统的一种普遍遵守机械能守恒定律的分布，形式上，只要将粒子在相应场中的势能 E_p 替代公式（14-39）中的重力势能 mgz，就得出粒子在保守力场中分布的公式（过程略）

$$n=n_0\mathrm{e}^{-\frac{E_\mathrm{p}}{kT}} \tag{14-40}$$

式中，n_0表示在空间中势能 $E_\mathrm{p}=0$ 处的分子数密度，因为 $E_\mathrm{p}=E_\mathrm{p}(x,y,z)$ 是空间位置的函数。称式（14-40）为玻尔兹曼密度分布律，它反映了热平衡态下分子数密度在任意外场中的分布。将式（14-39）推广为式（14-40）时，是需经过严格论证的，但严格的论证已超出了本课程的教学要求，故而略。在本书第二卷中介绍激光原理时，还将用到玻尔兹曼粒子数按能级的分布，出处就在此式（14-40）。

三、应用拓展——大气数据计算机

大气一般分为五层。从贴近地面向上数，分别是：对流层、平流层、中间层、电离层和

散逸层。民航飞机基本上在对流层中飞行，最高接近平流层的下边界。对流层的高度上限为11km，在平流层内，高度不超过 25 公里时，气温恒定为 - 56.5℃。图 14-21 给出低层（20km 以下）标准大气的气温和气压随高度的变化。

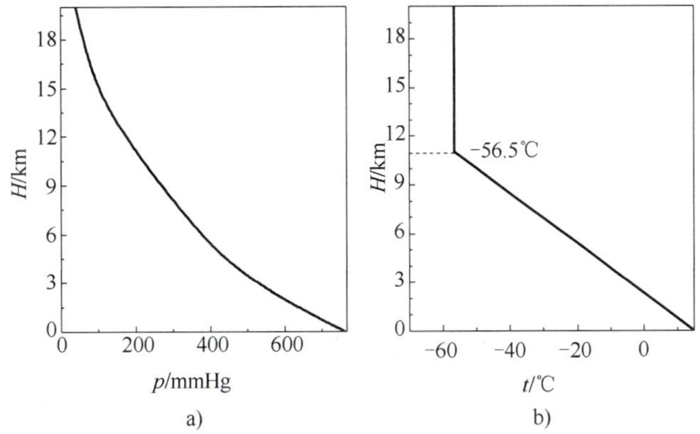

图　14-21

航空大气参数是航空飞行器在空气中飞行时与大气密切相关的飞行参数，其在飞行器的航行、驾驶和自动控制过程中非常重要，为飞行员直接提供飞行的参考依据。大气数据计算机在飞机上作为大气数据信息中心的作用是依靠大气静压、动压和全温等原始数据测量飞机所需参数信息。假设空气为理想大气，理论上大气压力与标准气压高度存在一定关系，根据这些理论从而解算出飞机当时的飞行高度、飞行速度、飞行马赫数以及真实空速、升降速度、大气静温等大气参数，并以数字量、模拟量、离散量的形式将这些参数送到其他机载电子设备，以使飞机能以给定高度或给定速度进行自动飞行，原理框图如 14-22 所示。

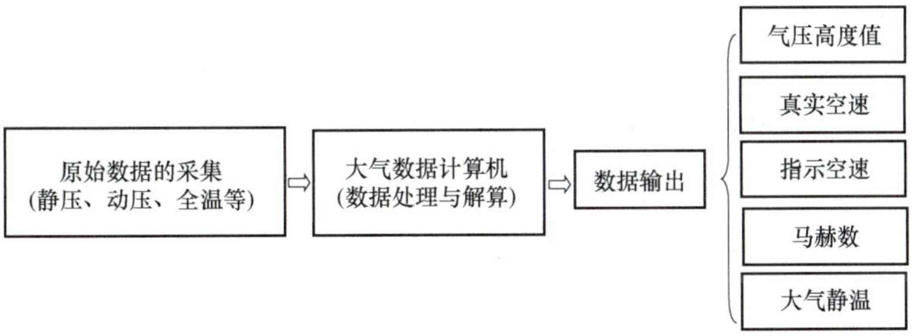

图　14-22

大气数据计算机研究前期以机电模拟式计算装置为特征，采用伺服式压力传感器，体积大，信号处理能力小，精度低，集成化程度低。随着计算机、信息化技术的突飞猛进，在航空技术研究、生产领域得到广泛应用，数字式计算机技术开始应用于大气数据计算机领域。数字式大气数据计算机从多方面显示出它的优越性：

1）它主要由少量的传感器和微处理器组成，结构简单，易于实现和维护，可靠性和使用期限大大提高。

2）精确度提高。数字式大气数据计算机能方便利用软件对误差进行修正计算，误差非常小。

3）易于系列化、通用化，可方便地增加其他大气数据信息的测量，系统的适应性、经济性和易维护性也得到极大的提高。

4）易于和其他系统进行对接，可实现飞行器数据处理机高度综合化。

第六节 物理学方法简述

一、统计平均方法

热学中常用的研究方法有宏观与微观两种。所谓宏观方法，就是上两章采用的从系统热现象的大量观测事实出发，采用逻辑推理和演绎的方法。微观方法，也称分子动理论方法或统计物理方法。在这种方法中，当研究单个或者少数几个粒子的运动与碰撞时，可以应用经典力学的决定论。如列出粒子的动力学方程，然后求解以期得到粒子的运动规律。但是，本章的目标是要从理想气体分子的微观模型和大量分子无规则热运动来阐明系统的宏观性质及其变化规律。对由大量粒子组成的体系，单纯用力学方法就不够了。因为一方面理想气体系统中包含的微观粒子数极大，粒子间的相互作用又非常复杂，所以不可能列出所有粒子的运动方程。另一方面，由于理想气体系统的宏观性质与微观粒子热运动之间的关系不是简单机械累积的关系，因而即使能够列出所有粒子的运动方程并求出解，还是不能说明物质的宏观性质，何况还不能这样做。例如，气体在平衡态下的性质与组成气体的分子最初以什么方式进入容器毫无关系，即使知道每个分子的初态，解出了运动方程并把它们叠加起来，也反映不出如温度与压强等气体的宏观性质。就是说，对于由大量分子组成的理想气体系统，本质的规律是大量做无规则热运动的分子集体的平均行为，而单个分子的力学运动规律已退居次要，成为非本质的了。

这种建立在经典力学规律基础上而又与力学规律有本质差别的大量粒子集体运动的规律性，叫作统计规律性。因此，对于这种规律性，分子动理论研究问题的方法不是去追究单个分子运动的细节，而是通过对分子微观运动的分析（如分子与器壁的碰撞），找出系统微观运动与宏观性质（如气体的压强）联系的方法，这就是统计平均方法。

描述体系宏观性质的参量是一些可以观测的物理量，例如气体的压强和温度。统计平均方法是把理想气体的宏观性质（压强）视为分子热运动的统计平均效果，找出宏观量与微观量的关系，进而确定宏观规律的本质。例如，本章第一节在求一个充有定量气体分子的容器的压强时，就容器中单个分子而言，每个分子的运动遵守同样的力学规律。但由于大量分子的存在，单个分子的运动速度的大小和方向带有明显的偶然性，每个分子对器壁的压力大小也具有偶然性，因而难以预先对“速度”“压力”做出定量判断。然而，实践却表明，体系的宏观性质却出现了不同于单个分子力学规律的新规律——统计规律。例如，就全体分子对器壁的压力而言，器壁所受的总压力在温度与体积不变时却是一个确定的值，这就是大量气体分子、热运动在总体上呈现的一种规律性。

通过压强公式推导，从表面上看，杂乱无章的分子运动这种随机现象，无任何规律可言，但当同类的随机现象大量重复出现时，它在总体上将会呈现出规律性。统计方法的特殊性表现为："由局部到整体""由特殊到一般"，是归纳推理在分子动理论中的一种具体应用。

二、实验数据处理方法

物理学的许多重大发现都是从分析实验数据中得出的。特别是表征物理定律的公式，基本上都是经对实验数据的归纳、处理得到的。所以，在物理实验中要认真采集、记录实验数据，之后，要对实验数据正确地进行分析和处理，对实验结果做出正确的评价。只有这样，才能获得关于研究对象的正确认识。为此，要从认识论和方法论的高度，而不是从单纯的技术角度来看待实验数据的采集、处理以及实验结果的评价等问题。

1. 列表法

列表法是采集、记录数据的一种常用方法。本章在引出分子速率分布率时，介绍了几个实验，对一组实验结果采用了列表法处理数据，即把实验测得的数据和计算结果，以表格形式一一对应地排列起来，以便分析各数据之间的关系，并从中找出规律性的联系。

2. 图线法

图线法因其简单、直观，物理意义明显，在物理实验中得到广泛应用，本章中也采用图线法处理实验数据。不过在采用这种方法时，要注意正确选择坐标，要直接按所研究的物理量合理地建立坐标，并合理选择坐标原点，同时还必须合理地做出标度，准确地描绘图线。现在这些工作都可以在计算机上完成。

练习与思考

一、填空

1-1　理想气体的微观模型是________________。

1-2　理想气体物态方程的两种表达式分别是____________和________。

1-3　室内生炉子后温度从15℃升高到27℃，而室内气压不变，则此时室内的分子数减少了________。

1-4　某些恒星的温度可达到1×10^8K，这是热核反应所需要的温度，恒星可看成质子组成的，则质子的平均平动动能$\langle E_t\rangle=$________，方均根速率$\sqrt{\langle v^2\rangle}=$________。

1-5　有两个相同的容器，容积固定不变，一个盛有氦气，另一个盛有氢气。（看成刚性分子的理想气体）它们的压强和温度都相等，现将5J的热量传给氢气，使氢气温度升高，如果使氦气也升高同样的温度，则应向氦气传递热量是____。

1-6　一定量的某种理想气体在等压过程中对外做功为200J，若此种气体为单原子分子气体，则该过程中需吸热________J。

1-7　有一瓶质量为M的氢气（视作刚性双原子分子的理想气体），温度为T，则氢分子的平均平动动能为________，氢分子的平均动能为________，该瓶氢气的内能为____________。

1-8　已知$f(v)$为麦克斯韦速率分布函数，v_p为分子的最概然速率，则$\int_0^{v_p} f(v)\,\mathrm{d}v$表示____________；速率$v>v_p$的分子的平均速率表达式________。

二、计算

2-1 试估计大气中水气的总质量的数量级。假设大气中水气全部集中于仅靠地面的对流层中，对流层的平均厚度约为 10km，对流层中水气平均分压为 665Pa。

【答案】 2.7×10^{16}kg

2-2 设想太阳是由氢原子组成的理想气体，假设其密度均匀。若此理想气体的压强为 1.35×10^{14}Pa，试估算太阳的温度。（已知氢原子的质量 $m_H=1.67\times10^{-27}$kg，太阳半径 $R_S=6.96\times10^{8}$m，太阳质量 $m_S=1.99\times10^{30}$kg）

【答案】 1.16×10^{7}K

14.1 习题 2-3

2-3 容器中储存 2L 某双原子分子理想气体，其压强 $p=1.5\times10^{5}$Pa。如在高温下气体可视为弹性双原子分子，求该气体的平均平动动能、平均转动动能、平均振动动能、平均动能和气体的总平均能量（即气体的热力学能）。

【答案】 450J，300J，150J，900J，1050J

14.2 习题 2-4

2-4 有 N 个粒子，其速率分布函数为

$$f(v)=\begin{cases}C & (v_0>v>0)\\ 0 & (v>v_0)\end{cases}$$

（1）作速率分布曲线；（2）由 N 和 v_0 求常数 C；（3）求粒子的平均速率；（4）求粒子的方均根速率。

【答案】 （1）（略）；（2）$\dfrac{1}{v_0}$；（3）$C\cdot\dfrac{v_0^2}{2}$；（4）$\dfrac{\sqrt{3}}{3}v_0$

2-5 地球的大气在 2km 范围内是等温的，为 10℃。海平面气压为 750mmHg，如果测得一山顶气压为 630mmHg，求山高。已知空气的平均相对分子质量为 28.97。

【答案】 1.444km

14.3 习题 3-1

三、思维拓展

3-1 试用气体分子的热运动说明为什么地面附近的大气中氢的含量极少？

3-2 在推导理想气体压强公式的过程中，哪些地方用到了理想气体的微观模型？哪些地方用到了统计平均的概念？

3-3 某一储有气体的容器在某坐标系中从静止开始运动，容器内分子的速度相对于该坐标系也将增大，则气体的温度会不会因此升高呢？

第十五章 气体的输运过程

本章核心内容

1. 分子的平均碰撞频率和平均自由程的计算方法。

2. 气体的黏滞现象、扩散和热传导的基本规律和产生机理。

第几跑道?

前面几章讨论了理想气体平衡态问题，属于平衡态热力学与分子动理论范畴。虽然在第十二章中提到过非准静态过程、弛豫过程，在第十三章中也讨论了不可逆过程，它们都属于非平衡过程，但并没有涉及非平衡态及非平衡过程的具体细节。应当说，热力学系统处于平衡态只是个别的、暂时的、相对的现象，而自然界中实际发生的各种热力学过程都是非平衡过程。准静态过程、可逆过程只是理想化模型，是极限情况。为此，本章初步讨论非平衡态系统的基本特征、非平衡态的变化遵守的基本规律，并研究非平衡过程的分析方法。

系统处于非平衡态的基本特征是，在没有外界影响的条件下，由于分子的热运动，系统各部分的宏观性质会自发地发生变化，直到系统再次建立平衡态为止。例如，混合气体内部各处各组分气体的分子数密度不同或质量密度不均匀时会发生**扩散过程**；气体内因各处的温度不均匀发生的**热传导**过程以及气体内因各层定向流速不同而发生的**黏滞现象**等，都是典型的由非平衡态向平衡态过渡的现象。在以上三种现象中出现的质量、能量与动量的传递过程，统称为气体内的**输运过程**，或称非平衡过程。

在实际问题中，上述三种过程往往同时存在，而且常常出现一种输运过程引起另一种输运过程的复杂现象。例如，温度的不均匀可以引起热传导，与此同时，在多组元成分气体中还会出现扩散，这种现象称为热扩散。反过来，浓度的不均匀也可以导致温度的不均匀。大气中的气流，不仅是气体质量在空间的输运，同时，也是能量和动量的输运。输运现象不仅会在气体中发生，而且在一切未达到热力学平衡态的系统（固体、液体、等离子体）中都会发生。为了获得基本规律，本章只讨论稀薄气体中发生的输运现象，而且，为了把握输运的实质，把以上三种输运现象分开来讨论，忽略它们之间可能出现的交叉现象，这也是物理学常用的方法。

另外，如果所讨论的非平衡态气体系统是孤立系统，由于气体系统中分子的热运动和相互碰撞，最终系统会达到平衡态，宏观的输运过程也就终止。如果非平衡态系统是开放系统，并依靠外界条件保持系统相应宏观量（密度、温度、速度）在空间的分布不随时间改变，这种系统内各处宏观性质稳定的非平衡态称为稳态。在稳态下，粒子数、能量和动量的输运将会稳定地持续下去，称之为稳态输运过程。第十二章第一节曾指出，稳态与平衡态是有区别的就是这个道理。本章讨论的是这种稳态输运过程。

第一节 气体分子的碰撞频率和平均自由程

在十四章中提到，气体分子在运动过程中与其他分子发生频繁碰撞，所以在常温下，气体分子的平均速率为每秒数百米，但实际的过程往往进行得很慢，即单位时间内发生的位移并不大。

为简单计，把分子看成直径为 d 的弹性小球。先假设分子中只有一个分子 α 以平均速率 $\langle v\rangle$ 运动，其余分子都看成静止不动。分子 α 与其他分子不断碰撞改变运动方向，它的球心轨迹是一系列折线，凡是其他分子的球心离开折线的距离小于 d（或等于 d）的，它们都将和分子 α 发生碰撞，如图 15-1 所示。如果以 1s 内分子 α 的球心所经过的轨迹为轴，以 d 为半径作一圆柱体，由于圆柱体的长度为 $\langle v\rangle$，所以圆柱体的体积是 $\pi d^2\langle v\rangle$。设分子数密度为 n，则圆柱体内的分子数为

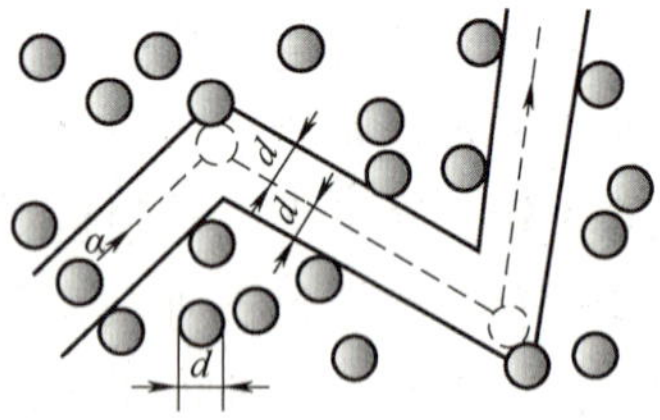

图 15-1

$$\langle Z\rangle=\pi d^2 n\langle v\rangle \tag{15-1}$$

式（15-1）为分子的平均碰撞频率，即单位时间内分子与其他分子碰撞的平均次数，πd^2称为分子的碰撞截面。

在推导式（15-1）时，假设分子 α 以平均速率 $\langle v\rangle$ 运动，而其他分子都没有运动。实际上，所有分子都在运动。另外，各个分子运动的速率各不相同，且遵守麦克斯韦气体分子速率分布律。因此式中的 $\langle v\rangle$ 应修改为分子间的平均相对运动速率。可以证明，平均相对运动速率为平均速率的$\sqrt{2}$倍，于是有

$$\langle Z\rangle=\sqrt{2}\pi d^2 n\langle v\rangle \tag{15-2}$$

分子在连续两次碰撞间所经过的路程的平均值叫作**平均自由程** $\langle\lambda\rangle$。可见

$$\langle\lambda\rangle=\frac{\langle v\rangle}{\langle Z\rangle}=\frac{1}{\sqrt{2}\pi d^2 n} \tag{15-3}$$

对于理想气体，$p=nkT$，式（15-3）还可以写成

$$\langle\lambda\rangle=\frac{kT}{\sqrt{2}\pi d^2 p} \tag{15-4}$$

式（15-4）表明，当气体的温度给定时，气体的压强越大（即气体越密集），分子的平均自由程越短；反之，若气体压强越小（即气体越稀疏），分子的平均自由程越长。由

式（15-3）和式（15-4）可得，标准状态下，各种气体分子的平均碰撞频率的数量级为 $10^9 s^{-1}$，平均自由程的数量级为 $10^{-9} \sim 10^{-7} m$。

应该指出，在推导平均碰撞次数的过程中，我们把气体分子当作直径为 d 的弹性小球，并且把分子间的碰撞看成完全弹性碰撞，其实这并不准确。首先，因为分子不是球体；其次，分子的碰撞过程也并非完全弹性碰撞。分子是一个复杂的系统，分子之间的相互作用也很复杂，所以，一般把 d 称为分子的有效直径。

第二节　气体的输运过程概述

一、气体的黏滞现象

1. 实验现象

经验和实验都表明，物体在气（流）体中运动时，将受到黏滞力的作用。也就是说，气体与液体一样都具有黏滞性。图 15-2 所示为一种演示气体黏滞性的装置，A、B 分别为两水平圆盘，A 盘自由悬挂，B 盘可以随底座（未画出）转动，两盘之间以空气隔开。当 B 盘由电动机带动旋转起来后，会看到 A 盘也将跟着转动一个角度后停下。为什么 A 盘会旋转起来呢？设想一个模型，将两盘间的空气分成许多与盘面平行的气层，当 B 盘转动时，由于 B 盘与气层的摩擦作用，它要带动紧贴盘面的空气层转动。与此同时，由于相邻各气层间的相互作用，所以自下而上各气层先后转动起来，最终使 A 盘发生转动。但 A 盘受悬线约束，A 盘的转动引起悬线发生扭转形变。悬线扭转形变产生的回复力矩反作用于 A 盘，当 A 盘受到的两外力矩平衡时，A 盘转动停止。在这一模型中，由于气层间速度不同而出现在气层间的相互作用力称为黏滞力，也叫内摩擦力。

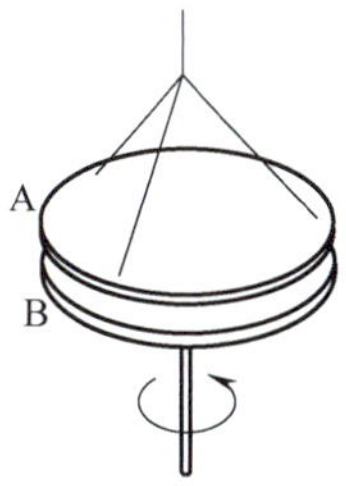

图　15-2

推而广之，当两层流体之间存在相对运动时，运动快的一层流体会给慢的一层施以推力，而慢的一层会给快的一层施以阻力。这一对力就是内摩擦力（或黏滞力），流体具有的这种特性称为黏滞性。

上述演示实验显示了气体的黏滞性，黏滞力的大小还可通过实验测量。图 15-3 中所示的实验装置称为旋转圆筒黏度计。它的基本构造如下：内圆筒 B 用可发生扭转形变的弹性细丝 C 悬挂，另一半径稍大的外筒 A 装在竖直的转轴上，且 A、B 共轴。当外筒 A 绕轴旋转时，B 筒也将跟着悬丝的扭转而偏转。A 筒转速一定，B 筒到达稳定状态后，偏转一定的角度。偏转的角度可由附在细丝 C 上的小镜所反射的光线来测得（反射定律）。当悬丝扭转系数 D、内外筒半径 R 与 r、筒长 L 及筒 A 转速 ω 均为已知时，则由偏转角 $\Delta\varphi$ 的大小，可算出黏滞力。

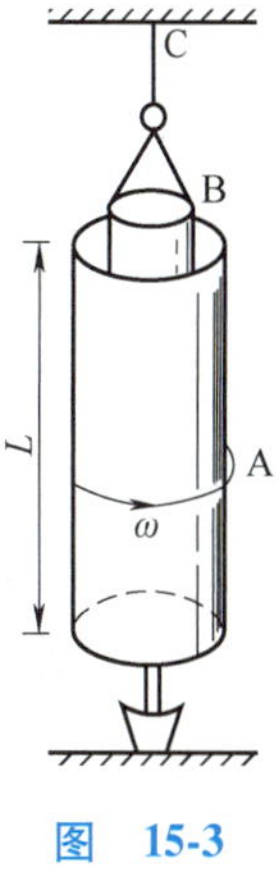

图　15-3

2. 牛顿黏滞定律

为了说明内摩擦现象的宏观规律，再分析如图 15-4 所示的一个理想实验。在气（流）体中平行放置 A、B 两块大平板，保持 A 板固定，施加一恒力于 B 板。B 板除受恒力作用外，还要受到气（流）体的阻力，B 板在运动一段距离后，将以恒定速度 $\boldsymbol{u}_0$ 相对于 A 板沿 x 轴匀速运动。此时，恒力与阻力平衡，板间气（流）体也被拖着沿 x 方向流动，但图中 A、B 板之间不同的气体层将以不同的速度运动。流速的大小 u 是流层位置坐标 z 的函数，可用 $u(z)$ 表示。用场的观点看，在 A、B 两板之间，可以抽象出一个流速场 $u(z)$。场中，各层流速随坐标 z 的变化采用流速梯度 $\frac{\mathrm{d}u}{\mathrm{d}z}$ 描述。

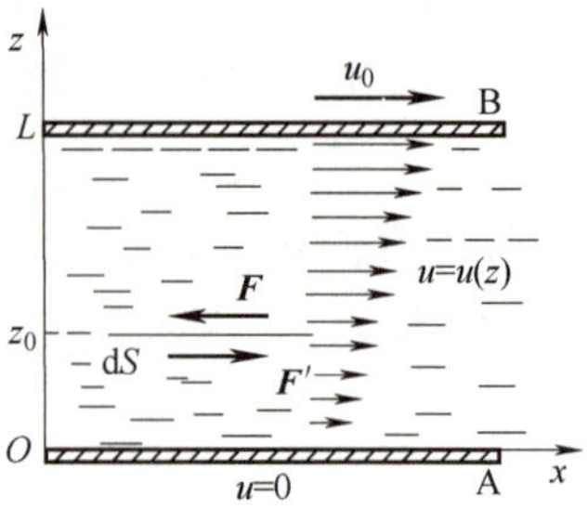

图 15-4

设在图中 $z=z_0$ 处，取一与 z 轴垂直的平面 dS，它把气（流）体分成上、下两部分。由于 dS 面上方流层的流速与下方流层的流速不同，则 dS 上、下两面都受到黏滞力的作用。图中，dS 下面流速小的流层受到的黏滞力 $\boldsymbol{F}'$ 向右，dS 上面流速大的流层受到的黏滞力 $\boldsymbol{F}$ 向左。实验表明，与两物体间干摩擦力所遵守的规律不同，黏滞力 $\boldsymbol{F}$ 的大小除与 dS 的面积成正比外，还与 z_0 处流速梯度成正比，即

练习 146

$$F=-\eta\left(\frac{\mathrm{d}u}{\mathrm{d}z}\right)_{z_0}\mathrm{d}S \tag{15-5}$$

式中，比例系数 η 称为内摩擦系数或黏度，是一个描述气（流）体黏性的宏观量，取正值。在式（15-5）中，只要气（流）体的速度梯度不太大，黏滞力就与速度梯度成正比。式中负号表示，当 $\left(\frac{\mathrm{d}u}{\mathrm{d}z}\right)_{z_0}>0$ 时，$\boldsymbol{F}$ 的方向与流速 $\boldsymbol{u}$ 的方向相反；反之，当 $\left(\frac{\mathrm{d}u}{\mathrm{d}z}\right)_{z_0}<0$ 时，$\boldsymbol{F}$ 与流速 $\boldsymbol{u}$ 的方向相同。式（15-5）称为一维牛顿黏滞定律。

3. 黏滞现象与动量输运

在黏滞现象中，各层流体分子有两种运动：一种是参与宏观的整体定向运动；一种是分子热运动，热运动与流速 $\boldsymbol{u}$ 无关。按统计平均观点，相对于气（流）体中所选的平面 dS，由于分子热运动，其上、下两侧将有相同数目的分子穿过 dS 面运动到另一侧，这些分子除了带着它们的热运动的动量和能量外，还附加一个宏观的定向运动的动量。通过 dS 上、下两侧分子的交换，由流速大的地方过来的分子，将把定向流动较大的动量带到流速小的区域，反之亦然。结果，dS 上层的动量减少，dS 下层的动量增加。宏观上，形成动量由流速大的流层向流速小的流层的净传递或净输运。最终，相邻流层中流动快的流层流速减缓，而流速慢的流层流速加快。这一现象就是两层之间产生了黏滞力作用的结果。所以，流体黏性起源于热运动分子的混合与碰撞，使宏观流层的动量在垂直于流速方向上的流层间，由大向小净迁移。

按照上述分析，式（15-5）可以表示为另一种形式。设 dp 表示在 dt 时间内，通过 dS 面沿 z 轴方向输运的动量，将 $F=\frac{\mathrm{d}p}{\mathrm{d}t}$ 代入式（15-5），经整理得

练习 147

$$dp = -\eta\left(\frac{du}{dz}\right)_{z_0} dSdt \tag{15-6}$$

式（15-6）表明，因为黏度 η 恒为正，所以，若流速梯度$\left(\frac{du}{dz}\right)_{z_0}>0$，即速度沿 z 轴方向增加，则负号表示动量沿 z 轴反方向输运。反之，若速度梯度$\left(\frac{du}{dz}\right)_{z_0}<0$，即速度逆着 z 轴方向增加，则动量沿 z 轴正向输运。也就是，动量总是逆着速度梯度方向输运。式（15-5）中的速度梯度是产生动量流的原因，有时把$\left(\frac{du}{dz}\right)_{z_0}$称为“梯度力”。

二、气体的扩散现象

当气体内部某种分子的密度不均匀时，就会出现气体分子从密度高的地方向密度低的地方转移，这种现象称为扩散。实验证明，dt 时间内通过与分子扩散方向垂直的面积 dS 扩散的气体质量 dm 为

练习 148

$$dm = -D\left(\frac{d\rho}{dz}\right)_{z_0} dSdt \tag{15-7}$$

式中，D 是扩散系数，与气体的性质和状态有关；$\frac{d\rho}{dz}$称为密度梯度；负号表示气体的扩散方向与密度增加的方向相反。式（15-7）称为扩散现象的裴克定律。

三、气体的热传导现象

当气体内部各处温度不均匀时，就有热量从温度较高处传到温度较低处，这种现象称为热传导。实验证明，dt 时间内通过与热量传递方向垂直的面积 dS 传递的热量 $đQ$ 为

练习 149

$$đQ = -\kappa\left(\frac{dT}{dz}\right)_{z_0} dSdt \tag{15-8}$$

式中，κ 是热传导系数，与气体的性质和状态有关；$\frac{dT}{dz}$称为温度系数；负号表示能量传递的方向与温度增加的方向相反。式（15-8）称为热传导的傅里叶定律。

综上所述，三种输运过程都是由于气体分子的无规则热运动引起的。气（流）体中黏滞现象是由流速分布不均匀引起的动量输运，形成动量流$\left(\frac{dp}{dz}\right)$；扩散现象是由密度分布不均匀引起的质量输运，形成质量流$\left(\frac{dm}{dt}\right)$；热传导现象是由温度分布不均匀引起的热量传递，形成热流$\left(\frac{đQ}{dt}\right)$。综合地说，由于某个宏观参量（$u(z),\rho(z),T(z)$）分布不均匀引起相应物

理量（p,m,Q）的迁移（或输运），形成了某种流，如动量流、质量流、热流。

气体系统由非平衡态向平衡态的转变，是通过气体分子热运动和相互碰撞得以实现的。因此，物理量 p、m、Q 的迁移是靠分子的热运动来输运的。依据气体动理论，可以导出三个输运系数 η、D 及 κ 与几个微观参量（分子平均速率$\langle v\rangle$、平均自由程$\langle\lambda\rangle$）的关系（推导过程从略）。有兴趣的读者可参阅书后参考文献中列出的有关热学方面的文献。现只将黏度 η、热导率 κ、扩散系数 D 的相关公式罗列如下：

$$\eta = \frac{1}{3}\rho <v> <\lambda> \tag{15-9}$$

$$D = \frac{1}{3} <v> <\lambda> \tag{15-10}$$

$$\kappa = \frac{1}{3}\rho <v> <\lambda> \frac{C_{V,\mathrm{m}}}{M} \tag{15-11}$$

式中，ρ 为气体的密度；M 为气体的摩尔质量；$\langle v\rangle$为算术平均速率；$\langle\lambda\rangle$为分子的平均自由程 。

四、应用拓展——真空隔热玻璃

气体热传导是由于气体分子不断碰撞，进而实现能量的传递。减少气体分子数目可以有效地降低分子碰撞的概率，减弱热量的散失。因此大型的低温和高温装置通常都会采用真空隔热的方式来减少热传导。

1913 年，卓勒（zoller）提出真空平板玻璃的概念，并发布了世界第一个平板真空玻璃专利。真空玻璃由两块平板玻璃构成，玻璃板之间呈真空状态，两块玻璃板间由高度为 0.1~0.2 mm 的若干支撑物呈方阵排列隔开，通过封边焊料将两片玻璃板的四周进行封接从而形成一个整体，或者在其中一片玻璃板上预留抽气孔，真空排气后用封口片和玻璃粉将抽气口封住形成真空腔。常见的真空玻璃结构示意图如图 15-5 所示。

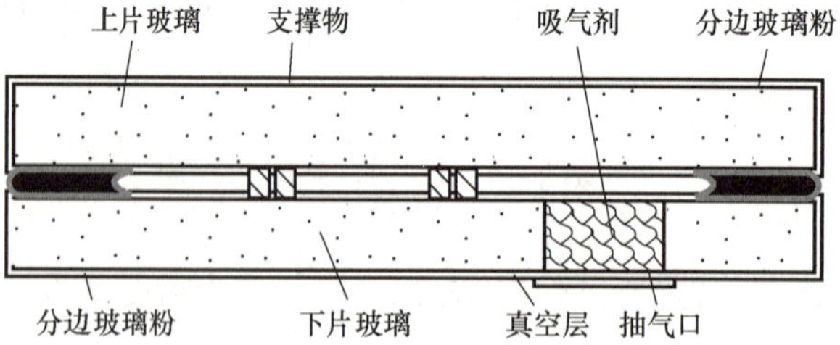

图　15-5

真空玻璃作为一种新兴的保温隔热材料，以其优良的保温隔热性能和高透光性在建筑、设施农业、太阳能光伏等领域脱颖而出。真空玻璃通过真空隔热技术，利用真空绝热原理，有效消除对流，实现隔绝声音和热量，达到保温、隔热、隔音的效果。据报道显示，目前真空玻璃的传热系数已经低至 0.40W · m^{-1} · K^{-1}，隔热性能比中空玻璃好 4 倍左右；隔声量可达 39dB，比中空玻璃提升 37%，可以显著减少室内外热量交换，具有较好的保温、隔音效果。

特别值得强调的是，如果把真空玻璃与目前已趋于成熟的中空玻璃、镀膜玻璃、夹层玻璃、贴膜玻璃等玻璃深加工技术结合，组合成各种“超级玻璃”，则各种具有更高超物理性能的玻璃将会出现在各种应用领域。

第三节　物理学方法简述

“工欲善其事，必先利其器”，任何一门科学都有其方法论基础。在物理学的产生与发展过程中，理论与方法论始终相生相伴。即物理知识发展的同时，必然会从其研究的过程和成果中，总结、提炼出相应的科学方法。这些提炼出的科学方法，又会促进物理学理论的发展。在中学物理基础上，通过本卷内容与方法的学习，还要注意物理概念是物理理论赖以建立的支柱和构件，诸多物理概念的形成和确立是经验的结晶、感知的升华、思维的产物、物理方法的成果。其中新理论的建立，或是提出新概念，或是加深、扩展、限制已有的概念，或是发现概念之间的联系；其次，在学习物理知识过程中，也要加强对各种物理学方法的认识、理解和应用。本节简要归纳在前面各章中分别介绍过的那些由物理学本身决定的、在物理学中频繁出现的、形式稳定且卓有成效的方法。

一、观察方法

物理学的发展表明，系统观察促成了物理学的诞生，物理学的研究在观察中进行，许多事例表明，观察还是导致物理学重大发现的途径。

二、实验方法

物理学是一门实验科学，在实验中发现规律，在实验基础上建立物理理论，用实验验证物理假说，检验物理理论，通过实验完善理论体系，发展物理理论。

三、假说方法

恩格斯说：“只要自然科学在思维着，它的发展形式就是假说。”仔细考察各个具体的假说，我们会发现，这些假说的建立都有各自的背景、方式、目的和意义，形成假说的基本过程也不尽相同：有的偏向于直观性的联系，有的注重于理论性的探讨，有的旨在修正旧理论，有的勇于开拓新领域，或追求直观明了，或讲究抽象简洁，或针对实验观察，或来源于数据推导，等等。

四、数学方法

数学是科学的“女皇”，也是科学的“侍女”。所以，数学方法是发现物理定律的工具，是表达物理规律的语言，是预见物理事实的途径，是分析物理数据的手段，是建立物理体系的方法。

五、理想化方法

采用理想化方法是为了在研究实际问题时，突出本质、近似逼近又超越现实。

六、类比与模拟方法

伟大的天文学家和数学家开普勒曾指出："我珍视类比胜于任何其他的东西，它是我最可信赖的老师，它能揭示自然界的秘密……"这是因为类比具有解释作用、启发作用与模拟作用。

七、归纳与演绎、分析与综合方法

逻辑推理在人类认识活动中占有很重要的地位。学习物理学时，定理的证明、公式的推导、习题的解答，都是一种认识活动。逻辑推理方法能够更好地帮助我们在了解物理规律本质的同时，借助于严密的逻辑关系，把有关的物理知识联系起来，构建系统的知识体系。逻辑推理有几种主要形式：演绎、归纳、类比、分析与综合。在逻辑推理方法中，演绎法是由一般到特殊的推理方法，归纳法是由特殊到一般的推理方法，而类比法是由特殊到特殊或一般到一般的推理方法。

八、整体方法

在用整体（系统）化方法学习与分析处理各种物理问题时，主要包括以下两个方面：一是研究对象的整体化，二是物理过程的整体化。广义地说，整体化方法、系统的概念远远不只局限于物理学范畴。近年来，分析系统的性质、行为和规律的学科，从处于工程技术层次的"系统工程"，直至处于基础理论层次的"系统科学"都在蓬勃发展。而在物理学中所讨论的某些概念和方法，对学习系统工程与系统科学也具有一定的理论意义和应用价值。

九、场论方法

场是什么？可以从三个层次看：场是一种方法（近距作用的研究）；场是一个函数（某种物理状态的空间）；场是一种物质（具有质量、动量与能量）。场论方法是将作为空间点函数的物理量抽象为"场"，运用研究空间点、线、面的几何方法研究"场"，或通过坐标系将几何关系转换为代数关系来研究"场"。

练习与思考

一、计算

1-1　在 160km 高空的大气层中，空气的密度约为 $1.5\times10^{-9}\text{kg}\cdot\text{m}^{-3}$，温度为 500K。若分子的直径以 3.0×10^{-10}m 计，求此高度处分子的平均自由程和连续两次碰撞的平均时间间隔。(已知空气的摩尔质量为 $0.029\times10^{-3}\text{kg}\cdot\text{mol}^{-1}$)

【答案】 80m，0.13s

1-2　用一细金属丝将一质量为 m、半径为 R 的均质圆盘沿中心轴铅垂悬挂。圆盘可绕轴转动。盘面平行于一水平板，圆盘面与水平板间距离为 d，盘与平板间充满黏度为 η 的液体。初始时盘以角速度 ω_0 旋转，且在圆盘下方任一竖直直线上液体的流速梯度处处相等。试求时间为 t 时圆盘的旋转角速度。

【答案】 $\omega_0 \exp\left(-\frac{\eta \pi R^2 t}{md}\right)$

1-3　在地球表面被晒热的地区，其上空会形成一股竖直向上的稳定气流，其相对地面的速度为 $0.2\text{m}\cdot\text{s}^{-1}$。在气流里有一球形尘埃，以相对地面恒定的速度 $0.04\text{m}\cdot\text{s}^{-1}$ 向上运动。尘埃的密度 $\rho=5.00\times10^3\text{kg}\cdot\text{m}^{-3}$，空气的密度 $\rho_0=1.29\times10^3\text{kg}\cdot\text{m}^{-3}$，空气的黏度 $\eta=1.62\times10^{-5}\text{Pa}\cdot\text{s}$。试确定尘埃的半径 r。

【答案】 $1.8\times10^{-5}\text{m}$

1-4　设人体表面的热流约为 100W，人体的新陈代谢过程所维持的体表温度大约为 300K。(1) 估计一下，在环境温度为 270K 时要穿多厚衣服身体才会感到舒适？已知衣着散热的导热系数为 $3\text{mW}\cdot\text{m}^{-1}\cdot\text{K}^{-1}$，人体的表面积取 1.7m^2；(2) 试问，你得到的结果与实际情况是否符合？如何解释？

【答案】 (1) 1.53mm；(2)（略）

1-5　将一截面积为 $S=2.0\times10^{-3}\text{m}^2$ 的两端开口的管子竖直插入水中。随着水的蒸发，管中的水蒸气不断向上扩散。管口上端有一水平气流流过，把扩散到上端管口的水蒸气带走。上管口与水面之间的距离为 $L=1.0\text{m}$。若扩散过程非常缓慢，以致水面附近的水蒸气始终为饱和蒸汽，其密度为 $\rho_1=1.73\times10^{-2}\text{kg}\cdot\text{m}^{-3}$，而上管口处的密度可视为 $\rho_2=0$。已知水蒸气的扩散系数为 $D=2.19\times10^{-5}\text{m}^2\cdot\text{s}^{-1}$，试求每秒被气流带走的水分子数。

【答案】 $2.54\times10^{16}\text{s}^{-1}$

二、思维拓展

引起气体内部输运现象的条件和原因是什么？分子的热运动和分子间的碰撞在输运现象中各起什么作用？

附　录

附录A　量　　纲

本书根据我国计量法，物理量的单位采用国际单位制，即 SI。SI 以长度、质量、时间、电流、热力学温度、物质的量及发光强度这 7 个最重要的相互独立的基本物理量的单位作为基本单位，称为 SI 基本单位。

物理量是通过描述自然规律的方程或定义新物理量的方程而彼此联系着的，因此，非基本量可根据定义或借助方程用基本量来表示，这些非基本量称为导出量，它们的单位称为导出单位。

某一物理量 Q 可以用方程表示为基本物理量的幂次乘积：

$$\dim Q = \mathrm{L}^{\alpha}\mathrm{M}^{\beta}\mathrm{T}^{\gamma}\mathrm{I}^{\delta}\Theta^{\varepsilon}\mathrm{N}^{\xi}\mathrm{J}^{\eta}$$

这一关系式称为物理量 Q 对基本量的量纲。式中，α、β、γ、δ、ε、ξ 和 η 称为量纲的指数；L、M、T、I、Θ、N、J 则分别为 7 个基本量的量纲。下表列出几种物理量的量纲。

物理量	量纲	物理量	量纲
速度	LT^{-1}	磁通	$\mathrm{L}^2\mathrm{MT}^{-2}\mathrm{I}^{-1}$
力	LMT^{-2}	亮度	$\mathrm{L}^{-2}\mathrm{J}$
能量	$\mathrm{L}^2\mathrm{MT}^{-2}$	摩尔熵	$\mathrm{L}^2\mathrm{MT}^{-2}\Theta^{-1}\mathrm{N}^{-1}$
熵	$\mathrm{L}^2\mathrm{MT}^{-2}\Theta^{-1}$	法拉第常数	TN^{-1}
电势差	$\mathrm{L}^2\mathrm{MT}^{-3}\mathrm{I}^{-1}$	平面角	1
电容率	$\mathrm{L}^{-3}\mathrm{M}^{-1}\mathrm{T}^4\mathrm{I}^2$	相对密度	1

所有量纲指数都等于零的量称为量纲为一的量。量纲为一的量的单位符号为 1。导出量的单位也可以由基本量的单位（包括它的指数）的组合表示，因为只有量纲相同的物理量才能相加减；只有两边具有相同量纲的等式才能成立，故量纲可用于检验算式是否正确，对量纲不同的项相乘除是没有限制的。此外，三角函数和指数函数的自变量必须是量纲为一的量。

在从一种单位制向另一单位制变换时，量纲也是十分重要的。

附录 B　我国法定计量单位和国际单位制（SI）单位

一、国际单位制的基本单位

物理量	单位名称	单位符号	单位的定义
长度	米	m	光是在真空中(1/299 792 458)s 时间间隔内所经路径的长度
质量	千克(公斤)	kg	千克是质量单位，等于国际千克原器的质量
时间	秒	s	秒是铯-133 原子基态的两个超精细能级之间跃迁所对应的辐射的 9 192 631 770 个周期的持续时间
电流	安[培]	A	在真空中截面积可忽略的两根相距 1m 的无限长平行圆直导线内通以等量恒定电流时，若导线间相互作用力在每米长度上为 2×10^{-7}N，则每根导线中的电流为 1A
热力学温度	开[尔文]	K	开尔文是水的三相点热力学温度的 1/273. 16
物质的量	摩[尔]	mol	摩尔是一系统的物质的量，该系统中所包含的基本单元数与 0. 012kg 碳-12 的原子数目相等。在使用摩尔时，基本单元应予指明，可以是原子、分子、离子、电子及其他粒子，或是这些粒子的特定组合
发光强度	坎[德拉]	cd	坎德拉是一光源在给定方向上的发光强度，该光源发出频率为 540×10^{12}Hz 的单色辐射，且在此方向上的辐射强度为(1/683)W/sr

二、国际单位制的辅助单位

物理量	单位名称	单位符号	定义
[平面] 角	弧　度	rad	弧度是一圆内两条半径之间的平面角，这两条半径在圆周上截取的弧长与半径相等
立体角	球面度	sr	球面度是一立体角，其顶点位于球心，而它在球面上所截取的面积等于以球半径为边长的正方形面积

附录 C　希 腊 字 母

小写	大写	英文名称	小写	大写	英文名称
α	A	Alpha	β	B	Beta
ν	N	Nu	ξ	Ξ	Xi
γ	Γ	Gamma	o	O	Omicron
δ	Δ	Delta	π	Π	Pi
ε	E	Epsilon	ρ	P	Rho
ζ	Z	Zeta	σ	Σ	Sigma
η	H	Eta	τ	T	Tau
θ	Θ	Theta	υ	Υ	Upsilon
ι	I	Iota	φ (ϕ)	Φ	Phi

（续）

小写	大写	英文名称	小写	大写	英文名称
κ	K	Kappa	χ	X	Chi
λ	Λ	Lambda	ψ	Ψ	Psi
μ	M	Mu	ω	Ω	Omega

附录D 物理量的名称、符号和单位（SI）

物理量		单位	
名称	符号	名称	符号
长度	l，L	米	m
质量	m	千克	kg
时间	t	秒	s
速度	v	米每秒	$\mathrm{m \cdot s^{-1}}$
加速度	a	米每二次方秒	$\mathrm{m \cdot s^{-2}}$
角	θ，α，β，γ	弧度	rad
角速度	ω	弧度每秒	$\mathrm{rad \cdot s^{-1}}$
（旋）转速（度）	n	转每秒	$\mathrm{r \cdot s^{-1}}$
频率	ν	赫[兹]	Hz，$\mathrm{s^{-1}}$
力	F	牛[顿]	N
摩擦系数	μ		1
动量	p	千克米每秒	$\mathrm{kg \cdot m \cdot s^{-1}}$
冲量	I	牛[顿]秒	$\mathrm{N \cdot s}$
功	A	焦[耳]	J
能量，热量	E，E_k，E_p，Q	焦[耳]	J
功率	P	瓦[特]	W，$\mathrm{J \cdot s^{-1}}$
力矩	M	牛[顿]米	$\mathrm{N \cdot m}$
转动惯量	J	千克二次方米	$\mathrm{kg \cdot m^2}$
角动量	L	千克二次方米每秒	$\mathrm{kg \cdot m^2 \cdot s^{-1}}$
劲度系数	k	牛顿每米	$\mathrm{N \cdot m^{-1}}$
压强	p	帕[斯卡]	Pa
体积	V	立方米	$\mathrm{m^3}$
热力学能	U	焦[耳]	J
热力学温度	T	开[尔文]	K
摄氏温度	t	摄氏度	℃
物质的量	ν，n	摩尔	mol
摩尔质量	M	千克每摩尔	$\mathrm{kg \cdot mol^{-1}}$
分子自由程	λ	米	m
分子碰撞频率	Z	次每秒	$\mathrm{s^{-1}}$
黏度	η	帕[斯卡]秒，千克每米秒	$\mathrm{Pa \cdot s}$，$\mathrm{kg \cdot m^{-1} \cdot s^{-1}}$

（续）

物理量		单位	
名称	符号	名称	符号
热导率	κ	瓦每米开	$W \cdot m^{-1} \cdot K^{-1}$
扩散系数	D	平方米每秒	$m^2 \cdot s^{-1}$
比热容	c	焦[耳]每千克开	$J \cdot kg^{-1} \cdot K^{-1}$
摩尔热容	C_m，$C_{V,m}$，$C_{p,m}$	焦[耳]每摩尔开	$J \cdot mol^{-1} \cdot K^{-1}$
摩尔热容比	$\gamma = C_{p,m}/C_{V,m}$		
热机效率	η		
制冷系数	ε		
熵	S	焦[耳]每开	$J \cdot K^{-1}$
电荷	q，Q	库[仑]	C
体电荷密度	ρ	库[仑]每立方米	$C \cdot m^{-3}$
面电荷密度	σ	库[仑]每平方米	$C \cdot m^{-2}$
线电荷密度	λ	库[仑]每米	$C \cdot m^{-1}$
电场强度	E	伏[特]每米	$V \cdot m^{-1}$
真空电容率	ε_0	法拉每米	$F \cdot m^{-1}$
相对电容率	ε_r		
电通量	Ψ_e	伏[特]米	$V \cdot m$
电势能	E_p	焦[耳]	J
电势	V	伏[特]	V
电势差	$V_1 - V_2$	伏[特]	V
电偶极矩	p	库[仑]米	$C \cdot m$
电容	C	法[拉]	F
电极化强度	P	库[仑]每平方米	$C \cdot m^{-2}$
电位移	D	库[仑]每平方米	$C \cdot m^{-2}$
电流	I	安[培]	A
电流密度	j	安[培]每平方米	$A \cdot m^{-2}$
电阻	R	欧[姆]	Ω
电阻率	ρ	欧[姆]米	$\Omega \cdot m$
电动势	$\mathscr{E}$	伏[特]	V
磁感应强度	B	特[斯拉]	T
磁矩	m	安[培]平方米	$A \cdot m^2$
磁化强度	M	安[培]每米	$A \cdot m^{-1}$
真空磁导率	μ_0	亨[利]每米	$H \cdot m^{-1}$
相对磁导率	μ_r		
磁场强度	H	安[培]每米	$A \cdot m^{-1}$
磁通［量］	Φ_m	韦[伯]	Wb
磁通匝链数	Ψ		

（续）

物理量		单位	
名称	符号	名称	符号
自感	L	亨[利]	H
互感	M	亨[利]	H
位移电流	I_d	安[培]	A
磁能密度	w_m	焦[耳]每立方米	$J \cdot m^{-3}$
周期	T	秒	s
频率	ν，f	赫[兹]	Hz
振幅	A	米	m
角频率	ω	弧度每秒	$rad \cdot s^{-1}$
波长	λ	米	m
角波数（波数）	k	每米	m^{-1}
相位	φ	弧度	rad
光速	c	米每秒	$m \cdot s^{-1}$
振动位移	x，y	米	m
振动速度	v	米每秒	$m \cdot s^{-1}$
波强	I	瓦[特]每平方米	$W \cdot m^{-2}$

附录E　基本物理常数表（2006年国际推荐值）

物理量	符号	数值	单位	计算时的取值
真空光速	c	299 792 458(精确)	$m \cdot s^{-1}$	3.00×10^{8}
真空磁导率	μ_0	$4\pi\times10^{-7}$(精确)	$H \cdot m^{-1}$	
真空介电常数	ε_0	$8.854\ 187\ 817\cdots\times10^{-12}$(精确)	$F \cdot m^{-1}$	8.85×10^{-12}
牛顿引力常数	G	$6.674\ 28(67)\times10^{-11}$	$m^3 \cdot kg^{-1} \cdot s^{-2}$	6.67×10^{-11}
普朗克常量	h	$6.626\ 608\ 96(33)\times10^{-34}$	$J \cdot s$	6.63×10^{-34}
基本电荷	e	$1.602\ 176\ 487(40)\times10^{-19}$	C	1.60×10^{-19}
里德伯常量	R_∞	10 973 731.568 527(73)	m^{-1}	10 973 731
电子质量	m_e	$0.910\ 938\ 215(45)\times10^{-30}$	kg	9.11×10^{-31}
康普顿波长	λ_C	$2.426\ 310\ 58(22)\times10^{-12}$	m	2.43×10^{-12}
质子质量	m_p	$1.672\ 621\ 637(83)\times10^{-27}$	kg	1.67×10^{-27}
阿伏伽德罗常量	N_A，L	$6.022\ 141\ 79(30)\times10^{23}$	mol^{-1}	6.02×10^{23}
摩尔气体常量	R	8.314 472(15)	$J \cdot mol^{-1} \cdot K^{-1}$	8.31
玻尔兹曼常量	k	$1.380\ 650\ 4(24)\times10^{-23}$	$J \cdot K^{-1}$	1.38×10^{-23}
摩尔体积（理想气体）T=273.15K，p=101 325Pa	V_m	22.414 10(19)	$L \cdot mol^{-1}$	22.4
斯特藩-玻尔兹曼常数	σ	$5.670\ 400(40)\times10^{-8}$	$W \cdot m^{-2} \cdot K^{-4}$	5.67×10^{-8}

参考文献

[1] 张三慧. 大学物理学：力学［M］. 2版. 北京：清华大学出版社，1999.
[2] 程稼夫. 力学［M］. 北京：科学出版社，2000.
[3] 钟锡华，周岳明. 力学［M］. 北京：北京大学出版社，2000.
[4] 赵凯华，罗蔚茵. 新概念物理教程：力学［M］. 北京：高等教育出版社，1995.
[5] 王楚，李椿，等. 力学［M］. 北京：北京大学出版社，1999.
[6] 吴伟文. 普通物理学：力学［M］. 北京：北京大学出版社，1990.
[7] 张三慧. 大学物理学：热学［M］. 2版. 北京：清华大学出版社，1999.
[8] 李洪芳. 热学［M］. 北京：科学出版社，2000.
[9] 张玉民. 热学［M］. 北京：科学出版社，2000.
[10] 赵凯华，罗蔚茵. 新概念物理教程：热学［M］. 北京：高等教育出版社，1998.
[11] 王楚，李椿，等. 热学［M］. 北京：北京大学出版社，2000.
[12] 包科达. 热学［M］. 北京：北京出版社，1989.
[13] 张三慧. 大学物理学：电磁学［M］. 2版. 北京：清华大学出版社，1999.
[14] 张玉民，戚伯云. 电磁学［M］. 北京：科学出版社，2000.
[15] 王楚，李椿，等. 电磁学［M］. 北京：北京大学出版社，2000.
[16] 励子伟，宋建平. 普通物理学：电磁学［M］. 北京：北京大学出版社，1988.
[17] 克劳斯. 电磁学［M］. 安绍萱，译. 北京：人民邮电出版社，1979.
[18] 胡望雨，李衡芝. 普通物理学：光学与近代物理［M］. 北京：北京大学出版社，1990.
[19] 张三慧. 大学物理学：波动与光学［M］. 2版. 北京：清华大学出版社，2000.
[20] 吴强，郭光灿. 光学［M］. 合肥：中国科学技术大学出版社，1996.
[21] 王楚，汤俊雄. 光学［M］. 北京：北京大学出版社，2001.
[22] 杜功焕，朱哲民，等. 声学基础［M］. 2版. 南京：南京大学出版社，2001.
[23] 吴锡珑. 大学物理教程［M］. 北京：高等教育出版社，1999.
[24] 陆果. 基础物理学教程［M］. 北京：高等教育出版社，1998.
[25] 吴百诗. 大学物理［M］. 新版. 北京：科学出版社，2001.
[26] 程守洙，江之永，胡盘新，等. 普通物理学［M］. 5版. 北京：高等教育出版社，1998.
[27] 马文蔚. 物理学［M］. 4版. 北京：高等教育出版社，1999.
[28] 刘克哲. 物理学［M］. 北京：高等教育出版社，1999.
[29] 马根源，王松立，等. 物理学［M］. 天津：南开大学出版社，1993.
[30] 卢德馨. 大学物理学［M］. 北京：高等教育出版社，1998.
[31] 凯勒，等. 经典与近代物理学［M］. 高物，译. 北京：高等教育出版社，1997.
[32] 王瑞旦，宋善奕. 物理方法论［M］. 长沙：中南大学出版社，2002.

[33] 张瑞琨，等. 物理学研究方法和艺术［M］. 上海：上海教育出版社，1995.

[34] 温海湾，等. 基本物理常量推荐值在大学物理教材中的应用现状［J］. 大学物理，2009，28（11）：21-23.

[35] 王建邦. 大学物理解题思路、方法与技巧［M］. 3版. 北京：机械工业出版社，2017.

[36] 倪光炯，王炎森. 文科物理——物理思想与人文精神的融合［M］. 北京：高等教育出版社，2005.

[37] 张宇，任延宇，韩权. 大学物理：少学时［M］. 4版. 北京：机械工业出版社，2021.

[38] 刘扬正，张伟强. 物理学及其工程应用［M］. 北京：高等教育出版社，2023.

[39] 王晓鸥，严导淦，万伟. 大学物理学［M］. 北京：机械工业出版社，2020.

[40] 潘传芳. 人文物理：推动人类文明的物理学［M］. 北京：科学出版社，2010.

[41] 赵凯华，钟锡华. 光学［M］. 北京：北京大学出版社，2006.

[42] 白晓明，林万峰. 飞行特色大学物理［M］. 3版. 北京：机械工业出版社，2019.

[43] 杜召平，陈刚，王达. 国外声呐技术发展综述［J］. 舰船科学技术，2019，41（1）：145-151.

[44] 崔嘉，刘亮. 新型声呐技术在港珠澳大桥人工岛验收中的应用［J］. 水道港口，2023，44（4）：680-685.

[45] 罗雅静，郭建中，严雪艳，等. 新型单轴式声悬浮装置设计［C］. 2009年上海-西安声学学会学术交流会论文集，2009：68-70.

[46] 杨俊杰，徐大诚. 基于压电振动能量采集器的无线监测传感节点［J］. 压电与声光，2022，44（5）：791-795.

[47] 陈延辉，谢伟博，代克杰，等. 非谐振式低频电磁-摩擦电复合振动能收集器［J］. 物理学报，2020（20）：317-326.

[48] 王魁，王连玉，白立刚. 机械加工过程中的振动控制技术研究［J］. 现代制造技术与装备，2024，60（4）：14-16.

[49] 吴玲，陈林飞，徐江荣. 物理学原理及工程应用［M］. 西安：西安电子科技大学出版社，2021.